“十二五”普通高等教育本科国家级规划教材

教育部高等学校化工类专业教学指导委员会推荐教材

国际工程教育认证系列教材

荣获中国石油和化学工业优秀教材一等奖

化工工艺学

第三版

薛为岚　朱志庆　唐黎华　主编　　　房鼎业　主审

U0389986

动画视频　习题答案　教学课件

微信扫码使用线上学习资源

化学工业出版社

·北京·

内 容 简 介

《化工工艺学》（第三版）全面系统地阐述了目前化工工艺学主要研究的问题。除了对现代化学工业基本知识进行介绍之外，重点介绍了化工原料及其初步加工、无机化工产品典型生产工艺、基本有机化工产品典型生产工艺、精细有机化工产品典型生产工艺、聚合物产品典型生产工艺、化工工艺计算以及化工生产与环境保护几方面的内容。本书较系统地介绍了一些重要化工产品、石油和煤炭资源的能源化工生产工艺现状，将工艺与工程相结合，综合分析，重点反映了国内外化学工业的发展面貌。

《化工工艺学》（第三版）为高等院校化学工程与工艺专业教材，也可供化学及相关专业的化工工艺课程选用，还可供从事化工生产和设计的工程技术人员参考。

图书在版编目（CIP）数据

化工工艺学 / 薛为岚，朱志庆，唐黎华主编. — 3
版. — 北京：化学工业出版社，2022.6（2023.2 重印）
"十二五"普通高等教育本科国家级规划教材
ISBN 978-7-122-40965-2

Ⅰ. ①化… Ⅱ. ①薛… ②朱… ③唐… Ⅲ. ①化工过
程-工艺学-高等学校-教材 Ⅳ. ①TQ02

中国版本图书馆 CIP 数据核字（2022）第 042567 号

责任编辑：徐雅妮 孙凤英　　　　　　　数字编辑：吕　尤
责任校对：刘曦阳　　　　　　　　　　　装帧设计：关　飞

出版发行：化学工业出版社（北京市东城区青年湖南街 13 号　邮政编码 100011）
印　　装：大厂聚鑫印刷有限责任公司
787mm×1092mm　1/16　印张 21½　字数 551 千字　2023 年 2 月北京第 3 版第 2 次印刷

购书咨询：010-64518888　　　　　　　　售后服务：010-64518899
网　　址：http://www.cip.com.cn
凡购买本书，如有缺损质量问题，本社销售中心负责调换。

定　　价：59.00 元

前　言

　　《化工工艺学》第一版于 2011 年 5 月出版，第二版于 2017 年 2 月出版，2014 年入选为"十二五"普通高等教育本科国家级规划教材，是国际工程教育认证系列教材，被国内许多高校选作本科化工专业教材。为了更好地适应 21 世纪我国高等教育改革和发展的需要，遵循绿色工程理念，力求使教材在内容和形式上均有较大突破和创新，本教材进行了第二次修订。

　　《化工工艺学》第三版在保持原有体系，延续第一、第二版前言中所阐明的理念下，进行了以下内容的增删：对第 1、2、5 章进行了改编和重新梳理，在第 2 章中增加了煤制乙二醇、天然气、页岩气、可燃冰等概念；在第 4 章中补充了氢脆和氢腐蚀的内容，以及加强了对国内外大型甲醇合成技术现状尤其是反应器的介绍；另外还对乙苯脱氢制苯乙烯工艺流程精制部分进行了改编，对常规流程和非常规流程——共沸热回收节能流程进行了比较；同时充分利用已有及正在建设的数字化教学内容，为本书配套了 5 个典型反应器工艺流程动画视频、习题参考答案和教学课件，读者可以通过手机扫描二维码观看，以加深对化工生产过程中反应器的理解。

　　本次修订由华东理工大学化工学院薛为岚和唐黎华共同完成。全书由薛为岚、朱志庆、唐黎华主编，房鼎业主审，吕自红参与编写。在此对参与视频动画制作及配音的人员表示由衷的感谢！

　　由于编者水平有限，书中不妥之处恳请广大读者批评指正。

编者

2021 年 11 月

微信扫码获取
线上学习资料

增值服务码见封底

第一版前言

　　化工工艺学是研究由原料经化学加工制取化工产品的一门科学，是高等院校化学工程与工艺专业的必修课程。化工工艺学研究的内容包括：化学原理、生产方法、工艺流程和设备、技术经济评价、安全和环境保护等。随着化学工业的发展及化工工艺学在工程实际领域中应用的扩大，新工艺的不断开发，化工工艺知识也在急剧增长。如果单纯从传授知识的角度考虑，势必讲授的内容越来越多、教材越来越厚，这将不能适应 21 世纪我国高等教育改革和发展的需要。编写本书旨在适应高等教育的深化改革，满足高校本科化工工艺专业课的教学需要。

　　本教材以典型的无机、有机、精细和聚合物化工产品的生产工艺和过程为主导，着重讲述化工工艺学的一些最基本的理论和知识，以少而精、重点突出为特色，顺应当前工科类专业课学时数减少的改革趋势，力求使教材在内容和形式上均有较大突破和创新。本书主要特点是在精选内容的基础上仍保持了一定的深度。全书共分 8 章，基本涵盖了主要的化学反应单元工艺，特别适用于少学时教学；其次是强化工程教育思想，强调实践的重要性，着重结合生产实际案例，展开化工产品生产和工艺流程的教学，并提供丰富的资料，有利于强化学生的化工工艺意识；第三是通过"化工工艺计算"一章的内容，加强对学生工艺计算能力的培养；第四是适当引入节能减排技术和绿色化工生产工艺，适应当今化工发展趋势。与国内同类教材比较，本书的最大区别在于删繁就简，内容精炼，可达到高校化工工艺专业教学基本要求。

　　全书由华东理工大学的教师结合多年教学实践而编写，并由房鼎业教授主审。第 1 章、第 2 章和第 4 章的烃类裂解部分由朱志庆编写并承担全书的统稿工作；第 3 章和第 4 章的乙苯脱氢部分由唐黎华编写；第 4 章的其余内容和第 8 章由薛为岚编写；第 5 章、第 6 章和第 7 章由吕自红编写。

　　编写本书时参考了国内外相关专著、期刊等文献，统列在书后参考文献部分，并致谢意。

　　由于编者水平有限，不妥之处恳请读者批评指正。

编者

2011 年 1 月于上海

第二版前言

2016 年 6 月 2 日中国成为第 18 个《华盛顿协议》正式成员，这标志着我国工程教育质量得到国际认可，中国工程教育国际化迈出重要步伐。早在 2008 年，华东理工大学化学工程与工艺专业就通过了中国工程教育专业认证，并于 2014 年通过了美国工程与技术鉴定委员会（英文简称"ABET"）认证。在化工专业建设上，华东理工大学较早地引进国际化工程人才培养标准，遵循以学生为中心、成果为导向、教学质量持续改进的理念，引导和促进专业建设和教学改革，调整课程体系，优化课程内容。

《化工工艺学》（第一版）作为教育部高等学校化学工程与工艺专业教学指导分委员会推荐教材，于 2011 年 5 月出版，数次重印，被诸多兄弟院校选作本科教材，并入选了"十二五"普通高等教育本科国家级规划教材。为了更好地适应我国工程教育的改革和化工工艺技术的发展，融入工程教育专业认证要求的课程体系，秉持"持续改进"这一工程教育专业认证的重要理念，并结合用书学校的反馈建议，我们在保持第一版少而精、突出典型工艺特色的基础上，对本教材进行修订再版。

《化工工艺学》（第二版）保持原有体系，延续第一版前言中所阐明的理念。本次修订为了便于学生对主要内容的学习和掌握，在每章前增加了学习目的及要求，并在每章末增加了多道习题；在主体内容中更新了部分工艺流程，并强化了流程解析；加强了对乙烯工业发展趋势的介绍；补充了甲醇生产中有关反应器方面的内容；针对快速发展的聚合物工业，在第 6 章增加了聚碳酸酯的生产工艺；同时，对教材中的文字表述、图表、公式进行了核查和修正，力求严谨。

本次修订由华东理工大学化工学院教师朱志庆、薛为岚和唐黎华共同完成。全书仍由朱志庆教授主编，房鼎业教授主审。

限于编者水平和资料掌握的局限性，书中不当之处恳望广大读者批评指正。

编者

2016 年 10 月

目 录

1 绪论 1

1.1 化学工业的发展历程 1

1.2 现代化学工业的地位 2

1.3 现代化学工业主要产品分类 4

1.4 化工工艺学的研究对象与内容 4

1.5 化工产品生产的工艺流程组织与评价
方法 5

    1.5.1 工艺流程的组织 5

    1.5.2 工艺流程的评价方法 6

1.6 现代化学工业的发展方向 7

    1.6.1 化学的绿色化 7

    1.6.2 "碳达峰"与"碳中和" 7

    1.6.3 未来化工技术新方向 7

习题 8

2 化工原料及其初步加工 9

2.1 煤及其初步加工 10

    2.1.1 煤的干馏 10

    2.1.2 煤的气化 12

    2.1.3 煤的液化 13

    2.1.4 煤制电石 15

    2.1.5 煤制乙二醇 16

2.2 石油及其初步加工 18

    2.2.1 原油的预处理 19

    2.2.2 常减压蒸馏 20

    2.2.3 催化裂化 21

    2.2.4 加氢裂化 23

    2.2.5 催化重整 24

2.3 天然气及其化工利用 25

    2.3.1 天然气 25

    2.3.2 天然气的化工利用 30

2.4 化学矿物及其初步加工 30

    2.4.1 磷矿 30

    2.4.2 硫铁矿 31

    2.4.3 硼矿 31

2.5 生物质资源及其初步加工 32

习题 33

3 无机化工产品典型生产工艺 35

3.1 合成氨 35

    3.1.1 以煤与天然气为原料的合成氨生
产总流程 35

    3.1.2 以煤为原料制合成气 37

    3.1.3 以天然气为原料制合成气 42

    3.1.4 一氧化碳变换 49

    3.1.5 合成气中硫化物与二氧化碳的脱除
55

    3.1.6 氨的合成 63

    3.1.7 合成氨技术发展趋势 74

3.2 硫酸 75

    3.2.1 硫酸的生产方法 76

    3.2.2 硫铁矿焙烧 76

    3.2.3 二氧化硫炉气净化 79

    3.2.4 二氧化硫催化氧化 85

    3.2.5 三氧化硫的吸收 91

    3.2.6 硫酸生产总流程 95

    3.2.7 "三废"治理 98

3.3 纯碱 99

    3.3.1 侯氏制碱法原理 99

    3.3.2 侯氏制碱法工艺流程与设备 101

3.4 烧碱与氯气 103

    3.4.1 电解过程原理 103

　　3.4.2　食盐水电解制氯气和烧碱 ……… 107
　习题 …………………………………………… 114

4　基本有机化工产品典型生产工艺 ……… 115

　4.1　烃类裂解 ………………………………… 117
　　4.1.1　烃类裂解的理论基础 ……………… 121
　　4.1.2　烃类裂解的工艺操作条件 ………… 125
　　4.1.3　烃类裂解的流程与装备 …………… 128
　　4.1.4　裂解气的急冷 ……………………… 136
　　4.1.5　裂解气的预分馏与净化 …………… 137
　　4.1.6　裂解气的分离与精制 ……………… 142
　　4.1.7　乙烯工业的发展趋势 ……………… 147
　4.2　选择性氧化 ……………………………… 150
　　4.2.1　概述 ………………………………… 150
　　4.2.2　乙烯环氧化制环氧乙烷 …………… 153
　　4.2.3　丙烯氨氧化制丙烯腈 ……………… 157
　　4.2.4　乙烯均相络合催化氧化制乙醛
　　　　　 ………………………………………… 166
　4.3　加氢与脱氢 ……………………………… 170
　　4.3.1　加氢反应 …………………………… 170
　　4.3.2　脱氢反应 …………………………… 182
　4.4　烷基化 …………………………………… 194
　　4.4.1　乙苯的合成 ………………………… 194
　　4.4.2　甲基叔丁基醚的合成 ……………… 197
　4.5　羰基化 …………………………………… 199
　　4.5.1　概述 ………………………………… 199
　　4.5.2　甲醇低压羰化制醋酸 ……………… 201
　　4.5.3　丙烯氢甲酰化制丁醇和辛醇 ……… 205
　4.6　氯化 ……………………………………… 210
　　4.6.1　氯化反应的主要类型 ……………… 210
　　4.6.2　氯化剂 ……………………………… 212
　　4.6.3　氯化反应机理 ……………………… 213
　　4.6.4　平衡型氧氯化法生产氯乙烯 ……… 214
　　4.6.5　丙烯氯化法制环氧氯丙烷 ………… 222
　习题 …………………………………………… 224

5　精细有机化工产品典型生产工艺 ……… 227

　5.1　概述 ……………………………………… 227
　　5.1.1　精细化工的特点 …………………… 228
　　5.1.2　国内外精细化工概况 ……………… 229
　　5.1.3　精细化工发展的方向和关键技术
　　　　　 ………………………………………… 230
　5.2　磺化 ……………………………………… 231
　　5.2.1　磺化反应的基本原理 ……………… 232
　　5.2.2　苯、萘及其衍生物的磺化 ………… 235

　　5.2.3　十二烷基苯磺酸钠的生产 ………… 236
　5.3　硝化 ……………………………………… 238
　　5.3.1　硝化剂和硝化方法 ………………… 238
　　5.3.2　芳烃的硝化 ………………………… 241
　　5.3.3　硝基苯的生产 ……………………… 244
　5.4　酯化 ……………………………………… 245
　　5.4.1　几种主要的酯化反应 ……………… 246
　　5.4.2　直接酯化法制乙酸乙酯 …………… 251
　　5.4.3　邻苯二甲酸二辛酯的合成 ………… 253
　习题 …………………………………………… 255

6　聚合物产品典型生产工艺 ……………… 256

　6.1　概述 ……………………………………… 256
　　6.1.1　高分子化合物的定义 ……………… 256
　　6.1.2　高分子化合物的分类 ……………… 257
　　6.1.3　高分子材料的制备 ………………… 259
　6.2　聚合反应的理论基础 …………………… 261
　　6.2.1　聚合原理 …………………………… 261
　　6.2.2　聚合反应的方法 …………………… 265
　　6.2.3　聚合物改性 ………………………… 267
　6.3　典型产品合成工艺 ……………………… 270
　　6.3.1　聚氯乙烯 …………………………… 270
　　6.3.2　聚乙烯 ……………………………… 271
　　6.3.3　聚丙烯 ……………………………… 273
　　6.3.4　聚酯 ………………………………… 274
　　6.3.5　聚碳酸酯 …………………………… 276
　习题 …………………………………………… 280

7　化工工艺计算 …………………………… 281

　7.1　概述 ……………………………………… 281
　　7.1.1　物料衡算和热量衡算的主要步骤
　　　　　 ………………………………………… 282
　　7.1.2　化工工艺学中的基本概念 ………… 283
　7.2　物料衡算 ………………………………… 284
　　7.2.1　一般反应过程的物料衡算 ………… 284
　　7.2.2　具有循环过程的物料衡算 ………… 292
　7.3　热量衡算 ………………………………… 302
　　7.3.1　热量衡算式 ………………………… 302
　　7.3.2　热量衡算基本步骤 ………………… 302
　习题 …………………………………………… 305

8　化工生产与环境保护 …………………… 309

　8.1　废气的处理 ……………………………… 309
　　8.1.1　废气的来源 ………………………… 309
　　8.1.2　有机废气对人体的危害 …………… 310

8.1.3 废气处理方法 …………………… 311

8.2 废水的处理 ……………………………… 314

8.2.1 废水的来源与排放标准 …………… 314

8.2.2 废水处理方法 …………………… 315

8.3 固体废物的处理 ………………………… 318

8.4 绿色化学和绿色化工 …………………… 319

8.4.1 绿色化学 …………………………… 319

8.4.2 原子经济性 ………………………… 319

8.4.3 绿色化工 …………………………… 319

8.4.4 绿色化工工艺进展 ………………… 321

8.5 双碳减排 ………………………………… 327

8.5.1 气候变化与双碳减排 ……………… 327

8.5.2 新能源与双碳减排 ………………… 328

8.5.3 化工与双碳减排 …………………… 329

8.5.4 碳交易与碳金融 …………………… 332

习题 ………………………………………… 333

参考文献 …………………………………… 334

1

绪　论

1.1　化学工业的发展历程 / 1
1.2　现代化学工业的地位 / 2
1.3　现代化学工业主要产品分类 / 4
1.4　化工工艺学的研究对象与内容 / 4
1.5　化工产品生产的工艺流程组织与评价方法 / 5
1.6　现代化学工业的发展方向 / 7

学习目的及要求 >>

1. 了解现代化学工业在国民经济中的地位与作用。
2. 了解化学工业主要产品的分类及发展方向。
3. 了解化工工艺学的研究对象与内容。
4. 掌握化工产品生产的原则、工艺流程和化工工艺流程的评价体系。
5. 了解本课程的性质和主要学习内容，掌握本课程的学习方法，为以后各章的学习做好必要的准备。

1.1　化学工业的发展历程

　　化学工业（chemical industry）泛指生产过程中化学方法占主要地位的制造工业，它是通过化工生产技术，利用化学反应改变物质的结构、成分、形态等生产化学产品的工业部门。

　　化学工业历史悠久。古代化学工业的内容包括各种化学加工部门，如染料、陶瓷器皿、冶金、火药、燃料、酿酒、造纸、无机盐、炼丹术等。12世纪中国的造纸和火药技术传入欧洲，作坊式的生产方式逐渐被机械化生产所取代，随着人们生活水平的提高，对纺织、印染、医药、化妆品等产品提出了越来越多和更高的要求，激发了人们对化学研究的热情，各种化学现象被认识，各种化学定律被发现，如波义耳气体定律、拉瓦锡物质不灭定律以及道尔顿原子学说等，推动了化学工业的发展。

　　化学工业又是一门新兴的工业，虽然那时还不可能有今天这样完整的工业部门和体系，但是近代的许多工业部门正是在古代化学工业的基础上发展起来的。1788年出现了用芒硝、石灰石和煤制烧碱，1859年英国建立了铅室法生产硫酸厂，1892年电解食盐水生产氯气和烧碱问世，由此出现了用化工工艺生产酸、碱的新技术，英、法两国垄断了当时酸、碱的国际市场，在这一阶段无机化工已初具规模。

随着冶金和城市煤气工业的发展，18世纪末建立了以煤焦油为原料的有机化学工业体系，即煤焦油经加压液化得到苯、二甲苯、苯酚、萘和蒽等一系列有机化工产品。1895年建立了以煤与石灰石为原料，用电热法生产电石（即碳化钙）的第一个工厂，电石再经水解产生乙炔，以此为起点生产乙醛、醋酸等一系列基本有机原料。19世纪末至20世纪50年代是煤化工的蓬勃发展期。

1920年美国用丙烯生产异丙醇，这是大规模发展石油化工的开端。1939年美国标准油公司开发了临氢催化重整过程，这成为芳烃的重要来源。1941年美国建成第一套以炼厂气为原料用管式炉裂解制乙烯的装置。在第二次世界大战以后，由于化工产品市场不断扩大，石油可提供大量廉价有机化工原料，同时由于化工生产技术的发展，逐步形成石油化工。甚至不产石油的地区，如西欧、日本等也以原油为原料，发展石油化工。

化学工业的大发展时期从20世纪初至第二次世界大战后的60～70年代，这是化学工业真正大规模生产的主要阶段，一些主要领域都是在这一时期形成的。高压合成氨技术工业化的成功，使氮肥大量工业化生产成为可能，取得了重化工划时代的成就；20世纪50年代至今，80%～90%的有机化工产品、精细化工产品、有机高分子材料等是以石油和天然气为原料，经热裂解成烯烃、烷烃、芳烃后加工而成，自此石油化工新时期到来，成为现代化工的重要支柱。化学工业随着科学技术的进步，日新月异地向前发展，逐步形成了现代化学工业。

20世纪末至21世纪初也就是近三十年来，现代化学工业的发展速度高于整个工业的平均发展速度，已经成为渗透到国民经济生产和人类生活各个领域的现代化大生产部门。

随着全球人口增长、寿命延长、生活水平的提高，化学工业不但要继续满足人类社会在吃、穿、住、行、国防科技等方面的需要，而且在环保、医疗、保健、文体等领域对化学工业提出了更高的要求。生命科学、材料科学、环境、能源乃至信息科学等学科的发展也都对化学及化学工业提出了新的挑战，要求化学工业适应新的发展。化学工业是为满足人类生活和生产的需要发展起来的，并随其生产技术的进步不断地推动着社会的发展。

1.2 现代化学工业的地位

化学工业的产品种类多、数量大、用途广。2019年，全球化工行业贡献GDP超5.7万亿美元（全球占比7%），创造1.2亿个就业岗位；国内化工行业贡献GDP超1.5万亿美元，创造6000万个就业岗位。化学工业与人们的吃、穿、用、住、行，以及国防工业和高科技领域等密切相关，在国民经济建设中具有十分重要的地位与作用。

农业的首要任务就是生产粮食，满足十几亿中国人的生存需要。而中国的耕地面积正随着工业的发展、基本建设的扩大和城市化进程逐渐减少，增产粮食只能靠科学种田，提高单位面积产量的途径来实现。提高农田单位面积产量固然需要多种因素的配合，但施用化肥、农药和采用塑料薄膜育种育秧等措施则是科学种田极为重要的手段。据统计，世界农作物收成中有30%是施肥的结果，其中又有一半是施用化肥的结果。目前，我国尿素产量占到全球产量的1/3，磷肥产量也超过美国位居世界第一，成为世界最大的化肥生产国和消费国。化学农药对农作物的增产和挽回农业损失的作用也是很明显的。它不仅可以防治农作物的病虫害，而且还可以节约劳动力（如使用除草剂）。使用植物生长刺激素可以增加产量和提高质量。化工产品塑料薄膜用于水稻、小麦、棉花、白薯等培育幼苗和防止霜冻，效果十分显著。大面积防止霜冻的化学防冻剂，人工降雨需要的干冰和微量碘化银，海水淡化使用的离子交换膜，可减少农田水分蒸发70%的水田阻抑蒸发剂，聚丙烯抗旱管，聚甲醛喷滴管，拖拉机轮胎，排灌橡胶管等，都已经或将要在中国农业生产中发挥积极作用。化学工业在农业现代化中的作用将越来越重要。

随着人口的增长和生活水平的提高，人类对服装和各类纤维制品的需求日益增长，靠天然纤维已不可能解决如此巨大的需要量，只有靠化学纤维主要是合成纤维才能承担起满足人类穿衣的需求。化学纤维是指那些以天然或者合成的高聚合物为原料，经过化学方法加工制造出来的纤维，它可以分为人造纤维和合成纤维两大类。合成纤维是将人工合成的、具有适宜分子量并具有可溶（或可熔）性的线型聚合物，经纺丝成形和后处理而制得的化学纤维，一般可分为四个小类：涤纶、锦纶、腈纶和氨纶。与天然纤维和人造纤维相比，合成纤维的原料是由人工合成方法制得的，生产不受自然条件的限制。不同品种的合成纤维各具有某些独特性能。腈纶是由85%丙烯腈和15%的高分子聚合物所纺制成的合成纤维，腈纶的性质类似羊毛，所以它又称为"合成羊毛"，其优点是质轻而柔软，蓬松而保暖，外观和手感很像羊毛，保暖性和弹性较好；耐热，耐酸、碱腐蚀（强碱除外），不怕虫蛀和霉烂，具有高度的耐晒性（暴晒一年不会坏）；易洗、快干。涤纶是从石油、天然气中提炼出来经过特殊工艺处理而得到的一种合成纤维，包括聚酯、的确良，其优点是面料强度高，耐磨经穿；颜色鲜艳且经久不褪色；手感光滑，挺括有弹性且不易走形，抗褶抗缩；易洗快干，无须熨烫；耐酸、耐碱，不易腐蚀。锦纶（又叫尼龙）是合成纤维中最耐磨、最结实的一种；重量比棉、黏胶纤维要轻；富有弹性，定形、保形程度仅次于涤纶；耐酸、碱腐蚀，不霉不蛀。氨纶的优点是弹性好，可以拉伸5～8倍，不老化；染色性能较优，可染成各种颜色；具有高延伸性、低弹性模量和高弹性回复率；具有较好的耐化学性，耐大多数的酸碱、化学药剂、有机溶剂、干洗剂和漂白剂，以及耐日晒和风雪，另外氨纶还耐汗、耐海水以及耐大多数防晒油。面临我国人多地少的国情，发展合成纤维不仅可以解决衣着问题，而且也是解决棉粮争地的有效途径。

化工产品是轻工业产品的重要原材料。市场上五光十色的文化用品、化妆品、日用陶瓷、玻璃和搪瓷制品、日用杂货以及摄影器材、半导体电子类产品如计算机、手机中的芯片（制造过程中所需的刻蚀液）等高级商品都离不开化学工业。没有化工产品作为原料和辅助材料，就不可能生产出市场上琳琅满目的轻工产品。

20世纪中叶，化学工业创造了三大高分子合成材料，把它应用到人类生活的各个方面，标志着人类已开始进入高分子时代。在结构材料中，塑料已经逐步占据首要位置。在建筑材料中，已经广泛用于绝缘、保温、墙壁、门窗框架、地板、天花板、贴面、型材、上下水道和结构组件等方面。由于塑料具有质轻、比强度大等优点，用于建筑方面的塑料占其总耗量的20%以上。

化学工业与交通运输业的关系，将随着运输工具的革新而越来越密切。当前，用工程塑料代替钢铁或有色金属制造汽车车身、零部件等越来越多。使用塑料做汽车配件不仅可以降低汽车成本，而且能够减轻车身的重量、节约油耗、安全行驶，因此汽车工业用塑料增长迅速。轮胎橡胶和橡胶零件，以及其他化工产品如聚氯乙烯、聚乙烯、聚甲醛、聚苯乙烯、ABS、聚碳酸酯、聚酰胺、聚四氟乙烯等在汽车生产中的应用，呈快速增长趋势。其他还有黏合剂，密封胶，人造革及帆布防缩、防皱、防水处理用的各种化工产品等。火车、飞机、轮船、冷藏车常用聚氨酯泡沫塑料作隔热、坐垫等。甚至在交通运输车辆上用黏结剂代替焊接部件。用于造船业的合成塑料也在成倍增长。

军事工业离不开炸药。硝酸是生产炸药的原料，硝酸铵厂、染料厂平时生产肥料、染料，战时可以转产炸药。化学工业不仅与常规武器生产有密切的关系，它还为氢弹、导弹、人造卫星、舰艇、航天飞机等制造和发射提供重水、高能燃料、基本有机化工原料、高级感光材料以及耐高温、耐辐射、耐磨、耐腐蚀和高级绝缘的化工材料。由于化学工业与军事工业关系密切，世界各国都发展自己的国防化工，并且竭力使国防化工既适合平时生产需要，又适合于战时需要，从而使国防化工生产、航空航天等高科技领域与普通化工生产紧密地结合起来。

人类必须为不断增长的人口提供更多的粮食和服装，必须为日益增长的能源需求开发新能源，必须为人类自身的健康提供大量新的药物和解决环境的污染。解决上述任何一个问题都离不开化学工业的发展，这就意味着化学工业在未来国民经济中的地位将越来越重要。

1.3 现代化学工业主要产品分类

化学工业既是原材料工业，又是加工工业；既有生产资料的生产，又有生活资料的生产，所以化学工业的范围很广，在不同时代和不同国家不尽相同，其分类也比较复杂。按照习惯将化学工业分为无机化学工业和有机化学工业两大类。随着化学工业的发展，新的领域和行业、跨门类的部门越来越多，两大类的划分已不能适应化学工业发展的需要。若按产品应用来分，可分为化学肥料工业、染料工业、农药工业等；若从原料角度可分为天然气化工、石油化工、煤化工、无机盐化工、生物化工等；也有从产品的化学组成来分类，如低分子单体、高分子化合物等；还有的以加工过程的方法来分类，如食盐电解工业、农产品发酵工业等。按生产规模或加工深度又可分为大化工、精细化工等。

化工主要产品的划分，按照国家统计局的一种广义的划分方法可以划分为 19 大类：化学矿、无机化工原料、有机化工原料、化学肥料、农药、高分子聚合物、涂料和颜料、染料、信息用化学品、试剂、食品和饲料添加剂、合成药品、日用化学品、胶黏剂、橡胶和橡胶制品、催化剂和各种助剂、火工产品、其他化学产品（包括炼焦化学产品、林产化学品等）、化工机械。这种广义的划分方法超脱于现行管理体制，范围比较广泛，与国外化学工业的可比性较大。值得注意的是，往往某一种产品既可以列在这一类，又可以列在另一类。

1.4 化工工艺学的研究对象与内容

化工工艺（chemical technology）系指将原料物质主要经过化学反应转变为产品的方法和过程，包括实现这种转变的全部化学的和物理的措施，即由原料到化工产品的转化工艺。

化工工艺学则是根据技术上先进、工艺上合理、经济上有利、安全上可靠的原则，研究如何把原料经过化学和物理处理，制成有使用价值的生产资料和生活资料的方法和过程的一门科学。也可以说化工工艺学是建立在化学、物理、机械、电工以及工业经济等科学的基础之上的，与生产和生活实际紧密相关的，体现当代技术水平的一门科学。

化工工艺学研究的是生产化工产品的学问，就是从许多产品的生产实践中，提炼出共性和分析其个性问题，指导一个新的生产工艺的开发。因此，化工工艺学本质上是研究产品生产的"技术""过程"和"方法"。工艺学的任务就是如何将自然界中丰富的物质资源转化成质优价廉的产品。其主要研究内容包括三个方面：生产的工艺流程，生产的工艺操作控制条件和技术管理控制，以及安全和环境保护措施。

化工生产首先要有一个技术上先进、工艺上合理、经济上有利、安全上可靠的"工艺流程"，可以保证从原料进入到产品的产出，整个过程是顺畅的，经济上是合理的，原料的利用率是高的，能耗和物耗是比较少的。这个流程通过一系列设备和装置的串联或并联，组成一个有机的流水线。其次是要有一套合理的、先进的、经济上有利以及安全可靠的"工艺操作控制条件"和"质量保证体系"，它包括反应的温度、压力、催化剂、原料和原料准备、投料配比、反应时间、生产周期、分离水平和条件、后处理加工包装等，以及对这些操作参数进行监控、调节的手段。除此之外，在整个生产过程中，要保证人身安全和设备设施的安全运行，遵守卫生标准和要求，保护环境、杜绝公害、减少污染，对产生的污染进行综合治理。

1.5　化工产品生产的工艺流程组织与评价方法

1.5.1　工艺流程的组织

化学工业的各个生产部门都有其各自的工艺，同一个化工产品可以用不同的起始原料进行生产，用同一种原料生产某一种化工产品又可以采用不同的工艺技术。目前，化工产品的生产工艺过程有上万个，而这些工艺是建立在化学和物理等科学成就基础上的。绝大部分化工产品的生产过程具有高温、高压、低温、易燃、易爆、有毒等特点以及存在着不同程度的污染问题，因此工艺流程的组织对工艺技术、机械设备、仪表控制等都有严格要求，并且还需要考虑资源的合理利用及环境保护、污染治理等问题。

化工工艺流程由若干个单元过程（反应过程、分离过程、动量和热量的传递过程等）按一定顺序组合起来，完成从原料变成目的产品的全过程。化工工艺流程的组织是确定各单元过程的具体内容、顺序和组合方式，并以图解的形式表示出整个生产过程的全貌。

每一个化工产品都有自己特有的工艺流程。对同一个产品，由于选定的工艺路线不同，工艺流程中各个单元过程的具体内容和相关联的方式也不同。此外，工艺流程的组成也与实施工业化的时间、地点、资源条件、技术条件等有密切关系。但是，如果对一般化工产品的工艺流程进行分析、比较之后，可能会发现组成整个流程的各个单元过程或工序在所起的作用上有共同之处，即组成流程的各个单元具有的基本功能是有一定规律性的。大体可分为四个步骤：第一步是原材料、燃料、能源的准备和预处理过程；第二步是化学反应过程，在这一步骤中得到目的产物，同时还会联产副产品和其他非目的产物；第三步是分离目的产物和非目的产物或未反应物；第四步是进行成品包装和储运。一般化工工艺流程中的主要工序组合形式如图 1-1 所示。

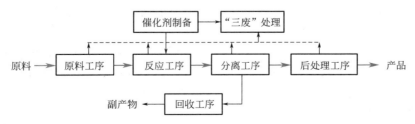

图 1-1　一般化工工艺流程中的主要工序组合形式

① 原料工序（生产准备过程） 包括反应所需的主要原料、氧化剂、氯化剂、溶剂、水等各种辅助原料的储存、净化、干燥以及配制等。

② 催化剂工序（催化剂准备过程） 包括反应使用的催化剂和各种助剂的制备、溶解、储存、配制等。

③ 反应工序（反应过程） 是化学反应进行的场所，全流程的核心。以反应过程为主，还要附设必要的加热、冷却、反应产物输送以及反应控制等。

④ 分离工序（分离过程） 将反应生成的产物从反应系统分离出来，进行精制、提纯，得到目的产品。并将未反应的原料、溶剂以及随反应物带出的催化剂、副反应产物等分离出来，尽可能实现原料、溶剂等物料的循环使用。

⑤ 回收工序（回收过程） 对反应过程生成的一些副产物，或不循环的一些少量的未反应原料、溶剂以及催化剂等物料，进行必要的精制处理以回收使用，为此要设置一系列分离、提纯操作，如精馏、吸收等。

⑥ 后处理工序（后加工过程） 将分离过程获得的目的产物按成品质量要求的规格、形状进行必要的加工制作，以及储存和包装出厂。

⑦ 三废处理工序 为治理"三废"（废气、废液、废渣） 而设的工序，从原料工序、反应工序、分离工序以及后处理工序产生的废气、废液、废渣必须经过处理，才能排放出去，以保护环境。

⑧ 辅助工序 除了上述七个主要生产工序外，在流程中还有为回收能量而设的工序（如废热利用），为稳定生产而设的工序（如缓冲、稳压、中间储存），以及产品储运过程等。

1.5.2 工艺流程的评价方法

对化工产品生产的工艺流程进行评价，目的是根据工艺流程的组织原则来衡量被考查的工艺流程是否达到最佳效果。对新设计的工艺流程，可以通过评价不断改进和完善，使之成为一个优化组合的流程；对于既有的生产工艺流程，通过评价可以清楚该工艺流程有哪些特点，还存在哪些不合理或可以改进的地方，与国内外类似工艺过程相比，又有哪些技术值得借鉴等，由此找到改进工艺流程的措施和方案，使其得到不断优化。在化工生产中评价工艺流程的标准，就是要达到技术上先进、工艺上合理、经济上有利、安全上可靠，而且应是符合国情、切实可行的。因此，在组织工艺流程时应遵循以下的原则：

(1) 物料及能量的充分利用

① 尽量提高原料的转化率和主反应的选择性。因而应采用先进的技术、合理的单元、有效的设备以及选用最适宜的工艺条件和高效催化剂。

② 充分利用原料。对未转化的原料应采用分离、回收等措施循环使用以提高总转化率。副反应物也应当加工成副产品，对采用的溶剂、助剂等一般也应建立回收系统，减少废物的产生和排放。对废气、废液和废渣应尽量考虑综合利用，以免造成环境污染。

③ 要认真研究换热流程及换热方案，最大限度地回收热量。如尽可能采用交叉换热、逆流换热，注意安排好换热顺序，提高传热速率等。

④ 要注意设备位置的相对高低，充分利用位能输送物料。如高压设备的物料可自动进入低压设备，减压设备可以靠负压自动抽进物料，无需用泵输送，高位槽与加压设备的顶部设置平衡管可有利于进料等。

(2) 工艺流程的连续化、自动化

对大批量生产的产品，工艺流程宜采用连续操作、设备大型化和仪表自动化控制，以提高产量和降低生产成本，如果条件具备，还可采用计算机控制；对精细化工产品以及小批量多品种产品的生产，工艺流程应有一定的灵活性、多功能性，以便于改变产量和更换产品品种。

（3）对易燃易爆品采取安全措施

对一些因原料组成或反应特性等因素存在潜在的易燃、易爆等危险性的生产过程，在组织流程时要采取必要的安全措施。如在设备结构上或适当的管路上考虑防爆装置，增设阻火器、保安氮气等。工艺条件也要作相应的严格规定，尽可能安装自动报警及联锁装置，以确保安全生产。

（4）适宜的单元操作及设备类型

要正确选择合适的单元操作。确定每一个单元操作中的流程方案及所需设备的类型，合理安排各单元操作中设备的先后顺序。要考虑全流程的操作弹性和各个设备的利用率，并通过调查研究和生产实践来确定弹性的适应幅度，尽可能使各台设备的生产能力相匹配，以免造成浪费。

根据上述工艺流程的组织原则和评价标准，就可以对某一工艺流程进行综合评价。

1.6 现代化学工业的发展方向

1.6.1 化学的绿色化

绿色意味着人类对自然完美的一种高级追求的表现，它不把人看成大自然的主宰者，而是看作大自然中的普通一员，追求的是人对大自然的尊重以及人与自然的和谐关系。世界上很多国家已把"化学的绿色化"作为21世纪化学发展的主要方向之一。

绿色化学是近年来产生和发展起来的新兴交叉学科，它要求利用化学原理从源头上消除环境污染，在此基础上发展起来的技术则称为绿色化工技术。最广为认可的绿色化工的定义是"能够减少或去除危险物质使用和产生的化工产品的设计和工艺"。

1.6.2 "碳达峰"与"碳中和"

温室气体排放引发的环境污染和气候变化问题已构成全球经济社会可持续发展的严峻挑战。在这一背景下，世界各国以全球协约的方式减排温室气体二氧化碳，由此提出碳达峰和碳中和概念。

"碳达峰"是指某个地区或行业年度二氧化碳排放量达到历史最高值，然后经历平台期进入持续下降的过程，是二氧化碳排放量由增转降的历史拐点，标志着碳排放与经济发展实现脱钩，达峰目标包括达峰年份和峰值。

"碳中和"中的"碳"即二氧化碳，"中和"即正负相抵。"碳中和"是指排出的二氧化碳或温室气体通过植树造林、节能减排、产业调节以及优化资源配置等形式进行抵消，使得所形成的二氧化碳实现零排放。

1.6.3 未来化工技术新方向

化学工业的生产技术和许多深度加工的产品更新换代快，要求化学工业必须不断发展和采用先进科学技术，从而提高生产效率和经济效益。不断寻求技术上最先进、工艺上最合理、经济上最有利和安全上最可靠的方法、原理、流程和设备以及绿色化工是化学工业工艺创新追求的方向。

未来化学工业的发展将生产更多的新材料。随着高新技术向空间技术、电子技术、生物技术等领域的纵深发展，新材料向着功能化、智能化、可再生化方向发展，要求化工新材料的性能不断向新的极限延伸，特别是纳米技术的开发与应用，揭开了材料科学的新篇章。

生物化工是未来化学工业发展的新方向。与传统的化学方法相比，生物技术往往以可再生资源为起始原料，具有反应温和、能耗低、效率高、污染少、可利用再生资源、催化剂选择性高等优点，随着现代生物技术的基因重组、细胞融合、酶的固定化技术的发展，已出现一批生物技术工业化成果，不久将会有更多的生物化工产品实现工业化。

催化技术在未来的化工生产中仍起关键作用。化工新产品、新工艺的出现多缘于新催化剂的开发。通过开发新型催化剂和催化反应设备，降低反应温度和反应压力，提高反应的转化率、选择性及反应速率，从而节约资源和能源，降低生产成本以及提高经济效益。同时催化技术也是合成新的性能优异化合物的重要因素，如激光催化、生物催化等，特别是生物催化具有很大潜力。

新的分离技术会进一步得到发展。传统化工生产中的分离过程主要采用精馏、萃取、结晶等技术，这些技术往往要求的设备庞大、能耗高，有时还达不到高纯度要求。新的化工分离技术是在减少设备投资、降低能耗和具有高纯度分离等方面进行研究和开发。近些年来，膜分离技术、超临界流体分离技术、分子蒸馏等均已取得较大的进展。

现代化学工业将发展成为可持续发展的产业。一方面通过不断改进生产技术，减少和消除对大气、土地和水域的污染，从工艺改革、品种更替和环境控制上逐步解决污染和资源短缺的问题；另一方面将全面贯彻化学品全生命周期的安全方针，保证化工产品从原料、生产、加工、储运、销售到使用和废弃物处理等各个环节中的人身和环境的安全。

化工新技术开发程序是一套科学的程序，它是以市场为导向，以创新为宗旨，以工业化和商业化为目的的创新过程。未来的化学工业依然前景光明，我们既要绿水青山，又要金山银山，这是化学研究者和化学工程师们理应担当的责任和奋斗的目标。

习 题

1-1 简述化学工业在国民经济建设中的地位和作用。
1-2 简述当代化学工业的发展趋势。
1-3 化工工艺学的研究对象和主要任务是什么？
1-4 评价化工工艺流程的指标有哪些？
1-5 工厂实际生产过程中经常提到的生产能力的含义是什么？
1-6 绿色化学的定义是什么？绿色化工的核心内容是什么？
1-7 什么是"碳达峰"？什么是"碳中和"？

2
化工原料及其初步加工

2.1 煤及其初步加工 / 10
2.2 石油及其初步加工 / 18
2.3 天然气及其化工利用 / 25
2.4 化学矿物及其初步加工 / 30
2.5 生物质资源及其初步加工 / 32

学习目的及要求 >>

1. 了解化工原料的主要来源和初步加工方法。
2. 掌握由煤转变为基础化工原料的加工方法：煤的干馏、煤的气化和煤的液化。
3. 掌握石油加工过程中典型的生产工艺：常减压蒸馏、催化裂化、加氢裂化和催化重整的生产目的和主要产品。
4. 了解天然气的化工利用。
5. 了解化学矿物的初步加工过程。

用作化工生产的原料，称为化工原料，可以是自然资源，也可以是化工生产的阶段产品。例如，由食盐生产纯碱、烧碱、氯气和盐酸；由硫铁矿生产硫酸；由煤或焦炭生产合成氨、硝酸、乙炔和芳烃；由石油和天然气生产低级烯烃、芳烃、乙炔、甲醇和合成气（$CO+H_2$）；由淀粉或糖蜜生产酒精、丙酮和丁醇等。其中，硫酸、盐酸、硝酸、烧碱、纯碱、合成氨、工业气体（如氧气、氯气、氢气、一氧化碳、二氧化碳、二氧化硫等）等无机物，乙炔、乙烯、丙烯、丁烯（丁二烯）、苯、甲苯、二甲苯、萘、苯酚和醋酸等有机物，经各种反应途径，可衍生出成千上万种无机或有机化工产品、高分子化工产品和精细化工产品，故又将它们称为基础化工原料。

由基础化工原料制得的结构简单的小分子化工产品称作一般化工原料。例如，各种无机盐和无机化学肥料，各种有机酸及其盐类、醇、酮、醛和酯等。它们可直接作为商品出售，例如氧化铁红（Fe_2O_3）、锌钡白（俗称立德粉，是硫化锌和硫酸钡的混合物）等无机盐用作颜料和染料，丙烯酸酯用作建筑用涂料原料，氯化石蜡用作阻燃剂，丙酮用作工业溶剂等；也可作为原料继续参与化学反应制造大分子或高分子化合物，例如各种有机染料和颜料、医药、农药、香料、表面活性剂、合成橡胶、塑料、化学纤维等。

基础化工原料和一般化工原料统称为基本化工产品。

除利用一般的无机和有机反应外，工业上还可通过生化反应来生产化工产品。这一类产品统称为生化制品。例如利用微生物发酵和生物酶催化，可以制得乙醇、丙酮、丁醇、柠檬酸、谷氨酸、丙烯酸胺、各类抗生素药物、人造蛋白质、油脂、调味剂、食品添加剂和加酶洗涤剂等。随着科学技术的发展，利用生化反应制取的有机化工产品品种将越来越多。

化工原料可区分为有机原料和无机原料。前者包括石油、天然气、煤和生物质等；后者指空气、水、盐、无机非金属矿物和金属矿物等。

最重要的基本无机化工产品可用空气、焦炭（或者其他含碳产品）、水、石灰、岩盐、硝石灰、硫和黄铁矿等原料制取。重要的无机化工的终产品种类有：化肥、金属材料、无机非金属材料、无机颜料、催化剂、无机聚合物等。基本有机化工产品主要是以石油、天然气、煤和生物质为原料制得。石油、天然气和煤等有机原料同时又都是矿物能源或化石燃料，在相当长时期都是构成能源的主体。因此，化石燃料的供应情况和价格对化学工业有重大的影响。

2.1 煤及其初步加工

煤是由远古时代植物残骸在适宜的地质环境下经过漫长岁月的天然煤化作用而形成的生物岩。由于成煤植物和生成条件不同，煤一般可以分为三大类：腐植煤、残植煤和腐泥煤。由高等植物形成的煤称为腐植煤。由高等植物中稳定组分（角质、树皮、孢子、树脂等）富集而形成的煤称为残植煤。由低等植物（以藻类为主）和浮游生物经过部分腐败分解形成的煤称为腐泥煤，包括藻煤、胶泥煤和油页岩。在自然界中分布最广、最常见的是腐植煤，如泥煤、褐煤、烟煤、无烟煤就属于这一类。煤是以有机物为主要成分，除含 C 元素外，还含有 H、O、S、P 等元素以及无机矿物质。煤的主要元素组成见表 2-1。

表 2-1　煤的主要元素组成

种　　类	质量分数 $w/\%$		
	C	H	O
泥煤	60～70	5～6	25～35
褐煤	70～80	5～6	15～25
烟煤	80～90	4～5	5～15
无烟煤	90～98	1～3	1～3

煤不仅可以直接用作燃料，而且可以转变为电、热、气及化工产品。通过采用不同的加工方法和生产工艺，由煤可以制取化肥、塑料、合成橡胶、合成纤维、炸药、染料、医药等多种重要化工原料。在化学工业领域，煤既是燃料，也是重要原料。近代工业革命促进了煤的开采和利用，同时也带来了近代化学工业的兴起。因此，煤在国民经济中占有很重要的地位。

2.1.1　煤的干馏

煤在隔绝空气条件下，加热分解生成气态（煤气）、液态（焦油）和固态（焦炭）产物的过程，称为煤干馏（或称炼焦、焦化）。按加热终温的不同，可分为三种：高温干馏，900～1100℃；中温干馏，700～900℃；低温干馏，500～600℃。

煤高温干馏后的气体产物经洗涤、冷却处理后，可制得煤焦油、粗苯和焦炉煤气。以上物质再经精制分离可制得数百种有机化合物，如图 2-1 所示。

图 2-1 煤高温干馏的产物

焦炉煤气不仅是很好的气体燃料，而且也是基本有机化学工业的原料，在焦化产品中约占 20%，其大致组成见表 2-2。

表 2-2 焦炉煤气的组成

组分	氢	甲烷	乙烯及少量 其他烯烃	乙烷及 高级烷烃	一氧化碳	氮	二氧化碳
$\varphi/\%$	54～63	20～32	0.95～3.2	0.5～2.2	5～8	2～8	2～3

焦炉煤气进行分离后，可得纯氢，用于合成氨及加氢反应的原料。此外，还可分离出甲烷馏分和乙烯馏分。据估计，一套年处理 100 万吨煤的炼焦装置，每年约可以得到 4 万～5 万吨的甲烷和 0.4 万～0.5 万吨的乙烯。

粗苯约占焦化产品 1.5%。各组分的平均含量见表 2-3。将粗苯进行分离精制，可得到苯、甲苯、二甲苯等基本有机化学工业的产品。

表 2-3 粗苯的组成

组分 （芳烃）	$w/\%$	组分 （不饱和烃）	$w/\%$	组分 （硫化物）	$w/\%$	组分 （其他夹带物）	$w/\%$
苯	50～70	戊烯	0.5～0.8	二硫化碳	0.3～1.5	吡啶 甲基吡啶	0.1～0.5
甲苯	12～22	环戊二烯	0.5～1.0	噻吩	0.2~1.0	酚	0.1～0.4
二甲苯	2～6	苯乙烯	0.5～1.0	甲基噻吩		萘	0.5～2.0
三甲苯	2～6	茚	1.5～2.5	二甲基噻吩			
乙苯	0.5～1.0			硫化氢	0.1～0.2		

煤焦油约占焦化产品的 4%，它的成分相当复杂，含有的芳香烃和品种繁多的稠环和杂环化合物多达 1 万种以上，目前已测定出分子结构和理化性能的有 500 多种。最重要的成分是萘，约占 10%；其他还有苯、甲苯、二甲苯、酚、吡啶、蒽等，都是有机合成工业的重要原料。在现代化的大型焦化厂中，用精馏的方法，把煤焦油分成若干馏分，如表 2-4 所示。煤焦油的分离和利用对发展有机合成工业具有极其重要的意义，在提供多环芳烃和高碳物料原料方面具有不可替代的作用。由煤焦油分离出的化工产品是生产某些医药、染料、香料和农药等精细化工产品不可缺少的原料。随着煤焦油加工技术的提高，焦油产品的进一步加工变得越来越重要。

表 2-4 煤焦油精馏所得馏分

馏分	沸点范围/℃	收率/%	w(主要馏分)/%	用 途
轻油	<180	0.5～1.0	含苯类	分出苯、甲苯、二甲苯
酚油	180～210	2～4	含酚 28～40	分出苯酚、甲酚

续表

馏分	沸点范围/℃	收率/%	w(主要馏分)/%	用　　途
萘油	210~230	9~12	含萘78~84	分离萘
洗油	230~300	6~9	含吡啶4~7 含萘5~12	脱酚和吡啶后,用作洗油以从出炉煤气中回收粗苯
蒽油	300~360	20~24	含蒽18~30	分出粗蒽及防腐油
沥青	>360	50~55	精馏时的残渣	可用于制电极、黏结剂、屋顶涂料、防湿剂等

煤的低温干馏可得约80%的半焦（含挥发分比焦炭高些）、约10%的煤气和10%的焦油。这种干馏方法比高温干馏的温度低，所以得到的产品也有很大区别。以焦油而言，低温焦油中除含有酚类外，并不含芳香烃，因此它不是芳香烃的来源。低温焦油是由与石油成分相似的脂肪类烷烃、烯烃和环烷烃组成的混合物，其中尤以环烷烃的含量为最高。以煤气而言，低温干馏的煤气产量虽不大，仅为高温干馏时焦炉气产率的一半左右。但值得注意的是，它的烃类含量要比焦炉气约高一倍以上。煤低温干馏产物的组成见图2-2。

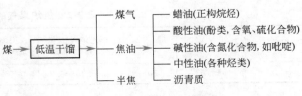

图 2-2　煤低温干馏的产物

2.1.2　煤的气化

煤、焦或半焦在高温、加压或常压条件下，与气化剂如水蒸气、空气或它们的混合气反应制得合成气（CO+H₂），称为煤的气化，这是制取基本有机化工原料的重要途径。

工业上进行煤气化方法应用较广的是固定床气化法、沸腾床气化法和气流床气化法。以固定床气化法最为多见，它是向炽热的煤层中交替地通入水蒸气和空气，使煤层发生如下的反应以获得合成气。

$$C+H_2O \rightleftharpoons CO+H_2 \qquad \Delta H=118.798kJ/mol$$

$$C+2H_2O \rightleftharpoons CO_2+2H_2 \qquad \Delta H=75.222kJ/mol$$

$$CO_2+C \longrightarrow 2CO \qquad \Delta H=162.374kJ/mol$$

上述反应都是吸热反应，如果连续地通入水蒸气，将使煤层的温度迅速下降。为了保持煤层的温度，必须交替地向炉内通入水蒸气和空气，当向炉内通入空气时，主要进行碳的燃烧反应，放出热量，加热煤层。反应温度越高，越有利于水蒸气的分解，产生的煤气质量就越好。由上述方法制得的煤气，又称水煤气，其代表组成见表2-5。

煤气化生产的合成气是合成液体燃料、甲醇、醋酐等多种产品的原料。以合成气为原料生产的主要化工产品见图2-3。

表 2-5　水煤气的组成

组分	氢	一氧化碳	二氧化碳	氮	甲烷	氧
φ/%	48.4	38.5	6.0	6.4	0.5	0.2

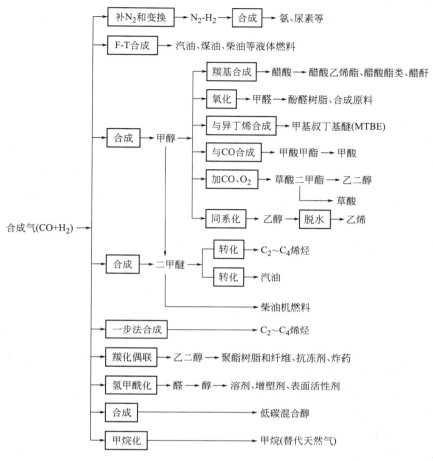

图 2-3 由合成气为原料生产的主要化工产品

2.1.3 煤的液化

煤炭液化技术是将固体的煤炭转化为液体燃料、化工原料等产品的先进洁净煤技术。煤液化合成液体燃料是解决石油短缺的重要途径之一，是一项具有重要战略意义的能源生产技术。煤液化分两个途径：其一是将煤在高温高压下与氢反应直接转化为液体油类，即煤的直接液化，又称加氢液化；其二是先使煤气化生成合成气，再由合成气合成液体燃料或化学产品，称为煤的间接液化。两种液化工艺各有所长，总的来讲，直接液化热效率比间接液化高，对原料煤的要求高，较适合于生产汽油和芳烃；间接液化允许采用高灰分的劣质煤，较适合于生产柴油、含氧的有机化工原料和烯烃等。两种液化工艺都应得到重视和发展。

(1) 煤直接液化

与石油相比，煤的分子结构中碳原子多而氢原子少，通过加氢反应可以降低碳氢比，改变煤的分子结构，煤就可以液化成油。煤加氢液化后所得的并非是单一的产物，而是组成十分复杂的，包括气、液、固三相的混合物。按照在不同溶剂中的溶解度不同，对液固部分进行分离，其流程如图 2-4 所示。

不溶于吡啶或四氢呋喃的残渣，是由未转化的煤、矿物质和外加催化剂组成的。前沥青烯是指不溶于苯但可溶于吡啶或四氢呋喃的重质煤液化产物，其平均分子量约 1000，杂原子含量较高。沥青烯是指可溶于苯、不溶于正己烷或环己烷的部分，类似石油沥青质的重质煤液化产物，其平均分子量约为 500。油是轻质的可溶于正己烷或环己烷的产物，其分子量大约在 300 以下。

用蒸馏法分离，油中沸点小于 200℃ 部分为轻油或石脑油，沸点 200～325℃ 部分为中油，如表 2-6 所示，轻油中含有较多的酚，轻油的中性油中苯族烃含量较高，经重整可得到比石脑油更多的苯类，中油中含有较多的萘系和蒽系化合物，另外还含有较多的酚类与喹啉类化合物。

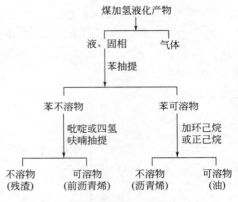

图 2-4 煤加氢液化产物分离流程

表 2-6 煤液化轻油和中油的组成

馏 分		$w/\%$	主 要 成 分
轻油	酸性油	20.0	90% 为苯酚和甲酚，10% 为二甲酚
	碱性油	0.5	吡啶及同系物，苯胺
	中性油	79.5	芳烃 40%，烷烃 5%，环烷烃 55%
中油	酸性油	15	二甲酚、三甲酚、乙基酚、萘酚
	碱性油	5	喹啉、异喹啉
	中性油	80	2～3 芳环芳烃 69%，环烷烃 30%，烷烃 1%

煤液化气体包括两部分：①杂原子的 H_2O、H_2S、NH_3、CO_2 和 CO 等；②气态 C_1～C_4 烃类，其产率与煤种和工艺条件有关。

（2）煤间接液化

煤间接液化主要有两个工艺路线，一个是合成气费-托合成（Fischer-Tropsch），另一个是合成气-甲醇-汽油（methanol to gasoline，MTG）的 Mobil 工艺。这两个工艺都已实现工业化生产。煤直接液化所产轻油及中油主要含芳烃。费-托合成所产液体产品，主要是脂肪族化合物，适合用作发动机燃料。这样煤直接液化和间接液化互相补充，各自以芳香族和脂肪族产品为主，以满足生产不同产品的要求。

煤间接液化中的合成技术是由德国科学家 Frans Fischer 和 Hans Tropsch 于 1923 年首先发现的，并以他们名字的第一个字母即 F-T 命名，简称 F-T 合成或费-托合成。其原理是合成气在催化剂作用下发生反应生成各种烃类以及含氧化合物。它合成的产品包括气体和液体燃料以及石蜡、乙醇、丙酮和基本有机化工原料，如乙烯、丙烯、丁烯和高级烯烃等。F-T 反应系统的总反应包括以下三类：

烷烃生成反应
$$(2n+1)H_2 + nCO \Longrightarrow C_nH_{2n+2} + nH_2O$$
$$(n+1)H_2 + 2nCO \Longrightarrow C_nH_{2n+2} + nCO_2$$

烯烃生成反应
$$2nH_2 + nCO \Longrightarrow C_nH_{2n} + nH_2O$$
$$nH_2 + 2nCO \Longrightarrow C_nH_{2n} + nCO_2$$

醇类生成反应
$$2nH_2 + nCO \Longrightarrow C_nH_{2n+1}OH + (n-1)H_2O$$
$$(n+1)H_2 + (2n-1)CO \Longrightarrow C_nH_{2n+1}OH + (n-1)CO_2$$

费-托合成所用催化剂主要是铁、钴、镍和钌等。尽管钌和镍都具有很高的活性，但因为价格和使用寿命等原因，至今在工业上应用的只有铁和钴。由于钴比铁贵得多，且只能用于低空速的固定床，所以，目前工业应用的主要是铁催化剂。

由合成气制甲醇是工业上相当成熟的工艺。如图 2-3 所示，许多化工产品都可以由甲醇制取，甲醇是仅次于乙烯、丙烯和苯而居第 4 位的基本有机化工原料。作为生产燃料油的原料，美国 Mobil 公司开发了将甲醇转化成高辛烷值汽油的 MTG 工艺。其原理是：甲醇在一定条件下通过 ZSM-5 型沸石分子筛催化剂，发生脱水、低聚合和异构化反应转化成汽油，这一过程可表示为：

$$2CH_3OH \rightleftharpoons CH_3OCH_3 + H_2O$$

$$C_2 \sim C_5 \text{ 烯烃} + H_2O$$

$$\text{脂肪烃、环烷烃、芳香烃}$$

通过煤炭液化，不仅可以生产汽油、柴油、液化石油气、喷气燃料，还可以制取苯、甲苯、二甲苯，也可以生产制造乙烯的原料。由于经济原因，煤液化油的成本居高不下，到目前为止尚未建立大规模生产工厂。但是，很多国家从战略技术储备出发，均投入了较多的人力、物力进行技术开发工作，不少国家完成了中间放大试验，为建立大规模的工业生产厂打下了基础。

2.1.4 煤制电石

工业电石是由生石灰与焦炭或无烟煤在电炉内，加热至 2200℃ 反应制得的：

$$CaO + 3C \rightleftharpoons CaC_2 + CO \qquad \Delta H = +465.7kJ/mol$$

将电石用水分解即可制得乙炔。

$$CaC_2 + 2H_2O \longrightarrow C_2H_2 + Ca(OH)_2 \qquad \Delta H = -120kJ/mol$$

乙炔是基本有机化学工业的重要原料之一。工业电石的主要成分是碳化钙，并含有许多杂质，大致组成可见表 2-7。因此，由电石水解所得的乙炔气是不纯的，必须将有害杂质硫化氢、磷化氢等气体精制除去。

表 2-7 电石的大致组成

组 分	碳化钙	氧化钙	氧化镁	氧化铁和氧化铝	二氧化硅	硫	磷	碳	砷
$w/\%$	77.84	16.92	0.06	2.00	2.65	0.08	0.02	0.41	少量

以乙炔为原料可以生产一系列有机化工产品，如图 2-5 所示。

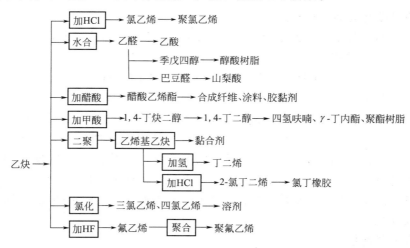

图 2-5 由乙炔为原料生产的主要化工产品

2.1.5 煤制乙二醇

乙二醇又名甘醇、亚乙基二醇、1,2-亚乙基二醇，简称 EG，分子式为 $HOCH_2$—CH_2OH，分子量为 62.068，沸点 197.3℃，熔点 −12.9℃，相对密度 1.1155（20℃）；外观为无色澄清黏稠液体，对动物有毒性，人类致死剂量约为 1.6g/kg，溶于水、低级醇、甘油、丙酮、乙酸、吡啶及醛类物质，微溶于醚，几乎不溶于苯、二硫化碳、氯仿和四氯化碳等产品。

乙二醇是一种重要的石油化工基础有机原料，主要用于生产聚酯纤维、不饱和聚酯树脂、防冻剂、润滑剂、增塑剂、非离子表面活性剂以及炸药等，此外还可用于涂料、照相显影液、刹车液以及油墨等行业，用作硼酸铵的溶剂和介质，用于生产特种溶剂乙二醇醚等，用途十分广泛。全球约 75% 用于生产聚酯纤维，15% 用于生产聚酯树脂，10% 用作其他用途。

目前，随着聚酯工业的发展，中国成为世界上最大的 PET（聚对苯二甲酸乙二醇酯）生产国和消费国，也是全球最大的乙二醇消费国，2016 年中国乙二醇的消费量为 1315 万吨，占全球乙二醇消费量的 50%，国内乙二醇的产量无法满足表观消费量，缺口较大，70% 的乙二醇依赖于进口，对外依存度长期基本保持在 67%～77%，属于对外依存度最高的大宗化工产品，因此降低我国乙二醇的生产成本，提高我国乙二醇的市场竞争力，减少对外依存度，就显得尤为重要。

目前乙二醇生产方法包括两大工艺路线：一是以石油为原料的乙烯路线，即先由乙烯环氧化生产环氧乙烷，再将环氧乙烷水合生产乙二醇；二是以煤为原料的合成气路线，即煤制乙二醇。乙烯路线早在 1860 年由 Wurtz 首先发明，在漫长的工业化生产中，经过不断改进，已日渐完善，是现有工艺中最为成熟、占绝对市场优势的工艺路线；目前合成气路线只有我国有工业化装置，均为经草酸酯的羰化加氢路线，该法需要合成气中的主要成分 CO 和 H_2，根据原料不同，可分为煤制合成气、天然气制合成气、焦炉气、电石尾气等。我国煤制乙二醇已有多套工业化装置，由于电石尾气或焦炉气产量不稳定，只有新疆天业（集团）有限公司采用该方法生产乙二醇。天然气制乙二醇还没有工业化装置。

2.1.5.1 乙烯法生产乙二醇

(1) 环氧乙烷直接加压水合法

由乙烯生产环氧乙烷，进而水合生成乙二醇，同时副产二乙二醇（DEG）和三乙二醇（TEG），其反应方程式如下：

$$CH_2=CH_2+1/2\ O_2 \longrightarrow H_2COCH_2$$
$$H_2COCH_2+H_2O \longrightarrow HOCH_2CH_2OH$$

环氧乙烷直接加压水合法是当今世界上生产乙二醇的主要方法，占该技术市场份额较大的公司主要是 Shell、Dow 和 SD 三家，目前这三家技术的生产能力合计占总生产能力的 91%，余下的 9% 主要为德国的 BASF、日本的触媒株式会社、意大利的 SNAM 等公司占有。乙二醇和环氧乙烷生产技术发展到现在，工艺流程总体上已趋于完善，各公司都在致力于研究提高环氧乙烷氧化反应催化剂的选择性和乙二醇水合反应的选择性，以进一步降低乙烯消耗和简化流程。

(2) 碳酸乙烯酯法

经碳酸乙烯酯法合成乙二醇有两种生产方法，一种是碳酸乙烯酯（EC）水解法，另一种是乙二醇和碳酸二甲酯（DMC）联产法。这两种方法均先通过二氧化碳和环氧乙烷在催化剂作用下合成碳酸乙烯酯。前者得到碳酸乙烯酯再经水解得到乙二醇，后者与甲醇发生酯交换生成乙二醇，同时联产碳酸二甲酯。目前已经工业化的有 Shell 公司 OMEGA 工艺（碳酸乙烯酯水解法），该工艺为三菱公司于 2002 年开发的，采用磷系催化剂。其乙二醇的选择性达到 99.3％以上，比传统的直接水合法的 90％要高 9 个百分点以上，乙二醇的收率比传统的直接水合法增加了 15％～20％。

2.1.5.2　煤制乙二醇法

煤制乙二醇法即合成气法，20 世纪 70 年代世界石油危机的冲击，使人们认识到石油资源的有限性，因此各国纷纷开始研究以煤为初级原料来生产乙二醇的方法。

合成气生产法包括直接合成法、甲醇脱氢二聚法和羰化加氢法等。目前合成气法乙二醇技术的工业化装置均在中国，且均为经草酸酯的羰化加氢法。

(1) 直接合成法

该工艺以煤或天然气为原料得到合成气，由合成气直接一步制乙二醇，是最简单的、原子利用率最高的方法，最早由 DoPont 公司提出，反应方程式如下：

$$2CO + 3H_2 \longrightarrow HOCH_2CH_2OH$$

从该反应方程式可以看出，该方法的原子利用率为 100％，从原子反应以及经济角度考虑，该工艺具有很大优越性，但从热力学计算结果得出，该反应的吉布斯自由能为 6.6×10^4 J/mol，研究表明在热力学下很难进行，反应条件非常苛刻，距离工业化还有相当距离，目前研究开发温和条件下能够实现高活性、高选择性和高稳定性的催化剂是该工艺路线的核心。

(2) 甲醇脱氢二聚法

甲醇脱氢二聚法是在引发剂的作用下，甲醇首先脱氢生成 2 分子自由基，甲醇自由基再聚合生成乙二醇。该法虽然原料甲醇价格便宜，但是反应条件较为苛刻，需使用铑催化剂、γ 射线以及过氧化物等，催化效果均不理想。

(3) 草酸酯羰化加氢法

该工艺以煤为原料首先制取合成气 CO 和 H_2，然后 CO 和亚硝酸甲酯经过羰化偶联反应生成草酸二甲酯以及 NO，草酸二甲酯再加氢合成乙二醇，羰化反应生成的 NO 与甲醇反应重新合成亚硝酸酯，如此构成循环，具体反应方程式如下。

第一步，CO 和亚硝酸甲酯羰化偶联反应生成草酸二甲酯：

$$2CO + 2CH_3ONO \longrightarrow (COOCH_3)_2 + 2NO$$

宇部兴产公司开发的气相催化合成草酸酯的工艺，反应压力为 0.5MPa、温度为 80～150℃、催化剂为 Pd/α-Al_2O_3 时，草酸二甲酯时空产率：600～800kg/(m^3cat·h)。

第二步，草酸二甲酯加氢生成最终产品乙二醇：

$$(COOCH_3)_2 + 4H_2 \longrightarrow HOCH_2CH_2OH + 2CH_3OH$$

宇部兴产公司采用气固相反应器，反应压力 2MPa，反应温度 120～150℃，采用 Cu-Cr 或 Cu/SiO_2 为催化剂，草酸二甲酯转化率≥99.5％，选择性可高达 95％～97％，乙二醇时空产率 300～450kg/(m^3cat·h)。

第三步，将生成的 NO、甲醇与氧气反应重新生成亚硝酸甲酯用于第一步反应：

$$2CH_3OH + 1/2O_2 + 2NO \longrightarrow 2CH_3ONO + H_2O$$

此三步的总反应为：

$$2CO + 1/2O_2 + 4H_2 \longrightarrow HOCH_2CH_2OH + H_2O$$

其中甲醇、NO、亚硝酸甲酯构成循环体系，消耗不多。煤制乙二醇具有原料成本低的优点，十分适合我国缺油、少气、煤炭资源相对丰富的资源国情。但与乙烯路线相比存在投资大、公用工程消耗高、"三废"产生量大的问题。

由煤制合成气经过羰化偶联制草酸二甲酯，再加氢制乙二醇的工艺路线成为一条可替代石油路线生产乙二醇的最为经济有效的方法，但条件是当石油的价格高于一定值和煤的价格低于一定值才具备竞争优势。以国内现有煤制乙二醇技术水平，在国际油价达到 65 美元/bbl ［1bbl(桶)＝42gal(美)＝159L，下同］时，即具备与乙烯路线竞争的能力。图 2-6 为国际油价及对应煤制乙二醇所能承受的煤价。

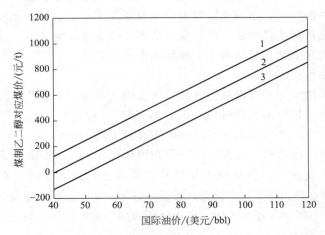

图 2-6　国际油价及对应煤制乙二醇所能承受的煤价
1—东部对应煤价；2—中部对应煤价；3—西部对应煤价

2.2　石油及其初步加工

石油又称原油，存在于地下多孔的储油构造中。由低级动植物在地压和细菌的作用下，经过复杂的化学变化和生物化学变化而形成。石油是一种有气味的黏稠液体，其色泽一般是黄到黑褐色或青色，相对密度为 0.75～1.0，热值 43.5～46MJ/kg，是多种烃类（烷烃、环烷烃和芳烃等）的复杂混合物，并含有少量的硫、氧和氮的有机化合物，平均碳含量为 85%～87%，平均氢含量为 11%～14%，O、S、N 含量合计为 1%。

石油中所含硫化物有硫化氢、硫醇（RSH）、二硫化物（RSSR）和杂环化合物等。多数石油含硫总量小于 1%，这些硫化物都有一种臭味，对设备和管道有腐蚀性。有些硫化物如硫醚、二硫化物等本身无腐蚀性，但受热后会分解生成腐蚀性较强的硫醇与硫化氢，燃烧后生成的二氧化硫会造成空气污染，硫化物还能使催化剂中毒，所以除掉油品中的硫化物是石油加工过程中的重要一环。

石油中的氮化物含量在千分之几至万分之几，胶质越多，含氮量也越高。氮化物主要是吡咯、吡啶、喹啉和胺类等。石油中胶状物质（胶质、沥青质、沥青质酸等）对热不稳定，很容易起叠合和分解作用，所得产物的结构非常复杂，分子量也很大，绝大部分集中在石油的残渣中，油品越重，所含胶质也越多。含氮化合物还会使某些催化剂中毒，故在石油加工和精制过程中必须将其脱除。

石油中的氧化物含量变化很大，从千分之几到百分之一，主要是环烷酸和酚类等，它们是有用的化合物，应加以回收利用，同时它们呈酸性，对设备和管道也有腐蚀性。

不同产地的石油中，各种烃类的结构和所占比例相差很大，成分复杂，还含有水和氯化钙、氯化镁等盐类。经过脱水、脱盐后的石油主要是烃类的混合物，通过分馏就可以把石油分成不同沸点范围的蒸馏产物，分馏出来的各种成分叫馏分，可得到溶剂油、汽油、航空煤油、煤油、柴油、重油（润滑油、凡士林、石蜡、沥青）、石脑油等。

石油按烃类相对含量多少可分为烷基石油（石蜡基石油）、环烷基石油（沥青基石油）、芳香基石油和中间基石油。我国石油大多属于烷基石油，表 2-8 所示为国内主要原油的一般性质。

表 2-8　中国主要原油的一般性质

项　　目	大庆原油	大港原油	任丘原油	胜利原油（孤岛）	新疆原油	中原原油
相对密度(d_4^{20})	0.8601	0.8826	0.8837	0.9460	0.8708	0.8466
黏度(50℃)/mPa·s	23.85	17.37	57.1		30.66	10.32
凝点/℃	31	28	36	−2	−15	33
w(蜡)/%	25.76	15.39	22.8	7.0	—	19.7
w(沥青质)/%	0.12		2.5	7.8		
w(胶质)/%	7.96	13.14	23.2	32.9	11.3	9.5
w(残炭)/%	2.99	3.2	6.7	6.6	3.31	3.8
酸值/(mgKOH/g)	0.014	—	—			
w(灰分)/%	0.0027	0.018	0.0097			
闪点(开口)/℃	34	<42	70		5(闭口)	
w(硫)/%	—	0.12	0.31	2.06	0.09	0.52
w(氮)/%	0.13	0.23	0.38	0.52	0.26	0.17
原油种类	低碳石蜡基	低硫环烷中间基	低硫石蜡基	含硫环烷中间基	低硫中间基	低硫石蜡基

2.2.1　原油的预处理

在油田脱过水后的原油，仍然含有一定量的盐和水，所含盐类除有一小部分以结晶状态悬浮于油中外，绝大部分溶于水中，并以微粒状态分散在油中，形成较稳定的油包水型乳化液。

原油含盐和水对后续的加工工序带来不利影响。水会增加燃料消耗和蒸馏塔顶冷凝冷却器的负荷；原油中所含无机盐主要是氯化钠、氯化钙、氯化镁等，其中以氯化钠的含量为最多（约75%）。这些盐类受热后易水解生成盐酸，腐蚀设备，也会在换热器和加热炉管壁上结垢，增加热阻，降低传热效果，严重时甚至会烧穿炉管或堵塞管路。因为原油中盐类大多残留在重馏分油和渣油中，所以还会影响油品二次加工过程及其产品的质量。因此，在进入炼油装置前，要将原油中的盐含量脱除至小于 3mg/L，水的质量分数小于 0.2%。

由于原油形成的是一种比较稳定的乳化液，炼油厂广泛采用的是加破乳剂和高压电场联合作用的脱盐方法，即所谓电脱盐脱水。为了提高水滴的沉降速率，电脱盐过程是在 80～120℃甚至更高（如 150℃）的温度下进行的。图 2-7 所示为二级电脱盐原理流程。原油自油罐抽出、与破乳剂、洗涤水按比例混合后经预热送入一级电脱盐罐进行第一次脱盐、脱水。在电脱盐罐内，在破乳剂和高压电场（强电场梯度为 500～1000V/cm，弱电场梯度为 150～

300V/cm）的共同作用下，乳化液被破坏，小水滴聚结生成大水滴，通过沉降分离，排出污水（主要是水及溶解在其中的盐，还有少量的油）。一级电脱盐的脱盐效率约为 90%～95%。经一级脱盐后的原油再与破乳剂及洗涤水混合后送入二级电脱盐罐进行第二次脱盐、脱水。通常二级电脱盐罐排出的水含盐量不高，可将它回流到一级混合阀前，这样既节省用水，又减少含盐污水的排出量。在电脱盐罐前注水的目的在于溶解原油中的结晶盐，同时也可减弱破乳剂的作用，有利于水滴的聚集。经过两次电脱盐工序后，原油中的含盐和含水量已能达到要求，可送炼油车间进一步加工。

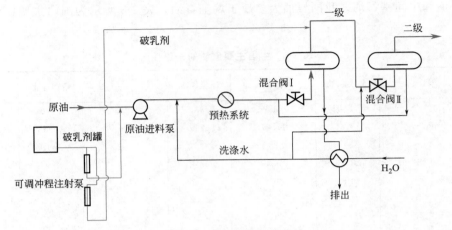

图 2-7　二级电脱盐流程

在加工含硫原油时，还需向经脱水和脱盐的原油中加入适量的碱性中和剂与缓蚀剂，以减轻硫化物对炼油设备的腐蚀。

2.2.2　常减压蒸馏

原油的常减压蒸馏流程如图 2-8 所示。石油经预热至 200～240℃后，入初馏塔。轻汽油和水蒸气由塔顶蒸出，冷却到常温后，入分离器分离出液体和未凝气体，分离器底部的产品

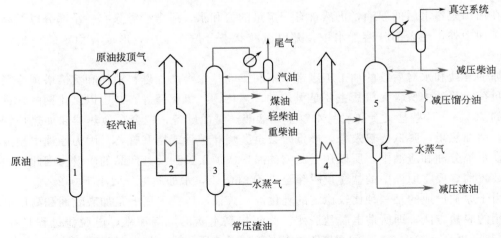

图 2-8　原油的常减压蒸馏流程

1—初馏塔；2—常压加热炉；3—常压塔；4—减压加热炉；5—减压塔

为轻汽油（又称"石脑油"），是生产乙烯和芳烃的原料。未凝气体称为"原油拔顶气"，占原油质量的 0.15%～0.4%，其中乙烷占 2%～4%、丙烷约 30%、丁烷约 50%，其余为 C₅及 C₅ 以上组分，可用作燃料或生产烯烃的裂解原料。初馏塔底油料，经加热炉加热至 360～370℃，进入常压塔，塔顶出汽油，第一侧线出煤油，第二侧线出柴油。为与油品二次加工所得汽油、煤油和柴油区分开来，在它们前面冠以"直馏"两字，以表示它们是由原油直接蒸馏得到的。将常压塔釜重油在加热炉中加热至 380～400℃，进入减压蒸馏塔。采用减压操作是为了避免在高温下重组分的分解（裂解）。减压塔侧线油和常压塔三、四线油，总称"常减压馏分油"，用作炼油厂的催化裂化等装置的原料。减压塔底得到的减压渣油可用于生产石油焦或石油沥青。表 2-9 是国内某石油化工厂常压蒸馏工序所控制的温度指标，原料是大庆原油。

表 2-9　常压蒸馏塔切割的馏分

控制点位置	所在塔板层数	指标/℃	油品种类	产率/%
常压塔顶	40	95～100 [0.005MPa(表)]	汽油	5.0
常压一线	29～31	145～150	煤油	9.1
常压二线	17～19	267～270	轻柴油	6～7
常压三线	13～15	330～335	重柴油	6～7
常压塔底	0	345～350	重油	65～75

2.2.3　催化裂化

原油通过常减压蒸馏的方法可以获得汽油、煤油和柴油等轻质液体燃料，但产量不高，约占石油总量的 25%，而且主要是直链烷烃，辛烷值低，只有 50 左右，不能直接用作发动机燃料。而有些油料，例如减压塔塔釜流出的渣油产量很大，约占原油质量的 30%。还有常减压馏分油、润滑油制造和石蜡精制的下脚油、催化裂化回炼油、延迟焦化的重质馏分油等，沸点范围 300～550℃，分子量较大，在工业上用处不大。因此，人们就很自然地产生了利用这些油料通过裂解反应来增产汽油的想法，并建立了相应的生产装置。此外，在少数场合也利用轻质油品作裂解原料油，例如，以生产航空汽油为主要目的时，常常采用直馏初柴油（瓦斯油）、焦化汽油、焦化柴油等作裂解原料，这样做除可显著地增产汽油外，还可提高所得汽油和柴油的品质。

裂化是在一定条件下，重质油品的烃断裂为分子量小、沸点低的烃的过程。裂化有热裂化和催化裂化两种生产方法。由于热裂化所生产的汽油质量较差，辛烷值只有 50 左右，并且在热裂化过程中还常会发生结焦现象，影响生产的进行，因此在炼油厂中热裂化已逐步被催化裂化所取代。由于使用催化剂，催化裂化反应可以在较低的压力（常压或稍高于常压）下进行。催化剂有人工合成的无定形硅酸铝（$SiO_2 \cdot Al_2O_3$）、Y 型分子筛、ZSM-5 型沸石以及用稀土改性的 Y（或 X）型分子筛。催化裂化反应器有固定床、移动床和流化床三种。催化裂化原理流程见图 2-9。该流程采用流化床催化裂化反应器，催化剂是平均粒径为 60～80μm 的微球，故又称微球型催化剂。催化剂在反应器中呈流化状态，油品加热到反应温度，在催化剂作用下发生裂解反应。反应中有少量粒径较小的催化剂随裂解产物一起，在旋风分离器中分开，气体上升、催化剂下降至流化层继续参与催化反应。积满焦炭而又失去了活性的催化剂，由于粒大且重，沉在流化层下层，并通过输送管，送往再生器中。在此，通入空气烧焦，催化剂粒子变小，活性恢复并被加热到一定温度，再返回反应器重新使用。因此，再生器不仅恢复了催化剂的活性，而且也提供了裂解反应所需的温度和大部分热量。

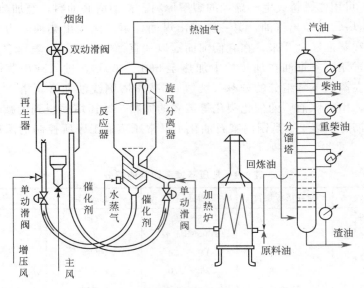

图 2-9　催化裂化原理流程

由于使用了催化剂，与热裂化相比，烷烃分子链的断裂在中间而不是在末端，因此产物以 C_3、C_4 和中等大小的分子（即从汽油到柴油）居多，C_1 和 C_2 的产率明显减少。异构化、芳构化（如六元环烷烃催化脱氢生成苯）、环烷化（如烷烃生成环烷烃）等的反应在催化剂作用下得到加强，从而使裂解产物中异构烷烃、环烷烃和芳香烃的含量增多，使裂化汽油的辛烷值提高。在催化剂作用下，氢转移反应（缩合反应中产生的氢原子与烯烃结合成饱和烃的反应）更易进行，使得催化汽油中容易聚合的二烯烃类大为减少，汽油安定性较好。当然，催化裂化和热裂化一样，也会发生聚合、缩合反应，从而使催化剂表面结焦。由于进行的裂解、缩合（脱氢）、芳构化等反应都是吸热的，因此从总体上说，和热裂化一样，催化裂化也是吸热的。

催化裂化产物主要是气体（称为催化裂化气）和液体。固体产物（焦炭）生成量不多，且在催化剂再生器中已被烧掉。催化裂化气产率为原料总质量的 10%～17%，其中乙烯含量为 3%～4%、丙烯为 13%～20%、丁烯为 15%～30%、烷烃约占 50%，具体组成举例如表 2-10 所示。据统计，一个处理能力为 1.2×10^6 t/a 的催化裂化装置，约可副产乙烯5000～7000t，丙烯 38000t，异丁烯 12000t，正丁烯 45000t，剩余约 50% 的烷烃是生产低级烯烃的裂解原料。因此，催化裂化气实际上是一个很有经济价值的化工原料气源。在国内外的大中型炼油厂中，都建有分离装置，将催化裂化气中的烯烃逐个地分离出来，经进一步提纯后用作生产高聚物的单体或有机合成原料。

表 2-10　催化裂化气组成举例

组成	H_2	CH_4	C_2H_6	C_2H_4	C_3H_8	C_3H_6	$n\text{-}C_4H_{10}$	$i\text{-}C_4H_{10}$	$n\text{-}C_4H_8$	$i\text{-}C_4H_8$	反-2-C_4H_8	顺-2-C_4H_8	$n\text{-}C_5H_{12}$	$i\text{-}C_5H_{12}$
$\varphi/\%$	0.1	3.2	4.1	2.9	7.0	20.3	4.6	18.4	9.2	6.2	8.5	6.0	6.3	2.9

催化裂化所得液体产品以催化裂化汽油居多，约占裂解原料总质量的 40%～50%。如表 2-11 所示，国内催化裂化汽油的典型组成中芳烃含量比较低（<25%），苯含量也大大低

于 1%，但烯烃含量严重超标。为达到新配方汽油（RFG）标准，尚须在原料、操作和催化剂上做出种种努力以降低汽油中烯烃的含量。在催化裂化汽油中因有芳烃、环烷烃和异构烷烃，辛烷值可达 70～90，是一种优质车用汽油，若用来驱动货车，只需辛烷值为 70 的汽油，此时在催化裂化汽油中还可掺入部分直馏汽油。

表 2-11　催化裂化汽油典型组成

项　目	$w/\%$										
	C_4	C_5	C_6	C_7	C_8	C_9	C_{10}	C_{11}	C_{12}	C_{13}	合计
烷烃	0.81	7.03	7.28	5.82	4.94	3.54	3.02	2.55	1.33	0.06	36.38
烯烃	3.50	10.66	9.26	7.65	4.94	2.50	0.51	0.61			39.63
环烷烃			1.33	2.17	1.67	1.87	0.67	1.14			8.85
芳烃			0.35	1.63	4.41	5.04	3.59				15.02
合计	4.31	17.69	18.22	17.27	15.96	12.95	7.79	4.3	1.33	0.06	

催化裂化柴油占裂化原料油质量的 30%～40%，其中轻柴油的质量占柴油总质量的 50%～60%。催化裂化柴油中含有大量芳烃，是抽提法回收芳烃的原料。经抽提后，可大大提高柴油的十六烷值，改善柴油的品质。抽提所得芳烃中含有甲基萘，经加氢脱烷基后可制萘（又称石油萘，以示与焦化制得的萘相区别）。柴油中含有烯烃，安定性差，因此柴油出厂前还需经过加氢处理。

分出汽油和柴油的重质油馏分，可以返回催化裂化装置做原料用，故它又称回炼油（因里面包含较多的催化剂微粒，容易磨损燃油泵和堵塞燃料油喷嘴，不宜作燃料使用），但因含重质芳烃多，易结焦，也不是理想的催化裂化原料油，现多用作加氢裂化原料油。

2.2.4　加氢裂化

加氢裂化是催化裂化技术的改进。在临氢条件下进行催化裂化，可抑制催化裂化时发生的脱氢缩合反应，避免了焦炭的生成。操作条件为压力 6.5～13.5MPa、温度 340～420℃，可以得到不含烯烃的高品位产品，液体收率可高达 100% 以上（因有氢加入油料分子中）。原料可以是城市煤气厂的冷凝液（俗称凝析油）、重整后的抽余油、由重质石脑油分馏所得的粗柴油、催化裂化的回炼油等。本法的工艺特点可简述如下。

① 生产灵活性大　使用的原料范围广，高硫、高氮、高芳烃的劣质重馏分油都能加工，并可根据需要调整产品方案。因此，加氢裂化过程逐渐成为炼油工业中最先进、最灵活的过程。

② 产品收率高、质量好　产品中含不饱和烃和重芳烃少，由于通过加氢反应可以除去有害的含硫、氮、氧的化合物，因此非烃类杂质更少，故产品的安定性好、无腐蚀。加氢裂化副产气体以轻质异构烃为主。

③ 抑制焦炭生成　因为焦炭生成量少，所以不需要再生催化剂，可以使用固定床反应器。总的反应过程是放热的，所以反应器中需冷却，而不是加热。

加氢裂化催化剂是具有加氢活性和裂化活性的双功能催化剂。主要有非贵金属（Ni、Mo、W）催化剂和贵金属（Pd、Pt）催化剂两种。这些金属的氧化物与氧化硅-氧化铝或沸石分子筛组成双功能催化剂。其中催化剂加氢活性功能由上述金属或金属氧化物提供，裂化活性功能由氧化硅-氧化铝或沸石分子筛提供。

表 2-12 为加氢裂化各产品的组成。由表可见，加氢裂化产品中的加氢减压柴油，虽仍是重质油，但与减压柴油比较烷烃含量增加，重芳烃的含量显著减少，可作裂解制烯烃的原料。

表 2-12　减压柴油加氢裂化产品的组成（质量分数）　　　　单位：%

组　成	原料	加氢裂化产品		
	减压柴油	加氢轻油	加氢汽油	加氢减压柴油
烷烃	22.5	24	27.7	74
环烷烃	39.0	43.2	56.1	24.6
芳烃	37.5	32.6	16.2	1.2

　　加氢裂化的缺点是所得汽油的辛烷值比催化裂化低，必须经过重整来提高其辛烷值；加氢裂化需在高压下进行，并且消耗大量的氢，所以操作费用和生产设备的成本比催化裂化高。工业上，加氢裂化是作为催化裂化的一个补充，而不是代替催化裂化。例如，它可以加工从催化裂化得到的沸点范围在汽油以上的、含有较多多环芳烃的油料，而这些油料是很难进一步催化裂化的。

2.2.5　催化重整

　　催化重整是将轻质原料油，如直馏汽油、粗汽油等，经过催化剂的作用，使油料中的烃类重新调整结构，生成大量芳烃的工艺过程。此法最初是用来生产高辛烷值的汽油，随着有机化工的发展，对芳烃的需求量骤增，由煤干馏所得芳烃已远远不能满足市场的需要，而重整油料中芳烃的含量高达 30%~60%，有的甚至高达 70%，比催化裂化汽油中的芳烃含量高得多，因此很自然就成为获取芳烃的重要途径。

　　催化重整是在铂催化剂作用下，使环烷烃和烷烃发生脱氢芳构化反应而生成芳烃。

　　环烷烃脱氢芳构化：

$$\text{（环己烷）} \xrightarrow{-3H_2} \text{（苯）}$$

　　环烷烃异构化脱氢生成芳烃：

$$\text{（甲基环戊烷）} \longrightarrow \text{（环己烷）} \xrightarrow{-3H_2} \text{（苯）}$$

　　烷烃脱氢芳构化：

$$CH_3CH_2CH_2CH_2CH_3 \xrightarrow{-4H_2} \text{（苯）}$$

　　除上述三类主要反应外，还有正构烷烃的异构化、加氢裂化等反应。正构烷烃的异构化反应对提高汽油辛烷值有利。但加氢裂化反应的发生，不利于芳烃的生成且降低了液体产率，因而应尽量抑制这类反应。表 2-13 为大庆油催化重整汽油的典型组成和性质。

表 2-13　大庆油催化重整汽油典型组成和性质

性　质	大　庆　油	性　质	大　庆　油
密度(20℃)/(g/cm³)	0.7892	干点/℃	182
收率/%	85.5	族组成	
馏程/℃		w(烷烃)/%	35.2
初馏点	52	w(环烷烃)/%	0.5
$w=10\%$	69	w(芳烃)/%	64.2(其中,苯18)
$w=50\%$	110		
$w=90\%$	149		

　　由表 2-13 可见，重整原料油经过催化重整后，可得到总质量 85.5% 的催化重整汽油，

其中芳烃的含量高达 64.2%，因此是获取芳烃的好原料。从重整油中提取芳烃工业上常用液-液抽提的方法，即用一种对芳烃和非芳烃具有不同溶解能力的溶剂（如三乙二醇醚、环丁砜等），将所要的芳烃抽提出来，使芳烃和溶剂分离，洗涤后获得基本上不含非芳烃的各种芳烃化合物。再经精馏得到产品苯、甲苯和二甲苯。因此，催化重整装置的工艺流程主要有三个组成部分：预处理及催化重整、抽提和精馏。预处理催化重整部分的工艺流程如图 2-10 所示。

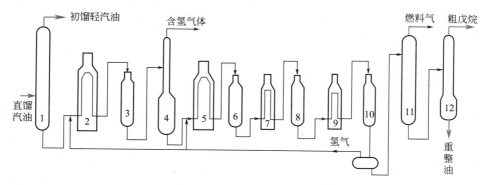

图 2-10　催化重整流程

1—预分馏塔；2—预加氢加热炉；3—预加氢反应器；4—预加氢汽提塔；
5—第一加热炉；6—反应器（Ⅰ）；7—第二加热炉；8—反应器（Ⅱ）；
9—第三加热炉；10—反应器（Ⅲ）；11—稳定塔；12—脱戊烷塔

催化重整的原料油不宜过重，一般终沸点不得高于 200℃，通常是以轻汽油为原料。重整过程中对原料杂质含量有一定的要求。如砷、铝、钼、汞、硫、氮等都会使催化剂中毒而失去活性。特别是铂催化剂对砷最为敏感，要求原料油中含砷量不大于 $0.1\mu g/g$。如图 2-10 所示，原料油在预分馏塔 1 进行分馏，沸点低于 60℃的馏分从塔顶馏出，经过冷凝和分离后，一部分回流，一部分作为轻馏分收集。从预分馏塔底引出的 60～145℃的原料油，泵送到预加氢加热炉 2 与氢气混合加热到 340℃，送至预加氢反应器 3，在压力 1.8～2.5MPa 和钼酸铝催化剂的作用下，进行脱硫、脱氮等反应，同时还吸附砷、铅等易使铂催化剂中毒的化合物。预加氢反应后，反应物进入预加氢汽提塔 4，在塔的中下部吹入一部分来自重整工段的含氢气体，以脱除预加氢生成的硫化氢、氨及水等。从汽提塔底获得预处理后的重整原料油进入第一加热炉 5，根据催化剂类型的不同，炉的出口温度控制在 490～530℃，反应压力一般为 2～3MPa。进入反应器（Ⅰ）6，由于生成芳烃的反应都是强吸热反应（反应热为 627.9～837.2kJ/kg 重整进料），因此，一般重整反应分成三个反应器，中间加热以补偿热量消耗。经连续三次反应后便完成重整反应。再经加氢除烯烃及稳定塔 11 和脱戊烷塔 12 处理，塔底得重整油。重整油中芳烃经抽提后，所余下的部分称抽余油，可混入商品汽油，也可作为裂解制乙烯的原料。将抽提出来的混合芳烃经精馏后可分别得到纯苯、甲苯、二甲苯。

2.3　天然气及其化工利用

2.3.1　天然气

天然气是埋藏在地底下或海洋底下的可燃性气体，按其来源可分为天然气田、油田伴生气（油田气）、煤田伴生气（煤层气）、页岩气和可燃冰。

2.3.1.1 天然气田

石油与天然气都是在地表下通过有机质的分解而产生的，因此石油与天然气常常一起产出。通常情况下，把富含石油的地方称为油田，富含天然气的地方称为天然气田，简称气田。

有机质埋藏在 1000m 到 6000m（温度在 60℃ 到 150℃）时产生石油，更深、温度更高时产生天然气。越深，越产生干气。石油与天然气都比水轻，它们可以从烃源向上溢出或形成圈闭并被钻探得到。

世界上最大的气田是北方-南帕斯天然气田，由伊朗和卡塔尔共有，第二大的气田是俄罗斯的乌连戈气田。中国的气田主要分布在四川盆地、鄂尔多斯盆地、塔里木盆地以及南海莺歌海盆地等。

天然气的成分随产地不同而有所差异，甚至随开采的时间和气象条件的变化而变化。代表性的天然气组成见表 2-14。从表中数据可知，含 C_2 以上烷烃愈多，天然气的相对密度就愈大，故可从测定密度来推知它的性质。

表 2-14　天然气的代表性组成（体积分数）

编号	CH_4/%	C_2 以上烷烃/%	CO_2/%	N_2/%	H_2S/%	相对密度
1	96.5	—	1.4	2.1		0.58
2	86.7	9.5	1.7	2.1		0.63
3	67.6	31.3	—	1.1	—	0.71
4	23.6	69.7	2.5	1.3	2.9	0.91

我国现已探明的天然气田中近一半为高含硫气田，有 100 多个，仅四川盆地就有 20 多个，目前投入开发的基本上是不含硫或中低含硫气田。

天然气具有易燃易爆、流动性强等特性，因此天然气开发是石油工业上游业务链中风险最高的一个环节。而且，由于高含硫气藏中富含剧毒和强腐蚀性的硫化氢，如四川东北的铁山坡气田每立方米天然气含硫量高达 220g，而每立方米空气含硫浓度 2g 就能致人死亡。开发过程中硫化氢不易控制，所以高含硫气田开发在技术、管理和外部环境条件等方面有着更高甚至特殊的要求。美国、加拿大等国经过长期研究探索，目前已形成一套成熟的技术和一些管理经验。我国由于起步晚，在高含硫气田开发上还面临诸多难题。

2.3.1.2 油田伴生气和煤田伴生气

天然气可以单独存在，还可与石油和煤伴生，称为油田伴生气（油田气）和煤田伴生气（煤层气）。从油田伴生气组成来看，可将它划分为干气和湿气。

① 干气　主要成分是甲烷，其次是乙烷、丙烷和丁烷，并含有少量戊烷以上重组分，以及二氧化碳、氮、硫化氢、氢等杂质。它稍加压缩不会有液体产生，故被称作干气。属于这一类的有天然气井和煤田伴生气。

② 湿气　除甲烷和乙烷等低碳烷烃外，还有 15%～20% 或以上的 C_3～C_4 的烷烃及少量轻汽油，对它稍加压缩就有汽油析出来，故称湿气。

油田气是随石油一起开采出来的气体，几乎全是饱和的碳氢化合物，主要含甲烷、乙烷、丙烷和丁烷，以及少量的轻汽油。此外也含有杂质硫化氢、二氧化碳和氢。几种油田气的成分见表 2-15。

表 2-15　油田气的组成（体积分数）　　　　　单位：%

成分	CH_4	C_2H_6	C_3H_8	C_4H_{10}	C_5H_{12}	CO_2
干气	83.7	0.6	0.2	—	—	11.5
湿气	10.7	17.8	35.7	19.7	8.4	7.5

干气中绝大部分是甲烷，因此是制造合成氨和甲醇的好原料，由于热值很高，也是很好的燃料。湿气中乙烷以上烃类含量高，对它们加适当压力会被液化，常被称为"液化石油气"（LPG），用作热裂化原料或民用燃料；C_5 以上烷烃，稍加压缩即被凝析出来，常被称为"凝析汽油"，也是热裂化制低级烯烃的好原料。

2.3.1.3 页岩气

页岩气别称致密气层气，无色，属于非常规天然气，是一种新型能源。它赋存于富有机质泥页岩及其夹层中，可以游离态蕴藏于页岩层天然裂缝和孔隙中，以吸附态存在于干酪根、黏土颗粒表面，还有极少量以溶解状态储存于干酪根和沥青质中。页岩气成分以甲烷为主，游离气比例一般在 20%～85%，是一种清洁、高效的能源资源和化工原料，主要用于居民燃气、城市供热、发电、汽车燃料和化工生产等，用途广泛。

地球页岩层内的天然气资源与常规天然气可采储量相当，主要分布在北美、中亚、中国、拉美、中东、北非和俄罗斯。2012 年前后，已实现对页岩气商业开发的国家有美国和加拿大，其中美国已实现大规模商业化生产。我国页岩气资源也很丰富，资料显示主要分布在中国南方海相页岩地层，松辽、鄂尔多斯、吐哈、准噶尔等陆相沉积盆地的页岩地层。重庆綦江、万盛、南川、武隆、彭水、酉阳、秀山和巫溪等区县是页岩气资源最有利的成矿区带，但开发还处于起始阶段，中国页岩气开发起步虽晚，却是继美国、加拿大之后第三个形成规模和产业的国家，2018 年 12 月，中石油川南页岩气日产量已达 2011 万立方米，约占全国天然气日产量的 4.2%，已成为我国最大的页岩气生产基地。

中国页岩气藏的储层与美国相比有所差异，如四川盆地的页岩气层埋深要比美国的深，美国的页岩气层深度在 800～2600m，而四川盆地的页岩气层埋深在 2000～3500m。页岩气层深度的增加无疑在我们本不成熟的技术上又增添了难度。页岩气开采技术，主要包括水平井技术和多层压裂技术、清水压裂技术、重复压裂技术及最新的同步压裂技术，这些技术正不断提高着页岩气井的产量。中国页岩气开发技术不断进步：一个是钻井技术，3500m 的页岩气井、2000m 的水平钻最快 45 天就完成；二是分钻压裂技术已经完全被掌握，并基本实现了国产化。

美国非常规能源储备十分丰富，根据美国能源情报署的数据，在美国可开采的天然气储量中，页岩气、致密型砂岩气和煤层气等非常规能源天然气储量占到 60%。美国页岩气的快速发展改变了美国的能源消费结构，不仅降低了煤炭以及其他能源的消耗比例，也减少了对中东国家石油能源的依赖，引发了全球范围内的页岩气开发革命。目前美国已从最大的石油等能源输入国转变成为输出国。

页岩气生产过程中一般无需排水，生产周期长，一般为 30～50 年，美国沃思堡盆地 Barnett 页岩气田开采寿命可达 80～100 年。开采寿命长，就意味着可开发利用的价值大，具有较高的工业经济价值。

但是，页岩气也引发了一系列潜在的问题。首先是消耗大量水资源且不可回收。页岩天然气开采所使用的水压破裂技术需要消耗大量水资源，由此油气开发商开始抢占农业用水，甚至会挤占市政用水。其次还容易造成环境污染，页岩油气开采在钻井过程中要经过蓄水层，钻井使用的化学添加剂会对地下水形成污染威胁。

页岩气和天然气的区别有：

① 主要成分的不同，页岩气的主要成分是甲烷；而天然气的主要成分虽然也是甲烷，但还有少量的乙烷、丙烷和丁烷等多种烷烃。

② 开采方式的不同，页岩气的开采方式主要是水平井技术和多层压裂技术；而天然气的开采方式有自喷方式采气、排水式采气等。

③ 存在的介质不同，页岩气主要是以游离态蕴藏于页岩层天然裂缝和孔隙中，以吸附状态存在于干酪根、黏土颗粒及孔隙表面，极少量以溶解状态储存于干酪根、沥青质及石油中；而天然气主要是存在于天然气田和油田之中。

2.3.1.4 可燃冰

可燃冰学名"天然气水合物"，分布于深海沉积物或陆域的永久冻土中，由天然气与水分子在高压低温条件下形成的类冰状的结晶物质。分解为气体后，甲烷含量一般在80%以上，最高可达99.9%。可燃冰是有机化合物，化学式为 $m\text{CH}_4 \cdot n\text{H}_2\text{O}$，被中国列为第173个新矿种。

1810年，首次在实验室发现天然气水合物。1934年，美国人哈默·施密特（Hammer Schmidt）在被堵塞的输气管道中发现了可以燃烧的冰块，这是人类首次发现"甲烷气水合物"，1946年，苏联学者斯特里诺夫认为：只要有合适的温度和压力，自然界必定会有天然气水合物的形成！不仅能够形成，而且还能够聚集成为"天然气水合物矿藏"。比如，处于极冷的地区或压力足够高的地下，就可能形成"天然气水合物矿藏"。1968年，苏联地质学家在一年四季都冷风刺骨的西伯利亚麦索雅哈发现了"天然气水合物矿藏"。1979年，美国挑战者号执行深海钻探计划开赴中美洲海槽，打钻的结果是科学家们看到了期待已久的可燃冰。2017年，我国在南海北部神狐海域进行的可燃冰试采获得成功，2020年2月17日，我国海域可燃冰第二轮试采点火成功。

1m³ 的可燃冰可在常温常压下释放 164m³ 的天然气及 0.8m³ 的淡水。可燃冰燃烧后几乎不产生任何残渣，污染比煤、石油、天然气都要小得多。可燃冰燃烧的化学方程式为：

$$\text{CH}_4 \cdot 8\text{H}_2\text{O} + 2\text{O}_2 \Longleftrightarrow \text{CO}_2 + 10\text{H}_2\text{O}$$

固体状的天然气水合物往往分布于水深大于300m以上的海底沉积物或寒冷的永久冻土中。海底可燃冰依赖巨厚水层的压力来维持其固体状态，其分布可以从海底到海底之下1000m的范围以内，再往深处则由于地温升高其固体状态遭到破坏而难以存在。

全球蕴藏的常规石油天然气资源消耗巨大，很快就会枯竭。可燃冰热值高，且燃烧后仅排放出二氧化碳和水，是石油、天然气之后最佳的替代能源。科学家的评价结果表明，仅在海底区域，可燃冰的分布面积就达4000万平方公里，占地球海洋总面积的1/4。2011年，世界上已发现的可燃冰分布区多达116处，其矿层之厚、规模之大，是常规天然气田无法相比的。科学家估计，海底可燃冰的储量至少够人类使用1000年。

中国国内可燃冰主要分布在南海海域、东海海域、青藏高原冻土带以及东北冻土带，据粗略估算，其资源量分别约为 $64.97 \times 10^{12}\text{m}^3$、$3.38 \times 10^{12}\text{m}^3$、$12.5 \times 10^{12}\text{m}^3$ 和 $2.8 \times 10^{12}\text{m}^3$。

天然可燃冰呈固态，不会像石油开采那样自喷流出。如果把它从海底一块块搬出，在从海底到海面的运送过程中，会改变天然气水合物赖以赋存的温压条件，甲烷就会挥发殆尽。因此，在天然气水合物藏的开采过程中，如果不能有效地实现对温压条件的控制，就可能产生一系列环境问题，给大气造成巨大危害，如温室效应的加剧、海洋生态的变化以及海底滑塌事件等。为了获取这种清洁能源，世界许多国家都在研究天然可燃冰的开采方法。传统开采法有热激发开采法、减压开采法以及化学试剂注入开采法。新型开采法有 CO_2 置换开采法和固体开采法。

（1）传统开采法

1）热激发开采法

热激发开采法是直接对天然气水合物层进行加热，使天然气水合物层的温度超过其平衡温度，从而促使天然气水合物分解为水与天然气的开采方法。这种方法经历了直接向天然气水合物层中注入热流体加热、火驱法加热、井下电磁加热以及微波加热等发展历程。热激发开采法可实现循环注热，且作用方式较快。加热方式的不断改进，促进了热激发开采法的发展。但这种方法尚未很好地解决热利用效率较低的问题，而且只能进行局部加热，因此该方法尚有待进一步完善。

2）减压开采法

减压开采法是一种通过降低压力促使天然气水合物分解的开采方法。减压途径主要有两种：①采用低密度泥浆钻井达到减压目的；②当天然气水合物层下方存在游离气或其他流体时，通过泵出天然气水合物层下方的游离气或其他流体来降低天然气水合物层的压力。减压开采法不需要连续激发，成本较低，适合大面积开采，尤其适用于存在下伏游离气层的天然气水合物藏的开采，是天然气水合物传统开采方法中最有前景的一种技术。但它对天然气水合物藏的性质有特殊的要求，只有当天然气水合物藏位于温压平衡边界附近时，减压开采法才具有经济可行性。

3）化学试剂注入开采法

化学试剂注入开采法通过向天然气水合物层中注入某些化学试剂，如盐水、甲醇、乙醇、乙二醇、丙三醇等，破坏天然气水合物藏的相平衡条件，促使天然气水合物分解。这种方法虽然可降低初期能量输入，但缺陷却很明显，它所需的化学试剂费用昂贵，对天然气水合物层的作用缓慢，而且还会带来一些环境问题、分离问题，添加化学试剂最大的缺点是费用太昂贵。所以对此类开采方法的研究相对较少。

（2）新型开采法

1）CO_2 置换开采法

这种方法首先由日本研究者提出，依据的仍然是天然气水合物稳定带的压力条件。在一定的温度条件下，天然气水合物保持稳定需要的压力比 CO_2 水合物更高。因此在某一特定的压力范围内，天然气水合物会分解，而 CO_2 水合物则易于形成并保持稳定。如果此时向天然气水合物藏内注入 CO_2 气体，CO_2 气体就可能与天然气水合物分解出的水生成 CO_2 水合物。这种作用释放出的热量可使天然气水合物的分解反应得以持续地进行下去。

2）固体开采法

固体开采法最初是直接采集海底固态天然气水合物，将天然气水合物拖至浅水区进行控制性分解。这种方法进而演化为混合开采法或称矿泥浆开采法。该方法的具体步骤是：首先促使天然气水合物在原地分解为气液混合相，采集混有气、液、固体水合物的混合泥浆，然后将这种混合泥浆导入海面作业船或生产平台进行处理，促使天然气水合物彻底分解，从而获取天然气。

可燃冰在给人类带来新的能源前景的同时，对人类生存环境也提出了严峻的挑战。可燃冰中的甲烷，其温室效应为 CO_2 的 20 倍，而全球海底可燃冰中的甲烷总量约为地球大气中甲烷总量的 3000 倍。若有不慎，让海底可燃冰中的甲烷气逃逸到大气中去，将产生无法想象的后果。而且固结在海底沉积物中的天然气水合物，一旦条件变化使甲烷气从水合物中释出，还会改变沉积物的物理性质，极大地降低海底沉积物的工程力学特性，使海底软化，出现大规模的海底滑坡，毁坏海底输电或通信电缆和海洋石油钻井平台等工程设施。

科学家们认为，目前大规模开采海底可燃冰的条件尚未成熟，一旦开采技术获得突破性进展，那么可燃冰立刻会成为 21 世纪最有发展前途的清洁能源。

2.3.2 天然气的化工利用

天然气的化工利用主要有以下 4 条途径：

① 经转化先制成合成气（$CO + H_2$）或含氢很高的气体，然后进一步合成甲醇、高级醇、合成氨等；

② 经部分氧化以制造乙炔，发展乙炔化学工业；

③ 经热裂解制乙烯、丙烯、丁烯、丁二烯和乙炔；

④ 直接用以生产各种化工产品，例如炭黑、氢氰酸、各种氯代甲烷、硝基甲烷、甲醇、甲醛等。

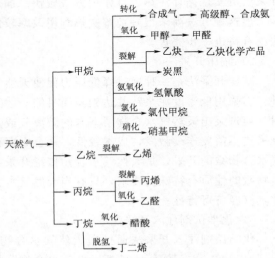

图 2-11 由天然气为原料生产的化工产品

湿天然气经脱硫、脱水预处理后，用压缩冷冻或深冷等方法可将其中的乙烷、丙烷、丁烷等馏分分离出来，进一步加以利用。乙烷和丙烷是裂解制乙烯和丙烯的重要气态原料。丙烷、丁烷氧化可制乙醛和醋酸。天然气的化工利用途径如图 2-11 所示。

2.4 化学矿物及其初步加工

化学矿物是化肥工业、化工、冶金及其他相关工业的原料，是除石油、天然气和煤以外的一类重要矿物资源。

我国化学矿产资源丰富，现已探明储量的矿产有磷矿、硫铁矿、自然硫、钾盐、钾长石、含钾页岩、明矾石、硼矿、天然碱、化工灰岩、重晶石、芒硝、钠硝石、蛇纹石、砷矿、锶矿、金红石、镁盐、溴、碘、沸石等 20 多种。在这些矿物中，硫铁矿、重晶石、芒硝及磷矿储量居世界前列，稀土矿的储量则居世界首位。

由于磷矿、硫铁矿及硼矿等化学矿物的储量居世界前列且产量较大，下面简要介绍其分布情况、资源特点和加工概况。

2.4.1 磷矿

磷矿是生产磷肥、磷酸、单质磷、磷化物和磷酸盐的原料。磷矿分磷块岩、磷灰石和岛磷矿三种，其中有工业价值的为磷块岩和磷灰石。世界上磷矿资源较丰富的国家有摩洛哥、南非、美国、中国及俄罗斯。我国磷矿主要分布在西南和中南地区。虽然我国磷矿储量为世界第四位，但高品位矿储量较少。由于品位偏低，不仅选矿和矿石富集任务繁重，而且原料成本也随之升高。因此，立足我国磷矿资源的特点，开发适宜的工艺技术对合理有效地利用我国磷资源有重要意义。

85％以上的磷矿用于制造磷肥。根据生产方法，磷肥主要分为酸法磷肥和热法磷肥两类。

① 酸法磷肥 酸法加工又称湿法工艺，它是利用硫酸、硝酸、磷酸或混酸分解磷矿粉，可获得过磷酸钙、重过磷酸钙、富过磷酸钙、半过磷酸钙、沉淀磷酸钙、磷酸铵及硝酸磷肥等。

② 热法磷肥 热法加工是指添加某些助剂在高温下分解磷矿石，经过进一步处理制成可被农作物吸收的磷酸盐。热法磷肥主要有：钙镁磷肥、脱氟磷肥及钢渣磷肥。

2.4.2 硫铁矿

硫铁矿主要用于制硫酸，近年来，随着天然硫黄的开采及石油和天然气中硫化氢回收制硫黄技术的发展，以硫黄为原料制硫酸的比例显著增大。制硫酸用的硫铁矿有普通硫铁矿、浮选尾砂和含煤硫铁矿三种。我国硫铁矿主要集中在广东、内蒙古、安徽和四川等地，其储量占全国总储量的85％。由于硫黄价格较低，而硫铁矿开采成本较高，且硫铁矿制酸程序又比硫黄制酸复杂，因此为提高硫铁矿的竞争能力，很多国家采取对硫铁矿进行精选，并将焙烧制二氧化硫炉气后的烧渣加以综合利用或作为炼铁原料。

2.4.3 硼矿

硼矿是生产硼酸、硼砂、单质硼及硼酸盐的原料。世界上拥有硼资源的国家不多，根据美国地质局数据显示，2017年全球硼资源储量达11亿吨，其中土耳其硼矿资源丰富，储量为9.5亿吨。包括我国在内的几个国家都拥有储量不等的硼资源。西欧和日本等一些发达国家和地区缺乏硼资源，大都依靠进口矿石或硼砂、硼酸深加工成其他硼化物。世界硼矿资源的分布比较集中，土耳其、美国、俄罗斯、智利、中国、秘鲁、阿根廷和玻利维亚几乎囊括世界的全部储量。我国目前的硼矿，除青海、西藏等地的盐卤型和盐湖固体型硼矿外，多数生硼矿埋藏于地下，主要集中于辽、吉、湘、皖、苏等省区，其中辽宁省拥有2516万吨，占全国总储量的65％。

虽然我国硼资源相对较丰富，但绝大多数硼矿品位较低，加工利用难度较大。以辽东-吉南地区的硼镁铁矿为例，尽管其储量占全国的60％，但由于该类硼矿结构复杂，共生矿物多，硼品位低，自20世纪60年代至今一直作为"待置矿量"。

目前用于生产硼酸和硼砂的硼矿主要为硼镁矿。由硼镁矿制硼砂的工艺主要有：碱法加工硼镁矿（又分为常压碱解法和加压碱解法）、碳碱法加工硼镁矿。由于碱法加工不适宜加工品位低的矿粉，且工艺流程长、设备多，现已逐步被碳碱法取代。由硼镁矿制硼酸的工艺主要有：盐酸分解萃取分离工艺、硫酸分解盐析分离工艺。

化学矿产绝大部分为非金属矿物，用途十分广泛，除用作生产化肥、酸、碱及其他无机盐化工、精细化工的原料外，还可用于国民经济其他工业领域（如冶金、轻工、石油、电子、建材、金属陶瓷、医药、水泥、玻璃、饲料及食品等）中的基本原料和配料。因此，其加工利用方法众多，工艺过程繁简不一，比较庞杂。

无论是固体还是液体矿床，我国的化学矿多属于一两种矿物伴生多种有益组分的综合性矿床。因此，需经复杂的采选、冶炼过程方能利用，开发初期投资较大，技术难度也大。但是一旦技术突破，其经济效益是十分可观的。目前，我国自产矿石还不能满足国内生产需求，还要从国外引进高品位的矿石，例如从南非引进高品位磷矿，从澳大利亚引进高品位的铁矿石等。

2.5 生物质资源及其初步加工

生物质泛指农产品（含主要成分为单糖、多糖、淀粉、油脂、蛋白质、萜烯烃类、木质纤维素的当年生和多年生植物），林产品（由纤维素、半纤维素和木质素3种主要成分组成的木材），细胞培植产品（以细胞为载体进行培植，使之定向生产某种生物质，如蛋白质的方法）和来自社会废弃物的产品（产生于公用设施、农业和工业装置的废料）。

利用生物质资源获取化工原料和产品已有悠久的历史。早在17世纪，人们已发现将木材干馏可制取甲醇（联产醋酸和丙酮）的方法。自然界中许多含纤维素、半纤维素、淀粉、糖类和油脂的生物质均可为化学工业提供原料和产品。

生物质作为化工原料有两条基本途径：

① 利用天然物固有的分子结构，如纤维素、淀粉、萜烯、蜡质、脂肪、纤维等；

② 利用化学或生化方法将天然物分解为基础化学品或中间产品。这里涉及一系列工艺过程，如萃取、裂解、气化、催化加氢、化学水解、酶水解、微生物水解等。因此产生的基础化学品和中间产品可进一步转变为化工产品，如图2-12所示。

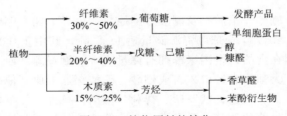

图 2-12 植物原料的转化

生物质化学转化的实例如下。

① 含淀粉或含糖的物质进行水解，使之转化为单糖。

$$(C_6H_{10}O_5)_n + nH_2O \xrightarrow{\text{水解}} nC_6H_{12}O_6$$
$$\text{淀粉} \qquad\qquad\qquad \text{单糖}$$

$$C_{12}H_{22}O_{11} + H_2O \xrightarrow{\text{水解}} 2C_6H_{12}O_6$$
$$\text{麦芽糖} \qquad\qquad\qquad \text{单糖}$$

然后加入酵母菌进行发酵可制得乙醇。

$$C_6H_{12}O_6 \longrightarrow 2C_2H_5OH + 2CO_2$$

将发酵液进行精馏，产品为95%的乙醇，并副产杂醇油。乙醇进一步转化可制得烯烃、芳烃、醛和羧酸类产品。

② 含多缩戊糖的生物质水解、发酵制糠醛。麸皮、玉米芯、棉籽皮、花生壳、甘蔗渣等农业副产物和农业废物中含有纤维素和半纤维素。纤维素是多缩己糖，半纤维素则由多缩己糖、多缩戊糖等组成。多缩己糖水解得己糖，经发酵可制得乙醇。多缩戊糖不能用酶发

醇，但可用酸加热水解为戊糖，戊糖在酸性介质中加热易脱水而转化为糠醛：

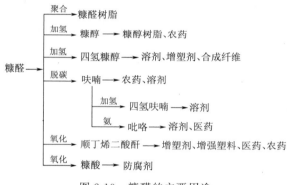

糠醛是基本有机化学工业的一种重要原料，它可以用来生产糠醛苯酚树脂、糠醇树脂、顺丁烯二酸酐、合成纤维、医药等。而工业上得到糠醛的唯一方法是生物质的水解。所以糠醛生产在生物质的化工利用中占有重要的地位。糠醇大量用来制造铸造用型砂黏结剂、防腐涂料、香料及医药品等。几种主要生物质制得糠醛的理论收率见表2-16。糠醛的主要用途见图2-13。

表 2-16　几种农副产品制得糠醛的理论收率

原料	麸皮	玉米芯	棉籽油	向日葵籽壳	甘蔗皮	稻壳	花生壳
糠醛理论收率/%	20～22	20～22	18～21	16～20	15～18	10～14	10～12

```
                          聚合  ── 糠醛树脂
                          加氢  ── 糠醇 ──→ 糠醇树脂、农药
                          加氢  ── 四氢糠醇 ──→ 溶剂、增塑剂、合成纤维
          糠醛 ──→         脱碳  ── 呋喃 ──→ 农药、溶剂
                                        加氢  ── 四氢呋喃 ──→ 溶剂
                                        氢    ── 吡咯 ──→ 溶剂、医药
                          氧化  ── 顺丁烯二酸酐 ──→ 增塑剂、增强塑料、医药、农药
                          氧化  ── 糠酸 ──→ 防腐剂
```

图 2-13　糠醛的主要用途

③ 生物质气化制取合成气或富氢气体。根据木质燃料的典型组成，生物质分子组成可简单表述为 $CH_{1.5}O_{0.7}$。生物质气化制取合成气或富氢气体的理论反应式如下：

$$CH_{1.5}O_{0.7}+0.3H_2O \longrightarrow CO+1.05H_2 \qquad \Delta H=74kJ/mol$$

$$CO+H_2O \longrightarrow CO_2+H_2 \qquad \Delta H=-41.2kJ/mol$$

上述两个反应的总和为净吸热反应。反应体系所需热量可通过生物质的部分氧化提供：

$$CH_{1.5}O_{0.7}+1.025O_2 \longrightarrow CO_2+0.75H_2O \qquad \Delta H=-113kJ/mol$$

合成气是碳一化工的原料，可以生产的主要化工产品见图2-3。

习 题

2-1 煤、石油和天然气在开采、运输、加工和应用诸方面有哪些不同？

2-2 简述石油在国民经济中的地位和作用。

2-3 除本章已叙述的外，试举两个以农副产品为原料生产化工产品的例子，简单描述一下它们的生产过程。

2-4　解释下列术语：

（1）煤直接液化、煤间接液化、煤的气化和煤制天然气；（2）MTO 和 MTP；（3）页岩气与可燃冰；（4）气田气与油田气；（5）常减压蒸馏；（6）催化裂化；（7）铂重整。

2-5　何为原油的一次加工、二次加工和三次加工？简要叙述常减压工艺流程。

2-6　催化裂化主要有哪几类反应？哪些反应是不希望的？

2-7　催化裂化装置有哪三大系统？叙述各系统的主要作用。

2-8　化工生产中芳烃原料的主要来源？

2-9　为了多产芳烃，在催化重整中要控制哪些工艺参数？

2-10　什么叫双功能催化剂？举例说明双功能催化剂的作用原理。

2-11　催化裂化和催化重整各采用何种类型催化剂？简述催化剂的组成和作用。

2-12　天然气的热值高、污染少，是一种清洁能源，在能源结构中的比例逐年提高，同时也是石油化工的重要原料资源。天然气除了制造氮肥外，还有哪些用途？

2-13　煤的气化是煤资源化的重要途径之一，常用的气化剂有哪些？

2-14　请写出煤制乙二醇法的三步反应方程式及总反应（草酸酯化、羰化加氢路线）。

2-15　农副产品废渣的水解是工业生产糠醛的唯一路线，目前可利用的生物质有哪三类？

3

无机化工产品典型生产工艺

3.1　合成氨 / 35
3.2　硫酸 / 75
3.3　纯碱 / 99
3.4　烧碱与氯气 / 103

学习目的及要求 >>

　　1. 了解氨的性质和用途,掌握以煤为原料的氨合成气的生产和净化、氨的合成原理、工艺条件和工艺流程,了解氨合成塔的基本结构和操作条件。
　　2. 了解硫酸的性质、用途及生产原料,掌握接触法生产硫酸的工艺过程。
　　3. 了解纯碱的性质和用途,掌握侯氏制碱法的原理和工艺流程。
　　4. 掌握离子交换膜法电解食盐水制氯气和烧碱的基本原理、电解槽的结构、工艺流程;了解离子交换膜法的生产工艺过程。

3.1　合成氨

　　目前全球合成氨生产能力已超过 200Mt/a,中国生产能力达到 74Mt/a,居全球第一位,并且是世界上最大的以煤为原料的合成氨产地。合成氨主要用来生产氮肥,还有少量(约占氨量的 10%)用于制造硝酸、纯碱、含氮无机盐、制药、氨基塑料等产品,亦广泛用作冷冻剂。

3.1.1　以煤与天然气为原料的合成氨生产总流程

　　合成氨生产包括原料气制取、原料气净化和氨的合成 3 个基本生产过程。原料气氢和氮可分别制得,也可同时制得其混合气。原料气的净化一般包括:一氧化碳变换、硫化物与二氧化碳的脱除。净化后的原料气经压缩后进行氨的合成。生产合成氨采用的原料主要为天然气、重油、渣油、煤及水蒸气和空气,主要过程一般如图 3-1 所示。

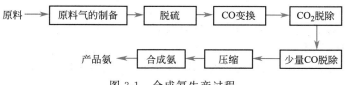

图 3-1　合成氨生产过程

在实际合成氨生产过程中，因原料的不同生产流程会有所不同，以下简要介绍以煤或天然气为原料合成氨的生产总流程，如图 3-2 和图 3-3 所示。

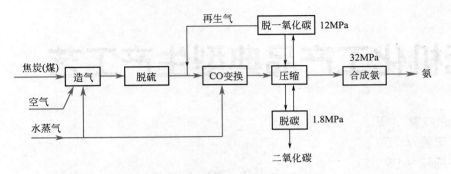

图 3-2　以煤为原料生产合成氨总流程

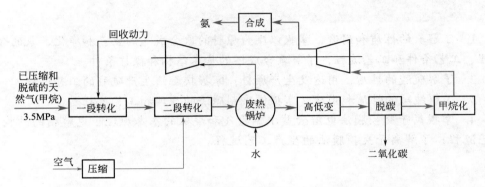

图 3-3　以天然气为原料生产合成氨总流程

总反应式为：

$$0.885C + 1.5H_2O + 0.5N_2 + 0.135O_2 \Longrightarrow NH_3 + 0.885CO_2$$

以煤为原料的制气是气-固反应过程，以水蒸气和空气作气化剂，将煤气化得到半水煤气。而只用水蒸气作气化剂得到的混合气叫水煤气。要求半水煤气中 $n(CO + H_2)$: $n(N_2) = 3.1 \sim 3.2$。半水煤气大致组成为：$\varphi(H_2) = 37\% \sim 39\%$，$\varphi(CO) = 28\% \sim 30\%$，$\varphi(N_2) = 20\% \sim 23\%$，$\varphi(CO_2) = 6\% \sim 12\%$，$\varphi(CH_4) = 0.3\% \sim 0.5\%$，$\varphi(O_2) = 0.2\%$。

总反应式为：

$$CH_4 + H_2O(气) + N_2 + 0.5O_2 \longrightarrow 2NH_3 + CO_2$$

以天然气为原料的制气反应，即天然气与水蒸气在催化剂作用下发生转化反应，生成的产物主要是 H_2、CO、CO_2 和 CH_4。在反应进行之前，应首先采用钴-钼催化加氢和氧化锌脱硫，脱硫前原料气中需加入一定量的氢气，使最终硫含量降至 $0.5cm^3/m^3$ 以下。

一段转化的压力为 3MPa，入口温度为 500℃左右、出口温度为 800℃左右，用镍催化剂。一段转化尾气的组成大致为：$\varphi(H_2) = 69.5\%$，$\varphi(CH_4) = 9.95\%$，$\varphi(CO) = 9.95\%$，$\varphi(CO_2) = 10.0\%$，$\varphi(N_2) = 0.6\%$。

二段转化的目的是引入 N_2，同时在更高的温度（1000℃）下使 CH_4 基本上完全反应，加入空气量需按反应后气体中 $n(CO + H_2)/n(N_2) = 3.1 \sim 3.2$ 计算，空气中的氧在反应器内与 CH_4 和 H_2 反应，完全耗尽。二段转化也用镍催化剂、在 3.0MPa 压力下进行，出口尾气组成大致为：$\varphi(H_2) = 57\%$，$\varphi(CH_4) = 0.3\%$，$\varphi(CO) = 12.8\%$，$\varphi(CO_2) = 7.6\%$，$\varphi(N_2) = 22.3\%$。

3.1.2 以煤为原料制合成气

煤气化法是我国合成氨的主要制气方法，也是未来替代天然气和石油资源所必须采用的制气方法。煤的气化过程是一个热化学过程。它是以煤或煤焦（半焦）为原料，以氧气（空气、富氧或纯氧）、水蒸气或氢气等作气化剂（或称气化介质），在高温条件下通过化学反应把煤或煤焦中的可燃部分转化为气体的过程。气化时所得的气体称为煤气，其有效成分包括一氧化碳、氢气和甲烷等。气化煤气可用作城市煤气、工业燃气、化工原料气（又称合成气）和工业还原气。在各种煤转化技术中，特别是在开发洁净煤技术中，煤的气化是最有应用前景的技术之一，这不仅因为煤气化的新技术相对较为成熟，而且煤转化为煤气之后，通过成熟的气体净化技术处理，对环境污染可降低到最低限度，例如煤气化联合循环发电就是一种高效低污染的发电新技术，其发展前景相当可观。

3.1.2.1 煤气化的基本化学反应

煤在加入气化炉后，先后经历干燥、热解和生成的炭与气化剂反应这几个阶段。煤是一种有复杂分子结构的物质，除碳之外还有氢、氧、硫、氮等元素，煤干馏后煤焦中主要成分是碳，故这里只考虑元素碳的气化反应。表 3-1 列出了气化过程中发生的煤热裂解反应、均相反应和非均相反应以及它们的热效应。参与反应的气体可能是最初的气化剂，也可能是气化过程的产物。

表 3-1 气化过程中碳的基本反应

非均相反应（气/固）		ΔH(298K,0.1MPa)	
		kJ/mol	kcal/mol[①]
R_1 部分燃烧	$C+0.5O_2 = CO$	−123	−29.4
R_2 燃烧	$C+O_2 = CO_2$	−406	−97.0
R_3 碳与水蒸气反应	$C+H_2O = CO+H_2$	+119	+28.3
R_4 碳与水蒸气反应	$C+2H_2O = CO_2+2H_2$	+90.3	+22
R_5 Boudouard 反应	$C+CO_2 = 2CO$	+162	+38.4
R_6 加氢气化	$C+2H_2 = CH_4$	−87	−20.9
气相燃烧反应			
R_7	$H_2+0.5O_2 = H_2O$	−242.00	−57.80
R_8	$CO+0.5O_2 = CO_2$	−283.20	−67.64
均相反应（气/气）			
R_9 均相水煤气反应	$CO+H_2O = CO_2+H_2$	−42	−10.1
R_{10} 甲烷化	$CO+3H_2 = CH_4+H_2O$	−206	−49.2
热裂解反应			
R_{11}	$CH_xO_y = (1-y)C+yCO+x/2H_2$	+17.4[②]	
R_{12}	$CH_xO_y = (1-y-x/8)C+yCO+x/4H_2+x/8CH_4$	8.1[②]	

① 1cal=4.1868J。② 气焰煤 $x=0.847$，$y=0.0794$。

在这些反应中，R_3、R_4 即水蒸气和碳反应的意义最大，它参与各种煤气化过程，此反应为强吸热反应。反应 R_5 也是重要的气化反应。供热的 R_1 和 R_2 反应与吸热的 R_3、R_4 和 R_5 组合在一起，对自热式气化过程起重要的作用。加氢气化反应 R_6 对于制取合成天然气（SNG）很重要。氢或合成气的制备由反应 R_1、R_2 和 R_3 的组合实现。

3.1.2.2 煤气化的分类方法

煤气化有多种分类方法，诸如按制取煤气的热值分类有：①制取低热值煤气方法，煤气热值低于 8374kJ/m³；②制取中热值煤气方法，煤气热值 16747～33494kJ/m³；③制取高热值煤气方法，煤气热值高于 33494kJ/m³。再如按气化过程供热方法分类又可分为：①部分氧化方法，又称自热式气化方法，通过燃烧部分气化用煤来供热，一般需消耗气化用煤潜热的 15%～35%，逆流式气化取低限，并流式气化取高限，这种直接供热方法是目前最普遍采用的；②间接供热，即外热式气化方法；③利用气化反应释放热供热，例如利用放热的加氢反应供热。目前最通用的分类方法是按反应器类型分类：①移动床（固定床）；②流化床；③气流床；④熔融床（熔浴床）。至今熔融床还处于中试阶段，而移动床、流化床和气流床是已工业化或已建立示范装置的方法，这三种方法最基本的区别见图 3-4，图中显示了反应物和产物在反应器内流动情况以及床内反应温度的分布。显然移动床属于逆流操作，气流床属于并流操作，流化床介于两者之间。

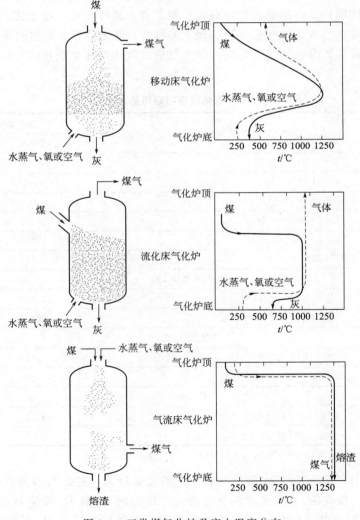

图 3-4 三类煤气化炉及床内温度分布

3.1.2.3 煤气化的工艺条件

(1) 温度

气化生成的混合气称为水煤气，反应均为可逆反应，总过程是强吸热的。各反应的平衡常数与温度的关系见表 3-2。

表 3-2 反应式 $R_3 \sim R_6$ 的平衡常数

反应式编号	平衡常数式	$\lg K_p$				
		600℃	800℃	1000℃	1200℃	1400℃
R_3	$K_{p_3} = p(CO)p(H_2)/p(H_2O)$	−4.24	−1.33	0.45	1.65	2.50
R_4	$K_{p_4} = p(CO_2)p^2(H_2)/p^2(H_2O)$	−5.05	−2.96	−1.66	−0.763	−0.107
R_5	$K_{p_5} = p^2(CO)/p(CO_2)$	−2.49	0.79	2.12	3.1	3.84
R_6	$K_{p_6} = p(CH_4)/p^2(H_2)$	—	−3.316	−4.301	—	—

由表 3-2 可知，反应式 R_3、R_4、R_5 的 K_p 随温度升高而增大的幅度很大，说明高温对煤气化有利，但不利于甲烷的生成。当温度高于 900℃ 时，CH_4 和 CO_2 的平衡浓度接近于零。低压有利于 CO 和 H_2 生成，反之，增大压力有利于 CH_4 生成。

从动力学角度分析，气化过程总速率取决于其中最慢的一步即速率控制步骤，只有提高控制步骤的速率，才能有效地提高总过程速率。对于泥煤、褐煤，当温度低于 900℃ 时，反应速率慢，处于动力学控制区，提高温度是加速的关键。当温度高于 900℃ 时，反应速率已相当快，过程进入内、外扩散控制区，升温的加速效果不明显，应该减小颗粒度和提高气流速度。对于焦炭，在 1200℃ 以上才为扩散控制区。无烟煤在 900～1200℃ 范围是动力学控制区，在 1200～1500℃ 范围为过渡控制区，此时应同时提高扩散和反应速率，当温度高于 1500℃ 时才转入扩散控制区。

根据热力学和动力学分析可知，温度对煤气化影响最大，至少要在 900℃ 以上才有满意的气化速率，一般操作温度在 1100℃ 以上。近年来新工艺采用 1500～1600℃ 进行气化，使生产强度大大提高。

(2) 压力

上述气固相反应速率相差很大，煤热裂解反应速率相当快，在受热条件下接近瞬间完成，而煤热解固体产物煤焦（或称半焦）的气化反应速率要慢得多，图 3-5 是各种煤焦气化反应速率与反应温度关系线。可见煤焦-O_2 的反应比其他 3 个反应快得多，大约快 10^5 倍，煤焦-H_2O 的反应比煤焦-CO_2 的反应快一些，约相差几倍，而煤焦-H_2 的反应是最慢的，煤焦-CO_2 的反应比其快上百倍。由于反应速率和压力关系的不同，在较高压力下煤焦-H_2 的反应与压力呈 1～2 级关系。

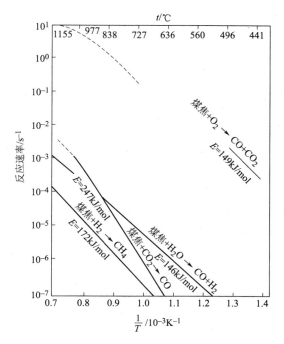

图 3-5 煤焦气化反应速率的比较

因此，降低压力有利于提高 CO 和 H_2 的平衡浓度，但加压有利于提高反应速率并减小反应体积，目前气化一般为 2.5～3.2MPa，因而 CH_4 含量比常压法高些。

(3) 水蒸气和氧气的比例

氧的作用是与煤燃烧放热，此热供给水蒸气与煤的气化反应，$n(H_2O)/n(O_2)$ 值对温度和煤气组成有影响。具体的 $n(H_2O)/n(O_2)$ 值要视采用的煤气化生产方法来定。

(4) 煤气化的煤种条件

对于煤气化过程来说，气化用煤的性质（包括反应活性、黏结性、结渣性、热稳定性、机械强度、粒度组成以及煤的水分、灰分和硫分等）有极为重要的影响，若煤的性质不适合煤的气化工艺，将导致气化炉生产指标的下降，甚至恶化。

3.1.2.4 煤气化制合成气

水煤气是炽热的碳与水蒸气反应生成的煤气，它主要由 CO 和 H_2 组成。碳与水蒸气反应是强吸热反应，需提供水蒸气分解所需的热量，一般采用两种方法，即交替用空气和水蒸气为气化剂的间歇气化法，以及同时用氧和水蒸气为气化剂的连续气化法。间歇法使用至今，已有悠久的历史，其缺点是生产必须间歇操作。用氧和水蒸气为气化剂来生产水煤气已是当前的发展趋势，以后介绍的已工业化的、或正在开发的第二代气化方法，大多是以氧-水蒸气为气化剂的连续气化法。

(1) 间歇式制气法

间歇法制水煤气，主要由吹空气（蓄热）、吹水蒸气（制气）两个阶段组成，但为了节约原料，保证水煤气质量，正常安全生产，还需要一些辅助阶段，实际共有 6 个阶段。

① 吹风阶段 吹入空气，使部分燃料燃烧，将热能积蓄在料层中，废气经回收热量后放空。

② 水蒸气吹净阶段 由炉底吹入水蒸气，把炉上部及管道中残存的吹风废气排出，避免影响水煤气的质量。

③ 上吹制气阶段 由炉底吹入水蒸气，利用床内蓄积的能量制取水煤气，水煤气通过净化系统入储气柜。

④ 下吹制气阶段 上吹制气后，床层下部温度降低，气化层上移，为了充分利用料层上部的蓄热，用水蒸气由炉上方往下吹，制取水煤气，煤气送气柜。

⑤ 二次上吹制气阶段 下吹制气后炉底部残留下吹煤气，为安全起见，先吹入水蒸气，所得煤气仍送储气柜。

⑥ 空气吹净阶段 由炉底吹入空气，把残留在炉上部及管道中的水煤气送往储气柜而得以回收。

为了制取氢氮比为 3：1 的合成氨原料气，在上吹制气阶段让空气与水蒸气一起送入气化炉，这样不仅能制得含氮的水煤气（称为半水煤气），而且可适当提高炉温，提高生产能力。

由热能分析可知吹风气中显热与潜热（含 CO 可燃成分）和水煤气的显热占总热量相当的比例，必须加以回收。图 3-6 是回收这些热能的流程。吹风气送入燃烧室时加入二次空气使其燃烧，热量蓄于燃烧室的格子砖中，用以预热下吹水蒸气。除了用燃烧室回收上吹煤气和吹风气的显热外，还用废热锅炉回收它们的显热。

(2) 连续式制气法

固定床连续式气化制合成气，是由德国鲁奇公司开发。燃料为块状煤或焦炭，由炉顶定时加入，气化剂为水蒸气和纯氧混合气，在气化炉中同时进行碳与氧的燃烧放热和与水蒸气

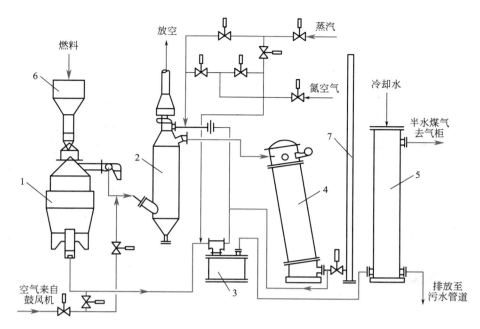

图 3-6 固定层煤气发生炉（U.G.I型）制半水煤气的工艺流程
1—煤气发生炉；2—燃烧室；3—水封槽（即洗气箱）；4—废热锅炉；
5—洗涤塔；6—燃料贮仓；7—烟囱

的气化吸热反应，调节 $n(H_2O)/n(O_2)$，就可控制和调节炉中温度。因无 N_2 存在，不需放空，可连续制气，生产强度较高，而且煤气质量也稳定。

该法所用设备称为鲁奇气化炉，见图 3-7。氧与水蒸气通过空心轴经炉算分布，自下而上经过煤层，水煤气由上部引出，炉灰在下部由机械炉算定期排除，燃料在炉中由上向下移动经历 1～3h。为防止灰分熔融，炉内最高温度应控制在灰熔点以下，一般为 1200℃，由 $n(H_2O)/n(O_2)$ 来调控。压力 3MPa，出口煤气温度 500℃，碳的转化率 88%～95%。目前，鲁奇炉已发展到 Mark V 型，炉径 5m，每台炉煤气（标准状态）的生产能力达 10000m^3/h。鲁奇法制得的水煤气中甲烷和二氧化碳含量较高，而一氧化碳含量较低，在碳一化工中的应用受到一定限制，适用于城市煤气。

气流床连续式气化制合成气，由德国 Koppers 公司的 Totzek 工程师开发成功，是一种在常压、高温下以水蒸气和氧气与煤粉反应的气化法。气化设备为 K-T 炉，气化剂以高速夹带很细的干煤粉喷入气化炉，在 1500～1600℃下进行疏相并流气化，气固接触面大，细颗粒的内扩散阻力小，温度又高，因而扩散速率和反应速率均相当高，生产强度非常大。灰渣是以熔融态排出炉外，炉内必须用耐高温的材料做衬里。

第二代气流床法是德士古法，由美国 Texaco 公司于 20 世纪 80 年代初开发成功。煤粉用水制成水煤浆，用泵送入气化炉，省去了蒸汽。气化炉示意见图 3-8。德士古气化炉的操作压力一般在 9.8MPa 以下，炉内最高温度约 2000℃，出口气温约 1400℃。纯氧以亚声速或声速由炉顶的喷嘴喷出，使料浆雾化，并在炉膛中强烈返混和气化，强化了传热和传质，水煤浆在炉中仅停留 5～7s。液态排灰。当压力为 4MPa 时，出口气的组成为 $\varphi(CO)=$ 44%～51%，$\varphi(H_2)=35\%～36\%$，$\varphi(CO_2)=13\%～18\%$，$\varphi(CH_4)=0.1\%$，碳转化率达 97%～99%。回收高温出口气显热的方式有两种，一种为废热锅炉式，另一种为冷激式。合成氨厂常采用后者。

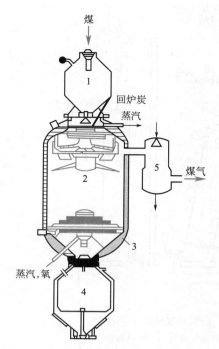

图 3-7 鲁奇气化炉结构示意
1—煤斗；2—分布器；3—水夹套；
4—灰斗；5—洗气器

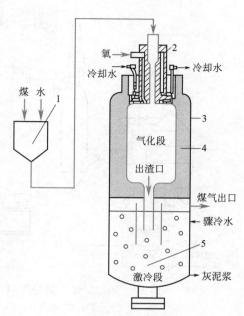

图 3-8 德士古气化炉结构示意
1—水煤浆；2—燃烧器；3—炉体；
4—耐火砖衬；5—激冷室

3.1.3 以天然气为原料制合成气

根据天然气的矿藏情况，可将其分为气田气和油田气。通常所说的天然气是指气田气，其甲烷含量一般大于 90%，其余为少量的乙烷、丙烷等气态烷烃，有些还含少量氮和硫化物。它是合成氨厂的理想原料，具有氢碳比高、较易纯净和易于制取合成氨原料气等优点。其他含甲烷等气态烃的气体，如炼厂气、焦炉气、油田气和煤层气等均可用来制造合成气。

目前，工业上由天然气制合成气的主要技术有蒸汽转化法、部分氧化法和间歇催化转化法等。下面重点介绍应用最为广泛的蒸汽转化法。

蒸汽转化法是在催化剂存在及高温条件下，使甲烷等烃类与水蒸气反应，生成 H_2、CO 等混合气，其主反应为

$$CH_4 + H_2O \longrightarrow CO + 3H_2 \qquad \Delta H_{298K} = 206.4 kJ/mol \qquad (3-1)$$

由反应式(3-1)可看出，该反应是强吸热的，需要外界供热。每转化 1mol CH_4，生成 1mol CO 和 3mol H_2，合成气中 $n(H_2)/n(CO)$ 高达 3，这较适宜于生产纯氢和合成氨，其中的 CO 可与水蒸气反应转变出更多的 H_2。该法在工业上常分两段进行。首先蒸汽和天然气在一段炉的转化管内，按式(3-1)进行吸热的转化反应，所需热量由天然气与空气在管外燃烧供给。天然气在一段炉内转化到一定程度后，送入二段炉，并加入适量空气。空气中的氧与部分可燃性气体燃烧，为残余的天然气进一步转化提供热量，同时空气也为合成氨提供了氮气，从而得到半水煤气。此法技术成熟，不需要制氧设备，热能利用比较充分，生产成本低。但转化炉结构比较复杂，需用特殊的合金钢管，投资较高；并且所用催化剂易于中毒，对原料的净化要求非常严格。此法目前广泛应用于生产合成气、纯氢气和合成氨原料气。

(1) 天然气蒸汽转化的基本原理

因为天然气中甲烷含量在 90% 以上，而甲烷在烷烃中是热力学最稳定的，与其他烃类相比甲烷更不易反应，因此在讨论天然气转化过程时，只需考虑甲烷与水蒸气的反应。

甲烷蒸汽转化过程的主要反应有

$$CH_4 + H_2O \rightleftharpoons CO + 3H_2 \qquad \Delta H_{298K} = 206.4 kJ/mol \qquad (3-2)$$

$$CH_4 + 2H_2O \rightleftharpoons CO_2 + 4H_2 \qquad \Delta H_{298K} = 265 kJ/mol \qquad (3-3)$$

$$CO + H_2O \rightleftharpoons CO_2 + H_2 \qquad \Delta H_{298K} = -41.2 kJ/mol \qquad (3-4)$$

在以上 3 个反应中，式(3-3) 可以看作是式(3-2) 和式(3-4) 的叠加，故决定甲烷蒸汽转化反应平衡的是式(3-2) 和式(3-4) 这 2 个独立反应。反应达到平衡时，产物含量达到最大值，而反应物含量达最小值。列出这两个独立反应的化学平衡常数式再加上物料衡算式，联立求解这 3 个方程式，就可以计算出平衡组成（一般用摩尔分数表示）。

可能发生的副反应主要是析碳反应，它们是

$$CH_4 \rightleftharpoons C + 2H_2 \qquad \Delta H_{298K} = 74.9 kJ/mol \qquad (3-5)$$

$$2CO \rightleftharpoons C + CO_2 \qquad \Delta H_{298K} = -172.5 kJ/mol \qquad (3-6)$$

$$CO + H_2 \rightleftharpoons C + H_2O \qquad \Delta H_{298K} = -131.4 kJ/mol \qquad (3-7)$$

以上列举的主反应和副反应均为可逆反应。其中甲烷蒸汽转化主反应式(3-2) 和式(3-3) 是强吸热的，副反应甲烷裂解式(3-5) 也是吸热的，其余为放热反应。

甲烷蒸汽转化反应必须在催化剂存在下才能有足够的反应速率。倘若操作条件不适当，析碳反应严重，生成的碳会覆盖在催化剂内外表面，致使催化活性降低，反应速率下降。析碳更严重时，床层堵塞，阻力增加，催化剂毛细孔内的碳遇水蒸气会剧烈气化，致使催化剂崩裂或粉化，迫使非正常停工，经济损失巨大。所以，对于烃类蒸汽转化过程要特别注意防止析碳。

反应式(3-2) 的平衡常数式为

$$K_{p_1} = \frac{p(CO)p^3(H_2)}{p(CH_4)p(H_2O)} \qquad (3-8)$$

式中，K_{p_1} 为甲烷与水蒸气转化生成 CO 和 H_2 的平衡常数；$p(CO)$、$p(H_2)$、$p(CH_4)$、$p(H_2O)$ 分别为 CO、H_2、CH_4、H_2O 的平衡分压。

反应式(3-4) 的平衡常数式为

$$K_{p_2} = \frac{p(CO_2)p(H_2)}{p(CO)p(H_2O)} \qquad (3-9)$$

式中，K_{p_2} 为一氧化碳变换反应的平衡常数；$p(CO_2)$ 为 CO_2 的平衡分压。

在压力不太高时，K_p 仅是温度的函数。表 3-3 给出了不同温度时上述 2 个反应的平衡常数。有时平衡常数与温度的关系也用公式表达，由此可求出某温度下的平衡常数。例如，反应式(3-2) 的 K_{p_1} 和反应式(3-4) 的 K_{p_2} 的公式分别为

$$\lg K_{p_1} = -\left(\frac{9874}{T}\right) + 7.1411 \lg T - 0.00188 T + 9.4 \times 10^3 T^2 - 8.64 \qquad (3-10)$$

$$\lg K_{p_2} = \left(\frac{2059}{T}\right) - 1.5904 \lg T + 1.817 \times 10^3 T - 5.65 \times 10^{-7} T^2 +$$

$$8.24 \times 10^{-11} T^3 + 1.5313 \qquad (3-11)$$

表 3-3　甲烷蒸汽反应和一氧化碳变换反应的平衡常数

温度/℃	$CH_4 + H_2O \longrightarrow CO + 3H_2$ $K_{p_1} = \dfrac{p(CO)p^3(H_2)}{p(CH_4)p(H_2O)}$	$CO + H_2O \longrightarrow CO_2 + H_2$ $K_{p_2} = \dfrac{p(CO_2)p(H_2)}{p(CO)p(H_2O)}$
200	4.614×10^{-12}	227.9
250	8.397×10^{-10}	86.5
300	6.378×10^{-8}	39.22
350	2.483×10^{-6}	20.34
450	8.714×10^{-4}	7.31
550	7.741×10^{-2}	3.434
650	2.686	1.923
700	1.214×10	1.519
800	1.664×10^2	1.015
900	1.440×10^3	0.733
1000	9.100×10^3	0.542

各组分的平衡分压和平衡组成要用平衡时物料衡算来计算。若反应前体系中组分 CH_4、CO、CO_2、H_2O、H_2、N_2 的物质的量分别为 $n(CH_4)$、$n(CO)$、$n(CO_2)$、$n(H_2O)$、$n(H_2)$、$n(N_2)$。设平衡时 CH_4 参加反应式(3-2)的转化量为 n_x mol，CO 参加反应式(3-4)的转化量为 n_y mol，总压（绝）为 p。

$$y_i = \frac{n_i}{\sum n_i} \tag{3-12}$$

$$p_i = y_i p = \left(\frac{n_i}{\sum n_i}\right) p \tag{3-13}$$

式中，n_i 为组分 i 的物质的量；p 为总压（绝）。

根据物料衡算可计算出反应后各组分的组成和分压，见表 3-4 所列。若反应达到平衡，该表中各项则代表各对应的平衡值，可将有关组分的分压代入式(3-8)和式(3-9)，整理后得到

$$K_{p_1} = \frac{[n(CO) + n_x - n_y][n(H_2) + 3n_x + n_y]^3}{[n(CH_4) - n_x][n(H_2O) - n_x - n_y]} \times \frac{p^2}{(\sum n_x + 2n_x)^2} \tag{3-14}$$

$$K_{p_2} = \frac{[n(CO_2) + n_y][n(H_2) + 3n_x + n_y]}{[n(CO) + n_x - n_y][n(H_2O) - n_x - n_y]} \tag{3-15}$$

根据反应温度查出或求出 K_{p_1} 和 K_{p_2}，再将总压和气体的初始组成代入式(3-14)和式(3-15)，解出 n_x 和 n_y，平衡组成和平衡分压即可求出。平衡组成是反应达到的极限，实际反应离平衡总是有一定距离的，通过对同一条件下实际组成与平衡组成的比较，可以判断反应速率的快慢或催化剂活性的高低。在相同反应时间内，催化剂活性越高，实际组成越接近平衡组成。

平衡组成与温度、压力及初始组成有关，图 3-9 显示了 CH_4、CO 及 CO_2 的平衡组成与温度、压力及水碳比 $[n(H_2O)/n(CH_4)]$ 的关系，H_2 的平衡组成可根据组成约束关系式（$\sum y_i = 1$）求出。

表 3-4 气体在反应后各组分的组成和分压

组分	反应前物质的量/mol	反应后		
		物质的量/mol	摩尔分数	分压
CH_4	$n(CH_4)$	$n(CH_4)-n_x$	$\dfrac{n(CH_4)-n_x}{(\sum n_i)+2n_x}$	$\dfrac{n(CH_4)-n_x}{(\sum n_i)+2n_x}p$
CO	$n(CO)$	$n(CO)+n_x-n_y$	$\dfrac{n(CO)+n_x-n_y}{(\sum n_i)+2n_x}$	$\dfrac{n(CO)+n_x-n_y}{(\sum n_i)+2n_x}p$
CO_2	$n(CO_2)$	$n(CO_2)+n_y$	$\dfrac{n(CO_2)+n_y}{(\sum n_i)+2n_x}$	$\dfrac{n(CO_2)+n_y}{(\sum n_i)+2n_x}p$
H_2O	$n(H_2O)$	$n(H_2O)-n_x-n_y$	$\dfrac{n(H_2O)-n_x-n_y}{(\sum n_i)+2n_x}$	$\dfrac{n(H_2O)-n_x-n_y}{(\sum n_i)+2n_x}p$
H_2	$n(H_2)$	$n(H_2)+3n_x+n_y$	$\dfrac{n(H_2)+3n_x+n_y}{(\sum n_i)+2n_x}$	$\dfrac{n(H_2)+3n_x+n_y}{(\sum n_i)+2n_x}p$
N_2	$n(N_2)$	$n(N_2)$	$\dfrac{n(N_2)}{(\sum n_i)+2n_x}$	$\dfrac{n(N_2)}{(\sum n_i)+2n_x}p$
总计	$\sum n_i$	$(\sum n_i)+2n_x$	1	p

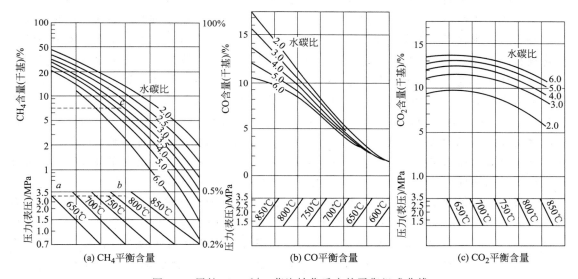

图 3-9 甲烷（100%）蒸汽转化反应的平衡组成曲线

综上所述，影响甲烷蒸汽转化反应平衡的主要因素有温度、水碳比和压力。

① 温度的影响 甲烷与水蒸气反应生成 CO 和 H_2 是吸热的可逆反应，高温对平衡有利，即 H_2 及 CO 的平衡产率高，CH_4 平衡含量低。一般情况下，当温度提高 10℃，甲烷的平衡含量可降低 1%～1.3%。高温对一氧化碳变换反应的平衡不利，可以少生成二氧化碳，而且高温也会抑制一氧化碳歧化和还原析碳的副反应。但是，温度过高，将促进甲烷裂解，当高于 700℃时，甲烷均相裂解速率很快，会大量析出碳，并沉积在催化剂和器壁上。

② 水碳比 $[n(H_2O)/n(CH_4)]$ 的影响 水碳比对于甲烷转化影响重大，高的水碳比有利于转化反应 [式(3-1)]，在 800℃、2MPa 条件下，水碳比由 3 提高到 4 时，甲烷平衡含量由 8% 降至 5%，可见水碳比对甲烷平衡含量影响是很大的。同时，高的水碳比也有利于抑制析碳副反应。

③ 压力的影响　甲烷蒸汽转化反应是体积增大的反应，低压有利平衡，当温度 800℃、水碳比 4、压力由 2MPa 降低到 1MPa 时，甲烷平衡含量由 5% 降至 2.5%。低压也可抑制一氧化碳的 2 个析碳反应，但是低压对甲烷裂解析碳反应的平衡有利，适当加压可抑制甲烷裂解。压力对一氧化碳变换反应的平衡无影响。

总之，单从反应平衡考虑，甲烷蒸汽转化过程应该用适当的高温、稍低的压力和高的水碳比。

(2) 甲烷蒸汽转化催化剂

在无催化剂时甲烷蒸汽转化反应速率很慢，在 1300℃ 以上才有满意的速率，然而在此高温下大量甲烷裂解，没有工业生产价值，所以必须采用催化剂。

许多研究表明，一些贵金属和镍均具有对甲烷蒸汽转化的催化活性，其中镍最便宜，又具有足够高的活性，所以工业上一直采用镍转化催化剂，并添加一些助催化剂（也称促进剂）以提高活性或改善诸如机械强度、活性组分分散度、抗碳、抗烧结、抗水合等性能。转化催化剂的促进剂有铝、镁、钾、钙、钛、镧、铈等碱金属氧化物和碱土金属氧化物。甲烷与水分子的反应是在固体催化剂活性表面上进行的，所以催化剂应该具有较大的镍表面。提高镍表面的最有效的方法是采用大比表面的载体来支承、分散活性组分，并通过载体与活性组分间的强相互作用而使镍晶粒不易烧结，从而稳定了镍表面。载体还应具有足够的机械强度，使催化剂在储藏、运输、装卸和使用中不易破碎或粉化。为了抑制烃类在催化剂表面酸性中心上裂解析碳，往往在载体中添加碱性物质来中和表面酸性。目前，工业上采用的转化催化剂有两大类，一类是以高温烧结 α-Al_2O_3 或 $MgAl_2O_4$ 尖晶石等材料为载体，用浸渍法将含有镍盐和促进剂的溶液负载到预先成型的载体上，再加热分解和煅烧，称为负载型催化剂，因活性组分集中于载体表层，所以镍在整个催化剂颗粒中的含量可以较低，一般为 10%~15%（按 NiO 计）；另一类转化催化剂以硅铝酸钙水泥作为黏结剂，与用沉淀法制得的活性组分细晶混合均匀，成型后用水蒸气养护，使水泥固化而成，称为黏结型催化剂，因为活性组分分散在水泥中，并不集中在成型颗粒的表层，所以需要镍的含量高些，才能保证表层有足够的活性组分，一般为 20%~30%（按 NiO 计）。

一般固体催化剂是多孔物质，催化剂颗粒内部毛细孔的表面总称为内表面，其上分布有活性组分，反应物分子扩散到孔内表面上进行反应，由于反应受孔内扩散阻力影响，反应物浓度在孔内分布是有梯度的，如果孔径大而短，在孔的深处反应物的浓度较高，反应速率大，产物向外扩散阻力也小；若孔细又长，结果相反，在这些孔的深处可能没有反应物分子，其内表面就没有被利用。因为催化剂内表面积比外表面大得多，所以内表面积对反应速率起着非常重要的作用。为了提高内表面利用率，可以减小催化剂成形颗粒的尺寸，因小颗粒的毛细孔短，但颗粒太细小会增大催化剂床层的阻力。改善颗粒外形是有效的，转化催化剂发展几十年来，外形从块状、圆柱状演变到现在的环状和各种异形（车轮形、多孔形等）催化剂，改善颗粒外形起到了减小颗粒壁厚、缩短毛细孔长度、增加外表面的效果，因而提高了表观活性，而且床层阻力小、机械强度高，很快得到推广应用。表 3-5 列举了目前国内外一些工业转化催化剂的型号和特征。

(3) 天然气蒸汽转化过程的工艺条件

选择工艺条件的理论依据是热力学和动力学分析以及化学工程原理，此外，还需结合技术经济、生产安全等进行综合优化。转化过程主要工艺条件有压力、温度、水碳比和气流速度，这几个条件之间互有关系，要恰当匹配。

表 3-5　工业上用的甲烷蒸汽一段转化催化剂（部分）

国别（公司）	型号	外形	主组成		操作条件		
			NiO	载体	$T/℃$	p/MPa	$n(H_2O)/n(CH_4)$
中国	Z111	车轮状	≥14%	$\alpha\text{-}Al_2O_3$	400～860	≤4.5	≥2.5
中国	CN16	多孔形	≥14%	$\alpha\text{-}Al_2O_3$	400～1000	0.1～5.0	2.5～4.5
英国（ICI）	57～58	拉西环	20.4%	$CaAl_2O_4$	850～900	0.1～3.4	2.5～8
德国（BASF）	G1-21	拉西环	14.9%	陶瓷	650～850	—	2.5～8
美国（UCI）	C11-9-09	车轮状	14%	$\alpha\text{-}Al_2O_3$	770	3.9	4.2
丹麦（Topsφe）	R67-7H	多孔形	14%	$MgAl_2O_4$	—	—	—
法国（APC）	MGI	拉西环	7%	MgO	—	—	—
（ГИАП）	ГИАП-16	拉西环	20%	$CaAl_2O_4$	825	3.5～4.0	3.7～4.0

① 压力　从热力学特征看，低压有利于转化反应。从动力学看，在反应初期，增加系统压力，相当于增加了反应物分压，反应速率加快。但到反应后期，反应接近平衡，反应物浓度很低，而产物浓度高，加压反而会降低反应速率，所以从反应角度看，压力不宜过高。但从工程角度考虑，适当提高压力对传热有利，因为甲烷转化过程需要外部供热，大的给热系数是强化传热的前提。床层给热系数 $\alpha \propto Re^{0.9}$，提高压力，即提高了介质密度，是提高雷诺数 Re 的有效措施。为了增大传热面积，采用多管并联的反应器，这就带来了如何将气体均匀分布的问题。提高系统压力可增大床层压降，使气流均布于各反应管。显然提高压力会增加能耗，但若合成气是作为高压合成过程（例如合成氨、甲醇等）的原料时，在制造合成气时将压力提高到一定水平，就能降低后序工段的气体压缩功，使全工序总能耗降低。加压还可减小设备和管道的体积，提高设备生产强度，占地面积也小。综上所述，甲烷蒸汽转化过程一般是加压操作，压力为 3MPa 左右。

② 温度　从热力学角度看，高温下甲烷平衡浓度低；从动力学看，高温使反应速率加快，所以出口残余甲烷含量低。加压对平衡的不利影响，要通过提高温度来弥补。在 3MPa 的压力下，为使残余甲烷含量降至 0.3%（干基），必须使温度达到 1000℃。但是，在此高温下，反应管的材质经受不了。以耐高温的 HK-40 合金钢为例，在 3MPa 压力下，要使反应炉管寿命达 10 年，管壁温度不得超过 920℃，其管内介质温度相应为 800～820℃。因此，为满足残余甲烷含量不大于 0.3% 的要求，需要将转化过程分为两段进行。第一段转化在多管反应器中进行，管间供热，反应器称为一段转化炉。出口处最高温度控制在 800℃ 左右，出口残余甲烷含量约 10%（干基）。第二段转化反应器为大直径的钢制圆筒，内衬耐火材料，可耐 1000℃ 以上高温。对于此结构的反应器，不能再用外加热法供热。温度在 800℃ 左右的一段转化气绝热进入二段转化炉。同时补入氧气，氧与转化气中甲烷燃烧放热，温度升至 1000℃，转化反应继续进行，使二段出口甲烷降至 0.3%。若补入空气则有氮气带入，这对于合成氨是必要的，对于合成甲醇或其他产品则不应有氮。

一段转化炉温度沿炉管轴向的分布很重要，在入口端，甲烷含量最高，应着重降低裂解速率，故温度应低些，一般不超过 500℃，因有催化剂，转化反应速率不会太低，析出的少量碳也及时气化，不会积碳。在离入口端 1/3 处，温度应严格控制不超过 650℃，只要催化剂活性好，此时大量甲烷都能转化掉。在 1/3 处以后、温度高于 650℃，此时氢气已增多，同时水碳比相对变大，可抑制裂解，温度又高，消碳速率大增，因此不可能积碳了，之后温度继续升高，直到出口处达到 800℃ 左右，可以保证低的甲烷残余量。因而，一段转化炉是变温反应器。二段转化炉中温度虽更高，但甲烷含量很低，又有氧存在，不会积碳。

③ 水碳比　水碳比是诸操作变量中最便于调节的一个参数，又是对一段转化过程影响较大的参数。水碳比高，有利于防止积碳，残余甲烷含量也低。实验表明，当原料气中无不饱和烃时，水碳比若小于 2，温度到 400℃时就析碳，而当水碳比大于 2 时，温度要高达 1000℃才有碳析出；但若有较多不饱和烃存在时，即使水碳比大于 2，当温度不小于 400℃时就会析碳。为了防止积碳，操作中一般控制水碳比在 3.5 左右。近年来，为了节能，要降低水碳比，防止积碳可采取的措施有 3 个，一是研制、开发新型的高活性、高抗碳性的低水碳比催化剂；二是开发新的耐高温炉管材料，可以提高一段炉出口温度；三是提高进二段炉的空气量，可以保证降低水碳比后，一段出口气中较高残余甲烷能在二段炉中耗尽。目前，水碳比已可降至 3.0，最低可降到 2.5。

④ 气流速度　反应炉管内气体流速高有利于传热，降低炉管外壁温度，延长炉管寿命。当催化剂活性足够时，高流速也能强化生产，提高生产能力。但流速不宜过高，否则床层阻力过大，能耗增加。根据工业催化剂的活性，加压下进炉甲烷的空间速度（碳空速）控制在 $1000 \sim 2000 h^{-1}$。空间速度的定义为单位时间内通过单位体积催化剂的气体体积，可用式 (3-16) 表示

$$SV = V_0 / V_C \tag{3-16}$$

式中，SV 为空间速度，h^{-1}；V_0 为进料气体的流量（标准状态），m^3/h；V_C 为催化剂堆体积，m^3。

(4) 天然气蒸汽转化流程

由天然气蒸汽转化制合成气的基本步骤如图 3-10 所示。

图 3-10　天然气蒸汽转化制合成气过程

图 3-10 中的变换过程要根据合成气具体使用目的来决定取舍。变换是 CO 与 H_2O 反应生成 H_2 和 CO_2 的过程，可增加 H_2 的产出，降低 CO 量，当需要 CO 含量高时，应取消变换过程；当需要 CO 含量低时，则要设置变换过程。如果只需要 H_2 而不要 CO 时，需设置高温变换和低温变换以及脱除微量 CO 的过程。图中脱硫过程的作用是脱除天然气中的硫化物，以防止转化催化剂中毒。脱碳过程作用是脱除 CO_2，使成品气中只含有 CO 和 H_2，回收的高纯度 CO_2 可以用来制造一些化工产品。

图 3-11 是以天然气为原料日产千吨氨的大型合成氨厂的转化工段流程图。合成氨的原料之一是 H_2，应将甲烷尽可能地转化，设置两段转化可使残余甲烷含量 φ(甲烷)<0.3%，在第二段转化器中补入空气，其中的氧与一段转化气中部分甲烷燃烧产生高温，剩余甲烷进一步转化为 CO 和 H_2，空气中氮作为合成氨的 N_2 原料。

天然气被压缩到 3.6MPa 并配入一定量氢氮混合气，送到一段炉对流段 3 预热至 380～400℃，热源是由辐射段 4 来的高温烟道气。预热后气体进入钴钼加氢脱硫器 1，使有机硫加氢变成硫化氢，再到氧化锌脱硫罐 2 脱除硫化氢，使天然气中总含硫量降至 φ(硫)<0.5×10^{-6}。脱硫后天然气与中压蒸汽混合，再送至对流段加热到 500～520℃，然后分流进入位于一段炉辐射段 4 的各转化管，自上而下经过管内催化剂层进行吸热的转化反应，热量由管

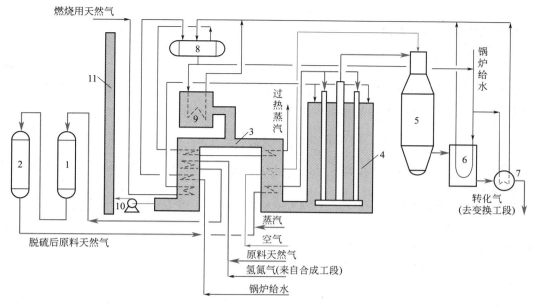

图 3-11 天然气蒸汽转化工艺流程示意

1—钴钼加氢脱硫器；2—氧化锌脱硫罐；3—一段炉对流段；4——段炉辐射段；5—二段转化炉；
6—第一废热锅炉；7—第二废热锅炉；8—汽包；9—辅助锅炉；10—排风机；11—烟囱

外燃烧天然气提供。由反应管底部出来的转化气温度为 800～820℃，甲烷含量约 9.5%（干基），各管气体汇合于集气管并沿中心管上升，由炉顶出来送往二段转化炉 5。在二段炉入口处引入经预热到 450℃ 左右的空气，与一段转化气中的部分甲烷在炉顶部燃烧，使温度升至 1200℃ 左右，然后经过催化剂床层继续转化，离开二段炉的转化气温度约 1000℃，压力 3.0MPa，残余甲烷低于 0.3%（干基），$n(H_2+CO)/n(N_2)=3.1～3.2$。从一段转化炉出来的高温转化气先后经第一废热锅炉 6 和第二废热锅炉 7，回收高温气的显热产生蒸汽，此蒸汽再经过对流段加热成为高压过热蒸汽，可作为工厂动力和工艺蒸汽。转化气本身温度降至 370℃ 左右，送往变换工段。

　　燃料天然气先经一段炉对流段预热后，进入到辐射段的烧嘴，助燃空气由鼓风机送预热器后也送至烧嘴（图中未画），在喷射过程中混匀并在一段炉内燃烧，产生的热量通过反应管壁传递给催化剂和反应气体。离开辐射段的烟道气温度高于 1000℃，在炉内流至对流段，依次流经排列在此段的天然气-水蒸气混合原料气的预热器、二段转化工艺空气的预热器、蒸汽过热器、原料天然气预热器、锅炉给水预热器、燃料天然气预热器和助燃空气预热器（后者未画出），温度降至 150～200℃，由排风机送往烟囱放空。

　　由上可看出该流程能充分合理地利用不同温位的余热（二次能源）来加热各种物料和产生动力及工艺蒸汽。由转化系统回收的余热约占合成氨厂总需热量的 50%，因而大大降低了合成氨的能耗和生产成本。

3.1.4　一氧化碳变换

　　粗原料气含有大量的一氧化碳，通常，先经过一氧化碳变换反应，使其转化为易于清除的二氧化碳和氨合成所需的氢。一氧化碳与水蒸气反应生成氢和二氧化碳的过程，即为 CO 变换，又称水煤气变换。通过变换反应可产生更多氢气，同时降低 CO 含量。

3.1.4.1 变换反应原理

(1) 变换反应化学平衡

一氧化碳变换的反应式为

$$CO + H_2O(g) \rightleftharpoons CO_2 + H_2 \qquad \Delta H_{298K} = -41.2kJ/mol \qquad (3-17)$$

式(3-17)是可逆放热反应,而且反应热随温度升高而减少。当变换反应达到平衡时,平衡常数 K_p 与各组分的平衡分压有以下关系。

$$K_p = \frac{p(CO_2)p(H_2)}{p(CO)p(H_2O)} \qquad (3-18)$$

式中,$p(CO)$、$p(H_2O)$、$p(CO_2)$、$p(H_2)$ 分别为反应体系中 CO、H_2O、CO_2、H_2 的平衡分压。

根据分压定律,组分 i 的平衡分压 p_i,与平衡浓度 y_i 及总压 p 的关系是

$$p_i = y_i p$$

所以,变换反应的平衡常数式可写成

$$K_p = \frac{y(CO_2)y(H_2)}{y(CO)y(H_2O)} \qquad (3-19)$$

式中,$y(CO)$、$y(H_2O)$、$y(CO_2)$、$y(H_2)$ 分别为 CO、H_2O、CO_2、H_2 的平衡摩尔分数。有人推出在 $360 \sim 520℃$ 范围,变换反应平衡常数的简化计算式如下(误差小于 0.5%)。

$$\lg K_p = \frac{1914}{T} - 1.782 \qquad (3-20)$$

$$\lg K_p = \frac{4575}{T} - 4.33 \qquad (3-21)$$

变换反应的平衡受温度、水碳比 [即原料气中 $n(H_2O)/n(CO)$,亦称蒸汽比]、原料气中 CO_2 含量等因素影响,低温和高水碳比有利于平衡右移,压力对平衡无影响。图 3-12(a) 和 (b) 分别给出了两种组成不同的原料气的 CO 平衡转化率与温度和水碳比的关系曲线。

变换过程可能发生的副反应主要有

$$CO + H_2 \rightleftharpoons C + H_2O \qquad (3-22)$$

$$CO + 3H_2 \rightleftharpoons CH_4 + H_2O \qquad (3-23)$$

$$CO_2 + 4H_2 \rightleftharpoons CH_4 + 2H_2O \qquad (3-24)$$

当水碳比低时,更有利于这些副反应。CO 歧化会使催化剂积碳;甲烷化反应要消耗氢气,所以都要被抑制。

(2) 变换反应催化剂

无催化剂存在时的变换反应速率极慢,即使温度升至 $700℃$ 以上反应仍不明显,而在此高温下,CO 平衡转化率已非常低。因此,必须采用催化剂,使反应在不太高的温度下就有足够高的速率,才能达到极高的转化率。目前,工业上采用的变换催化剂有 3 大类。

① 铁铬系催化剂 目前广泛使用的铁铬催化剂,其化学组成以 Fe_2O_3 为主,促进剂有 Cr_2O_3 和 K_2CO_3,反应前要还原成 Fe_3O_4 才有活性,适用温度范围 $300 \sim 530℃$。该类催化剂称为中温或高温变换催化剂,因为温度较高,反应后气体中残余 CO 含量最低为 $3\% \sim 4\%$。我国生产的 B107~B110、B111~B119 等,其性能已接近或达到国外先进水平。国外较好的型号有德国 BASF 公司的 K6-10、英国 ICI 公司的 IC115-4、丹麦 Topsøe 公司的 SK-12 和美国 UCI 公司的 C12-3 等。近年来出现了低污染的低铬催化剂,更开发出一些节能的

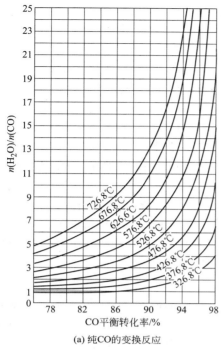

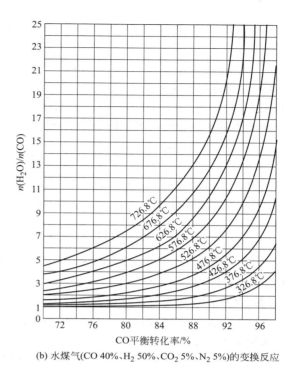

图 3-12 CO 平衡转化率与水碳比和温度的关系曲线

低水碳比催化剂，例如 IC171-4、Topsφe 的 SK-201 和 BASF 的 K6-11 等。

② 铜基催化剂　其化学组成以 CuO 为主，ZnO 和 Al_2O_3 为促进剂和稳定剂，反应前必须还原成具有活性的细小铜晶粒。若在还原操作中或在正常运转中超温，均会造成铜晶粒烧结而失活。该类催化剂另一弱点是易中毒，所以原料气中 φ（硫化物）$<0.1\times10^{-6}$，φ（氯化物）$<0.01\times10^{-6}$。铜基催化剂适用温度范围 180～260℃，称为低温变换催化剂，反应后残余 $\varphi(CO)$ 可降至 0.2%～0.3%。铜基催化剂活性很高，若原料气中 CO 含量高时，应先经高温变换，将 $\varphi(CO)$ 降至 3% 左右，再进行低温变换，以防剧烈放热而烧坏低温变换催化剂。我国低温变换催化剂型号从 B201 到 B206，与国外 UCI 的 C18-I、ICI 的 53-1 等催化剂的性能类似。最近国内外已开发出节能型的低水碳比低温变换催化剂。

③ 钴钼系耐硫催化剂　其化学组成是钴、钼氧化物并负载在氧化铝上，反应前将钴、钼氧化物转变为硫化物（预硫化）才有活性，反应中原料气必须含硫化物。适用温度范围 160～500℃，属宽温变换催化剂。其特点是耐硫抗毒，使用寿命长。我国耐硫催化剂型号有 B301、B302Q 等及 QCS 系列，国外有德国 BASF 的 K8-11、美国 UCI 的 C25 系列、丹麦 Topsφe 的 SSK 等。

3.1.4.2　变换反应动力学

(1) 反应机理和动力学方程式

目前关于 CO 变换反应机理的观点很多，较为流行的有两种：一种观点认为是 CO 与 H_2O 分子先吸附到催化剂表面上，两者在表面进行反应，然后生成物脱附；另一观点认为是被催化剂活性位吸附的 CO 与晶格氧结合形成 CO_2 并脱附，被吸附的 H_2O 解离脱附出 H_2，而氧则补充到晶格中，这就是有晶格氧转移的氧化还原机理。由不同机理可推导出不同的动力学方程式；不同催化剂，其动力学方程式亦不同。下面各举一例。

铁铬系 B110 中温变换催化剂的本征动力学方程式

$$r = k_1 p^{0.5} \left[y(CO)y(H_2O) - \frac{y(CO_2)y(H_2)}{K_p} \right] \tag{3-25}$$

式中，r 为瞬时反应速率；k_1 为正反应速率常数；p 为总压；K_p 为平衡常数；$y(CO)$、$y(H_2O)$、$y(CO_2)$、$y(H_2)$ 分别为 CO、H_2O、CO_2、H_2 的摩尔分数。

铜基低温变换催化剂的本征动力学方程式

$$r = p(CO)p(H_2O) - \frac{p(CO_2)p(H_2)}{K_p} \tag{3-26}$$

式中，$p(CO)$、$p(H_2O)$、$p(CO_2)$、$p(H_2)$ 分别为 CO、H_2O、CO_2、H_2 的分压。

钴钼系宽温耐硫催化剂的宏观动力学方程式

$$r = k_1 y^{0.6}(CO)y(H_2O)y^{-0.3}(CO_2)y^{-0.8}(H_2) \left[1 - \frac{y(CO_2)y.(H_2)}{K_y y(CO)y(H_2O)} \right] \tag{3-27}$$

式中，r 为反应速率，mol/(mL·h)；k_1 为正反应速率常数，$k_1 = 1800 \exp[-43000/(RT)]$；$y(CO)$、$y(H_2O)$、$y(CO_2)$、$y(H_2)$ 分别为对应各组分的摩尔分数。

（2）反应条件对变换反应速率的影响

加压可提高反应物分压，在 3.0MPa 以下，反应速率与压力的平方根成正比，压力再高，影响就不明显了。

水碳比对反应速率的影响规律与其对平衡转化率的影响相似，在水碳比小于 4 时，提高水碳比，可使反应速率增长较快，但当水碳比大于 4 后，反应速率增长就不明显，故一般选用 $n(H_2O)/n(CO)$ 为 4 左右。

CO 变换是一个放热可逆反应，此类反应存在最佳反应温度（T_{OP}），反应速率与温度的关系见图 3-13。变换反应的最佳反应温度可用式(3-28)计算

$$T_{OP} = \frac{1914}{\lg \left\{ \frac{E_2}{E_1} \times \frac{[y(H_2) + y(CO)X][y(CO_2) + y(CO)X]}{[y(CO) - y(CO)X][n - y(CO)X]} \right\} + 1.782} \tag{3-28}$$

式中，$y(CO)$、$y(H_2)$、$y(CO_2)$ 分别为水煤气 CO、H_2、CO_2 的原始摩尔分数；n 为水蒸气与水煤气的摩尔比；X 为 CO 的转化率；E_1、E_2 分别为正、逆反应活化能，与催化剂种类及活性有关。

由此可知，T_{OP} 与气体原始组成、CO 的转化率及催化剂有关。当催化剂和原始组成一定时，T_{OP} 随 CO 的转化率的升高而降低，图 3-14 中曲线显示了这种关系，若操作温度随

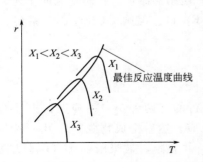

图 3-13 放热可逆反应速率与温度关系

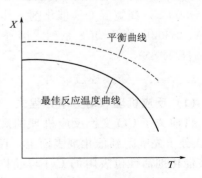

图 3-14 放热可逆反应的 T-X 曲线

着反应进程能沿着最佳温度曲线由高温向低温变化，则整个过程速率最快，也就是说，当催化剂用量一定时，可以在最短时间内达到较高转化率；或者说，达到规定的最终转化率所需催化剂用量最少，反应器的生产强度最高。

3.1.4.3 变换反应器的类型

（1）中间间接冷却式多段绝热反应器

这是一种反应时与外界无热交换，冷却时将反应气体引至热交换器中进行间接换热降温的反应器，如图3-15(a)所示。实际操作温度变化线如图3-15(b)所示。图中 E 点是入口温度，一般比催化剂的起始活性温度高20℃，在第一段绝热反应中，温度直线上升，当穿过最佳温度曲线后，离平衡曲线越来越近，反应速率明显下降，若继续反应到平衡（F'），需要很长时间，而且此时的平衡转化率并不高。所以当反应进行到 F 点（不超过催化剂活性温度上限）时，将反应气体引至热交换器进行冷却，反应暂停，冷却线为 FG，转化率不变，FG 为水平线，G 点温度不应低于催化剂活性温度下限，然后再进入第二段反应，可以接近最佳温度曲线，以较高的速率达到较高的转化率。当段数增多时，操作温度更接近最佳温度曲线。

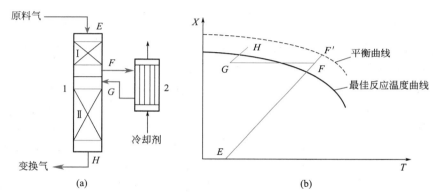

图 3-15　中间冷却式两段绝热反应器

1—反应器；2—热交换器；$EFGH$—操作温度线

反应器分段太多，流程和设备太复杂，工程上并不合理，也不经济。具体段数由水煤气中 CO 含量、要达到的转化率、催化剂活性温度范围等因素决定，一般2～3段即可满足高转化率的要求。

（2）原料气冷激式多段绝热反应器

这是一种向反应器中添加冷原料气进行直接冷却的方式。图3-16(a)是这种反应器的示意图，图3-16(b)是它的操作线图，图中 FG 是冷激线，冷激过程虽无反应，但因添加了原料气，反应物 CO 的初始量增加，根据转化率定义可知，转化率降低。为了达到相同的终转化率，冷激式所用催化剂量要比中间冷却式多些。不过，冷激式的流程简单，省去热交换器，原料气也有一部分不需预热。

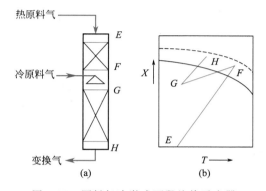

图 3-16　原料气冷激式两段绝热反应器

（3）水蒸气或冷凝水冷激式多段绝热反应器

变换反应需要水蒸气参加，故可利用水蒸气作冷激剂，因其热容大，降温效果好，若用系统中的冷凝水来冷激，由于汽化吸热更多，降温效果更好。用水蒸气或水冷激使水碳比增高，对反应平衡和速率均有影响，故第一段和第二段的平衡曲线和最佳反应温度曲线是不相同的。因为冷激前后既无反应又没添加 CO 原料，转化率不变，所以冷激线（FG）是一水平线。图 3-17(a) 和（b）分别为此类反应器示意图和操作线图。

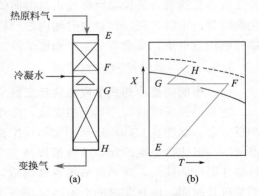

图 3-17 水冷激式两段绝热反应器

3.1.4.4 变换过程的工艺流程

水煤气（CO）变换流程有许多种，包括常压、加压；两段中温变换、三段中温变换、中-低变串联等。主要根据制造合成气的生产方法、水煤气中 CO 含量、对残余 CO 含量的要求等因素来选择。

当以天然气或石脑油为原料制造合成气时，水煤气中 $\varphi(CO)=10\%\sim13\%$，只需采用一段中变和一段低变的串联流程，就能将 CO 含量降低至 0.3%。图 3-18 是该流程示意图。天然气与水蒸气转化生成的高温转化气进入废热锅炉 1 回收热量产生高压蒸汽，可作动力，降温后的转化气再与水蒸气混合达到水碳比 3.5，温度 370℃，进入到装填有铁铬系中温变换催化剂的中变炉 2 中进行绝热反应，中变出口气中 CO 含量降至 3%，温度 430℃，送入中变废热锅炉 3 和热交换器 4 进行降温，使温度降至 220℃左右，送入装填有铜基低温变换催化剂的低变炉 5 中进行绝热反应。中变废热锅炉产生的水蒸气可供反应所需。通过热交换器可以利用中变气余热来预热后序甲烷化工段的进气。出低变炉的气体中，CO 含量只有约 0.3%，温度 240～250℃。然后经热交换器 6 回收其余热，使其降温后送脱碳工段。

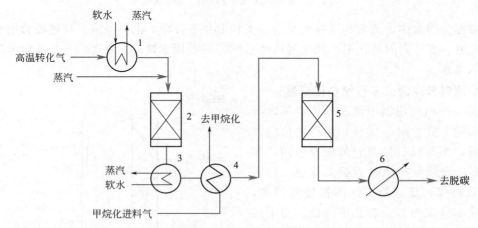

图 3-18 CO 中-低变串联流程

1—转化气废热锅炉；2—中变炉；3—中变废热锅炉；

4,6—热交换器；5—低变炉

以渣油为原料制造合成气时，水煤气中 $\varphi(CO) > 40\%$，需要分三段进行变换。图 3-19 是该流程。自渣油气化工段来的水煤气，先经换热器 1 和 2 进行预热，然后进入装填有耐硫的钴钼系中温变换催化剂的反应器，经第一段变换后，引出到换热器 2 和 4 进行间接换热降温，再进入第二段，反应后再引出到换热器 1 降温，再进入第三段变换，最后变换气经过换热器 5 和 6 降温，经冷凝分离器 7 脱除水，即可送至脱碳工段。若采用活性高的 K8-11，用两段中温变换也可达到所要求的转化率。

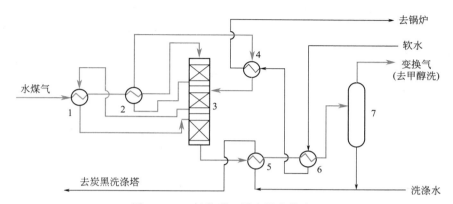

图 3-19　一氧化碳三段中温变换流程

1,2,4~6—换热器；3—变换反应器；7—冷凝分离器

国内以煤为原料制合成氨的中、小型厂多采用两段或三段中温变换流程，在流程中除设置有换热器回收反应热外，还设置了饱和塔和热水塔来回收低温位的余热，同时给水煤气增湿，可减少水蒸气的添加量。

3.1.5　合成气中硫化物与二氧化碳的脱除

在制造合成气时，无论哪一种原料所得的原料气，均含有一定数量的硫化物。石油馏分中含有硫醇（RSH）、硫醚（RSR）、二硫化碳（CS_2）、噻吩（C_4H_4S）等，它们多集中于重质油馏分尤其是渣油中，煤中常含有有机硫（COS）和硫铁矿。用这些原料制造的合成气，虽然硫化物含量不高，但其转化成硫化氢和有机硫气体，会使催化剂中毒，腐蚀金属管道和设备，对合成氨生产的危害很大，必须脱除，并回收利用这些硫资源。

在将气、液、固原料经转化或气化制造合成气过程中会生成一定量的二氧化碳，尤其当有一氧化碳变换过程时，生成更多的二氧化碳，其含量可高达 $28\% \sim 30\%$。因此也需要脱除二氧化碳，回收的二氧化碳可加以利用。例如，可供给天然气转化以降低合成气的 $n(H_2)/n(CO)$ 比例，可供合成氨厂生产尿素，可供给制碱厂生产纯碱（Na_2CO_3），用二氧化碳还可加工成一些有机化学品以及制干冰等。二氧化碳的回收利用不仅增加了经济效益，还减少了造成温室效应的危害。脱除二氧化碳的过程通常简称为脱碳。

3.1.5.1　原料气的脱硫

粗合成气中所含硫化物种类和含量与所用原料的种类、硫含量以及加工方法有关。用天然气或轻油制造合成气时，为避免蒸汽转化催化剂中毒，已预先将原料彻底脱硫，转化生成的气体中无硫化物；用煤或重质油制合成气时，气化过程不用催化剂，故不需对原料预先脱硫，因此产生的气体中含有硫化氢和有机硫化物，在下一步加工之前，必须进行脱硫。含硫量高的无烟煤气化生成的气体（标准状态）中，硫化氢可达 $4 \sim 6 g/m^3$，有机硫总量 0.5～

$0.8g/m^3$。重油中若含硫 $0.3\% \sim 1.5\%$ 时，气化后的气体（标准状态）中含硫化氢 $1.1 \sim 2.0g/m^3$，有机硫 $0.03 \sim 0.4g/m^3$。一般情况下气体中硫化氢的含量为有机硫总量的 $10 \sim 20$ 倍。

不同用途或不同加工过程对气体脱硫净化度要求不同。例如天然气转化过程对原料气的脱硫要求是 φ（总硫）$<0.1 \times 10^{-6}$（即 $0.1mL/m^3$），最高不能超过 0.5×10^{-6}；一氧化碳高温变换要求原料气中 φ（硫化氢）$<500 \times 10^{-6}$，φ（有机硫）$<150 \times 10^{-6}$；合成甲醇时用的铜基催化剂则要求 φ（总硫）$<0.5 \times 10^{-6}$；合成氨的铁催化剂则要求原料气不含硫。

粗原料气中的硫形态分为无机硫（H_2S）和有机硫，对其的脱除方法可分为干法和湿法两大类。其包含的主要方法列于表 3-6。

表 3-6 脱硫方法分类

硫化物种类	无 机 硫	有 机 硫
干法	氧化铁、活性炭、氧化锌、氧化锰	钴钼加氢法、氧化锌法等
湿法	化学吸收——氨水催化、ADA、乙醇胺法等 物理吸收法——低温甲醇洗涤法等 物理-化学综合吸收法——环丁砜法等	冷氢氧化钠吸收法（脱除硫醇）、热氢氧化钠吸收法（脱除硫氧化碳）

（1）干法脱硫

采用固体吸收剂或吸附剂来脱除硫化氢或有机硫的方法称为干法脱硫。此类脱硫方法又分为吸附法和催化转化法。吸附法是采用对硫化物有强吸附能力的固体来脱硫。吸附剂主要有氧化锌、活性炭、氧化铁、分子筛等。干法脱硫一般使用在硫含量较低的场合，如果硫含量较高，会造成再生频繁和费用大增的不良后果。

① 氧化锌法　氧化锌是一种高效脱硫剂，能直接吸收硫化氢和硫醇，其反应为

$$ZnO + H_2S \longrightarrow ZnS + H_2O \tag{3-29}$$

$$ZnO + C_2H_5SH \longrightarrow ZnS + C_2H_5OH \tag{3-30}$$

$$ZnO + C_2H_5SH \longrightarrow ZnS + C_2H_4 + H_2O \tag{3-31}$$

同时，硫氧化碳和二硫化碳先加氢为硫化氢，然后再被氧化锌吸收，即

$$COS + H_2 \rightleftharpoons H_2S + CO \tag{3-32}$$

$$CS_2 + 4H_2 \rightleftharpoons 2H_2S + CH_4 \tag{3-33}$$

氧化锌中添加少量 CuO、MnO_2 和 MgO 等作为促进剂，以钒土水泥作黏结剂，制成 $\phi 3.5 \sim 4.5mm$ 的球形或 $\phi 4mm \times (4 \sim 10)mm$ 的条形。在一定条件下，按上述反应，H_2S、RSH 与 ZnO 发生反应生成稳定的 ZnS 固体，并放出热量。当有 H_2 存在时，COS、CS_2 也转化为 H_2S，进而被 ZnO 吸收变为 ZnS。由于 ZnS 难离解，净化气总硫含量可降低至 φ（总硫）$<0.1 \times 10^{-6}$。该脱硫剂的硫容量高达 25%（质量分数）以上，但它不能再生，一般只用于低含硫气体的精脱硫。而且，它不能脱除硫醚和噻吩。对含有硫醚和噻吩等有机硫的气体，需要用催化加氢方法将其转化为 H_2S 后，再用氧化锌脱除。

② 活性炭法　活性炭常用于脱除天然气、油田气以及经湿法脱硫后之气体中的微量硫。活性炭吸附 H_2S 和 O_2，后两者在其表面上反应，生成元素硫。活性炭脱硫法分为吸附法、催化法和氧化法 3 种方式。吸附法是利用活性炭选择性吸附的特性进行脱硫，对脱除噻吩最为有效，但因硫容过小，使用受到限制。催化法是在活性炭中浸渍了铜、铁等重金属，使有机硫被催化转化成硫化氢，而硫化氢再被活性炭所吸附。氧化法活性炭脱硫是使用较为广泛

的一种方法，在氨的催化作用下，硫化氢和硫氧化碳被气体中存在的氧所氧化，其反应为

$$H_2S+0.5O_2 \longrightarrow S+H_2O \tag{3-34}$$

$$COS+0.5O_2 \longrightarrow S+CO_2 \tag{3-35}$$

活性炭吸附法可在常压或加压下使用，温度不宜超过 50℃，属于常温精脱硫方法。对噻吩最有效，CS_2 次之，COS 最差，它要在氨及氧存在下才能转化而被脱除

$$COS+0.5O_2 \Longrightarrow CO_2+S \tag{3-36}$$

$$COS+2O_2+2NH_3+H_2O \Longrightarrow (NH_4)_2SO_4+CO_2 \tag{3-37}$$

活性炭的硫容量一般可达 20%（质量分数）以上，需定期进行再生。再生方法有多硫化铵法和过热蒸汽法。多硫化铵法是采用硫化铵溶液多次萃取活性炭中的硫，硫与硫化铵反应生成多硫化铵，反应式为

$$(NH_4)_2S+(n-1)S \Longrightarrow (NH_4)_2S_n \tag{3-38}$$

再生步骤为：第一步用水洗去副反应所生成的碳酸铵盐；第二步用多硫化铵萃取活性炭中的硫；第三步用冷凝液洗去残留的硫化铵和多硫化铵。过热蒸汽法是以 450℃ 的过热蒸汽吹扫，使活性炭中的硫升华并被蒸汽带出，冷凝成熔硫。

③ 氧化铁法　氧化铁法脱硫是一种古老的方法，近年来做了大量改进，在许多场合中使用。脱硫温度有常温、中温和高温。氧化铁吸收硫化氢后生成硫化铁，再生时用氧化法使硫化铁转化为氧化铁和元素硫或二氧化硫。近年研制出铁锰脱硫剂，主要成分是氧化铁和氧化锰，添加氧化锌等促进剂，具有转化和吸收双功能，可使 RSH、RSR、COS 和 CS_2 等有机硫发生氢解作用，转化成 H_2S 后被吸附，分别生成硫化铁、硫化锰和硫化锌，使气体得到净化，净化温度为 380～400℃。

近年来，国内外还研制出许多 COS 水解催化剂和常温精脱硫吸附剂，可以将 COS 或 H_2S 脱除至 $\varphi(COS)$ 或 $\varphi(H_2S)<0.05\times10^{-6}$，能耗和操作费用也得到降低。

④ 有机硫加氢转化　有机硫在化学活性上较硫化氢要差得多，因此，通常的硫化氢装置不能或不能完全脱除有机硫。有机硫需采用催化转化法以脱硫，即使用加氢脱硫催化剂，将烃类原料中所含有的有机硫化合物氢解，转化成易于脱除的硫化氢，再用其他方法除之。加氢脱硫催化剂是以 Al_2O_3 为载体负载 CoO 和 MoO_3，亦称钴钼加氢脱硫剂。使用时需预先用 H_2S 或 CS_2 硫化变成 Co_9S_8 和 MoS_2 才有活性。有机硫的氢解反应举例如下

$$COS+H_2 \Longrightarrow CO+H_2S \tag{3-39}$$

$$C_2H_5SH+H_2 \Longrightarrow C_2H_6+H_2S \tag{3-40}$$

$$CH_3SC_2H_5+2H_2 \Longrightarrow CH_4+C_2H_6+H_2S \tag{3-41}$$

$$C_2H_5SC_2H_5+2H_2 \Longrightarrow 2C_2H_6+H_2S \tag{3-42}$$

$$C_4H_4S+4H_2 \Longrightarrow C_4H_{10}+H_2S \tag{3-43}$$

以上都是可逆反应。钴钼加氢脱硫剂的使用条件是 320～400℃、3.0～4.0MPa。气态烃为原料时，气体空速为 1000～3000h^{-1}，加氢量 $\varphi(氢)=2\%\sim5\%$；液态烃为原料时，液体空速为 1～6h^{-1}，$\varphi(氢)/\varphi(油)=80\sim100$。入口约 $\varphi(有机硫)=(100\sim200)\times10^{-6}$，出口 $\varphi(有机硫)\leqslant0.1\times10^{-6}$。

钴钼加氢转化后用氧化锌脱除生成的 H_2S。因此，用氧化锌-钴钼加氢转化-氧化锌组合，可达到精脱硫的目的。

(2) 湿法脱硫

干法脱硫净化度高，并能脱除各种有机硫化物，但其操作间歇、设备庞大且再生费用昂

贵，仅适用于气体硫含量较低的场合。对于含大量硫化氢的气体，通常采用溶液吸收法脱除硫化氢，即湿法脱硫。湿法脱硫剂为液体，一般用于含硫量高、处理量大的气体的脱硫。按其脱硫机理不同又分为化学吸收法、物理吸收法、物理-化学吸收法和湿式氧化法。

① 化学吸收法　化学吸收法是常用的湿法脱硫工艺。有一乙醇胺法（MEA）、二乙醇胺法（DEA）、二甘醇胺法（DGA）、二异丙醇胺法（DIPA），以及近年来发展很快的改良甲基二乙醇胺法（MDEA），MDEA 添加有促进剂，净化度很高。以上几种统称为烷醇胺法或醇胺法。醇胺吸收剂与 H_2S 反应并放出热量，例如一乙醇胺和二乙醇胺吸收 H_2S 的反应分别为

$$HO-CH_2-CH_2-NH_2 + H_2S \Longrightarrow (HO-CH_2-CH_2-NH_3) \cdot HS \qquad (3-44)$$

$$(HO-CH_2-CH_2)_2NH + H_2S \Longrightarrow [(HO-CH_2-CH_2)_2NH_2] \cdot HS \qquad (3-45)$$

低温有利于吸收，一般为 20～40℃。因上述反应是可逆的，将溶液加热到 105℃ 或更高些，生成的化合物分解析出 H_2S 气体。利用此特性可将吸收剂再生，循环使用。

如果待净化的气体含有 COS 和 CS_2，它们与乙醇胺生成降解产物，不能再生，所以必须预先将 COS 和 CS_2 经催化水解或催化加氢转化为 H_2S 后，才能用醇胺法脱除。氧的存在也会引起乙醇胺的降解，故含氧气体的脱硫不宜用乙醇胺法。

② 物理吸收法　物理吸收法是利用有机溶剂在一定压力下进行物理吸收脱硫，然后减压而释放出硫化物气体，溶剂得以再生。主要有冷甲醇法（Rectisol），此外还有碳酸丙烯酯法（Fluar）和 N-甲基吡啶烷酮法（Purisol）等。

冷甲醇法可以同时或分段脱除 H_2S、CO_2 和各种有机硫，还可脱除 HCN、C_2H_2、C_3 及 C_3 以上气态烃和水蒸气等，能达到很高的净化度，可降低总硫至 φ（总硫）$<0.2 \times 10^{-6}$，$\varphi(CO_2)$ 降至 $10 \times 10^{-6} \sim 20 \times 10^{-6}$。甲醇对氢、一氧化碳、氮等气体的溶解度相当小，所以在净化过程中有效成分损失最少，是一种经济的优良净化方法。其工业装置最初是由德国的林德（Linde）公司和鲁奇（Lurgi）公司研究开发的，现在常用于以煤或重烃为原料制造合成气的气体净化过程。甲醇吸收硫化物和二氧化碳的温度为 $-40 \sim -54℃$，压力 $5.3 \sim 5.4MPa$，吸收后，甲醇经减压放出 H_2S 和 CO_2，再生甲醇经加压再循环使用。

③ 物理-化学吸收法　这是将具有物理吸收性能和化学吸收性能的两类溶液混合在一起使用，脱硫效率较高。常用的吸收剂为环丁砜-烷基醇胺（例如甲基二乙醇胺）混合液，前者对硫化物是物理吸收，后者是化学吸收。

④ 湿式氧化法　其基本原理是利用含催化剂的碱性溶液吸收 H_2S，以催化剂作为载氧体，使 H_2S 氧化成单质硫，催化剂本身被还原。在再生时通空气将还原态的催化剂氧化复原，如此循环使用。总反应式为

$$H_2S + 0.5O_2 \longrightarrow H_2O + S \qquad (3-46)$$

湿式氧化法一般只能脱除硫化氢，不能或只能少量脱除有机硫。最常用的湿式氧化法有蒽醌法（ADA 法），吸收剂为碳酸钠水溶液并添加蒽醌二磺酸钠（催化剂）和适量的偏钒酸钠（缓腐剂）及酒石酸钾钠，硫容量较低，只适合于脱除低含量 H_2S 气体。其他有萘醌法（Na_2CO_3 加萘醌磺酸钠）、络合铁盐法（EDTA 法）、费麦克斯-罗达克斯法（Na_2CO_3 加三间硝基苯酚）等。

湿式氧化法脱硫分喷射氧化再生和高塔鼓泡再生，如图 3-20 和图 3-21 所示。喷射氧化再生是利用溶液在喷射器内的高速流动而抽吸再生空气，因此，再生器的高度较低，空气鼓风机负荷很低，甚至可以完全取消，但喷射器要消耗溶液的静压能。高塔再生的再生塔投资较大，所用空气需用压缩机送入，但空气用量较少。

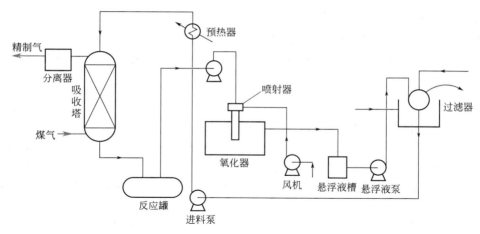

图 3-20 喷射氧化再生法脱硫工艺流程

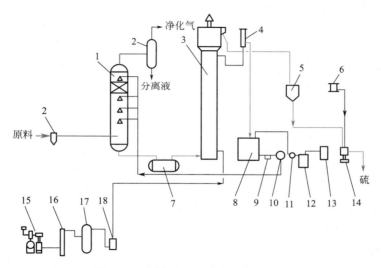

图 3-21 高塔再生法脱硫工艺流程图

1—吸收塔；2—分离器；3—再生塔；4—液位调节器；5—硫泡沫槽；6—温水槽；7—反应槽；
8—循环槽；9—溶液过滤器；10—循环泵；11—原料泵；12—地下槽；13—溶碱槽；
14—过滤器；15—空压机；16—空气冷却器；17—缓冲罐；18—空气过滤器

　　再生器上部出来的硫泡沫，过滤洗涤后经熔融可得熔硫。为了防止冬季溶液温度过低而引起析硫困难，在溶液循环系统中安置预热器，此预热器还可以防止溶液稀释，解决系统水平衡问题。

(3) 硫化氢的回收

　　湿法脱硫后，在吸收剂再生时释放的气体含有大量硫化氢，为了保护环境和充分利用硫资源，应该予以回收。工业上已成熟的技术是克劳斯工艺，克劳斯法的基本原理是首先在燃烧炉内使 1/3 的 H_2S 与 O_2 反应，生成 SO_2，剩余 2/3 的 H_2S 与此 SO_2 在催化剂作用下发生克劳斯反应，生成单质硫。反应式为

$$H_2S + \frac{3}{2}O_2 \longrightarrow SO_2 + H_2O \qquad (3\text{-}47)$$

$$2H_2S + SO_2 \longrightarrow 3S + 2H_2O \qquad (3\text{-}48)$$

燃烧炉内温度为 1200～1250℃，克劳斯催化反应器内温度为 200～350℃，操作压力 0.1～0.2MPa。克劳斯催化剂主要是氧化铝，添加少量 Ni、Mn 等金属氧化物，有的催化剂还兼有水解有机硫的作用。近年来出现了许多改进的克劳斯工艺和催化剂，使硫的回收率提高至 99% 或更高。

3.1.5.2 原料气中二氧化碳的脱除

经过变换后的原料气中含有大量的二氧化碳，一般为 $\varphi(CO_2)=16\%～30\%$，其量相当于 1.2～1.4t/t（氨）。二氧化碳不仅会使合成氨催化剂暂时中毒，而且稀释了原料气，降低了氢和氮的分压；并且在系统中遇铜氨洗涤液，或与含氨的循环气接触时会生成碳酸氢铵结晶，堵塞管道。同时，二氧化碳又是制造尿素、纯碱、干冰等的原料。因此，原料气中的二氧化碳既要脱除，又要加以回收利用。

脱除二氧化碳的方法很多，要根据不同的具体情况来选择适宜的方法。目前，国内外的各种脱碳方法多采用溶液吸收剂来吸收二氧化碳。根据吸收机理可分为化学吸收和物理吸收两大类。近年来出现了变压吸附法、膜分离等固体脱除二氧化碳法。

(1) 化学吸收法

此类方法在早期曾有过乙醇胺法（MEA）和氨水法，现已少用。目前常用的化学吸收法是改良热钾碱法，即在碳酸钾溶液中添加少量活化剂，以加快吸收 CO_2 的速率和解吸速率，活化剂作用类似于催化剂。在吸收阶段，碳酸钾与 CO_2 生成碳酸氢钾；在再生阶段，碳酸氢钾受热分解，析出 CO_2，溶液复原，可循环使用。根据活化剂种类不同，改良热钾碱法又分为以下几种。

① 本菲尔（Benfield）法 吸收剂为 25%～40%（质量分数）碳酸钾溶液中添加二乙醇胺活化剂 [w（二乙醇胺）$=2.5\%～3\%$]，还加有缓蚀剂 [$w(KVO_3)=0.6\%～0.7\%$]、消泡剂（聚醚或聚硅氧烷乳状液等，浓度约每千克几十毫克）。该工艺是国外专利，技术成熟，应用广泛。凯洛格公司推出了本菲尔法节能流程，见图 3-22。

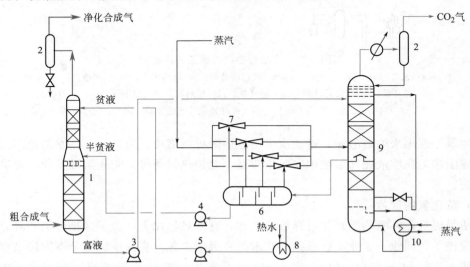

图 3-22 节能型本菲尔法脱碳流程

1—吸收塔；2—气液分离器；3—富液泵；4—半贫液泵；5—贫液泵；
6—闪蒸器；7—蒸汽喷射器；8—锅炉给水预热器；9—再生塔；10—再沸器

在吸收塔 1 中脱碳时的操作压力约 2.5～2.8MPa，塔顶温度 70～75℃，塔底吸收液温度 110～118℃，净化气中残余 $\varphi(CO_2)<0.1\%$，溶液吸收 CO_2 的能力为 23～24m³/(h·m³)。吸收后的富（CO_2）液用泵 3 输送至再生塔 9，在再生塔中部取出半贫液经减压闪蒸器 6，产生水蒸气并析出 CO_2，使溶液本身降温，然后送其至吸收塔中部，这样可节省能源，蒸汽和 CO_2 送回再生塔。闪蒸方式有蒸汽喷射器法（见图 3-22 中闪蒸器 6 和蒸汽喷射器 7）和热泵法。再生塔底部出来的是 CO_2 含量非常低的贫液，将其送至吸收塔顶，可保证净化气的高净化度。再生塔温度 120℃，由再沸器 10 加热。贫液和半贫液需降温后才能送至吸收塔，降温的传统方法是经过热交换器把热量传给其他物料。节能流程比原来的本菲尔法节约能量 25%～50%。

② 复合催化法　实际上是在碳酸钾溶液中加入了双活化剂，这是我国的专利，其催化吸收速率、吸收能力和能耗等性能与改进的本菲尔法相近，而再生速率比后者快，已在国内推广。

③ 空间位阻胺促进法　在碳酸钾溶液中添加空间位阻胺（氨基位于第三个碳原子上的胺或氨基位于第二、第三碳原子上的仲胺），它们在溶液中可促进吸收和再生速率，吸收能力和净化度高，而且再生能耗较低，是一种较优良的脱碳工艺，但溶剂价格稍贵。

④ 氨基乙酸法　在碳酸钾溶液中添加氨基乙酸，溶液价格较便宜，但吸收能力较差，净化度不够高，CO_2 净化指标达不到小于 0.1% 的要求。

(2) 物理吸收法

目前，国内外使用的物理吸收法主要有冷甲醇法、聚乙二醇二甲醚法和碳酸丙烯酯法。物理吸收法在加压（2～5MPa）和较低温度条件下吸收 CO_2，溶液的再生靠减压解吸，而不是加热分解，属于冷法，能耗较低。此外还有加压水洗法，但吸收能力小，用水量巨大，能耗高，现在已少用。

① 冷甲醇法（Rectisol process）　低温（-54℃）甲醇洗工艺是以工业甲醇为吸收剂的气体净化方法。甲醇对 CO_2 的吸收能力大，温度越低，CO_2 溶解度越大。20℃时，在甲醇中的溶解度为在水中的 5 倍；-35℃时，为 25 倍；-60℃时，超过 75 倍；而且可同时脱除 H_2S 和各种有机硫等杂质，净化度很高，可使总硫量脱至 $\varphi(总硫)<0.2\times10^{-6}$，使 CO_2 脱至 $\varphi(CO_2)=(10\sim20)\times10^{-6}$，甲醇对 H_2、N_2、CO 等有效成分的溶解度相当小。目前，冷甲醇法常用于以煤、重油或渣油为原料制造合成气的气体净化过程。

② 聚乙二醇二甲醚法（Selexol process）　亦称谢列克索法，聚乙二醇二甲醚能选择性脱除气体中的 CO_2 和 H_2S，无毒，能耗较低。美国于 20 世纪 80 年代初将此法用于以天然气为原料的大型合成氨厂，至今世界上已有许多工厂采用。我国原南化公司研究院开发出的同类脱碳工艺，称为 NHD 净化技术，在中型氨厂试验成功。NHD 溶液吸收 CO_2 和 H_2S 的能力均优于国外的 Selexol 溶液，价格却较之便宜，技术与设备全部国产化，目前正在国内推广应用。

谢列克索法脱碳流程见图 3-23。粗合成气进入吸收塔 1 下部，由塔顶来的净化气中 $\varphi(CO_2)\leqslant0.1\%$。从吸收塔底流出的富液先经过低温冷却器 2 降至低温，接着通过水力涡轮机 3 回收动力，再进入多级闪蒸罐 5 逐级降压，首先析出的是 H_2、CO、N_2 等气体，将其送回吸收塔。后几级解吸出来 CO_2，其纯度达 99%。从最后一级闪蒸罐流出的聚乙二醇二甲醚溶液送至气提塔 8 顶部，在塔底部通入空气以吹出溶液中 CO_2，贫液由气提塔底流出，温度为 2℃，CO_2 吸收能力为 22.4m³/m³（溶液）。贫液由泵打至吸收塔顶部入塔。

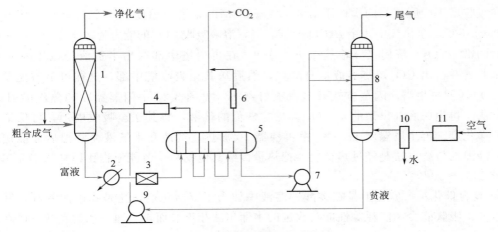

图 3-23　谢列克索法脱碳流程

1—吸收塔；2—低温冷却器；3—水力涡轮机；4—循环压缩机；5—多级闪蒸罐；

6—真空泵；7—气提塔给料泵；8—CO$_2$气提塔；9—贫液泵；10—分离器；11—鼓风机

③ 碳酸丙烯酯法　简称碳丙法（PC），该法适合于气体中CO$_2$分压高于0.5MPa，温度较低，同时对净化度要求不高的场合。吸收温度低于38℃，出口气中$\varphi(CO_2)>1\%$。

④ 物理-化学吸收法　是将物理吸收剂与化学吸收剂结合起来的气体净化法，例如MDEA法中用甲基二乙醇胺-环丁砜混合液作吸收剂，能同时脱硫和脱碳，可与改良热钾碱法相竞争，但溶剂较贵。

(3) 变压吸附（PSA）法

利用固体吸附剂在加压下吸附CO$_2$，使气体得到净化，吸附剂再生是减压脱附析出CO$_2$。一般在常温下进行，能耗小、操作简便、无环境污染，PSA法还可用于分离提纯H$_2$、N$_2$、CH$_4$、CO、C$_2$H$_4$等气体。我国已有国产化的PSA装置，规模和技术均达到国际先进水平。

(4) 生成产品法

除上述方法，还可考虑将脱碳与二氧化碳再利用相结合，即生成产品脱碳法，此法已推广应用的主要有联产碳铵法和联产纯碱法。

① 联产碳铵法　联产碳铵法是将合成所得气氨制成浓氨水，然后吸收原料气中的二氧化碳并制成产品碳酸氢铵，即在合成氨原料气二氧化碳脱除过程中直接制得碳酸氢铵肥料产品。

氨水碳化经历两个反应阶段，第一阶段氨与二氧化碳主要生成氨基甲酸铵。

$$2NH_3 + CO_2 \longrightarrow NH_2COONH_4 \tag{3-49}$$

随着二氧化碳碳化深度的增加，氨基甲酸继续碳化生成碳酸氢铵，由于溶液平衡存在的碳酸氢铵大于其溶解度，就会有固体碳酸氢铵析出，并放出大量的热。即为反应的第二阶段。

$$NH_2COONH_4 + 2H_2O + CO_2 \longrightarrow 2NH_4HCO_3 \tag{3-50}$$

② 联产纯碱法　联产纯碱法是采用氨盐（食盐）水进行碳化而获得碳酸氢钠结晶，经煅烧后得纯碱。

$$2NaHCO_3 \longrightarrow Na_2CO_3 + H_2O + CO_2 \tag{3-51}$$

此法与一般氨碱法相比具有如下优点：原料利用率高，无废弃物料，利用食盐中的氯根制成氯化铵肥料；不需氨碱法的蒸氨塔、石灰窑等设备；利用合成氨原料气中的二氧化碳，从而省去了氨碱法石灰石及焦炭等原料。但它有投资较大和氯化铵肥料使用有局限的缺点。

（5）脱碳方法的选择

在合成氨厂的生产中，脱碳方法的选择决定于氨加工的品种、气化所用原料和方法、后继气体精炼方法以及各脱碳方法的经济性等因素。

首先，氨加工的品种是脱碳方法最重要的限制条件。当加工成碳铵时，必须采用联产碳铵法；当加工成氯化铵和纯碱时，必须采用联产纯碱法；当加工成尿素时，则视气化所用原料和方法的不同，可选择不同的物理和化学吸收分离法；当加工成液氨或其他氮肥（如硝铵）品种时，由于不必回收二氧化碳，则采用热耗较低的物理吸收为宜。

其次，气化原料和方法也是脱碳方法选择的重要因素。例如，当用天然气蒸汽转化法制气生产尿素时，由于二氧化碳数量不够，且低变余热可被利用，通常采用二氧化碳回收率高的热碳酸钾法（如 Benfield 法）脱碳较佳。当间歇式煤制气生产尿素时，由于二氧化碳有余，采用常温物理吸收法较优。

脱碳方法的选择与后继气体精炼的方法有关。例如，如果精炼方法为铜洗法，由于铜洗能洗涤少量二氧化碳，则通常宜采用净化率不高的常温物理吸收法。

脱碳方法的选择最终决定于经济比较，即决定于投资和操作费用的高低，新的脱碳方法的开发也是按此经济性方向努力。但经济性的问题与合成氨的总流程、原料、制气方法和当时当地的条件有关。应针对具体情况，做出各方法应用的经济比较，才能正确地做出选择。

3.1.6　氨的合成

3.1.6.1　氨合成反应原理

氨合成的化学反应式：$N_2 + 3H_2 \rightleftharpoons 2NH_3$

反应热焓：$\Delta H_{18℃} = -92kJ/mol$，$\Delta H_{659℃} = -111.2kJ/mol$。

氨合成的反应平衡常数可由下式求得

$$K_p = \frac{p_{NH_3}}{p_{N_2}^{0.5} p_{H_2}^{1.5}} \tag{3-52}$$

高压下的平衡常数不仅与温度和压力有关，而且与气体组成有关。在 30～60MPa 范围内，氢-氮-氨系统的化学平衡常数应用逸度代替分压来求算。

$$K_f = \frac{f_{NH_3}}{f_{N_2}^{0.5} f_{H_2}^{1.5}} \tag{3-53}$$

式中，K_f 为用逸度表示的平衡常数；f_{N_2}、f_{H_2}、f_{NH_3} 分别为氮、氢和氨在纯态和平衡温度与总压下的逸度。

$$f_i = \gamma_i p_i$$

式中，f_i 为气体组分 i 的逸度；γ_i 为气体组分 i 的逸度系数；p_i 为气体组分 i 的分压。由此可得

$$K_f = \frac{\gamma_{NH_3}}{\gamma_{N_2}^{0.5} \gamma_{H_2}^{1.5}} \times \frac{p_{NH_3}}{p_{N_2}^{0.5} p_{H_2}^{1.5}} = K_\gamma K_p \tag{3-54}$$

$$K_\gamma = \frac{\gamma_{NH_3}}{\gamma_{N_2}^{0.5} \gamma_{H_2}^{1.5}}$$

式中，K_γ 为用实际气体的逸度系数 γ 表示的平衡常数校正值。由式（3-54）可知，要求得高压下的 K_p，必须先求得 K_f 和 K_γ。

K_f 可按式（3-55）计算得到

$$\lg K_f = \frac{2250.322}{T} - 0.85340 - 1.51049 \lg T - 25.8987 \times 10^5 T + 14.8961 \times 10^8 T^2 \qquad (3\text{-}55)$$

由式（3-55）可知 K_f 仅是温度的函数，与压力无关，随温度升高而降低，表 3-7 表示不同温度下的 K_f 值。

表 3-7　不同温度下的 K_f 值　　　　　　　　　　单位：MPa^{-1}

T/K	298.16	300	400	500	600	700	800	900	1000
K_f	677	606	5.682	0.3008	0.03987	0.009048	0.002908	0.001181	0.0005962

K_γ 可由逸度图表中查得各气体组分的逸度系数后求得，也可由实验测定，在压力小于 60MPa 时计算值与实验值相当吻合。表 3-8 示出由实验测得的氨合成的 K_γ 值。由 K_f 和 K_γ 值求得的 K_p 值见表 3-9。由表可见，高压和较低的反应温度对氨的合成十分有利。相对而言，温度的影响大于压力。在合成氨工业发展初期曾采用 $70 \sim 100$MPa 的高压来提高氨合成的转化率，这给设备制造和操作安全带来不少的困难。后来经过不断改进，特别是催化剂的更新，使反应压力和温度不断下降。现在工业上合成氨主要有 2 种方法：中压法，$20 \sim 35$MPa，$470 \sim 550$℃；低压法，$8 \sim 15$MPa，$350 \sim 430$℃。

表 3-8　氨合成的 K_γ 值（实验值）

p/MPa	400℃	425℃	450℃	475℃	500℃
1.01	0.990	0.991	0.992	0.993	0.994
5.07	0.958	0.958	0.965	0.970	0.978
10.01	0.907	0.918	0.929	0.941	0.953
30.4	0.744	—	0.757	0.765	0.773
60.8	0.457	—	0.512	0.538	0.578
101	0.212	—	0.285	0.334	0.387

表 3-9　氨合成的平衡常数 K_p 与温度和压力的关系　　　　　单位：MPa^{-1}

$t/℃$	p/MPa					
	0.1013	10.13	15.20	20.27	30.39	40.53
350	0.2591	0.29796	0.32933	0.35270	0.42346	0.51357
400	0.1254	0.13842	0.14742	0.15759	0.18175	0.21146
450	0.064086	0.07131	0.074939	0.07899	0.08835	0.099615
500	0.036555	0.039882	0.041570	0.043359	0.047461	0.052259
550	0.021302	0.023870	0.024707	0.025630	0.027618	0.029883

国内外大型合成氨厂生产能力 30 万吨/年以上都采用低压法，小型合成氨厂大多采用中压法。

氨合成是可逆反应，反应达到平衡时的氨浓度称为平衡氨浓度，用 $x_{NH_3}^*$ 表示，它与平衡常数 K_p、总压、氢氮比 [用 $\gamma = n(H_2)/n(N_2) = \varphi(H_2)/\varphi(N_2)$ 表示] 和惰性气体含量 x_i 有关，其关系式可表达为

$$\frac{x_{NH_3}^*}{(1 - x_{NH_3}^* - x_i)^2} = K_p p \frac{\gamma^{1.5}}{(\gamma + 1)^2} \qquad (3\text{-}56)$$

当 $\gamma = 3$，$x_i \approx 0$ 时，式（3-56）可简化为

$$\frac{x_{NH_3}^*}{(1-x_{NH_3}^*)^2}=0.325K_p p \tag{3-57}$$

这样，可由温度和压力计算出 $x_{NH_3}^*$。

由式(3-56)可知，当温度、压力以及惰性气体含量一定时，要使 $x_{NH_3}^*$ 达到最大值的条件是 $\dfrac{d}{d\gamma}\left[\dfrac{\gamma^{1.5}}{(\gamma+1)^2}\right]=0$，即

$$\frac{1.5\gamma^{0.5}(\gamma+1)^2-2\gamma^{1.5}(\gamma+1)}{(1+\gamma)^4}=\frac{(\gamma+1)\gamma^{0.5}[1.5(\gamma+1)-2\gamma]}{1+\gamma^4}=0$$

式中，$(\gamma+1)$、$\gamma^{0.5}$ 和 $(1+\gamma)^4$ 均不为零，欲使等式成立，只有使 $1.5(\gamma+1)-2\gamma=0$，由此解得 $\gamma=3$。即当氢氮比等于化学计量数比时，平衡氨的体积分数最大。图 3-24 示出在 500℃时，不同氢氮比时的平衡氨的体积分数 $\varphi^*(NH_3)$。由图 3-24 可以看出，同一氢氮比，平衡氨的体积分数随压力的升高而增加；同一压力下氢氮比 $\gamma=3$ 时，平衡氨的体积分数最大。考虑到高压下气体混合物的非理想性质对 K_p 值的影响，$\varphi^*(NH_3)$ 为最大时的氢氮比应较 3:1 略低，大约在 2.90:1 到 2.68:1 之间变动，由于在这个最优条件下的平衡氨浓度仅比氢氮比为 3:1 时大 0.1 左右，因此并不具有实际意义。

由式(3-56)可知，惰性气体含量 (x_i) 对平衡氨浓度是有影响的，具体的变化趋势见图 3-25。由图可见，随着惰性气体含量的增加，平衡氨浓度很快下降，合成反应推动力减小，转化率变小，导致生产能力下降。因此，在生产中要选择一个合理的惰性气体含量，并用排放少量合成气的办法控制合成气中的惰性气体含量。

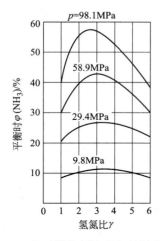
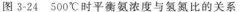

图 3-24 500℃时平衡氨浓度与氢氮比的关系

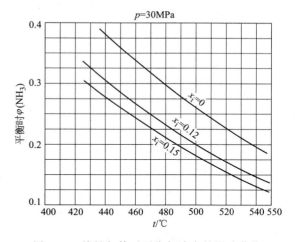

图 3-25 惰性气体对平衡氨浓度的影响曲线

3.1.6.2 催化剂

自 20 世纪发明出磁铁矿与适量助催化剂［如 $w(Al_2O_3)=2\%\sim4\%$，$w(K_2O)=0.5\%\sim0.8\%$，$w(CaO+MgO)=3\%\sim4\%$ 等］混合制备熔铁合成氨催化剂以来，经研究确认，最好的催化剂组成 $n(Fe^{2+})/n(Fe^{3+})\approx0.5$，与磁铁矿中 $n(Fe^{2+})$ 和 $n(Fe^{3+})$ 比例相接近。当今世界各国生产的催化剂（俗称传统催化剂）的母体组成均为 $w[(Fe_3O_4),(Fe^{2+}/Fe^{3+})]$ 在 0.4~0.8 范围内。有了这一研究结果，在相当长一段时间里，研究重点移至助催化剂上，以助催化剂的调变作用来改善催化剂性能，例如有人在熔铁催化剂中添加

15％（质量分数）的 Co，在低于 400℃时，比活性是无钴催化剂的 3 倍。英国 ICI 公司有关专利披露了该公司合成氨催化剂的组成（$w/\%$）如下：

组成	Fe_3O_4	CoO	CaO	K_2O	Al_2O_3	MgO	SiO_2
$w/\%$	余量	5.2	1.9	0.8	2.5	0.2	0.5

该催化剂与无钴催化剂相比，在 4.0MPa 压力下，不同温度下的比活性（以无钴催化剂为 100）：

温度/℃	450	400	350
比活性	134	144	160

我国中原化肥厂采用英国 ICI 公司的 AM-V 合成氨工艺，使用的就是含钴的 IC174-1 型催化剂，操作压力 10.0MPa，温度 450℃左右，空速 5000h^{-1}，氨净值 $\varphi(NH_3)=10\%\sim11\%$。除添加钴外，还有添加稀土的催化剂，效果也很好。浙江工业大学在 1985 年突破母体定型论的观点，采用具有维氏体（Wustite，$Fe_{1-x}O$，$0.04\leqslant x\leqslant0.10$）相结构的 FeO 为熔铁催化剂的母体化学成分，研制出 FeO 基氨合成催化剂，它具有低温活性高、还原容易的特点，已在国内多家合成氨厂使用，效果良好。近年来，日本、英国和意大利等国研制出负载钌（Ru）和金属簇钌（Ru_3）的催化剂，载体为 Al_2O_3 或 SiO_2，也有将钌酸钾（$KRuO_4$）浸渍在石墨上制成催化剂，能在 7.0MPa、350～470℃条件下合成氨，最近已在进行工业规模的运行。

合成氨催化剂由熔融法制得，即将精选的磁铁矿与助催化剂一起在电炉中炼制，制成的固溶体经破碎和筛选，大中型合成塔采用粒度为 6～13mm 不规则颗粒状催化剂，小型合成塔采用粒度为 2.2～3.3mm 不规则颗粒状催化剂。

3.1.6.3 氨合成反应动力学

经实验研究，氨合成反应的本征反应动力学方程可表达如下

$$r_{NH_3}=\frac{d[NH_3]}{dt}=k_1 p_{N_2}\left(\frac{p_{H_2}^3}{p_{NH_3}^2}\right)^\alpha-k_2\left(\frac{p_{NH_3}^2}{p_{H_2}^3}\right)^\beta$$

式中，r_{NH_3} 为氨的生成速率；k_1、k_2 为正、逆反应的反应速率常数；p_{H_2}、p_{N_2}、p_{NH_3} 分别为氢、氮、氨的分压力，MPa；α、β 是由实验测得的常数。对铁催化剂 $\alpha=\beta=0.5$。上式适用于压力 1.0～50MPa 范围，内扩散的影响没有计入。

大量的研究工作表明，工业反应器内的气流条件足以保证气流与催化剂颗粒外表面的传递过程能强有力地进行。因此，外扩散阻力可忽略不计。但反应气流在催化剂微孔内的扩散阻力（即内扩散阻力）都不容忽略，内扩散速率对反应有影响，图 3-26 示出不同粒度催化剂对出口氨的体积分数的影响。由图可见，反应温度低于 380℃时，出口氨的体积分数受粒度影响较小；超过 380℃时，在催化剂活性温度范围内，温度越高，出口氨的体积分数受粒度影响越显著。相比之下，径向反应器由于采用小颗粒催化剂，虽然接触时间比轴向反应器少，但内扩散阻力小，有利于氨的合成反应，故仍能得到高的转化率。

内扩散的阻滞作用通常用内表面利用率 ξ 表示。实际的氨合成速率应是 ξ 与化学动力学速率 r_{NH_3} 的乘积。内表面利用率 ξ 的数值与催化剂粒度及反应条件有关。通常情况下，温度越高，内表面利用率越小；氨含量越大，内表面利用率越大；催化剂粒度增加，内表面利用率大幅度下降。

3.1.6.4 氨合成工艺条件的选择

氨合成的工艺条件主要包括操作压力、温度、空速和气体组成等。

① 压力 从化学平衡和反应速率两个方面考虑，提高操作压力对反应都是有利的，它不仅能提高设备的生产能力，还可简化氨的分离流程。但对设备的材质和加工提出了更高的要求，操作中催化剂易压碎，这会增加反应气体的流动阻力和影响催化剂的使用寿命，操作安全性亦差。因此，目前在设法降低操作压力。为保证具有较高的平衡氨浓度，在降低压力的同时，要求催化剂在比较低的反应温度下即有较高的反应活性。

② 温度 要求随压力的下降而降低。但受催化剂制约，一般多选用催化剂活性较高，且能长期稳定运转时的温度作为操作温度，并要求催化剂床层温度分布均匀。在实际操作中，反应初期因催化剂活性好，反应温度可以控制低一点，随着催化剂使用时间的增长，催化剂的活性下降，反应温度可以控制高一点。

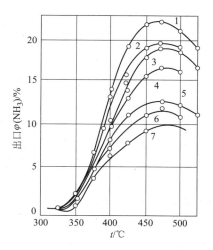

图 3-26 不同粒度催化剂出口
氨的体积分数与温度的关系
（30.4MPa，30000h^{-1}）

1—0.6mm；2—2.5mm；3—3.75mm；
4—6.24mm；5—8.03mm；
6—10.2mm；7—16.25mm

氨合成是一个弱放热反应，因而沿轴向反应温度不断升高，此时必须将反应热连续地或间断地除去。众所周知，放热可逆反应的最优反应温度与浓度有关，在某一反应物浓度下，必存在能获得最大反应速率的最优反应温度（反应速率可用转化率 x 来度量）。因此，在合成反应器轴向随浓度变化方向，存在最优温度分布曲线，操作时最好能将操作温度沿最优温度线进行。大型合成氨厂，常采用冷激式反应器，将催化剂床分成数段，段与段之间用冷原料气和反应气混合以降低反应气温，反应气的 x-T 图如图 3-27 所示。图中平衡温度线是指将 x 视作 x_e 时，即系统处于平衡状态时对应的温度。由图操作曲线可知，开始时进料温度为 A，入反应器进行绝热反应后温度超出最优温度线至 B 点，再通过冷原料气降温，至 C 点后，进入下一段催化剂床层，温度逐渐升高，反应速率加快，转化率 x 变大，达到 D 点，此时由于温度过高，已偏离最优温度线，不在最佳状态下操作，此时再进行第二次冷激。根据以上叙述，采用多段冷激，并控制加入的冷原料气量，就能将操作温度控制在最佳温度线附近，使反应在最佳状态下进行。

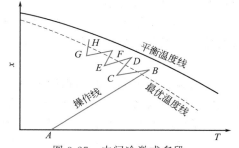

图 3-27 中间冷激式多段
绝热反应的 x-T 关系曲线

③ 空速 是反应气在催化剂床层停留时间的倒数。空速大，单位体积催化剂处理的气量大，能增加生产能力。但空速过大，催化剂与反应气体接触时间太短，部分反应物未参与反应就离开了催化剂表面，进入气流，导致反应速率下降。另外，气量增大，使设备负荷、动力消耗增大，氨分离不完全。因此空速亦有一个最适宜的范围。每个空速有一个最适宜的温度，它们亦与氨的体积分数之间存在对应关系，请参见表 3-10。

表 3-10 空速、反应温度与氨的体积分数的关系

φ(氨)/% 空速/h⁻¹	t/℃					φ(氨)/% 空速/h⁻¹	t/℃				
	425	450	475	500	525		425	450	475	500	525
15000	14.5	19.6	21.6	23.0	19.3	45000	9.4	12.7	15.2	16.5	15.7
30000	11.7	14.6	17.7	18.8	16.7	60000	8.0	11.2	13.3	14.6	14.6

④ 气体组成　操作中合成气中的惰性气体会累积起来，为保持惰性气体在合成气中含量稳定，合成气需少量排放（排放气包括放空气和弛放气两部分）。若以增产氨为主要目的，惰性气体含量应控制得低一些，约 φ（惰气）＝10%～14%，此时排放气排出量大，由此造成的原料气和氨的损失较大；若以降低原料消耗为主要目的，惰性气体含量可控制在 φ（惰气）＝16%～20%，此时排放气量少，原料气和氨的损失也小，生产成本下降，但反应器生产能力下降。进塔的氢氮比一般低于 3，这是因为反应尚未达到平衡，由反应动力学方程得出反应速率最大的氢氮比都小于 3。

现代合成氨厂，采用纯氧制氢，氮气由空气深冷分离装置（简称空分装置）制得，最后按工厂实际操作需要配成合成用原料气，虽增加了空分装置的投资和操作费用，但用配气方式制得原料气将更科学和更合理。

3.1.6.5 氨合成塔

氨在高温、高压条件下合成。在高温高压下，氢、氮对碳钢有明显的腐蚀作用。造成腐蚀的原因：一种是氢脆，氢溶解于金属晶格中，使钢材在缓慢变形时发生脆性破坏；一种是氢腐蚀，即氢渗透到钢材内部，使碳化物分解并生成甲烷（$Fe_3C + 2H_2 \longrightarrow 3Fe + CH_4$），反应生成的甲烷聚积于晶界微观孔隙中形成高压，导致应力集中，沿晶界出现破坏裂纹。若甲烷在靠近钢表面的分层夹杂等缺陷中聚积，还会出现宏观鼓泡。氢腐蚀与压力、温度有关，温度超过 221℃，氢分压大于 1.43MPa，氢腐蚀就开始发生。氢脆是一次脆化，是可逆的；氢腐蚀是永久的脆化，不可逆的。

在高温、高压下，氮与钢中的铁及其他很多合金元素生成硬而脆的氮化物，导致金属机械性能的降低。

为了适应氨合成的反应条件，合理解决高温和高压的矛盾，氨合成塔（见图 3-28）都由内件与外筒两部分组成。进入合成塔的气体先经过内件与外筒之间的环隙。内件外面设有保温层（或死气层），以减少向外筒的散热。因而，外筒主要承受高压，而不承受高温，可用普通低合金钢或优质低碳钢制成。在正常情况下，寿命可达 40～50 年以上。内件虽然在 500℃左右的高温下操作，但只承受环隙气流与内件气流的压差，一般仅 0.5～2.0MPa，即主要承受高温而不承受高压。内件需用镍铬不锈钢制作。由于承受高温和氢氮腐蚀，内件寿命一般比外筒短一些。内件由催

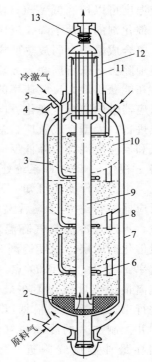

图 3-28 多层轴向冷激氨合成塔
1—塔底封头接管；2—氧化铝球；
3—筛板；4—人孔；5—冷激气接管；
6—冷激管；7—下筒体；8—卸料管；
9—中心管；10—催化剂筐；
11—换热器；12—上筒体；
13—波纹连接管

化剂筐、热交换器、电加热器三个主要部分构成，大型氨合成塔的内件一般不设电加热器，而由塔外加热炉供热。整个氨合成塔中，仅热电偶内套管既承受高温又承受高压，但直径较细，采用厚壁镍铬不锈钢管即可。

合成塔是氨合成的关键设备。图 3-28 示出的是凯洛格公司的氨合成塔，该塔外筒像热水瓶胆，在缩口部位密封以解决大塔径密封困难。内件包括四层催化剂、层间气体混合装置（冷激管口挡板）以及列管式换热器。原料气体由塔底封头接管 1 进入塔内，向上流经内外筒的环隙以冷却外筒，气体穿过催化剂筐缩口分别向上流过换热器 11 与上筒体 12 的环形空间，折流向下穿过换热器 11 的管间，被加热到 400℃左右入第一层催化剂，经反应后温度升到 500℃左右，在第一、二层间反应气与来自接管 5 的冷激气混合降温，然后进入第二层催化剂。以此类推，最后气体由第四层催化剂底部排出，折流向上穿过中心管 9 和换热器 11 的管内，换热后经波纹连接管 13 流出塔外。该塔的优点是：用冷激气调节反应温度，操作方便、结构简单，筒体上开设人孔，装卸催化剂方便，缺点是瓶式结构虽有利于密封，但在焊接合成塔封头前，必须将内件装妥。日产 1000t（NH_3）的合成塔总重达 300t，运输和安装均较困难。

图 3-29 是托普索公司的径向冷激式合成塔简图。上述的凯洛格公司的塔，气体流向都为轴向，而本塔气体流向则是径向的。反应气体从塔顶接口进入向下流经内外筒之间的环隙，再进入换热器的管间，冷副线由塔底封头接口进入，二者混合后沿中心管进入第一段催化剂床层，气体沿径向呈辐射状流经催化剂层后进入环形通道在此与塔顶接口来的冷激气混合，再进入第二段催化剂床层，从外部沿径向向内流动，最后由中心管外面的环形通道下

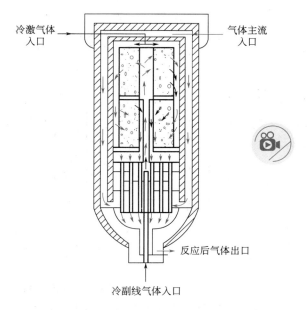

图 3-29 托普索公司的径向合成塔

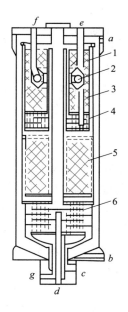

图 3-30 轴-径向氨合成塔结构

1—第一轴向层；2—菱形分布器；3—第二轴向层；
4—层间换热器；5—径向层；6—下部换热器；
a——一次进口；b——一次出口；c—二次进口主线；
d—副线进口；e—层间换热气；
f—冷激气；g—二次出口

流，经换热器管内从塔底接口流出塔外。与轴向冷激式合成塔比较，其优点是气体呈径向流动，流速低，即使采用小颗粒催化剂，压力降仍然较小（只有轴向的 10%～30%），因而可以允许提高空速，增加塔的生产能力。通常采用粒度为 1.6～2.6mm 催化剂，其比表面积大，内扩散影响小，有利于催化反应进行，从而可以提高氨净值，亦有利于催化剂的还原。由于压力降降低可采用离心式压缩机，使动力消耗降低。该塔存在的问题是如何有效地保证气体均匀流经催化剂床层而不会偏流，更不允许发生短路，因为这将使催化剂利用效率降低。根据这一点，径向塔不适用于小型塔。为了克服上述缺点，可在催化剂筐外设双层圆筒，与催化剂接触的一层均匀开有大量小孔，另一层圆筒开孔率很低，当气流以高速穿过此层圆筒时，受到一定的阻力，以使气体均匀分布。另外在上下两段催化剂层中，仅在一定高度上装设多孔圆筒。催化剂装填高出多孔圆筒，以防止催化剂床层下沉时气体短路。

图 3-30 所示是中国近年自行开发的中型合成氨用轴-径向氨合成塔结构。该塔轴向层中间设置一菱形分布器（冷激器），把轴向层分为两层；轴-径向层之间设置层间换热器；径向层下部设置下部换热器。入塔气体经塔壁环隙及塔外气-气换热器换热后分四股进入合成塔。第一股为主线，经下部换热器换热后进入第一轴向层；第二股为副线，不经下部换热器换热直接进入第一轴向层，用来调节第一轴向层温度；第三股为层间换热气，利用层间换热器间接换热，用来调节径向层温度；第四股为冷激气，由冷气和热气混合后，调节第二轴向层温度。该塔外径为 1200mm，设计能力 8 万吨（NH_3）。实际年生产能力大于 10 万吨（NH_3）。与国内中型合成氨装置其他类型塔比较，具有温度调节容易、热利用率高、阻力降小以及安装、检修和装卸催化剂方便等优点。

图 3-31 所示为卡萨里轴-径向氨合成塔内件示意。这是一种轴-径混流型或称混合流动型合成塔，由三层催化剂叠合而成，床层顶层不封闭，层与层之间密封简单，又能拆开，装卸催化剂较为方便。催化剂用金属丝网包裹后装在内外筒壁的环隙内，内外筒壁按一定间距钻孔。外筒壁开孔，起气体分布器作用。内筒壁上端不开孔，强迫气体做轴-径向流动，内筒壁上开的是桥形（凸形）多孔壁洞，除起均布气流外，还对气流起缓冲作用，约 5%～10% 的气流进入轴-径向流动区，其余进入径向流动区，高压空间利用率可达 70%～75%。装填的是阻力低、收缩小的球形催化剂，可以获得低压力降，因此可在低压合成系统正常工作，氨合成率也相当。

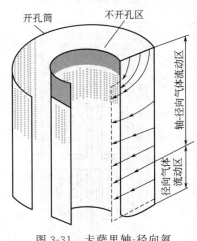

图 3-31 卡萨里轴-径向氨合成塔内件示意

此外，比较先进的合成塔还有凯洛格公司的卧式合成塔、球形合成塔和绝热冷激-内冷复合式两次氨合成塔等。卧式合成塔外形为一卧式瓶胆，具有上述径向合成塔的优点，不需要高大厂房框架和大型起重吊装设备，对基础也没有特殊要求，但占地面积较大。球形合成塔在国外常用，按外形可分为单球、联球及单球组合氨合成塔；按内件结构又可分为内冷式和绝热式两种。球形合成塔耐压，消耗钢材少，制造成本低，高度低，安装、维修时不要大型起重设备和高大框架，工厂投资省。球形氨合成塔特别适用于大型氨合成装置。绝热冷激-内冷复合式两次氨合成塔把单层轴向催化剂分成上下两层，热交换器分成内外两个，成为两段串联式合成塔，一次合成后的高温气体经换热降温后由塔底引出，进入一次氨分离系统，分离氨后返回合成塔进行二次合成。由于将氨分离再合成，生产能力提高 40%，单位氨循环气量可减少 60%，但工艺流程长，合成塔结构复杂，可靠性差，除适用于有两个以上氨合成系统的工厂，当循环机能力不足时需要改造外，一般较少采用。

3.1.6.6　合成氨工艺流程

(1) 我国中型合成氨厂合成氨工艺流程

世界各国采用的工艺流程很多。图 3-32 示出的是我国中型（生产能力为合成氨 10 万～12 万吨/年）合成氨厂合成系统的工艺流程。该流程操作压力为 32MPa，反应温度为 450℃，空速 15000～17000h^{-1}、氨净值 $\varphi(NH_3)=11\%$［设计值为 $\varphi(NH_3)=14\%$］。流程简述如下：合成气（新鲜原料气和循环气的混合气）经冷凝器 1 和氨蒸发器 2 冷却冷凝（温度为 0～8℃），合成气中大部分氨被冷凝下来。在氨分离器Ⅱ 3 中分出液氨的低温合成气在冷凝器 1 中与进料合成气热交换，温度上升至 10～40℃（进料合成气被冷却至 10～20℃），进氨合成塔 4，该塔为一轴-径向合成塔，用冷激和层间间接换热方式控制反应温度，出塔气体进入废热锅炉 5、气-气热交换器 6（冷合成气与出塔气体热交换）、合成气水冷却器 7 被逐步冷却至 30～40℃，出塔气中的氨被冷却冷凝，然后在氨分离器Ⅰ 8 分出液氨，此时的出塔气大部分用作循环气，少量用作弛放气（吹除气）排出系统。

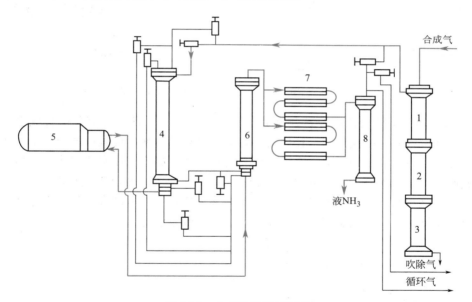

图 3-32　合成系统工艺流程

1—冷凝器；2—氨蒸发器；3—氨分离器Ⅱ；4—氨合成塔；5—废热锅炉；
6—气-气热交换器；7—合成气水冷却器；8—氨分离器Ⅰ

(2) 大型合成氨厂合成氨工艺流程

我国的大型合成氨工厂大多从国外引进成套技术和设备，有凯洛格四床层轴向激冷技术和丹麦托普索径向塔技术。这两项技术与国外现有技术相比，存在氨净值低［$\varphi(NH_3)=$ 9%～11%］、压力降大（0.6～0.7MPa）的缺点。托普索 S-100 型还存在催化剂筐丝网易损坏、催化剂容易泄漏等缺点。现在世界上比较先进的有布朗三塔三废热锅炉氨合成工艺流程、伍德两塔三床两废热锅炉氨合成工艺流程、托普索两塔两废热锅炉氨合成工艺流程和卡萨里轴-径向氨合成工艺流程 4 种。

① 布朗三塔三废热锅炉氨合成工艺流程　该工艺流程见图 3-33。图上详细标注了各设备的温度和压力等操作参数，主要由 3 个绝热氨合成塔和 3 个废热锅炉组成。塔内有催化剂筐套，气体由外壳体与筐体间环隙从底部向上流过，再由上向下轴向流过催化剂床。该流程以天然气为原料、生产能力 1000t（NH₃）/d，合成压力 15MPa，最终出口合成气含氨量为 $\varphi(NH_3)=21\%$，反应副产 12.5MPa 高压水蒸气。

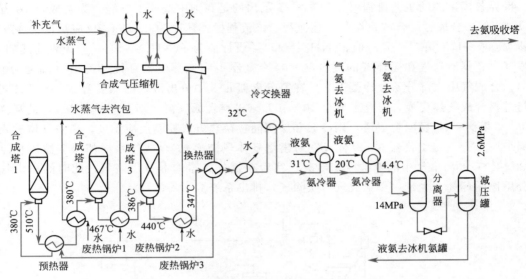

图 3-33　布朗三塔三废热锅炉氨合成工艺流程

② 伍德两塔三床两废热锅炉氨合成工艺流程　如图 3-34 所示，流程中合成塔 1 有两个催化剂层，并设置双层内换热器，径向流动，据称这种结构使反应温度的分布十分接近最优的反应温度，气体循环量和压力降小，投资和能耗节省，副产高压水蒸气多。原料为石油渣油，合成塔压力 16.0MPa，合成塔 1 出口温度 473℃，合成塔 2 出塔气温度为 442℃，经废热锅炉、水冷器和氨冷器后，分出合成气中的大部分氨，分氨后的合成气（即循环气）大部分去合成气压缩机，少量吹出气（即弛放气）送氢回收系统。

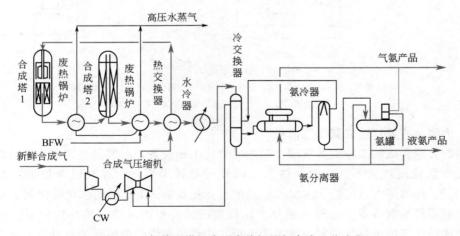

图 3-34　伍德两塔三床两废热锅炉氨合成工艺流程

③ 托普索两塔两废热锅炉氨合成工艺流程 简称 S-250 系统，流程见图 3-35，图上注有温度和压力等具体操作参数。托普索 S-250 系统由无下部换热的 S-100 型塔和 S-50 型塔串联组成。该系统还包括：（a）废热锅炉和锅炉给水回收废热；（b）合成塔进出气换热器、水冷器、氨冷器和冷交换器、氨分离器及新鲜气氨冷器等。

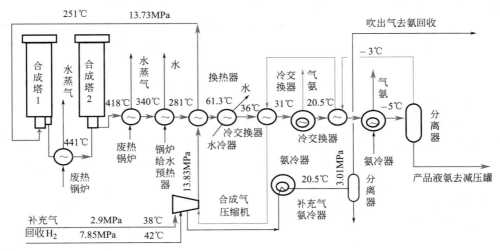

图 3-35 托普索 S-250 型氨合成工艺流程

④ 卡萨里轴-径向氨合成工艺流程 该工艺流程见图 3-36。

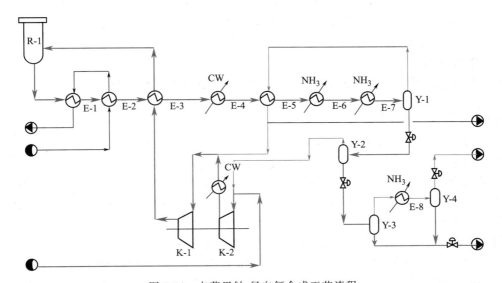

图 3-36 卡萨里轴-径向氨合成工艺流程

R-1—合成塔；E-1—废热锅炉；E-2—锅炉给水预热器；E-3、E-5—换热器；E-4—水冷器；
E-6～E-8—氨冷器；K-1—循环气压缩机；K-2—原料气压缩机；Y-1～Y-4—氨分离器

来自循环压缩机的原料气进入热交换器 E-3，被来自锅炉给水预热器 E-2 的气体加热至 180～240℃，进入合成塔 R-1，在催化剂作用下进行反应，出口处氨含量 $\varphi(NH_3)=19\%～22\%$。出合成塔的合成气，温度为 400～450℃，经废热锅炉 E-1 和锅炉给水预热器 E-2 回收热量，产生 10MPa 高压水蒸气 [每生产 1t（氨）可产 1t 以上高压水蒸气]。由 E-2 流出的合成气进入换热器 E-3 的壳程，被管程的循环气冷却，再送往水冷器 E-4，部分氨被冷凝下来，气-液合成气混合物进入换热器 E-5，被来自氨分离器 Y-1 的冷循环气冷却，然后进入两级氨冷器 E-6 和 E-7，在 E-7 中，液氨在−10℃下蒸发，将气-液合成气混合物冷却冷凝至 0℃，采用两级氨冷的目的是降低氨压缩的能耗。液氨在氨分离器 Y-1 中被分离，气-液合成气混合物变成冷循环气，它经 E-5 升温至 30℃后进入循环压缩机。液氨经减压后送往氨库或生产装置，弛放气由 E-5 出口引出送往氢回收装置，用低温冷冻法或膜分离法进行分离，回收其中的氢。合成塔为叠合式催化剂床的立式合成塔，第一催化剂床内气体基本上以轴向方式流动，第二催化剂床内是以径向流动，能成功地获得低压力降。塔内操作压力14.78MPa，进（出）塔气体温度 182℃（422℃），氨净值 $\varphi(NH_3) \geqslant 14\%$。卡萨里技术已在中国 10 多个中型合成氨厂应用，操作实践表明，该技术具有催化剂和热能利用率高，节能效果好，操作、安装、维修简单，安全可靠等优点。

以上 4 种氨合成工艺流程各有特色，从技术改造的角度来讲，卡萨里轴-径向工艺更好些，因为不需要增加合成塔，在原塔上进行改造，投资少、合成转化率高、能耗低，操作压力低（8～18MPa），可采用活性好的小颗粒（1.5～3.0mm）催化剂。从新建厂的角度来讲，布朗和伍德氨合成工艺流程较好，因为是一次性投资，所以投资省、能耗低。中国涪陵、合江和锦西 3 个厂已引进布朗工艺（用天然气为原料）。伍德合成工艺流程工艺能耗最低[28.8GJ/t(NH_3)]，大庆石化总厂已引进该技术，原料为石油渣油。

3.1.7 合成氨技术发展趋势

合成氨工业自诞生以来先后经历了发明阶段（1901～1918 年）、推广阶段（1919～1945年）、原料结构变迁阶段（1946 年～20 世纪 60 年代初）、大型化阶段（20 世纪 60 年代初～1973 年左右）和节能降耗阶段（1973 年至今）。今后的发展趋势可从以下几方面简述。

(1) 装置改进

单系列合成氨装置生产能力将从 2000t/d 提高至 4000～5000t/d；以天然气为原料制氨的吨氨能耗已经接近了理论水平，今后难以有较大幅度的降低，但以油、煤为原料制氨，降低能耗还可以有所作为。

1）在合成氨装置大型化的技术开发过程中，其焦点主要集中在关键性的工序和设备，即合成气制备、合成气净化技术、氨合成技术、合成气压缩机。

① 合成气制备　天然气自热转化技术和非催化部分氧化技术将会在合成气制备工艺的大型化方面发挥重要的作用。Topsφe 公司和 Lurgi 公司均认为 ATR 技术是最适合大型化的合成气制备技术，并推出了基于此的大型化制氨工艺技术。Texaco、Shell 和中国工程公司研发的非催化部分氧化技术，为合成气制备工艺的大型化进行技术准备。

② 合成气净化技术　以低温甲醇洗、低温液氮洗为代表的低温净化工艺有可能在合成气净化大型化中得以应用。

③ 氨合成技术　以 Uhde 公司的"双压法氨合成工艺"和 Kellogg 公司的"基于钌基催化剂 KAAP 工艺"，将会在氨合成工艺的大型化方面发挥重要的作用。

④ 合成气压缩机　针对大型化的合成气压缩机正在开发之中，以适用于未来产量可能高达 3000～5000t/d 甚至更高的装置。

2）在低能耗合成氨装置的技术开发过程中，其主要工艺技术将会进一步发展。

① 合成气制备工艺单元　预转化技术、低水碳比转化技术、换热式转化技术。

② CO 变换工艺单元　等温 CO 变换技术（以 Linde 公司的等温变换塔 ISR 为代表，催

化床层内装 U 形旁管或其他型式散热设备，管内走锅炉给水，逆向流动；控制反应床层温度不超过 250℃，达到降低 CO 的目的），低水气比 CO 变换技术。

③ CO_2 脱除工艺单元　无毒、无害、吸收能力更强、再生热耗更低的净化技术。

④ 氨合成工艺单元　增加氨合成转化率（提高氨净值）、降低合成压力、减小合成回路压降、合理利用能量。开发气体分布更加均匀、阻力更小、结构更加合理的合成塔及其内件；开发低压、高活性合成催化剂，实现"等压合成"。

（2）原料结构调整

以"油改气"和"油改煤"为核心的原料结构调整和以"多联产和再加工"为核心的产品结构调整，是合成氨装置"改善经济性、增强竞争力"的有效途径。

全球原油供应处于递减模式，正处于总递减曲线的中点，需用其他能源补充。石油时代将逐步转入煤炭（气体）时代，原油的加工产品轻油、渣油的价格也将随之持续升高。目前以轻油和渣油为原料的制氨装置在市场经济的条件下，已经不具备生存的基础，以"油改气"和"油改煤"为核心的原料结构调整势在必行；借氮肥装置原料结构的调整之机，及时调整产品结构，联产氢气及多种碳一化工产品亦是装置改善经济性的有效途径。

① 洁净煤气化技术　以 Texaco 水煤浆气化和 Shell 粉煤气化为代表的洁净煤技术，以及相应的合成气净化技术，将在"油改煤"结构调整中发挥重要的作用，并在大型化和低能耗方面将取得重大的进展和实质性的突破。

② 天然气制合成气技术　天然气自热转化技术、非催化部分氧化技术以及相应的合成气净化技术，也将在"油改气"结构调整中发挥重要的作用，并在大型化和低能耗方面将会取得重大的进展和实质性的突破。

③ 联产和再加工技术　联产氢气和多种碳一化工产品及尿素的再加工技术亦将得到高度重视，并在与合成氨、尿素装置的系统集成、能量优化方面取得进展。

（3）延长运行周期

提高生产运转的可靠性，延长运行周期是未来合成氨装置"改善经济性、增强竞争力"的必要保证，有利于"提高装置生产运转率、延长运行周期"的技术，包括工艺优化技术、先进控制技术等将越来越受到重视。

总之，合成氨技术的发展将结合现今的资源储备情况和社会发展状况，沿着"低能耗、高效率、零排放"的路线，使合成氨生产的经济性、盈利性和环境友好性更加和谐统一。

3.2 硫酸

硫酸是无机化学工业中最重要的产品之一。硫酸的主要用途是制造肥料（约占硫酸总产量的 70%），其中的磷肥消耗硫酸总产量的 60% 以上。事实上，有不少硫酸生产装置是为磷肥厂配套而建设的。硫酸的其他用途有：提铀、炼钛、石油精制和烷基化、金属清洗、木材水解、合成洗涤剂、医药、染料、炸药、香料及三大合成材料等。生产硫酸的原料主要有硫黄、有色金属冶炼烟气（其中铜冶炼烟气占有色金属冶炼烟气制酸量的 50% 以上）、硫铁矿和石膏（包括制磷酸时副产的磷石膏）。为消除 H_2S 对大气的污染，用含 H_2S 的天然气炼厂气各种烟气或尾气制酸也受到世界各国的重视。就世界范围而言，生产硫酸的主要原料是硫黄，约占硫酸总产量的 65%；其次是硫铁矿，约占 16%；其他占 19%。中国硫黄资源贫乏，过去相当长一段时间里，主要用硫铁矿制酸（约占总酸量的 80%），从 20 世纪 90 年代开始，因从国外进口硫黄制酸成本低、建厂投资省、环境污染小以及国际硫黄售价不断下滑等原因，我国已建和在建了一批生产能力为 10 万吨/年至 80 万吨/年的硫黄制酸装置，使生产硫酸的原料构成发生了很大的变化。2003 年我国硫酸产量首次超过美国成为世界第一硫酸生产大国。在随后的 12 年里，我国硫酸产量一直位于世界第一。2015 年我国硫酸产量达到 9673 万吨，占世界总产量的 36%。

3.2.1 硫酸的生产方法

在硫酸生产历史上，出现过 3 种生产方法，即塔式法、铅室法和接触法。前两种方法因硫酸浓度不高以及含硝化物硫酸对设备的腐蚀相当严重而受到限制。目前，世界上生产硫酸的主流方法是接触法。

接触法在 20 世纪 50 年代后建厂，现在基本上取代了塔式法和铅室法。该法是将焙烧制得的 SO_2 与固体催化剂（初期是 Pt，后改用 V_2O_5，现为含 Cs-V 催化剂）接触，在焙烧炉气中剩余氧的参与下 [通常还需配入适当空气或富氧空气以控制 $\varphi(O_2)/\varphi(SO_2)$ 值恒定]，SO_2 被氧化成 SO_3，后者与水作用可制得浓硫酸 [$w(H_2SO_4)=98.5\%$] 和发烟硫酸 [含游离 $\varphi(SO_3)=20\%$]。

接触法生产硫酸经过以下 4 个基本工序。

① 由含硫原料制取含二氧化硫气体。实现这一过程需将含硫原料焙烧，故工业上称之为"焙烧"。

② 除去由焙烧制得的粗二氧化硫气体中的各种杂质，保证下游生产单元的正常操作，同时确保产品的质量，工业上称之为"炉气精制"。

③ 将含二氧化硫和氧的气体催化转化为三氧化硫，工业上称之为"转化"。

④ 将三氧化硫与水结合成硫酸。实现这一过程需将转化所得三氧化硫气体用硫酸吸收，工业上称之为"吸收"。

不论采用何种原料、何种工艺和设备，以上 4 个工序必不可少，但工业上具体实现它们还需其他辅助工序。

首先，含硫原料运进工厂后需储存，在焙烧前需对原料加工处理，以达到一定要求。成品酸在出厂前需要计量储存，应设有成品酸储存和计量装置；另外，在生产中排出含有害物的废水、废气、废渣等，需进行处理后才能排放，因而还需设"三废"处理装置。

这样，在 4 个基本工序之外，再加上原料的储存与加工，成品酸的储存与计量，"三废"处理等工序才构成一个接触法硫酸生产的完整系统。实现上述这些工序所采用的设备和流程随原料种类、原料特点、建厂具体条件的不同而变化，主要区别在于辅助工序的多少及辅助工序的工作原理。

硫铁矿制酸是辅助工序最多且最有代表性的化工过程。前述的原料加工、焙烧、净化、吸收、"三废"处理、成品酸储存和计量工序在该过程中均有。通过对硫铁矿制酸过程中各生产环节的深入了解，可举一反三了解其他原料制酸过程。而且，由于中国生产硫酸原料约 30% 是硫铁矿，故在本教材中着重阐述硫铁矿制酸。

3.2.2 硫铁矿焙烧

硫铁矿是硫化铁矿物的总称，它包括主要成分为 FeS_2 的黄铁矿与主要成分为 Fe_nS_{n+1} ($n \geqslant 5$) 的磁硫铁矿。纯粹的黄铁矿 $w(硫)=53.45\%$，磁硫铁矿 $w(硫)=36.5\% \sim 40.8\%$。硫铁矿有块状与粉状两种。块状硫铁矿是专门从矿山开采供制酸使用的含硫量符合工业标准的原矿，也包括从煤矿中捡出的块状含煤硫铁矿；粉状硫铁矿包括专为制硫酸而开采的、经过浮选符合工业标准的硫精矿。对于块矿，在焙烧前要经过破碎、筛分等作业，一般不需进行干燥；对于粉矿，在焙烧前需进行干燥、破碎与筛分。

3.2.2.1 硫铁矿焙烧原理

（1）反应热力学

硫铁矿的焙烧过程属于气-固相非催化反应，其机理很复杂，且随着条件的不同得到不同的反应产物。硫铁矿焙烧的主要化学反应是 FeS_2 的氧化，它分 2 次进行，首先是 FeS_2 的热分解，然后为分解产物的氧化。

$$2FeS_2 \longrightarrow 2FeS + S_2(g)$$
$$S_2(g) + 2O_2 \longrightarrow 2SO_2 \uparrow$$
$$2FeS + 3O_2 \longrightarrow 2FeO + 2SO_2 \uparrow$$
$$2FeO + 0.5O_2 \longrightarrow Fe_2O_3$$

实际上焙烧炉中过剩空气较少，故矿渣中的铁有 Fe_2O_3 和 Fe_3O_4 两种形态，Fe_2O_3 与 Fe_3O_4 的比例要视焙烧时空气过剩量和炉温等因素而定。一般工厂生产中，空气过剩系数大，含 Fe_2O_3 较多；若温度高，空气过剩系数较小，渣成黑色，且残硫较高，渣中 Fe_3O_4 多。

硫铁矿焙烧总的反应式为

$$4FeS_2 + 11O_2 \longrightarrow 2Fe_2O_3 + 8SO_2 \uparrow$$
$$3FeS_2 + 8O_2 \longrightarrow Fe_3O_4 + 6SO_2 \uparrow$$

焙烧过程中，矿中所含铝、镁、钙、钡的硫酸盐不分解，而砷、硒等杂质转入气相。

硫铁矿的焙烧是强放热反应，除可供反应自热外，还需要移走反应余热。在空气中焙烧黄铁矿获得含 SO_2 的炉气，理论最高浓度为 $\varphi(SO_2) = 162\%$。

（2）焙烧过程动力学与影响焙烧速率的因素

焙烧过程是气-固相非催化过程，由于颗粒之间无微团混合，因此反应速率的考察对象是颗粒本身。宏观反应过程包括气膜扩散（外扩散）、固膜扩散（又称产物层扩散或灰层扩散，内扩散）及在未反应芯表面上的化学反应。目前，研究宏观反应速率最常用的是收缩未反应芯（又称缩芯）模型，在颗粒大小不变或颗粒大小改变的条件下，当反应控制、或内扩散控制、或外扩散控制时，可以推导出不同的反应速率公式，不过这类宏观反应速率公式仍属于经验或半经验公式。

焙烧炉生产能力的大小取决于焙烧反应速率，反应速率越快，在一定的残硫指标下，单位时间内焙烧的固体矿物就越完全，矿渣残硫就低。在实际生产中，不仅要求焙烧的矿物量多，而且要求烧得透，即排出的矿渣中残硫要低。

影响焙烧速率的因素有温度、粒度、氧含量等。

① 温度　一般来说，温度越高，焙烧速率也越快。以硫铁矿氧化焙烧为例，在 200℃ 以下，只能缓慢进行氧化作用，生成少量二氧化硫。当温度达到硫铁矿着火点以上才开始燃烧。各种硫铁矿的着火点要看它的矿物组成、杂质特性及粒度大小。硫铁矿的理论焙烧温度可达 1600℃，但沸腾焙烧炉一般维持焙烧温度为 800~900℃，多余的热量需要移走，包括设置冷却装置或废热锅炉。虽然硫铁矿的焙烧速率是随着温度增高而加快，但工厂生产中并不是把温度无限制提高，而是控制在一定范围内，这主要是受到焙烧物的熔结和设备损坏的限制。例如 FeS 和 FeO 能够组成熔点为 940℃ 的低熔点混合物，远离它们各自熔点而熔结。一旦熔结成铁，燃烧速率会显著下降，烧结过程迅速恶化，操作不当引起结疤。为了防止焙烧过程中的熔结现象，各生产厂都采取有效冷却措施，严格控制温度。

② 粒度　焙烧过程是一个气-固相非催化反应过程，焙烧速率在很大程度上取决于气-固相间接触表面的大小，而接触表面大小主要取决于原料的粒度，即它的粉碎度。当粒度小时，空气中的氧能较易地和固体颗粒表面接触，并易于达到被焙烧的颗粒内部，生成的二氧化硫气体也能很快离开，扩散到气流主体中去。如果矿石粒度过大，除接触面减少外，还在未反应芯外部，生成一层致密的产物层，阻碍氧气继续向中心扩散，生成的二氧化硫也不能很快离开，造成在炉中停留时间内，原料矿中的硫来不及燃烧透，使排出的矿渣中硫含量增高。但是，过小的粒度不但会增加矿石被粉碎磨细的成本，而且会增加除尘处理的工作量，故一般在沸腾焙烧中使用的固体颗粒平均粒度在 0.07～3.0mm。

③ 氧含量　气体中氧含量对固体原料的焙烧速率也有很大影响。因为金属硫化物矿物的焙烧速率取决于氧通过遮盖在颗粒表面的产物层向内扩散的速率，如果进入焙烧炉气体中的氧含量少，则单位时间内氧分子向矿粒内部扩散分子就要少，金属矿物的焙烧速率就要慢些。所以在金属矿物焙烧时必须搅动矿粒，使矿物表面更新、改善矿粒间接触情况，促使氧气达到被焙烧物料的表面上，以提高焙烧速率。沸腾炉焙烧时，用空气直接搅动矿料，使矿石在流化状态下焙烧，单位反应表面积大，气-固接触充分，焙烧过程能以极快速率进行。

3.2.2.2 沸腾焙烧技术

历史上硫铁矿焙烧炉的类型有多种，其中，块矿炉、机械炉、沸腾炉三种炉型代表了焙烧技术 3 个不同发展阶段。现代硫铁矿的焙烧都采用沸腾焙烧技术。

沸腾炉目前都采用圆形炉。圆形炉因使用原料和操作条件的不同，又分为直筒型和扩大型。

① 直筒型炉　直筒型炉的沸腾层和上部燃烧空间的直径大致相同，因而两个空间的气流速度几乎一样，较适用于原料粒度较细的尾砂。因矿粒粒度细，沸腾层的风速较低，焙烧强度也低，操作风量与原料粒度匹配程度较高，入炉矿料须经过筛分，1mm 以上的粒度不得超过 30%～40%，否则会破坏正常操作。但这种炉型结构紧凑，容积利用率高。实践证明，这种炉子也可以适用于掺烧部分块矿，只因操作范围较窄，有较大的局限性。

② 扩大型炉　异径扩大型沸腾炉见图 3-37。沸腾炉炉体一般为钢壳内衬保温砖再衬耐火砖结构。为防止外漏炉气产生冷凝酸腐蚀炉体，钢壳外还设有保温层。由下往上，炉体可分为四部分：风室、分布板、沸腾层和沸腾层上部燃烧空间。炉子下部的风室设有空气进口管。风室上部为气体分布板，分布板上装有许多侧向开口的风帽，风帽间铺耐火泥。空气由鼓风机送入空气室，经风帽向炉膛内均匀喷出。炉膛中部为向上扩大截头圆锥形，上部燃烧层空间的截面积较沸腾层截面积大。

加料口设在炉身下段，过去加料处从炉体向外

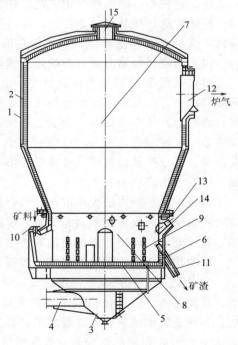

图 3-37　沸腾炉炉体结构

1—保温砖内衬；2—耐火砖内衬；3—风室；
4—空气进口管；5—空气分布板；6—风帽；
7—上部燃烧空间；8—沸腾床；9—冷却管束；
10—加料口；11—矿渣溢流管；12—炉气出口；
13—二次空气进口；14—点火口；15—安全口

突出，称加料前室，有的大型炉子设有多个，由于设有前室使炉子结构复杂，对炉内矿料的混合和脱硫作用不甚明显，多数沸腾炉不设前室。在加料口对面设有矿渣溢流口。此外，还设有炉气出口、二次空气进口、点火口等接管。顶部设有安全口。

焙烧过程中，为避免温度过高炉料熔结，需从沸腾层移走焙烧释放的多余热量。通常采用在炉壁周围安装水箱（小型炉），或用插入沸腾层的冷却管束冷却，后者作为废热锅炉换热元件移热，以产生蒸汽。

由于异径扩大型沸腾炉的沸腾层和上部燃烧空间尺寸不一致，使沸腾层和上部燃烧层气速不同，沸腾层气速高，可焙烧较大颗粒的矿料，粒度最大可达 6mm，而细小的颗粒被气流带到扩大段后，因气速下降有部分又返回沸腾层，不致造成过多矿尘进入炉气，而且沸腾层的平均粒度也不因沸腾层气速大而增加很多。这种炉型对原料品种和原料粒度的适应性强，烧渣含硫量低，不易结疤。扩大型炉的扩大角一般为 15°~20°。目前国内外大多数厂家都采用这种炉型。

3.2.2.3　硫铁矿焙烧工艺流程

硫铁矿焙烧工艺流程见图 3-38。焙烧工序的主要设备有沸腾焙烧炉、废热锅炉和电除尘器。沸腾焙烧炉出口炉气温度约 900℃，经废热锅炉降温至 350℃。炉气中矿尘部分在废热锅炉中沉降，其余大部分在旋风除尘器中除去，剩余矿尘在电除尘器中再被除去。送往净化工序的气体含尘量小于 0.2g/m³。当电除尘器具有更高捕集效率时，也可不用旋风除尘器。所有矿渣（矿灰）经矿渣增湿机喷水增湿，降温至 80℃以下，以便运输。

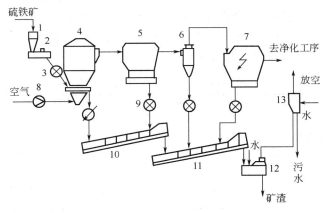

图 3-38　硫铁矿焙烧工艺流程

1—储矿斗；2—皮带秤；3—给料器；4—粉体焙烧炉；5—废热锅炉；6—旋风除尘器；7—电除尘器；
8—空气鼓风机；9—显形推灰线；10，11—链式运输机；12—矿渣增湿机；13—蒸汽洗涤器

3.2.3　二氧化硫炉气净化

焙烧硫铁矿产生的 SO_2 炉气含有一定量的有害杂质，不能直接送入转化工序，必须经过炉气的净化。

3.2.3.1　炉气中有害杂质及净化

(1) 有害杂质及其危害

焙烧炉出口炉气中含有氮、氧、二氧化硫、三氧化硫、水、三氧化二砷、二氧化硒、氟化氢以及一些金属氧化物蒸气和矿尘（包括矿中的脉石、三氧化二铁、四氧化三铁、硫酸盐

等）。二氧化硫和氧是转化反应的反应物，应尽可能不损失，氮为无害惰性气体。砷和硒在炉气中以气态氧化物形式存在，其含量与原料中砷、硒含量和焙烧工艺条件有关。它们是对转化反应催化剂危害最大的毒物，并影响成品酸的应用范围。

原料中氟化物经焙烧后有一部分进入炉气中，这些氟化物大部分以氟化氢形态存在，小部分以四氟化硅形态存在。氟化氢对硅质设备及填料有严重的腐蚀作用，而且其腐蚀作用是反复的。氟化物进入转化器后，在高温、干燥条件下，发生反应产生的水合氧化硅在催化剂表面形成灰白色硬壳，严重时使催化剂结块，活性下降，甚至使床层阻力增大。

炉气中三氧化硫含量一般在 $0.03\%\sim0.3\%$，是二氧化硫转化后的产物。在净化三氧化二砷和二氧化硒时，对炉气采取了洗涤降温的方法，使三氧化硫和水蒸气结合为酸雾，这些酸雾又溶解有三氧化二砷和极细的矿尘，如不除去，会使催化剂中毒和设备遭受腐蚀。

炉气中水含量视矿石和空气的水含量而定。水分本身无直接毒害作用，但它会稀释进入转化系统的酸雾和酸沫，严重腐蚀设备和管道，同时水蒸气会与转化后得到的三氧化硫在冷却和吸收过程中生成酸雾，酸雾不易被捕集，绝大部分随尾气排出，使硫损失增大，污染环境。因此炉气必须进行干燥。

无论采用何种炉型及何种焙烧方法，焙烧硫铁矿制得的炉气都含有矿尘。一般沸腾炉出口炉气含尘量为 $150\sim300\mathrm{g/m^3}$。若不将炉尘除到一定程度，则不仅堵塞设备和管道，破坏正常生产，而且还会沉积覆盖在催化剂外表面上影响其活性，甚至造成停车。

（2）炉气净化指标

从上述各项杂质的危害来看，炉气净化的程度越高越好。但净化程度越高，净化流程越复杂，还必须采用高性能设备，建设投资和操作费用也会越大。世界各国硫酸厂对炉气净化指标的规定很不一致，并且不断进行修改，其趋势是要求越来越高。目前，中国执行的指标（标准状态）见表 3-11（在二氧化硫鼓风机出口测定点）。

表 3-11　炉气净化工序控制指标

组分	指标/(mg/m^3)	备注
水分	<100	（部颁指标）
酸雾，一级电除雾	<30	（部颁指标）
二级电除雾	<5	（部颁指标）
尘	<1	（推荐指标）
砷	<1	（推荐指标）
氟	<0.5	（推荐指标）

炉气中有害杂质，除矿尘外，均为气态，按理应采用分离气体组分的方法进行分离，但在湿法净化中，由于炉气降温，其中的砷、硒氧化物大部分是在转变为气溶胶的状态下得到分离。这正是硫酸生产炉气湿法净化的一个重要特点。如采用固体吸附剂吸附有害组分（即干法），可避免炉气降温再升温且经济效益差的工艺过程，但由于技术和经济原因，仍未在工业上推广应用。

（3）矿尘的清除

炉气净化，首先要清除矿尘，以免妨碍对其他杂质的去除，因此炉气出焙烧炉后需经过一系列除尘设备，这些设备虽然设置在焙烧工序，但实质上是净化的开始。电除尘器出口尘含量已在 $0.2\mathrm{g/m^3}$ 以下，但仍需进一步净化，以免造成催化剂失活。

目前在硫酸生产中，清除炉气中的尘，大都采用机械除尘（集尘器和旋风除尘）和电除尘。

① 集尘器除尘　可分为自然沉降与惯性除尘。因该类设备效率低、体积大，已很少有厂家单独采用，多以废热锅炉代替，将除尘与回收热量同时进行。

② 旋风除尘　旋风除尘器有标准型、扩散型、渐开线型、直筒型等多种型式。其除尘原理是利用离心力将尘与炉气分离。除尘器的工艺操作参数主要有进风口风速和压降。一般气流速度在 $16\sim18m/s$，阻力在 $0.6\sim1.2kPa$，除尘效率在 80% 以上。该种设备结构简单、操作可靠、造价低廉、管理方便，但对很细小的尘粒（$<10\mu m$）除尘效率很低，大多用于炉气的初级除尘。旋风除尘器有时由两个或多个并联结合在一起，有时用两级串联，以提高除尘效率。

③ 电除尘　电除尘的特点是除尘效率高，一般均在 99% 以上，最高可达 99.9%，可使含尘量降到 $0.2g/m^3$ 以下，除去尘粒粒度在 $0.01\sim100\mu m$ 之间，设备适应性好、阻力小。在硫铁矿制酸系统中，置于旋风除尘器后，以除去余留微尘。

(4) 砷、硒、氟化合物的清除

分离砷、硒、氟化合物采用湿法净化法。湿法是传统的炉气净化法，洗涤液一般为硫酸溶液，它不需要预先把矿尘清除得很纯净，这是因为在洗涤砷、硒、氟化合物的同时就可将矿尘洗去，所以炉气出电除尘器后可直接进入湿法净化设备。在洗涤过程中，炉气温度下降，所含的砷、硒的氧化物在低温下冷凝成固相，其中只有一部分在洗涤中被吸收，多数以微粒悬浮在气相中。

(5) 酸雾的清除

在洗涤和冷却炉气的同时，炉气中三氧化硫与水蒸气接触生成硫酸蒸气。在炉气洗涤时，炉气骤然冷却、增湿，硫酸蒸气很快达到过饱和，且来不及在器壁上冷凝，绝大多数转变为酸雾，这些酸雾部分是自身凝聚，部分以悬浮微粒为中心冷凝。酸雾形成后，由于雾粒多且小，表面积极大，很容易吸收并溶解气相中气态的砷、硒氧化物。因此，在形成酸雾的过程中，不论砷、硒氧化物为气态还是固态，最终大部分溶解到酸雾中。由此可见，在酸液洗涤炉气时，清除残余微尘和清除砷、硒氧化物的任务已与清除酸雾的任务合而为一，其关键为去除酸雾。

酸雾雾粒的大小与洗涤液的温度、酸含量、降温速度及雾粒成长时间有关，通常在几微米范围内，由于它较分子体积大得多，运动速度也慢得多，不易被洗涤液吸收，仅有一小部分由于惯性作用被洗涤液捕集，其余主要靠除雾设备清除。

根据酸雾液滴的大小，用作清除酸雾的设备有冲挡洗涤器、文丘里洗涤器和电除雾器等，以电除雾器最为可靠。

3.2.3.2　炉气净化的工艺流程

炉气净化流程，大体上分为湿法和干法两大类，目前湿法得到普遍应用。湿法因洗涤液不同分为酸洗和水洗两种，水洗流程产生大量废水，故现在多用酸洗流程。酸洗一般以移热方式和使用酸的含量不同，分为标准酸洗和稀酸洗。

(1) 绝热增湿酸洗流程

这是目前较具代表性之一的净化流程。两段绝热增湿酸洗流程如图 3-39 所示。

经电除尘后的炉气，含尘量降到 $0.2g/m^3$ 以下，温度为 $300\sim320℃$，进入冷却塔，由下而上为喷淋下的 $10\%\sim20\%$ 稀酸冷却洗涤。为防止矿尘堵塞，冷却塔一般采用空塔。炉气经过该塔后，通过增加湿度而降温，同时产生酸雾。炉气中所含的矿尘、SO_3、HF、As_2O_3、SeO_2 等杂质大部分被洗涤液液滴捕集或吸收；有一部分未被液滴捕集的矿尘成为

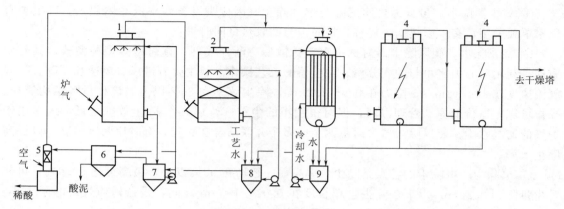

图 3-39　绝热增湿酸洗流程

1—冷却塔；2—洗涤塔；3—间接冷凝器；4—电除雾器；5—SO$_2$ 脱吸塔；

6—沉降槽；7—冷却塔循环槽；8—洗涤塔循环槽；9—间接冷凝器酸储槽

硫酸蒸气冷凝的核心，以酸雾的形式被炉气带出塔。洗涤液在塔中由于水分蒸发和对炉气中杂质的吸收、捕集，各物质的浓度均有所提高，但其温度未发生改变，其原因是塔内气液直接接触，形成了一个绝热蒸发系统。从这一点上说，炉气中的热量仍留在水中，只是炉气的显热转化为水蒸气潜热。

炉气进入洗涤塔，气体中数种杂质部分含于酸雾液滴之中，温度一般在 70～80℃。因炉气含尘量低，不易堵塞设备，所以采用气液接触面积大的填料塔。洗涤塔的作用与冷却塔的作用基本相同。由于使用更低含量的酸，使炉气中水含量进一步提高，酸雾液粒由于水蒸气的冷凝，液粒粒径增大，酸含量下降。

炉气进入管壳式间接冷凝器，被冷却水冷却到 40℃ 以下，所含水蒸气冷凝在器壁及酸雾表面上，使酸雾直径进一步增大。至此炉气由 330℃ 降到 40℃ 以下，全部显热被管外冷却水带走。

炉气进入串联的两级电除雾器，使酸雾含量降到 0.005g/m^3 以下，残存的极微量矿尘几乎被完全除净。

应注意：所有湿法净化流程必须解决好清除酸雾和减少炉气带入干燥塔的水分两个问题，特别是使酸雾含量达标是贯穿整个流程的主要问题。正如净化原理所述，只要把酸雾清除到规定指标，则其他杂质都能达到要求。

本工艺较好地解决了除雾和去掉水分两个主要问题。去除酸雾的方法，采取了逐级增大粒径、逐级分离的方法。逐级增大粒径依靠两个办法：一是逐级降低洗涤酸浓度，提高炉气湿含量，使较高浓度的酸雾液滴吸收水分，从而稀释、增大粒径；二是气体逐级冷却，促使气体中水分在酸雾表面冷凝、增大粒径。这两个作用同时进行，因而能取得较好效果。

（2）稀酸洗涤流程

20 世纪 60 年代，曾普遍采用水洗净化流程，由于排出大量含砷、氟等有害杂质的酸性污水，造成了严重的环境污染。为消除污染，国内外先后对水洗净化流程限制采用，这又重新采用酸洗净化流程。因二氧化硫的累积，洗涤水变为稀酸。为防止矿尘、氟、砷等杂质在稀酸中累积引起磨损和设备堵塞，需定期排放一定数量稀酸，从而使酸浓度维持在一定范围。故所谓"封闭水洗流程"，实际上就是稀酸洗涤流程。为区别于其他几种流程和已形成的习惯称呼，称为稀酸洗涤流程。

在稀酸洗涤过程中，溶解了部分二氧化硫的稀酸液，在引出净化系统前需将其进行脱气处理，以免 SO_2 逸出而污染环境，并减少硫损失。由于对稀酸冷却、沉降分离和二氧化硫的吹出采用了不同的工艺和装置，稀酸洗涤流程比较多。现介绍其中之一的皮博迪（Peabody）塔的稀酸洗涤流程，见图 3-40。

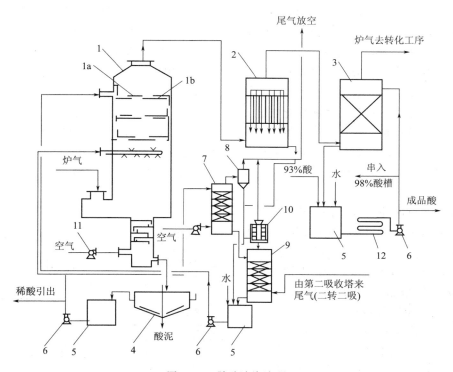

图 3-40 稀酸洗涤流程
1—皮博迪洗涤塔；1a—挡板；1b—筛板；2—电除雾器；3—干燥塔；4—浓密机；
5—循环酸槽；6—循环酸泵；7—空冷塔；8—复挡除沫器；9—尾冷塔；
10—纤维除雾器；11—空气鼓风机；12—酸冷却器

采用稀酸洗涤流程一般需要用电除尘器。炉气温度约 350℃，含尘量约 0.2g/m³，进入皮博迪塔中部空间，与喷淋下来的酸液和从筛板流下来的酸液逆流接触，炉气增湿降温，并被洗去大部分矿尘。此空间一般称为增湿洗涤段。

炉气经增湿洗涤后，进入上部冷却洗涤段，依次穿过筛板孔眼，撞击孔眼上方挡板，与冷酸直接接触得到充分洗涤和降温。一般通过三块筛板后，炉气温度被降到 40℃ 以下，矿尘等杂质基本被洗涤除去，部分酸雾被捕集，其余被炉气带出塔。之后，炉气依次通过电除雾器和干燥塔。

稀酸液分两路进塔。一路进入冷却洗涤段，由塔上部溢流堰导入，顺次流过两块泡沫冲击筛板，由第三块淋降冲击板的孔眼流入中部空间。另一路进入增湿洗涤段，由空间上部的喷嘴喷洒在塔的整个空间。过程主要靠酸液中水分蒸发，使炉气增湿降温，降温的热量被洗涤酸带出皮博迪塔。酸液落入塔底后流入底部脱吸段（即脱吸塔），脱去二氧化硫之后流入浓密机，经浓密处理，酸泥由浓密机底部排出，清酸液由上侧流入循环槽。

循环酸槽的稀酸由泵泵出，一路加入塔中部空间直接使用，另一路加入空气冷却塔（简称空冷塔），经聚丙烯斜交错波纹填料层，与从塔底鼓入的空气相遇，靠气液间直接传热及液体蒸发，使酸温从 50℃降至 35℃左右，再经尾冷塔（用吸收塔尾气冷却酸液的塔）冷却，酸温进一步降至 30℃左右。冷却后的酸液进入循环槽，由酸泵送至皮博迪塔上部。

该流程的特点：①采用三塔一体的皮博迪塔，该种塔也能处理含尘量高达 $30 \sim 40 g/m^3$ 的炉气，并有很好的除尘效率。具有结构紧凑、连接管道少、耗用材料少、投资省、占地面积小的特点。②稀酸温度高，二氧化硫脱吸效率高，对矿尘含砷量适应性强，在空塔部分主要采用绝热增湿操作，降温增湿效率高。③副产稀酸量较少。一般每产 1t 100%硫酸，副产 90kg 左右稀酸。由于酸量少，因此便于处理和综合利用。但皮博迪塔安装要求高且维修较困难。

目前，中国采用的稀酸洗涤流程，中小型厂多采用电除尘器与"文-泡-间-电"配套流程，大型厂多采用与"空-填-间-电"设备相配套流程。

（3）动力波洗涤器及动力波净化工艺

动力波洗涤器系美国杜邦公司开发的气体洗涤设备，1987 年孟山都环境化学公司获得使用此技术的许可，开始应用于制造硫酸过程中的气体净化。

动力波洗涤器有多种型号，已成为一个系列。在此系列中，逆喷型和泡沫塔型两种型号用于制酸的净化。

逆喷型洗涤器的装置简图如图 3-41 所示。洗涤液通过一个非节流的圆管，逆着气流喷入一直立的圆筒中。在圆筒中，工艺气体与洗涤液相撞击，动量达到平衡，此时生成的气液混合物形成稳定的"驻波"，"驻波"浮在气流中，像一团漂着的泡沫，人们把泡沫所占据的空间称为泡沫区。泡沫区为一强烈的湍动区域，其液体表面积很大且不断更新，当气体经过该区域时，便发生颗粒捕集、气体吸收和气体急冷等过程。

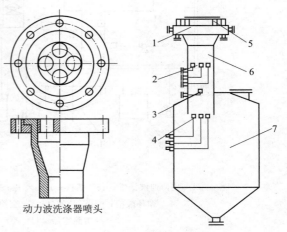

动力波洗涤器喷头

图 3-41　逆喷型洗涤器
1—溢流槽；2，4—一、二段喷嘴；3—应急水喷嘴；
5—过渡管；6—逆喷管；7—集液槽

泡沫塔型洗涤器外形与普通有固定挡板的板式塔相同，但塔板开孔率及操作气速相对较大，运行中，在两塔板间的开孔区形成泡沫区。泡沫区中气液接触非常密切，可有效地脱除亚微细粒、冷却气体和多级吸收气体。

动力波洗涤器的主要优点是没有雾化喷头及活动件，所以运行可靠、维修费用少，逆喷型洗涤器通常可以替代文氏管或空塔。多级动力波洗涤器组成的净化装置不仅降温和除砷、硒、氟的效率高，而且除雾效率也高于传统气体净化系统，还可减小电除雾器尺寸。

3.2.3.3　炉气的干燥

矿尘、砷、硒、氟和酸雾清除后，还需清除水分，如此才算完成净化。水分在炉气中以气态存在，应采用吸收方式进行清除。浓硫酸具有强烈的吸水性，常用于气体干燥。炉气的干燥就是将气体与浓硫酸接触来实现的。

吸收过程除考虑提高吸收速率外，还应考虑保证干燥后炉气含水量小于 $0.1 g/m^3$，尽量少产生或不产生酸雾，尽量减少二氧化硫在吸收酸中溶解量等几个方面。

干燥酸以浓度 93%～95% 的 H_2SO_4 较合适，而且具有结晶温度较低的优点，可以避免在冬季的低温下，因结晶带来操作和储运上的麻烦。

从降低吸收酸液面上水蒸气分压、提高干燥过程推动力、减少酸雾的生成量等方面考虑，希望干燥塔吸收酸温度尽量低些。但是，吸收酸温度降低，SO_2 溶解损失增加（有的工艺中设置一个 SO_2 吹出塔，以回收溶解在浓硫酸中的 SO_2，但流程又变得复杂）。此外，干燥塔酸温度规定得过低，必然会增加酸循环过程中冷却系统的负荷。实际生产中，在冷却面积一定时，干燥塔进酸温度取决于冷却水温度及循环酸冷却效率。通常进塔酸温度控制在 40～50℃。图 3-42 为炉气干燥工艺流程。

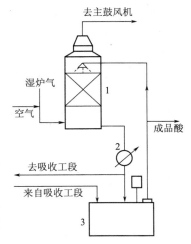

图 3-42 炉气干燥工艺流程
1—干燥塔；2—酸冷却器；
3—干燥酸储槽

经净化除去杂质的湿炉气及补加空气，在干燥塔内与塔顶喷淋的浓硫酸逆流接触，气相中水分被硫酸吸收，经捕沫器除去气体夹带的酸沫后进入转化系统。干燥酸吸收水分后温度升高，经酸冷却器冷却后流入酸储槽，再由泵送到塔顶喷淋。为维持干燥酸浓度，必须将吸收系统的 98% H_2SO_4 引入酸储槽中。储槽中酸由循环酸泵出口引出，作为产品酸送入酸库或引入回收塔循环酸槽。

3.2.4 二氧化硫催化氧化

3.2.4.1 二氧化硫催化氧化的反应机理

二氧化硫的氧化属气-固相催化氧化反应，当无催化剂时，反应活化能是 209kJ/mol，反应不易进行，在钒催化剂上，反应活化能降至 92～96kJ/mol。催化氧化机理由四个步骤构成。

① 钒催化剂上存在着活性中心，氧分子吸附在它上面后，$O=O$ 键遭到破坏甚至断裂，使氧分子变为活泼的氧原子（或称原子氧），它比氧分子更易与 SO_2 反应。

② SO_2 吸附在钒催化剂的活性中心，SO_2 中的 S 原子受活性中心的影响被极化。因此很容易与原子氧结合在一起，在催化剂表面形成络合状态的中间物种。

③ 这一络合状态的中间物种，性质相当不稳定，经过内部的电子重排，生成了性质相对稳定的吸附态物种。

$$\text{催化剂} \cdot SO_2 \cdot O \longrightarrow \text{催化剂} \cdot SO_3$$
（络合状态中间物种）　（吸附态物种）

④ 吸附态物种在催化剂表面解吸而进入气相。

经研究，在上述 4 个步骤中，第一步进行得最慢（即氧分子均裂变成氧原子），整个反应的速率受这个步骤控制，故将它称为 SO_2 氧化为 SO_3 的控制步骤。

以上讨论了在催化剂上发生的反应（称为表面反应），实际上影响 SO_2 氧化成 SO_3 的反应速率还有另一些因素。例如气流中的氧分子和 SO_2 分子扩散到催化剂外表面的速率，催化剂外表面上的氧分子和 SO_2 分子进入催化剂内表面（催化剂微孔中）的速率，SO_3 从催化剂内表面扩散到外表面，以及 SO_3 从催化剂外表面扩散到气流的速率，包括表面反应在内，其中最慢者将成为整个化学反应的控制步骤，在工业生产中，应尽量排除或减弱扩散阻力，让表面反应成为控制步骤，此时采用高效催化剂就会对生产产生巨大的推动作用。

3.2.4.2 二氧化硫催化氧化工艺过程分析

(1) 平衡转化率

平衡转化率是反应达到平衡时的 SO_2 转化率，常用 x_e 表示。在实际操作中，化学反应不会达到平衡程度（这需要花费很长的时间），所得到的转化率总比平衡转化率小，两者差距往往被用来评判实际生产中有多少改进余地的一个重要指标。

SO_2 氧化成 SO_3 是一个放热的、体积缩小的可逆反应。

$$SO_2(g) + 0.5O_2(空气) \Longleftrightarrow SO_3(g) \qquad \Delta H = -98 kJ/mol$$

经过实验验证，它的平衡常数 K_p 值可根据质量作用定律得到

$$K_p = \frac{p^*_{SO_3}}{p^*_{SO_2} p^{*0.5}_{O_2}} \tag{3-58}$$

反应的平衡常数与温度的关系服从范特霍甫定律，可用式(3-59)简洁的表示如下

$$\lg K_p = \frac{4905.5}{T} - 4.6455 \tag{3-59}$$

达到平衡时，平衡转化率 x_e 可由式(3-60)求得

$$x_e = \frac{p^*_{SO_3}}{p^*_{SO_2} + p^*_{SO_3}} \tag{3-60}$$

由式(3-58)和式(3-59)可以得到

$$x_e = \frac{K_p}{K_p + \sqrt{\dfrac{1}{p^*_{O_2}}}} \tag{3-61}$$

若以 a、b 分别表示 SO_2 和 O_2 的起始的摩尔分数，p 为反应前混合气体的总压，以 1mol 混合气为计算基准，通过物料衡算可得到氧的平衡分压为

$$p^*_{O_2} = \frac{b - 0.5ax_e}{1 - 0.5ax_e} p \tag{3-62}$$

将式(3-62)代入式(3-61)得到

$$x_e = \frac{K_p}{K_p + \sqrt{\dfrac{1 - 0.5ax_e}{p(b - 0.5ax_e)}}} \tag{3-63}$$

在式(3-63)的等式两边都有 x_e，故要用试差法来计算 x_e。

由式(3-63)可知，影响平衡转化率的因素有温度、压力和气体的起始浓度。当炉气的起始组成 $\varphi(SO_2) = 7.5\%$，$\varphi(O_2) = 10.5\%$，$\varphi(N_2) = 82\%$ 时，用式(3-63)可计算出不同压力、温度下的平衡转化率 x_e，结果见表 3-12。

表 3-12 平衡转化率与温度和压力的关系

$t/℃$	p/MPa					
	0.1	0.5	1.0	2.5	5.0	10.0
400	0.9915	0.9961	0.9972	0.9984	0.9988	0.9992
450	0.9750	0.9820	0.9920	0.9946	0.9962	0.9972
500	0.9306	0.9675	0.9767	0.9852	0.9894	0.9925
550	0.8492	0.9252	0.9456	0.9648	0.9748	0.9820
600	0.7261	0.8520	0.8897	0.9267	0.9468	0.9616

由表 3-12 的数据可以看出，平衡转化率随反应温度的上升而减小，因此在操作时希望尽可能降低反应温度。压力对平衡转化率的影响与温度相比要小得多，特别在 400～450℃ 范围内压力对平衡转化率的影响甚微，因此可以考虑在常压下或低压下进行操作。

利用式(3-63)还可计算得到在 0.1MPa 总压力下不同起始浓度的平衡常数，表 3-13 示出了这些数据。

表 3-13　初始浓度不同时的 x_e 值

$t/℃$	$a=7\%,b=11\%$	$a=7.5\%,b=10.5\%$	$a=8\%,b=9\%$	$a=9\%,b=8.1\%$	$a=10\%,b=6.7\%$
400	0.992	0.991	0.990	0.998	0.984
450	0.975	0.973	0.969	0.964	0.952
500	0.934	0.931	0.921	0.910	0.886
550	0.855	0.849	0.833	0.815	0.779
560	0.834	0.828	0.810	0.790	0.754

由此可见，随着炉气中 SO_2 浓度的上升和 O_2 含量的下降，平衡转化率对温度的变化越来越敏感，要想提高生产能力（即提高炉气中 SO_2 的浓度），直接产生的后果是平衡转化率的下降，在其他操作条件相同的情况下，由于浓度推动力的减小，实际转化率也会随着下降，使吸收塔后尾气中残留的 SO_2 增加。要想保持尾气中 SO_2 的低水平，只有降低炉气中 SO_2 的浓度或降低炉气的反应温度，但后者造成反应速率下降，反应时间增加，这两种调控方法都会导致生产能力的下降。因此，SO_2 和 O_2 的初始浓度的选择要慎重。

（2）反应速率

经过实验研究，在钒催化剂上，二氧化硫氧化的动力学方程式为

$$\frac{dx}{dz}=\frac{273k}{273+ta}\left(\frac{x_e-x}{x}\right)^{0.8}\left(b-\frac{1}{2}ax\right) \tag{3-64}$$

由式(3-64)可以看出影响反应速率的因素有反应速率常数 k、平衡转化率 x_e、瞬时转化率 x 和气体起始组成 a 和 b。而 k 和 x_e 是温度的函数。表 3-14 列出了在钒催化剂上，SO_2 的反应速率常数与温度的关系。

表 3-14　SO_2 在钒催化剂上的反应速率常数

$t/℃$	390	400	410	420	430	440	450	460	475	500	525	550	575	600
k	0.25	0.34	0.43	0.55	0.69	0.87	1.05	1.32	1.75	2.90	4.6	7.0	10.5	15.2

因此，反应速率可以看成是温度和炉气起始组成的函数。在实际生产中，炉气起始组成变化不大。式(3-64)中的 a 和 b 可看作常数，将某一温度下的 k 值和 x_e 值代入式(3-64)，同时固定转化率 x 的值，就可由式(3-64)得到该温度下的反应速率，改变温度又可得到另一个反应速率值，由此就可制得图 3-43。图中的炉气组成为 $\varphi(SO_2)=7\%$，$\varphi(O_2)=11\%$ 和 $\varphi(N_2)=82\%$。

由图可见，在一定的瞬时转化率下得到的反应速率-温度曲线有一最大值，此值对应的温度成为某瞬时转化率下的最适宜温度。将各最大值连成一条 $A—A$ 曲线后，可以看出转化率越高，则对应的最适宜温度越低；在相同的温度下，转化率越高，则反应速率越低，因此转化率和反应速率之间就出现矛盾，要求反应速率大（这可增大生产能力），转化率就小，反应就不完全；反之，要求转化率高，反应速率势必小，反应完全，但生产能力减少。在特定转化率下出现最适宜温度的原因，是因为在低温时（如 420℃ 左右），利用升温促使反应

速率增加的影响比由于升温引起平衡转化率降低的影响为大，反应速率净值随温度的升高而增加，曲线向上。当温度超过最适宜温度后，平衡转化率的降低对反应速率的影响超过反应温度对反应速率的影响，反应速率净值随温度的升高而下降，曲线向下。为了解决上述矛盾，在工厂实际生产中，让炉气在不同温度下分段反应，先在 410～430℃ 一段反应，利用起始 SO_2 浓度较高、传质推动力较大这一优势，将大约 70%～75% 的 SO_2 转化为 SO_3。然后进入第二段，在 450～490℃ 下快速反应，将 SO_2 转化率提高至 85%～90%。最后进入第三段，在 430℃ 反应，将 SO_2 转化率提高到 97%～98%。若此时再想提高 SO_2 的转化率，可让炉气进入第四、第五段，在更低温度下反应，但因反应速率缓慢，所费的反应时间比前几段要多，而且最终转化率很难达到 99% 以上。为缩短反应时间，提高 SO_2 的转化率，现在工业上广泛采用将经三段转化后的炉气进入吸收塔，用浓硫

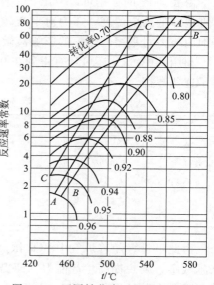

图 3-43　不同转化率时的二氧化硫氧化速率与温度的关系

酸将 SO_3 吸收掉，然后进入下一个转化器（反应器），进行第二次转化，此时对可逆的 SO_2 氧化反应而言，由于 SO_3 被吸收，SO_2 转化成 SO_3 的传质推动力大增，SO_2 的转化率提高，出第二转化器的炉气最后进入第二吸收塔将生成的 SO_3 吸收掉，出塔尾气中的 SO_3 含量大多可达到国家排放标准（$<500\mu L/L$）。前述的只通过一次转化的工艺称为"一转一吸"工艺。采用二次转化、二次吸收的工艺称为"二转二吸"工艺，这一工艺可将 SO_2 的总转化率提高到 99.5%～99.9%，这不仅最大限度地利用了 SO_2 资源，而且也大大降低了硫酸厂尾气的治理难度，减轻了尾气对大气的污染。在"二转二吸"工艺中，有的第一次转化分三段，第二次转化分两段，这种流程称为"3+2"流程，与此相仿，工业上还有"3+1""2+2""4+1"流程等，现在一般认为"3+2"流程较好。

（3）起始浓度和 O_2 与 SO_2 比值

在硫酸工业发展初期，广泛采用"一转一吸"工艺，考虑到催化剂用量和总转化率等因素，SO_2 的起始浓度定在 $\varphi(SO_2)=7.0\%$，此时 $n(O_2)/n(SO_2)$ 值约为 1.5。采用"二转二吸"工艺后，允许 SO_2 起始浓度大幅度提高，从而使生产装置的生产能力增加。经实验研究，发现 $n(O_2)/n(SO_2)$ 的值与总转化率之间有密切关联，在一定条件下，只要能保证固定的 $n(O_2)/n(SO_2)$ 值，就可获得同样的转化率，而并不受原料变化的影响。但采用不同的工艺，$n(O_2)/n(SO_2)$ 值与总转化率的对应关系是不同的，同一个 $n(O_2)/n(SO_2)$ 值采用了"3+2"流程所对应的总转化率要大于"3+1"流程，而"3+1"流程要大于"2+2"流程，具体关系如图 3-44 所示。

由图 3-44 可见，要达到总转化率为 99.7% 的标准（此时尾气中 SO_2 浓度不大于 $300\mu L/L$），"3+2"流程 $n(O_2)/n(SO_2)$ 值为 0.78，"3+1"流程 $n(O_2)/n(SO_2)$ 值为 1.06，"2+2"流程 $n(O_2)/n(SO_2)$ 值为 1.18。中国"二转二吸"工艺绝大多数采用的是"3+1"流程，转化器进口的 SO_2 浓度与国外相比偏低 [国外 $\varphi(SO_2)=9.3\%$ 左右，国内 $\varphi(SO_2)=8.0\%～8.5\%$]。由图可见，即使 $n(O_2)/n(SO_2)$ 值为 0.88，总转化率也应达到 99.5% 以上，但实际上总转化率为 99.0%～99.5%，能长期达到 99.5% 的工厂甚少，因而大有改进

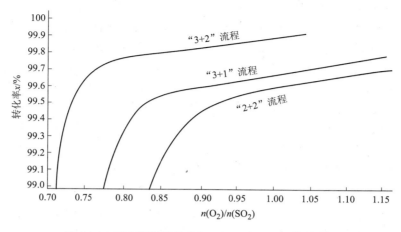

图 3-44 三种流程转化率与 $n(O_2)/n(SO_2)$ 值的关系

余地。"3+2"流程自 20 世纪 80 年代由美国孟山都公司开发成功以来，由于具有可提高转化器进口 SO_2 浓度[$\varphi(SO_2)>10\%$]、配入的空气量可减少 10%～15%、总转化率高和尾气中 SO_2 的浓度低等优点，已在国外广为采用。国内南京化工研究院于 1990 年进行了"3+2"五段两次转化实验，结果表明，当转化器进口 SO_2 的 $\varphi(SO_2)$ 为 9.2% 时，转化率在 99.67% 以上，尾气中 $\varphi(SO_2)<0.03\%(300\mu L/L)$。南京化工设计院为河北深州磷铵厂设计的五段转化硫酸装置，转化器进口 $\varphi(SO_2)>9\%$，转化率达到 99.7%。中国的"3+2"工艺设计技术已达到 20 世纪 80 年代国际先进水平，现在国内已有一批工厂采用"3+2"工艺，尾气中 SO_2 含量明显降低。

(4) 催化剂

研制耐高温高活性催化剂对硫酸生产相当重要。普通催化剂允许起始的 $\varphi(SO_2)$ 在 10% 以下，若能提高它们的耐热性，在高温下仍能长期地保持高活性，就可允许大大提高起始的 $\varphi(SO_2)$，不但能增加生产能力、降低生产成本，而且能获得满意的 SO_2 转化率，省去吸收塔尾气的治理工序。在中国推广"3+2"工艺，技术关键也在于催化剂，因为随着起始的 SO_2 浓度的提高，放出热量增加，导致转化温度明显上升，普通催化剂就忍受不了。在转化器一段，炉气温度不高，要求催化剂在较低温度（如 360℃）下就有高活性，这类催化剂的作用是"引燃"，从第一层下部起，转化反应进入正常反应区，使用在高温下仍能长期保持高活性的催化剂，起"主燃"作用。现在国内广为采用的是 S101-2H 型、S107-1H 型和 S108-H 型三种催化剂，它们为环状钒催化剂。比较先进的有 S101-2H（Y）型和 S107-1H（Y）型，它们是菊花环钒催化剂，床层阻力降比前者小，抗堵能力比前者强；堆密度小、强度高，已达到国际先进水平。上述两系列催化剂化学成分基本相同，主催化剂为 V_2O_5，助催化剂为 K_2O、K_2SO_4、TiO_2、MoO_3 等，载体为硅胶、硅藻土及其混合物。其中 S107-1H 型和 S107-1H（Y）型，起燃温度为 360～370℃，正常使用温度为 400～580℃，适宜作"引燃层"催化剂；S101-2H 型和 S101-2H（Y）型起燃温度为 380～390℃，正常使用温度为 420～630℃，适宜作"主燃层"催化剂。美国孟山都环境化学公司开发成功 LP-120 型、LP-110 型和 Cs-120 型催化剂，丹麦托普索公司开发成功 VK-48 型和 VK-58 型催化剂，德国巴斯夫（BASF）公司开发成功 04-110 型、04-111 型和 04-115 型催化剂，其中 Cs-120 型、VK-58 型和 04-115 型是含铯催化剂（一种含 K-Cs-V-S-O 等成分的多组分催化剂），起燃温度低（350～380℃），使用温度上限达 650℃，性能优良，但价格较贵（约为普通型的 2.5 倍），适宜于作"引燃层"催化剂。用作"主燃层"催化剂的主要成分是 V_2O_5、K_2O 和 Na_2O，不含铯，起燃温度为 370～380℃，使用温度上限为 650℃，它们多为环形催化剂。其中的 LP-120 型，使用寿命可长达 10 年。04-115 型虽用作"引燃层"催化剂，但它抗高温的能力十分强，在 650℃ 下连续运转 9 个月，活性没有任何影响，而普通的"主燃层"催化剂，操作几天就已完全失活。04-115 型催化剂抗毒性能也特别好，几乎不受工艺气体中所含杂质（例如微量 As 和 Pb 之类的重金属）的影响。上述国外公司生产的催化剂经合理组合，装入转化器内，均允许炉气中 $\varphi(SO_2) > 10\%$，而且可保证尾气中 SO_2 含量小于 $300\mu L/L$。国内已有数家企业使用美国孟山都环境化学公司生产的催化剂。

3.2.4.3 转化器简介

转化器都是固定床反应器，对于各段反应气的换热，有的采用内部设置热交换器，有的采用外部换热器，有的采用二者结合。内部换热器焊缝处因 SO_3 腐蚀会发生气体渗漏造成 SO_2 转化率下降，但结构紧凑连接管道大量减少。少数转化器采用冷激式，用冷气体（如冷炉气或空气）冷激。因用冷炉气加入各段，导致 SO_2 最终转化率下降，故仅用作第一段后的冷激气，以后各段仍需用间接换热方法除去反应热。冷空气作冷激一般用在最后几段，以免反应气体过度稀释造成 SO_2 浓度过分下降导致 SO_2 转化率下降。

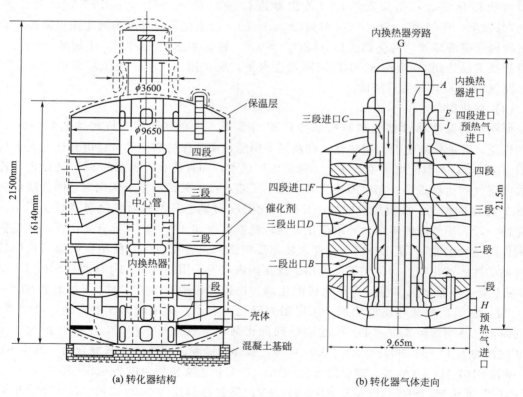

图 3-45　转化器结构及气体走向

德国和苏联等国家在 20 世纪 70 年代曾开发沸腾床转化器，并进行了中间试验，但因催化剂容易破碎，形成的粉末被气体带出，造成催化剂的损失和分离粉尘的困难，这种工艺没有在工业上得到推广应用。

图 3-45 示出的是硫铁矿制酸工艺流程中的转化器结构和转化器中气体走向。它是从加拿大 Chemetics 公司引进的一台不锈钢转化器。与普通转化器相比,有如下优点:

① 转化器采用 304 不锈钢制造,它的耐热性能比碳钢好,因此不必再衬耐火砖。

② 转化器中心圆柱体内装有不锈钢气体换热器(为管壳式换热器),从而省去了第一催化剂床层到换热器的气体管道。

③ 催化剂床的全部侧向进气都为多孔环形进气,保证了气体沿转化器截面的良好分布。

④ 把工况条件最恶劣的第一段催化剂床层(该段反应最激烈,热效应最大,温升也最大)设置在转化器底部,为操作人员过筛和更换催化剂提供了方便。

由图 3-45 可见,除一、二段间用器内间接换热外,其余各段均采用器外间接换热。

3.2.5 三氧化硫的吸收

三氧化硫的吸收即指使用浓硫酸吸收转化气中 SO_3 制得商品级浓硫酸或发烟硫酸的过程。

3.2.5.1 基本原理

二氧化硫转化为三氧化硫之后,气体进入吸收系统用浓硫酸吸收,制成不同规格的产品硫酸。吸收过程可用式(3-65)表示

$$nSO_3(g) + H_2O(l) \longrightarrow H_2SO_4(l) + (n-1)SO_3 \tag{3-65}$$

式中,$n<1$,生产含水硫酸;$n=1$,生产无水硫酸;$n>1$,生产发烟硫酸。

接触法生产的商品酸,通常有 $>92.5\%$ 浓硫酸,$>98\%$ 浓硫酸,含游离 $SO_3 \geqslant 20\%$ 标准发烟硫酸,含游离 $SO_3 = 65\%$ 高浓度发烟硫酸(近年来这种发烟硫酸在化学工业等部门应用越来越广泛)。

三氧化硫的吸收,实际上是从气相中分离 SO_3 分子使之尽可能完全地转化为硫酸的过程。该过程与净化系统所述的 SO_3 去除,在机理上是不同的。采用湿法净化时,炉气中 SO_3 先形成酸雾,然后再从气相中清除酸雾液滴。而在这里是采用吸收剂硫酸直接将分子态 SO_3 吸收。

3.2.5.2 影响发烟硫酸吸收过程的主要因素

吸收系统生产发烟硫酸时,首先将转化气送往发烟硫酸吸收塔,用与产品酸浓度相近的发烟硫酸喷淋吸收。

用发烟硫酸吸收 SO_3 的过程并非单纯的物理过程,属化学吸收过程。一般情况下,该吸收过程属气膜扩散控制,吸收速率取决于传质推动力、传质系数和传质面积的大小。

$$G = KF\Delta p$$

式中,G 为吸收速率;K 为吸收速率常数;F 为传质面积;Δp 为吸收推动力。

在气液相逆流接触的情况下,吸收过程的平均推动力可用式(3-66)表示。

$$\Delta p = \frac{(p_1' - p_2'') - (p_2' - p_1'')}{2.3 \lg \dfrac{p_1' - p_2''}{p_2' - p_1''}} \tag{3-66}$$

式中,p_1'、p_2' 分别为进、出口气体中 SO_3 分压,Pa;p_1''、p_2'' 分别为进、出口发烟硫酸液面上 SO_3 的平衡分压,Pa。

当气相中 SO_3 含量及吸收用发烟硫酸含量一定时,吸收推动力与吸收酸的温度密切相关。酸温越高,酸液面上 SO_3 平衡分压越高,推动力相对越小,吸收过程的速度也越小;

吸收酸温升高到一定温度时，推动力接近于零，吸收过程趋于停止，或将达不到所要求的发烟硫酸含量。当气体中 SO_3 含量为 7％时，吸收酸温度超过 80℃，将不会得到标准发烟硫酸，吸收过程将停止进行。

由传递理论可知，传质系数主要受气液相间相对运动速率影响，相对运动速率越大，传质系数越大。而气液相对运动速率及传质面积主要取决于吸收塔的填料类型。

另外，在通常条件下，用发烟酸吸收 SO_3，吸收率不高。转化气经发烟硫酸吸收塔后，气相中 SO_3 含量仍较多，须经浓硫酸进一步吸收。

3.2.5.3　影响浓硫酸吸收过程的主要因素

浓硫酸吸收 SO_3 的过程，是一个伴有化学反应的气液相吸收过程，也可以讲是一个气液反应过程。研究表明，该过程属气膜扩散控制。影响该过程吸收速率的主要因素有：用作吸收剂的硫酸含量、硫酸温度、进塔气体温度、循环酸量、气速和设备结构等。

① 硫酸含量　由三氧化硫吸收反应方程式可以看出，从单纯完成化学反应的角度看，似乎水和任意含量的硫酸均可作为吸收剂。但从提高 SO_3 吸收率和减少硫的损失考虑，需对酸含量进行认真选择。

研究表明，吸收酸为 98.3％的 H_2SO_4 时，可以使气相中 SO_3 的吸收程度达到最完全，含量过高或过低均不适宜。

吸收酸含量低于 98.3％ H_2SO_4 时，酸液面上 SO_3 平衡分压较低（$p_{SO_3}=0$），但水蒸气分压逐渐增大。当气体中 SO_3 分子向酸液面扩散时，绝大部分被酸液吸收，很小部分与从酸液表面蒸发并扩散到气相主体中的水分子相遇，形成硫酸蒸气。所形成的硫酸蒸气同三氧化硫一样可被酸液吸收，且其吸收速率也由推动力、吸收速率常数决定。当酸含量低到一定程度时，水蒸气平衡分压过高，水蒸气与三氧化硫反应生成的硫酸蒸气过多，以至超过酸液的吸收速率，从而造成硫酸蒸气在气相中的积累，如此时硫酸蒸气含量超过其临界饱和含量，酸雾的形成就成为必然。而酸雾不易被分离，通常随尾气带走，排入大气。一般吸收酸中 H_2SO_4 含量越低，温度越高，酸雾形成量越大，相应的 SO_3 损失也越多。

相反，吸收酸含量高于 98.3％ H_2SO_4 时，液面上水蒸气平衡分压接近于零，而 SO_3 的平衡分压较高，且随酸中 H_2SO_4 含量提高逐渐增高。SO_3 平衡分压越大，气相中 SO_3 的吸收率相对越低。尾气中 SO_3 在距烟囱一定距离时，会与大气中的水分形成青（蓝）色酸雾。

上述两种情况都能恶化吸收过程，降低 SO_3 的吸收率，尾气排放后可见到酸雾。但两种情况所具特征有差异，前者是在吸收过程中产生酸雾，因而尾气在烟囱出口呈白色雾状；而后者是在尾气离开烟囱一定距离后形成白色雾状。

当含量为 98.3％ H_2SO_4 时，兼顾了酸液液面的 SO_3、H_2O、H_2SO_4 分压，对于三氧化硫具有最高的吸收效率。一般只要进入吸收系统的气体本身是干燥的，在正常操作条件下，可使三氧化硫吸收率达到 99.95％以上。这时，尾气烟囱出口处将看不到酸雾。

② 硫酸温度　吸收硫酸温度对 SO_3 吸收率的影响较为明显。在其他条件相同的情况下，吸收酸温度升高，SO_3、H_2O、H_2SO_4 的蒸气压升高，SO_3 的吸收率降低。因此，从吸收率角度考虑，酸温低好。

但是，酸温度也不是控制得越低越好，主要有两个原因：一是进塔气体一般含有水分（规定小于 $0.1g/m^3$）尽管进塔气温较高，如酸温度很低，在传热传质过程中，不可避免地出现局部温度低于硫酸蒸气的露点温度，此时会有相当数量的酸雾产生；二是由于气体温度较高以及吸收反应热，会导致吸收酸有较大温升，为保持较低酸温，需大量冷却水冷却，导致硫酸成本不必要的升高。

在酸液吸收 SO_3 时，如用喷淋式冷却器来冷却吸收酸，酸温度应控制在 $60\sim75℃$ 左右，酸温度过高，会加剧硫酸对铁制设备和管道的腐蚀。即使采用新型防腐酸冷器也会出现腐蚀加剧的情况。

近20年来，随"二转二吸"工艺的广泛应用，以及低温余热利用技术的成熟，采用较高酸温和进塔气温的高温吸收工艺既可避免酸雾的生成，减小酸冷器的换热面积，又可提高吸收酸余热利用的价值。其中关键在于设备和管道的防腐技术。

③ 进塔气体温度 进塔气温对吸收 SO_3 也有较大影响。在一般的吸收过程中，气体温度低有利于提高吸收率和减小吸收设备体积。但在吸收转化气中的 SO_3 时，为避免生成酸雾，气体温度不能太低，尤其在转化气中水含量较高时，提高吸收塔的进气温度，能有效地减少酸雾的生成。

不过是否出现酸雾，还要视吸收酸温度，如其低到一定程度，首先会在液面附近（低温区）形成酸雾。在严格控制酸温度、进塔气体温度下，降低净化气中水分是控制酸雾形成的关键。

在高温吸收工艺中，进塔气体温度提高到 $180\sim230℃$，这样气体在吸收塔中各部位均能保持在露点温度以上，出转化器的气体不必冷却。在"二转二吸"工艺中，采用高温吸收，提高进塔气体温度能很好地解决系统热平衡问题，尤其对中间吸收塔更为有利，可以减缓工艺中"热冷热"的弊病。

当然，采用高温吸收操作后，会出现管道、酸泵等腐蚀加剧问题。目前，许多装置采用合金管、低铬铸铁及硅铁管替代老式铸铁管，采用耐酸合金等耐腐材料制作酸泵，采用聚四氟乙烯材料制作垫片，较好地解决了高温热酸的腐蚀问题。

④ 循环酸量 为较完全地吸收三氧化硫，循环酸量的大小也很重要。若酸量不足，酸在塔的进出口浓度、温度增长幅度较大，当超过规定指标后，吸收率下降。吸收设备为填料塔时，酸量不足，填料的润湿率降低，传质面积减少，吸收率降低；相反，循环酸量也不能过多，过多对提高吸收率无益，还会增加气体阻力，增加动力消耗，严重时还会造成气体夹带酸沫和液泛。

循环酸量通常以喷淋密度表示。国内硫酸厂多取喷淋密度在 $15\sim25\,\mathrm{m^3/(m^2\cdot h)}$ 范围内。

3.2.5.4 工艺流程

干燥系统和吸收系统是硫酸生产过程中两个不相连贯的工序。由于在两个系统中均以浓硫酸为吸收剂，彼此需进行串酸维持调节各自浓度，而且采用的设备相似，故在设计和生产上都把它们划为同一工序，称为干吸工序。

干吸工序的工艺流程及设备配置，随转化工艺和产品酸规格不同而异。对于"一转一吸"工艺，干吸工序一般只配置两台填料塔，即干燥塔和吸收塔以及各自的酸循环系统。对于"二转二吸"工艺，干吸工序则要配置2台填料塔，酸的循环系统有2个或3个，即干燥酸循环系统和吸收酸循环系统，中间吸收塔和最终吸收塔可单独设置也可共用一套酸循环系统。如用 $98\%\mathrm{H_2SO_4}$ 作干燥用酸（硫黄制酸干燥空气场合），则三塔合用一个循环酸槽。若生产发烟硫酸，在上述基础上再加装发烟酸吸收塔和发烟酸的循环系统。

伴随着 SO_3 的吸收，酸液释放出大量反应热和溶解热，这些热量会使塔内酸温度升高。例如，在通常的操作条件下，浓硫酸因吸收 SO_3 而使浓度提高 0.5% 时，酸温相应提高

20～22℃。在串酸过程中，酸温也有变化。故吸收酸出塔后必须进行冷却，才能循环使用。酸循环系统由循环酸槽、冷却器及酸泵 3 个主要设备组成。

由于干吸工序的传质、传热过程是在气液间直接进行的，气体中必然带有液沫，液体中也必然含有一定的气体，故工艺中还设有除沫设备和脱吸设备。

（1）"一转一吸"干吸系统工艺流程

目前，中国硫酸生产由于技术发展的历史原因，仍有采用"一转一吸"工艺的。产品只有 $98\%H_2SO_4$ 和 $92.5\%H_2SO_4$ 两种。少数厂家配有 105% 发烟酸吸收塔，生产标准发烟硫酸，其流程见图 3-46。

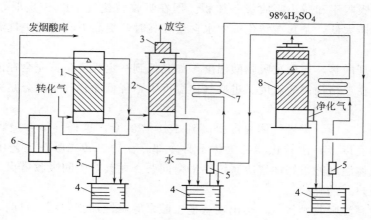

图 3-46 生产发烟硫酸时的干燥-吸收流程
1—发烟硫酸吸收塔；2—浓硫酸吸收塔；3—捕沫器；4—循环槽；
5—泵；6，7—酸冷却器；8—干燥塔

从转化工序导入的转化气，一部分进入发烟酸吸收塔，经发烟酸吸收后，与另一部分转化气混合并进入 $98\%H_2SO_4$ 的硫酸吸收塔，经 $98\%H_2SO_4$ 的硫酸吸收后，导入尾气回收塔或直接放空。

$105\%H_2SO_4$ 的发烟酸由吸收塔上部分酸装置均匀分布在填料上，与转化气逆流接触，酸浓度和温度上升，然后从塔底排出，进入混酸罐与 $98\%H_2SO_4$ 的硫酸混合，控制循环酸中 H_2SO_4 含量在 104.6%～105.0% 之间。从酸罐引出的热酸由泵送入酸冷却器冷却之后，大部分循环使用，少部分作为产品或串入 $98\%H_2SO_4$ 的硫酸混酸罐。$98\%H_2SO_4$ 的硫酸吸收系统的酸也在吸收 SO_3 时浓度升高，温度上升，出塔后在混酸罐中与干燥塔串联的 93% H_2SO_4 的硫酸混合，配成 98.1%～98.5% 的 H_2SO_4，必要时可加入水。罐中出来的热酸由酸冷却器冷却，其中大部分打入吸收塔循环使用，一小部分分别串入 105% 和 93% 的硫酸混酸罐。根据产品的要求，也可引出少量作为成品酸输出。

（2）"二转二吸"干吸系统工艺流程

如图 3-47 所示，此工艺设置 2 个 $98\%H_2SO_4$ 的硫酸吸收塔，并各使用一个酸液循环系统。此流程未配标准发烟酸生产塔，如配的话，一般设在第一吸收塔前，其他基本同一次吸收工艺。

（3）酸液循环流程

由酸液循环系统的塔、槽、泵、酸冷却器 4 个设备，通常可组成如图 3-48 所示的 3 种不同的流程。

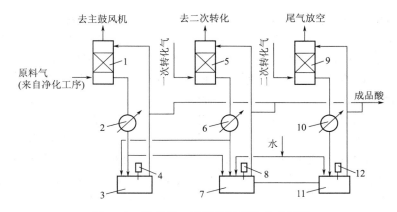

图 3-47　冷却后、泵前串酸干吸工艺流程
1—干燥塔；2，6，10—酸冷却器；3—干燥用酸循环槽；4，8，12—浓酸泵；
5—中间吸收塔；7，11—吸收用酸循环槽；9—最终吸收塔

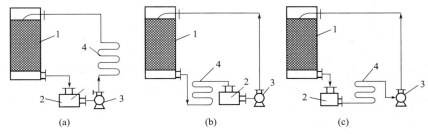

图 3-48　塔、槽、泵、酸冷却器的联结方式
1—塔；2—循环槽；3—酸泵；4—酸冷却器

流程（a）的特点：①酸冷却器设在泵后，酸流速较大，传热系数大，所需的换热面积较小；②干吸塔基础高度相对较小，可节省基建费用；③冷却管内酸的压力高，流速大，温度较高，腐蚀较严重；④酸泵输送的酸是冷却前的热浓酸，酸泵的腐蚀较严重。

流程（b）的特点：①酸冷却器管内酸液流速小，需较大传热面积；②塔出口到酸槽的液位差较小，可能会因酸液流动不畅而造成事故；③冷却管内酸的压力小，流速小，酸对换热管的腐蚀较小。

流程（c）的特点：①酸的流速介于以上两种流程之间（一般为 0.5～0.7m/s）；②该流程只能用卧式泵，而不能用立式泵。

3.2.6　硫酸生产总流程

3.2.6.1　硫铁矿制酸工艺流程

硫铁矿制酸流程有多种，图 3-49 所示是中国新建的一座中型硫酸厂的生产工艺流程，该厂生产能力为 20 万吨/年，采用"3+1"式流程。将 $w(S)>40\%$，$w(As$ 或 $F)<0.15\%$ 的精硫铁矿砂，粉碎至平均粒径为 0.054mm（20 目以上的大于 55%）加入沸腾炉，该炉下部通入空气，使硫铁矿在炉内呈沸腾状焙烧，沸腾炉中层温度（800±25）℃，上层出口温度（925±25）℃，炉气组成 $\varphi(SO_2)=11\%\sim12.5\%$，$\varphi(SO_3)=0.12\%\sim0.18\%$，其余为 N_2 和氧气。炉气从沸腾炉上部流出进入废热锅炉，回收热量，产生 3.82MPa 的过热水蒸气，炉气被冷却至（350±10）℃，含烟尘 290～300g/m³，进入旋风除尘器和电除尘器，将绝大部

分的固体微粒脱除下来（电除尘的除尘效率大于 99.63%），电除尘器出口含尘量约 0.1g/m³。炉气进入净化工段，在这里炉气经冷却塔进一步冷却后，进入洗涤塔，用 $w(H_2SO_4)=15\%$ 左右的稀硫酸洗涤炉气，进一步脱除 As、F 及其他微量杂质，稀硫酸循环使用，多余的送本厂磷酸车间作萃取磷酸用。电除雾器脱除下来的酸液返回洗涤塔。经电除雾器（共 4 台、两两并联，共两级）处理后，炉气中酸雾可脱至 0.005g/m³。进入干吸工序，用 93% 硫酸进一步脱除炉气中的水分（<0.05g/m³）。进入转化器前配成的工艺气组成为 $\varphi(SO_2)=(8.5\pm0.5)\%$，$\varphi(O_2)=(9.0\pm0.5)\%$，$\varphi(N_2)=82.5\%$。转化器共分四段，第一段装 S101-2H 型和 S107-1H 型催化剂，反应温度控制在 410～430℃；第二段装 S101-2H 型催化剂，温度 460～465℃；第三段装 S107-1H 型催化剂，温度控制在 425～430℃；经三段转化，转化率达到 93%，然后经换热和在第一吸收塔吸收 SO₃ 后，再进入第四段，第四段装 S107-1H 型催化剂，反应温度 410～435℃，转化率达到 99.5%，然后经换热后进入第二吸收塔，在此将 SO₃ 吸收，在排放出的尾气中，SO₂ 含量约 454μL/L，达到国家排放标准。焙烧工序产生的矿渣和从旋风除尘器及电除尘器下来的粉尘，经冷却增湿后（图中未画出）送到钢铁厂作炼铁原料。

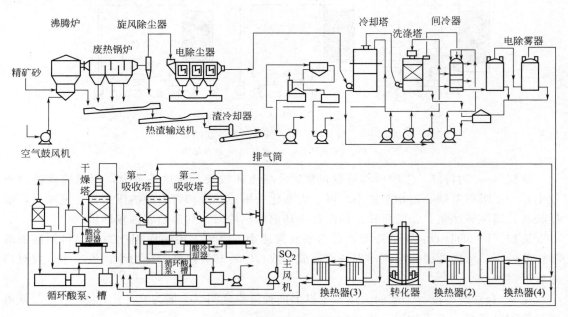

图 3-49　硫酸装置工艺流程

本流程只生产 $w(H_2SO_4)=98.5\%$ 的浓硫酸，不生产发烟硫酸。

3.2.6.2　硫黄制酸工艺流程

图 3-50 所示是中国新建的一座生产能力为 80 万吨/年硫黄制酸装置的生产工艺流程。主要包括：熔硫工段（含固体硫黄的熔化、过滤、液硫储存和输送）、焚硫转化工段（含液硫焚烧、二氧化硫的转化及废热回收系统）、干吸工段（含空气干燥及二氧化硫的吸收）等。

① 熔硫工段　固体硫黄经胶带输送机送入 3 台快速熔硫槽内，熔化后的液体硫黄，溢流至过滤槽，由过滤泵送入叶片式过滤器过滤，经过过滤后的精制液硫送入熔硫区液硫储罐，再自流至中间槽，由液硫输送泵送入主装置区液硫储罐储存待用。正式过滤前，向助滤槽中加助滤剂，用助滤泵将含有助滤剂硅藻土的液体硫黄送入叶片式过滤器中，使液硫过滤

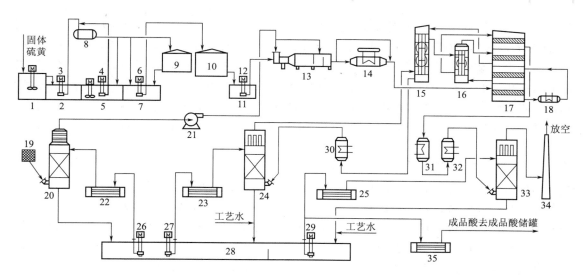

图 3-50　80 万吨/年硫黄制酸装置工艺流程

1—熔硫槽；2—过滤槽；3—过滤泵；4—助滤泵；5—助滤槽；6—液硫输送泵；7—中间槽；8—液硫过滤器；
9，10—液硫储罐；11—精硫槽；12—精硫泵；13—焚硫炉；14—废热锅炉；15—冷热换热器；16—热热换
热器；17—转化器；18—高温过热器；19—空气过滤器；20—干燥塔；21—空气鼓风机；22—干燥塔酸
冷却器；23——吸塔酸冷却器；24—第一吸收塔；25—二吸塔酸冷却器；26—干燥塔酸循环泵；
27——吸塔酸循环泵；28—干吸塔酸循环槽；29—二吸塔酸循环泵；30—省煤器Ⅰ；
31—低温过热器；32—省煤器Ⅱ；33—第二吸收塔；34—尾气烟囱；35—成品酸冷却器

器形成有效的过滤层。液硫自主装置区液硫储罐自流至炉前精硫槽，再由精硫泵送入焚硫炉内燃烧。快速熔硫槽、过滤槽、中间槽、液硫过滤器、液硫储罐、炉前精硫槽等设备内均设有蒸汽加热管，用低压蒸汽间接加热或保温，使硫黄始终保持液态。

② 焚硫转化工段　液硫由精硫泵加压并经硫黄喷枪机械雾化后喷入焚硫炉内，空气经干燥塔干燥后由空气鼓风机加压并送入焚硫炉内与液硫一起燃烧。出焚硫炉的高温炉气首先进入废热锅炉回收热量，温度降至 419℃，进入转化器第一段进行转化。经反应温度升高后进入高温过热器回收热量，高温过热器冷却后的约 438℃ 炉气进入转化器第二段催化剂床层进行反应，反应后的气体进入热热换热器降温至 439℃，进入转化器第三段催化剂床层进行反应。从转化器第三段出口的气体，通过冷热换热器和省煤器Ⅰ后温度降至 175℃ 进入第一吸收塔。在第一吸收塔中，气体中的 SO_3 被吸收，再经过塔顶的除雾器除去其中的酸雾后，依次通过冷热换热器、热热换热器分别与转化器三段和二段出口的高温炉气进行逆流换热，气体被加热至 418℃ 后进入转化器第四段催化剂床层进行第二次转化。出第四段床层的气体经低温过热器和省煤器Ⅱ，降温至 155℃ 后进入第二吸收塔，在第二吸收塔中，气体中的 SO_3 被吸收并经过塔顶的除雾器除去其中的酸雾后由高 100m 的尾气烟囱放空。经过两次转化后，SO_2 总转化率不低于 99.82%，尾气中 SO_2 排放浓度不大于 $658mg/m^3$。

③ 干吸工段　干吸酸循环系统采用 $w(H_2SO_4)=98\%$ 的硫酸干燥和吸收，仅设置一个卧式循环槽，实际上是由两个槽组合而成，中间由隔墙分开，隔墙下开孔，以便使酸和液位平衡。干燥塔和第一吸收塔合用一个槽，第二吸收塔单独使用一个槽，槽内酸浓度通过补充工艺水调节。空气鼓风机设在干燥塔下游，即硫黄焚烧所需空气经干燥塔干燥后由空气鼓风机加压进入焚硫炉。在干燥塔内，自塔顶喷淋 $w(H_2SO_4)98\%$ 的硫酸吸收掉空气中的水分，使出塔干燥空气中水分不大于 $0.1g/m^3$。干燥酸自塔底自流至干吸塔酸循环槽，而后用泵加

压送入干燥塔酸冷却器降温后，再进入干燥塔顶部进行喷淋。第一吸收塔塔顶用 $w(H_2SO_4)=98\%$ 的硫酸喷淋，吸收气体中的 SO_3 后的硫酸自塔底流出，进入干吸塔酸循环槽。再由一吸塔酸循环泵送至一吸塔酸冷却器冷却后进入第一吸收塔塔顶进行喷淋。第二吸收塔采用 $w(H_2SO_4)=98\%$ 的硫酸喷淋，吸收 SO_3 后的酸自塔底流入二吸塔酸循环槽。再由二吸塔酸循环泵送至二吸塔酸冷却器冷却后进入第二吸收塔塔顶进行喷淋。成品酸自二吸塔酸循环泵出口引出经成品酸冷却器冷却至 40℃ 后进入成品酸储罐储存。

3.2.7 "三废"治理

硫酸生产中会有废渣、废液和废气（尾气）产生，有的要利用，有的则要治理。以硫铁矿为原料生产硫酸时，有大量废渣产生。沸腾炉渣和旋风除尘器下来的粉尘，其中 $w(铁)$ > 45%，可用作炼铁原料，电除尘器及净化工序稀酸沉淀池沉淀物等固体粉尘可用作水泥厂原料。某些硫铁矿炉渣中还含有丰富的 Co、Cu、Ni、Pb、Zn、Au 和 Ag 等金属，可采用炉渣氯化焙烧等方法将它们从炉渣中分离出来，残渣仍可用作炼铁原料。回收的金属将为工厂创造更高的经济效益。此外，还有少量炉渣可用来制造硫酸铁、铁红颜料、电焊条和磁性氧化铁粉等。因此，硫酸生产中的废渣，只要综合利用得当，就不会造成环境污染。

由第二吸收塔顶排放出来的尾气，其中 $\varphi(SO_2)$ < 500μL/L 时，已达到国家排放标准，可直接排入大气。超过这一标准，就要对尾气进行治理。处理方法是采用物理的或化学的方法，将 SO_2 从尾气中除去。目前，已开发了 200 余种烟气脱硫（FGD）技术。在目前各种FGD 方法中，非再生 FGD 技术虽然存在各种各样的缺点，但因其具有工艺简单、脱硫效率高等优点，在应用上占有主导地位。图 3-51 示出的是美国通用电力公司（GE）的氨洗涤烟气脱硫法工艺流程。烟气除尘后进入预洗塔，与饱和的硫酸铵接触，进行绝热蒸发冷却，溶液增浓，有硫酸铵结晶析出。该塔不加入氨，pH<2，能有效地防止二氧化硫在预洗塔内被吸收。冷却并饱和水蒸气后的烟气，经除沫器进入吸收塔，烟气与稀硫酸铵溶液逆流接触，脱去二氧化硫。在稀硫酸铵溶液循环槽内，鼓入空气，将吸收的 SO_2 转化为硫酸铵，净化后的烟气经除沫器后由烟囱排放。中试结果表明，当烟气中 SO_2 含量达 6100μL/L 时，脱硫率高达 99%（即烟气中 SO_2 含量仅存 61μL/L），而且烟气中氨含量接近于零（最高为 3μL/L），所得硫酸铵结晶平均粒度为 300μm，很容易脱水分离，经两次脱水后的产品纯度高达 99.6%。

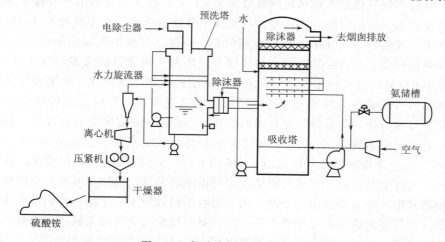

图 3-51 氨洗涤烟气脱硫法流程

经 GE 公司测算，综合成本（固定资产投资和操作费用）比石灰石法低 4%。一个年产 18 万吨硫酸铵的废气脱硫装置已在筹建中。中国有不少工厂采用石灰乳中和法脱除尾气中的 SO_2，工艺简单，投资也不大，但该工艺存在设备及管道容易结垢和堵塞问题，需要经常停工检修，脱硫效率不高。

硫酸厂废水主要来自净化焙烧炉气体的洗涤水。污水中除含微量硫酸（在焙烧炉中少量 SO_2 转化为 SO_3）外，还含有 2～30mg(As)/L、约 10mg(F)/L，它们在废水中的含量都大大超过污水排放标准。过去采用水洗流程，每生产 1t 硫酸产生 10～15t 废水，因此废水治理量很大。现在多采用封闭净化流程（即稀酸洗流程），每生产 1t 硫酸只产生 80～100L 废水，使得废水量大为减少。废水处理多采用中和法，常用的中和剂是石灰（或石灰石），也有用纯碱或烧碱的。石灰石不仅价廉易得，而且它还与污水中所含有的大量铁离子反应生成氢氧化铁絮凝体，把废水中的重金属（如铅、铜）、砷等吸附并共沉淀，从而使污水得以净化。

3.3　纯碱

纯碱和烧碱统称为碱，是化学工业的基础原料。纯碱分子式为 Na_2CO_3，分子量为 105.99，白色结晶性粉末，密度为 2.532g/cm³，熔点为 851℃，易溶于水。主要用于玻璃工业、化学工业、纺织、造纸、军工及医药等。

纯碱的工业生产始于 1787 年，法国人路布兰首先由硫酸钠和石灰石制得碳酸钠，1861 年比利时人索尔维提出了以食盐、石灰石等为原料制纯碱的氨碱法，此法原料来源方便、生产连续、产量大、成本低，曾被广泛采用，但此法的食盐利用率低（<30%）、副产氯化钙废渣，造成一定的环境污染。1942 年我国的化学家侯德榜提出了侯氏制碱法，又称联合制碱法。在生产纯碱的同时，副产氯化铵，制得的氯化铵可作农业化肥，也可作工业化工原料。此法能充分利用食盐，对环境不造成污染，被许多生产厂家采纳。

联合制碱法较氨碱法的优点为：①食盐的利用率高达 96%～97%，且 Cl^- 也得到了有效的利用；②与氨厂联合生产，既可使氨加工成盐（免耗 H_2SO_4 及 HNO_3），又克服了大量的废液废渣，使氨厂的 CO_2 得到了充分的利用。

联合制碱法的缺点为：①母液Ⅱ含固定氨多，单位体积的母液所制得的纯碱量少，如氨碱法生产 1t 纯碱只需 5～6m³ 氨盐水，而联碱法至少需 7～8m³ 的母液Ⅱ，故循环处理量大，设备容积利用率低。②由于需用精制盐粉，故需增设原料预处理系统。此外，联碱法设备腐蚀情况十分严重。虽联碱法有上述缺点，但由于它具有充分利用物料的优点，经济上完全可以抵偿该法本身的不足之处，因此，已成为当前制碱工业中的一个有前途的方法。

3.3.1　侯氏制碱法原理

侯氏制碱法是针对氨碱法存在的缺点进行改进的一种制碱方法，原料仍然是食盐水、氨和二氧化碳，产品是纯碱和氯化铵，氨和二氧化碳由合成氨厂提供，故称为联合制碱。此法与氨碱法不同之处在于：首先是母液循环使用，做到充分利用食盐；其次是两次吸氨过程，第一次是向过滤后的母液中加氨，使母液中的 NH_4HCO_3 和 $(NH_4)_2CO_3$ 转化，以免结晶析出，第二次吸氨是析出 NH_4Cl 结晶后；再其次是精制固体食盐的加入，母液降温析出 NH_4Cl 后加入 NaCl，在同离子效应作用下，使 NH_4Cl 析出更完全；最后是联合制碱法有两种产品，即纯碱和 NH_4Cl，没有废液。

在联合制碱法中，分为制碱和制氯化铵两个过程。第一过程为制碱过程，它与氨碱法生产一样，将含 NH_3 与 NaCl 为主的溶液碳酸化，此时就大量析出 $NaHCO_3$ 沉淀。第二过程为制 NH_4Cl 过程，为了不使 $NaHCO_3$ 和 NH_4HCO_3 随 NH_4Cl 一起析出，在重碱母液中加入了 NH_3，此时溶液中的 HCO_3^- 就与 NH_3 发生反应，生成 CO_3^{2-} 和 NH_2COO^-。

$$NH_3 + H_2O \longrightarrow NH_4^+ + OH^- \tag{3-67}$$

$$HCO_3^- + NH_3 \longrightarrow CO_3^{2-} + NH_4^+ \tag{3-68}$$

$$HCO_3^- + NH_3 \longrightarrow NH_2COO^- + H_2O \tag{3-69}$$

为便于说明如何从这样复杂的多组分体系中将 NH_4Cl 结晶析出，假定体系只是由氯化铵和氯化钠两种盐组成的 NH_4Cl-NaCl-H_2O 三组分体系。

氯化铵和氯化钠在水中溶解度的实验数据如表 3-15 所示。

表 3-15　NH_4Cl 和 NaCl 在 100kg 水中的溶解度　单位：kg

温度/℃	NH_4Cl 的单独溶解度	NaCl 的单独溶解度	在两种盐的共饱和溶液中	
			NH_4Cl 的溶解度	NaCl 的溶解度
0	29.7	35.6	14.6	28.6
15	35.5	35.8	19.9	26.7
30	41.6	36.0	25.5	24.9
45	48.4	36.5	32.2	23.4

不难看出，氯化铵的单独溶解度随温度改变很大，而氯化钠的溶解度随温度变化不大。当溶液中这两种盐共存时，由于同离子效应，其溶解度都较单独溶解度低。

图 3-52 为 NH_4Cl-NaCl-H_2O 三元系溶解度相图，其横坐标为在 100g 水中含有的 NH_4Cl 量，纵坐标为在 100g 水中含有的 NaCl 量，在横坐标上的 A_0、A_{15}、A_{30}、A_{45} 各点表示各相应温度下氯化铵的单独溶解度；在纵坐标轴上的 B_0、B_{15}、B_{30}、B_{45} 各点表示各相应温度下氯化钠的单独溶解度；C_0、C_{15}、C_{30}、C_{45} 各点表示被两种盐共饱和时的溶液组成。相同温度下的 A 点与 C 点的连线为含不同浓度氯化钠的氯化铵溶解度等温线，各 B 点与 C 点的连线为含不同浓度氯化铵的氯化钠溶解度等温线。

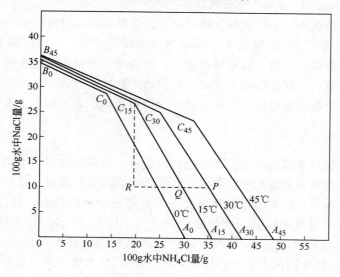

图 3-52　NH_4Cl-NaCl-H_2O 相图

当物系的组成点处于某一温度下的溶解度曲线 A_tC_t 和 B_tC_t 与两坐标轴所包围的区域 $OA_tC_tB_t$ 时，因物系中两种盐的浓度均低于该温度下的饱和浓度，故该物系为未饱和溶液，$OA_tC_tB_t$ 区域为未饱和区，溶解度等温线外边的区域为结晶区，其中 A_tC_t 线的右方为氯化铵结晶区，B_tC_t 线的正上方为氯化钠的结晶区，C_t 点的右上方为两种盐的共结晶区。当物系处于结晶区时，则盐的晶体与饱和溶液共存（见图 3-53）。

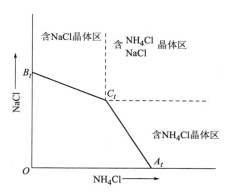

图 3-53　冷却结晶和盐析结晶操作原理

根据溶解度相图，掌握氯化铵和氯化钠的溶解度与温度的关系，就可以选择结晶方法，确定结晶操作条件，将氯化铵从溶液中结晶析出。

设某一物系，其组成相当于图 3-52 上的 P 点，此点位于 30℃等温线上。当温度为 30℃时，则此物系为 NH_4Cl 的饱和溶液，若温度高于 30℃（如 45℃），则 P 点落在 45℃等温线的未饱和区，此时就不会有 NH_4Cl 的晶体析出。若将溶液从 45℃冷却至 30℃，则 NH_4Cl 达饱和，若进一步冷却，如冷却至 15℃，则 P 点落在 15℃等温线的 NH_4Cl 结晶区，于是有 NH_4Cl 结晶析出。此时 NaCl 尚未达饱和，故溶液中 NaCl 的含量不变，溶液的组成沿平行于横坐标轴左移，直至 15℃等温线上的 Q 点，此时析出 NH_4Cl 量由线段 PQ 长度来确定。冷却的温度越低，析出的 NH_4Cl 量越多。只靠冷却结晶操作，析出 NH_4Cl 的量有限，为此还可在母液中加入 NaCl 进行盐析结晶操作。如在 15℃，组成相当于 Q 点（图 3-52）溶液，对于 NH_4Cl 是饱和溶液，而对 NaCl 并未达饱和，若往此溶液中加入 NaCl 晶体，则 NaCl 溶解，溶液中 NaCl 的浓度逐渐变大，而 NH_4Cl 因同离子效应而溶解度降低，从而以结晶析出。若温度保持不变，则溶液组成将沿着 QC_{15} 向 C_{15} 方向变化。直至溶液被两种盐所饱和即达到 C_{15} 时为止。加入的 NaCl 量与析出的 NH_4Cl 量，可分别由图 3-52 上的 $C_{15}R$ 与 QR 在坐标上的长度来表示。

3.3.2　侯氏制碱法工艺流程与设备

侯氏制碱法与氨碱法的主要不同之处在于，把过滤碳酸氢钠后的母液中的氯化铵分离出来。从过滤母液中分离得到氯化铵有热法和冷法两种方法，本章主要介绍冷法，即将过滤母液降温、加入固体氯化钠的方法。该法分两个过程，第一过程为生产纯碱的过程，简称制碱过程；第二过程为生产氯化铵的过程，简称制铵过程，两个过程构成一个循环系统（见图 3-54）。向循环系统中连续加入原料（氨、氯化钠、二氧化碳和水），不断地生产出纯碱和氯化铵两种产品。

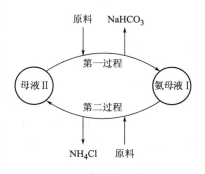

图 3-54　联合制碱法循环过程

侯氏制碱法的工艺流程如图 3-55 所示。原盐经过化盐桶制备成饱和食盐水，再添加石灰乳除去盐水中的镁，然后在除钙塔中吸收碳酸化塔尾气中的 CO_2，除去盐水中的钙。精制的食盐水送入吸氨塔吸收氨气，氨气主要是由蒸氨塔回收得到。吸氨所得的氨盐水送往碳酸化塔。

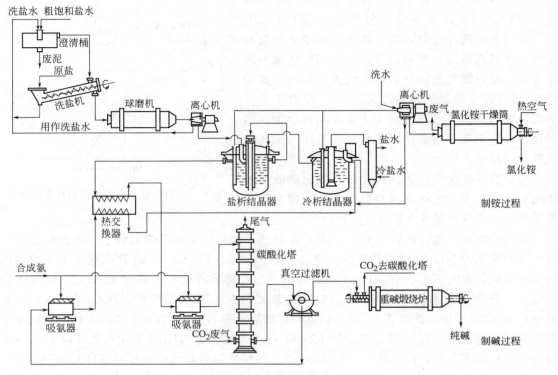

图 3-55　侯氏制碱法工艺流程

碳酸化塔是多塔切换操作的。氨盐水先经过处于清洗状态的碳酸化塔，在此塔中氨盐水溶解掉塔中沉淀的碳酸氢盐，同时吸收从塔底导入的石灰窑窑气中的 CO_2。吸收都是逆流操作。清洗塔出来的部分碳酸化的氨盐水送入处于制碱状态的碳酸化塔，进一步吸收 CO_2 而发生复分解反应，生成 $NaHCO_3$。碳酸化所需的 CO_2 是按浓度从碳酸化塔的不同地段导入。中部导入的是含 CO_2 为 43% 的石灰窑气。底部导入的是含 CO_2 为 90% 以上的 $NaHCO_3$ 煅烧炉气。碳酸化塔顶的尾气用于食盐水精制。碳酸化塔底的含 $NaHCO_3$ 结晶的悬浮液送往真空过滤机过滤。滤得的 $NaHCO_3$ 送往煅烧炉，使重碱受热分解而生成纯碱作为产品，分解出的 CO_2 送去碳酸化。

制碱系统送来的氨母液 I 经换热器与母液 II 换热，母液 II 是盐析出氯化铵后的母液。换热后的氨母液 I 送入冷析结晶器。在冷析结晶器中，利用冷析轴流泵将氨母液 I 送到外部冷却器冷却并在结晶器中循环。因温度降低，氯化铵在母液中呈过饱和状态，生成结晶析出。大致说来，适当加强搅拌、降低冷却速率、晶浆中存在一定量晶核和延长停留时间都促进结晶成长和析出。

冷析结晶器的晶浆溢流至盐析结晶器，同时加入粉碎的洗盐，并用轴流泵在结晶器中循环。过程中洗盐逐渐溶解，氯化铵因同离子效应而析出，其结晶不断长大。盐析结晶器底部沉积的晶浆送往滤铵机。盐析结晶器溢流出来的清母液 II 与氨母液 I 换热后送去制碱。

滤铵机常用自动卸料离心机，滤渣含水分 6%～8%。之后氯化铵经过转筒干燥或流态化干燥，使含水量降至 1% 以下，作为产品。

结晶器是析铵过程中的主要设备，分为冷析结晶器和盐析结晶器，构造有差别，但原理相似。对结晶器有如下要求。

① 有足够的容积　使母液在器内平均停留时间大于 8h，以稳定结晶质量。盐析结晶器的析铵负荷大于冷析结晶器，相应地容积也较大。

② 能起分级作用　结晶器的中下段是悬浮段，保持晶体悬浮在母液中并不断成长；上段是清液段，溢流的液体以低的流速溢流，这区域的流速一般为 0.015～0.02m/s；悬浮段的流速则为 0.025～0.05m/s。为了使晶体能有足够时间长大，悬浮段一般应高 3m 左右。如年产 1 万吨氯化铵的冷析结晶器，悬浮段直径 2.5m，清液段直径 5.0m，总高 7.7m 左右。

③ 起搅拌和循环作用　如盐析结晶器中有中央循环管，利用轴流泵使晶浆在结晶器中循环。冷析结晶器也有轴流泵抽送晶浆循环通过外冷器。

结晶器一般是用钢板卷焊的。因物料有强烈的腐蚀性，设备受蚀比较严重，要内衬塑料板或涂布防腐层。

食盐用于析铵前要经过精制。常用的预处理工艺是洗涤-粉碎法。原盐经振动筛分出原盐夹带的草屑和石块等杂物，通过给料器进入螺旋推进式的洗盐机，用饱和食盐水逆流洗涤。原盐夹带的细草和粉泥浮在洗涤液面上漂走，原盐所含可溶性杂质（氯化镁、硫酸镁和硫酸钙等）溶解。洗盐由绞龙（螺旋输送机）送入球磨机。球磨机的主体是回转的圆筒，衬有耐磨衬里，筒内装有钢球。在圆筒旋转时，利用钢球下落的冲击和滑动起研磨作用，将粗盐粉碎成细粒。粉碎后的盐浆经盐浆桶送往分级器，颗粒较大的盐粒下沉，由底部排去重新研磨，细粒盐随盐浆经沉降后用离心滤盐机分出盐水，洗盐送去盐析。洗盐的粒度有 85% 在 20～40 目（0.84～0.42mm），含 NaCl 超过 98%，含 Ca^{2+}、Mg^{2+}、SO_4^{2-} 等小于 0.3%。

3.4　烧碱与氯气

氯碱工业是利用电解食盐水溶液来生产氯气、烧碱和氢气的工业部门。氯碱工业是国民经济的重要组成部分，是基础化工原材料行业，其碱、氯、酸等产品广泛地应用于建材、化工、冶金、造纸、纺织、石油等工业，在整个国家工业体系中占据着十分重要的基础性地位。目前，市场上供应的氯气和烧碱绝大部分是用电解法生产的。

3.4.1　电解过程原理

电解（electrolysis）系电流通过电解质溶液或熔融电解质时，在两个电极上所引起的化学变化。通电时，电解质中的阳离子移向阴极，吸收电子，发生还原作用，生成新物质；电解质中的阴离子移向阳极，放出电子，发生氧化作用，也生成新物质。电解过程中能量变化的特征是电能转化为电解产物蕴藏的化学能。

电解工业在国民经济中起着重要作用，许多有色金属（如钠、钾、镁和铝等）和稀有金属（如锆、铪等）的冶炼，某些金属（如铜、锌和铅等）的精炼，某些基本化学工业产品（如氢、氧、氯、氟、烧碱、氯酸钾、过氧化氢、己二腈、四乙基铅等）的制造，以及电镀、电抛光、阳极氧化等工艺都是通过电解来实现的。

但电解消耗的电能相当可观，用电解法制得的产品成本往往比其他生产方法高。因此有些电解工艺，例如，由水制造氢气和氧气已日趋淘汰。电解工厂一定要建在电力充沛的地区（最好建在大型水电站附近），以免影响其他工业生产部门。生产过程产生的"三废"也应妥善处理，以防污染环境。

3.4.1.1 基本概念

(1) 离子的放电顺序

在电解质溶液中，阴离子或阳离子都不止一种。例如用隔膜法电解食盐水溶液时，阴离子有 Cl^- 和 OH^-，阳离子有 Na^+ 和 H^+，通电后它们都向相应的电极迁移，但离子放电有一定顺序，即按一定的析出电位大小进行。在上例中，阴极的析出电位 H^+ 为 $-1.2V$，Na^+ 为 $-2.6V$，H^+ 虽在电解质中含量甚少，因析出电位比 Na^+ 高，仍能由阴极呈气态析出。阳极的析出电位 Cl^- 为 $1.52V$，OH^- 为 $2.06V$，因此在阳极上析出的只能是 Cl_2。

(2) 法拉第电解定律

法拉第在 1834 年提出的电解定律可表达为：在电解中，96500C（即 1F）的电量产生 $1/Z$ mol 的化学变化。例如 96500C 会产生 1.007g 的氢，会从银盐的溶液中沉积 107.870g 的银，从铜盐的溶液中沉积 $63.54/2 = 31.77g$ 的铜，从铝盐的溶液中沉积 $26.9815/3 = 8.994g$ 的铝等。

因 $1C = 1A \cdot s$，故 1F 电量可用 $26.8A \cdot h$ 来表示，若需在电极析出 Mg 的某物质，则所需电量为

$$Q = \frac{ZM}{A_r}F \tag{3-70}$$

式中，Q 为得到 Mg 物质所需的电量，$A \cdot h$；M 为需要得到的物质的量，g；Z 为离子价数；F 为法拉第电量，等于 96500C 或 $26.8A \cdot h$；A_r 为原子量。

因为电量 $Q = I\tau$，故式(3-70) 又可表达式为

$$I\tau = \frac{ZM}{A_r}F$$

$$M = \frac{I\tau A_r}{ZF} = \frac{I\tau A_r}{26.8Z} \tag{3-71}$$

式中，τ 为电流通过时间，h。

有时也用电化当量 K 来计算电量。电化当量 K 定义为 $1A \cdot h$ 电量所析出物质的质量 (g)。例如在阴极上析出 Cl_2 的电化当量为

$$K = \frac{35.5}{26.8} = 1.323g/(A \cdot h)$$

由此，上式生产 Mg 物质所需的电量可表示为

$$Q = M/K$$

(3) 分解电压、过电压和电压效率

① 分解电压　分解电压又称分解电势和分解电位。假设一电池反应达到化学平衡

$$a A + b B \longrightarrow c C + d D$$

若在电池内有 $1/Z$ mol 物质变化，电池电动势为 E，它与自由能 (ΔG) 变化之间的关系可表示为

$$E = -\frac{\Delta G}{ZF} = E^\ominus - \frac{RT}{ZF}\ln\frac{a_C^c a_D^d}{a_A^a a_B^b} \tag{3-72}$$

式中，$E^\ominus$ 为各组分活度为 $1mol/L$ 时的标准电动势；a_A、a_B、a_C、a_D 分别为平衡时物质 A、B、C、D 的活度。

此反应的逆反应需要的电压即为理论分解电压。化学反应达到平衡时

$$E_r = \frac{\Delta G}{ZF} = -E \tag{3-73}$$

式中，E_r 为理论分解电压。

② 过电压　又称超电压或过电位。一般而言，电解质溶液的电阻是很小的。在强烈搅拌以消除电解质离子浓度差的条件下，测得的电极电位与理论分解电压的差称为该电极的过电压。影响过电压的因素很多，如电极材料、电极表面状态、电流密度、温度、电解时间的长短、电解质的性质和浓度以及电解质中的杂质等。析出气体，例如氢、氧等时，产生的过电压相当大，而析出金属则除 Fe、Co 和 Ni 外，产生的过电压一般均很小。电极表面粗糙、电解的电流密度降低以及电解液的温度升高，都可以降低电解时的过电压。其中，电极材料对过电压的影响最大。表 3-16 示出了过电压与电极材料的关系。

表 3-16　过电压（H_2、O_2、Cl_2）与电极材料的关系（25℃）　　　单位：mV

电极产物		H_2（1mol/L H_2SO_4）			O_2（1mol/L NaOH）			Cl_2（NaCl 饱和溶液）		
电流密度/（A/m²）		10	1000	10000	10	1000	10000	10	1000	10000
电极材料	海绵状铂	0.015	0.041	0.048	0.40	0.64	0.75	0.0058	0.028	0.08
	平光铂	0.24	0.29	0.68	0.72	1.28	1.49	0.008	0.054	0.24
	铁	0.40	0.82	1.29	—	—	—	—	—	—
	石墨	0.60	0.98	1.22	0.53	1.09	1.24	—	0.25	0.50
	汞	0.70	1.07	1.12	—	—	—	—	—	—

③ 电压效率　电解槽两极上所加的电压称为槽电压。它包括理论分解电压 E_r，过电压 E_0，电流通过电解液的电压降 ΔE_L 和通过电极、导线、接点等的电压降 ΔE_R，即

$$E_槽 = E_r + E_0 + \Delta E_L + \Delta E_R$$

理论分解电压 E_r 对槽电压 $E_槽$ 之比，称为电压效率 η_E，即

$$\eta_E = E_r / E_槽 \times 100\% \tag{3-74}$$

η_E 值一般在 45%～60% 之间。

（4）电流效率、电流密度和电能效率

① 电流效率　在实际生产过程中，由于有一部分电流消耗于电极上产生的副反应和漏电现象，电流不能 100% 被利用，因此不能按前述的法拉第电解定律来精确计算所需的电量。工业上常用同一电量所得实际产量与理论计算所得量之比来表示电流效率 η_I。

$$\eta_I = 实际产量 / 理论产量 \times 100\% \tag{3-75}$$

电解食盐水溶液时，它的电流效率可分为氯的电流效率、碱的电流效率和氢的电流效率，其中最重要的是氯的电流效率。影响析氯反应的副反应有两类：一类是电极/溶液界面发生的电化学副反应（见本节后面的叙述），使部分氯转化为副产物；另一类是没有电子参加的溶液中的副反应（例如氯溶入电解液生成次氯酸和盐酸），也消耗了部分的氯，从而使氯的电流效率降低。

② 电流密度　系指电极面上单位面积通过的电流强度，单位是 A/cm²。在实际生产中为了控制分解电压，需采用合理的电流密度。

③ 电能效率　电能效率为电压效率与电流效率的乘积，可表达为：

$$\eta = \eta_E \eta_I \tag{3-76}$$

也有用生产单位物质（质量）所需的电能来表示电能效率。这种表示方法没有直接揭示能量（或电能）的有效利用率，还需与理论值比较才能得出结果，但它便于横向比较，同类电解槽或不同电解槽的优劣，考察此值就一目了然。

3.4.1.2 电极反应与副反应

(1) 电极反应

在食盐水溶液中主要有 4 种离子：Na^+、Cl^-、H^+ 和 OH^-。电解槽的阳极通常使用石墨或金属涂层电极；阴极一般为铁阴极，阳极和阴极分别与直流电源的正、负极连接构成回路。当通入直流电时，Na^+ 和 H^+ 向阴极移动，Cl^- 和 OH^- 向阳极移动。

在铁阴极表面上，由于 H^+ 的放电电位比 Na^+ 的放电电位低，因此 H^+ 首先还原成中性氢原子，结合成氢气分子后，从阴极逸出。在阴极进行的主要电极反应为

$$\text{阴极:} \qquad H^+ \text{放电} \qquad 2H_2O == 2H^+ + 2OH^- \tag{3-77}$$

$$2H^+ + 2e == H_2 \tag{3-78}$$

而 OH^- 则留在溶液中，与溶液中的 Na^+ 形成 NaOH 溶液。随着电解反应的继续进行，在阴极附近的 NaOH 浓度逐渐增大。整个阴极反应可写成

$$2H_2O + 2Na^+ + 2e == 2NaOH + H_2\uparrow \tag{3-79}$$

在某些阳极表面上，由于 Cl^- 的放电电位比 OH^- 的放电电位低，因此 Cl^- 首先放电氧化成中性氯原子，结合成氯气分子后，从阳极逸出。在阳极进行的主要电极反应为

$$\text{阳极:} \qquad Cl^- \text{放电} \qquad 2Cl^- == Cl_2 + 2e \tag{3-80}$$

总的电解反应可表达为

$$2Na^+ + 2Cl^- + 2H_2O == 2NaOH + H_2\uparrow + Cl_2\uparrow \tag{3-81}$$

(2) 电极副反应

电解过程也会发生副反应。

① 阳极副反应　　阳极上产生的 Cl_2 可溶解在水中，并与水作用生成次氯酸和盐酸。

$$Cl_2 + H_2O == H^+ + Cl^- + HClO \tag{3-82}$$

当阴极生成的碱由于扩散或电迁移等原因进入阳极溶液时，HClO 被中和，生成易解离的次氯酸盐。

$$HClO + OH^- \longrightarrow ClO^- + H_2O \tag{3-83}$$

这时 ClO^- 将在阳极上氧化，生成 ClO_3^- 并析出 O_2。

$$6ClO^- + 3H_2O \longrightarrow 2ClO_3^- + 4Cl^- + 6H^+ + 1.5O_2 + 6e \tag{3-84}$$

此外，在阳极溶液中生成的 HClO 还会进行化学反应生成氯酸盐。

$$HClO == H^+ + ClO^- \tag{3-85}$$

$$2HClO + ClO^- \longrightarrow ClO_3^- + 2H^+ + 2Cl^- \tag{3-86}$$

上述反应使阳极生成的氯和阴极生成的碱，都由于副反应而消耗掉，这不仅降低了电流效率，而且降低了产品的纯度，特别当阳极溶液中 OH^- 含量增高时，这些副反应更为严重。而且，副反应中产生的 O_2 会将石墨电极氧化，缩短石墨电极的使用寿命。

② 阴极副反应　　阳极处含有少量的次氯酸钠和氯酸钠，它们会迁移到阴极附近，并和由阴极上产生的新生态氢 [H] 发生如下反应

$$ClO^- + 2[H] == H_2O + Cl^- \tag{3-87}$$

$$ClO_3^- + 6[H] == 3H_2O + Cl^- \tag{3-88}$$

阴极上的这些副反应，都要增加电能消耗，降低产量和影响产品质量。生产中采用隔膜（或离子膜）将阴、阳极隔开阻止 Cl^- 或 OH^- 迁移及采用较高操作温度降低 Cl_2 在水中的溶解度，以减少氯气与烧碱的作用等来提高电能的利用率和保证产品质量。此外，原料液的净化也相当重要。原料液中的杂质在电极上也会发生电化学反应，影响产品的质量。例如，上例食盐水中若混入一定量的硫酸盐，虽然浓度比氯化钠小得多，但在石墨电极的孔隙中氯离子因放电而浓度下降，给硫酸根放电创造了条件，其放电反应可表示为

$$2SO_4^{2-} = 2SO_3 + O_2 + 4e \tag{3-89}$$

$$2SO_3 + 2H_2O = 2H_2SO_4 \tag{3-90}$$

$$2H_2SO_4 = 4H^+ + 2SO_4^{2-} \tag{3-91}$$

$$SO_4^{2-} + H_2O = SO_4^{2-} + 0.5O_2 + 2H^+ + 2e \tag{3-92}$$

反应中放出的 O_2 将石墨电极氧化成 CO_2，加速了电极的消耗并污染了氯气。因此电解前应对原料液作净化处理，以减少副反应的发生。

3.4.2 食盐水电解制氯气和烧碱

用食盐水电解制氯气和烧碱有 3 种方法：隔膜法、汞阴极法和离子膜法。近几年，我国从世界各著名公司引进了多套离子膜法制碱工艺技术和装备，淘汰了水银法烧碱，石墨阳极隔膜法电解装置也已基本淘汰，世界先进水平的离子膜法装置正在增多。面对环保要求的不断提高、油价上涨、能源紧缺等现状，发展离子膜碱已经成为氯碱企业调整产品结构、节能降耗、保护环境、增强市场竞争力的主要措施，绝大多数企业都将离子膜法工艺作为扩建或改造项目的首选工艺，国内新建烧碱装置中，采用离子膜法工艺的装置约占 90%，只有 10% 采用金属阳极隔膜法生产工艺。目前，我国离子膜法装置生产能力已达 656 万吨/年，离子膜法生产工艺几乎占到国内烧碱装置总产能的一半。

氯气和烧碱是整个化学工业的基础产品之一，应用十分广泛。因此氯碱工业在化学工业中占有重要地位。氯气和烧碱在电解过程中同时生成，为使氯碱工业具有最大的经济效益，氯气和烧碱的需求平衡十分重要。例如，若工业部门对氯气的需求量有较大增长时，计划部门必须为烧碱的出路做出妥善安排，否则大量过剩的烧碱积压，会给氯碱工厂带来不少麻烦，甚至会使有些氯碱工厂倒闭。

3.4.2.1 隔膜法工艺过程

(1) 电解槽的结构和性能

在食盐水电解工艺中，利用电解槽内隔膜将阳极产物（氯气）和阴极产物（氢气和烧碱）分开的电解生产工艺称为隔膜电解法，其原理见图 3-56。浓度为 $310\sim330g/L$ 的精盐水进入阳极室生产氯气，Na^+ 及剩余的 NaCl 溶液以一定流速（至少要大于 OH^- 向阳极的迁移速率）通过隔膜进入阴极室以保持阴极室的电中性。由阴极室流出的是 $\rho(NaOH)=130\sim150g/L$ 和 $\rho(NaCl)=160\sim210g/L$ 的稀碱液。电解槽阳极过去多用石墨，现在普遍采用的是在纯钛上镀 $RuO_2\text{-}TiO_2$ 混合物的金属阳极（商品名 DSA）。在大型高负荷隔膜电解槽中还广泛采用扩张阳极（商品名 EDSA，装有组装时可收缩和扩张的弹簧）。与石墨阳极相比，金属阳极具有析氯过电压低、耐氯腐蚀、氯气纯度高、电流效率高、使用寿命长以及电解槽密封性能好等优点。隔膜过去是将由石棉纤维和碱溶液混合形成的浆液，借助真空吸附在铁阴极网袋上制成。现在广泛采用的是改性隔膜，它是在上述浆液中添加适量氟树脂（如四氟乙烯、聚多氟偏二氯乙烯、聚全氟乙烯-丙烯等）和少量非离子型表面活性剂，搅

匀，真空抽吸而制成隔膜，再在 95℃下干燥，在低于树脂分解温度下熔融让石棉纤维与树脂均匀浸润，冷却后牢牢粘在一起，形成坚韧、具有弹性、形状固定的隔膜。与普通石棉隔膜相比，厚度薄、膜电压降低、阳-阴极间距小（3mm 左右），而且具有一定的机械强度，安装时不易碰坏，寿命可长达 1～2 年。

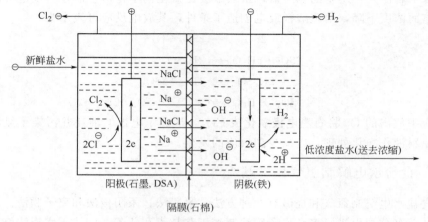

图 3-56　隔膜法电解槽原理示意

电解槽有水平式和立式隔膜电解槽 2 种，现在广泛使用的是立式隔膜电解槽，结构示意见图 3-57。

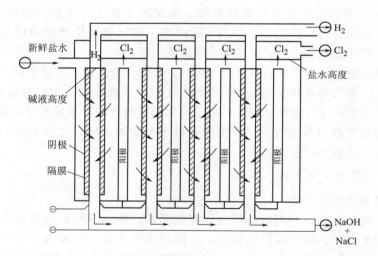

图 3-57　具有垂直电极和充满阴极室的隔膜电解槽结构

中国绝大多数隔膜法氯碱厂采用虎克（Hooker）电解槽或在此基础上改进的 MDC 隔膜电解槽。图 3-58 所示为虎克型电解槽的结构示意图。电解槽采用下接线，通过槽底 1 接入阳极 3。在梳状阴极 2 表面沉积有石棉隔膜。盐水由管道 8 进入，碱液经断电器 6 导入排碱管道 5，氢气则沿导管 7 进入收集管 9，氯气从电解槽排出进入收集管 10。电流借助母线 12 经外壳接入阴极。梳状阴极的结构示意见图 3-59。国外广泛采用的还有格列诺（Glamor）电解槽（为复极式电解槽）和 Hooker-Uhde 电解槽等。

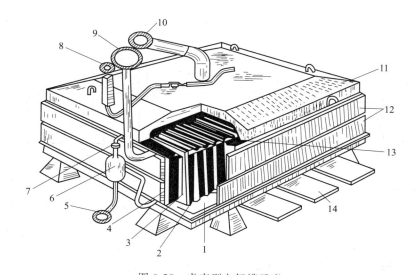

图 3-58 虎克型电解槽示意

1—槽底；2—阴极；3—阳极；4—阴极区；5—排碱管道；6—断电器；7—导氢导管；
8—盐水管道；9—氢收集管；10—氯收集管；11—槽盖；
12—阴极母线；13—外壳；14—阳极母线

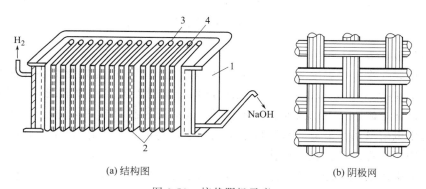

(a) 结构图   (b) 阴极网

图 3-59 梳状阴极示意

1—阴极室；2—梳子；3—阴极区；4—阳极区

（2）工艺流程

如图 3-60 所示，可分为盐水精制、电解、氯气和氢气处理、液氯、碱液蒸发以及固碱制造等工序。原盐有海盐、湖盐、井盐和矿盐 4 种。盐水精制包括化盐、精制、澄清、过滤、重饱和、预热、中和、盐泥洗涤等过程。化盐在化盐桶中进行。化盐用水从底部分布器进入，原盐从顶部连续加入，逆流接触，控制温度 50～60℃，停留时间大于 30min，粗饱和盐水从桶上部出口溢出。精制在精制反应器中进行，在加入的 $BaCl_2$、Na_2CO_3 以及回收盐水中带入的 NaOH 的作用下，粗盐水中的 SO_4^{2-}、Ca^{2+}、Mg^{2+} 等杂质生成 $BaSO_4$、$CaCO_3$ 和 $Mg(OH)_2$ 等沉淀。Na_2CO_3 和 NaOH 加入量应略大于反应理论需要量，$BaCl_2$ 的加入量以反应后盐水中 SO_4^{2-} 小于 5g/L 的标准加以控制。

利用电解槽来的氢气预热盐水，氢气冷却后，经氢气压缩机压缩、干燥后外送。预热盐水再经重饱和槽盐层制成精制饱和盐水，具体质量指标为：$\rho(NaCl)\geqslant315g/L$；$\rho(SO_4^{2-})\leqslant5g/L$；$\rho(Ca^{2+}+Mg^{2+})<8mg/L$；$pH=7.5\sim8.2$。进槽盐水如采用酸性盐水时，在 pH 值

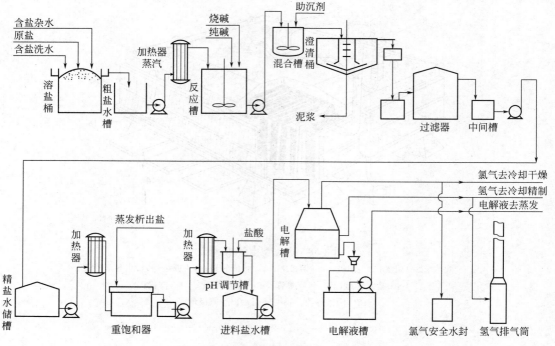

图 3-60　隔膜法电解制氯碱工艺流程

调节器中加盐酸调节 pH＝3～5。

　　电解槽精制盐水入口温度为 75～80℃，电解槽内因部分电能转化为热能而维持在 95℃左右。阳极室保持 20～30Pa 的负压，当系统能保持密封而氯气不致泄漏时，某些工厂也采用正压操作；除控制阳极室的液面高于隔膜外，还必须控制阴极室氢气压力，以免氢气渗漏入氯气，发生电解槽爆炸事故。从阴极上引出的氢气纯度一般可达 99%（干基），为防空气混入，氢气输送管道应保持正压操作。

　　由电解槽引出的氯气冷却后，用浓硫酸脱水干燥，然后压送往液氯工序或其他氯产品生产工序。为防止氯气外逸，设有氯气事故泄漏洗涤器。

　　由电解槽流出的稀碱液，含有大量 NaCl，在稀碱液蒸发浓缩工序中，NaCl 呈结晶析出，经过分离后制成盐泥浆供盐水重饱和使用。稀碱液经浓缩可制得 $w(\text{NaOH})=50\%$ 的液碱商品或桶碱、片碱和粒碱等固体烧碱商品。

　　由电解槽流出的稀碱液中含有 NaClO₃，它不仅影响产品质量，而且会腐蚀蒸发设备。脱除的方法是在稀碱液中加入联氨：

$$2\text{NaClO}_3+3\text{N}_2\text{H}_4 \longrightarrow 2\text{NaCl}+3\text{N}_2+6\text{H}_2\text{O} \tag{3-93}$$

　　联氨还是腐蚀抑制剂，在高温下可与碱液中的溶解氧结合，起到保护蒸发设备免受腐蚀的作用。

　　每吨固碱消耗 NaCl［以 $w(\text{NaOH})=100\%$ 计］约 1.5～1.6t，采用石墨作阳极时，石墨消耗 4～6kg；采用普通石棉隔膜时，消耗石棉 0.2kg。

　　隔膜法与离子膜法相比有以下缺点：

　　① 所得碱液稀，约 10%，需浓缩至 30% 或 50% 才能作商品出售，蒸汽消耗每吨产品达5t（以 30% 烧碱液计），而且产品含盐多，质量差；

② 电解槽电阻高，电流密度低（约 $0.2A/cm^2$），电流效率低，消耗的电能大；

③ 隔膜法存在石棉绒污染环境问题，需进行防治。

3.4.2.2　离子交换膜法工艺过程

离子交换膜法电解是一项崭新的电化学技术。该法于 20 世纪 50～60 年代着手开发研究，1966 年美国杜邦公司开发了化学稳定性较好的离子交换膜 Nafion 膜，接着日本旭硝子公司制成了 Flemion 全氟羧酸膜，实现了离子交换膜法电解的工业化生产，为离子膜法电解食盐水工业化奠定了基础。仅 10 来年时间，世界上就有 90 家氯碱厂应用了离子交换膜工艺技术，日产烧碱达万吨以上。至 1987 年日本的烧碱生产离子膜法就占到 71%。

（1）工艺原理

本法采用的阴极和阳极材料与隔膜法相同，只是用离子交换膜代替隔膜法的石棉（或改性）隔膜。离子交换膜具有很好的选择性，只有一价阳离子（Na^+，H_3O^+）能通过薄膜进入阴极室，在此放电产生 H_2 和 OH^-，而 OH^- 不能通过薄膜进入阳极室（膜两边 OH^- 的浓度差可达 $10mol/L$），阳极室仅将 Cl^- 还原为 Cl_2，Cl^- 和未分解的大部分 NaCl 不能通过薄膜进入阴极室，因此，精制食盐水进入阳极室经电解后，淡盐水仍由阳极室流出。离子交换膜法电解原理见图 3-61。

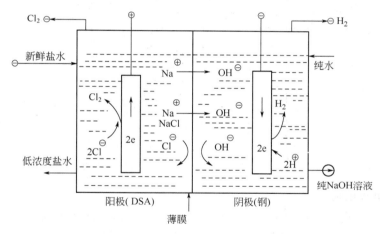

图 3-61　离子交换膜法电解槽的原理

（2）离子交换膜

该膜是四氟乙烯同具有离子交换基团的全氟乙烯基醚单体的共聚物。制成膜后，再用聚四氟乙烯织物增强。膜的溶胀度、机械强度、化学稳定性基本上符合工业生产要求，使用寿命在 2 年以上。离子交换基团有磺酸基团（$-SO_3H$）、羧酸基团（$-COOH$）、$-\overset{|}{\underset{|}{C}}-OOH$、磺酰胺基团（$-SO_2NHR$）和磷酸基团（$-PO_3H_2$）。已工业化的离子膜有全氟磺酸膜（如杜邦公司的 Nafion 膜、日本旭化成公司的旭化成全氟磺酸膜等）、全氟羧酸膜（如日本旭硝子公司的 Flemion 膜等）、全氟磺酰膜、全氟羧酸-磺酸复合膜（有用层压法制得的复合膜，如 Nafion901 膜，以及由用化学处理所得的复合膜，如旭化成公司生产的膜和日本德山曹达公司的 Nesepta-F 膜等）。

离子交换膜法电解时，当阴极室 NaOH 浓度提高时，OH^- 从阴极向阳极渗透的趋势加强，导致电流效率降低。例如用全氟磺酸膜时，当达到 $w(NaOH)=20\%$ 时，电流效率已降至 80% 以下。不同的膜，对阻止 OH^- 渗透的能力有所不同，如用乙二胺改性的全氟磺酸膜，$w(NaOH) = 28\% \sim 30\%$ 时，电流效率仍能保持在 90% 左右。全氟羧酸膜，当 $w(NaOH) = 40\%$ 时，电流效率为 90%；$w(NaOH) = 35\%$ 时，电流效率可达 96%。全氟羧酸-磺酸复合膜既有全氟羧酸膜阻止 OH^- 迁移性能好、电流效率高的优点，又具有全氟磺酸膜电阻小、化学性能稳定、氯气中氢含量少、膜使用寿命长等优点，因而是一种优良的离子交换膜。

离子交换膜的工作原理示意图如图 3-62 所示。由图可见，在膜的微孔中挂着磺酸基团，其上有可交换的 Na^+，阳极电解液（盐水）中有大量 Na^+，通过离子交换将磺酸基上的 Na^+ 交换下来，后者通过微孔，进入阴极电解液，而带负电的 Cl^- 和 OH^- 因受磺酸根基团的静电排斥作用，很难通过微孔。根据上面的叙述可知，若精制盐水中含有较多的多价阳离子（如 Ca^{2+}、Mg^{2+}、Al^{3+}、Fe^{3+} 等），由于它们很容易占有多个磺酸基团，增加了精制盐水中的 Na^+ 进行离子交换以及渗过膜微孔的难度。因此，在工业上常将食盐水做二次精制处理，以将多价阳离子脱除至允许含量以内。

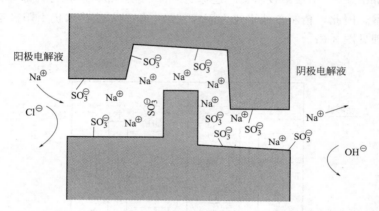

图 3-62　Na^+ 透过磺酸盐阳离子交换膜微孔的示意

（3）离子膜电解槽

图 3-63 示出了离子交换膜电解槽单槽结构。单槽由钢制框架 1 构成，阳极面内部用钛覆盖层 2。阳极由贴紧的电极基板（钛板）和外伸阳极 6 的钻孔钛板组成，后者用钛电流引片 5 与电极基板 4 相固定，电极基板 4 的另一面用爆炸法与钢板紧密接触后再焊接，其上面用钢制电流引片 8 固定外伸阴极 7，单槽借助支撑榫固定在电解槽上，电解槽是复极式压滤式结构，由 88 个单槽组成。所示结构由日本旭硝子化学公司设计，并在日本得到广泛应用。

（4）工艺流程

Flemion 离子交换膜法流程见图 3-64。分一次盐水精制、二次盐水精制、电解、碱液蒸发等工序。一次盐水精制同隔膜电解法，但从澄清出来的一次精制盐水还有一些悬浮物，它们会妨害二次盐水精制中螯合塔的正常操作（一般要求盐水中悬浮物小于 1mg/L），因此还需进入盐水过滤器，常用的过滤器有涂有助滤剂 α-纤维素的碳素管和聚丙烯管过滤器，以及叶片式过滤器。二次盐水精制在两台或三台串联的螯合树脂塔中进行。常用的螯合树脂有氨基磷酸型螯合树脂（如 Duolite ES467，能将 Ca^{2+} 脱至 $20\mu g/L$，脱除能力顺序为 $Mg^{2+} >$ $Ca^{2+} > Sr^{2+} > Ba^{2+}$）和亚氨基二乙酸型螯合树脂（如日本三菱化成工业株式会社生产的 CR-10 型）。此外，日本三井东压公司还开发成功 OC-1048 型阳离子交换树脂，可将 Ca^{2+} 脱除至 0.05mg/L 以下。

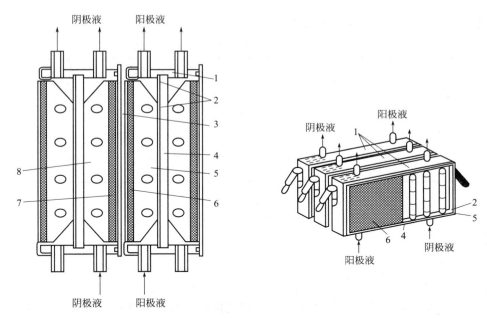

图 3-63 离子交换膜电解槽单槽示意

1—钢制框架；2—钛覆盖层；3—隔膜；4—电极基板；5—钛电流引片；

6—外伸阳极；7—外伸阴极；8—钢制电流引片

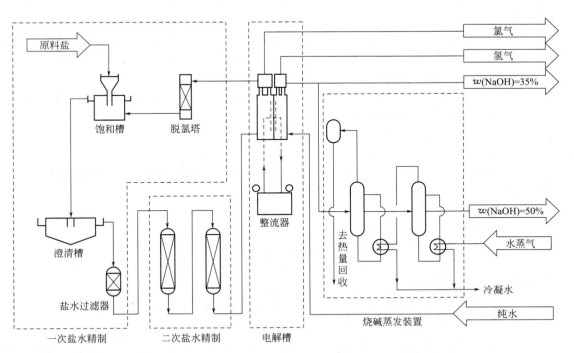

图 3-64 Flemion 离子交换膜法流程

3.4.2.3 技术经济指标比较

三种电解方法的技术经济指标见表 3-17。

表 3-17　三种电解方法的技术经济指标比较

项　　　目	隔膜法	水银法	离子膜法
投资/%	100	100~90	85~75
能耗/%	100	95~85	80~75
运转费用/%	100	105~100	95~85
烧碱质量			
$w(NaOH)$/%	10~12	50	32~35
5%碱中含盐/(mg/L)	10000	约30	约30
50%碱中含汞盐/(mg/L)	无	0.03	无

习 题

3-1　变换反应催化剂主要分成哪三类？各自的特点和主要适用场合是什么？

3-2　确定变换流程主要依据哪些因素？请举一实例加以说明。

3-3　变换反应如何实现尽量接近最适宜温度曲线操作？变换炉段间降温方式和可用的介质有哪些？

3-4　氨合成工艺条件主要有哪些（写出具体控制范围）？其中反应温度如何调节？

3-5　氨合成反应器特点是什么？

3-6　为什么氨合成塔要设计成外筒和内件分开这种基本结构？试比较冷管式与冷激式氨合成塔的主要不同。

3-7　在何种情况下有最佳温度曲线？合成氨中是如何实施使操作线接近最佳温度曲线的？

3-8　以煤为原料进行合成氨生产的工艺流程包括哪几个基本步骤？请画出方框图。

3-9　氨合成采用径向反应器有哪些好处？

3-10　请绘出前两段采取炉气冷激、后两段采用间接冷却的五段转化过程 t-x 示意图。

3-11　影响硫铁矿焙烧速度的因素有哪些？

3-12　硫酸生产有哪些原料？

3-13　为什么要对二氧化硫炉气进行干燥？

3-14　硫酸生产中哪些有害物质会对环境造成污染？如何防止和减少这些有害物质对环境的污染？

3-15　硫酸生产中哪些热能可以回收利用？如何综合利用？

3-16　导致离子膜性能下降的主要因素有哪些？

3-17　炉气中的有害杂质有哪些？如何除去这些杂质？

3-18　炉气干燥的原理是什么？如何选择干燥工艺条件？

3-19　什么是侯氏法制碱？其工艺过程有何特点？

3-20　过饱和度是怎样形成的？如何计算过饱和度？它有何实际意义？

3-21　氯碱工业中的氯是指什么？碱是指什么？

3-22　在用食盐水电解制氯气和烧碱的生产过程中，为什么要对盐水进行二次精制？如何精制？

3-23　什么是离子交换膜法电解？它具有哪些特点？

3-24　在离子交换膜法电解制烧碱中，为什么要对盐水进行二次精制？如何精制？

4

基本有机化工产品典型生产工艺

4.1　烃类裂解 / 117

4.2　选择性氧化 / 150

4.3　加氢与脱氢 / 170

4.4　烷基化 / 194

4.5　羰基化 / 199

4.6　氯化 / 210

学习目的及要求 >>

1. 掌握烃类热裂解反应的一般规律；学会用反应热力学和动力学的分析方法，得出有利于烃类热裂解制乙烯的工艺条件，即高温、低压和短停留时间；掌握原料烃组成对裂解结果的影响；管式裂解炉的主要炉型及其特点；热裂解工艺流程；裂解气中所含各种杂质的净化方法；深冷分离法的原理。了解裂解气压缩的目的；裂解气顺序分离流程；前加氢与后加氢工艺流程的优缺点。

2. 了解催化氧化反应的分类、特点及在化学工业中的应用；催化氧化反应的基本原理和催化剂的作用；掌握乙烯环氧化制环氧乙烷、乙烯络合催化氧化制乙醛、丙烯氨氧化制丙烯腈的基本原理、操作条件的选择和工艺流程。掌握气-液相反应器、气-固相反应器和流化床反应器的结构与性能。

3. 了解催化加氢和脱氢反应的特点、催化剂的选择等；掌握一氧化碳催化加氢合成甲醇反应的工艺流程和操作条件的选择；掌握乙苯催化脱氢制苯乙烯反应的基本原理、等温和绝热反应器的工艺流程；掌握径向反应器在气-固相反应中的应用。

4. 了解烷基化反应的特点、主要产品及在工业生产中的应用。

5. 了解羰基化反应的分类及特点。掌握甲醇低压羰基化制醋酸的工艺流程和操作条件的选择。

6. 了解氯化反应的分类、特点及在工业生产中的应用。掌握平衡型氧氯化法生产氯乙烯的基本原理，包括乙烯液相氯化反应、乙烯氧氯化反应和二氯乙烷裂解反应的工艺流程和操作条件的选择。

　　基本有机化工即基本有机化学工业，是利用天然气、石油、煤、农林副产品等天然资源，通过化学加工的方法，生产烃、醇、醚、醛、酮、羧酸、酯、烃的卤素衍生物等有机化合物产品的工业。其中烃主要指乙烯、丙烯、丁二烯、乙炔、苯、甲苯、二甲苯、乙苯、苯乙烯、萘等，基本有机化学工业是其他有机化学工业的基础。

　　某些基本有机化工产品具有独立用途，如乙酸乙酯、乙酸丁酯、苯、丙酮、氯仿、二氧环杂己烷等可以作溶剂；糠醛、苯、乙腈等可以作萃取剂；乙二醇可作抗冻剂；邻苯二甲酸二辛酯等可作增塑剂；二氯乙烷、六氯乙烷等可作农药。

　　基本有机化工产品更重要的用途是为高分子化学工业和有机精细化学工业提供原料。如环氧乙烷与醇、酚等缩合，可生产表面活性剂；烷基苯磺化，可生产合成洗涤剂；甲醛与苯酚缩聚，可生产酚醛树脂；乙烯、丙烯、氯乙烯、苯乙烯、甲醛等聚合，可生产相应的聚合物树脂，进一步制备多种塑料产品；丁二烯、氯丁二烯、苯乙烯等聚合，可生产合成橡胶；醋酸乙烯、丙烯腈等聚合，可生产合成纤维。

　　基本有机化工最早是以煤为原料生产电石，由电石生产乙炔发展起来的。乙炔可以生产多种基本有机化工产品，如乙醛、乙酸、丙酮、氯乙烯等。随着石油化工的发展，开始出现以石油和天然气为原料制取基本有机化工产品。20 世纪初，人们发现石油馏分经过高温裂解，其中碳链较长的烃类可以裂解生成大量的乙烯、丙烯以及相当数量的丁二烯、苯、甲苯、二甲苯等主要的基本有机化工产品，从而开辟了比从乙炔出发制取基本有机化工产品更多、更为先进的新原料技术路线。由于从石油、天然气制取烯烃、芳烃的方法比电石乙炔法简单，成本低廉，到 20 世纪 50 年代初期，以石油、天然气为原料的基本有机化工初具规模。就世界范围来说，有机化工产品的 75% 是以石油、天然气为原料生产的。乙烯是基本有机化工最重要的产品，它的发展带动着整个有机化工的发展。因此，乙烯产量往往作为一个国家基本有机化工发展水平的标志。自 20 世纪 70 年代起，先后在北京、上海、辽宁、大庆和天津等地建起一批生产乙烯、合成纤维、合成树脂、合成氨、尿素等大型石油化工装置以来，我国乙烯产量逐年增加，目前已成为仅次于美国的世界第二大乙烯生产国。

　　基本有机化工形成独立的工业部门，发展至今已有一百多年的历史，其生产特点主要体现在以下几方面。

　　① 企业规模大，产品品种多　以石油化工为核心的基本有机化工，具有生产装置流程长、设备大的特点。大型化使公用工程费用极大地降低，设备折旧费、操作费也随之降低，从而使成本大大降低。而且，规模达到一定大时，能量利用比较合理，联产物也便于综合利用。大型化有利于提高企业的经济效益。

　　基本有机化工产品种类繁多，主要包括甲烷、乙烯、丙烯、丁烯及丁二烯、乙炔、合成气和芳烃等 7 大系列产品。以乙烯装置为主要代表的有机化工，带动了烯烃系列各种产品的生产，使有机化学品如醇、醛、酮、酸、酯等产品增加，有利于发展壮大有机化工。

　　② 原料来源丰富，技术路线各异　基本有机化工的原料是以自然资源为基础。近年来随着石油化工的发展，以石油、天然气替代了煤为原料，占据了基本有机化工生产的主导地位。由于煤炭资源比石油资源丰富，因此以煤为原料的基本有机化工发展前景更广阔，潜力很大。

　　基本有机化工生产路线多，即可以用不同的原料以不同的生产方法制取同一产品，如乙醛可以由乙炔水合生产，也可以由乙烯氧化生产。又如氯乙烯的生产可采用电石乙炔法，也可采用二氯乙烷法，还可采用乙烯为原料的氧氯化法。这些生产方法所用原料、设备以及操作条件各不相同。而采用同一原料生产相同产品，则有不同的技术路线，应当通过综合的技术经济评价，并根据本地区的实际情况，尽可能地采用最新的工艺、最新的技术和最简便的工艺流程，如乙烯氯化和氧氯化都可以生产二氯乙烷。

　　③ 资源和能源的综合利用率高　生产过程中的各种原料、产物及副产物等，最大限度地做到物尽其用，有利于节约资源，提高原料的利用率。如烃类裂解生成的裂解气，经分离

后可以得到乙烯、丙烯、甲烷、氢、丁二烯、苯、乙苯等多种基本有机化工产品。乙烯可以生产环氧乙烷、乙二醇、聚乙烯、乙醛、醋酸、苯乙烯等。甲烷、氢可以生产甲醇、合成氨等，氨进而可以生产化肥。氨与丙烯可以合成丙烯腈，丙烯腈可以生产合成纤维。生产丙烯腈的副产物乙腈，可以作萃取剂，用于萃取蒸馏，分离丁二烯。丁二烯可以生产合成橡胶。苯乙烯可以生产合成树脂、塑料，也可以与丁二烯生产丁苯橡胶等。

有机化学反应大部分伴随着热效应，因而存在供热或移热问题。当前，有机化工企业正在向大型化、连续化、自动化、综合型的联合企业发展，大大提高了能源的综合利用率。随着现代化工的发展，能量消耗、余热回收已成为衡量企业经济效益的重要指标之一。

④ 广泛采用新工艺和新技术　基本有机化工发展的历史，就是新工艺、新技术不断发展、更新的历史。以石油为原料路线的有机化工产品品种繁多，新技术层出不穷。生产工艺的每次改革和变化，都使生产水平和技术水平大大提高一步。例如，丙烯腈较早的制法是通过乙炔路线，其副产物较多，精制比较麻烦，原料成本高；而丙烯氨氧化一步法比较优越，流程简单，投资低，可获得聚合级的单体。又如，烃类裂解炉从蓄热炉、砂子炉、浸没燃烧法到管式裂解炉，其技术发生了重大变化并取得了很大进展。

在基本有机化工生产中应用先进技术是多方面的，如广泛采用高效催化剂，提高反应效率；广泛采用现代化分析方法，快速而准确地测定复杂物料的组成；广泛采用计算机模拟控制系统、智能化仪表、自动化技术、高压高温或深冷技术等，提高生产效率、降低成本、改进产品质量。

⑤ 生产安全技术要求高　基本有机化工生产过程中所用的原料和生产的产品、副产品，绝大多数具有易燃、易爆、有毒、有腐蚀性的特点。一些气态物料一旦与空气混合，能形成爆炸性混合物，造成燃烧和爆炸的危险。为了避免和减少事故发生，在生产、储存、运输和使用过程中，必须采取严格而科学的安全技术措施，尤其是连续性的大型化工生产装置，为了充分发挥现代化工业生产的优越性，保证高效、经济地生产，就必须高度重视安全，确保装置长期、连续地安全运转。同时加强环境保护，防止污染，创造一个文明、安全的生产环境，对提高生产效率也是十分重要的。

4.1　烃类裂解

烃类裂解通常是指石油系烃类原料在隔绝空气和高温的条件下，烃类分子发生碳链断裂或脱氢反应，生成分子量较小的乙烯、丙烯等烯烃和烷烃，还联产丁二烯和芳烃等基本有机化工产品的反应过程。由于在裂解过程中加入了稀释剂水蒸气，因此也称为蒸汽裂解。乙烯、丙烯和丁二烯等低级烯烃分子中具有双键，因此化学性质活泼，能与许多物质发生加成、共聚或自聚等反应，生成一系列重要的产物，是有机化学工业的重要原料。自然界中不存在烯烃，工业上获取低级烯烃的主要方法就是将烃类裂解。

裂解原料按其常温常压下的物态可分为气态烃和液态烃两大类，一般采用轻油、柴油和重油等。随着科学技术的发展和裂解技术的改进，其发展趋势一方面是提高热强度，从而提高裂解温度和缩短停留时间，强化生产和能量的回收利用，提高乙烯收率；另一方面是裂解原料向重质化和多样化发展，以适应当今日益紧缺的石油资源的变化，提高经济效益。

石油烃裂解的主要任务是最大可能地生产乙烯，同时联产丙烯、丁二烯以及苯、甲苯、二甲苯等产品。裂解后的产物，不论是气态或液态产物都是多组分的混合物，为制得单一组分的主要产品，尚需净化与分离。一般分离后除乙烯、丙烯产品外的主要联产物与副产物如图 4-1 所示。图中裂解与裂解气净化分离的设备统称为乙烯装置，并以乙烯的年产量表示乙烯装置的生产能力。

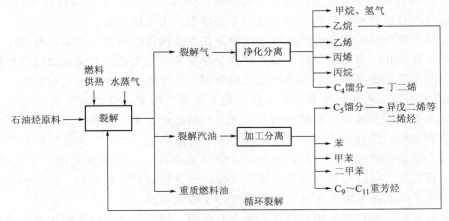

图 4-1　烃类裂解与分离

由石油化工原料合成的产品很多，如图 4-2～图 4-5 所示，有乙烯系列、丙烯系列、C₄烃系列，还有三苯系列和其他副产物的综合利用等。

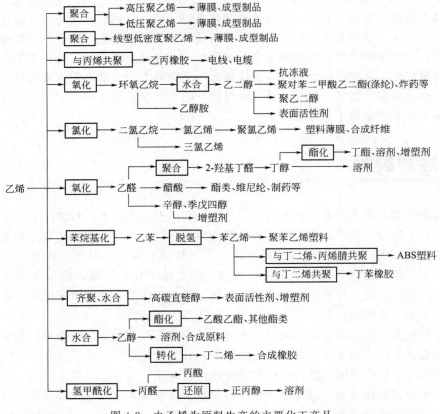

图 4-2　由乙烯为原料生产的主要化工产品

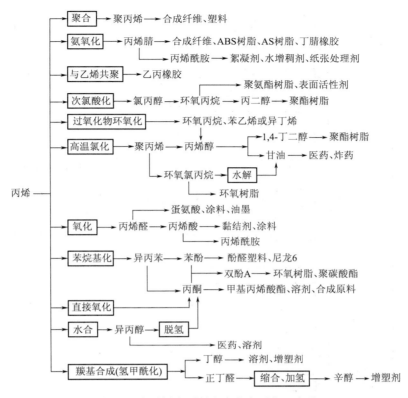

图 4-3　由丙烯为原料生产的主要化工产品

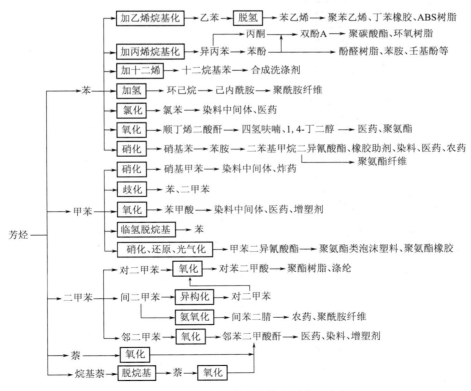

图 4-4　由芳烃为原料生产的主要化工产品

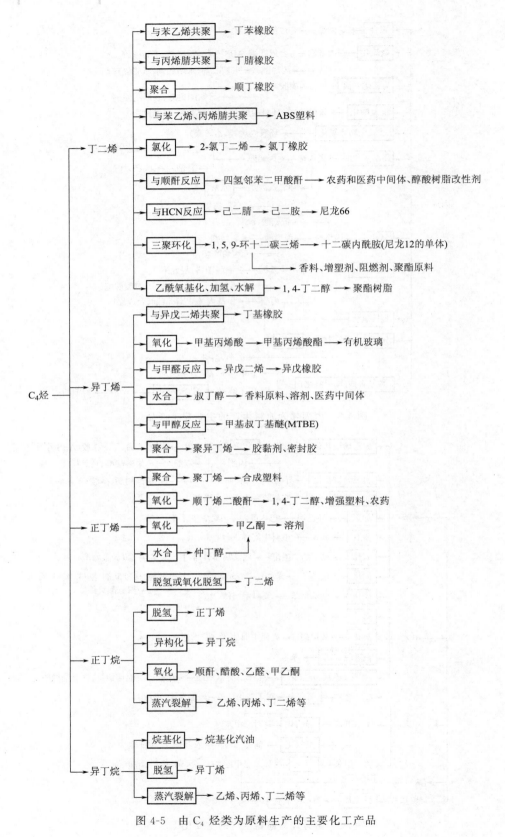

图 4-5　由 C₄ 烃类为原料生产的主要化工产品

4.1.1　烃类裂解的理论基础

4.1.1.1　烃类热裂解反应

烃类热裂解是极其复杂的反应过程，除得到烯烃和芳烃外，还有环烷烃、环烯烃、二烯烃、炔烃、沥青或炭黑等副产物生成。即使是单一组分裂解，例如乙烷热裂解的产物有氢、甲烷、乙烯、丙烷、丙烯、丁烯、丁二烯、芳烃和碳五以上组分，还含有未反应的乙烷。目前，已知烃类热裂解的化学反应有脱氢、断链、二烯合成、异构化、脱氢环化、脱烷基、叠合、歧化、聚合、脱氢交联和焦化等一系列十分复杂的反应，在裂解产物中已经鉴别出的化合物多达百种以上。烃类热裂解反应过程中的主要中间产物及其变化可用图 4-6 来概括说明。

在图 4-6 所示的反应变化过程中，从其反应先后顺序看，可以将它们分成两个阶段。第一阶段叫做一次反应，由原料根据自由基连锁反应机理，裂解生成氢、甲烷、乙烯和丙烯及含有 C_{n-1} 的烯烃（n 为原料中的碳原子数），这些都是生成目的产物的反应，在确定工艺条件时要保证有利于它们的进行。第二阶段进行的反应叫做二次反应，主要包括三类反应：由一次反应生成的烯烃进一步裂解；烯烃氢化及脱氢反应生成烷烃、双烯烃和炔烃；由多个分子缩合成为较大的稳定结构，如环烯烃或芳烃，甚至最后生成焦或炭。二次反应不仅消耗了原料，降低了烯烃收率，而且生成的焦或炭堵塞设备及管道，影响裂解操作的稳定性。因此，确定生产工艺条件要有利于促进一次反应的进行，抑制二次反应的发生，以确保最大程度获得乙烯、丙烯等目的产物。

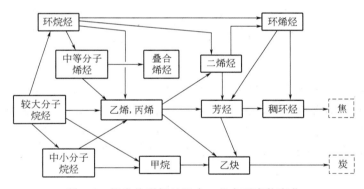

图 4-6　烃类热裂解过程中一些主要产物变化

烃类热裂解的一次反应与裂解原料有关，分别叙述如下。

① 烷烃热裂解　主要发生脱氢反应和断链反应。断链反应较脱氢反应更易进行，这是因为脱氢反应需要更多的能量。正构烷烃最利于生成乙烯、丙烯，分子量越小则生成烯烃的总收率越高。异构烷烃较同碳原子数的正构烷烃更易分解，烯烃总收率则低于正构烷烃，随着分子量的增大，这种差别逐渐减小。在高温高压下，断链反应多发生在烷烃碳链的端部，生成低分子烯烃和甲烷较多。甲烷是最稳定的烷烃，但是在高温和长停留时间的条件下，可分解为碳和氢，还可脱氢缩合生成乙烯、乙烷和乙炔；正构烷烃还可发生环化反应生成环烷烃，进一步脱氢生成芳烃。

脱氢反应　　　　　　$R-CH_2-CH_3 \rightleftharpoons R-CH=CH_2 + H_2$

断链反应　　　　　　$R-CH_2-CH_2-R' \rightleftharpoons R-CH=CH_2 + R'H$

② 烯烃热裂解　烯烃可断链或脱氢生成乙烯、丙烯或二烯烃、炔烃。在热裂解过程中，同时还可发生两个相同的烯烃分子生成两个不同的烃分子的歧化反应，及烯烃和烯烃合成为环烯烃、进一步脱氢生成芳烃的反应。此外，在高温下烯烃容易发生异构化反应，6 个或更多碳原子的烯烃易发生芳构化反应。烯烃裂解时可以由大分子变为小分子，但很多反应是使裂解目的产物变为副产物，降低了低分子烯烃的收率，因此应尽量避免这类反应。

脱氢反应　　　　　　　　　　　$C_nH_{2n} \rightleftharpoons C_nH_{2n-2} + H_2$

断链反应　　　　　　　　$C_{m+n}H_{2(m+n)} \rightleftharpoons C_mH_{2m} + C_nH_{2n}$

③ 环烷烃热裂解　油品中所含的环烷烃一般是带侧链的环戊烷和环己烷，在高沸点馏分中，含有带长侧链的稠环烷烃。在裂解过程中，环烷烃可发生开环分解反应，生成乙烯、丙烯、丁烯、丁二烯，也可发生脱氢反应，生成环烯烃和芳烃，脱氢生成芳烃的反应优先于断链生成烯烃的反应。带侧链的环烷烃裂解时，首先是侧链断裂，然后才进行开环和脱氢。多环烷烃裂解反应更为复杂，除具有单环烷烃所发生的反应外，还能发生开环脱氢，生成单环烯烃和单环芳烃。一般裂解原料中环烷烃含量增加，乙烯产率下降，丁二烯、芳烃产率增加。侧链烷基比烃环容易裂解，因此带长侧链环烷烃较无侧链环烷烃裂解的乙烯产率高。五碳环烷烃较六碳环烷烃难裂解。

环戊烷裂解

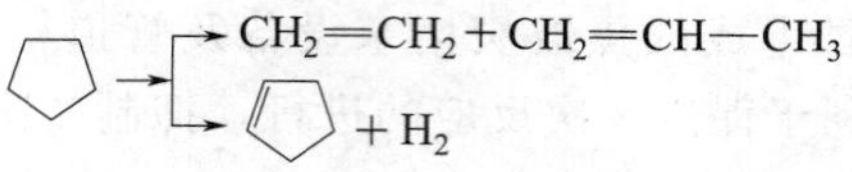

环己烷裂解

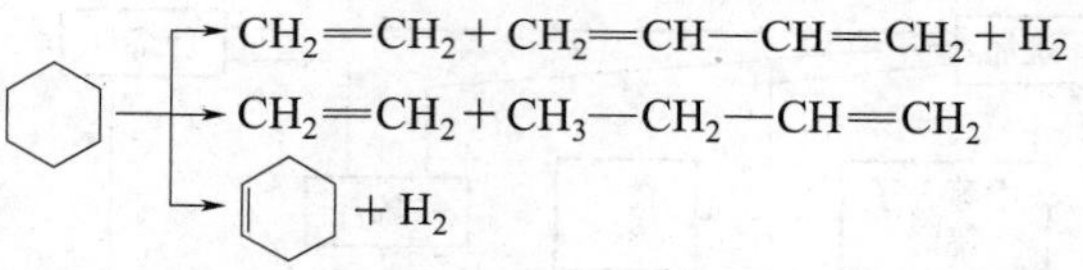

④ 芳烃热裂解　芳烃分子中苯环的热稳定性高，不易使芳环断裂。其裂解反应主要有两类：一是芳烃脱氢缩合反应生成联苯、稠环芳烃，最终生成分子量越来越大、氢含量越来越少的高分子物质，直至结焦；二是断侧链和侧链的脱氢反应，生成烯烃、烯基芳烃和芳烃。因此，芳烃含量高的油品不适合用作乙烯生产的裂解原料。

脱氢缩合

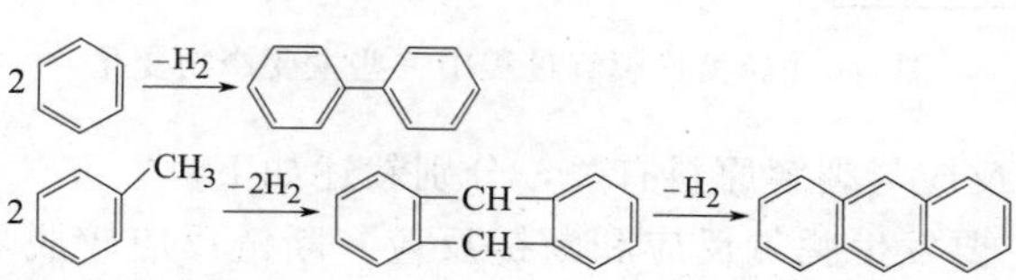

继续脱氢缩合生成焦油直至结焦。

断侧链反应

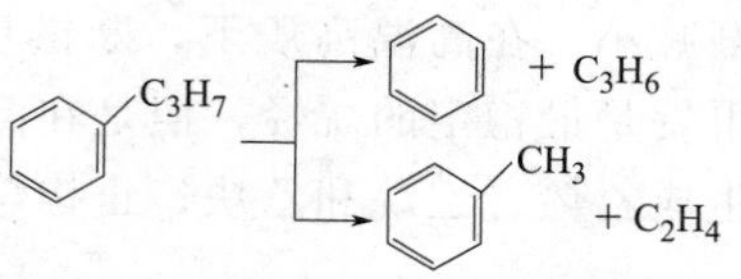

脱氢反应

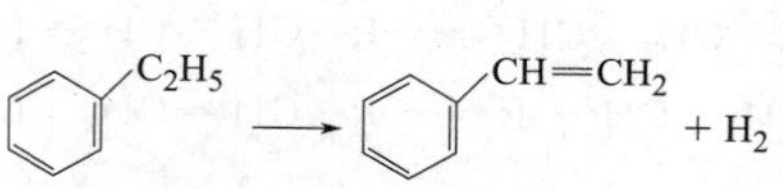

⑤ 烃类的生炭结焦过程　烃类经高温裂解反应，可逐步脱氢最终生成炭稠合物，此过程一般称为"生炭"，即炭化过程。当生成的炭稠合物中含碳量约为 95% 以上，并含有少量氢时，一般称为"结焦"，即焦化过程。生炭结焦反应属于二次反应。一般认为生炭结焦的途径有两个：由一次反应得到的乙烯，在 700～1000℃ 高温下，继续脱氢经乙炔可生成炭；其次是各种烃类裂解时都可能生成芳烃，芳烃经多次脱氢，最终生炭结焦。采用不同的原料，在裂解过程中生炭结焦的途径有所不同，但是，高温和长停留时间是影响结焦的主要因素。

4.1.1.2　烃类热裂解反应机理和动力学

裂解过程的反应机理，就是在高温条件下原料烃进行裂解反应的具体历程。烃类热裂解反应属于自由基反应机理。所谓自由基就是一种具有未成对电子的原子或原子基团，它具有很高的化学活性。在通常条件下，自由基都是反应的中间产物，不能稳定存在，很容易与其他自由基或分子进行反应。任何一个自由基链反应，都由链引发、链传递和链终止三个基本阶段构成。下面以乙烷为例讨论烃类裂解反应机理。

链引发 　　$C_2H_6 \rightleftharpoons 2\dot{C}H_3$　　　　　　　　　　　　　　　　(4-1)

链传递 　　$\dot{C}H_3 + C_2H_6 \rightleftharpoons \dot{C}H_2-CH_3 + CH_4$　　　　　　(4-2)

　　　　　　$\dot{C}H_2-CH_3 \rightleftharpoons C_2H_4 + \dot{H}$　　　　　　　　　　(4-3)

　　　　　　$\dot{H} + C_2H_6 \rightleftharpoons H_2 + \dot{C}H_2-CH_3$　　　　　　　(4-4)

链终止 　　$2\dot{C}H_3 \rightleftharpoons C_2H_6$　　　　　　　　　　　　　　　(4-5)

　　　　　　$\dot{C}H_3 + \dot{C}_2H_5 \rightleftharpoons C_3H_8$　　　　　　　　　　　(4-6)

　　　　　　$2\dot{C}H_2-CH_3 \rightleftharpoons C_4H_{10}$　　　　　　　　　　　(4-7)

自由基反应三个过程的特点如下。

① 链引发　这是裂解反应的开始，在此阶段需要断裂分子中的化学键，它所要求的活化能与断裂化学键所需能量是同一数量级。裂解是靠热能引发的，因而高温有利于反应系统有较高浓度的自由基，使整个自由基链反应的速率加快。乙烷链引发主要是断裂 C—C 键生成自由基 $\dot{C}H_3$，因为需要更多能量，所以 C—H 键的引发较小。

② 链传递　又称链增长，是一种自由基转化为另一种自由基的过程。从性质上可分为两种反应，即自由基的分解反应和自由基的夺氢反应。这两种链传递反应的活化能都比链引发的活化能小，是生成烯烃的反应，可以影响裂解反应的转化率和生成小分子烯烃的收率。

③ 链终止　是自由基之间相互结合生成分子的反应，反应的活化能为零。

在乙烷裂解时，若链反应不受阻，则所有乙烷最终全部生成乙烯和氢气。实际上由于自由基的活泼性，使其互相碰撞结合为正常分子造成链终止。此时，整个反应再从"链引发"重新开始一个新的链反应。烯烃、环烷烃、芳烃也是按自由基链反应机理方式进行裂解反应的。

烃类裂解的一次反应基本符合一级反应动力学规律，其速率方程式为

$$r = \frac{-dc}{dt} = kc$$

式中，r 为反应物的消失速率，mol/(L·s)；c 为反应物浓度，mol/L；t 为反应时间，s；k 为反应速率常数，s^{-1}。

当反应物浓度由 $c_0 \rightarrow c$，反应时间由 $0 \rightarrow t$，将上式积分可得

$$\ln \frac{c_0}{c} = kt$$

以 x 表示转化率时，因裂解反应是分子数增加的反应，故反应物浓度可表示为

$$c = \frac{c_0(1-x)}{\alpha_V}$$

式中，α_V 为体积增大率，它随转化率的变化而变化。

由此，可将上列积分式表示为

$$\ln \frac{\alpha_V}{1-x} = kt$$

已知反应速率常数随温度的变化关系式为

$$\lg k = \lg A - \frac{E}{2.303RT}$$

根据已知 α_V 和反应速率常数 k，则可求出转化率 x。

某些低分子量烷烃及烯烃裂解反应的 A 和 E 值见表 4-1。已知反应温度，查出此表中相应的 A 和 E 值，就能算出给定温度下的 k 值。

表 4-1　几种气态烃裂解反应的 A 和 E 值

化合物	$\lg A$	$E/(\text{J/mol})$	$E/(2.303R)$
C_2H_6	14.6737	302290	15800
C_3H_6	13.8334	281050	14700
C_3H_8	12.6160	249840	13050
$i\text{-}C_4H_{10}$	12.3173	239500	12500
$n\text{-}C_4H_{10}$	12.2545	233680	12300
$n\text{-}C_5H_{12}$	12.5479	231650	12120

为了求取 C_6 以上烷烃和环烷烃的反应速率常数，常将其与正戊烷的反应速率常数关联起来：

$$\lg\left(\frac{k_i}{k_5}\right) = 1.5\lg n_i - 1.05$$

式中，k_5 为正戊烷的反应速率常数，s^{-1}；n_i、k_i 分别为待测烃的碳原子数和反应速率常数。

也可用图 4-7 进行估算 C_6 以上烃类裂解反应速率常数。

烃类热裂解过程除了一次反应外还伴随着大量的二次反应。烃类热裂解的二次反应动力学是相当复杂的。据研究，二次反应中烯烃的裂解、脱氢和生炭等反应都是一级反应，而聚合、缩合、结焦等反应都是大于一级的反应，二次反应动力学的建立仍需做大量的研究工作。

动力学方程的用途之一是可以用来计算原料在不同裂解工艺条件下裂解过程的转化率变化，但不能确定裂解产物的组成。

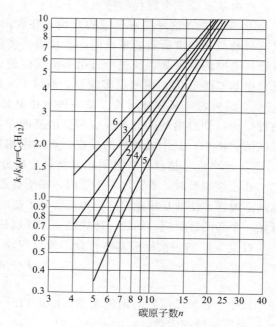

图 4-7　碳氢化合物相对于正戊烷的
反应速率常数曲线

1—正烷烃；2—异构烷烃，一个甲基连在第二个碳原子上；

3—异构烷烃，两个甲基连在两个碳原子上；

4—烷基环己烷；5—烷基环戊烷；6—正构伯单烯烃

4.1.2　烃类裂解的工艺操作条件

4.1.2.1　裂解原料

裂解原料大致可分为两大类：气态烃，如天然气、石油伴生气和炼厂气；液态烃，如轻油（即汽油）、煤油、柴油、原油闪蒸油馏分、原油和重油等。

气态原料价格便宜，裂解工艺简单，烯烃收率高，特别是乙烷-丙烷是优良的裂解原料。但是，气态原料特别是炼厂气，数量有限，组成不稳，运输不便，建厂地点受炼厂的限制，而且不能得到更多的联产品。因此，除充分利用气态烃原料外，还必须大量利用液态烃。液态原料资源多，便于输送和储存，可根据具体条件选定裂解方法和建厂规模。虽然乙烯收率比气态原料低，但能获得较多的丙烯、丁烯及芳烃等联产品。因此液态烃特别是轻油是目前世界上广泛使用的裂解原料。表 4-2 列出了不同原料在管式炉内裂解的产物分布。表 4-3 列出了生产 1t 乙烯所需原料量及联产副产物量。

表 4-2　不同原料裂解的主要产物收率　　单位：%

裂解原料	乙烯	丙烯	丁二烯	混合芳烃	其他
乙烷	84.0	1.4	1.4	0.4	12.8
丙烷	44.0	15.6	3.4	2.8	34.2
正丁烷	44.4	17.3	4.0	3.4	30.9
轻石脑油	40.3	15.8	4.9	4.8	34.2
全沸程石脑油	31.7	13.0	4.7	13.7	36.9
抽余油	32.9	15.0	5.3	11.0	35.8
轻柴油	28.3	13.5	4.8	10.0	42.5
重柴油	25.0	12.4	4.8	11.2	46.6

表 4-3　生产 1t 乙烯所需原料量及联产副产物量

指　　标	乙烷	丙烷	石脑油	轻柴油
需原料量/t	1.3	2.38	3.18	3.79
联产品量/t	0.2995	1.38	2.60	2.79
其中				
m(丙烯)/t	0.0374	0.386	0.47	0.538
m(丁二烯)/t	0.0176	0.075	0.119	0.148
m(三苯)/t	—	0.095	0.49	0.50

烃类裂解所得产品收率与裂解原料的性质密切相关。而对相同裂解原料而言，裂解所得产品收率取决于裂解过程的工艺参数。

4.1.2.2　裂解温度

裂解过程是非等温过程，反应管进口处物料温度最低，出口处温度最高，由于测定方便，一般均以裂解炉反应管出口处物料温度表示裂解温度。

实际生产中所用原料多为石油的某个馏分，裂解温度对烯烃收率的影响如图 4-8 所示，不同原料在相同温度下进行裂解反应时，烯烃总收率相差很大。这表明必须根据所用原料的特性，采用适宜于原料裂解反应的温度才能得到最佳的烯烃收率。同时还必须注意产品的分布。例如，提高温度有利于烷烃生成乙烯，而丙烯及丙烯以上较大分子的单烯烃收率有可能下降，氢气、甲烷、炔烃、双烯烃和芳烃等将会增加。因此，需要对产品的要求做综合全面的考虑，选择最佳的操作温度。

从自由基反应机理分析，温度对一次反应产物分布的影响是通过各种链式反应相对量实现的，提高裂解温度可增大链引发速率，产生的自由基增多，有利于提高一次反应所得的乙烯和丙烯的收率。

从热力学分析，裂解是吸热反应，需要在高温下才能进行。温度越高对生成乙烯、丙烯越有利，对烃类分解成碳和氢的副反应则更有利，即二次反应在热力学上占优势。因此，裂解生成烯烃的反应必须控制在一定的裂解深度范围内。所以，单纯从热力学上分析还不能确定反应的适宜温度。

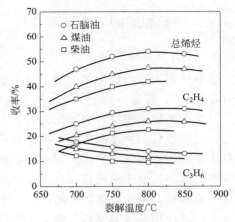

图 4-8 裂解温度对烯烃收率的影响

从动力学分析，因为二次反应的活化能比一次反应的活化能小，所以提高温度，石油烃裂解生成乙烯的反应速率的提高大于烃分解为碳和氢的反应速率，即有利于提高一次反应对二次反应的相对速率，但同时也提高了二次反应的绝对速率。因此，应选择一个最适宜的裂解温度，控制适宜的反应时间，发挥一次反应在动力学上的优势，而克服二次反应在热力学上的优势，既可提高转化率，又可得到较高的乙烯收率。

4.1.2.3 裂解压力

烃类裂解反应的一次反应是体积增大、反应后分子数增加的反应，聚合、缩合、结焦等二次反应是分子数减少的反应。从热力学分析，降低反应压力有利于提高一次反应的平衡转化率，不利于二次反应进行。表 4-4 列出了乙烷分压对裂解反应的影响，在反应温度与停留时间相同时，乙烷转化率和乙烯收率随乙烷分压升高而下降，所以降低压力有利于抑制二次反应。

表 4-4 乙烷分压对裂解反应的影响

反应温度/K	停留时间/s	乙烷分压/kPa	乙烷转化率/%	乙烯收率/%
1073	0.5	49.04	60	75
1073	0.5	98.07	30	70

从化学动力学分析，烃类热裂解反应的一次反应大多是一级反应，而二次反应大多是高于一级的反应。压力并不能改变反应速率常数，但可通过浓度影响反应速率。当压力减小时，相当于反应物的浓度变小，可以增大一次反应对二次反应的相对速率，有利于提高乙烯收率，减少结焦，增加裂解炉的运转周期。由上可见，降低裂解反应压力无论从热力学或动力学分析，对一次反应是有利的，且能抑制二次反应。

烃类裂解是在高温条件下进行，若采用负压操作，容易因密封不好而渗漏空气，引起爆炸事故。同时还会多消耗能源，对后序分离过程中的压缩操作不利。为此，通常在不降低系统总压的条件下，在裂解气中添加稀释剂以降低烃分压。稀释剂可以是惰性气体或水蒸气，一般都采用水蒸气，它除了具有稳定、无毒、廉价、易得、安全等特点外，还具有以下优点：

① 水蒸气分子量小，降低烃类分压作用显著；

② 水蒸气热容大，有利于反应区内温度的均匀分布；

③ 水蒸气易从裂解产物中分离，不会影响裂解气的质量；

④ 水蒸气可以抑制原料中的硫化物对裂解管的腐蚀作用；

⑤ 水蒸气在高温下能与裂解管中的积炭或焦发生氧化作用，有利于减少结焦、延长炉管使用寿命；

⑥ 水蒸气对炉管金属表面有钝化作用，可减缓炉管金属内的镍、铁等对烃类分解生炭反应的催化作用，抑制结焦速度。

水蒸气用量以稀释比表示，即以水蒸气与烃类的质量比表示。稀释比的确定主要受裂解原料性质、裂解深度、产品分布、炉管出口总压力、裂解炉特性以及裂解炉后急冷系统处理能力的影响。当采用易结焦的重质原料时，水蒸气量要加大。对较轻原料则可适当减少。水蒸气作为稀释剂在丙烷裂解过程中的作用可见图4-9。各种原料裂解的水蒸气稀释比列于表4-5。

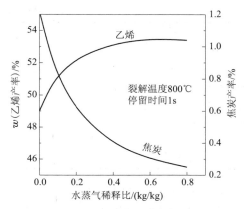

图 4-9 丙烷裂解水蒸气稀释比对乙烯收率和焦炭产率的影响

表 4-5 不同裂解原料的水蒸气稀释比（管式炉裂解）

裂解原料	原料含氢量(质量分数)/%	结焦难易程度	水蒸气稀释比/(kg/kg)
乙烷	20	较不易	0.25~0.4
丙烷	18.5	较不易	0.3~0.5
石脑油	14.16	较易	0.5~0.8
轻柴油	约13.6	很易	0.75~1.0
原油	约13.0	极易	3.5~5.0

4.1.2.4 停留时间

裂解反应的停留时间是指从原料进入辐射段开始，到离开辐射段所经历的时间，即裂解原料在反应高温区内停留的时间。停留时间是影响裂解反应选择性、烯烃收率和结焦生炭的主要因素，并且与裂解温度有密切关系。从动力学看，二次反应是连串副反应，裂解温度越高，允许停留的时间则越短；反之，停留时间可以相应长一些，目的是以此控制二次反应，让裂解反应停留在适宜的裂解深度上。因此，在相同裂解深度之下可以有各种不同的温度-停留时间组合，所得产品收率也会有所不同。由图4-10粗柴油裂解温度和停留时间的关系可见，温度和停留时间对乙烯和丙烯的收率有较大的影响。在

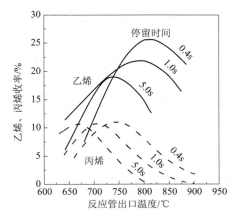

图 4-10 温度和停留时间对粗柴油裂解的影响

同一停留时间下，乙烯和丙烯的收率曲线随温度的升高都有个最大值，超过最大值后继续升温，因二次反应的影响其收率都会下降。而在高裂解温度下，乙烯和丙烯的收率均随停留时间缩短而增加。

由表 4-6 裂解温度与停留时间对石脑油裂解结果的影响可见，裂解温度高，停留时间短，相应的乙烯收率提高，但丙烯收率下降。

表 4-6　石脑油裂解温度与停留时间对裂解产物的影响

实验条件及产物产率	实验 1	实验 2	实验 3	实验 4
停留时间/s	0.7	0.5	0.45	0.4
w(水蒸气)/w(石脑油)	0.6	0.6	0.6	0.6
出口温度/℃	760.0	810.0	850.0	860.0
乙烯收率/%	24.0	26.0	29.0	30.0
丙烯收率/%	20.0	17.0	16.0	15.0
w(裂解汽油)/%	24.0	24.0	21.0	19.0
汽油中 w(芳烃)/%	47.0	57.0	64.0	69.0

综上所述，对给定的裂解原料，管式裂解炉辐射盘管的最佳设计就是在保证合适的裂解深度条件下，力求达到高温-短停留时间-低烃分压的最佳组合，由此获得最理想的裂解产品收率分布，并保证合理的清焦周期。但是，提高裂解温度不能超过反应管材质所耐高温的限度。随着裂解管材质的改进，允许裂解温度从 20 世纪 50 年代只能达到 750℃提高到目前的 900℃，乙烯收率可从 20%左右提高到 30%。

4.1.3　烃类裂解的流程与装备

烃类裂解的方法很多，依照传热方式不同，可分为管式炉裂解法、固体热载体裂解法、液体热载体裂解法、气体热载体裂解法和部分氧化裂解法等。在各种裂解法中，以管式炉裂解法技术最为成熟，应用最广泛，并处于不断改进中。据统计，用管式炉裂解法生产的乙烯占世界乙烯产量的 99%以上。下面重点介绍广泛采用的管式炉裂解法。

4.1.3.1　裂解工艺

裂解条件和工艺过程随裂解原料不同而有所差异，即使采用同一种裂解原料，各种方法的裂解工艺过程也有所不同，但基本上是由裂解反应、裂解产物的急冷和裂解产物的冷凝回收三部分组成。图 4-11 所示是轻柴油裂解装置工艺流程。

原料油从储罐 1 经预热器 3 和 4 与过热的急冷水和急冷油热交换后进入裂解炉的预热段。预热过的原料油进入对流段初步预热后与稀释水蒸气混合，再进入裂解炉第二预热段预热到初始裂解反应温度 540℃左右，然后进入裂解炉的辐射段继续加热至 700~800℃，进行裂解反应。停留时间约为 0.3~0.8s。炉管出口的高温裂解气通过急冷换热器 6 终止裂解反应，同时产生 11MPa 左右的高压水蒸气。为防止急冷换热器的结焦堵塞，此换热器出口温度控制在 370~500℃。产生的高压蒸汽进裂解炉预热段过热，再送入水蒸气过热炉（图中未绘出）过热至 447℃后并入管网，用于驱动裂解气压缩机和制冷压缩机。

急冷后的裂解气进入油急冷器 8 用急冷油直接喷淋冷却，然后与急冷油一起进入油洗塔（汽油初分馏塔）9。塔顶出来的裂解气为氢、气态烃和裂解汽油以及稀释水蒸气和酸性气体。裂解轻柴油从油洗塔 9 的侧线采出，经汽提塔 13 脱除其中的轻组分后，作为裂解轻柴油产品，因它含有大量烷基萘，是制萘的好原料，常称为制萘馏分。油洗塔塔釜采出重质燃料油，经汽提除去轻组分后，大部分用作循环急冷油。

裂解气在油洗塔 9 中脱除重质燃料油和裂解轻柴油后，由塔顶采出进入水洗塔 17，在塔顶和中段用急冷水喷淋冷却裂解气，其中一部分的稀释水蒸气和裂化汽油被冷凝。冷凝的

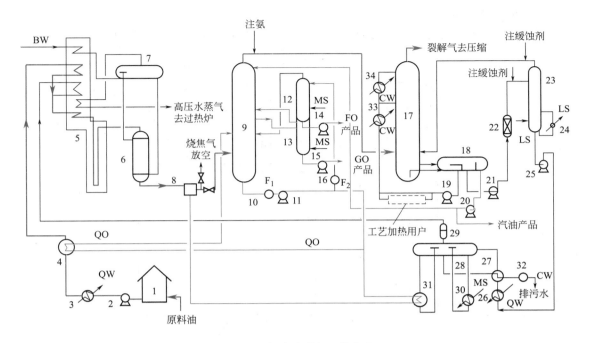

图 4-11 轻柴油裂解工艺流程

1—原料油储罐；2—原料油泵；3，4—原料油预热器；5—裂解炉；6—急冷换热器；7—汽包；8—油急冷器；
9—油洗塔；10—急冷油过滤器；11—急冷油循环泵；12—燃料油汽提塔；13—裂解轻柴油汽提塔；
14—燃料油输送泵；15—裂解轻柴油输送泵；16—燃料油过滤器；17—水洗塔；18—油水分离器；
19—急冷水循环泵；20—汽油回流泵；21—工艺水泵；22—工艺水过滤器；23—工艺水汽提塔；
24—再沸器；25—稀释水蒸气发生器给水泵；26，27—预热器；28—稀释水蒸气发生器汽包；
29—分离器；30—中压水蒸气加热器；31—急冷油换热器；32—排污水冷却器；
33，34—急冷水冷却器；QW—急冷水；CW—冷却水；MS—中压水蒸气；
LS—低压水蒸气；QO—急冷油；BW—锅炉给水；GO—轻柴油；FO—燃料油

油水混合物由塔釜引至油水分离器 18，分离出的水循环使用，而裂化汽油除了由汽油回流泵 20 送至油洗塔 9 作为塔顶回流而循环使用之外，还有一部分作为产品送出。

经脱除绝大部分水蒸气和少部分汽油的裂解气，温度约为 40℃，送至分离装置的压缩工序。

4.1.3.2 管式裂解炉

目前国内外广泛采用的是管式裂解炉，这是一种外部加热的管式反应器，由炉体和裂解炉管两大部分组成。炉体用钢构件和耐火材料砌筑，分为对流段和辐射段，原料预热管和蒸汽加热管安装在对流段内，裂解炉管布置在辐射段内。在辐射段的炉侧壁和炉顶或炉底，安装一定数量的燃料烧嘴。由于裂解管布置方式和烧嘴安装位置不同及燃烧方式的不同，因此管式裂解炉的炉型有多种。具有代表性的裂解炉型有：美国鲁姆斯（Lummus）公司开发的短停留时间 SRT 型裂解炉，美国斯通-韦勃斯特（S&W）超选择性 USC 型裂解炉，美国凯洛格（Kellogg）公司开发的 MSF 毫秒型裂解炉，日本三菱公司的 M-TCF 型倒梯台炉等十几种。尽管各种炉型外观结构各具特色，但其共同点都是按高温、短停留时间、低烃分压的裂解原理进行设计制造的。

(1) SRT 型裂解炉

图 4-12 所示是 Lummus 公司的 SRT（short residence time）型裂解炉构型。

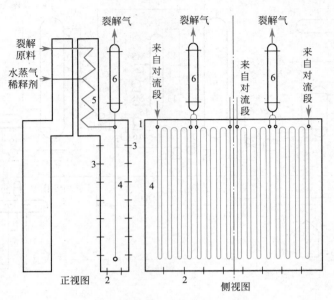

图 4-12　SRT-Ⅰ型竖管裂解炉示意
1—炉体；2—油气联合烧嘴；3—气体无焰烧嘴；4—辐射段炉管；5—对流段炉管；6—急冷锅炉

　　一个裂解炉由 4 组裂解管组成，可以用气态烃和轻质液态烃做原料，裂解温度 800～900℃，停留时间越短，所需裂解温度越高。SRT-Ⅰ型裂解炉采用多程等径辐射盘管，从 SRT-Ⅱ型裂解炉开始，SRT 型裂解炉均采用分支变管径辐射盘管，随着炉型的改进，辐射盘管的程数逐步减少。其Ⅳ、Ⅴ、Ⅵ型裂解炉均采用双程分支变径管。由于裂解反应是体积增大的反应，辐射炉管径采用先细后粗，小管径有利于强化传热，使原料迅速升温，缩短停留时间。管列后部管径变粗，有利于减小阻力降，降低烃分压，减少二次反应。在相同质量流速下，辐射炉管越短压降越小；停留时间越短，乙烯收率越高。SRT 裂解炉已由 SRT-Ⅰ发展到 SRT-Ⅵ，Lummus 公司正在开发 SRT-Ⅹ型裂解炉，采用模拟化方法来确定 SRT-Ⅹ型炉的工艺条件及控制裂解炉的操作。SRT 炉成功开发了以入口侧强烈加热来缩短高温侧停留时间的分支炉管技术，以及减少出口侧压头损失为目的的异型管技术。SRT-Ⅴ型炉还在辐射管第一程直接采用了变径管，管内安装纵向传热用翅片，大大增加了炉管对物料的传热面积，使管内温度更接近理想的温度分布，有利于物料迅速裂解，加快一次反应速率，提高了烯烃的选择性。相应的出口侧炉管温度比 SRT-Ⅳ型低，减少二次反应和结炭，运转周期比 SRT-Ⅳ型更长。通过上述一系列技术改造，反应停留时间由 SRT-Ⅰ的 0.6～0.7s 缩短至 SRT-Ⅴ的 0.21～0.3s。表 4-7 为 SRT-Ⅰ、Ⅱ、Ⅲ、Ⅳ型裂解炉工艺参数。从表中看出，SRT 型裂解炉每经过一次改型，都使乙烯收率提高 1%～2%。

(2) 超选择性 USC 型裂解炉

　　S&W 公司开发的超选择性 USC 型裂解炉，采用了 USX 单套式和 TLX 管壳式急冷器，双级串联使用。USX 是第一级急冷，TLX 是第二级急冷，构成三位一体的裂解系统，其裂解炉结构剖面图如图 4-13 所示。S&W 公司认为，在低烃分压的条件下停留时间对裂解选择性的影响远比烃分压的影响显著。停留时间与质量流速成反比，与辐射盘管长度成正比。由于质量流速的提高受阻力降的限制，因此，缩短停留时间最有效的途径就是缩短辐射盘管的长度。在给定的裂解深度和质量流速下，只有通过缩小辐射管直径，增加表面热强度才能达到此目的。辐射盘管直径缩小，在相同的生产能力下，意味着辐射盘管的数量要增加。辐射盘管有 W 型和 U 型两种，与 SRT 型炉不同，它们均为不分支变径管。每台 USC 型炉有 16 组、24 组或 32 组管，每组 4 根，成 W 型，4 程 4 次变径，直径依次为 63.5mm、69.9mm、76.2mm、82.9mm，管长 43.9m，停留时间 0.35s；U 型辐射盘管为 2 程 2 次变径，直径依次为 51mm、63.5mm，管长 26.9m，停留时间 0.2～0.25s。USC 型裂解炉原料为乙烷到柴油之间的各种烃类，用轻柴油作裂解原料可以 100 天不停炉清焦，乙烯收率 27.7％，丙烯收率 13.65％。

表 4-7　SRT 型炉管排布及工艺参数

炉　型	SRT-Ⅰ	SRT-Ⅱ（HC）	SRT-Ⅲ	SRT-Ⅳ
炉管排布型式	1P　　8～10P	1P 2P 3～6P	1P 2P 3P 4P	1P　2P 3～4P
炉管外径（内径）/mm	127	1P:89(63) 2P:114(95) 3～6P:168(152)	1P:89(64) 2P:114(89) 3～4P:178(146)	1P:70 2P:103 3～4P:89
炉管长度/(m/组)	73.2	60.6	48.8	38.9
炉管材质	HK-40	HK-40	HK-40,HP-40	HP-40
适用原料	乙烷-石脑油	乙烷-轻柴油	乙烷-减压柴油	轻柴油
管壁温度（初期～末期）/℃	945～1040	980～1040	1015～1100	约 1115
每台炉管组数	4	4	4	4
对流段换热管组数	3	3	4	4
停留时间/s	0.6～0.7	0.475	0.431～0.37	0.35
乙烯收率（质量分数）/%	27（石脑油）	23（轻柴油）	23.25～24.5（轻柴油）	27.5～28（轻柴油）
炉子热效率/%	87	87～91	92～93.3	93.5～94

注：1. P，程，炉管内物料走向，一个方向为 1 程，如 3P，指第 3 程。

2. HC，代表高生产能力炉。

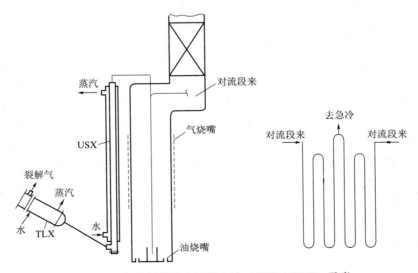

图 4-13　超选择性炉和两段急冷（USX＋TLX）示意

（3）MSF 毫秒型裂解炉

MSF 毫秒型裂解炉是 Kellogg 公司 1978 年开发成功的。裂解炉系统见图 4-14，其特点是辐射管为单程直管，管内径为 24～28mm，管长为 10～13m，热通量大，物料在炉管内停留时间可缩短到 0.045～0.1s，是普通裂解炉停留时间的 1/4～1/6，因此，MSF 炉又称为超短停留时间炉。此炉炉管的排列结构满足了裂解条件的要求，达到了高温、短停留时间和低烃分压，乙烯收率比其他炉型高。以石脑油为原料时，裂解温度为 800～900℃，乙烯单程收率可达到 32%～35%。

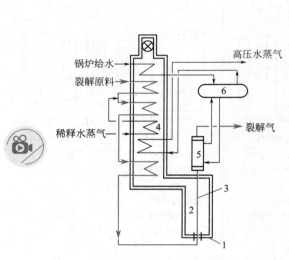

图 4-14 毫秒型裂解炉示意
1—烧嘴；2—辐射段；3—裂解炉管；
4—对流段；5—急冷换热器；6—汽包

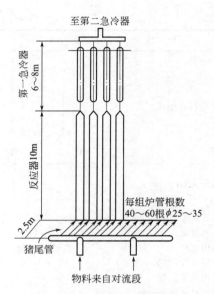

图 4-15 毫秒型裂解炉炉管组

炉管布置如图 4-15 所示，原料烃和稀释水蒸气混合物在对流段预热至物料横跨温度后，通过两根横跨管和猪尾管由裂解炉底部送入辐射管，物料由下向上流动，由辐射室顶部出辐射管进入第一废热锅炉。物料的横跨温度是指裂解原料和稀释蒸汽混合物在对流段预热的出口温度，也就是辐射段入口温度。猪尾管的作用是使裂解原料均匀地分配到每根炉管中去（其他炉型则采用限流孔板、文丘里管来实现）。毫秒炉辐射段炉管结构比较简单，所以对原料变化适应性较强。原料可以为乙烷、液化气、石脑油、轻柴油甚至减压柴油，但它更适合于裂解液态原料。毫秒炉是各类管式裂解炉中裂解深度最高的炉子，由于停留时间大幅度缩短，裂解温度高，因此裂解所得产品中炔烃的含量大幅度提高，比停留时间为 0.3～0.4s 的普通裂解炉高出 80% 以上，甲基乙炔和丙二烯等的收率可增加近一倍。这为后续的裂解气分离带来一定的麻烦，C_2 馏分和 C_3 馏分的加氢脱炔必须大大加强。由于毫秒炉管径小，因此单管处理能力较低，单台裂解炉炉管数量大。此外，毫秒炉的最大缺陷是清焦周期过短。一般管式裂解炉为 40～45 天，而毫秒裂解炉在深度裂解条件下，石脑油裂解清焦周期仅 7～10 天，在中等深度裂解条件下其清焦周期仅 12～15 天。清焦周期过短将造成裂解炉频繁切换操作，对乙烯装置的稳定运转和提高生产率显然是不利的。

表 4-8 所示为超选择性 USC 型和 MSF 毫秒型裂解炉的工艺参数对比。

表 4-8　USC 型和 MSF 型裂解炉工艺参数

炉　型	USC 型	MSF 型
炉管排布型式	1~4P　4~1P	1P
炉管外径(内径)/mm	1P:74(63.5) 2P:80(69.8) 3P:88(76.2) 4P:95(82.5)	1P:40(28.6)
炉管长度	43.9m/组	10m/组
炉管材质	1~2P:HK-40 3~4P:HP-40	800H(或 HP)
适用原料	乙烷-轻柴油	乙烷-轻柴油
适用温度(初期~末期)/℃	1015~1110	1015~1110
每台炉管组数	16	2(每组 36 根并联)
停留时间/s	0.281~0.304	0.05~0.10
单程乙烯收率(质量分数)/%	40/24.76	31/29.9
炉子热效率/%	91.8~92.4	93

(4) GK 型裂解炉

荷兰 KTI 公司开发的各种 GK 型裂解炉分支变径管,大体上均保持沿管长截面积不变。各种 GK 型裂解炉分支变径管的结构如图 4-16 所示。早期采用的 GK-Ⅰ型立管式裂解炉为多程等径辐射盘管,为提高单炉生产能力有时采用双排盘管。GK-Ⅱ型裂解炉的辐射盘管改进为混排多程分支变径盘管。一般为 6 程,前 4 程为双排管小管径炉管,第 5 和第 6 程为单排大管径炉管,其停留时间约 0.4~0.5s。GK-Ⅲ型裂解炉改进为单排 4 程分支变径管,第 1 和第 2 程为 4 根小管径炉管（如 $\phi98mm \times 65mm$）,第 3 和第 4 程为 2 根大管径炉管（如 $\phi138mm \times 8mm$）。由于管径减少,管长缩短,停留时间随之缩短至 0.4s 以下。GK-Ⅳ型裂解炉的辐射盘管改为混排 4 程分支变径管。第 1 和第 2 程为 4 根双排小管径管,第 3 程为两根管径稍大的单排管,第 4 程为 1 根大管径单排管,停留时间缩短至 0.3s 以内。为进一步将停留时间缩

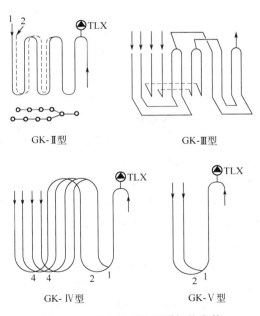

图 4-16　KTI 的 GK 型裂解炉盘管

短到 0.2s 以内，需要进一步减少管程、缩短管长。在保证合理清焦周期的前提下，KTI 公司开发了 GK-V 型裂解炉，采用双程分支变径管。第 1 程炉管为 2 根小管径盘管（如 59mm），第 2 程炉管为 1 根大管径炉管（如 83mm）。由于管长大幅度缩短，停留时间控制在 0.2s 左右，裂解选择性明显得到改善。

　　随着辐射盘管结构的改进，GK 型裂解炉工艺参数和裂解选择性也随之改善。在最高管壁温度大体相同的条件下，随着管程的减少，管长的缩短，其停留时间随之缩短，裂解温度相应可以提高，裂解产品的烯烃收率也随之提高。表 4-9 是不同 GK 型裂解炉特性的比较。

表 4-9　不同 GK 型裂解炉特性的比较

炉　型	GK-Ⅲ	GK-Ⅳ	GK-Ⅴ
炉管排列	4-4-2-2	4-4-2-1	2-1
盘管组数	8	8	32
废热锅炉台数	2	2	4
石脑油裂解收率/%			
甲烷	16.54	16.02	15.42
乙烯	29.96	30.45	31.00
丙烯	14.96	15.20	15.54
丁二烯	5.10	5.29	5.62
烃进料量/(t/h)	26.70	26.27	25.80
稀释蒸汽比	0.6	0.6	0.6
停留时间/s	0.428	0.296	0.193
炉出口温度/℃	845	845	858
压降/kPa	59	61	57
炉膛高度/m	11.06	15.35	13.40
清洁管最高管壁温度/℃	1027	1026	1026
运转末期结焦厚度/mm	3.4	3.4	3.9
管壁温度平均升温/(℃/d)	2.4	2.4	2.7
平均热通量/[kJ/(m²·h)]	353055	373825	292920
辐射盘管总重/t	15.1	12.7	12.35

(5) LSCC 型裂解炉

　　Linde 公司的 LSCC 型裂解炉有三种炉型，辐射盘管均为分支变径管，炉管构型和性能比较如表 4-10 所示。LSCC4-2 型盘管为 6 程混排分支变径管，前 4 程为 2 根内径 64mm 的双排管，第 5 和第 6 程为 1 根内径 135mm 的单排管。每根辐射盘管长度为 55m，停留时间可控制在 0.40s 左右，单管生产能力较强。LSCC2-2 型辐射盘管为 4 程混排分支变径管，前两程为内径 78mm 的双排管，第 3 和第 4 程为内径 112mm 的单排管。每根盘管长度为 36～42m。由于管长缩短，停留时间可控制在 0.26～0.38s。单管生产能力较 LSCC4-2 型略低。LSCC1-1 型盘管第 1 程为 2 根内径 43mm 的炉管，第 2 程为 1 根内径 62mm 的炉管，盘管总长约 17～19m，停留时间约 0.16～0.20s，属双程分支变径管，沿管长截面积大体不变。由于 LSCC1-1 型辐射盘管管长进一步缩短，停留时间在 0.20s 以内，其裂解选择性明显得到改善。除炉管排布上有所创新外。Linde 公司还推出了双辐射段共用一个对流段的双辐射裂解炉，可在同一台裂解炉上同时进行 2 种裂解原料的热裂化操作，提高了生产的灵活性。

表 4-10 不同 LSCC 型裂解炉的炉管构型和性能比较

项 目	LSCC4-2	LSCC2-2	LSCC1-1
炉管构型			
炉管直径/mm	$\phi_内$ 64 第 5、6 程:$\phi_内$ 135	第 1、2 程:$\phi_内$ 78 第 3、4 程:$\phi_内$ 112	第 1 程:$\phi_内$ 43 第 2 程:$\phi_内$ 62
炉管总长度/m	55	36~42	17~19
每台炉炉管组数	8	16	48~64
每台炉 TLX 台数	2	4	6~8
炉管内的停留时间/s	0.40	0.26~0.38	0.16~0.20
横跨温度/℃		石脑油 604 AGO537	石脑油 611 AGO545
炉管最高容许温度/℃		1100	1100
炉出口温度/℃		石脑油 853 AGO824	石脑油 857 AGO828
对炉管的评述	能力最高	高能力、高选择性	选择性最高

表 4-11 示出了引进的几种裂解炉 1985 年的技术经济指标对比。

表 4-11 几种裂解炉工艺参数和结构

公 司	Lummus	S&W	KTI	Kellogg
型号	SRT-Ⅳ型	W 型	GK-Ⅲ型	MSF 型
投料量/[t/(t·台)]	15.05	16.1	9.99	①
水蒸气比	0.75	0.7	0.75	0.60
炉管出口压力/Pa	1.06×10^5	9.51×10^4	8.14×10^4	6.18×10^4
炉管出口温度/℃	826	808	808	885
停留时间/s	0.305~0.37	0.3	0.37	0.05~0.1
原料	轻柴油	轻柴油	轻柴油	轻柴油
乙烯收率/%	29.4	27.7	28.17	29.9
丙烯收率/%	14.3	13.65	15.64	14.0
丁二烯收率/%	4.8	5.07	5.7	6.5
炉子热效率/%	94	93	93	93
运转周期/d	45	50	50	6.5②
炉管内径/mm	$\phi57,\phi89,\phi165$	$\phi70,\phi75,\phi82,\phi89$	$\phi80,\phi114.2$	$\phi27$
材质	HR-40	HP-40	HP-40	800H
炉管排列方式	8-4-1-1	W 形	4-4-2-2	

① 毫秒型炉产量取决于炉管组数。

② 在线水蒸气清焦 12h。

上述的各种炉管仅是管构型各异,但都是向高温、短停留时间、低分压的目标努力,都是为了提高馏分油裂解的选择性,提高乙烯收率,并降低原料消耗定额。各种构型炉管的选用可根据原料、技术条件等，全面综合考虑。

管式炉裂解法生产乙烯的优点是工艺成熟，炉型结构简单，操作容易，便于控制；乙烯、丙烯收率高，动力消耗少，裂解炉热效率高，裂解气和烟道气的余热大部分可以回收利用；原料适应范围日益扩大，且可大规模连续化生产。缺点是管式裂解炉不能用重质烃（重柴油、重油、渣油等）为原料，主要原因是在裂解时，炉管易结焦，造成清焦操作频繁，生产周期缩短；生产中稍有不慎，还会堵塞炉管，酿成炉管烧裂等事故；若采用高温短停留工艺，这就要求裂解管能耐更高的温度，目前还难以解决。管式炉裂解法虽还存在不足，有待于不断改进和完善，但它仍将是生产乙烯的主要方法。

裂解炉是乙烯装置的关键设备，裂解炉区则是乙烯装置的核心。因为：

① 裂解炉区的投资占乙烯装置投资的 25%～30%；

② 裂解炉出口裂解气中的烯烃收率决定了装置的烯烃产量，影响到装置的能耗和经济效益；

③ 裂解炉急冷锅炉的超高压蒸汽产量影响到装置的公用工程消耗和能量消耗；

④ 裂解炉所消耗的燃料占乙烯装置能耗的 70%～80%。

可见，裂解炉区的重要性在乙烯装置中占据核心的位置。

4.1.3.3 管式炉的结焦与清焦

烃类在裂解过程中由于聚合、缩合等二次反应的发生，不可避免地会结焦或生炭，积附在炉管的内壁上。结焦程度将随裂解深度的加深和原料的重质化，以及炉子运行周期加长而变得严重。

① 炉管结焦　焦层在管壁内厚度增加，传热效果变差，为了满足管内反应物料温度，就得加大燃料量，当达到管材极限温度时易出事故，此时应停炉清焦。最高管壁温度是控制炉子运转周期的限制因素，另外由于结焦引起管内径减小，当处理同样原料量时，则管内线速度增加，此时压降增大。为了保证出口压力相同，必须增加进口压力，结果平均压力增大，裂解性能变坏，当裂解选择性降到一定程度时，需要停炉清焦。

② 抑制结焦延长运转周期　添加结焦抑制剂可抑制结焦，抑制剂有硫化物〔元素硫、噻吩、硫醇、NaS 水溶液、$(NH_4)_2S$、$Na_2S_2O_3$、KHS_2O_4、$(C_2H_5)_2SO_2$、二苯硫醚、二苯基二硫〕、聚有机硅氧烷、碱土金属氧化物和含磷化合物等。据报道，加入纳尔科 5211 和硫磷化合物抑制剂后，不仅抑制结焦，而且还能改变结焦形态，使焦变松软、易碎、易剥落、容易除去。当裂解温度高于 850℃时，抑制剂就不起作用了。

合理控制裂解炉和急冷锅炉的操作条件，如控制裂解深度，也可延长运转周期。

③ 清焦方法　停炉清焦法是将进料及出口裂解气切断后，用惰性气体或水蒸气清扫管线，逐渐降低炉管温度，然后通入空气和水蒸气烧焦。不停炉清焦（也称在线清焦法）分交替裂解法和水蒸气、氢气清焦法两种。交替法是当重质烃原料裂解时（如柴油等），裂解一段时间后切换轻质烃（如乙烷）为裂解原料，并加入大量水蒸气，这样可以起到清焦作用，当压降减小后，再切换原来的裂解原料。水蒸气、氢气法是定期将原料切换成水蒸气、氢气，方法同上。其特点也是达到了不停炉清焦的目的，对整个裂解炉系统，可以将炉管组轮流进行清焦。

4.1.4 裂解气的急冷

从裂解管出来的裂解气含有烯烃和大量水蒸气，温度高达 800℃以上，烯烃反应性强，若任它们在高温下长时间停留，仍会继续发生二次反应，引起结焦和烯烃的损失，因此必须使裂解气急冷以终止反应。

急冷的方法有两种：一种是直接急冷；另一种是间接急冷。直接急冷的急冷剂用油或水，急冷下来的油水密度相差不大，分离困难，活水量大，不能回收高品位的热能。所以近代裂解装置都是先用间接急冷，后用直接急冷、最后用洗涤的办法。经急冷换热器冷却后的裂解气温度尚在 400℃以上（馏分油裂解时），此时由急冷油直接喷淋冷却。在预分馏系统中可进一步回收急冷油的热量，副产低位能的低压蒸汽。

采用间接急冷的目的，首先是回收高品位热能，产生高压蒸汽驱动裂解气压缩机和制冷压缩机。同时终止二次反应。间接急冷的关键设备是急冷换热器，急冷换热器与汽包所构成的水蒸气发生系统，称为急冷废热锅炉。急冷换热器常遇到的问题就是结焦，用重质原料裂解时，常常是急冷器结焦先于炉管，故急冷器的清焦影响裂解操作周期。为减少结焦倾向，应控制两个指标：一是停留时间，一般控制在 0.04s 以内；二是裂解气出口温度，要求高于裂解气的露点。在一般条件下，裂解原料含氢量越低，裂解气的露点越高，因而急冷换热器出口温度应根据原料而确定。

间接急冷虽能回收高品位的能量，并减少污染，但对急冷换热器的技术要求高，管外必须同时承受很大的温度差和压力差，同时为了达到急速降温，急冷换热器必须有高热强度，且传热性能好、停留时间短。另外，对急冷换热器要考虑冷管内的结焦清焦操作，还要考虑裂解气的压降损失等问题，操作条件极为苛刻。

4.1.5 裂解气的预分馏与净化

裂解炉出口的高温裂解气经废热锅炉冷却，再经急冷器进一步冷却后，裂解气的温度可以降到 200~300℃。将急冷后的裂解气进一步冷却至常温，并在冷却过程中分馏出裂解气中的重组分（如燃料油、裂解汽油、水分），这个环节称为裂解气的预分馏。经预分馏处理的裂解气再送至压缩工序，随后进行净化和深冷分离。裂解气的预分馏过程有以下作用。

① 降低裂解气温度，保证裂解气压缩机的正常运转，并降低裂解气压缩机的功耗。

② 分馏出裂解气中的重组分，减少进入压缩分离系统的进料负荷。

③ 将裂解气中的稀释蒸汽以冷凝水的形式分离回收，循环使用，以减少污水排放量。

④ 回收裂解气低位能热量，由急冷油回收的热量发生稀释蒸汽，并可由急冷水回收的热量进行分离系统的工艺加热。

4.1.5.1 轻烃裂解装置裂解气预分馏过程

因为轻烃裂解装置所得裂解气的重质馏分甚少，尤其乙烷和丙烷裂解时，裂解气中燃料油含量甚微。所以，裂解气预分馏过程主要是在裂解气进一步冷却过程中分馏裂解气中的水分和裂解汽油馏分。

如图 4-17 所示，裂解炉出口高温裂解气经第一废热锅炉回收热量副产高压蒸汽后，还可经第二（和第三）废热锅炉进一步冷却至 200~300℃，然后进入水洗塔。在水洗塔中，塔顶用急冷水喷淋冷却裂解气。塔顶裂解气冷却至 40℃左右送至裂解气压缩机。塔釜的油水混合物经油水分离器分离出裂解汽油和水，裂解汽油经汽油汽提塔汽提后送出装置。而分离出的水（约 80℃），一部分经冷却送至水洗塔塔顶作为喷淋（称为急冷水），另一部分则送至稀释蒸汽发生器发生稀释蒸汽。急冷水除部分用冷却水冷却（或空冷）外，部分可用于分离系统工艺加热（如丙烯精馏塔再沸器加热），由此回收低位能热量。

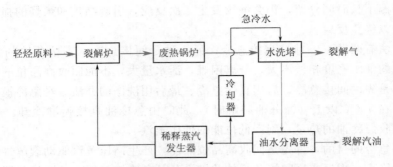

图 4-17　轻烃裂解装置裂解气预分馏流程示意

4.1.5.2　馏分油裂解装置裂解气预分馏过程

馏分油裂解装置所得裂解气中含有相当量的重质馏分，这些重质燃料油馏分与水混合后会因乳化而难以进行油水分离。因此，在馏分油裂解装置中，必须在冷却裂解气的过程中先将裂解气中的重质燃料油馏分分馏出来，然后再进一步送至水洗塔冷却，并分离其中的水和裂解汽油。

如图 4-18 所示，裂解炉出口高温裂解气经废热锅炉回收热量后，再经急冷器用急冷油喷淋降温至 220～230℃左右，进入油洗塔（或称预分馏塔），塔顶用裂解汽油喷淋，塔顶温度控制在 100～110℃，保证裂解气中的水分从塔顶带出油洗塔。塔釜温度则随裂解原料的不同而控制在不同水平。石脑油裂解时，塔釜温度大约 180～190℃，轻柴油裂解时则可控制在 190～200℃左右。塔釜所得燃料油产品，部分经汽提并冷却后作为裂解燃料油产品输出。另外部分（称为急冷油）送至稀释蒸汽系统作为发生稀释蒸汽的热源，由此回收裂解气的热量。经稀释蒸汽发生系统冷却后的急冷油，大部分送到急冷器以喷淋高温裂解气，少部分急冷油还可进一步冷却后作为油洗塔中段回流。

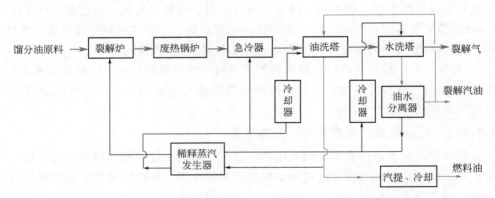

图 4-18　馏分油裂解装置裂解气预分馏流程示意

油洗塔塔顶裂解气进入水洗塔，塔顶用急冷水喷淋，塔顶裂解气降至 40℃左右送入裂解气压缩机。塔釜约 80℃，在此，可分离出裂解气中大部分水分和裂解汽油。塔釜油水混合物经油水分离后，部分水（称为急冷水）经冷却后送入水洗塔用作塔顶喷淋，另一部分水则送至稀释蒸汽发生器发生稀释蒸汽，以供裂解炉使用。油水分离所得裂解汽油馏分，部分送至油洗塔作为塔顶喷淋，另一部分则作为产品经汽提并冷却后送出。

4.1.5.3 裂解气净化

裂解气经预分馏过程处理后的温度被降至常温，并且从中已分馏出裂解汽油和大部分水分，其典型组成见表 4-12。表中的 $C_4'S$ 和 $C_5'S$ 分别表示混合 C_4 组分和混合 C_5 组分。$C_6 \sim$ 204℃馏分中富含芳烃，是抽提芳烃的重要原料。由表 4-12 可以看出，不同的裂解原料得到的裂解气组成是不同的。为获得较多乙烯，最好的裂解原料是乙烷；为获得较多的丙烯和 C_4 混合烃，最好的原料是石脑油和轻柴油。

表 4-12　不同裂解原料的典型裂解气组成（裂解气压缩机进料）

裂解气组分	乙烷	轻烃	石脑油	轻柴油	减压柴油
$H_2/\%$	34.00	18.20	14.09	13.18	12.75
$CO+CO_2+H_2S/\%$	0.19	0.33	0.32	0.27	0.36
$CH_4/\%$	4.39	19.83	26.78	21.24	20.89
$C_2H_2/\%$	0.19	0.46	0.41	0.37	0.46
$C_2H_4/\%$	31.51	28.81	26.10	29.34	29.62
$C_2H_6/\%$	24.35	9.27	5.78	7.58	7.03
$C_3H_4/\%$		0.52	0.48	0.54	0.48
$C_3H_6/\%$	0.76	7.68	10.30	11.42	10.34
$C_3H_8/\%$		1.55	0.34	0.36	0.22
$C_4'S/\%$	0.18	3.44	4.85	5.21	5.36
$C_5'S/\%$	0.09	0.95	1.04	0.51	1.29
$C_6 \sim$204℃馏分/%	—	2.70	4.53	4.58	5.05
$H_2O/\%$	4.36	6.26	4.98	5.40	6.15
平均分子量	18.89	24.90	26.83	28.01	28.38

由表 4-12 可见，经预分馏系统处理后的裂解气是含氢和各种烃的混合物，其中还含有一定的水分、酸性气体（CO_2、H_2S 等）、一氧化碳等杂质。为了得到合格的分离产品，可利用各组分沸点的不同，在加压低温条件下经多次精馏分离。表 4-13 列出了聚合级乙烯和丙烯的规格，可见对各类杂质的限量要求很高。因此，在进行精馏分离之前，通常采用吸收、吸附或化学反应的方法，脱除裂解气中的水分、酸性气体、一氧化碳和炔烃等杂质。

表 4-13　聚合级乙烯和丙烯的产品规格

聚合级乙烯规格				聚合级丙烯规格				
组分	物理量/单位	A	B	C	组分	物理量/单位	A	B	C

组分	物理量/单位	A	B	C	组分	物理量/单位	A	B	C
$C_2^=$	$x/\%$	>99.9	≥99.9	99.9	$C_3^=$	$x/\%$	≥99.9	99.9	98
C_1^0	浓度/(μL/L)	⎱1000	500	<1000	$C_2^=$	浓度/(μL/L)	<50	<500	—
C_2^0	浓度/(μL/L)	⎰	500	—	$C_4^{==}$	浓度/(μL/L)	<20	<10	—
$C_3^=$	浓度/(μL/L)	<250	—	<50	$C_3^=$	浓度/(μL/L)	<5	<20	⎱<10
$C_2^=$	浓度/(μL/L)	<10	<10	2	$C_2^=$	浓度/(μL/L)		<10	⎰
S	浓度/(μL/L)	<10	<4	<1	C_2^0	浓度/(μL/L)		<100	
H_2O	浓度/(μL/L)	<10	<10	<1	C_3^0	浓度/(μL/L)	<5000	<5000	
O_2	浓度/(μL/L)	<5		<1	S	浓度/(μL/L)	<1	<10	<5
CO	浓度/(μL/L)	<10	—	<5	CO	浓度/(μL/L)	<5	<10	<10
CO_2	浓度/(μL/L)	<10	<100	<5	CO_2	浓度/(μL/L)	<5	<1000	<20
					O_2	浓度/(μL/L)	<1	<5	—
					H_2	浓度/(μL/L)	—	<10	—
					H_2O	浓度/(μL/L)	—	<10	<10

（1）碱洗法脱除酸性组分

裂解气中的酸性组分主要是指二氧化碳、硫化氢，此外还有少量的有机硫化物，如硫氧化碳（COS）、二硫化碳（CS_2）、硫醚（RSR′）、硫醇（RSH）和噻吩等。裂解气中含有的酸性组分对裂解气分离装置以及乙烯和丙烯衍生物加工装置都会有很大危害。对裂解气分离装置而言，CO_2 会在低温下结成干冰，造成深冷分离系统设备和管道堵塞；H_2S 将造成加氢脱炔催化剂和甲烷化催化剂中毒。对下游生产装置而言，当氢气、乙烯、丙烯产品中酸性气含量不合格时，可使下游加工装置的聚合过程或催化反应过程的催化剂中毒，也可能严重影响产品质量。因此，在裂解气精馏分离之前，需将裂解气中的酸性气脱除干净，一般要求将裂解气中硫含量降至 $1\mu L/L$ 以下，CO_2 含量降至 $5\mu L/L$ 以下。工业上常采用碱洗法脱除酸性杂质，而当裂解原料硫含量过高时（如硫含量超过 0.2%），为降低碱耗量，可考虑增设可再生的溶剂吸收法（常用乙醇胺溶剂）脱除大部分酸性气体，然后再用碱洗法做进一步精细净化。

碱洗法是以 NaOH 为吸收剂，通过化学吸收过程使 NaOH 与裂解气中的酸性气体发生化学反应，以达到脱除酸性气体的目的。其反应为：

$$CO_2 + 2NaOH \longrightarrow Na_2CO_3 + H_2O$$
$$H_2S + 2NaOH \longrightarrow Na_2S + 2H_2O$$
$$COS + 4NaOH \longrightarrow Na_2S + Na_2CO_3 + 2H_2O$$
$$RSH + NaOH \longrightarrow RSNa + H_2O$$

由于反应的化学平衡常数很大，在平衡产物中 CO_2 和 H_2S 的分压几乎可降到零，因此，可以使裂解气中的 CO_2 和 H_2S 的含量降至 $1\mu L/L$ 以下。为提高碱液利用率，目前乙烯装置大多采用多段碱洗。

NaOH 是不可再生的吸收剂，为保证酸性气的精细净化，碱洗塔釜液中应保持游离碱，釜液中 NaOH 含量约 2%，因此，碱耗量比较高。废碱液一般可用于造纸工业。如果将废碱液中的"黄油"比较彻底地脱除，则可以进行综合利用，如用作其他装置排放液的 pH 调节。例如，用含 2%～3% NaOH 的废碱液调节含氰污水 pH 值，使含氰污水 pH 保持在 12 以上，从而有利于加压水解法除去污水中的氰化物及有机腈类。

当废碱液不能综合利用而需经生化处理作为废水排放时，则应在生化处理前进行预处理。预处理的目的除中和碱液外，更主要的是脱除硫化物（Na_2S 或 NaHS）。常用的预处理方法有硫酸中和法、CO_2 中和法、空气氧化法。目前以空气氧化法应用最广。

（2）吸附法脱除水分

裂解气经预分馏系统处理后送入裂解气压缩机进行压缩。在压缩机入口，裂解气中的水分为入口温度和压力条件下的饱和含水量。在裂解气压缩过程中，随着压力的升高，可在段间冷凝过程中分离出部分水分。通常，裂解气压缩机出口压力约 3.5～3.7MPa，经冷却至 15℃左右即送入低温分离系统，此时，裂解气中饱和水含量约 $600\sim700\mu L/L$。这些水分带入低温分离系统会在低温下结冰而造成设备和管道的堵塞，因而需要进行干燥脱水处理。为避免低温系统冻堵，通常要求将裂解气中含水量脱除至 $1\mu L/L$ 以下，对应的进入低温分离系统的裂解气露点在 70℃以下。

水分在低温下除了结冰而造成冻堵之外，在加压和低温条件下，水分与烃类还会生成白色结晶状态的水合物。如 $CH_4 \cdot 6H_2O$、$C_2H_6 \cdot 7H_2O$、$C_3H_8 \cdot 8H_2O$。这些水合物也会在设备和管道内积累而造成堵塞现象。因此，为保证乙烯生产装置的稳定运行，需要对裂解气进行脱水处理。

脱水方法有多种，如冷冻法、吸收法、吸附法。现在乙烯装置广泛采用的是以 3A 分子筛为吸附剂的吸附法，均采用两床操作（一床脱水，一床再生和冷却，交替进行）。当进行脱水操作时，为避免因气速过大而扰动床层，裂解气从上进入分子筛床层，脱水后裂解气由固定床底部送出。当进行分子筛再生时，被加热的干燥载气（甲烷或氢气、氮气）由床层底部进入，气流向上流动，再生作用由下而上，以保证床层底部的分子筛完全再生。再生载气经冷却和分离后送燃料系统。

（3）加氢法脱除炔烃

裂解气中含有少量炔烃，如乙炔、丙炔和丙二烯等。炔烃的含量与裂解原料和裂解操作条件有关，对一定裂解原料而言，炔烃的含量随裂解深度的提高而增加。在相同裂解深度下，高温短停留时间的操作条件将生成更多的炔烃。

炔烃常常对乙烯和丙烯下游产品的生产过程带来麻烦。它们可能使催化剂中毒缩短催化剂寿命，过多的乙炔积累可能引起爆炸形成不安全因素，可能生成一些副产物影响产品质量。因此，大多数乙烯和丙烯衍生物的生产均对原料乙烯和丙烯中的炔烃含量提出比较严格的要求。通常要求乙烯产品中乙炔含量低于 $5\mu L/L$。而对丙烯产品而言，则要求甲基乙炔含量低于 $5\mu L/L$，丙二烯含量低于 $10\mu L/L$。

最常采用的脱除乙炔的方法是溶剂吸收法和催化加氢法。溶剂吸收法是使用溶剂吸收裂解气中的乙炔以达到净化目的，同时也相应回收一定量乙炔。催化加氢法是将裂解气中的乙炔加氢生成乙烯或乙烷，由此达到脱除乙炔的目的。溶剂吸收法与催化加氢法各有优缺点。当裂解气中炔烃含量不多，且不需要回收乙炔时，一般采用催化加氢法脱除乙炔。当需要回收乙炔时，则采用溶剂吸收法。

在对裂解气中的乙炔进行选择性催化加氢时，其主反应是生成乙烯，同时还会深度加氢生成乙烷，当反应温度比较高时，乙炔发生低聚生成绿油和裂解生炭的副反应。加氢脱炔反应大多采用 Co、Ni、Pd 作为催化剂的活性中心，用 Fe 和 Ag 作助催化剂，用 $\alpha\text{-}Al_2O_3$ 作载体。

用催化加氢法脱除裂解气中的炔烃有前加氢和后加氢两种不同的工艺技术。前加氢是在裂解气未分离甲烷、氢馏分前进行（即在脱甲烷塔前），利用裂解气中的氢对炔烃进行选择加氢，所以又称为自给氢催化加氢过程。因为不用外供氢气，所以流程简单，但氢气量不易控制，氢气过量可使脱炔反应的选择性降低。另外，前加氢脱炔所处理的气体组成复杂，要求催化剂活性高且不易中毒。而且，催化剂用量大、反应器的体积也大、催化剂的寿命短、氢炔比不易控制，操作稳定性比较差。后加氢工艺过程是指裂解气在分离出 C_2 和 C_3 馏分后，再分别对其进行催化加氢，以脱除 C_2 馏分中的乙炔以及 C_3 馏分中的甲基乙炔和丙二烯。采用后加氢方案时，C_2 馏分加氢脱炔的过程安排在脱乙烷之后，C_3 馏分加氢脱炔的过程则安排在脱丙烷之后。采用后加氢流程时，C_2 和 C_3 馏分进料中均不含有氢，需要根据炔烃含量定量供给氢气。因此，当裂解气分离装置采用后加氢方案时，必须从裂解气中分离提纯氢气，以作为加氢反应的氢源。后加氢脱炔所处理的馏分组成简单，反应器体积小，而且易控制氢炔比例，使选择性提高，有利于提高乙烯收率，催化剂不易中毒，使用寿命长。

（4）甲烷化法脱除一氧化碳

裂解气中的一氧化碳是在裂解过程中由结炭的气化和烃的转化反应生成的。烃的转化反应是在含镍裂解炉管的催化作用下发生的，当裂解原料硫含量低时，这种催化作用可能十分显著。

结炭的气化反应：$\qquad$ $C + H_2O \Longrightarrow CO + H_2$

烃的转化反应：$\qquad$ $CH_4 + H_2O \Longrightarrow CO + 3H_2$

$$C_2H_6 + 2H_2O \Longrightarrow 2CO + 5H_2$$

裂解气经低温分离，一氧化碳富集于甲烷馏分和氢气馏分中，含量达到 $5000\mu L/L$ 左右。氢气中含有的 CO 将使加氢反应的催化剂中毒。此外，随着烯烃聚合过程高效催化剂的发展，对乙烯和丙烯产品中 CO 含量的要求也越来越高。为避免在加氢过程中将 CO 带入产品乙烯和丙烯中，通常要求将氢气中 CO 脱除至 $3\mu L/L$ 以下。

乙烯装置中最常用的脱除 CO 的方法是甲烷化法，即在催化剂存在下，使氢气中的 CO 与氢反应生成甲烷，从而达到脱除 CO 的目的。其主反应为：

$$CO + 3H_2 \Longrightarrow CH_4 + H_2O \quad \Delta H = -206.3kJ/mol$$

当氢中含有烯烃时，可发生如下副反应：

$$C_2H_4 + H_2 \Longrightarrow C_2H_6 \quad \Delta H = -136.7kJ/mol$$

甲烷化反应是放热、体积减小的反应，加压、低温对反应有利，反应通常在 2.95MPa 和 300℃ 左右下进行，采用镍系催化剂，大多数催化剂的使用条件要求限制氢气中的 CO 含量不超过 $1.5\% \sim 2\%$。

4.1.6 裂解气的分离与精制

裂解气的工业分离法主要有两种，深冷分离法和油吸收精馏分离法。此外，还有吸附分离法、络合分离法以及膨胀机法等。在现代乙烯工业生产中，为了得到高纯度乙烯，主要采用深冷分离法。

工业上通常将冷冻温度低于 $-100℃$ 的，称为深度冷冻，简称深冷。深冷分离就是在 $-100℃$ 左右低温下，将净化后裂解气中除氢和甲烷以外的烃类全部冷凝下来，利用各种烃的相对挥发度不同，在精馏塔内进行多组分精馏，分离出各种烃。图 4-19 为深冷分离的工艺过程方框示意图。图中所示的各种操作在流程的位置及各种精馏塔的顺序均可变动，这样构成了不同的深冷分离流程，但它们的共同点都是由气体压缩、冷冻系统、净化系统和低温精馏分离系统几部分组成。

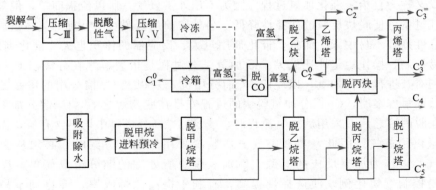

图 4-19 深冷分离流程示意

在脱甲烷塔系统中，有些在 $-100 \sim -170℃$ 超低温下操作的换热设备，如冷凝器、换热器和气-液分离罐等，由于温度低冷量容易散失，因此为了防止散冷，减少与环境接触的表面积，通常把这些低温设备集装在填满绝热材料（珠光砂）的方形容器内，习惯上称为冷箱。

4.1.6.1　裂解气的多段压缩

裂解气中各组分在常温常压下均为气态，采用精馏法分离时需在很低的温度下进行，消耗冷量甚大；而在较高压力下分离，虽然分离温度可以提高，但需多消耗压缩功，且因分离温度提高，而引起重组分聚合，并使烃类相对挥发度降低，增加了分离的难度。因此，选择适宜的压力和温度，对裂解气的分离具有重要意义。一般认为裂解气分离的经济合理的操作压力约为3MPa，为此裂解气进入分离系统的压力应提高到3.7MPa左右。

在裂解气绝热压缩过程中，随着压力升高其温度随之上升，为避免温升过大造成裂解气中双烯烃大量聚合，一般采用多段压缩，段间设置中间冷却，限制裂解气在压缩过程中的温升。裂解气分段压缩合理的段数，主要是由压缩机各段出口温度所限定。通常要求正常操作时各段裂解气出口温度低于100℃，段间冷却采用水冷，相应各段入口温度一般均为38～40℃左右。在此限定条件下，裂解气压缩的单级压缩比被限制在2.2以下，相应裂解气压缩一般均需采用五段。若在某一段之间冷却时先水冷后再用丙烯冷剂冷却，使下一段入口温度降至38℃以下，从而可以提高该段压缩比并保证出口温度低于100℃，减少压缩段数。尽管段间采用丙烯冷剂冷却会增加冷冻功耗，但可以减少设备投资、降低段间阻力降。必须注意，裂解气段间冷却的温度受水合物形成的限制，为防止水合物形成而堵塞设备和管道，加压后裂解气温度不宜低于15℃。

4.1.6.2　深冷制冷循环

为了获得低温条件，可以选择某一沸点为低温的液体介质使其蒸发，而冷却介质则被冷却。将气化的制冷剂压缩到一定压力，再经冷却使其液化，由此形成压缩-冷凝-膨胀-蒸发的单级压缩制冷循环。通常选用可以降低制冷装置投资、运转效率高、来源容易、毒性小的介质作为制冷剂。对乙烯装置而言，产品为乙烯、丙烯，已有储存设施，且乙烯和丙烯具有良好的热力学特性，因而均选用乙烯和丙烯作为乙烯装置制冷系统的制冷剂。

如表4-14低级烃类的主要物理常数所示，丙烯常压沸点为−47.7℃，可作为−40℃温度级的制冷剂。乙烯常压沸点为−103.8℃，可作为−100℃温度级的制冷剂。采用低压脱甲烷分离流程时，可能需要更低的制冷温度，此时常采用甲烷制冷。甲烷常压沸点为−161.5℃，可作为−120～−160℃温度级的制冷剂。

表 4-14　低级烃类的主要物理常数

名　称	分子式	沸点/℃	临界温度/℃	临界压力/MPa	名　称	分子式	沸点/℃	临界温度/℃	临界压力/MPa
氢	H_2	−252.5	−239.8	1.307	异丁烷	$i\text{-}C_4H_{10}$	−11.7	135	3.696
一氧化碳	CO	−191.5	−140.2	3.496	异丁烯	$i\text{-}C_4H_8$	−6.9	144.7	4.002
甲烷	CH_4	−161.5	−82.3	4.641	丁烯	C_4H_8	−6.26	146	4.018
乙烯	C_2H_4	−103.8	9.7	5.132	1,3-丁二烯	C_4H_6	−4.4	152	4.356
乙烷	C_2H_6	−88.6	33.0	4.924	正丁烷	$n\text{-}C_4H_{10}$	−0.50	152.2	3.780
乙炔	C_2H_2	−83.6	35.7	6.242	顺-2-丁烯	C_4H_8	3.7	160	4.204
丙烯	C_3H_6	−47.7	91.4	4.600	反-2-丁烯	C_4H_8	0.9	155	4.102
丙烷	C_3H_8	−42.07	96.8	4.306					

并不是所有制冷剂经压缩后，用水冷却就能被液化的。以丙烯为制冷剂构成的蒸气压缩制冷循环中，其冷凝温度可采用38～42℃的环境温度（冷却水或空气冷却）。而在以乙烯为

制冷剂构成的蒸气压缩制冷循环中，由于受乙烯临界点的限制，乙烯制冷剂不可能在环境温度下冷凝，其冷凝温度必须低于其临界温度（9.7℃），此时，可采用丙烯制冷循环为乙烯制冷循环的冷凝器提供冷量。为制取更低温度级的冷量，还需选用沸点更低的制冷剂。例如，选用甲烷作为制冷剂时，其临界温度为—82.3℃，则选用乙烯制冷循环为甲烷制冷循环的冷凝器提供冷量，如此构成图 4-20 所示甲烷-乙烯-丙烯三元复叠制冷循环系统。

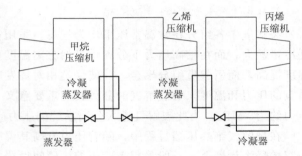

图 4-20　甲烷-乙烯-丙烯三元复叠制冷循环系统

复叠式制冷循环是能耗较低的深冷制冷循环，其主要缺陷是制冷机组多，又需有储存制冷剂的设施，相应投资较大，操作较复杂。而在乙烯装置中，所需制冷温度的等级多，所需制冷剂又是乙烯装置的产品，储存设施完善，加上复叠制冷循环能耗低，因此，在乙烯装置中仍广泛采用复叠制冷循环。

4.1.6.3　裂解气的精馏分离

精馏法分离是深冷分离工艺的主体，任务是把 C_1 到 C_5 馏分逐个分开，对产品乙烯和丙烯进行提纯精制。为此，深冷分离工艺必须设脱甲烷、脱乙烷、脱丙烷、脱丁烷和乙烯、丙烯产品塔。

不同分离工艺流程的主要差别在于精馏分离烃类的顺序和加氢脱炔烃的安排，共同点是先分离不同碳原子数的烃，再分离相同碳原子数的烯烃和烷烃。如图 4-21 所示裂解气分离流程的分类，其中工艺流程（a）是先用脱甲烷塔由塔顶从裂解气中分离出氢和甲烷，塔釜液则送至脱乙烷塔，由脱乙烷塔塔顶分离出乙烷和乙烯，塔釜液则送至脱丙烷塔。最终由乙烯精馏塔、丙烯精馏塔、脱丁烷塔分别得到乙烯、乙烷，丙烯、丙烷，混合 C_4、裂解汽油等产品。由于这种分离流程是按 C_1、C_2、C_3…顺序进行切割分馏，通常称为顺序分离流程。流程（b）和（c）是从乙烷开始切割分馏，通常称为前脱乙烷分离流程。流程（d）和（e）则是从丙烷开始切割分馏，通常称为前脱丙烷流程。因为它们催化加氢脱炔工序的位置不同，又分为前加氢和后加氢流程。顺序分离流程一般按后加氢的方案进行组织，而前脱乙烷和前脱丙烷流程则既有前加氢方案，也有后加氢方案。

表 4-15 列出 3 种分离流程各塔的操作条件，由此可见，脱甲烷塔顶温度随操作压力而改变。因为升高塔的压力可提高乙烯的露点温度，对减少乙烯随甲烷和氢气从塔顶逸出是有利的。若设定塔顶乙烯的逸出量，那么升高塔的压力，可提高塔顶温度。反之，压力降低，则塔顶温度应降低。因此，从避免采用过低制冷温度考虑，应尽量采用较高的操作压力。但是，当压力达到 4.4MPa 时，塔底甲烷对乙烯的相对挥发度已接近于 1，难以进行甲烷和乙烯分离。现在工业上将操作压力为 3.0～3.2MPa 称为高压脱甲烷；将采用 1.05～1.25MPa 称为中压脱甲烷；将采用 0.6～0.7MPa 压力称为低压脱甲烷。表 4-16 给出了高压脱甲烷和低压脱甲烷的能耗比较，由此可见，降低脱甲烷塔操作压力可以达到节能的目的。但是，由于操作温度较低，材质要求高，增加了甲烷制冷系统，投资可能增大，且操作复杂。因此。目前除 Lummus 公司采用低压脱甲烷法、KTI/TPL 法和 Linde 公司采用中压脱甲烷法外，其余大多数生产厂家仍广泛采用高压脱甲烷法。

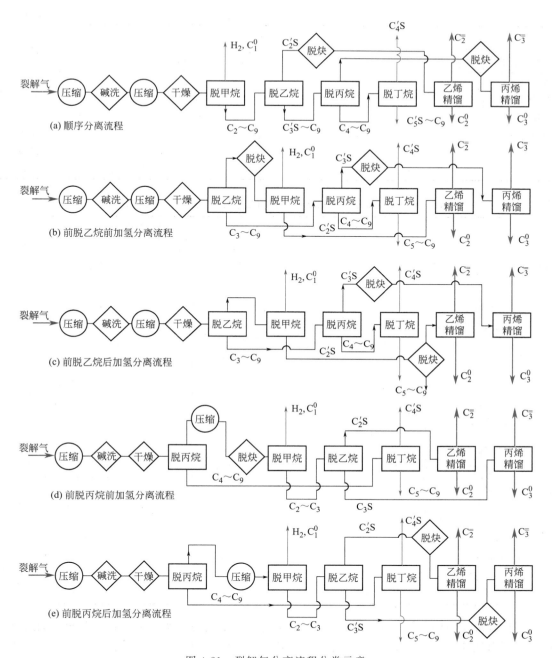

图 4-21 裂解气分离流程分类示意

表 4-15 典型深冷分离流程工艺操作条件比较

项 目	顺序流程	前脱乙烷流程	前脱丙烷流程
代表方法	Lummus 法	Linde 法	三菱油化法
流程顺序	压缩→脱甲烷→甲烷化→脱乙烷→加氢→乙烯塔→脱丙烷→C₃加氢→丙烯塔→脱丁烷	压缩→脱乙烷→加氢→脱甲烷→乙烯塔→脱丙烷→丙烯塔→脱丁烷	压缩→脱丙烷→脱丁烷→压缩→加氢→脱甲烷→脱乙烷→丙烯塔→乙烯塔

续表

项　目	顺序流程			前脱乙烷流程			前脱丙烷流程		
操作条件	顶温/℃	釜温/℃	压力/MPa	顶温/℃	釜温/℃	压力/MPa	顶温/℃	釜温/℃	压力/MPa
脱甲烷塔	−96	7	3.04	−120		1.16	−96.2	7.4	3.15
脱乙烷塔	−11	72	2.32		10	3.11	−74	68	2.80
乙烯塔	−30	−6	1.86			2.17	−28.6	−5	2.06
脱丙烷塔	17	85	8.34			1.76	−19.5	97.8	1.00
丙烯塔	39	48	1.65			1.15	44.7	52.2	1.86
脱丁烷塔	45	112	0.44			0.24	45.6	109.1	0.53

表 4-16　高压脱甲烷和低压脱甲烷方法的比较（年产 300kt 乙烯）

名　称	高压脱甲烷		低压脱甲烷	
	$10^6/(kJ/h)$	kW	$10^6/(kJ/h)$	kW
裂解气压缩机四段	—	3249		3246
裂解气压缩机五段		3391	—	3139
干燥器进料冷却(+18℃)	9.13	354	3.85	149
乙烯塔再沸器冷量回收(−1℃)		—	1.13	96
冷量　　　　　　−40℃	6.07	942	3.81	591
−55℃	1.84	519		—
−75℃	4.90	1721	4.61	1624
−100℃	2.18	979	1.51	675
−140℃			1.26	953
脱甲烷塔　　　　−102℃	4.19	1.874	—	
冷凝器　　　　　−140℃			0.71	550
脱甲烷塔再沸器回收冷量(+18℃)	−13.02	−506	—	
脱甲烷塔　　　　−1℃			−2.05	−160
塔底回收　　　　−26℃			−1.72	−218
排气中回收−75℃冷量			−1.05	−369
塔釜泵				110
甲烷压缩		395		382
合计		12918		10768
差额				−2150

　　三种分离流程中，顺序分离流程技术比较成熟，流程的效率、灵活性和运转性能都好，对裂解原料适应性强，综合经济效益高。为避免丁二烯损失，一般采用后加氢，但流程较长，裂解气全部进入深冷系统，致冷量较大；前脱乙烷分离流程一般适合于分离含重组分较少的裂解气，由于脱乙烷塔的塔釜温度较高，重质不饱和烃易于聚合，故也不宜处理含丁二烯较多的裂解气。脱炔可采用后加氢，但最适宜用前加氢，因为可以减少设备。操作中的主要问题在于脱乙烷塔压力及塔釜温度较高，会引起二烯烃聚合，发生堵塞；前脱丙烷分离流程因先分去碳四以上馏分，使进入深冷系统物料量减少，冷冻负荷减轻，适用于分离较重裂解气或含 C_4 烃较多的裂解气。可采用前加氢或后加氢，前者所用设备较少。目前，世界上主要乙烯生产装置基本上都采用顺序分离流程。

4.1.7 乙烯工业的发展趋势

石油化工是推动世界经济发展的支柱产业之一，而乙烯是石油化工的龙头产品，目前约有75%的石油化工产品由乙烯生产。乙烯是生产有机化工原料的基础，世界各国普遍把乙烯工业作为其产业布局的重要环节，乙烯产量也被看作一个国家经济综合实力的体现。2014年，世界乙烯总产能达到1.57亿吨/年，中国乙烯产能一举突破2000万吨/年，成为继美国之后的全球第二大乙烯生产国。

目前，工业上乙烯生产主要采用烃类蒸汽裂解法制备，其产量超过总产量的90%。但蒸汽裂解工艺具有反应温度高，能耗大，需要昂贵的耐高温合金钢材料，操作周期短，炉管寿命低，工艺流程复杂，并且收率较低等缺点，制约了乙烯工业的进一步发展。随着石化行业竞争的加剧，各乙烯厂商在技术创新上加强了力度，首先，改进现有乙烯生产技术，提高选择性、降低投资和节能降耗是乙烯生产技术发展的总趋势。其次，在当前主流的蒸汽裂解技术之外，研究和开发乙烯生产的新技术，拓宽制取乙烯的原料来源，在特定的资源条件下，希望采用这些技术可以充分利用资源，以此作为蒸汽裂解制乙烯的有益补充。

4.1.7.1 乙烯工业生产技术发展近况

(1) 裂解炉技术

烃类的蒸汽裂解仍是烯烃的主要来源。乙烯生产将继续以蒸汽裂解为主，而裂解炉技术则是对乙烯生产能耗和物耗有很大影响的关键技术之一。

① 混合元件辐射炉管技术　高性能炉管乙烯裂解炉要求具有良好的热效率并且抗结焦。混合元件辐射炉管技术是采用整体焊接在炉管内的螺旋元件，通过改进炉管的几何形状，导入螺旋流改变内部流动状况来改善热效率和抗结焦性能。由于提高了混合速率，降低了管内流体边界层厚度，提高炉管传热效率为裸管的1.5倍，从而提高了裂解炉效率，同时降低了结焦速率，延长了运转周期，并且因此节约了燃料，改善了经济性以及对环境的影响。该技术已经用于世界各地的裂解炉，以提高效率和产率。

② 减轻裂解炉管结焦技术　已开发出多种抑制结焦的方法，如在炉管辐射盘管内壁涂一层特殊材料，或使用一种新的合金炉管。新的添加剂和预处理工艺也可以使结焦明显减少。该方法包括在清焦操作后用化学混合物实施就地在线预处理，从而产生一种无催化活性的表面。另外，AIMM技术公司开发出一种被称为"流体动力学（hydrokinetics）"的先进的管道清洁专有技术。这项技术运用了声波共振原理，与传统的高压水洗、烘烤、化学清洗、打钻、擦洗等传统清洁方法相比，是一种高效、低成本、更安全的清洁管道污垢的方法。

③ 大型乙烯裂解炉技术　乙烯裂解炉的规模继续向大型化方向发展。应用大型裂解炉，可以减少设备台数，缩小占地面积，从而降低整个装置投资。同时，也可减少操作人员、降低维修费用和操作费用，更有利于装置优化控制和管理，降低生产成本。使用现代技术的石脑油蒸汽裂解装置，目前工业上确保的规模已达120万～140万吨/年。5家主要蒸汽裂解专利商都准备设计单线能力为150万吨/年的装置。裂解炉以气体为原料时，单炉生产能力可达30万吨/年。以液体为原料时单炉生产为23万吨/年，个别裂解炉生产能力可达25万吨/年。

(2) 分离系统的技术进展

① 催化精馏加氢技术　Lummus公司开发的催化精馏加氢技术（CDHydro）是将加

氢反应器和精馏塔相结合，在精馏塔中进行加氢反应。该技术取消了加氢脱炔反应器，可减少 15％设备台数，降低装置投资 5％～7％。CDHydro 工艺可以仅对炔烃和二烯烃选择加氢，也可以对炔烃、二烯烃和其他不饱和烃进行全加氢；还可代替深冷分离，通过化学反应将 35％的氢气移走，可减少制冷量高达 15％，节约了能源，并降低了温室气体排放。

② 自动转化技术　Lummus 公司的自动转化技术（OCT）即 C_4 自动转化生产乙烯、丙烯和另外一种有价值的产品 1-己烯的技术。该技术并不采用乙烯作原料。使用 OCT 技术可节约乙烯装置的能源并相应减少温室气体的产生，可显著提高副产品的价值，同时提高了产品的灵活性。C_4 馏分的优化对乙烯装置的经济性是个关键问题。该技术可应用于新建装置或扩建装置，用于改扩建，具有降低能耗、降低原料消耗、不需改造丙烯分馏系统、增加产品生产的灵活性、降低投资等优点，对于 0.6Mt/a 装置扩能 40％而言，可降低投资 5％。

③ 新型高效加氢除炔催化剂　KataLeuna 公司已开发应用了 3 种高效改进型选择加氢除炔催化剂。这几种催化剂呈环形片状，外径 5.4mm，孔径 2.6mm，是负载于特制氧化铝载体上的钯基催化剂。KL7741B-R 型催化剂应用于前加氢除炔工序中，可降低反应器压力降，提高空速，并改善其耐热失控温度。乙烯产量比传统工艺提高 30％～35％，乙炔体积分数从 0.3％～1.2％降低到 （1～7）×10^{-7}。该催化剂寿命可延长至 5 年，几乎没有绿油的形成。

4.1.7.2　乙烯原料的多元化发展趋势

(1) 乙烯原料的轻质化

目前，世界范围内以传统的石油→石脑油为原料生产的乙烯约占世界乙烯总产量的 50％，以天然气（页岩气）为原料生产的乙烯约占世界乙烯总产量的 35％。近年来，世界乙烯原料继续保持多元化、轻质化趋势，产自石脑油的乙烯比例逐年下降。由于页岩气大发展带来丰富和廉价的天然气液原料，其原料成本仅是石脑油的 30％～40％，使北美成为全球石化低成本的区域之一。近年来充足的页岩气资源打破了美国资源的对外依赖局面，其天然气凝析液产量的显著增长为市场提供了丰富的乙烷，从而为乙烯生产提供了充足的原料。从 2008 年起轻烃在美国乙烯原料中的比例不断增加，到 2011 年达到 95％以上，同时石脑油乙烯产量下降。美国页岩气的开发成功不仅为本国乙烯生产商带来了廉价的原料，还在逐渐影响世界乙烯原料的调整变化，世界乙烯生产商原料选择更加多样化。传统的以石脑油为原料的乙烯生产商为增强竞争力，正在有条件地增加轻质原料的比例，或从美国购进廉价原料，或增加天然气液等在乙烯原料中的比例。对于中国而言，页岩气开发尚处于早期，能否从页岩气中得到大量的轻烃有待证实。从已有的天然气开发结果看，中国大部分天然气属于"干气"，含乙烷和轻烃量很少，无法从这种页岩气直接得到制取乙烯的裂解原料。如果能借鉴欧洲一些国家的做法，在价格合理的前提下，也可以考虑引进北美乙烷为裂解原料，对提升中国乙烯工业竞争力也许有所帮助。

(2) 煤制烯烃的技术

发展新型煤化工产业，符合我国富煤、缺油、少气的能源结构特点，不仅有利于提高化工产品的竞争力，而且对实施能源战略具有重大意义。煤基甲醇制烯烃是指以煤为原料合成甲醇，再由甲醇制取乙烯、丙烯等烯烃的技术。该技术包括煤气化、合成气净化、甲醇合成及甲醇制烯烃 4 项核心技术。甲醇制烯烃技术按照目的产物的不同，分为甲醇制烯烃

（MTO，主要生产乙烯和丙烯）和甲醇制丙烯（MTP，主要生产丙烯）的工艺技术。

2010 年，神华包头煤化工有限公司 180 万吨/年 MTO 装置建成投产，这是世界首套以煤为原料生产烯烃的百万吨级项目，核心技术采用具有我国自主知识产权的 DMTO 技术（大连化学物理研究所和中国石化洛阳工程公司联合开发的甲醇制烯烃技术），投产后装置运行稳定。2011 年，中国石化中原石化公司 60 万吨/年 MTO 装置投入工业化生产，该装置采用中国石化拥有全部知识产权的 SMTO 工艺，装置建成以来运行稳定，指标先进，展示了良好的应用前景。截至 2015 年 6 月，我国已建成甲醇制烯烃 16 套，总产能达到 779 万吨/年，多个项目均显现良好的经济效益。这些项目的建成投产，开创了非石油路线制取乙烯、丙烯等低碳烯烃的全新途径。

（3）催化裂解技术

在催化剂存在下，裂解石油烃来生产低碳烯烃，不仅反应温度比蒸汽裂解法低，有利于降低能耗，而且裂解炉管内壁结焦速率降低，显著增加了炉管寿命和延长了操作周期，并且在比传统蒸汽裂解更缓和的条件下，可以提高裂解深度和选择性，烯烃收率比较高。采用催化裂解技术，除了以石脑油为原料外，还可以采用重质油、高级烯烃等为原料，拓宽了制取乙烯原料的来源，使资源得到充分利用，完善企业产业链，成为乙烯行业发展的有益补充。

以传统石脑油为原料，日本开发的多产丙烯的催化裂解新工艺，采用质量分数 10％的 La/ZSM-5 作催化剂，控制固定床反应器的温度为 650℃，乙烯和丙烯的总收率为 61％，比传统的蒸汽裂解法提高 10％以上。韩国首尔 LG 石化公司开发一种专有的金属氧化物催化剂，反应温度低于标准裂解反应约 50～100℃，乙烯和丙烯收率分别比蒸汽裂解提高 20％和 10％。俄罗斯研制的一种催化剂的活性组分主要是锰、钒、铝、锡、铁等变价金属化合物，载体为石英、氧化铝、沸石和陶瓷等，其中性能最优的是以红柱石-刚玉为载体的钒酸钾催化剂。它具有较高的活性与选择性，同时耐热性好，并具有低结焦率与高稳定性。裂解温度比蒸汽热裂解温度降低了 50～70℃，得到的乙烯收率则提高了 5％～10％。

Phillips 石油公司开发了一种将 C_3、C_4 烃类化合物转化为低级烯烃的方法，催化剂由镁氧化物和锰的混合氧化物组成，这种催化剂能够有选择性地将烃类转变为乙烯和乙烷，特别是乙烯。在该催化剂中加入一定量的钙、钡、锶、锡和锑中的至少一种金属氧化物作为助催化剂，能够使乙烯和乙烷特别是乙烯的选择性得到改善，并且有利于延长催化剂的使用寿命。Linde 公司开发的常压柴油催化裂解新技术，是在改进蒸汽裂解炉基本结构的基础上进行的，催化剂由钙铝及其助催化剂组成，兼具抑制结焦和催化裂解的功能。该工艺将固定床催化剂和蒸汽裂解工艺有机地结合起来，使裂解生成的焦炭在蒸汽存在下反应生成 H_2 和 CO_2，阻止裂解炉管结焦。这种催化裂解新工艺可降低裂解温度 30～70℃。其乙烯和丙烯收率分别为 30.5％和 11.7％。

我国原油中轻质油含量普遍偏低，直馏石脑油和轻柴油一般只占原油的 30％左右，因此，在我国发展重质油裂解技术研究具有极其重大的现实意义。北京石油化工科学研究院开发了催化热裂解制取乙烯、丙烯技术。其特点是以重质油为原料，采用专门研制的酸性分子筛催化剂，操作条件比传统的蒸汽裂解制乙烯缓和，适合直接加工常压渣油尤其是石蜡基油，还可掺炼适量的减压渣油。工业试验结果表明，以大庆减压柴油掺 56％的渣油为原料，按乙烯方案操作，乙烯收率可达 20.4％，丙烯收率为 18.3％。洛阳石化工程公司借鉴成熟的重油催化裂化工艺技术，开发了一种重油直接裂解制乙烯工艺和相应的催化剂，采用提升管反应器来实现高温（660～700℃）、短停留时间（<2s）的工艺要求。30 万吨/年乙烯的

装置技术经济评价结果表明，以中等质量的常压渣油为原料时，其乙烯生产成本仅为同等规模的石脑油管式炉裂解乙烯的 76%，具有较强的竞争力。

烯烃裂解技术是将较高级烯烃转化为乙烯、丙烯等较低级烯烃的烯烃转换技术。其工艺以烯烃的热力学平衡为基础，采用一种合适的催化剂（如改性的 ZSM-5 或其他类型的沸石），把炼厂催化裂化装置和乙烯装置副产的 C_4 和 C_5 馏分、轻质裂解汽油或轻质催化汽油中含有的大量 $C_4 \sim C_8$ 低碳烯烃，通过催化裂解或烯烃歧化两种工艺，将高碳烯烃转换为低碳烯烃（主要是乙烯、丙烯和丁烯）。低碳烯烃的具体组成与原料烯烃中的碳原子数无关，而是由反应条件和催化剂决定。由于原料中的二烯烃易产生结焦，因此，应预先将其选择性加氢转化成单烯烃。

4.2 选择性氧化

4.2.1 概述

选择性催化氧化是一大类重要反应，包括生产各类无机含氧化合物，如硝酸、硫酸；有机含氧化合物，如醇、酮、酸、酯、过氧化合物、环氧化合物、有机腈等。这些产品量大且用途广泛，是有机化工的重要原料、中间体、溶剂以及某类聚合物的单体，在国民经济中占有重要地位。

4.2.1.1 催化氧化反应的特点

① 氧化反应存在着平行、串联副反应竞争，所需产物一般是中间产物，因此必须选择合适的催化剂，并且控制反应的深度。以丙烯氧化为例：

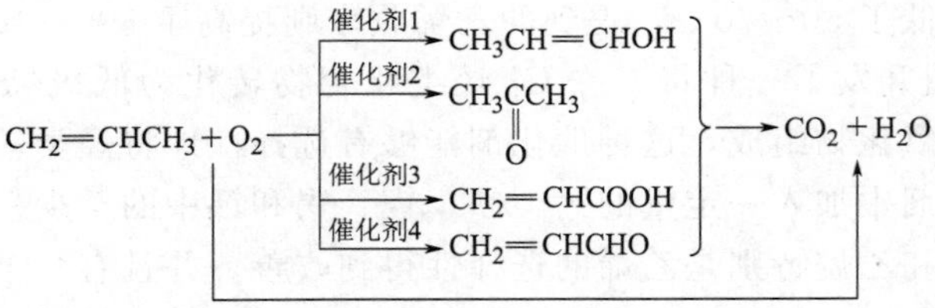

采用不同的催化剂可以得到不同的产物，而深度氧化反应的最终产物都是生成 CO_2 和 H_2O。因此，催化剂的选择以及反应工艺条件的控制及其重要。

② 反应生成焓 $\Delta H_f^{\ominus} < 0$。氧化反应是强放热反应，必须严格控制反应温度，及时移走反应热，否则温度迅速升高，使反应选择性大大降低，发生大量完全氧化反应，同时放出比选择性氧化大 $8 \sim 10$ 倍的热量，致使反应温度无法控制，甚至发生爆炸。

③ $\Delta G^{\ominus} \ll 0$，反应自由焓远远小于零。在热力学上非常有利，属于不可逆反应。

④ 因为氧化剂和原料或产物（烃类物质）都会形成爆炸性混合物，因此存在爆炸危险，务必考虑安全问题。

表 4-17 为一些化合物与空气混合的爆炸极限。氧化反应的这一特点，在设计反应器时必须引起高度重视。设备上必须开设防爆口，设置安全阀或防爆膜。每年必须定期校验；其他的安全措施有：物料配比必须避开爆炸极限，控制产物浓度、降低转化率避开爆炸极限，车间环境设置自动报警系统，禁止明火。

表 4-17　某些烃类物质与空气混合物的爆炸极限

与空气混合(x,下限~上限)/%	氨气	氢气	乙炔	乙烯	丙烯	环氧乙烷
	16~27	4.5~74.4	2.3~82	3.05~28.6	2.0~11.1	3~100
与空气混合(x,下限~上限)/%	丙烯腈	二氯乙烷	环己烷	苯	甲醇	乙醛
	3~17	6.2~15.9	1.3~8.4	1.4~9.5	6.72~36.50	4~57

4.2.1.2　氧化剂的选择

在烃类等有机化合物分子中引入氧,可采用的氧化剂有纯氧或空气、HNO_3、烟酸、H_2O_2、金属氧化物 MnO_2 等。空气中的 O_2 因其来源丰富、价廉、无腐蚀,而被广泛应用于产量大的有机化工生产工业中,其缺点是氧化能力较弱,必须使用催化剂且反应温度较高,废气及动力消耗较大,纯氧的优点是排放废气量小,反应设备体积较小,可降低固定资产投资。但需要空分装置,即将空气中的氧和氮通过深冷分离或膜分离方法得到纯氧和纯氮。

4.2.1.3　非均相催化氧化反应的特点

选择性催化氧化反应按相态可分为气固相催化氧化和气液相催化氧化。前者是指以气态有机原料、气态氧作氧化剂,在固体催化剂存在的条件下,氧化生成有机化工产品的过程,也称为非均相催化氧化。

① 反应原料、产物均为气态,催化剂为固态。物料通过固体催化剂床层进行氧化反应,其程包括扩散、吸附、表面反应、脱附和扩散五个步骤。催化剂的活性表面、流体流动特征和分子扩散速率等对产品的生产速度、放热和除热均有影响。

② 传热情况复杂,在非均相催化氧化反应器中,催化剂颗粒内、催化剂颗粒与气体间、催化剂床层与管壁之间均存在传热问题。而这类反应又属强放热反应,催化剂的载体往往是导热欠佳的物质。如果采用列管式固定床反应器,床层轴向和径向温度分布的温差较大,影响反应选择性,如局部温差过大甚至会产生飞温现象,导致催化剂烧结,反应无法进行。

③ 非均相催化氧化一般采用固定床或流化床反应器。由于是强放热反应,装置务必考虑及时移走反应热量和自动控制反应温度,以确保安全生产。

4.2.1.4　非均相催化氧化反应器

(1) 固定床列管式反应器

如图 4-22 所示,在列管式固定床反应器中,列管一般采用 ϕ38~42mm 的无缝钢管,管数视生产能力而定,可由数百根至数万根,列管长度为 3~6m,每根列管均装有催化剂。长度增加,气体通过催化床层的阻力增加,动力消耗增大,因此对催化剂的粒径有一定要求,不宜采用粒径太小的催化剂。

反应温度由插在列管中的热电偶测量。一般在圆筒内不同半径上安装特制的数根热电偶套管,环隙内装填催化剂,每根热电偶套管中放置数根不同高度的热电偶,这样就可以测得不同界面和高度的反应温度,以便随时监测与控制。反应器的上部设置气体分布板,

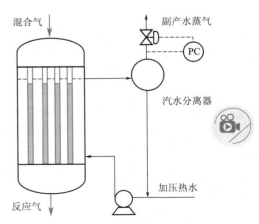

图 4-22　以加压热水作载热体的反应装置示意

使气体分布均匀，底部设有催化剂支撑板。

列管间流通载热体，便于及时移走反应产生的热量。反应温度不同，所用的载热体也不同，对其温度的控制方法也不同。一般反应温度在240℃以下，宜采用加压热水作载热体，借水的汽化移走反应热，同时产生高压水蒸气。因为水的汽化潜热远远大于它的显热，传热效率高，有利于催化剂床层温度的控制。加压热水的进出口温差一般只有2℃左右。值得注意的是管内催化剂的装填不能高于汽水分离器出口管，否则会因反应放热不能及时移走，导致催化剂烧结甚至飞温等现象的发生。

对于强放热氧化反应，轴向和径向都存在温差。轴向温度分布均出现一个峰值，称为热点。如图4-23所示，热点温度和高度取决于沿轴向各点的放热速率和管外载热体的移热速率。

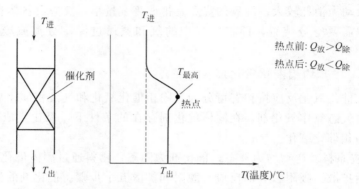

图 4-23　放热反应时列管式反应器轴向温度分布

在热点前，放热速率大于除热速率，因此出现轴向床层温度逐渐升高；热点后，除热速率不变，放热速率降低，所以床层温度逐渐降低。热点温度的控制非常关键。热点温度过高，会使反应选择性降低，副反应增加，继而放热量增大，导致局部温度过高，甚至出现飞温，温度无法控制，催化剂烧结而无法装卸。

热点出现的位置与反应条件控制、传热情况、催化剂的活性等有关。随着催化剂的老化，热点温度会逐渐下降，其高度也逐渐降低，此现象也可作为判断催化剂是否失活的依据之一。

为了降低热点温度减少轴向温差，使沿轴向大部分催化剂床层能在适宜温度范围内操作，工业生产上所采取的措施有：

① 在原料气中加入微量的抑制剂，使催化剂部分毒化，减缓反应程度；

② 在装入催化剂的列管上层装填惰性填料（铝粒或废旧催化剂），以降低入口处附近的反应速率，从而降低反应放热速率，使之与除热速率尽可能平衡；

③ 采用分段冷却法，改变除热速率，此法须改变反应器壳程结构；

④ 避开操作敏感区。对于强放热氧化反应，热点温度对过程参数，如原料气入口的温度、浓度、壁温等的少量变化非常敏感，稍有变化即会导致热点温度发生显著提高，甚至造成飞温。

对于此类强放热氧化反应而言，采用固定床列管式反应器，以加压热水为热载体时，其反应温度的控制可通过汽水分离器后产生的副产蒸汽压力的大小来调节，饱和蒸汽的压力与温度是一一对应的。温度过高，自动薄膜调节阀开大，降低了副产蒸汽压力，壳程中的水温度也相应降低，反之亦同。

（2）流化床反应器

图 4-24 为流化床反应器示意图，它主要由下、中、上三部分组成。下部为原料气和氧化剂空气的入口，两者分别进料比较安全。一般空气从底部进入便于在开车时先将催化剂流化起来，并加热到一定温度后，再通入原料气进行反应；中部为反应段，是关键部分。在催化剂支撑板上装填一定粒度的催化剂，并设置有一定传热面积的 U 形或直形盘管，通过管内加压热水汽化产生副产蒸汽而移走反应热量；反应器上部是扩大段，由于床径扩大，气体流速减慢，有利于沉降气流所夹带的催化剂。为了进一步回收催化剂，设有二至三级旋风分离器若干组，由旋风分离器捕集回收的催化剂，通过沉降管返回至反应器中下部。

（3）列管式固定床反应器与流化床反应器的比较

列管式固定床反应器有以下特点：

① 催化剂磨损少，流体在管内接近活塞流，推动力大，催化剂的生产能力高。

② 传热效果比较差，需要比流化床反应器大约 10 倍的换热面积。

③ 沿轴向温差较大，且有热点出现；反应热由管内催化剂中心向外传递，存在径向温差。因此，热稳定性较差，反应温度不易控制，容易发生飞温现象。

④ 制造反应器所需合金钢材耗量大。

⑤ 催化剂装卸不方便，要求每根管子的催化剂床层阻力相同，否则会造成各管间的气体流量分布不均匀，影响反应结果。

⑥ 原料气在进入反应器前必须充分混合，其配比必须严格控制，以避开爆炸极限。

流化床反应器特点：

① 由于催化剂颗粒之间和催化剂与气体之间的摩擦，造成催化剂破损被气流带出反应器外，致使催化剂磨损大，消耗多。因此催化剂必须具有高强度和高耐磨性能，旋风分离器的效率也要高。

② 在流化床内气流易返混，反应推动力小，影响反应速率，使转化率下降，返混会导致连串副反应发生，选择性下降。

③ 传热效果好，床层温度分布均匀，反应温度易于控制，不会发生飞温现象，操作稳定性好。

④ 制造流化床反应器所需合金钢材耗量少。

⑤ 催化剂装卸方便，只需采用真空吸入方法即可。

⑥ 原料气和空气可分开进入反应器，比较安全。

4.2.2　乙烯环氧化制环氧乙烷

环氧乙烷（ethylene oxide）是乙烯衍生物中仅次于聚乙烯和聚氯乙烯的第三大重要有机化工原料，20％以上的乙烯用于生产环氧乙烷。环氧乙烷除部分用于制造非离子表面活性

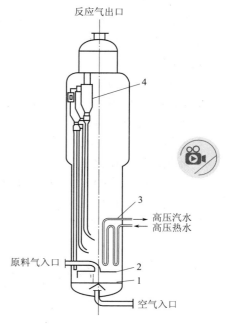

图 4-24　流化床反应器
1—空气分配管；2—原料气分配管；
3—U 形冷却管；4—旋风分离器

剂、氨基醇、乙二醇醚外，主要用来生产乙二醇，后者是制造聚酯树脂的主要原料，也大量用作抗冻剂。现在几乎所有的环氧乙烷都与乙二醇生产相结合在一起，大部或全部环氧乙烷用于生产乙二醇，少部分用于生产其他化工产品。2020 年全世界环氧乙烷产能约为 3000 万吨，国内环氧乙烷产能合计 547 万吨。

环氧乙烷的生产方法有氯醇法和乙烯环氧化法。1859 年法国化学家 Wurtz 首先发现 2-氯乙醇与 KOH 作用可制得环氧乙烷。1938 年，美国联合碳化物公司（UCC）首次建厂投产了乙烯与空气直接氧化生产环氧乙烷，1975 年美国壳牌公司（Shell）又以氧气代替空气与乙烯反应生产环氧乙烷，1975 年美国的环氧乙烷生产全部采用直接氧化法。目前，世界上环氧乙烷工业化生产装置几乎全部采用乙烯直接氧化法。全球环氧乙烷生产技术主要被美国 Shell 公司、SD 和 UCC 三家公司垄断，90％以上生产能力采用上述三家公司的生产技术。我国最早以传统的乙醇为原料经氯醇法生产环氧乙烷，20 世纪 70 年代开始引进以生产聚酯原料乙二醇为目的产物的环氧乙烷/乙二醇联产装置。

4.2.2.1 乙烯环氧化反应原理

乙烯直接氧化法的主反应方程式为

$$CH_2{=\!=}CH_2 + 0.5O_2 \xrightarrow[220\sim260℃]{Ag/Al_2O_3} CH_2{-\!-}CH_2 \qquad \Delta H_{298K} = -103.4\,kJ/mol$$
$$\underset{O}{\diagdown\diagup}$$

平行副反应

$$CH_2{=\!=}CH_2 + 3O_2 \longrightarrow 2CO_2 + 2H_2O \qquad \Delta H_{298K} = -1324.6\,kJ/mol$$

环氧乙烷继续氧化生成二氧化碳和水，以及生成少量甲醛和乙醛的连串副反应。

$$CH_2{-\!-}CH_2 + \frac{5}{2}O_2 \longrightarrow 2CO_2 + 2H_2O \qquad \Delta H_{298K} = -1221.2\,kJ/mol$$
$$\underset{O}{\diagdown\diagup}$$

完全氧化副反应使主反应选择性下降，热效应则是主反应放热的十余倍，极易出现飞温现象。因此提高催化剂的选择性，减少乙烯直接氧化生成二氧化碳和水的反应至关重要。

4.2.2.2 乙烯环氧化反应催化剂

工业上采用银催化剂，它由活性组分银、载体和助催化剂组成。

① 银含量　研究结果表明，增加银含量可提高催化剂的活性，但会降低选择性。一般工业催化剂的银含量控制在 20％（质量分数）以下。用空气氧化法转化率为 35％左右时，最新研究结果表明，UCC 公司采用锰和钾作助催化剂，银含量达 33.2％时，仍可使催化剂选择性高达 88.7％～89.6％。用空气氧化法转化率为 12％～15％时，选择性为 71％～74％。

② 载体　主要功能是分散活性组分银和防止银微晶的半熔和烧结，保持活性稳定。工业上为了控制反应速率和选择性，常采用低比表面无空隙或粗空隙型惰性物质作为载体，并要求有较好的导热性能和热稳定性。常用的载体有碳化硅、α-Al$_2$O$_3$、含少量 SiO$_2$ 的 α-Al$_2$O$_3$，一般比表面小于 1m^2/g，孔隙率 50％左右，平均孔径 4.4μm 左右。

③ 助催化剂　碱金属盐类、碱土金属盐类和稀土元素化合物等具有助催化剂的功能，但它们的作用各不相同。银催化剂中加入铯盐可增加催化剂的抗熔结能力，提高稳定性和延长使用寿命，还可提高活性，但其选择性会有所降低；添加适量铯和钠催化剂可大大提高其选择性，其作用是使载体表面酸性中心中毒，以减少副反应的进行，两种或两种以上的助催化剂有协同作用，效果优于单一组分。

④ 抑制剂　主要作用是抑制反应过程中二氧化碳的生成，提高生成环氧乙烷的选择性。

它可以分为两类：一类是在银催化剂中加入少量硒、碲、氯、溴等物质；另一类是在原料气中直接添加。工业常用的是在原料气中添加微量的有机氯，如二氯乙烷，用量为 $1\sim3\mu L/L$，用量过多会导致活性显著下降，但此种为暂时性失活，停止通入氯化物后活性即可恢复。

有学者认为氯有较高的吸附热，它能优先占领银表面的强吸附中心，从而大大减少吸附态原子氧离子的生成，抑制了深度氧化反应。当银的表面有 1/4 被氯适宜遮盖时，深度氧化反应几乎完全不会发生。

近年来 Force 等提出，吸附态的原子氧离子是乙烯选择性氧化的关键物种。它既可生成环氧乙烷，也可生成 CO_2 和水。气相中乙烯与吸附态原子氧离子反应生成环氧乙烷；而吸附态乙烯则与吸附态原子氧离子反应生成 CO_2 和水；而添加的抑制剂二氯乙烷，则除占据银表面活性中心外，还会挤占乙烯的吸附位，使吸附态乙烯的浓度下降，从而提高乙烯生成环氧乙烷的选择性。在单晶和多晶表面上用红外光谱仪测得的结果，佐证了这一假设。

4.2.2.3　乙烯环氧化工艺条件

① 反应温度　乙烯环氧化过程存在着平行副反应和连串副反应的竞争，后者是次要的，最主要的剧烈竞争来自乙烯直接氧化生成 CO_2 和水，且是一个强放热反应。因此反应温度的选择与控制显得尤为重要。动力学研究结果表明，乙烯生成环氧乙烷反应的活化能小于完全氧化反应的活化能，故提高反应温度，对加快完全氧化反应的速率有利，选择性必然随温度升高而下降。若反应温度控制太低，选择性很高，但是反应速率很慢，没有现实意义。适宜的反应温度与催化剂活性有关，工业上一般控制在 220~260℃。

② 空速　有体积空速和质量空速之分。前者为单位时间内通过单位体积催化剂的物料体积。后者为单位时间内通过单位质量催化剂的物料质量。体积空速常用于气-固相反应，质量空速常用于液-固相反应。空速大，物料在催化剂床层停留时间短，若属表面反应控制，则转化率降低，选择性提高。反之，则转化率提高，选择性降低。适宜的空速与催化剂有关，应由生产实践确定。对空气氧化法而言，工业上主反应器空速一般取 $7000h^{-1}$ 左右，此时的单程转化率在 30%~35% 之间，选择性可达 65%~75%。对氧气氧化法而言，空速为 $5500\sim7000h^{-1}$，此时的单程转化率在 15% 左右，选择性大于 80%。

③ 反应压力　由于主副反应都可视作不可逆反应，因此加压对乙烯环氧化反应无显著影响，但可提高乙烯和氧的分压，加快反应速率，提高反应器生产能力，也有利于从反应气体产物中回收环氧乙烷。但压力过高，除会增加设备费用外，还会促使环氧乙烷聚合及催化剂表面结炭。现在，工业上大多采用加压氧化法，操作压力是 1.0~3.0MPa。

④ 原料纯度和配比　原料气中的杂质会使催化剂中毒（如乙炔和硫化物等能使银催化剂永久性中毒），反应选择性下降（如 Fe 离子会促使环氧乙烷异构成乙醛），热效应增大（如原料气中的 H_2、C_3 以上烷烃和烯烃会发生完全氧化反应，从而释放出大量反应热），影响爆炸极限（如氩气的存在使原料气爆炸极限变宽，增加爆炸危险性）。一般要求原料乙烯中的杂质含量为：乙炔<$5\mu L/L$；硫化物<$1\mu L/L$；C_3 以上烃<$10\mu L/L$；H_2<$5\mu L/L$；氯化物<$1\mu L/L$。

对于具有循环过程的环氧化反应，进入反应器的混合气由循环气和新鲜原料气乙烯和氧气混合形成。它的组成不仅影响反应结果，也关系到安全生产。在生产过程中，乙烯和氧气的配比一定要避开爆炸极限。乙烯在空气中的爆炸极限为 φ(乙烯)=2.7%~36%，与氧的爆炸极限为 φ(乙烯)=2.7%~80%，适宜的二氧化碳（循环气中允许小于 9%）可以使爆炸极限变窄。另外，氮和甲烷也可作为致稳剂，使爆炸极限范围变窄，尤其是甲烷，增加体系稳定性和安全性。

由于所用氧化剂不同，进反应器的混合气组成也不同，用空气作氧化剂时因有大量氮气存在，乙烯浓度为 φ(乙烯)=5%左右为宜，氧的浓度 φ(O$_2$)=6%。当以纯氧作氧化剂，乙烯的浓度可达 φ(乙烯)=15%~20%，氧的浓度为 φ(O$_2$)=8%。一般致稳剂为氮气，当采用甲烷作致稳剂时，可使乙烯浓度更高，且需放空的尾气量大为减少，可由空气法的连续排放改为氧气法的定期排放，无需增设副反应器。

4.2.2.4 乙烯氧气氧化法生产环氧乙烷工艺流程

乙烯环氧化反应是一强放热反应，而且伴随有完全氧化副反应的发生，放热更为剧烈，故要求采用的氧化反应器能及时移走反应热。同时，为发挥催化剂最大效能和获得高的选择性，要求反应器内反应温度分布均匀，避免局部过热。对乙烯催化氧化制环氧乙烷而言，由于单程转化率较低（10%~30%），采用流化床反应器更为合适，在20世纪50~60年代，世界各国均对此进行试验，终因银催化剂的耐磨性差、容易结块以及由此而引起的流化质量不好等问题难以解决，直到现在还没有实现工业化。催化剂被磨损不仅造成催化剂的损失，而且会造成"尾烧"，即出口尾气在催化剂粉末催化下继续进行催化氧化反应，由于反应器出口处没有冷却设施，反应温度自动迅速升至460℃以上，流程中一般多用出口气体来加热进口气体，此时进口气体有可能被加热到自燃温度，有发生爆炸的危险。因此，目前全世界乙烯环氧化反应器全部采用列管式固定床反应器。

由于采用的氧化剂不同，工艺流程的组织可分为空气氧化法和氧气氧化法。空气氧化法安全性较高，但选择性较低，尾气需要连续排放，乙烯单耗高，另外需增加副反应器，以便使乙烯反应更完全，投资费用高于氧气氧化法。因此，大型的装置多采用氧气氧化法（见图4-25）。

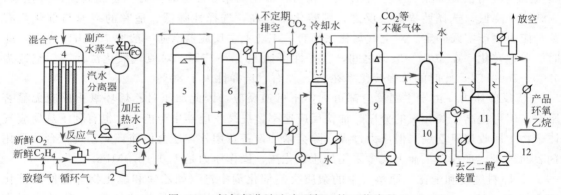

图4-25 氧气氧化法生产环氧乙烷工艺流程

1—混合器；2—循环压缩机；3—热交换器；4—反应器；5—环氧乙烷吸收塔；6—CO$_2$吸收塔；7—CO$_2$解吸塔；
8—环氧乙烷解吸塔；9—环氧乙烷再吸收塔；10—脱气塔；11—精馏塔；12—环氧乙烷储槽

如图4-25所示，原料氧气和乙烯、含抑制剂的致稳气以及循环气在混合器中混合后 [φ(氧)=7%~8%，φ(乙烯)=20%~30%]，经热交换器与反应后的气体进行热交换，预热至一定温度，从列管式反应器上部进入催化剂床层。在配制混合气时，由于是纯氧加入循环气和新鲜乙烯的混合气中，必须使氧和循环气迅速混合达到安全组成，避开爆炸极限，如果混合不好很可能形成氧浓度局部超过极限浓度，进入热交换器时，由于反应出口气体温度较高易引起爆炸危险。为此，混合器的设计极为重要，工业上是借多空喷射器对着混合气流的下游将氧气高速喷射入循环气和乙烯混合气中，使它们迅速混合均匀，以减少混合气返混入混合器的可能性。为确保安全，需要装配自动分析仪监测各组成，并配制自动报警连锁切断系统，热交换器安装需有防爆措施，如放置在防爆墙内等。列管式反应器管内装填催化剂，管间走加压热水移出反应所放出的热量，通过调节副产蒸汽压力，达到控制反应器温度的目的。反应器内温度控制在 220～260℃，压力 2.0MPa，混合气空速一般为 7000h^{-1} 左右，单程转化率控制在 12%～15%，选择性可达 75%～80% 或更高。

在反应器出口端，如果催化剂粉末随气体带出，也会有"尾烧"现象发生，从而导致爆炸事故的发生。为此工业上要求催化剂必须具备足够的强度，在长期运转中不易粉化；在反应器出口处采取冷却措施或改进下封头；采用自上向下的反应气流向，以减小气流对催化剂的冲刷；另外，还需严格控制反应器管间加压热水的液位，以保证处在反应管所装填的催化剂之上，防止催化剂烧结。

自反应器流出的反应气体中 φ（环氧乙烷）<3%，经热交换器 3 换热降温后进入环氧乙烷吸收塔 5，因为环氧乙烷能以任何比例与水互溶，故采用水作吸收剂。吸收塔顶排出的气体，含有未转化的乙烯、氧气、惰性气体以及产生的二氧化碳。虽然原料乙烯和氧的纯度很高，带入反应系统的杂质很少，但反应过程中产生的 CO_2 如全部循环至反应器内，必然会造成循环气中 CO_2 浓度的积累。因此，从吸收塔排出的气体约 90% 循环至循环压缩机 2 中，与新鲜乙烯混合进入混合器 1，另约 10% 送至 CO_2 吸收塔，与来自 CO_2 解吸塔 7 塔釜的热的贫碳酸氢钾-碳酸钾溶液接触，在系统压力下碳酸钾与 CO_2 和水作用生成碳酸氢钾。自 CO_2 吸收塔顶排出的气体经冷却器冷却、气液分离器分离出夹带的液体后，返回至循环气系统，并采用不定期放空的方法以避免惰性气体的积累。CO_2 吸收塔塔釜富碳酸氢钾-碳酸钾溶液经减压后入 CO_2 解吸塔 7，经加热，使 $KHCO_3$ 分解为 K_2CO_3、CO_2 和 H_2O，CO_2 自塔顶排出，塔釜液贫 $KHCO_3$-K_2CO_3 循环回 CO_2 吸收塔作吸收剂。

环氧乙烷吸收塔塔釜排出的含 w（环氧乙烷）=3%、少量副产物甲醛、乙醛以及 CO_2 的吸收液，经热交换减压闪蒸后，进入环氧乙烷解吸塔 8 顶部，在此环氧乙烷和其他组分被解吸，解吸塔顶部设有分凝器，其作用是冷凝与环氧乙烷一起蒸出的大部分水和重组分杂质。解吸出来的环氧乙烷进入再吸收塔 9，用水再吸收后，塔顶为 CO_2 和其他不凝气体，塔釜得到 w（环氧乙烷）=10% 的水溶液，进入脱气塔 10，在脱气塔顶除了脱出 CO_2 外，还含有相当量环氧乙烷蒸气，这部分气体返回至再吸收塔 9，塔釜排出的环氧乙烷水溶液一部分直接送至乙二醇装置，加入适量水后 [1:（15～20）] 在 190～200℃、1.4～2.0MPa 反应条件下水合制乙二醇，其余部分进入精馏塔 11，精馏塔具有 95 块塔板，在 87 块塔板处采出纯度大于 99.99% 的产品环氧乙烷，塔顶蒸出甲醛（含环氧乙烷）部分回流，部分与塔中部取出的含乙醛的环氧乙烷一起返回脱气塔。环氧乙烷解吸塔 8 塔釜排出的水经热交换利用其热量后，循环回环氧乙烷吸收塔 5 作吸收水用；精馏塔 11 塔釜排出的水则循环回环氧乙烷再吸收塔 9 作吸收水用，这些吸收水是闭路循环，可以减少污水的排放量。

4.2.3　丙烯氨氧化制丙烯腈

丙烯腈（acrylonitrile）属大宗基本有机化工品，是三大合成材料的重要单体。丙烯腈在引发剂（过氧甲酰）作用下可聚合成线型高分子化合物聚丙烯腈，由它制成的腈纶质地柔软，类似羊毛，俗称"人造羊毛"，它强度高，密度小，保温性好，耐日光、耐酸和耐大多数有机溶剂。丙烯腈与丁二烯共聚生产的丁腈橡胶，具有良好的耐油、耐寒、耐溶剂等性能，是现代工业最重要的橡胶之一。丙烯腈与丁二烯-苯乙烯共聚成 ABS 工程塑料，因其具有优良的力学性能、抗冲击性、耐低温，可以在极低的温度下使用；另外还具有优良的耐磨性、耐油性及电气性，即 ABS 的电绝缘性较好，几乎不受温度、湿度和频率的影响，广泛应用于机械、汽车、电子电气、仪器仪表、纺织和建筑等工业领域。此外，丙烯腈水解可得产物丙烯酰胺，丙烯腈醇解可得丙烯酸酯。由丙烯腈经电解加氢偶联（又称电解加氢二聚）可制得己二腈，再加氢可制得己二胺，后者是生产尼龙-66 的主要单体。由丙烯腈还可制得一系列精细化工产品，如谷氨酸钠、医药、农药熏蒸剂、高分子絮凝剂、化学灌浆剂、纤维改性剂、纸张增强剂、固化剂、密封胶、涂料和橡胶硫化促进剂等。我国丙烯腈的消费比例大致为：腈纶占 52%，ABS 占 27.2%，丙烯酰胺约占 8%，其他约 12.8%。因此，丙烯腈在有机合成工业及人民经济生活中应用十分广泛。

丙烯腈在室温和常压下是有刺激性的无色液体，剧毒，味甜，微臭。沸点 77.3℃，熔点 -83.6℃，相对密度 0.806，自燃点 481℃，易燃易爆，在空气中的爆炸极限为 φ（丙烯腈）= 3.05%～17.5%。因此，在生产、储存和运输中，应采取严格的安全防护措施。丙烯腈分子中含有氰基和 C═C 不饱和双键，化学性质极为活泼，能发生聚合、加成、氰基和腈乙基化等反应，纯丙烯腈在光的作用下就能自行聚合，所以在成品丙烯腈中，通常要加入少量阻聚剂，如对苯二酚甲基醚（MEHQ）、对苯二酚、氯化亚铜和胺类化合物等。

4.2.3.1 丙烯腈的生产方法

丙烯腈是在 1894 年由 Moureu 首先用化学脱水剂从丙烯酰胺和氰乙醇制取的，此后在很长一段时间内未得到工业应用。第二次世界大战前夕，发现丙烯腈的共聚物可极大改善合成橡胶的耐油性和耐溶剂性，因而开始重视。战争期间，德国开发了乙炔和氢氰酸合成丙烯腈的乙炔法，此工艺在 1960 年以前是世界各国生产丙烯腈的主要方法，后又开发了乙醛-氢氰酸法，此法未工业化就夭折了。1960 年美国 Standard 石油公司开发成功丙烯氨氧化一步合成丙烯腈新工艺，又称 Sohio 法，因其不用 HCN 剧毒原料，而采用廉价的丙烯和氨、空气作为原料，引起了丙烯腈生产工艺的巨大变革。2014 年世界丙烯腈产能达 684 万吨，我国的丙烯腈生产能力为 155.7 万吨，几乎全部采用丙烯氨氧化法生产，其中 Sohio 工艺约占 95%。

① 氰乙醇法 环氧乙烷和氢氰酸在水和三甲胺的存在下反应制得氰乙醇，然后以碳酸镁为催化剂，于 200～280℃脱水制得丙烯腈，收率为 75%。此法生产的丙烯腈纯度较高，但氢氰酸毒性大，生产成本也高。

$$H_2C \!\!-\!\! CH_2 + HCN \xrightarrow{50\sim60℃} HOCH_2CH_2CN \xrightarrow[200\sim280℃]{MgCO_3} CH_2 \!=\! CHCN + H_2O$$
$$\underset{O}{\diagup\!\!\diagdown}$$

② 乙炔法 乙炔和氢氰酸在氯化亚铜-氯化钾-氯化钠的稀盐酸溶液的催化作用下。在 80～90℃反应得到丙烯腈。

$$CH\!\equiv\!CH + HCN \xrightarrow[80\sim90℃]{Cu_2Cl_2\text{-}KCl\text{-}NaCl\text{-}HCl} CH_2\!=\!CHCN$$

此法工艺过程简单，收率良好，以氢氰酸计可达 97%，但副反应多，产物精制较难，毒性大，原料乙炔价格高于丙烯。1960 年以前，该法是世界各国生产丙烯腈的主要方法。

③ 乙醛-氢氰酸法

$$CH_3CHO + HCN \xrightarrow[10\sim20℃]{NaOH} \underset{\underset{CN}{|}}{CH_3CHOH} \xrightarrow[600\sim700℃]{H_3PO_4} CH_2\!=\!CHCN + H_2O$$

此法尚未工业化就因丙烯氨氧化的开发成功而遭淘汰。

以上三种方法均需采用剧毒的氢氰酸为原料，且生产成本高，现在工业生产上已基本不采用。

④ 丙烯氨氧化法　以丙烯、氨气和空气为原料，在 P-Mo-Bi-O 等催化剂的作用下，采用流化床反应器，在 450℃左右反应得到丙烯腈。

$$CH_2=CH-CH_3+NH_3+\frac{3}{2}O_2 \longrightarrow CH_2=CH-CN+3H_2O$$

早在 1949 年，联合化学公司就在专利中对反应原理作了介绍。直到 1960 年，美国 Standard 石油公司开发成功新型催化剂，大大提高了选择性，使其经济效益明显提升。直至目前为止，Sohio 法因其原料便宜易得，无需用剧毒氢氰酸作原料，工艺过程简单，产品成本低等优点，成为全世界生产丙烯腈的主要方法，约占全球总生产能力的 90%。中国引进的也是 Sohio 生产技术。

⑤ 丙烷氨氧化法　丙烷氨氧化制丙烯腈分为一步法和两步法工艺。以丙烷、氨和空气为原料，在催化剂的作用下，同时发生丙烷氧化脱氢反应和丙烯氨氧化反应。

$$CH_3-CH_2-CH_3 \xrightarrow{+O_2} CH_2=CH-CH_3+H_2O$$
$$\xrightarrow{+NH_3+O_2} CH_2=CH-CN+H_2O$$

20 世纪 90 年代初，BP 公司开发出了丙烷氨氧化一步法新工艺。日本旭化成公司开发的该工艺是将丙烷、氨和氧在装有催化剂的管式反应器中进行反应，其催化剂为 20%～60% 的 Mo、V、Nb 或 Sb 金属负载在 SiO₂ 上，反应中用惰性气体稀释，反应温度 415℃，反应压力 0.1MPa，丙烷转化率为 90% 时，丙烯腈选择性为 70%。

两步法是将丙烷脱氢生成丙烯，再经丙烯氨氧化生成丙烯腈。在第一步反应中，用 Pt/Al₂O₃ 作催化剂，反应温度为 617～647℃，反应压力为 0.2～0.5MPa，丙烷的单程转化率约 40%，选择性为 89%～91%，第二步使用 Bi-Mo-AlOₓ 系催化剂，反应温度 400～500℃，反应压力为 0.05～0.2MPa。

虽然丙烷原料价格不到丙烯的一半，然而由于反应转化率过低，反应产物较复杂，因而装置的投资费用高于丙烯法工艺。这在一定程度上制约了丙烷法的工业化进程。因此进一步研发高性能的催化剂，优化工艺条件是促进该工艺实现工业化的主要因素。目前正在开发中的催化剂大致可分为钼酸盐催化剂、锑酸盐催化剂和钒铝氧氮化物等 3 类。

4.2.3.2 丙烯氨氧化生产丙烯腈

(1) 反应原理

丙烯氨氧化反应属烯丙基型氧化，即具有 α-H 的烯烃的氧化，在保留双键下氧化得到不饱和的含氧化合物，只有丙烯以上的烯烃才具有 α-H。

主反应	$\Delta G_{700}^{\ominus}/(kJ/mol)$	$\Delta H_{298}^{\ominus}/(kJ/mol)$
$CH_2=CH-CH_3+NH_3+\frac{3}{2}O_2 \longrightarrow CH_2=CH-CN+3H_2O$	−569.67	−514.8
主要副反应		
$CH_2=CH-CH_3+\frac{3}{2}NH_3+\frac{3}{2}O_2 \longrightarrow \frac{3}{2}CH_3CN+3H_2O$	−595.71	−543.8
$CH_2=CH-CH_3+3NH_3+3O_2 \longrightarrow 3HCN+6H_2O$	−1144.78	−942.0
$CH_2=CH-CH_3+O_2 \longrightarrow CH_2=CH-CHO+H_2O$	−338.73	−353.53
$CH_2=CH-CH_3+\frac{3}{2}O_2 \longrightarrow CH_2=CH-COOH+H_2O$	−550.12	−613.4
$CH_2=CH-CH_3+\frac{9}{2}O_2 \longrightarrow 3CO_2+3H_2O$	−1491.71	−1920.9
$CH_2=CH-CH_3+3O_2 \longrightarrow 3CO+3H_2O$	−1276.52	−1077.3

丙烯氨氧化生产丙烯腈的主副反应及相对应的 $\Delta G_{700}^{\ominus}$、$\Delta H_{298}^{\ominus}$ 如上所示。反应生成的副产物主要是氰化物如乙腈和氢氰酸，有机含氧化物如丙烯醛及少量丙酮、乙醛，完全氧化产物 CO_2、H_2O 和 CO。

上述主副反应均为强放热反应，$\Delta G^{\ominus}$ 均为很大的负值，因此在热力学上极为有利，反应已不受热力学平衡限制，可看作不可逆反应，主要是考虑反应动力学，即主副反应之间的竞争。所以研制高选择性的催化剂，减少副产物的生成是技术关键。

(2) 催化剂

① P-Mo-Bi-O 系催化剂　工业上最早使用的丙烯氨氧化催化剂是氧化钼和氧化铋的混合氧化物催化剂，并加入磷作助催化剂，其代表性组成为 $PBi_9Mo_{12}O_{52}$（代号 C-A）。20 世纪 70 年代初在研究成功 5 组元催化剂 P-Mo-Bi-Fe-Co-O 的基础上又开发成功了 7 组元催化剂 P-Mo-Bi-Fe-Co-Ni-K-O（代号 C-41）。该催化剂的优点是活性和选择性较好，丙烯腈收率由原 60% 提高到 74% 左右；反应温度较低，由原 470℃ 降至 435℃ 左右，且不需添加水蒸气，减少了 MoO_3 的挥发性损失，有利于稳定催化剂活性，延长寿命，减少污水排放，另外温度降低也减少了氨的氧化分解损失；空气需要量较低，使反应器生产能力提高，能耗下降；使用途较小的副产物乙腈的生成量显著减少。

目前使用的有 C-49、C-49MC、C-89 等多组分催化剂，其性能更为优良，使丙烯的单耗进一步降低。

② Sb-O 系催化剂　在 20 世纪 60 年代中期用于工业生产，有 Sb-V-O、Sb-Sn-O 和 Sb-Fe-O 等，初期使用 Sb-V-O 催化剂活性虽然很好，但由于具有放射性，废催化剂处理困难。Sb-Fe-O 催化剂性能甚好，据报道丙烯腈收率可达 75%，副产物乙腈生成量甚少，价格也较便宜，但耐还原性较差，添加 V、Mo 等氧化物可改善其性能。该催化剂由日本化学公司开发成功，牌号为 NS-733A 型、NS-733B 型和 NS-733D 型。我国自主研发成功的 MB-82 和 MB-86 型催化剂各项性能已与 C-49MC 型催化剂相当，达到了国际先进水平。表 4-18 列出了几种催化剂的技术指标。

表 4-18　几种工业催化剂的丙烯氨氧化技术指标

催化剂型号	单程收率/%							丙烯转化率/%	每吨催化剂的丙烯单耗/t
	丙烯腈	乙腈	HCN	丙烯醛	乙醛	CO	CO_2		
C-41	72.5	1.6	6.5	1.3	2.0	4.9	8.2	97.0	1.25
C-49	75.0	2.0	5.9	1.3	2.0	3.8	6.6	97.0	1.15
C-89	75.1	2.1	7.5	1.2	1.1	3.6	6.4	97.9	1.15
NS-73313	75.1	0.5	6.0	0.4	0.6	3.3	10.8	97.7	1.18
MB-82	76-78	4.6	6.2	0.1	0	3.3	10.1	98.5	1.18
MB-86	81.4	2.58	5.96	0.19		6.19	7.37	98.7	1.08

丙烯氨氧化催化剂的活性组分机械强度不高，受到冲击挤压就会碎裂，价格也较贵，需用载体。流化床催化剂采用耐磨性能特别好的粗孔微球形硅胶（直径约 $55\mu m$）为载体。催化剂的粒度分布对流化状态有重要影响，粒度小对提高催化剂的活性有利，但细颗粒的比例太大会造成催化剂的膨胀比增大到 2.5 左右（正常是 2.0~2.2），从而导致反应的床层超高，影响生产负荷，同时造成催化剂流失严重，另外因超高部分没有内部冷却盘管，无法控温，导致流化状态变差，深度氧化严重，反应收率下降，一般要求反应器内催化剂小于 $44\mu m$ 的比例在 30% 左右，催化剂平均粒度为 $50\sim55\mu m$ 为佳。下面着重介绍以丙烯、氨和空气为原料，在使用 7 组元催化剂的流化床反应器中生产丙烯腈的工艺过程。

（3）生产工艺条件

① 原料纯度和配比　原料丙烯是从烃类热裂解气或催化裂化分离得到，一般纯度都很高，但仍含有少量乙烷、乙烯、丙烷及 C_4 等烃类物质以及微量的硫化物存在。乙烷、丙烷等烷烃对反应没有影响，只是稀释了反应物的浓度。乙烯没有 α-H，所以少量乙烯的存在对反应无不利影响。但丁烯或更高级烯烃比丙烯更易氧化，会消耗原料中的氧而使催化剂活性下降；另外丁烯氧化生成甲基乙烯酮（沸点 80℃），异丁烯氨氧化生成甲基丙烯腈（沸点 90℃），它们与丙烯腈（沸点 77℃）的沸点很接近，会造成丙烯腈精制的困难。而硫化物的存在会使催化剂活性下降，因此原料丙烯中应严格控制以上杂质；原料氨采用化肥级的液氨即可；空气必须经过除尘，酸-碱洗涤后使用。

丙烯与氨的理论配比 $n(NH_3)/n(C_3H_6)=1:1$，因为副反应的消耗及氨在催化剂上的分解，实际工业生产中控制 $n(NH_3)/n(C_3H_6)=(1.1\sim1.15):1$，比理论配比稍大。另外过量的氨可抑制副产物丙烯醛的生成，如图 4-26 所示，当 $n(NH_3)/n(C_3H_6)<1$，生成的丙烯醛随氨量的减少而明显增加；当 $n(NH_3)/n(C_3H_6)>1$，生成的丙烯醛量很少，而丙烯腈生成量可以达到最大值。但是氨不能过量太多，这不仅增加氨的单耗，而且需消耗大量的硫酸中和未反应的氨。

丙烯与氧气的理论配比 $n(C_3H_6)/n(O_2)=1:1.5$，丙烯与空气的理论配比 $n(C_3H_6)/n(空气)=1:7.14$。丙烯和氨反应生成丙烯腈及其副产物，氧浓度至关重要，如果催化剂长期在高温缺氧条件下操作，其活性会下降，故必须采用过量空气，以保持催化剂活性的稳定性。工业生产一般采用 $n(C_3H_6)/n(空气)=1:(9.8\sim10.5)$。反应尾气中氧含量应控制在 $\varphi(氧)=0.1\%\sim0.5\%$。空气不可过量太多，否则使原料丙烯浓度降低，生产能力下降；而且尾气含氧过高会继续发生气相深度完全氧化反应，使选择性下降，甚至会出现"尾烧"现象；使产物浓度降低，影响回收产品；还会增加空气压缩机的动力消耗。

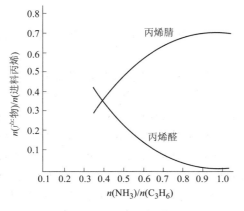

图 4-26　丙烯与氨用量比的影响

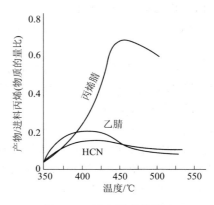

图 4-27　反应温度的影响

② 反应温度　提高反应温度不仅有利于加快反应速率，增加丙烯的转化率，也影响反应的选择性。在 350℃下，几乎没有氨氧化反应发生，要获得高收率的丙烯腈，必须控制较高的反应温度。图 4-27 所示是丙烯在 P-Mo-Bi-O/SiO_2 系催化剂上氨氧化反应温度对主副产物收率的影响。

从图中可以看出，随着反应温度的升高，主副产物的收率均增加，当到达 450℃ 左右时，丙烯腈的收率出现极大值，超过此温度范围，产物丙烯腈和副产物 HCN、乙腈的收率均下降，表明深度完全氧化反应速率加快，生成 CO_2 和 H_2O 的反应占了主导。因此，适宜的反应温度与催化剂活性有关，C-41 型催化剂的适宜温度为 440～450℃，C-49 型温度还可低些。

③ 反应压力　加压有利于加快反应速率，提高反应器的生产能力。但实验结果表明，反应压力增加，选择性下降，丙烯腈的收率很低，因此丙烯氨氧化反应不宜在加压下进行，接近或稍高于常压即可。工业上适宜的操作压力为 0.14～0.16MPa（绝压）。

④ 停留时间　主产物丙烯腈的收率随停留时间的增加而增加，而副产物乙腈和 HCN 的生成量达到一定程度后不再增加，因此适当增加停留时间对反应有利，可使丙烯的转化率尽可能提高，当采用良好活性和选择性的催化剂时，丙烯转化率可达 99% 以上。但是过分延长停留时间将降低生产能力，还会使丙烯腈完全氧化副反应程度加深。一般在流化床反应器中适宜的停留时间为 5～8s。

⑤ 催化剂负荷　是指每吨催化剂每小时能处理的丙烯量（简称 WWH），现用的催化剂种类有所不同，但 WWH 值基本相同，都在 0.05～0.08h^{-1}。目前，国际上开发的高负荷催化剂为 0.08～0.11h^{-1}，而我国自主开发的 MB-98 催化剂为 0.06～0.1h^{-1}，设计值为 0.08h^{-1}。确定了 WWH 值和丙烯投料量，即可计算反应器所需催化剂的量。如中国石化齐鲁公司丙烯腈装置设计反应器催化剂装填量为 66.7t。

表 4-19 所示为丙烯氨氧化反应结果举例。

表 4-19　丙烯氨氧化反应结果举例

工艺条件	反应结果	工艺条件	反应结果
操作压力 0.156MPa	丙烯转化率约 99%	空气流量 21360m^3/h	年丙烯投料量：3.35 万吨
丙烯流量 2369m^3/h	丙烯腈收率约 80%	催化剂装量 60.5t	年生产丙烯腈量：2.68 万吨
液氨流量 2757m^3/h	WWH：0.077h^{-1}	反应温度 440～450℃	（收率按 80% 计）

（4）丙烯腈生产工艺流程

丙烯腈生产主要分为丙烯氨氧化反应部分、产品和副产品的回收部分以及丙烯腈的精制部分。

① 丙烯氨氧化反应部分　丙烯氨氧化是强放热反应，反应温度较高，催化剂的适宜活性温度范围又比较窄，固定床反应器很难满足要求，工业上一般采用流化床反应器，生产能力为 2.5 万吨/年，采用 C-41 型催化剂。粒径分布为 0～44μm，占 25%～45%；44～88μm，占 30%～60%；大于 88μm，占 15%～30%。内部构件由催化剂支撑板及空气分布板、丙烯和氨分配管、U 形冷却管和旋风分离器等组成。反应器筒体分两大段，直径较细的称为反应段，包括浓相和稀相两部分，在浓相处设有 60 组冷却管，8 组过热水蒸气管。该管组不仅可以移走反应热，还可以起到破碎流化床内气泡，改善筒体流化质量的作用。稀相处无任何构件，直径较粗的称为扩大段，作用是降低气体流速回收被夹带的催化剂粒子，无冷却构件，设有四组三级旋风分离器。第一级旋风分离两组并联，分离出来的催化剂粒子经下料管返回反应段。

流化床中的空气分布板均匀开孔，不仅用作催化剂的支撑板，还可起导向作用，使气体均匀分布在床层的整个截面上，创造良好的流化条件。该分布板与丙烯和氨分配管之间有适当的距离，形成一个催化剂再生区，可使催化剂处于高活性氧化状态，丙烯和氨从侧面进料，空气从反应器底部进料，这样一方面可使原料混合气的配比不受爆炸极限的限制，比较安全；另一方面在开车时，反应器处于冷态，此时让空气先进开工炉，将空气预热到反应温度，再利用这一热空气将反应器加热到一定温度，同时使催化剂流化起来，然后再通入丙烯和氨，待流化床运行正常反应放热，停开工炉，让反应器进入稳定的氨氧化反应操作状态。

② 回收部分　表 4-20 为丙烯氨氧化反应物料组成举例。

表 4-20　丙烯氨氧化反应物料组成举例

组　分	反 应 产 物							未反应物质			惰性气体	
	丙烯腈	乙腈	HCN	丙烯醛	CO_2	CO	H_2O	丙烯	NH_3	O_2	N_2	C_3H_8
质量分数/%	5.85	0.22	1.73	0.15	2.01	1.25	24.90	0.19	0.20	1.10	61.8	0.6
收率/%	73.1	1.8	7.2	1.9	8.4	5.2	—					

注：反应温度440℃，接触时间 7s，$n(C_3H_6):n(NH_3):n(空气)=1:1:9.8$，线速 0.5m/s。

如表 4-20 所示，反应气中有易溶于水的有机物，还有未反应的原料丙烯、氨、氧气及不溶或微溶于水的惰性气体 N_2 等，可以用水吸收法将它们分离，但因氨为过量，因此在水吸收之前必须先将反应气中剩余的氨除去，由于氨的碱性作用，发生以下反应：

（a）氨和丙烯腈反应生成胺类物质 $H_2NCH_2CH_2CN$、$HN(CH_2CH_2CN)_2$ 和 $N(CH_2CH_2CN)_3$；

（b）HCN 与丙烯腈反应生成丁二腈，HCN 与丙烯醛加成为氰醇，HCN 自聚，丙烯醛聚合；

（c）溶解在水中的氨与反应气中的 CO_2 反应生成的 NH_4HCO_3，在吸收液加热解吸时又被分解成氨和 CO_2，重新在冷凝器中化合成 NH_4HCO_3，造成冷凝器及管道堵塞。因此在吸收之前，除去氨是十分必要的。工业上采用 $w(硫酸)=1.5\%$ 的稀硫酸中和的方法，一般控制 pH=5.5～6.0。

丙烯氨氧化反应部分及回收部分的工艺流程见图 4-28。原料空气经过滤器除去灰尘和杂质后压缩至 0.294MPa 左右，经空气预热器 5 与出口反应气换热至 300℃，然后从流化床底部经空气分布管进入反应器，丙烯和氨分别用水蒸发后在管道中混合，经分布管进入流化床，空气、丙烯和氨均需控制一定的流量以达到所要求的配比。

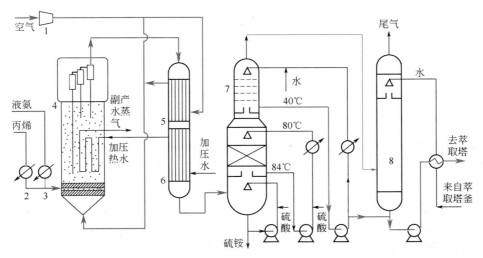

图 4-28　丙烯氨氧化生产丙烯腈反应与氨中和部分工艺流程
1—空气压缩机；2—丙烯蒸发器；3—液氨蒸发器；4—反应器；5—空气预热器；
6—冷却管补给水加热器；7—氨中和塔；8—水吸收塔

在流化床反应器内设置一定数量的 U 形冷却管，通过高压热水的汽化移走反应热，产生的高压过热水蒸气作为空气透平压缩机的动力，随后变为低压蒸汽可作为后续工序的热源。反应温度控制在 440～450℃，催化剂由储斗预先真空吸入流化床内（图中未画出）。被反应气体夹带的催化剂经三级旋风分离器捕集后返回反应段，少量催化剂会被反应气流带走而流失，因此，必须定时补加催化剂以保证反应的正常进行。

反应气从流化床顶部流出，与新鲜空气热交换并加热冷却管补给水后，温度下降至 200℃，进入氨中和塔 7 底部，用稀硫酸中和未反应的氨并冷却物料至 40℃，含少量丙烯腈、乙腈、HCN 及丙烯、N_2、O_2、CO_2、CO 等组分的塔顶气体进入水吸收塔 8。

氨中和塔又称急冷塔，分为 3 段，上端为多孔筛板，中段为填料，下段为空塔。反应气从中和塔下部进入，首先与酸性循环水接触，清洗夹带的催化剂粉末、高沸物和聚合物，中和大部分氨。由于稀硫酸具有强腐蚀性，在中和塔内循环的液体 pH 值应控制在 5.5～6.0，pH 值太高则会引起聚合和加成反应。用稀硫酸中和氨生成的硫酸铵，因含氰化物不能回收利用，故氨中和塔底部物料一部分循环，其他排放至有毒废液处理单元。从氨中和塔下段上升的气体温度从 200℃ 急冷至 84℃，然后进入中段进一步酸洗，温度从 84℃ 冷却至 80℃，此温度不宜过低以免丙烯腈、HCN、乙腈组分冷凝进入液相而造成损失，也增加了废水处理的难度。反应气在中段酸洗后进入上段，与中性水接触，洗去夹带的硫酸溶液，温度进一步降低至 40℃ 进入水吸收塔 8。氨中和塔上部的洗涤水含有溶解的部分主副产物，不能作废水排放，其中部分循环使用，其余则与水吸收塔 8 底部流出的物料粗丙烯腈水溶液混合，送往精制单元萃取塔。

从氨中和塔流出的气体中，产物丙烯腈的浓度很低，副产物乙腈和 HCN 的浓度更低，大量是惰性气体，这些物质的有关物理性质见表 4-21。丙烯腈、乙腈、HCN 和丙烯醛与水部分互溶或完全互溶，而惰性气体及未反应的丙烯、O_2、CO_2、CO 不溶于水或在水中的溶解度很小，因此，可以采用水吸收的方法将它们分离。

表 4-21　主副产物的有关物理性质

物理量	丙烯腈	乙腈	HCN	丙烯醛
沸点/℃	77.3	81.6	25.7	52.7
熔点/℃	−83.6	−41	−13.2	−8.7
共沸组成（质量比）	丙烯腈∶水＝88∶12	乙腈∶水＝84∶16	—	丙烯醛∶水＝97.4∶2.6
共沸温度/℃	71	76		52.4
在水中的溶解度（质量分数）/%	7.35(25℃)	互溶	互溶	20.8
水在该物中溶解度（质量分数）/%	3.1(25℃)			6.8

由氨中和塔顶出来的反应气进入吸收塔，用冷却至 5～10℃ 的冷水进行吸收，产物丙烯腈，副产物乙腈、HCN、丙烯醛及丙酮等溶于水中，其他不凝气体从塔顶排出，经焚烧后排入大气。水吸收塔要有足够的塔板数，以便控制尾气中丙烯腈和 HCN 的含量小于 20μL/L。水的用量要满足使丙烯腈完全吸收下来，但也不宜过多，以免造成废水处理量过大。吸收塔 8 底部的水吸收液中 w（丙烯腈）＝4%～5%，其他有机物含量为 1% 左右。吸收液输送至精制单元萃取塔。

③ 精制部分　精制的目的是将水吸收液中的产物和副产物进一步分离，以获得聚合级丙烯腈和高纯度 HCN。

由于丙烯腈和乙腈的沸点分别为 77.3℃ 和 81.6℃，相差 4.3℃，相对挥发度很接近，难于用一般的精馏方法分离，工业上采用萃取精馏法，以增大它们的相对挥发度。萃取剂可选用水、乙二醇、丙酮等，由于水无毒且价廉，一般采用水作萃取剂。

丙烯腈的精制工艺流程如图 4-29 所示，来自吸收塔底的水吸收液进入萃取精馏塔 1，该塔是一个复合塔。萃取剂水与进料中丙烯腈之比是萃取精馏塔操作的控制因素，一般用水量为丙烯腈的 8～10 倍，该水来自分层器 4 中的水相及丙烯腈精制塔釜，塔顶馏出氢氰酸、丙烯腈与水的共沸物，冷却后在分层器 4 中分成两相，水相回流入萃取精馏塔 1。上层油相中 w（丙烯腈）$>80\%$，w（HCN）$=10\%$ 左右，w（水）$=8\%$，以及微量的杂质，它们的沸点相差较大，可用普通精馏方法经脱氰塔 6 分离。萃取精馏塔中部侧线采出粗乙腈水溶液，内含有少量丙烯腈、HCN 以及低沸点杂质，需进一步精制或直接焚烧。萃取精馏塔下部侧线采出一股水，经热交换后用作图 4-28 中水吸收塔 8 的吸收用水；塔釜出水送往四效蒸发系统，蒸发冷凝液作氨中和塔中性洗涤用水，浓缩液少量焚烧，大部分送往氨中和塔中部循环使用，以提高主副产物的收率，减少含氰废水的处理量。

脱氰塔 6 顶部脱出氢氰酸，该馏出液再进入 HCN 精馏塔可得到 99.5% 的 HCN；脱氰塔中部侧线采出的部分物料，经冷凝分层后，油相回脱氰塔，水相去氨中和塔顶部作中性洗涤水。塔釜为丙烯腈水溶液，由于 HCN 已被脱除，因此丙烯腈含量将高于其共沸组成。进入丙烯腈精制塔后，塔顶馏出共沸物，经冷凝分层后油相丙烯腈作回流液，水相导出，成品丙烯腈从塔上部侧线采出，釜液为水及高沸物，循环回萃取精馏塔 1 作萃取剂。为防止丙烯腈聚合和氰醇分解，该精制塔采用减压操作。

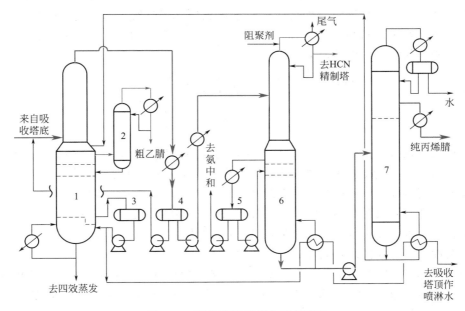

图 4-29 丙烯腈精制部分工艺流程

1—萃取精馏塔；2—乙腈塔；3—储罐；4，5—分层器；6—脱氰塔；7—丙烯腈精制塔

回收和精制部分所处理的物料丙烯腈、乙腈、HCN 等都易自聚，聚合物会堵塞塔和管道，影响正常生产，因此，必须加入阻聚剂。由于发生聚合的机理不同，所采用的阻聚剂类型也不一样，氢氰酸在碱性介质中易聚合，需加酸性阻聚剂，一般气相酸性阻聚剂用 SO_2，液相阻聚剂用醋酸，存放 HCN 的储槽加入少量磷酸作稳定剂。丙烯腈的阻聚剂可用对苯二酚或其他酚类，少量水的存在对丙烯腈也有阻聚作用。

④ 含氰废气和废水的处理 氢氰酸是剧毒物质，丙烯腈的毒性也很大，故在生产中必须做好安全防护，含氰废气和废水均需经过处理才能排放，以防污染环境。

废气处理一般采用催化燃烧法，适用于含有低浓度可燃性有毒有机废气。该法是将废气与空气在低温下通过负载型金属催化剂，使之发生完全氧化反应生成 CO_2 和 H_2O、N_2 等无毒物质，催化燃烧后的高温尾气可用于透平和发电，进一步利用余热后排入大气。

废水处理需采用不同方法。对于量少而 HCN 和有机腈化物含量高的废水，通过添加辅助燃料后直接喷入燃烧炉焚烧处理。在处理氨中和塔排出的含氰硫铵废水时，应先回收硫铵，以免燃烧时产生 SO_2 污染大气，而在结晶硫铵中因含有氰化物，故其利用价值不高。因此，开发氨转化率高的催化剂，使未转化的氨减少甚至消除，可减少硫酸用量甚至不用硫酸，直至取消氨中和塔，可以简化工艺，减少"三废"处理，实现绿色环保生产。对于废水量大而含氰化物浓度较低时，则可用生化方法处理。常用的方法是曝气池活性污泥法。污泥中的微生物以有机污染物为食，在酶的催化作用以及有足够氧供给条件下，将这些有毒物质分解为无毒或毒性较低物质（CO_2 和 H_2O）而除去。此法的缺点是曝气过程中易挥发的氰化物会随空气逃逸至大气造成二次污染。

近年来广泛采用生物转盘法，该法在处理总氰（以—CN 计）含量为 $50\sim60mg/L$ 的丙烯腈污水后，—CN 的脱除率为 99%。中国国家标准规定，工业废水中氰化物（以游离—CN 计）最高允许排放浓度为 0.5mg/L。

通常以生化需氧量（BOD）和化学需氧量（COD）衡量水质的污染程度。BOD 是指废水中的有机物由于受到微生物的生化作用而进行氧化分解时所需的氧量（mg/L）。COD 为强氧化剂氧化废水中的有机物时所需的氧量（mg/L），常用的氧化剂是重铬酸钾和高锰酸钾。脱除率则是衡量废水处理效果的评价指标之一。

$$脱除率=\frac{处理前\,BOD-处理后\,BOD}{处理前\,BOD}\times100\%$$

4.2.4 乙烯均相络合催化氧化制乙醛

均相催化氧化一般是指气-液相氧化反应，反应物与催化剂共处同一相，习惯上称为液相氧化反应。单纯的气相氧化因缺乏适宜的催化剂及操作困难而几乎没有。近年来，均相催化氧化技术不断地成功应用在高级烃类制仲醇、乙醛自催化氧化制醋酸、环烷烃氧化制醇和酮混合物（如环己烷氧化制环己酮、环己醇）、瓦克法制醛或酮（如乙烯络合氧化制乙醛）、烃类过氧化氢制备（如过氧化氢异丙苯）、烯烃环氧化（如丙烯环氧化制环氧丙烷）等方面，并以其高活性和高选择性而日益受到人们的关注。

以 $PdCl_2$-$CuCl_2$-HCl 为催化剂在水溶液中对烯烃进行氧化，生成相应的醛或酮的方法称为瓦克（Wacker）法。这是一种液相氧化法，由于反应在液相中进行，使用的又是络合催化剂，故又称作均相络合催化氧化法。

乙醛是重要的有机合成中间体，大量用来制造醋酸、醋酐和过氧乙酸，还用来制造乳酸、季戊四醇、1,3-丁二醇、丁烯醛、正丁醇、2-乙基己醇、三氯乙醛、三羟甲基丙烷等。1960 年以前，乙醛生产以乙炔水合法为主。1959 年成功开发了乙烯络合催化氧化制乙醛新工艺瓦克（Wacker）法，20 世纪 70 年代末该法成为主要的工业生产方法。

4.2.4.1 反应原理及催化剂

均相络合催化氧化所用的催化剂是过渡金属的络合物，最主要的是 Pd 络合物，过渡金属中心原子与反应物分子构成配位键使其活化，并在配位上进行反应。氧化最容易在最缺氢的碳原子上进行，对乙烯而言，两个碳原子都具有氢，氧化时双键打开同时加氧，得到乙醛。

$$CH_2=\!\!=\!\!CH_2+0.5O_2 \xrightarrow{PdCl_2\text{-}CuCl_2\text{-}HCl\text{-}H_2O} CH_3CHO$$

丙烯分子中最缺氢的是第二个碳原子，双键打开后就得到丙酮，而不是丙醛：

$$CH_2=\!\!=\!\!CHCH_3+0.5O_2 \xrightarrow{PdCl_2\text{-}CuCl_2\text{-}HCl\text{-}H_2O} \underset{\underset{O}{\|}}{CH_3CCH_3}$$

同理，1-丁烯或2-丁烯氧化得到甲乙酮：

$$\begin{matrix} CH_3CH=\!\!=\!\!CHCH_3 \\ \text{或} \\ CH_2=\!\!=\!\!CHCH_2CH_3 \end{matrix} +0.5O_2 \xrightarrow{PdCl_2\text{-}CuCl_2\text{-}HCl\text{-}H_2O} \underset{\underset{O}{\|}}{CH_3CCH_2CH_3}$$

实际上，经过几十年的研究发现，反应并不是一步完成的，而是由三个基本反应所组成。如乙烯络合催化氧化制乙醛存在以下三个反应：

烯烃氧化 $\qquad CH_2=\!\!=\!\!CH_2+PdCl_2+H_2O \longrightarrow CH_3CHO+Pd+2HCl$

在此反应中，Pd^{2+}被还原成Pd沉淀，乙醛中的氧是由水分子提供。

Pd的氧化 $\qquad\qquad Pd+2CuCl_2 \longrightarrow PdCl_2+2CuCl$

在此反应中，析出的Pd被Cu^{2+}氧化成Pd^{2+}，Cu^{2+}则被还原成Cu^+。

氯化亚铜氧化 $\qquad 2CuCl+0.5O_2+2HCl \longrightarrow 2CuCl_2+H_2O$

Cu^+在盐酸溶液中通入O_2被氧化为Cu^{2+}，如此构成了催化循环。

$$CH_2=\!\!=\!\!CH_2+0.5O_2 \longrightarrow CH_3CHO$$

在上述反应中$PdCl_2$是催化剂，烯烃的氧化反应速率最慢，是反应的控制步骤。$CuCl_2$是氧化剂，也称共催化剂，没有$CuCl_2$就不能构成催化过程。为使反应稳定进行，必须保持催化剂溶液中有一定Cu^{2+}浓度，否则就有金属钯沉淀析出。氧气的作用就是将低价铜复氧化为高价铜，而此反应必须在盐酸溶液中才能进行，不然就会有碱式铜盐沉淀，但酸度不宜过大，因为烯烃的氧化速度与H^+浓度成反比。

工业生产中催化剂溶液的组成一般为$\rho(Pd)=0.25\sim0.45g/L$，$\rho(Cu^{2+}+Cu^+)=65\sim70g/L$，$\rho(Cu^{2+})/\rho(Cu^{2+}+Cu^+)\approx0.6$，$pH=0.8\sim1.2$。

在钯盐催化下，乙烯络合催化氧化反应具有良好的选择性，副反应的生成量也不多，约5%，主要副产物有氯乙烷、氯乙醇、氯代乙醛、氯代醋酸、醋酸、甲烷氯衍生物、草酸、草酸铜沉淀以及烯醛、不溶性固体树脂等。

一些副反应的发生，要消耗HCl，降低H^+和Cl^-浓度，改变了催化剂的溶液组成而影响其活性，使产物的收率下降；而生成的草酸铜则沉淀降低了Cu^{2+}浓度，因此在反应过程中，要不断补充HCl和O_2，还要通过加热催化剂溶液以分解草酸铜沉淀，保持Cu^{2+}浓度的稳定。

4.2.4.2 氧化反应工艺条件

① 原料纯度　乙炔能与催化剂溶液中的亚铜离子作用生成乙炔铜，与钯盐作用生产钯炔化合物和析出金属钯，在酸性溶液中氯化钯与硫化氢作用能生成硫化钯沉淀，这种沉淀不易分解；CO与钯盐作用而析出金属钯，这些生成的杂质不仅改变了催化剂溶液的组成，使活性下降，并易引起发泡现象。因此，要求原料乙烯纯度大于99.5%，乙炔含量小于$30\mu L/L$，硫化物含量小于$3\mu L/L$。

② 转化率及反应器进气组成　虽然催化剂对该反应有良好的选择性，但连串副反应的发生不可避免，控制较低的转化率，使生成的产物乙醛迅速离开反应区域可提高收率。大量未反应的乙烯需循环使用。因此，进反应器的混合气由原料乙烯、氧气和循环气组成，其中循环气的组成必须严格控制，避开爆炸极限。工业生产从安全和经济两方面考虑，要求控制循环气中 $\varphi(氧)=8\%$，$\varphi(乙烯)=65\%$，进入反应器的混合气体组成中 $\varphi(乙烯)=65\%$，$\varphi(氧)=17\%$，$\varphi(惰性气体)=18\%$，此时乙烯的转化率约为 35%。

③ 反应温度和压力　由于氧化反应在热力学上是非常有利的，故主要考虑动力学，即反应温度如何影响反应速率及副反应。温度升高有利于加快反应速率，但平衡常数 K 减小，乙烯在反应溶液中的溶解度减小；另外温度升高，Pd^{2+} 浓度提高，有利于加快氧化反应速率，但是氧的溶解度降低，对氯化亚铜的氧化反应不利。因此，存在适宜的反应温度，一般生产上控制反应温度 120～130℃。

4.2.4.3　乙烯络合催化氧化制乙醛工艺流程

在 $PdCl_2$-$CuCl_2$-HCl-H_2O 催化作用下，乙烯均相络合氧化生成乙醛的过程包括三个基本反应。这三步反应在同一反应器中进行，称为一段法。在两台反应器中进行称两段法，即乙烯氧化和 Pd 的氧化在一台反应器中进行，而 Cu^+ 的氧化则在另一台反应器中进行。下面着重介绍在自然外循环反应器中进行的一段法工艺流程。

一段法生产乙醛的工艺流程如图 4-30 所示。新鲜原料乙烯与循环气混合后进入反应器 3 底部，氧气则从反应器侧线送入，催化剂溶液的装载量为反应器体积的 1/2～1/3。采用自然外循环反应器，利用系统压力，控制反应在泡点温度下进行，依靠产物乙醛和水的汽化移走反应热。当反应器出口压力（绝）为 400～450kPa 时，反应温度为 120～130℃。控制反应液的 pH 在 1～2 左右，为避免腐蚀，反应器内无气体分布板和内构件，其中充满了密度较低的气液混合物，通过反应器上部侧线连通管进入除沫分离器 4，在此进行气液分离，催化剂溶液沉降下来并回到反应器底部，如此构成快速循环，达到充分有效的传质混合，保持反应器内各组分和温度分布均匀。

在反应过程中有不溶性树脂和固体草酸铜生成，它们随着催化剂溶液在除沫分离器中沉降下来，草酸铜不仅污染催化剂溶液，而且使铜离子浓度下降影响催化活性。因此，必须进行催化剂溶液的再生，方法是在循环管中连续引出一部分催化剂溶液，通入 O_2 和 HCl 溶液，使 Cu^+ 氧化，然后减压并降温至 100～105℃，在分离器 10 中使逸出的气体-蒸汽混合物从顶部经冷凝后进入水洗塔 12，经水吸收乙醛和捕集夹带出来的催化剂雾滴后，排至火炬烧掉，下部液体由泵送至除沫分离器作为补充水。分离器 10 中的液体由泵压送至分解器 11，直接用蒸汽加热至 170℃，由催化液中 Cu^{2+} 的氧化作用将草酸铜氧化分解，放出 CO_2 并生成 Cu^+，再生后催化剂溶液返回反应器中。

除沫分离器 4 的顶部连续逸出的反应气体中，含有乙醛、水蒸气，未反应的乙烯、氧气，副产物 CO_2、氯甲烷、氯乙烷、醋酸、丁烯醛等，经第一冷凝器冷凝，将大部分水冷凝下来，这部分水全部返回至除沫分离器再回到反应器中以保持催化剂溶液中的水含量，而乙醛尽可能少地被冷凝下来，以免再次进入反应器中生成副产物丁烯醛等，降低产物的收率。因此，第一冷凝器的温度必须严格控制，未被冷凝的气体进入第二、三冷凝器中，乙醛及高沸点副产物被冷凝下来，不凝气体进入水吸收塔 5，水吸收液和来自第二、三冷凝器中出来的凝液汇合后，一并进入粗乙醛储槽 6。吸收塔顶部溢出的气体中 $\varphi(乙烯)=65\%$，$\varphi(氧)=8\%$，其他为惰性气体 N_2、CO_2，氯甲烷、氯乙烷等。一部分排放至火炬焚烧，一

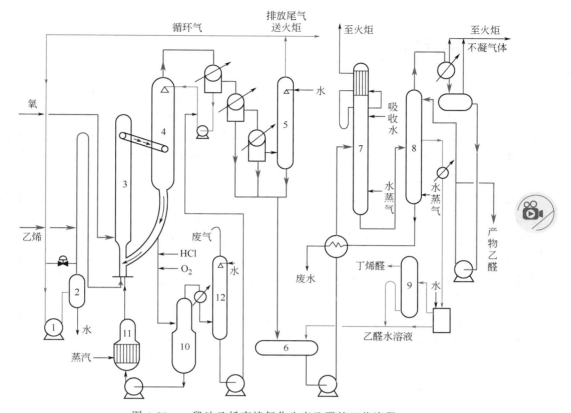

图 4-30 一段法乙烯直接氧化生产乙醛的工艺流程

1—水环压缩机；2—水分离器；3—反应器；4—除沫分离器；5—水吸收塔；6—粗乙醛储槽；
7—脱轻组分塔；8—精馏塔；9—乙醛水溶液分离器；10—分离器；11—分解器；12—水洗塔

部分作循环气体返回至反应器。

粗乙醛储槽 6 中乙醛浓度 w（乙醛）＝10%，此外还有少量氯甲烷、氯乙烷、丁烯醛、醋酸以及高沸物，它们的沸点数据见表 4-22。

表 4-22 粗乙醛溶液中各组分的沸点

组　分	乙　醛	氯甲烷	氯乙烷	丁烯醛	醋　酸
沸点/℃	20.8	−24.2	12.3	102.3	118

乙醛与副产物的沸点相差比较大，因此可用普通精馏法分离。将乙醛水溶液送入脱轻组分塔 7，用水蒸气直接加热塔釜，塔顶为低沸点氯甲烷、氯乙烷及溶解的乙烯和 CO_2。由于氯乙烷与乙醛沸点接近，因此在塔上部加入吸收水，利用乙醛易溶于水而氯乙烷不溶于水的特性，把部分乙醛吸收下来以减少损失。脱轻组分塔釜出来的液体进入精馏塔 8，塔顶蒸出产品乙醛，侧线分离出丁烯醛等副产物，丁烯醛与水形成共沸物，共沸温度为 84℃，共沸组成 w（丁烯醛）＝75.7%，在乙醛水溶液分离器 9 中分层，上层为丁烯醛，下层为乙醛水溶液返回至粗乙醛储槽。精馏塔釜液含醋酸等高沸点副产物的废水，经与乙醛水溶液热交换后排至污水处理系统。

由于乙烯络合催化氧化制乙醛反应系统中有 HCl 和 $CuCl_2$ 存在，催化剂溶液具有强腐蚀性，与催化剂溶液接触的设备、管道、泵等都需要用钛钢制造，或采用其他耐腐蚀性能良好的材料。

4.3 加氢与脱氢

加氢（hydrogenation）系指在催化剂的作用下，化合物分子与氢气发生反应而生成有机化工产品的过程，是还原反应的一种。主要反应类型有不饱和烃的加氢、芳环加氢、含氧化合物加氢、含氮化合物加氢等。催化加氢除了合成有机化工产品外，还用于许多化工产品的精制过程。如裂解气乙烯、丙烯中会有少量乙炔、丙炔和丙二烯等有害杂质，可利用催化加氢方法，使之转化为相应的烯烃而被除去。

脱氢（dehydrogenation）系指从化合物中除去氢原子的过程，是氧化反应的一个特殊类型。它可以在加热而不使用催化剂的情况下进行，称为加热脱氢，也可在加热又使用催化剂的情况下进行，称为催化脱氢。脱氢反应是获得烯烃或二烯烃的主要途径。例如由乙烷经脱氢可制得乙烯，由丁烷或丁烯脱氢可制得丁二烯等，它们是聚合物最重要的单体。此外像甲醇脱氢制甲醛、异丙醇脱氢制丙酮等，到目前为止仍是制造甲醛和丙酮的重要工业生产方法。

加氢和脱氢是一对可逆反应，即在进行加氢的同时，也发生脱氢反应。究竟在什么条件下有利于加氢或脱氢，可由热力学计算求得平衡转化率后来判断。一般而言，加压和低温对加氢有利，减压和高温对脱氢有利。

4.3.1 加氢反应

4.3.1.1 氢气的来源

氢气是无色无味气体，沸点 $-252.8℃$，熔点 $-259.14℃$，气体密度 $0.0899g/L$，约为空气的 1/14，是世界上已知的最轻气体。氢气与氧气混合易形成爆炸性气体，其爆炸极限 $\varphi(氢)=4.65\%\sim73.9\%$；氢气在空气中的爆炸极限 $\varphi(氢)=4.10\%\sim74.2\%$。

加氢反应大多在加压条件下进行，在高温高压下，氢气会发生氢脆现象和氢蚀现象（具体概念见 3.1.6.5 氨合成塔）。

随温度的升高，碳钢的耐蚀压力逐渐降低，见表 4-23。在钢中加入适量的 Cr、Ni、Ti 等，可以提高钢的抗氢蚀能力。因此，在高温高压下不能使用普通碳钢，必须使用合金钢。

表 4-23 耐氢蚀压力与温度的关系

温度/℃	0	100	200	300	400	500
碳钢，压力/MPa	260	50	28	15	8.0	3.0
1%Cr0.5Mo，压力/MPa	—	—	<70	60	15	5.0

氢气的来源有多种，主要由含氢物质转化而来。

① 电解水　将水电解成氢气和氧气，此法获得的氢气纯度高，但耗电量大，适宜于有廉价电力资源的地方以及制取少量高纯度氢的场合。

② 电解食盐水　在氯碱工业中，为制取氯气通过电解 NaCl 水溶液而副产氢气。

$$2NaCl+2H_2O \xrightleftharpoons{电解} H_2+Cl_2+2NaOH$$

③ 水蒸气转化法 在高温及 Ni 催化剂的作用下，烃类原料与水蒸气反应生成 H_2、CO 和 CO_2。以甲烷为例，进行以下反应：

$$CH_4 + H_2O \rightleftharpoons CO + 3H_2$$
$$CH_4 + 2H_2O \rightleftharpoons CO_2 + 4H_2$$

生成的 CO 和水蒸气在一定条件下进行变换反应生成 CO_2 和 H_2。

$$CO + H_2O \rightleftharpoons CO_2 + H_2$$

CO_2 通过碱吸收而被脱除，此法为工业上常用的方法。适宜于有天然气资源的地方。

④ 部分氧化法 将甲烷部分氧化即不完全燃烧可得氢气。该法系非催化反应。反应温度为 1400～1500℃，所得合成气经 CO 变换和精制可获得纯度较高的氢气：

$$CH_4 + 0.5O_2 \longrightarrow CO + 2H_2$$

⑤ 水煤气化法 此为以煤（焦炭）为原料的合成氨厂制氢方法：

$$C + H_2O \rightleftharpoons CO + H_2$$
$$C + 2H_2O \rightleftharpoons CO_2 + 2H_2$$

同样，所得合成气经 CO 变换和精制可获得纯度较高的氢气。

⑥ 烃类裂解生产乙烯装置可副产氢气，石油炼厂铂重整装置可副产氢气以及炼焦过程中产生的焦炉气也可副产氢气。

4.3.1.2 加氢反应的一般规律

在温度低于 100℃时，绝大多数加氢反应的平衡常数值都非常大，可视为不可逆反应。因为加氢是放热反应，所以随着反应温度的升高，平衡常数减小。加氢反应平衡常数与温度的关系有如表 4-24 所示的 3 种类型。

表 4-24 加氢反应平衡常数与温度的关系

反应类型	温度/℃	K_p	反应类型	温度/℃	K_p
乙炔加氢生成乙烯	127	7.63×10^{16}	一氧化碳加氢合成甲醇	0	6.773×10^5
	227	1.65×10^{12}		100	12.92
	427	6.5×10^6		200	1.909×10^{-2}
苯加氢合成环己烷	127	7×10^7		300	2.4×10^{-4}
	227	1.86×10^2		400	1.079×10^{-5}

① 加氢反应在热力学上非常有利，即使在较高温度下，平衡常数仍然很大，如乙炔加氢生成乙烯。此类反应在较宽的温度范围内几乎可以进行到底，关键是反应速率。

② 加氢反应在较低温时平衡常数很大，但是随着反应温度的升高，平衡常数显著减小，如苯加氢生成环己烷。这类反应在不太高的温度下进行，对平衡还是很有利的，可以接近全部转化。但是，在较高温度下要达到比较高的平衡转化率，就必须适当地加压或采用氢气过量的方法。

③ 只有在低温时才具有较大的平衡常数，升高温度，其平衡常数明显减小，如一氧化碳加氢合成甲醇。对于这类反应，化学平衡成为关键问题。因为反应不可能在 0℃ 以下进行，所以为了提高平衡转化率，保证一定的反应速率，必须在高温和高压下进行。

对于热力学上十分有利的加氢反应，温度主要影响反应速率，即温度越高，反应速率也越快。但是，对于平衡常数比较小的可逆加氢反应，反应温度既是影响化学平衡又是影响反应速率的重要因素，且效果相反。因此，存在最佳的反应温度，这一温度所对应的反应速率为最快。如图 4-31 所示，对于一定的起始气体组成，当转化率提高时，由于反应平衡的限制作用增强，在较高转化率时的最佳温度必然低于转化率低时的最佳温度。对应于不同转化率时的最佳温度所组成的曲线，称为最佳温度分布曲线。该曲线可直接应用于反应器的设计和生产控制。

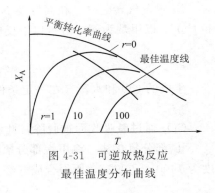

图 4-31　可逆放热反应
最佳温度分布曲线

工业上加氢可在气相也可在液相中进行。气相加氢常采用固定床和流化床反应器，反应热可通过器外冷却或反应器内设置冷却构件移走，因加氢反应热比氧化反应热小得多，有时也采用冷原料气与反应气分段混合（即常称的冷激法）来降低温度。分段冷激法适用于在绝热式反应器中进行的加氢反应。一般加氢反应是分子数减少的反应，因此提高氢分压对加快加氢反应速率有利。但是，压力对加氢反应速率的影响需视该反应的机理而定。当为零级反应时，氢分压与反应速率无关；当为 0～1 级时，反应速率随氢分压而增加。

液相加氢通常在鼓泡床、移动床反应器中进行。由于有液相存在，反应热的移走比较方便。为了使反应物系保持液相，操作压力比气相法要高一些。反应在液-固（催化剂为固体）表面进行，增加氢分压，有利于氢的溶解，减小扩散阻力，因而也可加快反应速率。为满足在反应温度下呈液相的需要，往往要另加溶剂，此时不同溶剂对加氢反应的转化率和选择性会产生不同程度的影响，为此，选择适宜溶剂对液相加氢反应而言相当重要。一般常用的溶剂有甲醇、乙醇、醋酸、环己烷、乙醚、四氢呋喃、乙酸乙酯等。

4.3.1.3　加氢反应催化剂

为使加氢反应具有足够快的反应速率和较高的选择性，一般都必须使用催化剂。用于加氢反应的催化剂主要是第ⅧB 族过渡金属元素。这些元素对氢有较强的亲和力。最常采用的元素有 Ni、Pd、Pt、Fe、Co、Rh，其次是 Cu、Mo、Zn、Cr、W 等。以催化剂形态分，加氢催化剂大致可分为金属催化剂、合金催化剂、金属氧化物和硫化物催化剂，以及均相络合催化剂。

① 金属催化剂　金属催化剂是把 Ni、Pd、Pt 等金属负载于载体如 Al_2O_3、SiO_2、硅藻土等惰性物质上，用以分散金属组分，提高比表面积，增加机械强度和耐热性，提高催化效率。

金属催化剂的特点是活性高，在低温下即可进行加氢反应，几乎可以用于所有的官能团加氢；其缺点是容易中毒，如含 S、N、As、P、Cl 等的化合物都能使金属催化剂中毒，因此对原料中的杂质要求较高。其原因是这些化合物如 H_2S、CO 等的电子构型中有孤电子对，而过渡金属原子存在 d 带空位。孤电子对填满 d 带空位即毒物占据金属催化剂的活性中心，催化剂中毒而失活。

② 合金催化剂　可分为骨架催化剂和熔铁催化剂 2 类。骨架催化剂是由 Ni、Co、Fe 等具有催化活性的金属与金属铝制成合金，再用碱液除去铝，制得多孔、高比表面的催化剂。常用的有骨架镍和骨架钴催化剂，它们的催化活性很高，在空气中会自燃，一般须保存在溶剂中。熔铁催化剂是由 Fe-Al-K 等组成的合金，制成后经破碎筛分即可使用，主要用作合成氨催化剂。

③ 金属氧化物　常用的金属氧化物催化剂有 MoO_3、Cr_2O_3、ZnO、CuO、NiO 等，可单独使用也可以是混合氧化物，如 $ZnO-Cr_2O_3$、Co-Mo-O、Ni-Co-Cr-O、Fe-Mn-O 等。该

类催化剂的活性比金属催化剂差，但抗毒性较强，所需反应温度较高。为提高其耐高温性能，常在氧化物催化剂中加入高熔点组分（如 Cr_2O_3、MoO_3）。

④ 金属硫化物　金属硫化物主要是 MoS_2、WS_2、Co-Mo-S、Fe-Mo-S 等，因其有抗毒性可用于含硫化物的加氢，即加氢精制产品用，这类催化剂活性较低，需要较高的反应温度。

⑤ 均相络合催化剂　多为贵金属 Ru、Rh、Pd 及 Ni、Co、Fe、Cu 等的络合物。其特点是催化活性高，选择性好，反应条件温和，加氢反应在常温常压下就能进行。缺点是催化剂一般溶于加氢产物中难以分离，催化剂容易流失，增加生产成本又污染了产品，特别是采用贵金属，催化剂的分离和回收显得非常重要。目前已研究出将络合催化剂固定在载体上（载体可以是无机物或有机高聚物）的方法，被称为均相络合催化剂的固体化，可望克服均相络合催化剂的上述缺点。

4.3.1.4　一氧化碳加氢合成甲醇

甲醇在常温常压下是无色透明液体，能与水、乙醇、醚、苯、酮和其他许多有机溶剂混溶。甲醇是重要的化工原料，大量用于生产甲醛，约占甲醇总量的 30%～40%；其次是生产对苯二甲酯；还可用于生产醋酸、醋酐、甲酸甲酯、碳酸二甲酯等。以甲醇为原料经发酵还可以合成人造蛋白，用作饲料添加剂。甲醇还是性能优良的能源和车用燃料，纯甲醇可直接用作汽车燃料。

甲醇在自然界中绝大多数以酯或醚的形式存在，只有某些树叶或果实内含有少量的游离甲醇。1661 年，英国人 Boyle 首先在木材干馏的液体中发现了甲醇，木材干馏成为工业上最古老的制取甲醇的方法。合成甲醇的工业化始于 1923 年，德国巴登苯胺纯碱公司首先建成以合成气为原料的高压法装置（温度 300～400℃，压力 30MPa），一直沿用至 20 世纪 60 年代中期。1966 年，英国 ICI 公司研制成功铜系催化剂，开发了甲醇低压合成工艺，简称 ICI 法（温度为 230～270℃，压力 5～10MPa）。1971 年德国开发了鲁奇低压法。1973 年意大利开发成功氨-甲醇联合生产方法（联醇法）。目前，工业上合成甲醇几乎全部采用一氧化碳低压催化加氢的方法。

(1) 反应原理

一氧化碳加氢合成甲醇是一个可逆放热反应。

主反应：$\qquad$ $CO + 2H_2 \rightleftharpoons CH_3OH \qquad \Delta H = -90.8 \text{kJ/mol}$

主要副反应：$\qquad$ $CO + 3H_2 \rightleftharpoons CH_4 + H_2O$

$$2CO + 4H_2 \rightleftharpoons CH_3-O-CH_3 + H_2O$$

$$4CO + 8H_2 \rightleftharpoons C_4H_9OH + 3H_2O$$

当合成气中有 CO_2 时，也可合成甲醇，或加氢转化为 CO：

$$CO_2 + 3H_2 \rightleftharpoons CH_3OH + H_2O$$

$$CO_2 + H_2 \rightleftharpoons CO + H_2O$$

此外，还生成少量的乙醇及微量的醛、酮、醚和酯等，还有少量的 $Fe(CO)_5$。

(2) 催化剂

目前，工业生产上采用的催化剂大致可分为锌-铬系和铜-锌（或铝）系 2 大类。不同类型的催化剂其性能不一，要求的反应条件也不相同。

① 锌-铬系催化剂　该催化剂活性较低，需要较高的反应温度（380～400℃），由于高温下受平衡转化率的限制，必须提高压力（30MPa）才能满足。故该催化剂的特点是要求高温高压。其次该催化剂的机械强度和耐热性能较好，使用寿命长，一般 2～3 年。

② 铜基催化剂　20 世纪 60 年代中期开发了铜基催化剂，该催化剂的活性组分是 Cu 和 ZnO，还需添加一些助催化剂，才能促进该催化剂的高活性。如添加 Cr_2O_3 可以提高铜在催化剂中的分散度，同时又能阻止分散的铜晶粒在受热时被烧结、长大，可延长催化剂的寿命。添加 Al_2O_3 助剂的催化剂活性更高，而且 Al_2O_3 价廉、无毒，用 Al_2O_3 代替 Cr_2O_3 的铜基催化剂更好。国产催化剂的型号有 C207、C302 和 C303-1、国外有英国 ICI51-3、丹麦 NK101、德国 GL104 等。

铜基催化剂的特点是：活性高、反应温度低（230～270℃）和操作压力低（5～10MPa），故称为低压法。缺点是对硫化物、氯化物及铁很敏感，因此要求合成气中硫化物的浓度小于 $0.1\mu L/L$，必须精制脱硫。全装置必须清除铁锈后才能投入生产。

铜基催化剂在使用前必须进行还原活化，使 CuO 转变成金属铜或低价铜才有活性。活化过程必须严格控制活化条件，才能得到稳定的、高效的催化活性。

（3）甲醇合成反应器

目前，国内外使用的低压甲醇塔主要有英国的 ICI 绝热型冷激塔、德国 Lurgi 管壳式低压合成塔、丹麦托普索低压径向合成塔、日本东洋（TEC）工程公司 MRF 低压合成塔、瑞士卡萨利 IMC 低压合成塔等。国内开发的有华东理工大学绝热等温低压合成塔等。不同工艺的甲醇合成流程许多基本步骤是相同的，主要包括甲醇合成和甲醇分离，其主要区别在于移热和热量的回收方式不同。在合成塔结构上，各开发商采用不同的换热结构，力争用较小的换热器置换出较多的反应热，使塔利用系数增加，多装催化剂。

（4）工艺条件

① 温度和压力　升高温度可以加快反应速率，却使平衡常数下降，为了提高平衡转化率必须采用高压。合成甲醇是分子数减少的反应，增加压力对提高甲醇的平衡产率有利。表 4-25 列出了一氧化碳加氢合成甲醇反应的温度、压力与平衡常数的关系，可见它们之间存在一个最佳温度。因此，催化剂床层的温度分布要尽可能接近最佳温度曲线。适宜的反应温度和压力与催化剂的活性有关，最早使用的锌-铬系催化剂活性低，需要高温高压。而铜基催化剂的活性比较高，反应温度和压力相对比较低。工业合成甲醇从高压法转向低压法是合成甲醇技术的一次重大突破，使得合成甲醇工艺大为简化，操作条件变得温和，单程转化率也有所提高。但从整体效益来看，当日产超过 2000t 时，由于处理的气体量大，设备相应庞大，不紧凑，带来制造和运输的困难，能耗也相应提高。故提出中压法，反应温度在 230～350℃，操作压力为 10～15MPa，其投资费用总能耗可以达到最低限度，从经济上考虑，中压法更适合于大规模生产。

表 4-25　合成甲醇反应的温度、压力与平衡常数的关系

反应温度/℃	反应压力/MPa	平衡常数 K_p	反应温度/℃	反应压力/MPa	平衡常数 K_p
200	10	4.21×10^{-2}	300	30	7.15×10^{-4}
	20	6.53×10^{-2}		40	9.60×10^{-4}
	30	10.80×10^{-2}	400	10	1.378×10^{-5}
	40	14.63×10^{-2}		20	1.726×10^{-5}
300	10	3.58×10^{-4}		30	2.075×10^{-5}
	20	4.97×10^{-4}		40	2.695×10^{-5}

值得注意的是，在高温高压下，加氢反应存在氢蚀现象；而在150℃下CO与钢铁还会发生反应生成Fe(CO)₅，CO分压越高，反应越强烈，甚至常温下也能生成Fe(CO)₅，从而破坏反应器及影响催化剂性能。因此，反应器材质必须采用特殊钢材以防H₂和CO的腐蚀。

② 空速 从理论上讲空速高，反应气体与催化剂接触的时间短，转化率相应降低，而空速低，转化率相应提高。对合成甲醇来说，由于副反应多，低空速促进副反应增加，合成甲醇的选择性和生产能力降低；但是空速太高会使单程转化率小，甲醇含量太低，增加产品的分离困难。因此，选择适当的空速可提高生产能力，减少副反应，提高甲醇产品的纯度。故对铜基催化剂而言，适宜的空速一般为 $10000h^{-1}$。

③ 原料气组成 合成甲醇原料气 H₂：CO 的理论比是 2：1，通常采用 H₂ 过量，可以抑制副产物的生成，加快反应速率；氢气的热导率大，有利于反应热的移出，易于反应温度的控制。高的 H₂ 浓度还可以提高 CO 的转化率，避免 CO 与 Fe 反应生成羰基铁，积聚在催化剂上而使之失活。生产上采用原料气组成为 $\varphi(H_2)：\varphi(CO)=(2.2\sim3.0)：1$。

甲醇原料气中的主要组分是 CO、H₂ 和 CO₂，其中还有少量的惰性气体 N₂、CH₄ 等。因为单程转化率只有 10%～15%，大量未反应的 CO 和 H₂ 必须循环利用，为了避免惰性气体的积累，必须将部分循环气从反应系统中排出，以保持反应系统中的惰性气体含量在一定浓度范围。一般生产上控制循环气量是新鲜原料气量的 3.5～6 倍。

(5) 低压法合成甲醇工艺流程

典型的低压法合成甲醇工艺流程如图 4-32 所示。该工艺采用三段冷激式绝热反应器，催化剂床层与外界没有热交换，反应放热由催化剂段间喷入的低温原料气吸收降温，喷嘴分布在整个反应器的横截面上。每段冷激气的用量、气体组成和空速都不一样，通过调节冷激气用量来控制反应温度。

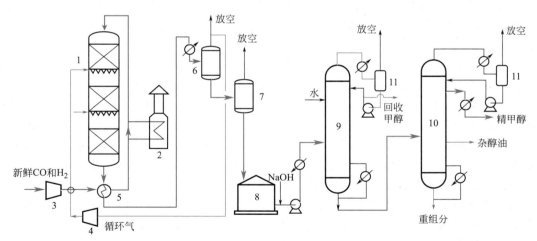

图 4-32 低压法合成甲醇工艺流程

1—冷激式绝热反应器；2—加热炉；3—压缩机；4—循环气体压缩机；5—换热器；6—气液分离器；
7—闪蒸罐；8—粗甲醇储槽；9—脱轻组分塔；10—甲醇精馏塔；11—气液分离器

合成气经离心式压缩机加压至 5MPa，与压缩后的循环气混合，经热交换器预热至 230～245℃进入合成塔，另一股混合气直接作为合成塔冷激气，以控制催化剂床层的反应温度在 230～270℃。合成塔出口反应气含 6%～8%的甲醇经热交换器换热，再经冷凝后进入气液分离器，未凝气体中含有大量未反应的 CO 和 H_2，进入循环压缩机加压后作为循环气，少量放空以维持系统内惰性气体含量平衡。被冷凝的粗甲醇进入闪蒸罐，闪蒸除去溶解的气体后储于粗甲醇储罐。

粗甲醇中含有两类杂质：一类是溶于其中的气体和易挥发的轻组分，如 H_2、CO、CO_2、二甲醚、乙醛、丙酮、甲酸甲酯和羰基铁等；另一类杂质是难挥发的重组分，如乙醇、高级醇、水分等。通过双塔精馏方法，可制得不同纯度的甲醇产品。

在粗甲醇储槽出口管处加入 $w(NaOH)=8\%\sim10\%$ 的溶液，其加入量约为粗甲醇的 0.5%，控制脱轻塔后的甲醇呈弱碱性 pH＝8～9，使胺类及羰基化合物分解，防止粗甲醇中的有机酸对设备的腐蚀。加碱后的粗甲醇预热至 60～70℃后进入脱轻组分塔，在该塔上部加入萃取水，脱除甲醇-烷烃共沸物，塔顶温度为 66～72℃，甲醇、水及多种轻组分从塔顶馏出。冷凝液经气液分离回收甲醇，不凝气排空。塔釜温度约 75～85℃的粗甲醇泵入甲醇精馏塔，塔顶馏出少量甲醇与轻组分经冷凝及气液分离后，不凝气排空，冷凝液回流，在塔的上部侧线采出高纯度甲醇送至成品槽，通过调节采出口可控制甲醇质量。从塔下部侧线采出 $w(甲醇)<1\%$ 的杂醇油，塔釜液主要是水及少量高碳烷烃等重组分，送至废液处理系统。

铜基催化剂的主要组成是 $Cu\text{-}Zn\text{-}Cr_2O_3$ 或 $Cu\text{-}ZnO\text{-}Al_2O_3$，必须将 CuO 还原为 Cu^+ 或金属铜，并和组分中的 ZnO 熔固在一起才具有活性。流程中设置了加热炉，用于在开车前加热还原催化剂所需的氢气。工业上一般采用低氢还原法，即在氢气中混入一定量的氮气，减缓还原反应速率，避免因剧烈放热发生"飞温"。加热炉的另一作用，是在开车前预热原料气体。

(6) 国内外大型甲醇合成技术现状

近年来随着我国煤制甲醇项目的蓬勃发展，甲醇在新兴领域的应用不断扩展，如以甲醇为原料的甲醇制烯烃、甲醇生产汽油、甲醇制取芳烃等。面对我国多煤、贫油、少气的资源禀赋，以煤炭为原料制取甲醇的煤制甲醇技术必将获得更广的应用前景。特别是随着我国多套甲醇制烯烃装置的稳定运行，将拉动我国甲醇消费量快速增长，从而有效带动大型煤制甲醇装置的建设。

目前世界上具有低压甲醇生产工艺的主要公司和专利商有英国 DAVY 公司、德国 Lurgi 公司、丹麦托普索公司等。对于不同的甲醇合成工艺来讲，其核心是各自甲醇合成反应器的应用创新，反应器的型式基本决定了甲醇合成工艺的系统设置。因此，在选择甲醇合成工艺的过程中，要充分考虑反应器的操作灵活性、操作维修的方便性、催化剂的装填量、使用周期寿命、反应热的回收利用等因素。同时随着近年来国内对于甲醇装置规模化、大型化需求的不断提高，使得甲醇反应器的尺寸不断增大，带来超限运输等一系列问题，因此，在选择甲醇工艺过程中还要考虑反应器运输的可行性等问题。

国内外各种甲醇工艺技术主要区别在于甲醇合成反应器的设计、热量移出方式、反应热利用效率和催化剂反应活性、反应压力、反应温度和转化率等方面的差异。

1）DAVY 径向流副产蒸汽式甲醇反应器

DAVY 公司（其前身是英国 ICI 公司）针对大型甲醇装置工艺流程采用低压合成和径向流副产蒸汽式反应器技术，示意图见图 4-33。催化剂装填在壳程，原料气从中心管进入后从中心沿径向从内到外通过催化剂床层，后经过塔壁收集器汇聚出塔。锅炉给水由塔底进入换热管内，吸收壳程甲醇反应热的同时副产中压蒸汽将反应热带走，通过控制汽包蒸汽压力来控制催化剂床层温度。近年来国内外已有多套装置采用该合成工艺进行建设并相继投入正式生产。

DAVY 径向流蒸汽上升式甲醇合成工艺主要特点：

① 气体径向流动，沿径向从内到外通过催化剂床层，压力降较小，反应器串/并联结构，可有效将 CO+ H_2 转化成甲醇，转化率达 98.5%。

② 蒸汽上升式，锅炉给水从反应器底部进入，通过环管排布、竖向的列管管束向上流动，产生中压蒸汽，带走反应热，通过控制蒸汽压力来控制床层温度，比较接近等温分布。

③ 径向流反应器压降小，为满足大气量和生产能力增加的需要，不需扩大反应器直径，可以通过增加反应器长度来实现产能扩大。这个优点可以保证在甲醇装置大型化中不受运输条件的限制。

④ 催化剂选择装填在壳侧的方式，具有催化剂装填量大、易于装卸、换热管配置少、投资省等优点，适合甲醇工艺大型化生产需要。

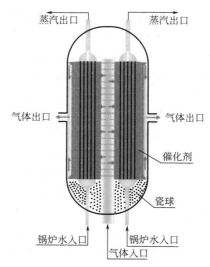

图 4-33 DAVY 径向流副产蒸汽式甲醇反应器

⑤ 主要不足：催化剂装填在壳侧，原料气从中心管进入，并从中心向四周呈辐射流动。这种结构对合成气脱硫要求高，在反应器前需设置反应器保护床；出口甲醇浓度有待提高，以减少循环量，降低循环压缩能耗；气体由里向外呈发散流动，流速变化相差大，分布不太均匀；副产蒸汽压力低，蒸汽压力 2.2MPa，温度 220℃。

2）Lurgi 管式两段等温甲醇合成工艺

德国 Lurgi 公司是世界上主要的甲醇技术供应商之一，在 20 世纪 70 年代就成功开发了低压法甲醇合成技术。1997 年又开发了水冷-气冷换热组合甲醇反应器，示意图见图 4-34，从而首次提出大甲醇技术（mega methanol，年产百万吨级甲醇装置）的概念。

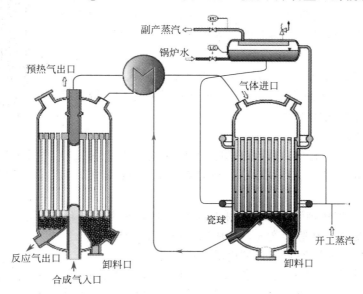

图 4-34 Lurgi 甲醇合成气冷式反应器和水冷式反应器

该合成工艺不强求设置反应器保护床。水冷反应器副产中压蒸汽，移出反应热，气冷反应器的反应热则通过与原料气逆流换热，实现热量耦合。在气冷反应器，流经管内的原料气

（125℃）与管外催化反应热气体逆流换热，被加热到 250℃后，去水冷反应器，在管内催化剂上进行甲醇合成反应，反应温度 265℃，再进气冷反应器，在管外催化剂上进行甲醇反应。在 Lurgi 两段等温甲醇合成技术中，大部分催化剂装填在气冷反应器壳程内。水冷式反应器内 CuO/ZnO 基催化剂装填在列管式固定床中，反应热供给壳程中的饱和锅炉水，产生中压蒸汽，反应温度通过控制反应器壳程中饱和水的压力来调节，操作温度和压力分别为 250～260℃和 5～10MPa。Lurgi 两段等温甲醇合成工艺具有反应温度均匀、转化率高、副产物少、原料消耗低等优势，国外建设的大型甲醇装置大多采用该工艺。

Lurgi 管式两段等温甲醇合成工艺主要特点：

① 水冷等温型反应器催化剂床层温度分布较为均匀，通常在 250～255℃，温度变化小，并允许原料气中含有较高浓度的 CO，反应温度控制近似等温操作，通过调节蒸汽压力，控制催化剂床层温度，反应热产出中高压蒸汽，回收热位能高，热量利用合理；气冷型反应器转化率高，能量效率高，设备紧凑，开停车方便，循环比可达 1.5，不需要给原料气预热。

② 催化剂使用寿命长，催化剂致毒可能性低，利用率高，反应器出口甲醇体积分数高达 17%，甲醇收率高，合成反应过程中副反应少，故粗甲醇中杂质含量少，有利于粗甲醇后续加工。

③ 单系列产能大。

④ 主要不足：冷却水消耗量大，副产蒸汽少，设备结构复杂，运输受到限制，设备阻力降偏大，水冷和气冷温差大，需要双相钢等特殊材料。

3）Casale IMC 板间换热等温甲醇合成工艺

Casale 开发了 IMC 板间换热式反应器，示意图见图 4-35，其换热板径向放置且沿着同心扇形排布，将换热板埋入催化剂床层内，作为冷却换热元件，换热板内走锅炉给水，将反应热移出床层，副产中压饱和蒸汽。换热板由床层底部支撑，催化剂通过底部惰性介质床层支撑，中心管作为反应器下部通道，催化剂从底部卸料口卸掉。近年来国内外已有多套装置采用该合成工艺进行建设并相继投入正式生产。

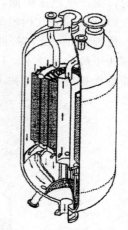

图 4-35　Casale IMC 板间换热式甲醇反应器

IMC 板间换热式等温甲醇合成工艺主要特点：

① 气体流程可设计并流、逆流、轴向或者径向方式，降低压降、阻力降，内件换热面积大。

② 催化剂装填系数高，醇净值可达 10%，高压空间利用率高，内件换热面积大，生产强度大。可采用国产催化剂，由 Casale 测试并提供性能保证，这一点与 Lurgi、DAVY、TopsΦe 相比，具有较强的优势。

③ 主要不足：催化剂装填困难，采用强制循环，对强制循环泵要求高，设备材质要求高，反应器结构复杂，制造难度大，合成压力应小于 8MPa。

4）MHI/MGC 管壳-冷管复合型甲醇合成工艺

由日本三菱重工（MHI）和三菱瓦斯（MGC）共同开发的 SPC（superconverter，超级转化）甲醇反应器，示意图见图 4-36，采用垂直的双套管式换热器，在管壳反应器催化管内加一根冷管，用于预热原料气，相当于双层管。反应热先预热冷管内的待反应气体，使其温度达到反应温度，避免在反应器外部加热原料气；沸水则在管壳间循环，原料气从下面进入内管，加热后的原料气进入催化剂床，反应气同时被外面的沸水和里面的气体冷却，使操作温度接近最佳温度线。沿内管流动的气流方向和外管流动的气流方向刚好相反，合成气进入催化剂层的入口温度最高，在向出口流动时，逐渐降低。类似的温度分布可保证最佳的反应速度，获得更高的转化率。该工艺在沙特阿拉伯已建设投产了 4 套 80 万吨/年甲醇装置。

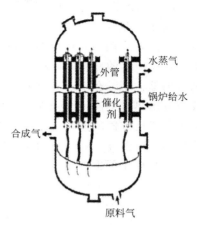

图 4-36　MHI/MGC 管壳-
冷管复合型甲醇反应器

MHI/MGC 管壳-冷管复合型甲醇工艺主要特点：

① 相对于 Lurgi 列管反应器，SPC 甲醇反应器循环比低、单程转化率高，在空速 $5000h^{-1}$、压力 8.0MPa 下，可以得到体积分数为 14％的出口甲醇。

② 反应器设计成双套管，相当于一个预热器，可预热入口原料气到反应温度，从而省去外置换热器。反应热回收利用好，1t 甲醇副产 1t 4.0MPa 中压蒸汽，吨甲醇能耗可降至 29GJ。

③ 主要不足：压降较大，设备结构复杂，每根内管均需用挠管与集气管连接，以消除热应力。催化剂装填在套管间，给催化剂装卸和设备安装检修带来不便，存在冷壁效应，对催化剂低温选择性及活性有要求。

5）国昌大型气冷甲醇反应器（GC-reactor）

南京国昌公司在利用自己长期积累的反应器技术研究设计、成功应用的经验基础上开创地发展了独具特色的大型气冷甲醇反应器，并首次在 168 万吨/年甲醇合成装置中获得成功应用，实现了该类型核心甲醇反应器国产大型化的目标。图 4-37 是国昌公司提出的大甲醇工艺流程。

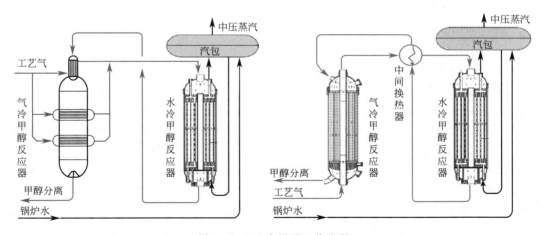

图 4-37　GC 大甲醇工艺流程

国昌大型气冷甲醇反应器主要特点：

① 具有自主知识产权，采用了 GC-reactor 反应器设计计算软件模拟、新型气体分布设计、"上下双方形联箱"结构等技术，使甲醇合成反应温度分布均匀、合理，醇净值高，系统能耗低。

② 采用了承压壳体与内件分体设计理念，材料采购容易，设备制造方便，现场安装简单，降低了设备的制造周期，节约了设备的投资费用。

6）内冷-管壳复合型甲醇合成组合工艺

内冷-管壳复合型甲醇合成组合工艺由华东理工大学开发提出，该组合工艺反应器示意见图4-38，由内冷式反应器（副反应器）、管壳式反应器（主反应器）组成。原料气先通过内冷式反应器的冷管，原料气升温。预热后的原料气出内冷式反应器，进入管壳式反应器的列管内催化床，在接近等温下反应，由于此时与反应的化学平衡相差甚远，所以反应剧烈，反应放出热量迅速传给壳程的冷却水，使之副产蒸汽。反应后的气体出管壳式反应器，又返回内冷式反应器的催化床，继续进行反应，由于进入反应后期，此时反应温度低于管壳段催化床的反应温度，对反应的化学平衡有利，整个反应床层的温度序列合理，可提高最终转化率，提高催化剂生产强度。

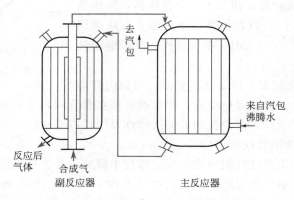

图4-38　内冷-管壳复合型甲醇反应器

内冷-管壳复合型甲醇合成组合工艺主要特点：

① 单系列生产能力大；

② 合理利用能量、副产蒸汽、床层温度合理；

③ 催化剂使用寿命长及催化剂装填方便。

7）超大型甲醇装置未来发展趋势

一是采用低压甲醇合成、超大型化发展趋势：以中低压甲醇合成为目标，节能降耗为目的，选择等温反应器，在最适宜温度范围内，使催化剂床层温度均匀；以反应热副产蒸汽，选择高位能回收方式，使得合成甲醇综合能耗得到有效降低。二是催化剂高活性、低温耐硫，床层温度易于控制的发展趋势：力求催化剂床层温度易于控制，能满足各种操作条件的变化；力求床层内温度均温或温差小，生产强度大，使用寿命长，时空收率高，低循环比和高单程转化率，副反应产物和杂质少。三是采用径向或轴径向反应器等温发展趋势：径向或轴径向流动，床层中气体分布均匀，阻力降小，结构简单；选择材料具有抗羰基化生成能力和抗氢脆能力，尽量避免采用特殊贵重材料，制造检修方便，容积利用系数大，装卸还原方便；进一步降低合成气中总硫含量，避免甲醇催化剂中毒。

4.3.1.5　苯加氢制环己烷

环己烷在常温常压下是无色透明液体，能与乙醇、苯、乙醚、丙酮相混溶，溶于甲醇，不溶于水。环己烷约98%用于制备己二酸、己内酰胺及己二胺。其他用作环己胺的原料，也可用作纤维素醚类、脂肪类、油类、蜡、沥青、树脂及生胶的溶剂，涂料和清漆的去除剂，有机和重结晶的介质。

目前，环己烷几乎都是通过纯苯加氢制得。因使用的催化剂、操作条件、反应器类型、移出反应热的方式不同而采用不同的方法。工业上苯加氢生产环己烷有气相法和液相法 2 种。气相法的优点是催化剂与产品分离容易，所需反应压力也较低，但设备多而大，投资费用相对较高。

（1）反应原理及催化剂

$$\Delta H = -208.1 \text{kJ/mol}$$

苯经汽化与氢气混合，在 $130 \sim 180^\circ\text{C}$ 温度和 $0.6 \sim 1.0\text{MPa}$ 压力下，用还原 Ni 作催化剂在固定床反应器反应，生成环己烷的收率在 99% 以上。主要副反应是环己烷的氢解和异构化，但是在 250°C 以下的低温，这些副反应不明显，只有少量甲基环戊烷生成。

对苯加氢有催化活性的金属有：Rh、Ru、Pt、Ni、Pd、Fe、Co 等，常用的金属按活性排列为：$\text{Pt} > \text{Ni} > \text{Pd}$。加氢活性的比例为：$K_{Pt} : K_{Ni} : K_{Pd} = 18 : 7 : 1$。

这表明 Pt 的活性比 Ni 高 2.6 倍。但 Pt 的价格为 Ni 的几百倍，因此选择 Ni 作为催化剂活性组分更经济。对苯的气相加氢反应，常采用负载型镍催化剂，要求载体有足够的强度承受工业条件下的机械应力，有足够的比表面积和适宜的孔径分布，能负载足够数量的镍盐（氧化镍）。此外，还要求载体对副反应没有催化活性。符合上述条件，工业上应用的载体有高纯度球形 Al_2O_3（$\phi 2 \sim 4\text{mm}$）、SiO_2 和硅藻土等，比表面积 $210\text{m}^2/\text{g}$，松密度 0.91g/m^3，孔隙度 $0.4\text{cm}^3/\text{g}$。

（2）工艺条件

① 原料纯度　一般采用石油馏分经催化重整得到的苯，而不采用来源自煤化工的焦炭苯，因其杂质含量高，易使催化剂中毒。苯中含硫必须小于 $5\mu\text{L/L}$，而氮、磷、砷、锑、氧、硒、碲以及 d 电子层中至少含 5 个电子的金属离子均是镍等催化剂的毒物。

氢气可有多种来源，低纯度的氢气也能满足苯加氢反应需要。但是，CO 会使催化剂中毒，在低温下还会生成易爆的羰基镍 Ni(CO)_4，必须严格控制 H_2 中的 CO 含量。氨也会使催化剂中毒，一般需控制氨含量小于 $100\mu\text{L/L}$。

② 反应温度　苯加氢反应是强放热可逆反应，平衡常数随反应温度的升高而减小，当反应温度超过 260°C 时，大量未反应的原料苯（称为高平衡苯）很难与环己烷分离（因两者沸点相近）。而且高温下产物环己烷会发生裂解生成甲烷和碳，使催化剂失活。因此，苯加氢反应温度必须严格控制在 260°C 以下，一般控制反应温度为 $130 \sim 180^\circ\text{C}$。工业上气相法通常采用列管式固定床反应器，不仅在反应器轴向上存在热点，而且在径向上也存在很大的温差。因此，及时、迅速地移出反应热，降低热点温度，防止飞温是确保加氢反应正常进行的首要条件。

③ 反应压力　苯加氢制环己烷是分子数减少的反应，因此，提高反应压力有利于平衡向正反应方向移动。另外，提高反应压力也有利于后续冷凝分离效率，减少排放尾气中产物环己烷的损失。为保证反应的稳定进行，对反应压力的控制也应保持稳定，不宜有较大波动。一般在尾气放空处采用气动薄膜调节阀自动控制调节系统压力。气相法操作压力为 $0.6 \sim 1.0\text{MPa}$。

④ 氢苯比　氢与苯的物质的量理论比是 $3 : 1$。增加氢气用量可以提高加氢反应的平衡转化率，还有利于带走反应热。通过压缩机将未反应的氢气压缩循环回反应系统。但是，氢气过量太多，使产物环己烷浓度过低不利于分离，而且循环气量增加，能耗增加。因此，适宜的氢苯比为 $\varphi(氢) : \varphi(苯) = (3.5 \sim 10) : 1$。

(3) 工艺流程

图 4-39 是采用列管式固定床反应器的苯气相加氢制环己烷的工艺流程。苯由储槽泵入预热器，预热后送入汽化器，原料 H_2 与循环 H_2 分别经压缩后进入氢气缓冲罐，混合氢气经换热器预热后由底部进入汽化器。苯与氢混合进入汽化器上部的换热器，用水蒸气过热至 120℃进入第一反应器，列管内装填以 Al_2O_3 为载体的金属 Ni 催化剂，通过壳程的加压热水的汽化移走反应热，同时副产低压水蒸气。由第一反应器底部流出的反应气直接进入第二反应器，继续反应至苯完全转化，反应气体经换热、冷却和低温冷凝，冷凝液中 w（环己烷）>99%输入环己烷储槽，未凝尾气除少量放空外，大部分作为循环气返回反应器。

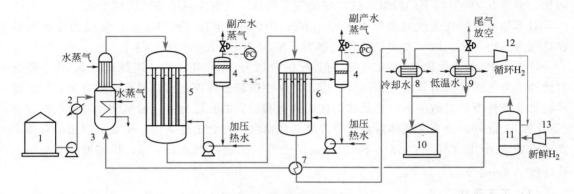

图 4-39　苯气相加氢制环己烷工艺流程

1—苯储槽；2—苯预热器；3—苯汽化器；4—汽水分离器；5，6—列管式反应器；7—换热器；8—第一冷凝器；9—第二冷凝器；10—环己烷储罐；11—氢气缓冲罐；12—循环氢气压缩机；13—氢气压缩机

在反应器中装填催化剂时，应当按不同床层高度加入适量的铝粒或失活的废催化剂，以稀释单位体积中的催化剂浓度，类似于多段层的反应器，目的就是减缓反应速率。在苯加氢反应装置中，因为所有物料无腐蚀作用，所以对设备的材质无特殊要求，用普通碳钢即可。

4.3.2 脱氢反应

4.3.2.1 脱氢反应的一般规律

与烃类加氢反应相反，烃类脱氢反应是吸热反应，其吸热量与烃类的结构有关，大多数脱氢反应在低温下平衡常数很小，随着反应温度升高而平衡常数增大，平衡转化率也升高。脱氢反应是分子数增加的反应，从热力学分析可知，降低总压力，可使产物的平衡浓度增大。所以，采用高温低压的操作条件对烃类脱氢反应有利。工业上常采用惰性气体作稀释剂方法，以降低烃的分压，其对平衡产生的效果和降低总压是相似的。常用的稀释剂是水蒸气，其好处是：易与产物分离，热容量大，既可提高脱氢反应的平衡转化率，又可消除催化剂表面的积炭或结焦。水蒸气用量也不能过大，以免造成能耗增大。

由于脱氢反应是吸热反应，要求在较高的温度条件下进行反应，伴随的副反应较多，要求脱氢催化剂有较好的选择性和耐热性，而金属氧化物催化剂的耐热性好于金属催化剂，所以该催化剂在脱氢反应中的应用受到重视。脱氢催化剂应满足下列要求：第一是具有良好的活性和选择性，能够尽量在较低的温度条件下进行反应。第二是催化剂的热稳定性好，能耐较高的操作温度而不失活。第三是化学稳定性好，金属氧化物在氢气的存在下不被还原成金属态，同时在大量的水蒸气下催化剂颗粒能长期运转而不粉碎，保持足够的机械强度。第四是有良好的抗结焦性能和易再生性能。

工业生产中常用的脱氢催化剂有 Cr_2O_3/Al_2O_3 系列、氧化铁系列和磷酸钙镍系列催化剂。氧化铬催化剂的助催化剂是少量的碱金属或碱土金属。水蒸气对此类催化剂有中毒作用，故不能采用水蒸气稀释法，而直接用减压法操作，且该催化剂易结焦，再生频繁。氧化铁系列催化剂的活性组分是 Fe_2O_3，助催化剂是 Cr_2O_3 和 K_2O。氧化铬是高熔点的金属氧化物，它可以提高催化剂的热稳定性，还可以起着稳定铁的价态的作用。氧化钾可以改变催化剂表面的酸度，以减少裂解反应的进行，同时提高催化剂的抗结焦性。据研究，脱氢反应起催化作用的可能是 Fe_3O_4，这类催化剂具有较高的活性和选择性。但在氢的还原气氛中，其选择性下降很快，这可能是二价铁、三价铁和四价铁之间的相互转化而引起的，为此需在大量水蒸气存在下，阻止氧化铁被过度还原。所以氧化铁系列脱氢催化剂必须用水蒸气作稀释剂。由于 Cr_2O_3 的毒性较大，现在已采用 Mo 和 Ce 代替制备无铬的氧化铁系列催化剂。磷酸钙镍系列催化剂是以磷酸钙镍为主体，添加 Cr_2O_3 和石墨。如钙镍磷酸盐-Cr_2O_3-石墨催化剂，其中石墨含量为 2%、氧化铬含量为 2%，其余为磷酸钙镍。该催化剂对烯烃脱氢制二烯烃具有良好的选择性，但抗结焦性能差，需用水蒸气和空气的混合物再生。

4.3.2.2　乙苯脱氢制苯乙烯

苯乙烯（styrene）是苯用量最大的衍生物，也是最基本的芳烃化学品。苯乙烯是一种重要的基本有机化工原料，主要用于生产聚苯乙烯（PS）树脂、丙烯腈-丁二烯-苯乙烯（ABS）树脂、苯乙烯-丙烯腈共聚物（SAN）树脂、丁苯橡胶（SBR）和丁苯胶乳（SBR 胶乳）、离子交换树脂、不饱和聚酯以及苯乙烯系热塑性弹性体等。此外，还可用于制药、染料、农药以及选矿等行业，用途十分广泛。

工业上生产苯乙烯主要有乙苯脱氢法和乙苯与丙烯共氧化（自氧化法）两种。

乙苯脱氢法：

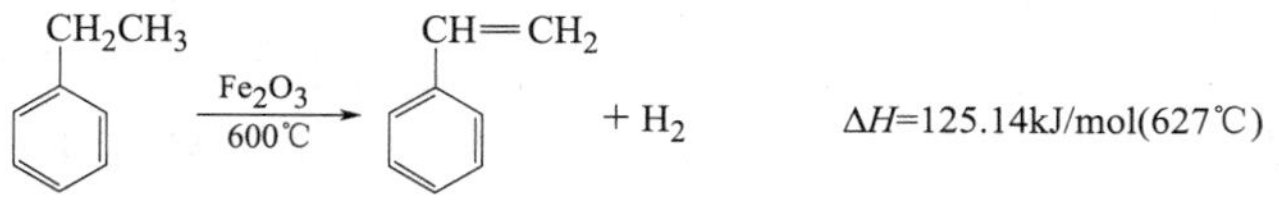

该法工艺成熟，苯乙烯收率达 95% 以上。全世界苯乙烯总产量的 90% 是用本法生产的。近十年来，在原乙苯脱氢法的基础上，又发展了乙苯脱氢-氢选择性氧化法，可使乙苯转化率明显提高，苯乙烯选择性也提高到 92%～96%，被认为是目前生产苯乙烯的一种好方法。

乙苯与丙烯共氧化法：首先乙苯氧化生成过氧化氢乙苯，然后与丙烯进行环氧化反应，生成 α-甲基苯甲醇和环氧丙烷，最后 α-甲基苯甲醇脱水生成苯乙烯。

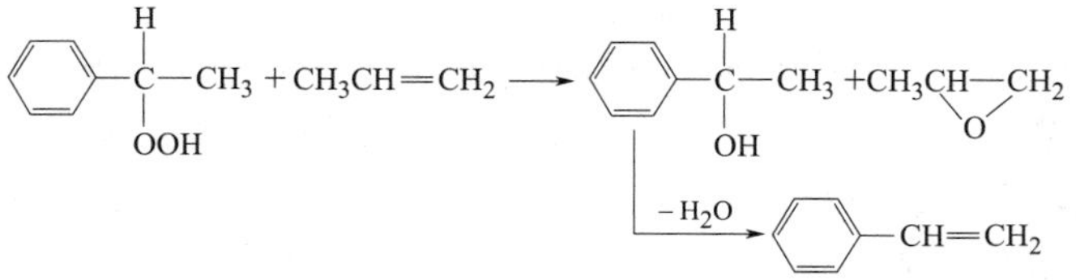

本法俗称哈康（Halcon）法，采用该法生产的苯乙烯约占世界苯乙烯总产量的 10%，优点是能耗低，可联产环氧丙烷，因此综合效益好。但工艺流程长，能盈利的最小生产规模比较大，联产两种产品容易受到市场制约。

（1）反应原理

乙苯脱氢是一个吸热可逆反应。在通常的铁系催化剂作用下，苯环比较稳定不会进行脱氢反应，脱氢反应只发生在侧链上。

乙苯脱氢副反应主要有裂解和加氢裂解 2 种，副产物有甲苯、苯、C_2H_6、CH_4、H_2、

CO_2 等。苯乙烯和乙烯等不饱和化合物在高温下会聚合、缩合产生焦油和焦，它们会覆盖在催化剂表面使催化剂活性下降。

$$2\ C_6H_5CH_2CH_3 \longrightarrow C_6H_5CH_3 + C_6H_5CH=CH_2 + CH_4$$

$$C_6H_5CH_2CH_3 \longrightarrow C_6H_6 + CH_2=CH_2 \qquad \Delta H = 105\,\text{kJ/mol}$$

$$C_6H_5CH_2CH_3 \longrightarrow 7C + CH_4 + 3H_2$$

$$C_6H_5CH_2CH_3 + H_2 \longrightarrow C_6H_5CH_3 + CH_4 \qquad \Delta H = -54.4\,\text{kJ/mol}$$

$$C_6H_5CH_2CH_3 + H_2 \longrightarrow C_6H_6 + CH_3CH_3 \qquad \Delta H = -31.5\,\text{kJ/mol}$$

有水蒸气存在时：

$$C_6H_5CH_2CH_3 + 2H_2O \longrightarrow C_6H_5CH_3 + CO_2 + 3H_2$$

(2) 乙苯脱氢催化剂

工业上广泛采用铁系催化剂，其主要组分是 Fe-K-Cr、Fe-K-Cr-Mg（Ca）或 Fe-K-Ce-Mo_2O_3 等。研究结果表明，氧化铁系催化剂的活性相是 $KFeO_2$，它是钾助催化剂与氧化铁发生相互作用的产物。K_2O 除与氧化铁生成活性相外，还能使助催化剂 Cr_2O_3 不受水蒸气毒害以及能中和催化剂表面的强酸中心，以减少裂解副反应的发生，因此，K_2O 是氧化铁系催化剂中必要的成分。氧化铬是高熔点的金属氧化物，它可以提高催化剂的热稳定性，还可能起着稳定铁的价态的作用。在氧化铁系催化剂中加入氧化铈，它以微晶状态分布在活性相表面，氧化铈有很强的储放氧能力，晶格氧活性高。同时，在脱氢反应条件下可被部分还原产生 Ce^{3+}/Ce^{2+} 离子偶，并通过氧化还原反应过程，不断由水蒸气向活性相输送晶格氧，加强活性相 $KFeO_2$ 促进氧转移脱氢的能力。

乙苯气相脱氢反应可在多管等温反应器或绝热反应器中进行。研究发现，催化剂的内扩散阻力不容忽略，图 4-40 和图 4-41 分别示出了催化剂颗粒度对乙苯脱氢反应速率和选择性的影响。由此可见，采用小颗粒催化剂不仅可以提高脱氢反应速率，也有利于选择性的提高。所以工业上脱氢催化剂的颗粒不宜太大，一般是粒度为 3.2mm 和 4.8mm 的条形催化剂。

(3) 乙苯脱氢工艺条件的选择

① 反应温度 由于乙苯脱氢是强吸热反应，提高反应温度对热力学平衡和反应速率都有利。但是，温度不能过高，因为主反应活化能低于副反应活化能，升高温度导致主反应速率增加相对较慢，使反应选择性下降；温度过高也将导致催化剂表面结炭，活性快速下降，再生周期缩短。故存在最佳反应温度，主要由选用的催化剂决定。表 4-26 示出了乙苯在不同催化剂上催化脱氢制苯乙烯的反应温度对转化率和选择性的影响。当反应温度超过 600℃

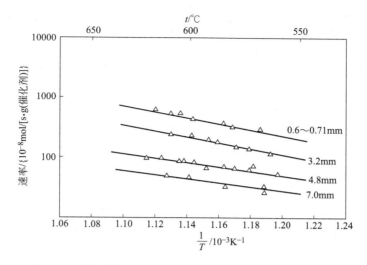

图 4-40 催化剂的颗粒度对乙苯脱氢反应速率的影响曲线

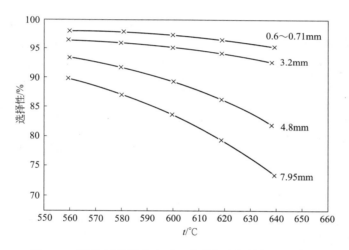

图 4-41 催化剂的颗粒度对乙苯脱氢选择性的影响曲线

时，选择性明显下降，因此，工业上一般控制在 $580 \sim 600 ℃$。反应初期，催化剂活性好，反应温度可以低些，反应后期，催化剂活性下降，反应温度则要高些。

表 4-26 乙苯催化脱氢反应温度的影响

催化剂型号	反应温度/℃	转化率/%	选择性/%	催化剂型号	反应温度/℃	转化率/%	选择性/%
XH-02	580	53.0	94.3	G4-1	580	47.0	98.0
	600	62.0	93.5		600	63.5	95.0
	620	72.5	92.0		620	76.1	95.0
	640	87.0	89.4		640	85.1	93.0

注：乙苯液空速（LHSV）$1 h^{-1}$，$m(H_2O) : m(乙苯) = 1.3 : 1$。

② 反应压力 乙苯脱氢是分子数增加的可逆反应，故降低反应压力，有利于提高平衡转化率。因为副产物浓度很小且不受反应平衡限制，故降低压力可以提高选择性。但是，压

力过低会使反应物浓度下降，对反应速率不利。在工业生产上，乙苯脱氢反应除采用低压或负压外，还采用惰性气体作稀释剂来降低烃的分压，以提高平衡转化率。常用的稀释剂是水蒸气。

③ 水蒸气的用量　高温水蒸气在乙苯脱氢反应中主要起到 3 个作用：惰性载体，降低反应产物平衡分压，从而提高平衡转化率及反应选择性；反应的热载体，为反应提供热量；消炭剂，在高温下与催化剂表面的结炭发生水煤气反应，避免催化剂结焦，保持催化剂活性。因此，增加水蒸气用量有利于乙苯脱氢反应。但是，水蒸气用量过大，将增加能耗和操作费用。根据工业生产实践，绝热反应器的 m（水蒸气）/m（乙苯）＝2.4：1，等温多管反应器所需水蒸气量比绝热反应器少一半左右，这是因为前者靠管外烟道气供热。

④ 乙苯液空速　液空速小，在催化剂床层停留时间长，转化率高，但是，由于连串副反应的竞争，使选择性下降，催化剂表面结焦量增加，催化剂再生周期缩短。空速过大，转化率低，未转化的原料回收循环量大，若是采用绝热式反应器，水蒸气的消耗也将明显增加。工业上一般采用的液空速为 $0.4 \sim 0.6 h^{-1}$。

（4）乙苯催化脱氢工艺流程

脱氢反应需在高温下进行，由于供热方式不同，采用的反应器型式也不同。工业上采用的反应器型式主要有 2 种：多管等温反应器和绝热反应器。采用这两种不同型式反应器的工艺流程的差别，主要是脱氢反应部分的水蒸气用量不同，热量的供给和回收利用不同。

① 多管等温反应器　这种反应器由许多耐高温的镍铬不锈钢管或内衬以铜锰合金的耐热钢管组成，管径为 $100 \sim 185 mm$，管长 3m，管内装催化剂，管外用烟道气加热，其示意图见图 4-42。

采用多管等温反应器的乙苯脱氢反应部分的工艺流程见图 4-43。原料乙苯蒸气和一定量水蒸气混合后，经第一预热器、热交换器和第二预热器预热至 540℃左右，进入反应器进行催化脱氢反应，离开反应器的脱氢产物温度约为 580～600℃，经与原料气热交换回收热量后，

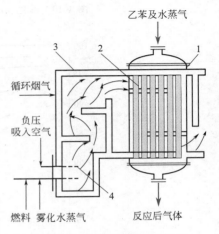

图 4-42　乙苯脱氢等温反应器
1—多管反应器；2—圆缺挡板；
3—耐火砖砌成的加热炉；4—燃烧喷嘴

进入冷凝器进行冷却冷凝，凝液送至粗苯乙烯储槽，不凝气体中含有氢气 $\varphi(H_2)=90\%$，其余为 CO_2 和少量 C_1 及 C_2，一般用作燃料气，也可作工业氢源。

在等温反应器中进行脱氢反应，水蒸气仅作为稀释剂用，其用量为 m（水蒸气）：m（乙苯）＝（1～1.5）：1。脱氢温度的控制与催化剂的活性有关，通常情况下，控制温度随活性的下降而逐渐提高。新鲜催化剂一般控制在 580℃左右，已老化的催化剂最高可提高至 620℃左右。要使反应器达到等温，沿反应管传热速率的改变必须与反应所需吸收热量的递减速率的改变同步。但在一般情况下，往往是传给催化剂床层的热量大于反应所需吸收的热量，故反应器的温度分布是沿催化床层逐渐增高，出口温度可能比进口温度高出数十摄氏度。

乙苯脱氢是一吸热可逆反应，温度在动力学和热力学上的影响是一致的，高温对两者均产生有利的影响。如仅从获得最大反应速率考虑，催化剂床层的最佳温度分布应随着转化深度而升高，故采用等温反应器可获得较高的转化率。对反应选择性而言，在反应初期乙苯浓度高，平行副反应竞争剧烈，反应器入口温度低，有利于抑制活化能较高的平行副反应的进行。接近反应器出口处，连串副反应竞争剧烈，如反应温度过高，将会使苯乙烯聚合结焦的

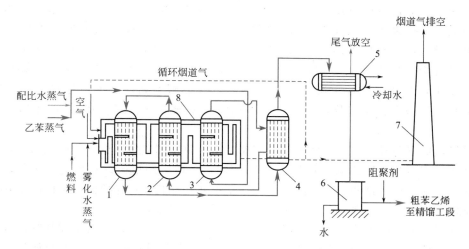

图 4-43 多管等温反应器乙苯脱氢工艺流程

1—脱氢反应器；2—第二预热器；3—第一预热器；4—热交换器；

5—冷凝器；6—粗苯乙烯储槽；7—烟囱；8—加热炉

副反应加速。所以，要控制适宜的出口温度，抑制连串副反应。通常采用等温反应器，乙苯脱氢反应的转化率可达 40%～45%，苯乙烯的选择性达 92%～95%。

虽然采用多管等温反应器脱氢，水蒸气的消耗量约为绝热反应器的 1/2，但因等温反应器结构复杂，且需大量的特殊合金钢材，反应器制造费用高，故大规模的生产装置，都采用绝热反应器。

② 绝热反应器　这类反应器中的催化剂床层与外界没有热交换，反应所需热量是由过热水蒸气直接带入反应系统。图 4-44 示出了单段绝热反应器脱氢工艺流程。循环乙苯和新鲜乙苯与占蒸气总量 10%的水蒸气混合后，与高温脱氢产物进行热交换被加热到 520～550℃，再与过热到 720℃的其余 90%的过热水蒸气混合，然后进入脱氢反应器，脱氢产物离开反应器时的温度为 585℃左右，经热交换利用其热量后，再进一步冷却冷凝，冷凝液分离去水后，进粗苯乙烯储槽，尾气中 90%左右是 H_2，可用作燃料气或工业氢源。凝液中分出的过程水量甚大，因含有少量芳烃和焦油，需经处理后，重新用于产生水蒸气循环使用。因此本工艺能耗也相当大。

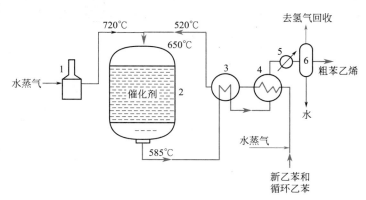

图 4-44 绝热反应器乙苯脱氢工艺流程

1—水蒸气过热炉；2—脱氢反应器；3，4—热交换器；5—冷凝器；6—分离器在绝热反应器进行脱氢反应，反应所需热量是由过热水蒸气带入，故水蒸气用量要比等温反应器多一倍左右。由于脱氢反应需吸收大量热量，故反应器的进口温度必然比出口温度高，单段绝热反应器的进出口温差可达 65℃。这样的温度分布对脱氢反应速率和反应选择性都会产生不利的影响。由于反应器进口处乙苯浓度最高，温度高就有较多平行副反应发生，而使选择性下降。出口温度低，对平衡不利，使反应速率减慢，限制了转化率的提高，故单段绝热反应器脱氢，不仅转化率较低（35%～40%），选择性也只有约 90%。

单段绝热反应器脱氢工艺的优点是反应器结构简单，制造费用低，生产能力大，一台大型单段绝热反应器苯乙烯的生产能力可达 6 万吨/年。但采用单段绝热反应器脱氢，还有上述这些缺点。为了克服这些缺点，降低原料乙苯单耗和能耗，20 世纪 70 年代以来在反应器和脱氢条件方面做了许多改进，收到了较好的效果，现简述如下。

（a）采用几个单段绝热反应器串联使用，反应器间设加热炉，进行中间加热以补充热量和提升反应气体进入下一段时的温度。图 4-45 是国内自行设计的两段（中间加热）绝热式负压脱氢工艺流程。采用国产 GS-05 型乙苯脱氢催化剂和轴径向脱氢反应器。乙苯经蒸发器（E-304）预热至 80～90℃后与水蒸气混合，温度达到 98℃，进乙苯过热器（E-301）和脱氢气热交换升温至 500℃，再进入静态混合器与来自加热炉（F-301）的过热水蒸气（818℃）混合，温度达到 615℃进入第一反应器（R-301），脱氢产物气进入中间再热器和来自 F-301 的 804℃过热水蒸气进行热交换，温度升至 617℃进入第二反应器（R-302）。第二反应器的脱氢气经 E-301、废热锅炉（E-302 和 E-303）后，送后冷系统和物料回收系统。该工艺的主要操作参数见表 4-27。主要技术指标为：乙苯单程转化率为 62%，苯乙烯选择性为 95%，物耗 m（乙苯）/m（苯乙烯）＝1.15∶1。

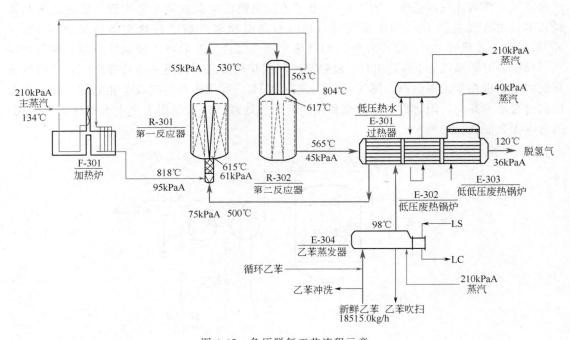

图 4-45 负压脱氢工艺流程示意

表 4-27　乙苯负压脱氢生产工艺操作参数

操作参数	温度/℃		压力/MPa	m(水蒸气)/m(乙苯)	乙苯液空速/h^{-1}
	后期	前期			
第一反应器	635	615	0.07	1.3~1.8	0.4~0.5
第二反应器	640	620	0.05		

图 4-46 所示为几个单段绝热反应器串联使用的另一种形式。采用一台反应器，将催化剂分成几段，段间通入过热水蒸气加热，提升进入下一段催化剂床层的温度。图 4-46 右侧示出了经水蒸气提温后，沿床层高度温度的变化情况。与单段绝热床层相比，采用多段绝热床层串联的进口温度降低，出口温度升高，有利于乙苯转化率和苯乙烯选择性的提高，单程转化率可达 65%~70%，选择性 92%左右。

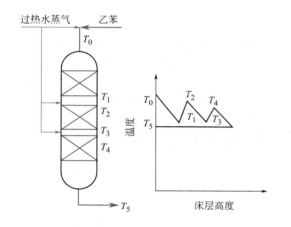

图 4-46　多段式绝热反应器及温度分布曲线

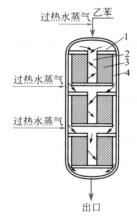

图 4-47　三段绝热式径向反应器
1—混合室；2—中心室；3—催化剂室；4—收集室

（b）采用分别装入高选择性和高活性（高转化率）的两段绝热反应器。第一段装入高选择性催化剂 [如含 w(Fe$_2$O$_3$)=49%，w(CeO$_2$)=1%，w(焦磷酸钾)=26%，w(铝酸钙)=20%，w(Cr$_2$O$_3$)=4%的催化剂]，以减少副反应，提高选择性。第二段装入高活性催化剂 [如含 w(Fe$_2$O$_3$)=90%，w(K$_2$O)=5%，w(Cr$_2$O$_3$)=3%的催化剂]，以克服温度下降带来的反应速率下降的不利影响，这样可使乙苯单程转化率提高到 64.2%，选择性达到 91.6%，水蒸气消耗量由单段的 1t 苯乙烯耗 6.6t 水蒸气，降至 1t 苯乙烯耗 4.5t 水蒸气，生产成本降低 16%。

（c）采用多段径向绝热反应器。由图 4-40 和图 4-41 可知，使用小颗粒催化剂可以提高反应速率和选择性，但是床层阻力增加，操作压力要相应提高。操作压力高，又会使转化率下降。为了解决此矛盾，开发了径向绝热反应器脱氢技术，图 4-47 为三段绝热式径向反应器。每一段都由混合室、中心室、催化剂室和收集室组成。乙苯蒸气与一定量过热水蒸气先进入混合室，充分混合后由中心室通过钻有细孔的钢板制圆筒壁，喷入催化剂层，脱氢产物经钻有细孔的钢板制外圆筒进入由反应器的环形空隙形成的收集室，然后再进入第二混合室再与过热水蒸气混合，经同样过程后直至反应器出口。这种反应器阻力降很小，制造费用虽比轴向催化床高，但仍比等温反应器便宜，水蒸气用量低于一段绝热式反应器，温差小，乙苯转化率可达 60%以上，选择性也高。

（d）有些工艺同时选用绝热反应器和等温反应器技术，发挥等温和绝热的优点；有些工艺采用三段绝热反应器，使用不同催化剂。操作条件为：反应温度 630～650℃，压力（绝）50.6～131.7kPa，m（水蒸气）：m（乙苯）＝（1～2）：1，最终单程转化率达 77％～93％，选择性 92％～96％。

通过以上种种改进措施，提高了乙苯的转化率和苯乙烯的选择性，水蒸气用量也大为减少。

（5）催化脱氢-氢选择性氧化工艺

1985 年日本三菱公司应用 UOP 公司的乙苯脱氢-氢选择性氧化工艺（简称 Styro-Plus 工艺），建设了一个 5000t/a 苯乙烯生产装置，至今生产情况良好，标志着这一工艺技术工业化成功。随后，此工艺与其他先进工艺一起汇集为 SMART（styrene monomer advanced reactor technology）工艺。本法的实质，是用部分氧化方法，将脱氢反应生成的氢气氧化生成水。

$$H_2 + 0.5O_2 \longrightarrow H_2O \quad \Delta H = -242kJ/mol$$

反应放出的大量热量用于加热初步脱氢后被冷却下来的反应物料，使过热水蒸气的消耗大为降低〔从原先的 m（水蒸气）：m（反应物）＝（1.7～2.0）：1 降至 m（水蒸气）：m（反应物）＝（1.1～1.2）：1〕，由于氢的消耗，使化学平衡向生成苯乙烯方向移动，从而大大提高乙苯的单程转化率。表 4-28 示出了 Styro-Plus 工艺与乙苯催化脱氢工艺的比较。

表 4-28　Styro-Plus 工艺与乙苯催化脱氢工艺的比较

技术参数	乙苯催化脱氢工艺	Styro-Plus 工艺
反应器入口温度/℃	600	615
压力（绝）/MPa	0.14	0.056
单程转化率/%	70	82.5
选择性/%	94	95.5
n（水蒸气）：n（乙苯）	1.5～2.0	1.1～1.7

Styro-Plus 工艺的工艺流程示于图 4-48。

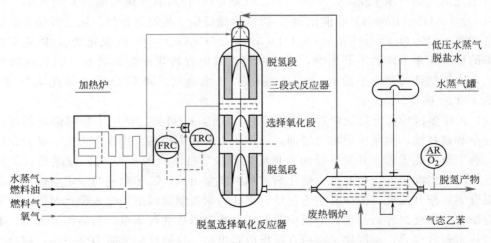

图 4-48　Styro-Plus 工艺三段式反应器系统工艺流程

它与传统乙苯催化脱氢法相似，不同之处是它采用了如图 4-49 所示的 Styro-Plus 多段径向反应器。该反应器顶部为脱氢催化剂床层，乙苯和过热水蒸气由此进入反应器并呈径向流动（由中心流向器壁）以与催化剂床层充分接触。在第一层床层进行初步脱氢后，反应气进入第二段。该段装填两层催化剂，上层为数量较少的氧化催化剂层（以 Pt 为催化活性组成、Sm 和 Li 为助催化剂、氧化铝为载体的高效氧化催化剂），下层为脱氢催化剂层。含氧气体（一般用空气，也可以用氧气）在靠近氧化层的地方引入反应器并与反应流体均匀混合后流过氧化层，氧化放出热量将反应流体加热至规定温度，然后进入下面的脱氢层，其余各段以此类推，由于各段物流温差小，脱氢催化反应可在优化条件下进行。

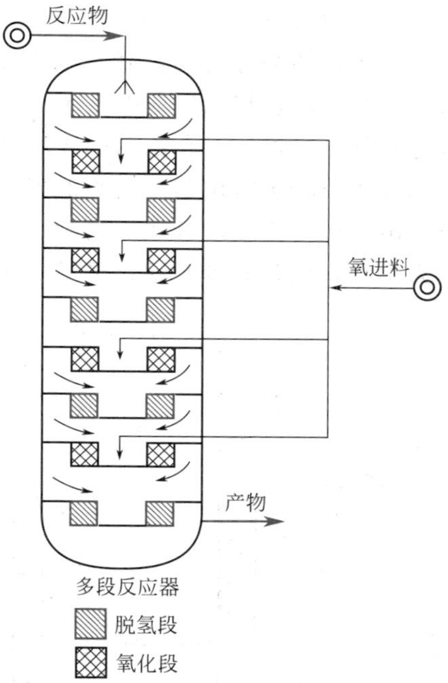

SMART 工艺具有以下优点：

① 一段脱氢产生的氢气大部分被氧化，使反应向生成苯乙烯的方向移动。与传统的苯乙烯技术相比，在相同的选择性下，乙苯单程转化率最高可超过 80%。

② 乙苯转化率提高，减少了未转化乙苯的循环返回量，使装置生产能力提高，减少了分离部分的能耗和单耗。

图 4-49　Styro-Plus 多段脱氢-氢选择性氧化反应器

③ 甲苯的生成需要氢，移除氢后减少了副反应的发生。

④ 采用氧化中间加热，由反应物流或热泵回收潜热，不需要中间换热器和相关的管线，提高了能量效率，节约了能量，经济性明显优于传统工艺。

⑤ 易用于对原生产装置的改造，且费用较低。目前，世界上有 5 套苯乙烯生产装置采用乙苯氧化脱氢工艺，一些新建生产装置也大都准备采用该方法。SMART 工艺对传统苯乙烯工艺的改造具有较大的适应性。氢氧化反应器的添加形式可根据原工艺进行选择。通常情况下，经过上述某种形式的改造，可将原装置的生产能力提高 35% 以上。

(6) 脱氢液的分离和精制

脱氢产物粗苯乙烯除含有目的产物苯乙烯外，还含有尚未反应的乙苯和副产物苯、甲苯及少量焦油，具体组成因脱氢方法和操作条件不同而异。表 4-29 示出了不同工艺的粗苯乙烯组成。由表可见，各组分的沸点差较大，可用精馏方法分离。目前粗苯乙烯的工业分离主要有常规流程和共沸热回收节能流程两种。

表 4-29　不同工艺得到的粗苯乙烯组成

组　分	沸点/℃	组成(质量分数)/%		
		等温反应器	两段绝热反应器	三段绝热反应器
苯乙烯	145.2	35~40	60~65	80.9
乙苯	136.2	55~60	30~35	14.66
苯	80.1	1.5 左右	5 左右	0.88
甲苯	110.6	2.5 左右		3.15
焦油		少量	少量	少量

1）常规流程

粗苯乙烯的分离和精制常规流程示于图4-50。经脱水后的粗苯乙烯（又称脱氢液）先送入粗苯乙烯塔，将未反应的乙苯、副产物苯和甲苯与苯乙烯分离。塔顶蒸出的乙苯、苯和甲苯等蒸气经冷凝后，在乙苯回收塔分出乙苯，乙苯返回反应系统重新进行脱氢反应，在苯、甲苯分离塔塔顶馏出苯，塔釜馏出甲苯，作副产物用作烷基化原料或出售。由粗苯乙烯塔塔釜流出的粗苯乙烯馏分送入精苯乙烯精馏塔，塔顶得聚合级苯乙烯（纯度为99.6%），塔釜液为焦油，尚含有苯乙烯，可进一步进行回收。

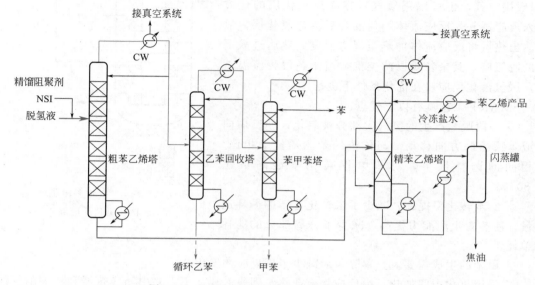

图 4-50 粗苯乙烯的分离和精制常规工艺流程

2）共沸热回收节能流程

苯乙烯生产工艺中需将乙苯和水混合并升温到设定温度后再进入后续催化反应系统，而乙苯和水是不互溶的两种液体，但有研究表明常压下33.3%（质量分数）的水和66.7%（质量分数）的乙苯可以形成共沸物，且最低恒沸点仅91.8℃。而在苯乙烯装置的乙苯分离塔顶操作温度约为101.0℃。共沸热回收节能流程主要考虑在苯乙烯精馏单元采用顺序分离工艺，即先将反应产物（脱氢液）中的苯、甲苯进行分离，再分离未反应的乙苯和苯乙烯产品。采用顺序分离后，乙苯分离塔的塔顶物料温度约101℃，且其中乙苯的质量分数在99%以上，有利于低温热的回收。测算12万吨/年苯乙烯装置该处的低温热为1500kW。因此，利用顺序分离特点和共沸原理，在乙苯分离塔塔顶设置恒沸热回收换热器，用于蒸发乙苯和水的混合物来回收塔顶低温热，节省蒸发原料乙苯的水蒸气而达到节能目的。国内苯乙烯顺序分离共沸热回收节能工艺流程如图4-51所示。

3）共沸热回收节能流程与常规流程比较

共沸热回收节能流程与常规流程相比，区别较大的是产品分离单元的流程变化。在常规流程中，反应产物脱氢液先经粗苯乙烯塔分离出苯、甲苯、乙苯等比苯乙烯轻的组分，轻组分再进入乙苯回收塔回收乙苯，乙苯回收塔顶的苯和甲苯再进入苯/甲苯分离塔分离出苯和甲苯，粗苯乙烯直接进入精苯乙烯塔精制得到目的产品。而在新一代节能型技术中，反应产物（脱氢液）先经过预分塔分离出苯、甲苯等轻组分，再经苯/甲苯分离塔分离出苯和甲苯，乙苯和苯乙烯进入乙苯分离塔回收乙苯，乙苯分离塔底的苯乙烯进入精苯乙烯塔精制得到目

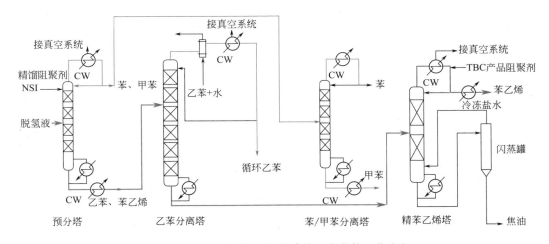

图 4-51 苯乙烯顺序分离共沸热回收节能工艺流程

的产品。在该顺序分离工艺中，乙苯分离塔塔顶气中基本没有苯、甲苯等轻组分，塔顶冷凝器（乙苯、水蒸发器）的换热温差可达 9℃ 以上，具备低温热的回收条件，结合乙苯和水共沸温度特性而设置了共沸热回收流程。

工业生产表明，采用顺序分离共沸热回收节能工艺后综合能耗显著下降，缩小了与国外先进技术的差距；乙苯分离塔塔釜温度比国外先进工艺降低了 11℃，副产物焦油同比减少 21% 以上；水油比略高于国外技术，但设备投资相对较低，国内外相关工艺的部分数据对比见表 4-30。装置的公用工程消耗及能耗的设计、标定指标与第一代国产化工艺相关指标的对比见表 4-31。该装置采用新一代节能工艺后生产仅需要蒸汽 37.0t/h，较第一代工艺节省 14.16t/h，综合能耗 10699.0MJ/t 苯乙烯，较第一代工艺综合能耗（13389.0MJ/t 苯乙烯）降低了 2690.0MJ/t 苯乙烯，较第一代工艺综合能耗降低了 20.1%，节能效果较显著。

表 4-30 国内外相关工艺的数据对比

项目	共沸热回收节能流程	常规流程	Lummus 工艺	Badger 工艺
分离工艺	顺序分离	一次脱轻组分	一次脱轻组分	顺序分离
节能方式	共沸热回收	—	共沸热回收	高低压双塔精馏
塔釜温度/℃	108	约 96	119	86/119
焦油量(kg/t)：苯乙烯(kg/t)	8.68	8~9	约 13	约 11
水油比	1.5：1.0	1.5：1.0	1.15：1.00	1.02：1.00
投资	略低	略低	略高	略高

表 4-31 12 万吨/年苯乙烯装置公用工程消耗及能耗对比

项目	第一代典型工艺公用工程消耗	新一代节能工艺消耗		换算系数	第一代国产化工艺能耗/(MJ/t)	新一代节能工艺能耗/(MJ/t)	
		设计数据	标定数据			设计数据	生产标定数据
循环水(32℃)/(m³/h)	2277.6	1806.9	①	4.2	637.7	505.9	
冷冻水(5℃)/(m³/h)	57.0	62.5	①	31.4	119.3	130.8	
3.50MPa 蒸汽/(t/h)	12.0	12.0	7.8	3684	2947.2	2947.2	1915.7

续表

项目	第一代典型工艺公用工程消耗	新一代节能工艺消耗		换算系数	第一代国产化工艺能耗/(MJ/t)	新一代节能工艺能耗/(MJ/t)	
		设计数据	标定数据			设计数据	生产标定数据
1.00MPa 蒸汽/(t/h)	2.640	0.391	29.20[②]	3182	560.0	82.9	6194.3
0.35MPa 蒸汽/(t/h)	36.72	31.37	—	2763	6763.8	5778.4	
0.04MPa 蒸汽/(t/h)	−0.18	—	—	2303	−27.6	0	
仪表空气(0.6MPa)/(m³/h)	350	350	172	1.59	37.1	37.1	18.2
电/kW·h	654.0	809.9	1734.8	11.8	514.5	637.1	1364.7
氮气(0.78MPa)/(m³/h)	120	120	469	6.28	50.2	50.2	196.4
燃料气/(t/h)	1.238	1.164	0.881	39775	3282.8	3086.5	2336.9
蒸汽凝液/(t/h)	−51.00	−43.76	−45.00	320.3	−1089.0	−934.40	−960.90
焦油/(kg/h)				40698	−407.0	−420.5	−366.3
合计					13389.0	11901.2	10699.0

① 在生产标定数据中，因循环水、冷冻水采用电能驱动，相关用电量已计入总用电量中，故未单独计算能耗。

② 因 0.35MPa 蒸汽是采用 1.0MPa 蒸汽减温减压所得，生产时以 1.0MPa 蒸汽消耗量计算总的蒸汽消耗量。

4.4 烷基化

烷基化是指利用取代反应或加成反应，在有机化合物分子中的 N、O、C 或 Si、S 等上的 H 原子上引入烷基 R—或芳香烃（如苄基 $C_6H_5CH_2$—）的反应。典型的有烃类的烷基化，又称烃化，是芳烃分子中苯环上的一个或几个氢被烷基所取代而生成烷基芳香烃的反应。如由苯和乙烯经烷基化反应生成乙苯，苯和丙烯反应生成异丙苯，苯和十二烷基烯（或十二氯代烷烃）反应制十二烷基苯等。此外还有烃类经烷基化制得醚类，如甲醇和异丁烯反应生成甲基和丁基醚；胺类如由对硝基甲苯用二氯甲醚进行氯甲基化，再加氢制得 3,4-二甲苯胺；金属烷基化如由铅和烷基卤化物制烷基铝（三乙基铝、三甲基铝）等。

能为烃提供烷基的物质称为烷基化剂，工业上常用的有烯烃，如乙烯、丙烯；卤代烷烃，如氯乙烷、氯代十二乙烷；卤代芳烃，如一氯苯、苯氯甲烷；硫酸烷酯，如硫酸二甲酯；以及饱和醇，如甲醇和乙醇等。

烷基化是一类重要的反应，它所生成的产品广泛用于制药、染料、香料、炸药、汽油添加剂、催化剂、合成洗涤剂等领域。

本节重点介绍两个产品的合成，即乙苯和甲基叔丁基醚。

4.4.1 乙苯的合成

乙苯（ethylbenene）主要用于脱氢制苯乙烯，这是合成聚苯乙烯（PS）树脂的单体。苯乙烯与丁二烯、丙烯腈共聚可制 ABS 工程塑料；与丙烯腈共聚合成 AS 树脂；与丁二烯共聚可生成乳胶（SBL）或合成橡胶（SBR）等；此外，乙苯少量用于生产苯乙酮、乙基蒽醌、硝基苯乙酮、甲基苯基甲酮等的有机中间体。

4.4.1.1　乙苯的生产方法

乙苯的生产方法主要是烷基化法和由 C_8 芳烃分离法。在工业上约占 90% 的生产方法是烷基化法。烷基化法又分为液相法和气相法。

① 液相烷基化法　以苯和乙烯为原料，在常压和反应温度 85～90℃ 下，采用 $AlCl_3$ 络合物为催化剂，进行液相烷基化反应生成乙苯。纯的无水 $AlCl_3$ 无催化活性，必须有助催化剂 HCl 或 RCl 同时存在使其转化为 $HAlO_4$ 或 $RAlCl_4$ 络合物才具有高的催化活性，并能使多烷基苯与苯发生转移反应。工业生产中采用干燥苯时控制微量水分，用以产生氯化氢；或直接加氯乙烷等能与苯反应生成氯化氢的组分。工业上将苯的转化率限制在 52%～55% 左右，并采用高的苯/乙烯原料比，以防止生成更多的二乙苯和多乙苯，平均收率达到 94.96%。

1974 年美国孟山都公司采用了高温均相烷基化新工艺，即反应温度 140～200℃，反应压力 0.6～0.8MPa，催化剂 $AlCl_3$ 用量为原来的 1/4，乙苯选择性高达 99%，同时还可回收高温料液的热能，但仍未能解决传统液相法的腐蚀问题。

② 气相烷基化法　最早采用乙烯和过量苯在磷酸-硅藻土上或氧化铝-硅胶催化剂存在下，于反应温度 300℃ 和压力 4～6MPa 下进行气相烷基化反应生成乙苯。但该法对副产物多乙苯无法处理。

20 世纪 50 年代美国环球油品公司开发了新型催化剂 $BF_3/\gamma\text{-}Al_2O_3$，在反应温度 290℃、反应压力 6～6.5MPa 下，可得到很高的乙苯选择性（它对脱烷基也有催化活性）。20 世纪 70 年代莫比尔（Mobil）公司又开发成功了采用 ZSM-5 分子筛作催化剂，在 370～425℃、1.4～2.8MPa 下进行反应的无腐蚀、无污染的新工艺，在转化率为 85% 时，乙苯选择性为 98%。该法的优点是反应温度和压力都较前两种低，缺点是苯和乙烯的原料配比高达 5，分子筛易结炭，必须在 570℃ 和 1.05MPa 下再生。

以下介绍气相烷基化法制乙苯的工艺过程。

4.4.1.2　气相烷基化法制乙苯

(1) 反应原理

主反应

$$\Delta H = -106.6\text{kJ/mol}$$

副反应

乙苯连续反应生成多乙苯

此外还有异构化反应生成邻、间、对三种异构体，烷基转移反应，芳烃的缩合和烯烃的聚合反应，生成高沸点焦油和焦炭等。

(2) 催化剂

气相烷基化法采用 ZSM-5 分子筛催化剂，这是由美国 Mobil 公司于 20 世纪 70 年代研制的一种新型高硅铝比沸石，属于中孔分子筛，因具有独特的交叉孔道结构和催化性能、优良的热稳定性和耐酸性、极好的疏水性和水蒸气稳定性而受到国内外石油化工界的重视，广泛用于烷烃芳构化、芳烃烷基化、甲苯歧化等重要的化工过程。

ZSM-5 分子筛的合成方法很多，依据其使用目的采用不同的方法或条件来制备。由于合成原料、原料配比或模板剂种类等诸多条件的不同，所制备的 ZSM-5 分子筛催化剂的结构参数和催化性能会存在很大差异。近年来，我国在 ZSM-5 分子筛系列催化剂的研究领域取得了很大进展，如上海石油化工研究院研制成功的 AB-97 型气相烷基化制乙苯催化剂，其综合性能已优于进口的同类催化剂。

(3) 工艺流程

以苯和乙烯为原料，ZSM-5 分子筛为催化剂的气相烷基化法制乙苯的工艺流程见图 4-52。该工艺所采用的反应器为气-固相多段绝热式反应器。典型的生产工艺条件为：反应温度 370～425℃，反应压力 1.37～2.74MPa，乙烯的质量空速 3～5h^{-1}。

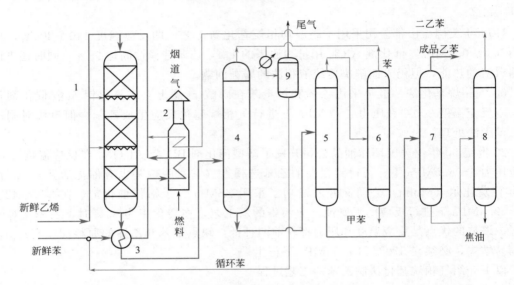

图 4-52　气相烷基化生产乙苯工艺流程
1—多段绝热式反应器；2—加热炉；3—换热器；4—初馏塔；
5—苯回收塔；6—苯、甲苯塔；7—乙苯塔；8—多乙苯塔；9—气液分离器

新鲜苯和经苯回收塔回收的循环苯与反应产物换热后进入加热炉，气化并预热至 400～420℃，先与已被加热气化的二乙苯混合，再与乙烯混合后进入烷基化反应器，反应后气体经换热后进入初馏塔，塔顶蒸出轻组分和少量苯，经冷凝气液分离后尾气排空。初馏塔釜液进入苯回收塔，塔顶馏出液进入苯、甲苯塔，从塔顶得到的苯循环使用，甲苯作为副产品从塔釜中引出。苯回收塔的塔釜物料进入乙苯塔，在乙苯塔顶即可得到产品乙苯，塔釜液送入多乙苯塔。多乙苯塔在减压下操作，塔顶为二乙苯返回烷基化反应器，塔釜为焦油等重组分。

该法主要优点有：①无腐蚀、无污染；②尾气及多乙苯塔釜重组分可作燃料；③乙苯收率高，以 ZSM-5 为催化剂时可达 98% 以上，以 HZSM-5 为催化剂（Si/Al＝67，α＝120）时，乙苯收率达 99.3%；④催化剂价廉、使用寿命长达 2 年，每千克乙苯耗用的催化剂是传统 AlCl$_3$ 法的 $\frac{1}{10}$～$\frac{1}{20}$；⑤生产成本低，装置投资较低，不需要特殊合金钢设备，用低铬合金钢即可。

最主要的缺点就是催化剂表面易结焦，使催化活性迅速下降，因此需要频繁再生，为使

生产能连续进行，必须采取两个反应器交替使用。虽然使设备投资费用增加，但是无需特殊合金钢设备，所以总体上还是属于技术经济领先的新工艺。

4.4.2 甲基叔丁基醚的合成

甲基叔丁基醚（methyl *tert*-butyl ether，MTBE）能与汽油及许多有机溶剂互溶，是生产无铅汽油、高辛烷值、含氧汽油的理想调和组分，虽然它的热值低，但它具有优良的抗爆性能，不仅可以有效提高汽油的辛烷值，添加 2% MTBE 的汽油产品的辛烷值可增加 7%，提高汽油燃烧效率，汽车尾气中不含铅，而且还能改善汽车性能，同时减少其他有害物质如臭氧、苯、丁二烯等的排放，降低汽油成本。

虽然 MTBE 大量作为汽油添加剂已经在全世界范围内普遍使用，但是据美国环保局（EPA）基于吸入的研究，认为 MTBE 可能是一种潜在的污染物，并将其列为人类可能的致癌物质。由于在饮用水中发现了痕量的 MTBE，美国已实施禁止在汽油中添加 MTBE，包括西欧在内的一些地区和国家也趋于在汽油中减少 MTBE 的用量或禁止使用。从近年世界汽油标准的发展来看，很多国家基本上紧随美国标准，只存在实施时间的差异。因此可以预计，美国禁用的行动迟早会扩散到世界其他地区，估计禁用时间将比美国晚 10~15 年。在亚洲，尤其是中国尚未将禁用 MTBE 提上日程，仍将 MTBE 作为汽油的一种重要的辛烷值增进剂，并仍有扩能之势，短期内不会受到禁用的冲击，因此国内的需求在一段时间内还将稳步增长。

除了作汽油添加剂，MTBE 还是良好的反应溶剂和试剂，如异戊烯、甲醇、苯酚的烷基化等都用 MTBE 作为溶剂；制备叔丁胺、三甲基乙酸、叔丁醇、叔丁氧基乙酸，为其他精细化工提供优质的原料等；利用制备 MTBE 的可逆反应——MTBE 的裂解，可将 C_4 混合烃中的正异丁烯分离，从而可制得高纯度的异丁烯。

4.4.2.1 甲基叔丁基醚的生产方法

在酸性催化剂存在下，以混合丁烯中的异丁烯为原料，与甲醇进行烷基化反应制得甲基叔丁基醚，其中异丁烯为烷基化剂。

具有代表性的工艺有以下 3 种：

① 20 世纪 70 年代联邦德国赫斯法和意大利斯纳姆普罗吉蒂法。采用管式反应器，壳程走冷却水移走反应热，管内装填聚苯乙烯、二乙烯苯离子交换树脂催化剂，在反应温度 50~60℃，甲醇稍过量下进行反应，所得产品 w(MTBE)>98%。

② 法国石油研究所（IFP）开发的生产工艺，采用上流式膨胀床反应器，催化剂为阳离子交换树脂。该膨胀床反应器的特点是使所有树脂颗粒保持在运动状态，确保反应热非常均匀和平稳地释放，无局部过热现象，因此副反应少，副产物（二聚物和二甲醚等）浓度较低；物料采用自下而上操作，可防止催化剂堆积成块，减少压降，催化剂使用寿命长。

③ 美国化学研究特许公司和新化学公司于 20 世纪 80 年代联合开发的催化反应精馏工艺。该法是将固定床反应器与精馏塔组合在一个设备内，利用反应热使 MTBE 精馏提纯，连续从反应区域内分馏出去，使平衡向有利于生成醚的方向进行，而且甲醇的进料点设计在塔内异丁烯浓度的最低点，有利于使生成醚的反应进行得更彻底。在工业生产中，异丁烯转化率可达 99%，产品中 w(MTBE)=95%~99%。

以下将重点介绍催化反应精馏法制 MTBE。

4.4.2.2 催化反应精馏法制甲基叔丁基醚

（1）反应原理及催化剂

以甲醇和混合 C_4 馏分中的异丁烯为原料，催化合成 MTBE 的反应是一个可逆放热反应。

主反应

$$CH_3-\underset{\underset{CH_3}{|}}{C}=CH_2 + CH_3OH \rightleftharpoons CH_3-\underset{\overset{|}{CH_3}}{\overset{\overset{CH_3}{|}}{C}}-O-CH_3$$

主要副反应

$$2CH_3-\underset{\underset{CH_3}{|}}{C}=CH_2 \longrightarrow CH_3-\underset{\underset{CH_3}{|}}{\overset{\overset{CH_3}{|}}{C}}-CH_2-CH_3$$

$$CH_3-\underset{\underset{CH_3}{|}}{C}=CH_2 + H_2O \longrightarrow CH_3-\underset{\overset{|}{CH_3}}{\overset{\overset{CH_3}{|}}{C}}-OH$$

$$2CH_3OH \longrightarrow CH_3-O-CH_3 + H_2O$$

甲醇与异丁烯合成 MTBE 的催化剂可分为 4 类：无机酸、酸性阳离子交换树脂、酸性分子筛及杂多酸催化剂。

无机酸因其对设备腐蚀性强、废酸处理困难、产物较难分离、废水量大而遭淘汰。

酸性阳离子交换树脂主要是磺化苯乙烯和二乙烯苯的共聚物，属大孔强酸性单功能离子交换树脂，常用的国外牌号是 Ambeilyst-15（A-15），国内牌号是 S 型和 D 型。在此单功能基础上改进，负载上钯、铀以及 $Ⅷ_B$ 族金属元素的称为三功能催化剂。该催化剂能使反应选择性增大，催化剂寿命延长，产品质量好，清洁无色，MTBE 的产率也相应提高，但是仍存在稳定性较差、腐蚀设备等缺点。

分子筛催化剂主要是具有中孔结构的 ZSM-5 型和 ZSM-11 型，该类催化剂热稳定性好，反应选择性高，不易受物系酸性的影响，寿命长，易于活化和再生。

杂多酸催化剂是指将磷钨酸等杂多酸固载于大孔阳离子交换树脂上，具有较大的比表面积和高质子酸强度，如 $H_4SiW_{12}O_{40}$/A-15 和 $H_3SiW_{12}O_{40}$/A-15，它们的异丁烯的转化率分别达到 40% 和 38%，对 MTBE 的选择性为 99.7% 和 99.8%。而单纯的 A-15 其异丁烯的转化率只有 11%，选择性为 100%。此外该催化剂基本上不腐蚀设备。

（2）生产工艺流程

以甲醇和混合 C_4 为原料，以酸性离子交换树脂为催化剂，利用催化反应精馏技术生产 MTBE 的工艺流程见图 4-53。这是一种甲醇过量的高转化率流程。原料中的异丁烯可以完全转化，其中 99% 转变为 MTBE，$w(\text{MTBE})=98\%\sim99\%$，产品中 $w(\text{甲醇})<1\%$，其他杂质为叔丁醇和 C_4 共聚物。

水洗塔和保护塔是将原料中的杂质，如金属离子、胺类等阳离子物质脱除，这些杂质会使酸性离子交换树脂中毒，即使含量低于每立方米几百微克，也会使活性每年下降 10%。

甲醇和异丁烯在催化反应精馏塔中部进行反应生成 MTBE，同时通过分段控制塔内压力，使塔底部分包括反应段的操作在高于塔顶压力下进行，C_4 与过量的甲醇在该塔顶部形成共沸物被蒸出，进入水吸收塔，从塔釜即可得到产品 MTBE。

水吸收塔将来自催化精馏塔顶的 C_4-甲醇共沸物中的甲醇用水吸收后从塔釜排出，送到甲醇回收塔，从塔顶可得到的纯甲醇循环利用。水吸收塔顶为未反应的不含甲醇的 C_4，可分离出正丁烯再利用。甲醇回收塔釜的水返回到水吸收塔上部作吸收用水。

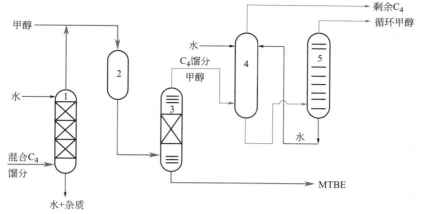

图 4-53 催化精馏法生产 MTBE 工艺流程

1—水洗塔；2—保护塔；3—催化反应精馏塔；4—水吸收塔；5—甲醇回收塔

催化反应精馏塔一般可分为 3 部分，上部为精馏段，中部为反应段，下部为提馏段，其结构如图 4-54 所示。

精馏段和提馏段的结构可以是普通的板式塔，也可以是填料塔，其作用是保证塔顶的 C_4 馏分中不含 MTBE，塔釜 MTBE 产品中不含甲醇、C_4 等。反应段中装有粒径为 $0.3 \sim 1.0mm$ 的球形树脂催化剂，由于空隙率很小，如直接堆放在塔内会使物料难以穿过床层，因此通常将催化剂包装在玻璃丝布或不锈钢丝网小包中，再将小包装入反应段。

催化反应精馏工艺把筒式固定床反应器和精馏塔结合在一起，一方面反应放出的热量可以用于产物的分离，节能效果明显；另一方面，由于在反应的同时可以连续移出产品，使反应过程一直向生成 MTBE 的方向进行，最大限度地减少了逆反应和副产物的生成。

以 C_4 馏分中的异丁烯为原料生产 MTBE，工艺简单，操作条件温和，催化剂寿命长，选择性好，

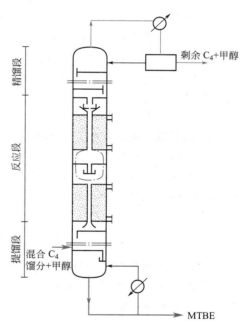

图 4-54 催化精馏塔结构

对设备和材质均无特殊要求，还可以使用 w（异丁烯）$= 10\% \sim 50\%$ 的低浓度 C_4 馏分。

4.5 羰基化

4.5.1 概述

羰基化即羰基合成（简称 OXO），泛指有 CO 参与的在过渡金属络合物（主要是羰基络合物）催化剂存在下，有机化合物分子中引入羰基（ $\diagdown$C=O ）的反应。主要分为不饱和化合物的羰化反应和甲醇的羰化反应两大类。

4.5.1.1 不饱和化合物的羰化反应

(1) 不饱和化合物的氢甲酰化

1938 年德国鲁尔化学公司的 O. Roulen 首先将乙烯、一氧化碳和氢气在羰基钴催化剂存在下，于 150℃和加压条件下合成丙醛。

$$CH_2 = CH_2 + CO + H_2 \longrightarrow CH_3CH_2CHO$$

该反应的结果是在乙烯双键的两端碳原子上，分别加上了一个 H 原子和一个甲酰基 $\left(\overset{H}{\underset{|}{-C}}=O \right)$，所以该类反应又称为氢甲酰化反应，产物是多一个碳原子的醛，继续加氢则可以得到醇。

丙烯氢甲酰化可生成丁醛，或再加氢得到丁醇：

$$CH_3CH = CH_2 + CO + H_2 \longrightarrow CH_3CH_2CH_2CHO \xrightarrow{H_2} CH_3CH_2CH_2CH_2OH$$

丙烯醇氢甲酰化再加氢得到 1,4-丁二醇：

$$HOCH_2CH = CH_2 + CO + H_2 \longrightarrow HOCH_2CH_2CH_2CHO \xrightarrow{H_2} HOCH_2CH_2CH_2CH_2OH$$

以上是一类非常重要的羰基化反应，工业化最早，应用也最广泛。用羰基化法生成醛，再经加氢反应生产醇，尤其是以丙烯为原料生产丁醇和辛醇，被认为是最经济的生产方法。羰基合成的初级产品是醛，而醛基是最活泼的基团之一，加氢可生成醇，氧化可生成酸，氨化可生成胺，还可进行歧化、缩合、缩醛等一系列反应，加之原料烯烃的种类繁多，由此构成以羰基合成为核心的化工产品网络，其应用领域非常广泛。

(2) 不饱和化合物的氢羧基化

不饱和化合物在 CO 和 H_2O 的作用下，在双键或叁键两端碳原子上分别加上一个氢原子和一个羧基，制得多一个碳原子的饱和酸或不饱和酸的过程称为氢羧基化反应。乙烯羰化可制得丙酸，乙炔为原料可制得丙烯酸，而聚丙烯酸酯则被广泛用于生产涂料。

$$CH_2 = CH_2 + CO + H_2O \longrightarrow CH_3CH_2COOH$$
$$CH \equiv CH + CO + H_2O \longrightarrow CH_2 = CHCOOH$$

(3) 不饱和化合物的氢酯化

不饱和化合物在 CO 和醇的作用下，在双键或叁键两端碳原子上分别加上一个 H 原子和一个—COOR，制得多一个碳原子的饱和酯或不饱和酯的过程称为氢酯化反应。

$$RCH = CH_2 + CO + R'OH \longrightarrow RCH_2CH_2COOR'$$
$$CH \equiv CH + CO + ROH \longrightarrow CH_2 = CHCOOR$$

4.5.1.2 甲醇的羰化反应

甲醇的羰化反应是在一定的温度、压力以及过渡金属络合物催化剂存在下，甲醇与 CO 反应生成多一个碳原子的酸、酯、醇的过程。主要有：

① 甲醇羰化合成醋酸

$$CH_3OH + CO \longrightarrow CH_3COOH$$

② 醋酸甲酯羰化合成醋酐

$$CH_3COOCH_3 + CO \longrightarrow (CH_3CO)_2O$$

醋酸甲酯可由甲醇羰化再酯化制得

$$CH_3OH + CO \longrightarrow CH_3COOH \xrightarrow{CH_3OH} CH_3COOCH_3$$

③ 甲醇羰化合成甲酸

$$CH_3OH + CO \longrightarrow HCOOCH_3$$

$$HCOOCH_3 + H_2O \longrightarrow HCOOH + CH_3OH$$

④ 甲醇羰化氧化合成草酸或乙二醇、碳酸二甲酯：

$$2CH_3OH + 2CO + 0.5O_2 \longrightarrow \begin{array}{c} COOCH_3 \\ | \\ COOCH_3 \end{array} + H_2O$$

$$\begin{array}{c} COOCH_3 \\ | \\ COOCH_3 \end{array} + H_2O \longrightarrow \begin{array}{c} COOH \\ | \\ COOH \end{array} + 2CH_3OH$$

$$\begin{array}{c} COOCH_3 \\ | \\ COOCH_3 \end{array} + 4H_2 \longrightarrow \begin{array}{c} CH_2OH \\ | \\ CH_2OH \end{array} + 2CH_3OH$$

$$2CH_3OH + CO + 0.5O_2 \longrightarrow (CH_3O)_2CO + H_2O$$

以甲醇为原料经羰基合成醋酸已经完全实现工业化生产，这是以煤为基础原料与石油化工相竞争并占有绝对优势的唯一大宗化工产品。而由甲醇羰化氧化合成草酸二甲酯、再加氢制乙二醇，也将成为极具竞争力的下一个产品。因此，发展碳一化工对今后的化学工业具有极其重要的意义。

4.5.2　甲醇低压羰化制醋酸

醋酸是最重要的有机酸之一，作为主要原料广泛用于生物化工、医药、纺织、轻工、食品等行业。醋酸主要消费在醋酸乙烯、对苯二甲酸、醋酸纤维和醋酸酯等生产领域，其中醋酸乙烯是最大的消费领域，2008 年约占消费总量的 32.7%。其次是对苯二甲酸，约占 21.2%。

4.5.2.1　醋酸生产方法

醋酸的生产方法主要有发酵法、乙醛氧化法、丁烷液相氧化法和甲醇羰基合成法。其中甲醇羰基合成法因技术先进、反应条件温和、副反应较少等特点，且生产醋酸的选择性高达 99%，已跃居醋酸生产的主导地位。2008 年，全世界采用甲醇羰基合成法的生产装置的能力约占总的醋酸产能的 75%。

① 发酵法　利用淀粉发酵所得到的淡酒液 $[w(乙醇) = 3\% \sim 6\%]$ 在酵母菌的作用下，于 35℃进行发酵，被空气氧化成醋，除含 3%~6%乙酸外，还含有其他有机酸、酯类和蛋白质。

② 乙醛氧化法

$$CH_3CHO + 0.5O_2 \longrightarrow CH_3COOH$$

以乙醛为原料，采用氧气或空气为氧化剂、醋酸锰为催化剂，于温度 70~75℃和压力 250kPa 条件下，在具有外循环冷却器的鼓泡塔式反应器中进行液相氧化反应，乙醛转化率可达 97%，醋酸的选择性为 98%。由于煤、石油及天然气和农副产品都可以作为生产乙醛的原料，因此乙醛氧化法又可分为乙炔-乙醛法、乙醇-乙醛法和乙烯-乙醛法。

③ 丁烷液相氧化法　以丁烷为原料，醋酸为溶剂，醋酸钴为催化剂，在 170~180℃和 5.5MPa 下用空气作为氧化剂进行液相氧化反应。该法虽然原料价格便宜，但是工艺流程长，腐蚀严重，且醋酸收率不高，故仅限于有廉价丁烷或液化石油气供应的地区采用。

④ 甲醇低压羰化法　最初由德国 BASF 公司开发了以羰基钴为催化剂，碘化物为助催化剂的甲醇高温（200~250℃）高压（50~70MPa）合成醋酸的工艺。由于该法反应条

件苛刻、腐蚀严重，因此在工业上未广泛采用。1968年美国孟山都公司开发成功了用铑取代钴作为催化剂，在3MPa和175℃反应条件下合成醋酸的生产工艺，以甲醇计收率高达99%。

甲醇低压羰化法原料便宜易得、操作条件缓和、醋酸收率高、产品质量好、工艺过程简单，是目前醋酸生产中技术经济最为先进的方法。它的缺点是反应介质有严重的腐蚀性，需要采用昂贵的特种钢材如金属锆。另外需使用贵金属铑催化剂，它资源有限，虽然用量很少，但分离回收困难。

甲醇羰基合成醋酸是当前大规模生产的主要技术路线，随着该法成为新建大型装置的首选技术，所占份额还将进一步增大，将逐步取代乙烯-乙醛法和乙醇-乙醛法生产醋酸。

4.5.2.2 反应原理及催化剂

(1) 反应原理

主反应 $\qquad$ $CH_3OH + CO \longrightarrow CH_3COOH$ $\qquad$ $\Delta H = -134.4 kJ/mol$

副反应 $\qquad$ $CH_3COOH + CH_3OH \rightleftharpoons CH_3COOCH_3 + H_2O$

$$2CH_3OH \rightleftharpoons CH_3OCH_3 + H_2O$$

$$CO + H_2O \rightleftharpoons CO_2 + H_2$$

此外还有甲烷、丙酸（由原料甲醇中含的乙醇羰化生成）等副产物。由于上述前两个副反应为可逆反应，在低压下如将生成的副产物乙酸甲酯和二甲醚循环回反应器，都能羰化生成醋酸，故以甲醇计，生成醋酸选择性可高达99%。另外在羰化条件下，尤其是在温度高、催化剂浓度高、甲醇浓度降低时，部分CO会与H_2O发生变换反应，所以，以CO计生成醋酸选择性仅为90%。

(2) 催化剂

甲醇低压羰化制醋酸所用的催化剂是由可溶性的铑络合物和助催化剂碘化物两部分组成。铑络合物是$[Rh^+(CO)_2I_2]^-$负离子，在反应系统中可由Rh_2O_3和$RhCl_3$等铑化合物与CO和碘化物作用得到。已由红外光谱和元素分析证实$[Rh^+(CO)_2I_2]^-$存在于反应溶液中，是羰化反应催化剂的活性物种。

所用碘化物是HI、CH_3I或I_2，常用的是HI，反应过程中HI与CH_3OH作用生成CH_3I。NaI或KI不能用作助催化剂，因为在反应过程中，它们不能与CH_3OH反应。具体反应方程如下：

$$CH_3OH + HI \rightleftharpoons CH_3I + H_2O \qquad ①$$

$$CH_3I + [Rh^+(CO)_2I_2]^- \rightleftharpoons [CH_3Rh(CO)_2I_3]^- \qquad ②$$

$$[CH_3Rh(CO)_2I_3]^- \rightleftharpoons [CH_3CORh(CO)I_3]^- \qquad ③$$

$$[CH_3CORh(CO)I_3]^- + CO \rightleftharpoons [CH_3CORh(CO)_2I_3]^- \qquad ④$$

$$[CH_3CORh(CO)_2I_3]^- \rightleftharpoons CH_3COI + [Rh(CO)_2I_2]^- \qquad ⑤$$

$$CH_3COI + H_2O \rightleftharpoons CH_3COOH + HI \qquad ⑥$$

反应机理如图4-55所示。反应的第①步是CH_3OH与HI生成CH_3I，第②步CH_3I与$[Rh(CO)_2I_2]^-$进行氧化加成反应生成络合物（Ⅱ），这一步速率很慢，是反应控制步骤，此时的动力学方程为：

$$r = -\frac{dc_{CH_3COOH}}{dt} = kc_{CH_3I}c_{Rh络合物}$$

反应速率常数$k = 3.5 \times 10^6 e^{-14.7RT}$ L/(mol·s)。

第③步 CO 嵌入到 Rh—CH₃ 键之间生成乙酰基络合物。第④步气相 CO 与 Rh 络合物配位生成络合物Ⅳ，此负络离子通过还原消除反应⑤，生成 CH₃COI，催化剂活性物种（Ⅰ）得以再生。CH₃COI 与反应系统中 H₂O 作用得产物醋酸，同时助催化剂 HI 可再生而完成催化循环。

研究结果发现，外界条件影响着控制步骤。若过程中缺少水，则⑤是控制步骤；CO 分压不足，④是控制步骤；甲醇转化率高，①是控制步骤；甲醇转化率低于 90%，CO 分压高，且过程中有足够水时，则总反应控制步骤是②。

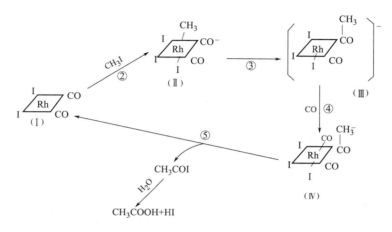

图 4-55　甲醇羰基化反应机理

一般采用的催化剂体系是 RhCl₃-HI-H₂O/醋酸，其中 φ（铑化合物）=0.5%，φ（碘化合物）=0.05%，n（醋酸）：n（甲醇）=1.44：1。若不添加醋酸，则生成大量二甲醚；若配比小于 1，则生成醋酸的收率不高。目前对 Rh 系、Ir 系、Co 系和 Ni 系的各种甲醇羰基化制醋酸的催化体系还在不断进行研究和探索中。表 4-32 列出了不同催化体系性能比较，由此可见，铑系催化剂活性高、副产物少、醋酸收率高，且操作压力低。

表 4-32　甲醇低压羰化制醋酸催化体系性能比较

催化体系	反应相系	催化剂	反应条件		醋酸收率/%
			温度/℃	压力/MPa	
Co 系	均相	CoI-CH₃I	200~250	50~70	87
Rh 系	均相	RhCl₃-CH₃I	150~200	0.1~3.0	99
	非均相	Rh/C-CH₃I	170~250	0.1~3.0	30~95
Ir 系	均相	IrCl₃-CH₃I	150~200	1.0~7.0	99
Ni 系	均相	Ni 化合物-CH₃I	150~330	3.0~30.0	50~95
	非均相	Ni/C-CH₃I	180~300	0.1~30.0	40~98

4.5.2.3　工艺流程

甲醇低压羰化合成醋酸的工艺流程主要包括反应和精制单元、轻组分回收单元以及催化剂制备及再生单元。其流程示意如图 4-56 和图 4-57 所示。

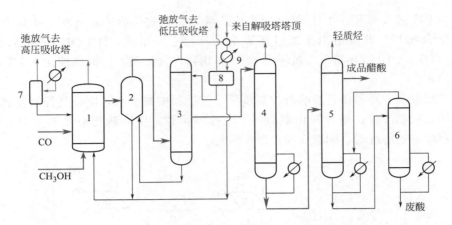

图 4-56　甲醇低压羰化合成醋酸的工艺流程

1—反应器；2—闪蒸槽；3—轻组分塔；4—脱水塔；5—脱重塔；6—废酸汽提塔；
7—气液分离器；8—轻组分冷凝槽；9—轻组分冷凝器

① 反应和精制单元　甲醇羰化是一气液相反应，采用鼓泡塔式反应器，催化剂溶液泵入反应器中。甲醇经预热到185℃后进入反应器底部，从压缩机来的CO从反应器下部的侧面进入，控制反应温度 175～200℃，总压为 3.0MPa，CO 分压 1～1.5MPa。反应后的物料从反应器上部侧线进入闪蒸槽，闪蒸压力至 200kPa 左右，使反应物与含催化剂的母液分离，闪蒸槽下部母液返回反应器中。含有醋酸、水、碘甲烷和碘化氢的

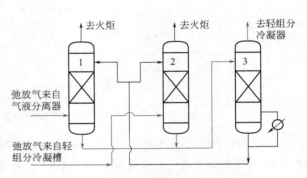

图 4-57　轻组分回收单元流程

1—高压吸收塔；2—低压吸收塔；3—解吸塔

蒸气从闪蒸槽顶部出来进入精制部分的轻组分塔。反应器顶部排出来的 CO_2、H_2、CO 和 CH_3I 进入冷凝器，凝液经气液分离器分离不凝气体后重新返回反应器，不凝气作为弛放气送轻组分回收单元。

精制单元由四塔组成，即轻组分塔、脱水塔、脱重塔和废酸汽提塔。来自闪蒸槽顶部的 CH_3COOH、H_2O、CH_3I、HI 蒸气进入轻组分塔，塔顶蒸出物经冷凝器冷凝，凝液 CH_3I 返回反应器中，不凝尾气送往轻组分回收单元，HI、H_2O 和醋酸组合而成的高沸点混合物和少量铑催化剂从轻组分塔釜排出再返回至闪蒸槽。含水醋酸由侧线出料进入脱水塔上部，在脱水塔顶部蒸出的水还含有 CH_3I、轻质烃和少量醋酸，进入冷凝器，凝液经轻组分冷凝槽返回反应器，不凝气送轻组分回收单元。脱水塔塔底主要是含有重组分的醋酸，送往脱重塔，塔顶蒸出轻质烃，含有丙酸和重质烃的物料从塔底送入废酸汽提塔，塔上部侧线得到成品醋酸，其中丙酸少于 $50\mu L/L$，水分少于 $1500\mu L/L$，总碘少于 $40\mu L/L$，可食用。在废酸汽提塔顶进一步蒸出醋酸，返回脱重塔底部，汽提塔底部排出重质废酸送去废液处理单元。

另外，为保证产品中碘含量合格，在脱水塔中要加少量甲醇使 HI 转化为 CH_3I，在脱重塔进口添加少量 KOH，使碘离子以 KI 形式从塔釜排出。

② 轻组分回收单元　从反应器出来的弛放气进入高压吸收塔，而由轻组分冷凝槽送来的弛放气进入低压吸收塔，分别用醋酸吸收其中的 CH_3I。高压吸收塔的操作在加压下进行，

压力为 2.74MPa。未吸收的尾气主要含 CO、CO_2 和 H_2，送火炬焚烧。从高压和低压吸收塔釜排出的富含 CH_3I 的两股醋酸溶液合并进入解吸塔。解吸出来的 CH_3I 蒸气送到精制部分的轻组分冷凝器，冷凝后返回反应器，吸收液醋酸由塔底排出，循环返回高压和低压两个吸收塔中。

③ 催化剂制备和再生 由于贵金属铑的稀缺及其络合物在溶液中的不稳定性，铑催化剂的配制、合理使用与再生回收是生产过程的主要部分。

三碘化铑在含 CH_3I 的醋酸水溶液中，在 $80\sim150$℃和 $0.2\sim1$MPa 下与 CO 反应逐步转化而溶解，生成二碘二羰基铑络合物，以 $[Rh(CO)_2I_2]^-$ 阴离子形式存在于此溶液中。氧、光照或过热都能促使其分解为碘化铑而沉淀析出，造成生产系统中铑的严重流失。故催化剂循环系统内必须经常保持足够的 CO 分压与适宜的温度，保持反应液中的铑浓度在 $10^{-4}\sim10^{-2}$mol/L。正常操作下每吨产品醋酸的铑消耗量为 170mg 以下。

一般催化剂使用一年后其活性下降，必须进行再生处理。方法是用离子交换树脂脱除其他金属离子，或使铑络合物受热分解沉淀而回收铑。铑的回收率极高，故生产成本和经济效益得以保证。

助催化剂 CH_3I 的制备方法是先将碘溶于 HI 水溶液中，通入 CO 作还原剂，在一定压力、温度下使碘还原为 HI，然后在常温下与甲醇反应而得到 CH_3I。

4.5.3 丙烯氢甲酰化制丁醇和辛醇

丁醇是重要的有机化工原料，大量用于生产邻苯二甲酸二丁酯增塑剂，其次用于生产醋酸丁酯、甲乙酮、丙烯酸丁酯等；正丁醇是油漆涂料的原料，也是优良的有机溶剂。当正丁醇与甲苯、乙醇或其他酯类混合成优良的稀料时，可用来调节清漆的黏度，在流动性、透明度及干燥性能方面都能改进清漆的质量。它还可以用作乳化剂及油脂香料、抗生素、激素、维生素等的萃取剂。

辛醇是 2-乙基己醇的商品名称，主要用于生产邻苯二甲酸二辛酯、癸二酸二辛酯、丙烯酸辛酯、磷酸三辛酯等的增塑剂，也是许多合成树脂和天然树脂的溶剂，还可作油漆颜料的分散剂、润滑油的添加剂、消毒剂和杀虫剂的减缓蒸发剂以及在印染等工业中的消泡剂。

4.5.3.1 丁醇和辛醇的生产方法

(1) 丁醇的生产方法

① 发酵法 以谷物（玉米、玉米芯、黑麦、小麦）淀粉为原料，也可用糖蜜和薯类淀粉为原料，加水混合成醪液，经蒸煮杀菌，再加入纯丙酮和丁醇菌种，在 $36\sim37$℃进行发酵，发酵液经精馏分离得到丁醇、丙酮和乙醇。这种方法技术经济指标比较落后，消耗粮食量大。

② 醇醛缩合法 由 2 个乙醛分子，在 10%稀碱溶液中，常压、温度不超过 120℃下经缩合反应 $0.5\sim2$h，生成 2-羟基丁醛，提纯后再用硫酸、乙酸等酸性催化剂使之脱水分解，即得丁烯醛；然后以镍-铬为催化剂，于 180℃、0.29MPa 进行加氢反应，生成丁醇，副产的丁醛可用于生产丁醇。

$$2CH_3CHO \longrightarrow CH_3CH_2OHCHCHO$$
$$CH_3CH_2OHCHCHO \xrightarrow{-H_2O} CH_3CH=CHCHO$$
$$CH_3CH=CHCHO \xrightarrow{H_2} CH_3CH_2CH_2CHO$$
$$CH_3CH=CHCHO \xrightarrow{H_2} CH_3CH_2CH_2CH_2OH$$

此法工艺路线长，生产步骤多，设备腐蚀性严重，目前只有少数工厂采用，将被逐步淘汰。

③ 丙烯羰化法 以丙烯、CO 和 H_2 为原料在羰基钴催化剂存在下，于 $20\sim30MPa$ 和 $160\sim180℃$ 下进行羰基合成，生成正、异丁醛，再加氢即可得到正、异丁醇，这是高压法。低压法则是采用钴-膦络合物、铑-膦络合物为催化剂在操作压力低于 $2.0MPa$，温度 $60\sim120℃$ 下生成正、异丁醛。反应方程式如下：

$$CH_3CH=CH_2+CO+H_2 \longrightarrow CH_3CH_2CH_2CHO+(CH_3)_2CHCHO$$
$$CH_3CH_2CH_2CHO+(CH_3)_2CHCHO+H_2 \longrightarrow CH_3CH_2CH_2CH_2OH+(CH_3)_2CHCH_2OH$$

该法又叫氢甲酰化反应，其中低压羰化法是合成丁醇和辛醇的主要方法。

(2) 辛醇的生产方法

① 醇醛缩合法 以乙醛为原料，两分子缩合生成丁醇醛，脱水后生成丁烯醛，再加氢得到正丁醛；正丁醛再按上述步骤，经两分子缩合、脱水、加氢得到辛醇。

② 丙烯羰化法 以丙烯、CO 和 H_2 为原料，经羰基化法合成正丁醛，2 分子正丁醛再经缩合、脱水生成辛烯醛，加氢即得辛醇。其过程的基本原理同醇醛缩合法，最大的不同在于丁醛的制备过程，前者以丙烯与合成气为原料，价廉易得，合成路线短，而后者以乙醛为原料，成本高。目前，世界上的辛醇生产几乎全部是由丙烯羰基合成法生产丁醛，再经缩合加氢精制而得，而丁醛加氢又可制备正丁醇，因此丁醇和辛醇常常在同一工厂生产，有时把这种丁醇和辛醇生产装置简称丁辛醇生产装置。

4.5.3.2 反应原理及催化剂

(1) 反应原理

丙烯氢甲酰化法生产丁醇和辛醇，主要包括下列 3 个反应过程。

① 在金属羰基络合物催化剂存在下，丙烯氢甲酰化合成丁醛。

主反应

$$CH_3CH=CH_2+CO+H_2 \longrightarrow CH_3CH_2CH_2CHO \qquad \Delta H=-123.8kJ/mol$$

由于原料烯烃和产物醛都具有较高的活性，故有连串和平行副反应发生，主要生成异构醛和加氢生成丁烷。

主要副反应

$$CH_3CH=CH_2+CO+H_2 \longrightarrow (CH_3)_2CHCHO \qquad \Delta H=-130kJ/mol$$
$$CH_3CH=CH_2+H_2 \longrightarrow C_3H_8 \qquad \Delta H=-124.5kJ/mol$$
$$CH_3CH_2CH_2CHO+H_2 \longrightarrow CH_3CH_2CH_2CH_2OH \qquad \Delta H=-61.6kJ/mol$$

此外在过量丁醛存在下，缩丁醛又能进一步与丁醛化合，生成环状缩醛和链状三聚物等。

由上可知，不论是主反应还是副反应，都是放热反应，且热效应较大，因此对于丙烯氢甲酰化反应器必须考虑移热问题。在常温常压下，$25℃$ 时主反应的 $\Delta G^\ominus$ 是负值，$K_p=2.96\times10^9$；$150℃$ 时，$\Delta G^\ominus=-16.9kJ/mol$，$K_p=1.05\times10^2$，$\Delta G^\ominus$ 负值，K_p 值很大，因此该反应在热力学上是有利的。反应主要由动力学因素控制，而生成异构醛和加氢生成丁烷的两个主要副反应，在热力学上都比主反应有利，要提高生成正构醛的选择性，必须使主反应在动力学上占绝对优势，关键在于催化剂的选择和控制适宜的反应条件。

② 丁醛加氢合成丁醇

$$CH_3CH_2CH_2CHO+H_2 \longrightarrow CH_3CH_2CH_2CH_2OH$$

③ 通过丁醛缩合反应和加氢反应可以生产辛醇。

$$2CH_3CH_2CH_2CHO \xrightarrow{OH^-} CH_3CH_2CH_2CH{=}\underset{CH_2CH_3}{\overset{|}{C}}{-}CHO$$

$$CH_3CH_2CH_2CH{=}\underset{CH_2CH_3}{\overset{|}{C}}{-}CHO + 2H_2 \xrightarrow{Ni\ 或\ Cu} CH_3CH_2CH_2CH_2\underset{CH_2CH_3}{\overset{|}{C}}HCH_2OH$$

（2）催化剂

各种过渡金属羰基络合物对氢甲酰化反应均有催化作用。由丙烯氢甲酰化制丁醛所采用的催化剂可分为 3 类：羰基钴催化剂、膦羰基钴催化剂和膦羰基铑催化剂。

① 羰基钴催化剂　据研究认为氢甲酰化反应的催化物种是 $HCo(CO)_4$，由于它不稳定易分解，因此一般该活性物种都是在生产过程中用金属钴（金属钴粉、雷尼钴、氧化钴、氢氧化钴）或钴盐（环烷酸钴、硬脂酸钴、醋酸钴）直接在氢甲酰化反应器中制备，即钴粉在 $3\sim4MPa$、$135\sim150℃$ 下迅速与 CO 反应生成 $Co_2(CO)_8$。

$$2Co + 8CO \rightleftharpoons Co_2(CO)_8$$

$Co_2(CO)_8$ 再进一步与 H_2 反应，转化为 $HCo(CO)_4$。

$$Co_2(CO)_8 + H_2 \rightleftharpoons 2HCo(CO)_4$$

若是钴盐，则 Co^{2+} 先由 H_2 供给 2 个电子还原成 Co^0，然后立即与 CO 反应转化为 $Co_2(CO)_8$。

在反应液中要维持一定的羰基钴浓度，必须保持足够高的 CO 分压，否则羰基钴会分解析出钴。

$$Co_2(CO)_8 \rightleftharpoons 2Co\downarrow + 8CO$$

这样不但降低了反应液中羰基钴的浓度，而且分解出来的钴沉积在反应器壁上，使传热效果变差。另外，温度越高，$Co_2(CO)_8$ 越易分解，为了防止分解必须提高 CO 分压，从而使系统压力提高，因此热稳定性差是羰基钴催化剂最大的缺点。其次是产品中正/异醛的比例较低，约为 $3\sim4$。此外，原料气中 CO_2、水、O_2 等杂质的存在能使金属钴钝化而抑制羰基钴的形成。某些硫化物如硫氧化碳、硫化氢、硫醇、CS_2、S 等能使催化剂中毒。因此，原料烯烃中的硫含量应控制在小于 $100\mu L/L$。

② 膦羰基钴催化剂　这是一种羰基钴的改进型催化剂。膦的配位体主要是三烷基膦、三芳基膦、环烷基或杂烷基，如其中最有效的是三正丁基膦为配位体的改性钴催化剂，活性组分为 $HCo(CO)_3[P(n{-}C_4H_{10})_3]$；三苯基膦的活性组分为 $HCo(CO)_3[P(C_6H_5)_3]$，也就是将羰基钴催化剂上的一个或几个羰基替换成三烷基膦等。利用配位基的碱性和主体体积大小不同，可以改变金属羰基化合物的性质，而使羰基钴催化剂的性质发生一系列变化。

膦羰基钴催化剂有多种优点：降低了反应压力，可由原来的 $28\sim30MPa$ 降至 $5\sim10MPa$；烯烃氢甲酰化与醛加氢反应在同一过程中进行，产品直链醇的选择性提高；催化剂的稳定性增加，但是活性有所下降；醛的缩合等副反应减少。其缺点是反应速率慢、反应器体积大、催化剂浓度高，成本增加，加氢活性较高导致一部分烯烃加氢成烷烃，造成原料损失。

③ 膦羰基铑催化剂　1952 年席勒（Schiller）首次报道羰基铑 $HRh(CO)_4$ 催化剂可用于氢甲酰化反应。其主要优点是：选择性好，产品主要是醛，副反应少，醛-醛缩合和醇-醛缩合等连串副反应很少发生或根本不发生；催化活性比羰基钴高 $10^2\sim10^4$ 倍；操作条件温和，可在较低压力下进行。缺点是对烯烃异构化能力强，所得产物正异构比低。经过对羰基

铑催化剂进行改性，用有机膦配位基取代部分羰基，如 $HRh(CO)[P(C_6H_5)_3]_3$，异构反应被有效抑制，正异构比例达（12~15）:1，催化剂性能稳定，反应可以在较低压力下进行，并能耐受 150℃高温和 $1.87 \times 10^3 Pa$ 真空蒸馏，并能反复循环使用。

上述三种氢甲酰化催化剂体系的比较见表 4-33。

表 4-33   三种氢甲酰化催化剂性能比较

催化剂	$HCo(CO)_4$	$HCo(CO)_3[P(n\text{-}C_4H_{10})_3]$	$HRh(CO)[P(C_6H_5)_3]_3$
反应温度/℃	140~180	160~200	90~110
反应压力/MPa	20~30	5~10	1~2
催化剂浓度/%	0.1~1.0	0.6	0.01~0.1
生成烷烃量	低	明显	低
产物	醛/醇	醇/醛	醛
正异构比	(3~4):1	(8~9):1	(12~15):1

4.5.3.3   丙烯氢甲酰化法生产丁醛

主要有两种生产方法，以羰基钴为催化剂的高压法和以膦三苯基羰基铑为催化剂的低压法。本节主要介绍低压羰化法合成丁醛。

用三苯基膦改性的羰基铑为催化剂的丙烯羰化合成丁醛的工艺，是由美国 UCC、英国 Davy 及 Johnson Matthey（JMC）等三家公司于 20 世纪 70 年代中期首先开发成功。与传统的高压羰化法相比较具有许多优点：反应条件温和、操作压力低（1.7~1.8MPa）、反应温度 90~110℃、反应选择性好、副产物少；正异醛比达 10:1 以上；催化剂稳定且寿命长、流失少，每吨醛的铑损失小于 50mg。此外还有操作简易、安全稳定、生产效率高、腐蚀性小、环境污染小等特点。

（1）UCC/Davy/JMC 低压气相法

丙烯羰基合成丁醛工艺流程见图 4-58。

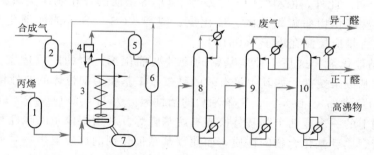

图 4-58   UCC/Davy/JMC 低压气相法羰基合成丁醛工艺流程
1—丙烯净化器；2—合成气净化器；3—羰基合成反应器；4—雾沫分离器；5—冷凝器；
6—分离器；7—催化剂处理装置；8—汽提塔；9—异丁醛塔；10—正丁醛塔

在投料前，先将三苯基膦和羰基铑催化剂、无铁丁醛配制成催化剂溶液加入反应器中，溶剂为 Texanol®（丁醛的三聚物），也可用正丁醛作溶剂，经一段时间后被副反应所产生的丁醛三聚物所置换。原料丙烯和合成气分别经过净化除去微量毒物，包括硫化物、氯化物、氰化物、氧气、羰基铁等。净化后的气体与循环气混合由反应器底部进入气体分布器，以小气泡的形式进入催化剂溶液，反应器内设有冷却盘管，控制反应温度 90~110℃，反应后气体从反应器顶部出来进入雾沫分离器，防止铑催化剂夹带损失，分离下来的液体返回反应器，气体则经冷凝器冷凝，气液分离器分离后，经循环压缩机循环使用，少量排空。液体进入汽提塔回收丙烯，塔顶气并入循环气，液相依次进入异丁醛塔和正丁醛塔，最后分别得到异丁醛和正丁醛及少量高沸物。生产过程中根据催化剂活性的变化，补加部分新鲜催化剂，最终将全部催化剂溶液排出处理回收。

（2）三菱化成低压法

日本三菱化成公司开发了铑-膦催化剂低压羰基化合成技术，其工艺流程见图 4-59。

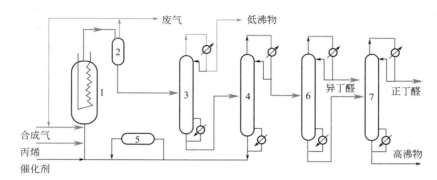

图 4-59　日本三菱化成低压法丙烯羰基合成工艺流程

1—反应器；2—气液分离器；3—低沸物蒸馏塔；4—催化剂分离蒸馏塔；5—催化剂处理装置；

6—异丁醛塔；7—正丁醛塔

丙烯、合成气和催化剂溶液一起进入羰基合成反应器，反应在压力 4～8MPa 和温度 90～130℃下进行，反应后产物与催化剂溶液一起排出反应器，经气液分离后气相循环使用，液相经低沸物蒸馏塔析出低沸点组分，进入催化剂分离蒸馏塔，塔底催化剂循环使用，塔顶馏出物再经两次精馏，得到异丁醛、正丁醛和副产高沸物。

与 UCC/Davy/JMC 法相比，本法操作压力稍高，催化剂经两次蒸馏活性有所下降，需补充新鲜催化剂。

4.5.3.4　丁醛加氢合成丁醇

将丁醛直接送至加氢反应器，在 115℃、0.5MPa 压力下加入 H_2 反应即可得到粗丁醇，再经精制可得纯丁醇。具体工艺流程参见图 4-60，其中通入蒸发器中的辛烯醛改为丁醛即可。

4.5.3.5　丁醛经缩合加氢合成辛醇

由丁醛生产辛醇的工艺流程见图 4-60。

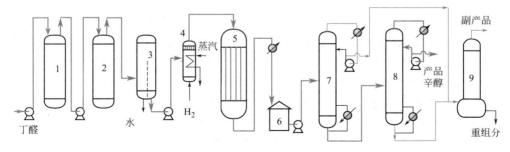

图 4-60　丁醛缩合加氢生产辛醇工艺流程

1,2—缩合反应器；3—层析器；4—蒸发器；5—加氢反应器；6—粗辛醇储槽；

7—预精馏塔；8—精馏塔；9—间歇蒸馏塔

丁醛缩合脱水生成辛烯醛是在 2 个串联的反应器中进行的，纯度为 99.86％的丁醛进入 2 个串联的缩合反应器，在以 2％ NaOH 溶液为催化剂、反应温度 120℃、0.5MPa 压力下，缩合成丁醇醛，同时脱水得辛烯醛。两个反应器之间有循环泵输送物料并保证每个反应器内各物料均匀混合，使反应在接近等温下进行。辛烯醛水溶液进入层析器，在此分为有机物和水相。有机相是辛烯醛的饱和水溶液进入蒸发器蒸发（160℃），气态辛烯醛与氢气混合后进入列管式加氢反应器，管内装填铜基催化剂，在 180℃和 0.5MPa 压力下反应生成的粗辛醇经冷却后送到储槽。粗辛醇泵入预精馏塔，塔顶馏出轻组分（含水、少量辛烯醛、副产物和辛醇），送到间歇蒸馏塔以回收有用组分，塔釜的辛醇和重组分送精馏塔，从塔顶得到高纯度产品辛醇，塔釜则为重组分和少量辛醇的混合物分批进入间歇蒸馏塔。根据进料组分的不同，可分别回收丁醇、水、辛烯醛、辛醇，剩下的重组分定期排放并可作燃料。预精馏塔、精馏塔、间歇蒸馏塔都在真空下操作。

4.6 氯化

氯化是指在有机化合物分子中引入氯元素，生成含氯化合物的反应。通过氯化反应可以制得很多有机高分子聚合物的单体、有机合成中间体、有机溶剂、环氧烷类、醇和酚类、医药、农药，氯代烷烃还可用作烷基化剂。如图 4-61 所示，氯化产品用途十分广泛，可用于合成工业和民用产品。

4.6.1 氯化反应的主要类型

烃类氯化反应的类型可以分为以下 4 类。

① 取代氯化 以氯取代烃分子中氢原子的过程称为烃类的取代氯化，取代可以发生在脂肪烃的氢原子上，也可以发生在芳香烃的苯环和侧链的氢原子上。

$$RH + Cl_2 \longrightarrow RCl + HCl$$

$$CH_2=CH_2 \xrightarrow{+Cl_2} CH_2ClCH_2Cl \xrightarrow{-HCl} CH_2=CHCl$$

$$C_6H_5CH_3 \xrightarrow[-HCl]{+Cl_2} \begin{array}{l} C_6H_5CH_2Cl \\ ClC_6H_4CH_3 \end{array}$$

脂肪烃和芳香烃取代氯化的共同特点是，随着反应时间的增长、反应温度的提高或通氯量的增加，氯化深度会加深，产物中除一氯产物外，还会生成多氯化物。因此，氯化的结果往往得到的是多种氯化产物。对芳香烃侧链的取代反应，为提高侧链氯化物的产率，需抑制苯环上氢原子的取代氯化反应。为此，原料烃和氯气中不允许有铁和铝等杂质以及水分存在，因为它们会催化苯环上氢原子的取代氯化反应。采用过滤方法可除去铁和铝等杂质，加入少量 PCl_3 可除去反应液中的水分。

除烃外，其他化合物也可发生取代氯化反应。例如：

$$ROH + HCl \longrightarrow RCl + H_2O$$
$$RCOOH + SOCl_2 \longrightarrow RCOCl + SO_2 + HCl$$
$$CH_3CHO + 3Cl_2 \longrightarrow CCl_3CHO + 3HCl$$

② 加成氯化 氯加成到脂肪烃和芳香烃的不饱和双键或叁键上，生成含氯化合物。该反应可在 $FeCl_3$、$ZnCl_2$ 及 PCl_3 等非质子酸为催化剂下进行，并放出热量。

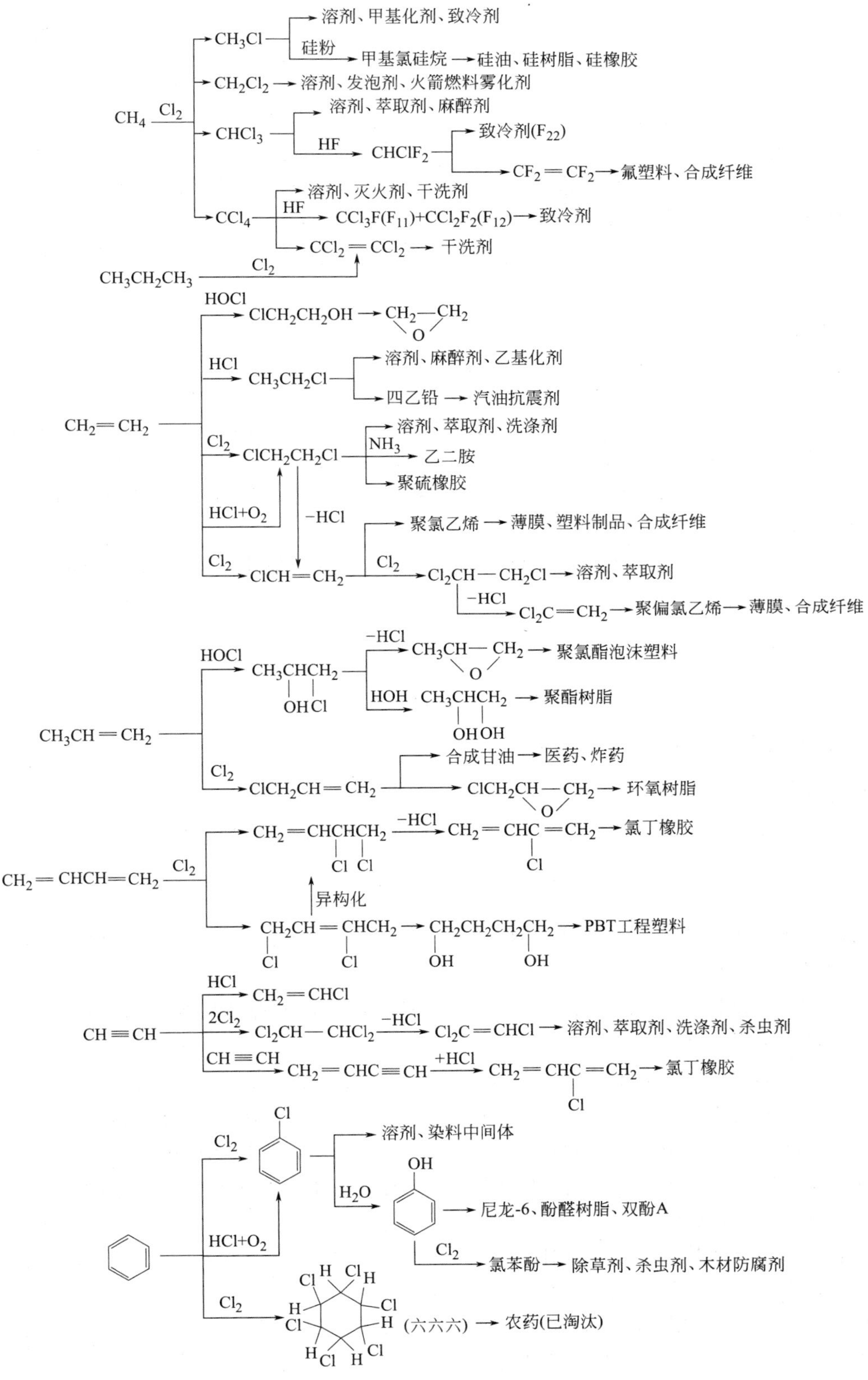

$$CH_4 \xrightarrow{Cl_2}$$

- CH_3Cl → 溶剂、甲基化剂、致冷剂
  - 硅粉 → 甲基氯硅烷 → 硅油、硅树脂、硅橡胶
- CH_2Cl_2 → 溶剂、发泡剂、火箭燃料雾化剂
- $CHCl_3$ → 溶剂、萃取剂、麻醉剂
  - $\xrightarrow{HF} CHClF_2$ → 致冷剂(F_{22})
    - → $CF_2{=}CF_2$ → 氟塑料、合成纤维
- CCl_4 → 溶剂、灭火剂、干洗剂
  - $\xrightarrow{HF} CCl_3F(F_{11})+CCl_2F_2(F_{12})$ → 致冷剂
  - → $CCl_2{=}CCl_2$ → 干洗剂

$$CH_3CH_2CH_3 \xrightarrow{Cl_2}$$

$$CH_2{=}CH_2$$

- $\xrightarrow{HOCl} ClCH_2CH_2OH$ → $\underset{O}{CH_2{-}CH_2}$
- $\xrightarrow{HCl} CH_3CH_2Cl$ → 溶剂、麻醉剂、乙基化剂
  - → 四乙铅 → 汽油抗震剂
- $\xrightarrow{Cl_2} ClCH_2CH_2Cl$ → 溶剂、萃取剂、洗涤剂
  - $\xrightarrow{NH_3}$ 乙二胺
  - → 聚硫橡胶
- $\xrightarrow{HCl+O_2}$
- $\xrightarrow{Cl_2} ClCH{=}CH_2$ (−HCl)
  - → 聚氯乙烯 → 薄膜、塑料制品、合成纤维
  - $\xrightarrow{Cl_2} Cl_2CH{-}CH_2Cl$ → 溶剂、萃取剂
    - $\xrightarrow{-HCl} Cl_2C{=}CH_2$ → 聚偏氯乙烯 → 薄膜、合成纤维

$$CH_3CH{=}CH_2$$

- $\xrightarrow{HOCl} \underset{OH \; Cl}{CH_3CHCH_2}$
  - $\xrightarrow{-HCl} \underset{O}{CH_3CH{-}CH_2}$ → 聚氯酯泡沫塑料
  - $\xrightarrow{HOH} \underset{OH\,OH}{CH_3CHCH_2}$ → 聚酯树脂
- $\xrightarrow{Cl_2} ClCH_2CH{=}CH_2$
  - → 合成甘油 → 医药、炸药
  - → $\underset{O}{ClCH_2CH{-}CH_2}$ → 环氧树脂

$$CH_2{=}CHCH{=}CH_2 \xrightarrow{Cl_2}$$

- $CH_2{=}CHCHCH_2$ ($\underset{Cl\ \ Cl}{}$) $\xrightarrow{-HCl} \underset{Cl}{CH_2{=}CHC{=}CH_2}$ → 氯丁橡胶
- 异构化
- $\underset{Cl}{CH_2{-}CHCHCH_2}(\underset{Cl}{})$ → $\underset{OH}{CH_2CH_2CH_2CH_2}(\underset{OH}{})$ → PBT工程塑料

$$CH{\equiv}CH$$

- $\xrightarrow{HCl} CH_2{=}CHCl$
- $\xrightarrow{2Cl_2} Cl_2CH{-}CHCl_2 \xrightarrow{-HCl} Cl_2C{=}CHCl$ → 溶剂、萃取剂、洗涤剂、杀虫剂
- $\xrightarrow{CH\equiv CH} CH_2{=}CHC{\equiv}CH \xrightarrow{+HCl} \underset{Cl}{CH_2{=}CHC{=}CH_2}$ → 氯丁橡胶

苯

- $\xrightarrow{Cl_2}$ 氯苯 → 溶剂、染料中间体
  - $\xrightarrow{H_2O}$ 苯酚 → 尼龙-6、酚醛树脂、双酚A
    - $\xrightarrow{Cl_2}$ 氯苯酚 → 除草剂、杀虫剂、木材防腐剂
- $\xrightarrow{HCl+O_2}$
- $\xrightarrow{Cl_2}$ (六六六) → 农药(已淘汰)

图 4-61 几种烃类的主要氯化产品及其用途

$$>C=C< \xrightarrow{Cl_2} >CCl-ClC<$$

$$-C\equiv C- \xrightarrow{2Cl_2} -CCl_2-CCl_2-$$

$$\text{⬡} \xrightarrow{3Cl_2} C_6H_6Cl_6$$

由于不饱和烃的反应活性比饱和烃高，故反应条件比饱和烃的取代氯化要缓和得多。因此，一些比较弱的氯化剂也能参与加成氯化反应。

$$>C=C< \xrightarrow{+HCl} >CH-ClC<$$

$$-C\equiv C- \xrightarrow{+HCl} -CH=ClC<$$

$$CH_2=CH_2 \xrightarrow{+Cl_2+H_2O} CH_2Cl-CH_2OH + HCl$$

③ 氧氯化　将烃、氯化氢和氧（或空气）混合，在一定反应条件下通过以 $CuCl_2$ 为主的催化剂生成相应氯的衍生物的过程，称为烃类的氧氯化反应。这一方法采用氯化氢为氯化剂，能提高氯的利用率和免除氯化氢给工厂带来的销售和综合利用问题，以及对周围环境的污染问题。

典型的工业生产过程有乙烯氧氯化制二氯乙烷，丙烯氧氯化制 1,2-二氯丙烷，甲烷氧氯化生产氯代甲烷化合物等。

④ 氯化物裂解

脱氯反应：$\qquad\qquad Cl_3C-CCl_3 \longrightarrow Cl_2C=CCl_2 + Cl_2$

脱氯化氢反应：$\qquad ClCH_2-CH_2Cl \longrightarrow CH_2=CHCl + HCl$

在氯气作用下 C—C 断裂（氯解）：$Cl_3C-CCl_3 \xrightarrow{+Cl_2} 2CCl_4$

高温热裂解：$\qquad\qquad Cl_3C-CCl_2-CCl_3 \xrightarrow{高温} CCl_4 + Cl_2C=CCl_2$

由上列各反应式可以看出，氯化物裂解是获取氯代烯烃的重要手段。

4.6.2　氯化剂

向作用物输送氯的试剂称为氯化剂。氯化反应所采用的氯化剂有氯气、盐酸（氯化氢）、次氯酸和次氯酸盐。$COCl_2$（光气）、$SOCl_2$、$POCl_3$ 等也可作为氯化剂，但工业上较少使用。很多金属氯化物如 $SbCl_3$、$SbCl_5$、$CuCl_2$、$HgCl_2$ 等，本身既是氯化剂又可作为氯化反应的催化剂。

氯气在气相氯化中一般能直接参与反应，不需要催化剂，由于反应活性高，氯化产物比较复杂，目的产物的产率一般较低。在液相氯化中，由于受反应温度的限制，氯气需要光照或催化剂才能进行氯化反应，但目的产物的收率较高，反应条件缓和，容易控制。

氯化氢的反应活性比氯气差，一般要在催化剂存在下才能进行取代和加成反应。重要的反应有：乙炔加成氯化制氯乙烯、烷烃、烯烃和芳烃的氧氯化、甲醇取代氯化制一氯甲烷等。

次氯酸和次氯酸盐的反应活性比氯化氢强，比氯气弱，重要的反应有乙烯次氯酸化反应制氯乙醇，由乙醛与次氯酸钠反应合成三氯乙醛等。

此外，$SOCl_2$ 曾被用来制备氯苯，三氯化磷、五氯化磷和三氯氧磷（$POCl_3$）被用来由烷基酸制备烷基酰氯（RCOCl）等。它们在医药合成中常被用作氯化剂。但它们的反应活性很高，遇水或遇空气反应激烈，甚至还会发生爆炸或燃烧。因此在储存和使用中要注意安全。

4.6.3 氯化反应机理

氯化反应机理大体上可以分为自由基链反应机理和离子基反应机理两种。氧氯化反应机理目前尚未有定论，将在后续的氯乙烯生产工艺中作简要介绍。

① 自由基链反应机理　属于这一反应机理的有热氯化和光氯化两类。反应包括链引发、链增长（链传递）和链终止 3 个阶段，是一个连串反应过程。

脂肪烃的取代氯化反应机理可表达如下：

链引发：
$$Cl_2 \xrightarrow{\text{热、光或催化剂}} 2Cl\cdot$$

链传递：
$$Cl\cdot + RH \longrightarrow R\cdot + HCl$$
$$R\cdot + Cl_2 \longrightarrow RCl + Cl\cdot$$

链终止：
$$2R\cdot \longrightarrow R-R$$
$$R\cdot + Cl\cdot \longrightarrow RCl$$
$$2Cl\cdot \longrightarrow Cl_2$$
$$R\cdot \xrightarrow{\text{器壁}} 非自由基产物$$

脂肪烃的加成氯化反应机理可表达为：

链引发：
$$Cl_2 \longrightarrow 2Cl\cdot$$

链传递：
$$Cl\cdot + CH_2{=}CH_2 \longrightarrow ClCH_2CH_2\cdot$$
$$ClCH_2CH_2\cdot + Cl_2 \longrightarrow ClCH_2CH_2Cl + Cl\cdot$$

链终止：
$$2R\cdot \longrightarrow R-R$$
$$R\cdot + Cl\cdot \longrightarrow RCl$$
$$2Cl\cdot \longrightarrow Cl_2$$
$$R\cdot \xrightarrow{\text{器壁}} 非自由基产物$$

② 离子基反应机理　催化氯化大多属于离子基反应机理，常用的是非质子酸催化剂，如 $FeCl_3$、$AlCl_3$ 等。烃类双键和叁键上的加成、烯烃的氯醇化（次氯酸化）、氢氯化（以 HCl 为氯化剂的氯化反应）以及氯原子取代苯环上的氢的催化氯化都属于这类反应机理。现以苯的取代氯化反应和乙烯的液相加成氯化为例说明这一反应机理。

苯的取代氯化反应的历程有两种观点。第一种观点认为可能是催化剂使氯分子极化离解成亲电试剂氯正离子，它对芳核发生亲电进攻，生成 σ 中间络合物，再脱去质子而得到环上取代的氯化产物：

$$Cl_2 + FeCl_3 \Longleftrightarrow [Cl^+FeCl_4^-]$$

在这种机理中，催化剂和氯形成一种极性络合物，它起到向苯分子提供 Cl^+ 的作用。

第二种观点认为，首先由氯分子进攻苯环，形成中间络合物，催化剂的作用则是从中间络合物中除去氯离子：

$$FeCl_4^- + H^+ \longrightarrow FeCl_3 + HCl$$

4.6.4 平衡型氧氯化法生产氯乙烯

4.6.4.1 氯乙烯的生产方法

氯乙烯（vinyl chloride）常温常压下为无色气体，在光和催化剂的作用下易聚合。氯乙烯单体主要用于生产聚氯乙烯（PVC），聚氯乙烯是世界五大通用合成树脂品种之一。目前用于制造 PVC 的氯乙烯约占其产量的 96%，仅有少量氯乙烯用于制备氯化溶剂 1,1,1-三氯乙烷和 1,1,2-三氯乙烷。

氯乙烯主要有以下 4 种生产方法，早期采用乙炔法，目前平衡型氧氯化法占主导。

① 乙炔法

$$CH \equiv CH + HCl \xrightarrow[100\sim180℃]{HgCl_2/活性炭} CH_2 = CHCl$$

乙炔经精制后与氯化氢混合，干燥后进入装有氯化汞-活性炭催化剂的列管式反应器中。在常压、$100\sim180℃$ 下反应生成氯乙烯。此法工艺简单、投资少、收率高，但由于乙炔是从电石中获得能耗大，原料成本高，催化剂 $HgCl_2$ 毒性大。

将石油或天然气进行高温裂解得到含乙炔的裂解气，经提纯后得到高浓度乙炔，与氯化氢反应生成氯乙烯，称为石油乙炔法，与电石乙炔法相比，原料来源丰富，成本低，可大规模生产，但基建投资费用较高。

② 乙烯法　这是 20 世纪 50 年代后发展起来的生产方法。乙烯与氯加成反应生成 1,2-二氯乙烷：

$$CH_2 = CH_2 + Cl_2 \xrightarrow{FeCl_3} CH_2Cl - CH_2Cl$$

1,2-二氯乙烷再在 $500\sim550℃$ 下热裂解或在 1.0MPa、$140\sim145℃$ 下经碱分解制得氯乙烯：

$$CH_2Cl - CH_2Cl \xrightarrow{\triangle} CH_2 = CHCl + HCl$$

乙烯已能由石油烃热裂解大量生产，价格比乙炔便宜，催化剂毒害比氯化汞小得多。但氯的利用率只有 50%，另一半氯以氯化氢的形式从二氯乙烷热裂解气中分离出来后，由于含有有机杂质，色泽和纯度都达不到国家标准，它的销售和利用问题就成为工厂必须解决的技术经济问题，虽然也可用空气或氧把氯化氢氧化成氯气重新使用，但设备费和操作费均较高，导致氯乙烯生产成本提高。

③ 联合法　将乙烯法与乙炔法联用，目的是用乙炔法来消耗乙烯法副产的氯化氢。本法等于在工厂中并行建立两套生产氯乙烯的装置，基建投资和操作费用明显增加，有一半烃原料采用价格较贵的乙炔，致使生产总成本上升。因此本法不能完全摆脱乙炔法的劣势。

④ 氧氯化法　乙烯与氯化氢和氧反应生成 1,2-二氯乙烷，再裂解生成氯乙烯和氯化氢。由于该法采用氯化氢作为氯化剂，不仅价格比氯气低，而且解决了氯化氢的利用问题，因此，乙烯氧氯化反应的开发成功，使得以乙烯和氯气为原料生产氯乙烯的方法显示出极大的优越性，现已成为世界上生产氯乙烯的主要方法。

$$CH_2 = CH_2 + 2HCl + 0.5O_2 \xrightarrow[250\sim350℃]{CuCl_2/KCl} ClCH_2 - CH_2Cl + H_2O$$

乙烯转化率约 95%，二氯乙烷产率超过 90%。还可副产高压水蒸气供本工艺有关设备利用或用作发电。由于在设备设计和工厂生产中始终需考虑氯化氢的平衡问题，不让氯化氢多余或短缺，故这一方法又称为乙烯平衡法。很显然，这一方法原料价廉易得、生产成本低、对环境友好，但仍存在设备多、工艺路线长等缺点，需要进一步改进。

4.6.4.2　平衡型氧氯化法

平衡型氧氯化法生产氯乙烯包括以下 3 步反应：

$$CH_2=CH_2+Cl_2\longrightarrow CH_2Cl—CH_2Cl$$
$$CH_2=CH_2+2HCl+0.5O_2\longrightarrow CH_2Cl—CH_2Cl+H_2O$$
$$CH_2Cl—CH_2Cl\longrightarrow CH_2=CHCl+HCl$$

总反应式：　　$$2CH_2=CH_2+Cl_2+0.5O_2\longrightarrow 2CH_2=CHCl+H_2O$$

平衡型氧氯化法很好地将乙烯加成氯化和乙烯氧氯化结合在一起，由乙烯、氯气、氧气为原料生产氯乙烯，整个工艺过程氯可全部利用。这是目前公认的技术经济较合理的生产方法，全世界 93% 以上的氯乙烯是采用该法生产的。下面将分别介绍上述 3 个生产单元工艺过程。

(1) 乙烯加成氯化反应

1) 反应原理

乙烯与氯气液相加成生成 1,2-二氯乙烷是一放热反应。

$$CH_2=CH_2+Cl_2\xrightarrow{FeCl_3} CH_2Cl—CH_2Cl \qquad \Delta H=-171.5kJ/mol$$

该反应是在极性溶剂中进行的。最常用的溶剂是产物 1,2-二氯乙烷，它能促进 Cl^+ 的生成，常用三氯化铁为催化剂。属于离子型反应，其反应机理为：

$$FeCl_3+Cl_2\longrightarrow FeCl_4^-+Cl^+$$
$$Cl^++CH_2=CH_2\longrightarrow ClCH_2CH_2^+$$
$$ClCH_2CH_2^++FeCl_4^-\longrightarrow ClCH_2CH_2Cl+FeCl_3$$

主要副反应是生成多氯化物，如 1,1,2-三氯乙烷、1,1,2,2-四氯乙烷。

2) 生产工艺条件

① 反应压力　乙烯与氯气液相加成是在常压下进行的气液相反应，氯化液中催化剂 $FeCl_3$ 的浓度维持在 250～300mL/L。为了确保氯能完全反应，乙烯用量略为过量。

② 反应温度　乙烯液相加成氯化反应的工艺有低温氯化法和高温氯化法，反应温度分别控制在 50℃ 和 90℃ 左右。

低温氯化　采用强制外循环气液相反应器，见图 4-62。乙烯、氯气与催化剂溶液分别从反应器侧下方通入，在 50℃ 下进行氯化加成反应，氯化产物从溢流口中流出，未反应的气体从反应器顶部逸出，经过冷凝器冷凝，冷凝液返回反应器中。由于该反应为强放热，部分氯化液从反应器底部抽出，经循环泵打入外循环冷却器，经冷却后返回至反应器中上部。反应温度可通过冷却水的流量来控制。

低温氯化法是液相出料，催化剂也被一同带出。反应产物需经水洗以除去带出的催化剂，洗涤水需经汽提处理，不仅能耗较大，还有污水排

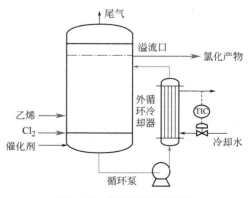

图 4-62　低温氯化反应器

放，还需经常补充催化剂。另外，反应产生的低品位热能难以回收利用，反应收率也较低。

高温氯化 该工艺采用鼓泡塔式氯化反应器，见图 4-63。乙烯、氯气与催化剂溶液分别从反应器侧下部通入，反应是在 90℃接近于 1,2-二氯乙烷的沸点进行，反应放热使二氯乙烷汽化，气相出料不夹带催化剂，无需用水洗涤，能耗较小，没有污水排放，反应热可以回收利用。氯化反应器的液位由产物 1,2-二氯乙烷出料量来控制调节。高温氯化法产品收率高，1,2-二氯乙烷的纯度可达 99% 以上。

（2）乙烯氧氯化反应

1）反应原理及催化剂 早在 1868 年代康（Deacom）等人已发现在氯化铜催化剂作用下，HCl 能被氧化为 Cl_2 和 H_2O。

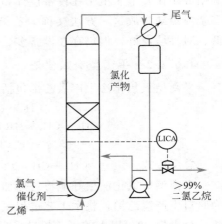

图 4-63 高温氯化反应器

$$4HCl+O_2 \xrightarrow[350\sim450℃]{CuCl_2} 2Cl_2+2H_2O$$

烃的氧氯化即在此反应的基础上研究成功的，其中最主要的是乙烯氧氯化生成 1,2-二氯乙烷。此反应在 1922 年已被提出，但直至 20 世纪 60 年代才实现工业化，现已成为生产 1,2-二氯乙烷的重要方法。

氧氯化主反应：

$$CH_2\!=\!CH_2+2HCl+0.5O_2 \xrightarrow[250\sim350℃]{CuCl_2/KCl} ClCH_2\!-\!CH_2Cl+H_2O$$

氧氯化的主要副反应有以下 3 种。

① 乙烯的深度氧化

$$CH_2\!=\!CH_2+2O_2 \longrightarrow 2CO+2H_2O$$
$$CH_2\!=\!CH_2+3O_2 \longrightarrow 2CO_2+2H_2O$$

② 生成副产物 1,1,2-三氯乙烷和氯乙烷

$$CH_2\!=\!CH_2+HCl \longrightarrow CH_3CH_2Cl$$

$$ClCH_2\!-\!CH_2Cl \xrightarrow{-HCl} CH_2\!=\!CHCl \xrightarrow{HCl+O_2} ClCH_2\!-\!CHCl_2$$

③ 生成少量的各种饱和或不饱和的一氯或多氯衍生物，如三氯甲烷、四氯化碳、氯乙烯、1,1,1-三氯乙烷、顺式-1,2-二氯乙烯等。但它们的总量不多，仅为 1,2-二氯乙烷生成量的 1% 以下。

乙烯氧氯化制 1,2-二氯乙烷所采用的催化剂为金属氯化物，其中以 γ-Al_2O_3 为载体的 $CuCl_2$ 催化剂最为常用。对于流化床反应器，Al_2O_3 载体的流化性能和耐磨性好，可减少催化剂粉化流失。除此单组分 $CuCl_2/\gamma$-Al_2O_3 外，还有双组分 $CuCl_2$-KCl/γ-Al_2O_3 及多组分催化剂，其作用是提高催化剂的活性和降低反应温度。

2）反应机理

乙烯在 $CuCl_2/\gamma$-Al_2O_3 催化剂上氧氯化反应的机理尚无定论。在此介绍由日本学者提出的氧化还原机理，认为在氧氯化反应中，通过氯化铜的价态变化向作用物乙烯输送氯。反应分以下 3 步进行。

① 吸附的乙烯与 $CuCl_2$ 作用生成 1,2-二氯乙烷,并使 $CuCl_2$ 还原为 Cu_2Cl_2

$$CH_2{=\!\!=}CH_2 + 2CuCl_2 \longrightarrow ClCH_2CH_2Cl + Cu_2Cl_2$$

② Cu_2Cl_2 被氧化为两价铜并生成包含有 CuO 的络合物

$$Cu_2Cl_2 + 0.5O_2 \longrightarrow CuO \cdot CuCl_2$$

③ 络合物再与 HCl 作用分解为 $CuCl_2$ 和 H_2O

$$CuO \cdot CuCl_2 + 2HCl \longrightarrow 2CuCl_2 + H_2O$$

反应的控制步骤是第一步。此机理的主要依据是:乙烯单独通过 $CuCl_2$ 催化剂时有二氯乙烷生成,同时 $CuCl_2$ 被还原为 Cu_2Cl_2,将空气或氧通入被还原的 Cu_2Cl_2 时会发生氧化反应生成 $CuCl_2$。其次,乙烯的浓度对反应速率影响最大。

3)生产工艺条件

① 反应温度 乙烯氧氯化是强放热反应,反应热可达 251kJ/mol,因此反应温度的控制十分重要。在铜含量 $w(Cu)=12\%$ 的 $CuCl_2/\gamma\text{-}Al_2O_3$ 催化剂上,温度对反应速率、选择性和乙烯完全氧化副反应的影响如图 4-64~图 4-66 所示。反应速率随温度的升高而迅速上升,到 250℃后逐渐减慢,到 300℃后开始下降;反应选择性也随温度升高而在 250℃左右达到最大值。因此,就反应速率和选择性而言,有一个适宜的反应温度范围。由乙烯深度氧化副反应与反应温度的关系图 4-66 可见,温度高于 270℃后,乙烯深度氧化速率随反应温度的升高快速增长,对反应选择性不利。从催化剂的使用角度来看,随着反应温度的升高,催化剂活性组分 $CuCl_2$ 因挥发流失的量增加,催化剂失活的速率加快,使用寿命缩短。从操作安全角度来看,由于乙烯氧氯化是强放热反应,反应温度过高,主、副反应,特别是乙烯深度氧化副反应释放出的热量增加,若不能及时从反应系统中移走,因热量的积累会促使反应温度进一步升高。如此恶性循环,导致发生爆炸或燃烧事故。因此,在满足反应活性和选择性的前提下,反应温度应当越低越好。具体的反应温度是根据选用的催化剂而定,对 $CuCl_2\text{-}KCl/\gamma\text{-}Al_2O_3$ 催化剂而言,使用流化床的反应温度为 205~235℃。

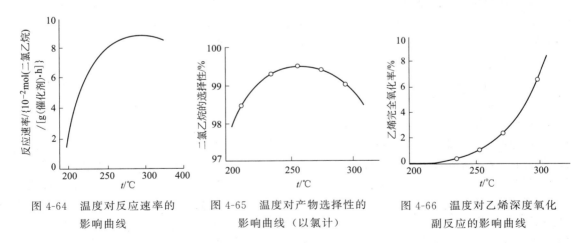

图 4-64 温度对反应速率的 影响曲线　　图 4-65 温度对产物选择性的 影响曲线(以氯计)　　图 4-66 温度对乙烯深度氧化 副反应的影响曲线

② 反应压力 压力对乙烯氧氯化反应速率和选择性都有影响。增高压力可提高反应速率,而选择性则下降。如图 4-67 所示,压力增高,生成 1,2-二氯乙烷的选择性下降,但是,选择性下降的幅度很小。考虑到加压可提高设备利用率及对后续的吸收和分离操作有利,工业上一般都采用常压或低压操作。

③ 原料配比　乙烯、氯化氢和氧气的理论配比 $n(乙烯):n(氯化氢):n(氧气)=1:2:0.5$。在正常操作情况下，采用乙烯和氧稍过量，以保证催化剂氧化还原过程的正常进行，并且使氯化氢接近全部转化。若氯化氢过量，则会吸附在催化剂表面使催化剂颗粒胀大，造成流化床反应器床层急剧升高，甚至发生节涌现象。乙烯过量不能太多，否则会使乙烯深度氧化反应加剧，尾气中的 CO、CO_2 含量增多，反应选择性下降。同样氧过量太多，也会加剧乙烯深度氧化反应。在原料配比中还要求原料气的组成在爆炸极限范围外，以保证安全生产。工业上采用的原料气配比为：$n(乙烯):n(氯化氢):n(氧)=1.05:2:0.75$。

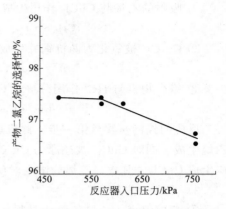

图 4-67　压力对产物选择性的影响曲线

④ 原料气纯度　原料乙烯的浓度对氧氯化反应的影响很小，CO、CO_2、N_2 等惰性气体的存在对反应并无影响，但原料气中乙炔、丙烯、C_4 烯烃的含量必须严格控制，因为它们比乙烯活泼，也会发生氧氯化反应而生成四氯乙烯、三氯乙烯、1,2-二氯丙烷等，给后续分离工序增加难度。同时它们也更容易发生深度氧化反应，释放出的热量会促使反应温度上升，给反应带来不利影响。一般要求原料乙烯中乙烯含量在 $w(乙烯)=99.95\%$ 以上。另外，原料氯化氢的纯度也很重要，当采用二氯乙烷裂解产生的氯化氢时，常含有乙炔，因此，通常将氯化氢气体与氢气混合后先在一个加氢反应器中加氢精制，控制乙炔含量在 $200\mu L/L$ 以下，然后才能进入氧氯化反应器。

⑤ 停留时间　停留时间对氯化氢的转化率有影响。如图 4-68 所示，停留时间达 10s 时，氯化氢的转化率才能接近 100%，但停留时间过长，转化率会稍微下降，这是因为 1,2-二氯乙烷裂解产生氯化氢和氯乙烯。停留时间过长不仅使设备生产能力下降，而且副反应也会加剧，导致副产物增多，反应选择性下降。

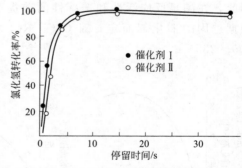

图 4-68　氯化氢转化率与停留时间的关系

4）氧氯化反应工艺流程

乙烯氧氯化生产 1,2-二氯乙烷是一强放热气固相催化氧化反应，可分为空气法和氧气法，反应器可采用固定床或流化床。固定床反应器的优点是转化率高，但传热效果差，易产生局部温度过高使反应选择性下降，活性组分流失加快，催化剂使用寿命缩短。流化床反应器反应温度均匀，不存在热点，且可通过自控装置控制进料速率，使反应器温度控制在适宜范围内，有利于提高反应选择性。反应产生的热量可用内设的热交换器及时移走。缺点是催化剂易磨损流失，物料返混严重，但随着技术的进步，流化床反应器中乙烯和氯化氢的转化率分别可达到 99%，成为氧氯化反应器的发展方向。本节主要介绍在流化床反应器中进行的乙烯氧氯化反应。

流化床乙烯氧氯化反应器的构造如图 4-69 所示，反应器底部水平插入氧气进气管至中心处，管上方设置一个向下弯的拱形板式分布器，分布器上有多个由向下伸的短管及其下端开有小孔的盖帽组成的喷嘴，用以均匀分布进入的氧气。在气体分布器的上方，装有乙烯和氯化氢混合气体进气管,该管连接一套具有同样多个喷嘴的管式分布器,其喷嘴恰好插入氧气板式分布器的喷嘴内。这样的组件可使两股进料气体在进入催化剂床层之前在喷嘴内混合均匀。采用氧气-乙烯-氯化氢分别进料的方式,可防止在操作失误时有发生爆炸的危险。

在反应段内设置了一定数量的直立冷却管组,管内通入加压热水,借水的汽化移出反应热,并副产中压水蒸气。在反应器上部设置三组互相串联的三级旋风分离器,用以回收反应气流中夹带的催化剂颗粒。第一级旋风分离器分离的固体流量大,其料脚直接插入流化床的浓相段内。第二、三级旋风分离器的料脚伸至稀相段中,安装挡板加以密封,这样的三级串联可获得高的回收率,从第三级旋风分布器流出的反应气体中已基本不含有催化剂。催化剂的磨损量每天约为催化剂总量的0.1%,需补充的催化剂自气体分布器上部用压缩空气送入反应段。

由于氧氯化反应有水生成(乙烯深度完全氧化也有水生成),如果反应器的一些部位保温不好,温度过低,当达到露点温度时,水就会凝结出来,溶入氯化氢气体生成盐酸,将使设备遭受严重腐蚀。另外,若催化剂表面黏附氧化铁时,氧化铁会转化成氯化铁,它能催化乙烯的加成氯化反应,生成副产物氯乙烷。因此,催化剂的储存和输送设备及管路不能用铁质材料。

乙烯氧氯化生产1,2-二氯乙烷工艺流程见图4-70。

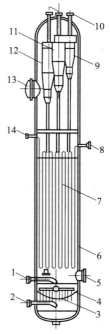

图 4-69　流化床乙烯氧氯化反应器构造示意

1—乙烯和氯化氢入口;2—氧气入口;
3—板式分布器;4—管式分布器;
5—催化剂入口;6—反应器外壳;
7—冷却管组;8—加压热水入口;
9,11,12—旋风分离器;10—反应气出口;
13—人孔;14—高压水蒸气出口

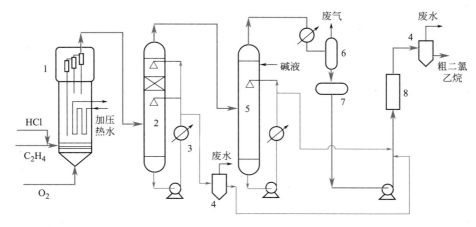

图 4-70　乙烯氧氯化生产1,2-二氯乙烷工艺流程

1—流化床反应器;2—急冷塔;3—急冷塔冷却器;4—倾析器;
5—洗涤塔;6—气液分离器;7—中间储槽;8—二氯乙烷混合器

原料乙烯与来自裂解单元的氯化氢气体混合进入氧氯化反应器,氧气从反应器底部进入,在分布器上与乙烯、氯化氢混合,反应器内装有 $CuCl_2$-KCl/γ-Al_2O_3 催化剂,适宜的

操作温度为230℃。反应热通过内置直立冷却管移出，通过调节副产水蒸气的压力可控制反应温度，操作压力为0.2MPa，氯化氢的转化率为99.5%，乙烯的燃烧率为1.5%。反应器顶部流出的混合气中含有二氯乙烷、水、CO、CO_2和其他少量的氯代烃类，以及未转化的乙烯、氧、氯化氢及惰性气体，进入急冷塔，经二氯乙烷-水循环液冷却，并吸收其中的氯化氢，同时洗去少量残留的催化剂颗粒；塔釜液相出料经冷却后，大部分作为冷却液循环使用，其余送入倾析器，从中分离出少量的二氯乙烷送到二氯乙烷混合器。急冷塔顶气相中含有产物二氯乙烷和其他氯的衍生物，进入洗涤塔，用循环碱液吸收、中和气体中的CO_2及少量的HCl，不凝气体经气液分离后去废气处理单元；洗涤塔顶的二氯乙烷经冷凝后进入中间储槽，与从急冷塔釜和洗涤塔釜流出的部分物料一起进入混合器，然后流入倾析器分层除去水，得到的粗二氯乙烷送往二氯乙烷精制单元，废水排往废水处理单元。

　　来自乙烯加成氯化反应单元、氧氯化反应单元以及裂解反应单元中未反应的二氯乙烷都含有一定数量的杂质，需精制以达到符合二氯乙烷裂解生产氯乙烯的要求。工业上常用的1,2-二氯乙烷质量标准见表4-34。

表4-34 1,2-二氯乙烷质量标准

组　分	1,2-二氯乙烷	水	铁	1,1,2-三氯乙烷	三氯乙烯	1,3-丁二烯	苯
含　量	99.5%	$<10\mu L/L$	$<0.3\mu L/L$	$<100\mu L/L$	$<100\mu L/L$	$<50\mu L/L$	$<2000\mu L/L$

　　二氯乙烷最常用的精制流程是4塔流程，见图4-71。它由脱水塔、低沸塔、高沸塔及回收塔组成。脱水塔是利用少量二氯乙烷和水形成共沸物的原理，将水从物料中脱除；低沸塔和高沸塔分别将二氯乙烷中的轻、重组分分离；回收塔是进一步从高沸物中回收二氯乙烷，该塔采用真空操作。

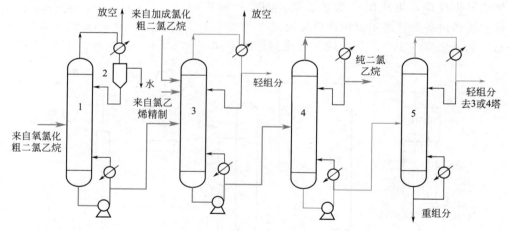

图4-71 二氯乙烷精制部分工艺流程
1—脱水塔；2—倾析器；3—脱轻塔；4—脱重塔；5—回收塔

　　来自氧氯化反应单元的粗二氯乙烷进入脱水塔，脱除水和轻组分，塔顶气经冷凝后流入脱水塔倾析器，分去上层水分，下层液作为回流，不凝气体放空；含水量小于$20\mu g/g$的塔釜液和来自加成氯化反应单元、氯乙烯精制单元的粗二氯乙烷一起进入脱轻塔，塔顶馏出低沸点副产物，塔釜液送到脱重塔脱除高沸物。由脱重塔顶得到高纯度的二氯乙烷，作为裂解反应的原料，塔釜液进入回收塔。回收塔顶出料经冷却后送往脱轻塔或脱重塔，塔釜液的高沸物送往废液处理系统。

（3）二氯乙烷裂解反应

由 1,2-二氯乙烷裂解生产氯乙烯和副产氯化氢的反应方程式如下：

$$CH_2Cl—CH_2Cl \xrightarrow[2.7MPa]{430\sim530℃} CH_2=CHCl+HCl$$

该反应是在高温和高压下进行，无需催化剂，1,2-二氯乙烷的热裂解在管式炉内进行，炉型构造与烃类热裂解所用管式炉构造相似，炉体由对流段和辐射段组成。1,2-二氯乙烷裂解生成氯乙烯的工艺流程如图 4-72 所示。

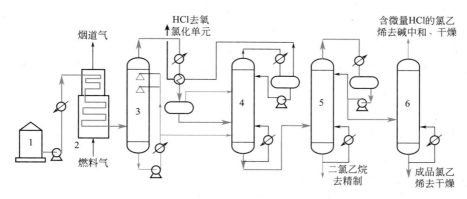

图 4-72　二氯乙烷裂解生成氯乙烯的工艺流程

1—二氯乙烷储槽；2—裂解炉；3—急冷塔；4—HCl 回收塔；

5—氯乙烯精制 1 号塔；6—氯乙烯精制 2 号塔

高纯度二氯乙烷原料泵入管式裂解炉的对流段，与烟道气热交换而被预热后，进入辐射段进行裂解。为了减少裂解产生的副产物，一般控制裂解转化率为 50%～60%，氯乙烯选择性为 95%。主要副产物有乙烯、丁二烯、氯丁三烯、氯甲烷、丙烷、氯丙烯以及焦炭等。

二氯乙烷裂解是强吸热反应，由管外燃烧燃料提供热量，每台裂解炉有上百只烧嘴，排列安装在炉的两壁。裂解温度可由控制燃料的流量或压力来调节，有时也可采用关闭部分烧嘴的方式来调节炉腔温度。

高温裂解气（约 500℃）进入急冷塔，该塔操作压力为 2.0MPa，为了防止盐酸对设备的腐蚀，采用约 40℃的二氯乙烷直接喷淋，使裂解气降温至 70℃，阻止副反应继续进行。急冷塔顶出氯乙烯和 HCl，其中含有少量二氯乙烷，经水冷和深冷将氯乙烯冷凝，未凝气体主要是 HCl，然后分别以液相和气相进料方式送入 HCl 回收塔。急冷塔釜液主要是二氯乙烷，含有少量冷凝的氯乙烯和溶解的 HCl，经冷却后，一部分进入 HCl 回收塔，其余用作急冷塔循环冷却液。

氯化氢回收塔有 3 股进料，分别是急冷塔的冷凝液（富含氯乙烯）和未凝气体（富含氯化氢），以及急冷塔釜液（富含二氯乙烷），塔顶压力为 1.2MPa，塔顶温度为 -24℃，塔釜温度为 110℃。塔顶采出的气体经冷却冷凝后，得到 99.8% 的 HCl 用作氧氯化反应的原料。塔釜得到氯乙烯和二氯乙烷的混合物，送入氯乙烯精制 1 号塔，该塔操作压力为 0.55MPa，塔顶温度为 43℃，塔釜温度为 163℃，塔釜馏出液返回到二氯乙烷精制单元，塔顶的氯乙烯经冷凝后部分回流，其余进入氯乙烯精制 2 号塔中脱除微量的（约 10^{-4}）氯化氢，塔釜液经干燥得到高纯度产品氯乙烯。

4.6.5　丙烯氯化法制环氧氯丙烷

环氧氯丙烷（chloropropylene oxide）是合成甘油的中间体，也是环氧树脂、硝化甘油炸药、玻璃钢、电绝缘制品、表面活性剂、医药、农药、涂料、黏合剂、增塑剂、离子交换树脂、甘油衍生物以及氯醇橡胶的主要原料，还可用作纤维素酯、树脂和纤维素醚的溶剂。

环氧氯丙烷的生产方法主要有丙烯氯化法（氯丙烯法）和醋酸丙烯酯法（烯丙醇法）。此外，正在开发研究的还有美国 DOW 公司的丙烯醛法、日本旭川公司的丙酮法、日本三井东亚化学公司的有机过氧化氢法、索尔公司的氯丙烯直接环氧化法等。其中氯丙烯直接环氧化法因其具有较好的技术经济性，发展前景良好。

丙烯氯化法生产环氧氯丙烷（又称氯丙烯法），是在 1948 年由美国壳牌公司开发成功的，至今已成为世界上生产环氧氯丙烷的主要方法，它包括 3 个反应过程：丙烯高温氯化生成氯丙烯、氯丙烯次氯酸化生成二氯丙醇和二氯丙醇皂化生成环氧氯丙烷。

4.6.5.1　反应原理及生产工艺条件

(1) 丙烯高温取代氯化生成氯丙烯

$$CH_2=CHCH_3+Cl_2 \xrightarrow{470℃} CH_2=CHCH_2Cl+HCl \qquad \Delta H=-105.85kJ/mol$$

研究表明，丙烯在低温气相氯化时，主要发生丙烯的加成氯化，生成 1,2-二氯丙烷。但在高温时，则主要发生丙烯的取代氯化，生成氯丙烯。反应温度升高，氯丙烯分子中的氢会继续被取代，生成 2,3-二氯丙烯、1-氯丙烯、2-氯丙烯等。温度过高还会发生氯丙烯的裂解反应生成炭和氯化氢，聚合、缩合生成高沸物和焦油等，易堵塞设备和管道。为保证生产的正常进行，必须定期清焦。因此，适宜的反应温度为 450～550℃。

另外，丙烯的预热温度对氯丙烯的产率有明显影响。低于 300℃ 时，会生成大量的 1,2-二氯丙烷；反之温度过高，会生成很多高沸物、焦油和炭，降低氯丙烯的产率。适宜的预热温度为 380～400℃。

丙烯与氯的原料配比十分重要，过低则易生成多氯化物，一般采用丙烯过量的方法，抑制多氯化物的生成。现在工业上普遍采用 n(丙烯)：n(氯气)＝(4～5)：1。

提高反应压力（＞0.1MPa）有利于主、副产物之间的接触，副产物明显增多，结炭现象趋于严重，因此，一般控制反应压力小于 0.1MPa。

停留时间过短，反应停留在生成 1,2-二氯丙烷阶段；停留时间过长，则增加了主副产物之间的接触反应，两者均导致氯丙烯产率的下降。适宜的停留时间为 2～4s。

(2) 氯丙烯次氯酸化生成二氯丙醇

$$Cl_2+H_2O \longrightarrow HClO+HCl$$

$$2CH_2=CHCH_2Cl+2HClO \longrightarrow \underset{\substack{| \quad | \\ Cl \ OH}}{CH_2CHCH_2Cl} + \underset{\substack{| \quad | \\ OH \ Cl}}{CH_2CHCH_2Cl}$$

氯气与水反应生成次氯酸，然后与氯丙烯反应生成 1,3-二氯-2-丙醇(w＝30%)和 2,3-二氯丙醇(w＝70%)的混合物。主要副反应是氯气直接参与反应，生成一系列副产物，如三氯丙烷和四氯丙醚（对称和非对称体）等。

反应温度采用低于 50℃ 以下较适宜，这样可以提高氯气在液相中的溶解度，减少氯丙烯的挥发量，降低气相中的氯气和氯丙烯量，有效抑制副产物三氯丙烷的生成。因为三氯丙烷难溶于水，极易分成有机相，使溶于其中的氯丙烯、氯及氯丙醇快速反应生成四氯丙醚。所以，在操作中应控制产物浓度，采用多级串联反应器，分段通入氯气的方式，抑制副反应，提高反应收率。

原料配比以 n（氯丙烯）：n（氯）＝1.003：1 比较适宜，氯气不能过量，否则会导致二氯丙醇收率下降。氯丙烯也不能过量太多，否则因参与副反应使产物收率降低。

此外，氯丙烯次氯酸化生成二氯丙醇反应过程含水和盐酸，对设备会造成腐蚀。

(3) 二氯丙醇皂化生成环氧氯丙烷

主反应

$$\left. \begin{array}{l} \underset{\substack{|\\ Cl}}{CH_2CHCH_2Cl} \\ \quad\ \ \underset{OH}{} \\ \underset{\substack{|\\ OH}}{CH_2CHCH_2Cl} \\ \quad\ \ \underset{Cl}{} \end{array} \right\} +0.5Ca(OH)_2 \longrightarrow \underset{\substack{\diagup\diagdown\\O}}{CH_2CHCH_2Cl} +0.5CaCl_2 +H_2O$$

副反应

$$\underset{\substack{\diagup\diagdown\\O}}{CH_2CHCH_2Cl} +0.5Ca(OH)_2 +H_2O \longrightarrow \underset{\substack{|\ \ |\ \ |\\ OH\ OHOH}}{CH_2CHCH_2} +0.5CaCl_2$$

二氯丙醇的两个异构体在皂化（环化）中都转变为环氧氯丙烷。皂化的关键是尽量防止环氧氯丙烷的进一步水解或缩合。为此，必须尽快让生成的环氧氯丙烷以气态形式离开反应区域，采用提高温度和水蒸气汽提的办法可以达到这一目的。

加入的皂化液 $Ca(OH)_2$ 必须过量，既要用于中和盐酸，又要提供一定碱度保证二氯丙醇皂化完全。但不能过量太多，否则容易引起环氧氯丙烷水解生成丙三醇。一般控制 n（氢氧化钙）：n（二氯丙醇＋盐酸）＝（1.10～1.15）：1。皂化温度一般控制在 98～100℃。

生产中也可用 NaOH 作皂化剂，但成本较高，采用 $Ca(OH)_2$ 作皂化剂的缺点是易结垢，反应系统需定期除垢，排出的废水中含 $CaCl_2$，会沉积下来造成环境污染。

氯丙烯法可副产杀虫剂 D-D 混剂，它是 96％的 1,3-二氯丙烯和少量的 1,2-二氯丙烷的混合物，可直接用作杀灭地下害虫的农药，提高了工厂的经济效益。

4.6.5.2　生产工艺流程

图 4-73 所示是日本旭硝子生产工艺流程。它分为氯丙烯的合成与精制、二氯丙醇的合成、环氧氯丙烷的合成与精制 3 个部分。

(1) 氯丙烯的合成与精制

液态丙烯经汽化和预热后，与氯气按严格的配比 $[n(C_3H_6):n(Cl_2)=4:1]$ 在一特制的混合器中高速喷射混合后进入反应器，在 400～500℃、0.08MPa（表）的条件下进行反应。产物经与丙烯和热油 3 次换热冷却到 30℃后进入文丘里洗涤器。洗涤除去重组分后的气体，再与预馏塔顶物料换热后进入预馏塔，塔顶分离出的未反应的丙烯和 HCl，送往盐酸精制系统处理。未反应的丙烯经洗涤、压缩、冷却、干燥后循环回反应器再利用，HCl 精制后可得到 $w(HCl)=35\%$ 的盐酸副产品。

预馏塔塔釜液与文丘里洗涤器分离出的重组分一起进入分离塔，在此除去 1,2-二氯乙烷等高沸物。塔顶液送入氯丙烯精制塔，塔釜即可得到精制氯丙烯，精制塔顶的低沸物与分离塔釜的高沸物一起进入 D-D 精制塔，由该塔侧线得到副产品 D-D 混剂，塔顶和塔釜的物料送往废油焚烧装置。

(2) 二氯丙醇的合成

氯丙烯与氯气按照 n（氯丙烯）：n（氯气）＝1.003：1 的配比，分三段经喷嘴加入二氯丙醇循环槽的循环管线中，以使氯丙烯和氯气全部溶解在水溶液中，然后混合进入三级管式反应器中进行充分反应。三级反应器的操作温度分别为 30℃、38℃和 46℃，二氯丙醇的浓度分别控制在 w（二氯丙醇）＝1.4％、w（二氯丙醇）＝2.8％和 w（二氯丙醇）＝4.2％。反应产

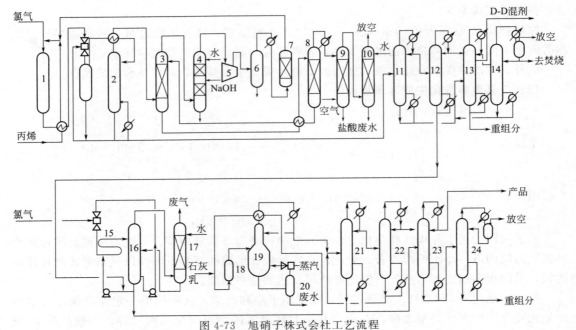

图 4-73 旭硝子株式会社工艺流程

1—氯化反应器；2—预馏塔；3—HCl 吸收塔；4—丙烯洗涤塔；5—循环压缩机；6—分离器；7—干燥器；

8—HCl 汽提塔；9—除害塔；10—尾气洗涤塔；11—分离塔；12—氯丙烯精制塔；

13—D-D 精制塔；14,22,24—回收塔；15—氯醇化反应器；16—二氯丙醇循环槽；17—洗涤塔；

18—预反应器；19—汽提塔；20—闪蒸罐；21—粗馏塔；23—精制塔

物经循环槽依次溢流到下一级的二氯丙醇缓冲罐，最后一级反应器的二氯丙醇水溶液供制备环氧氯丙烷使用。

反应中所需要的水经计量后加入二氯丙醇循环槽，循环槽上部的气体中含有少量的氢气，为防止发生爆炸，需送入一定量的空气进行稀释，经稀释的废气经水洗后送往焚烧装置，洗涤水则送回循环槽作为补充水加以利用。

（3）环氧氯丙烷的合成与精制

二氯丙醇溶液经预热后，与 w（石灰乳）$\approx 20\%$ 的石灰乳混合，按石灰乳微过量的配比送入预反应器进行反应，然后再进入汽提塔继续反应，直到二氯丙醇全部转化为环氧氯丙烷。汽提塔底部通入新鲜水蒸气，将环氧氯丙烷迅速汽提出塔，以阻止其继续反应生成丙三醇。汽提塔的釜液进入闪蒸槽，用蒸汽喷射器回收有机物后再送往水处理装置。

汽提塔顶分馏分出粗环氧氯丙烷，先进入粗馏塔分出低沸物，然后再进入精制塔，由精制塔塔顶得到环氧氯丙烷成品。粗馏塔分离出的低沸物进入回收塔回收环氧氯丙烷后，塔顶的轻组分送往废油焚烧装置。精制塔的釜液经分离回收环氧氯丙烷后，再送入分相器分相，其水相去二氯丙醇缓冲槽，油相送往废油焚烧装置进行处理。

习 题

4-1 试述烃类裂解的目的和所用原料。

4-2 什么是烃类裂解的一次反应和二次反应？

4-3 分别用热力学和动力学方法分析说明烃类热裂解在什么样的条件下进行可以提高

乙烯、丙烯收率？

4-4 烃类裂解为什么要加稀释剂？应选择什么样的稀释剂？为什么？

4-5 烃类热裂解对裂解装置有哪些要求？

4-6 SRT 型管式裂解炉具有哪些特点？

4-7 什么是横跨温度？如何选定横跨温度？提高横跨温度有何利弊？

4-8 管式炉结焦的原因是什么？有什么危害？如何清焦？

4-9 裂解单元的工艺流程由哪几部分组成？各部分的作用是什么？

4-10 试述裂解气为什么要进行急冷？急冷方式有哪几种？对急冷换热器有哪些要求？

4-11 裂解气组成中哪些成分要净化？净化的方法分别是什么？

4-12 裂解气为什么要进行压缩？

4-13 如何选择制冷剂？为什么要采用复叠制冷？

4-14 影响乙烯回收率的主要因素有哪些？如何提高乙烯回收率？

4-15 请叙述深冷分离裂解气的三大流程特点。如何选用？分析其共同点和不同点。

4-16 深冷分离流程中有哪些节能措施？根据是什么？

4-17 裂解气的分离过程中必须通过加氢来除去有害的炔烃，如何判断前加氢和后加氢？前加氢的对象和特点是什么？

4-18 乙烯、丙烯、丁烯各自有何主要用途？

4-19 氧化反应的共同特点是什么？为什么氧化反应极易发生爆炸？

4-20 非均相催化氧化反应的特点是什么？

4-21 乙烯环氧化生产环氧乙烷过程中有大量的反应热放出，如何移走这些热量以保证反应的正常进行？

4-22 列管式反应器中的热点温度是如何产生的？有什么危害？用什么方法可以减小热点的产生和轴向温差？

4-23 工业上生产环氧乙烷采用什么类型的反应器？为什么？反应温度如何控制？

4-24 影响环氧乙烷生产的工艺条件主要有哪些？如何选择？

4-25 致稳气、抑制剂分别是什么物质？它们的主要作用分别是什么？

4-26 丙烯氨氧化采用什么类型的反应器？为什么？反应温度如何控制？

4-27 尾烧是怎样发生的？有何危害？

4-28 影响丙烯腈生产工艺条件主要有哪些？如何选择？

4-29 丙烯腈生产中主产物和副产物主要有哪些？如何分离得到？画出流程示意图。

4-30 环氧乙烷生产和丙烯腈生产有何异同？请列表说明。

4-31 请画出三种不同的气固相反应器结构简图。

4-32 络合催化氧化反应的特点是什么？乙烯络合催化氧化制乙醛所采用的催化剂是什么？其反应机理是什么？

4-33 乙烯氧化制乙醛采用的反应器型式是什么？反应温度是如何控制的？

4-34 大型连续气-液均相反应器的型式有哪几种？画出反应器结构简图。

4-35 工业用氢气的主要来源有哪些？举例说明以烃（天然气和石脑油）和煤为原料制取氢工艺有何异同点。

4-36 什么叫氢蚀现象？写出反应方程式。

4-37 甲烷化反应指的是什么？怎样去除氢气中含有的微量和大量 CO 杂质？请分别写出反应式。

4-38　影响一氧化碳加氢合成甲醇反应的主要影响因素有哪些？

4-39　工业上生产甲醇采用什么类型的反应器？为什么？反应温度如何控制？

4-40　在什么情况下存在最佳温度曲线？

4-41　苯加氢制环己烷反应器有何特点？选择依据是什么？温度如何控制？

4-42　加氢和脱氢反应各有何特点？请列表说明。

4-43　影响乙苯脱氢工艺条件主要有哪些？如何选择？

4-44　工业上乙苯脱氢制苯乙烯所采用的反应器有哪些？供热方式分别是什么？反应温度如何控制？

4-45　水蒸气在乙苯脱氢中的主要作用是什么？

4-46　乙苯脱氢采用径向反应器有哪些好处？

4-47　采用什么分离流程可以得到纯产品苯乙烯？请画出分离工艺流程简图。

4-48　什么是烷基化反应？常用的烷基化剂有哪些？

4-49　苯气相烷基化生产乙苯的反应器型式是什么？有何特点？反应温度如何控制？

4-50　甲基叔丁基醚的主要用途是什么？

4-51　汽油的辛烷值是指什么？它的测定方法有哪些？

4-52　写出以甲醇与混合 C_4 为原料制 MTBE 的主、副反应方程式。采用何种类型的催化剂？该类催化剂有何特点？

4-53　叙述催化反应精馏的原理及基本工艺过程。

4-54　什么叫羰基化反应？

4-55　醋酸的合成方法有哪些？甲醇羰化制醋酸的优势是什么？

4-56　甲醇羰化制醋酸采用何种类型的催化剂？说明其反应机理。

4-57　采用何种方法回收在工艺中所使用的贵重金属催化剂？

4-58　写出丙烯氢甲酰化制丁、辛醇的反应原理。

4-59　写出丙烯氢甲酰化法合成正丁醛所采用的催化剂、工艺条件以及反应器型式。

4-60　氯化反应的类型有哪几种？

4-61　何谓加成反应？写出乙烯加成氯化制二氯乙烷反应式。工业上采用什么反应器型式？画出高温法结构简图。

4-62　何谓氧氯化法？乙烯氧氯化制二氯乙烷反应机理是分哪几步进行的？工业上将采用什么反应器型式？画出结构简图。

4-63　写出二氯乙烷裂解制氯乙烯的工艺条件，并解释加压的理由。

4-64　平衡氧氯化法生产氯乙烯工艺主要包括哪几大单元？各单元主要作用是什么？

4-65　环氧氯丙烷的生产方法有哪几种？各有什么优缺点？

4-66　写出丙烯氯化法生产环氧氯丙烷的主、副反应方程式。其工艺过程可分为哪几步？

5

精细有机化工产品典型生产工艺

5.1 概述 / 227
5.2 磺化 / 231
5.3 硝化 / 238
5.4 酯化 / 245

学习目的及要求 >>

1. 学习精细化学品的相关知识，了解精细有机化工及产品的特点和应用领域。
2. 学习和了解精细有机化工中重要的单元反应。
3. 掌握磺化反应的基本原理，十二烷基苯磺酸钠的生产工艺条件与工艺流程。
4. 了解硝化反应的特点及硝化剂的分类与选择，了解硝基苯的生产过程。
5. 了解酯化反应的类型，掌握乙酸乙酯的生产工艺。

5.1 概述

　　精细化工是生产精细化学品的工业，是化学工业的一个组成部分。精细化工传统上是精细及专用化学品生产、制造工业的统称。精细化学品是化学工业中用来与通用化学品相区分的一个专用术语。对精细化学品的定义，目前并没有一个精确的学科上的定义，一般得到较广泛公认的一种是将精细化学品定义为对基本化学工业生产的初级或次级化学品进行深加工而制取的具有特定功能、特定应用性能、合成工艺中步骤多、反应复杂、产量小、产品附加值高的系列产品，例如医药、农药、颜料、食品添加剂等。而通用化学品，又称大宗化学品一般指应用范围广泛、生产中化工技术要求高、生产批量大的化学品，如三酸、两碱、化肥、乙烯、苯以及合成树脂、合成橡胶、合成纤维等。

　　随着精细化工技术和产品在国家社会、经济发展中的地位日显突出，各个国家，尤其是美国、欧洲、日本等化学工业发达国家和地区及其著名的跨国化工公司，都十分重视发展精细化工，美国化学会、英国皇家学会于1997年推出了专门发表精细化工领域的原始论文的国际学报。由于在精细化工工业中有机产品占有绝对多数，且制造难度较大，从一定意义上人们已经认为精细有机化工几乎就是精细化工。

　　关于精细化学品的分类，各个国家根据自身的生产体制略有不同。中国化学工业部于1986年3月6日颁发了《精细化工产品分类暂行规定》，将我国的精细化学品暂分为11类：①农药；②染料；③涂料（包括油漆和油墨）；④颜料；⑤试剂和高纯物；⑥信息用化学品（包括感光材料、磁性材料等能接受电磁波的化学品）；⑦食品和饲料添加剂；⑧黏合剂；

⑨催化剂和各种助剂；⑩化学药品（原料药）和日用化学品；⑪功能高分子材料（包括功能膜、偏光材料等）。其中每一门类又分出许多小类。

5.1.1 精细化工的特点

(1) 多品种、小批量

每种精细化学品都有其特定的应用范围，以满足社会的需要。从精细化工的范畴和分类就可以看出，精细化学品必然具有多品种的特点。由于产品用途针对性强，往往一种类型的产品有多种牌号，为了使产品具有持续的竞争力，世界各大精细化工公司不惜投入大量人力物力，致力于开发出更多更好的新品种，占有更多的市场份额，获得更大的经济效益。因而新产品、新剂型不断出现，所以多品种是精细化工的一个重要特征。

目前，精细化工的品种，按不同化学结构估计，总数大约有 3 万多种（不含化学试剂），其中医药原药品种约 3700 多种、染料 5400 多种、表面活性剂 5000 多种、食品添加剂 1300 多种、合成香料 5100 多种、合成材料助剂 1000 多种、兽药与饲料添加剂 500 多种。这些产品广泛应用于国民经济各部门中，用途分散，因而各品种的需求量有限，一般都是小批量生产。

(2) 大量采用复配技术

精细化学品大多数为配方型产品，其生产过程除了化学合成、前处理和后处理以外，还涉及剂型制备和商品化技术，其中包括配方与加工技术和使用技术。配方与加工技术对产品性能的影响极大，生产企业对其都极为保密，一般不予公开，也很难从别的公司、企业购买到，基本上靠本企业进行开发与研究。可以说商品化技术水平的高低，是经营精细化工成败的关键。

为了满足各种专门用途的需要，许多由化学合成得到的产品，除了要求加工成多种剂型（如粉剂、粒剂、液剂、乳剂等）外，还必须加入多种其他试剂进行复配。由于应用对象的特殊要求，很难采用单一的化合物来满足需要，因此配方的研究便成为决定性的因素。比如化妆品，常用的主要成分就是几种脂肪醇，而由其复配衍生的商品则是五花八门，以适合不同需求；再如合成纤维纺织用的油剂，由于合成纤维的形式和品种不同，加工方式各异，为满足各种用途和要求，合纤油剂都是多组分的复配产品；还有农药、表面活性剂等门类的产品，情况都类似。

因此，经过剂型加工和复配技术所制成的商品数目，往往远远超过由合成而得到的单一产品数目。采用复配技术所推出的产品，具有增效、改性和扩大应用范围等功能。因此，掌握复配技术是使精细化工产品具备市场竞争能力的一个极为重要的方面。但这也是目前我国精细化工发展的一个薄弱环节，必须给予足够的重视。

(3) 投资少、附加价值高、利润大

精细化学品一般产量都较少，装置规模也较小，很多是采用间歇生产方式，其通用性强，与连续化生产的大装置相比，具有投资少、见效快的特点。

在配制新品种、新剂型时，技术难度并不一定很大，但新品种的销售价格却比原品种有很大提高，利润空间很大。

附加价值是指在产品的产值中扣去原材料、税金、设备和厂房的折旧费后，剩余部分的价值。附加价值高低可以反映出产品加工中所需的劳动、技术利用情况以及利润等状况。国外有一个投入与产出资料表明，每投入价值 100 美元的石油化工原料，可产出价值为 200 美元的初级化学品；将其加工成有机中间体，可增值到 400 美元；如进一步加工成塑料、合成橡胶、化学纤维，则可产出 800 美元；若再进一步加工成日用品，如农药、汽车材料、纸

张、纺织品、家庭日用品、印刷品等，其总产出可达 10600 美元。精细化工产品的附加价值与销售额的比率在化学工业的各大部门中是最高的。而从整个精细化工工业的一些部门来看，附加价值最高的是医药。

（4）技术密集度高、产品更新换代快

精细化工是综合性强的技术密集型工业。由于精细化学品的专有用途，加之各公司为了加强竞争能力，对产品质量要求都比较高，一般都有纯度高、性能稳定、有效期长、特性功能高的要求。精细化工产品生产过程繁多，比如在化学合成阶段，就有步骤多，工序长、分离和精制操作烦琐的特点，而每一生产步骤都涉及生产控制和质量鉴定，因而影响产品收率和质量的因素很多。因此，要获得高质量、高收率、性能稳定的产品，需要开展科学研究，注重采用新技术、新工艺和新设备。

新产品、多品种和系列化是精细化工发展的重要标志，而更新快则是精细化工发展的主要特征。因为精细化工产品的旺盛期都不太长，所以不能期望用一些老面孔的产品来获得长久的经济效益，而必须不断地更新换代，推陈出新，开发新产品。精细化工产品的技术研发难度大，成功率一般不高，特别是医药研发，开发一种新药约需耗时 5～10 年甚至更长，耗资可达数千万美元，这种新品种开发时间长、费用大的状态其结果必然造成高度的技术垄断。

产量小、生产寿命期短也是精细化工生产的一个特点，很多产品的年产量一般为 100～200t，少的甚至只有几千克，由于产品需求量不大，往往采用间歇式装置生产。加之产品的生产寿命期较短，一般不足 10 年，有的只有 2～3 年，因而生产须紧跟市场的变化情况进行调整，虽然精细化工产品品种繁多，但从合成角度来看，其合成单元反应不外乎十几种，尤其是一些同系列产品，其合成单元反应及所采用的生产流程和设备是很相似的。因此精细化学品生产企业广泛采用多品种生产流程，采用用途广、功能多的生产装置，常常用一套流程装置可以生产多种牌号的产品，使其具有相当大的适应性，能够适合精细化工多品种、小批量的生产特点。还有很多生产工厂为中小型企业，其原料和中间体很多购自外企业，自己仅进行配方操作。

5.1.2　国内外精细化工概况

由于精细化工技术密集、附加值高，因此工业发达国家均将发展精细化工视为发展重点，不断提高化学工业的精细化率。精细化率，又称精细化工产值率，即精细化工产品总值占全部化工产品总值的百分数。精细化率的高低，表征一个国家精细化工发展水平，反映一个国家化学工业的综合技术水平及化学工业集约化的程度。

精细化工是化学工业领域中的支柱产业之一，现在已成为世界各国化学工业争夺国际市场的焦点。近十几年来，各国化学工业的精细化率发展迅速，据统计，美国 20 世纪 70 年代的精细化率为 40%，80 年代上升到 45%，90 年代超过 53%；与此同时，日本从 35% 上升到 42%，再达 52%；德国由 39% 上升到 55%。目前工业发达国家化学工业的精细化率均在 60% 以上，而瑞士已经高达 90%。

世界各国都重视发展精细化工，西方国家于 20 世纪 70 年代开始将化工发展的重点由石油化工转向精细化工。例如，当时的联邦德国三家大型石油化工公司巴斯夫、赫斯特、拜尔，1978 年精细化率还不到 20%，而目前精细化率已超过 65%。美国一些大公司的化工厂都建有生产精细化学品的小生产装置，他们很重视科技投入，不断开发新产品。美国的大化学公司，如杜邦、陶氏化学等一般都拿出产品销售值 5% 以上的经费作为科技投入，开发新品种和新技术。现在国外已经开发出 10 万个以上的精细化工产品品种，而我国只有 4 万种。

再如英国 ICI 公司，美国杜邦公司、孟山都公司，德国赫斯特和拜尔公司都在战略决策、开发投资和人才结构等方面进行了重大调整，投入巨资进行生物技术的开发研究。美国的宝洁公司、德国的汉高、日本的三洋化成等公司生产的表面活性剂都在 1500 种以上，并且每年都增加 100 多个新品种，目前在工业和民用领域用途广泛的表面活性剂生产方面，国外已有8000 多种品种，商品达万种以上。

我国精细化工行业在近 20 多年间也有快速发展，精细化率由 1990 年的 25％、1994 年的 29.8％，提高到 2014 年约 48％，在农药、染料、涂料、橡胶助剂等传统精细化工领域快速发展的同时，一些新领域精细化工产品的生产和应用也取得了巨大进步。目前，我国已建成新领域精细化工技术开发中心十余个，精细化工产品的总产能超过 2000 万吨/年、生产企业近 700 家、产品品种 2 万多个。2014 年我国精细化学品产值约 3.5 万亿元。

近年来，就总量而论，我国已成为世界上主要的精细化工产品生产国和消费国：染料产量已稳居世界第一位，农药世界第一位，涂料世界第四位，化学制药的产量位居前列。各类精细化工产品不仅能基本满足国民经济发展的需要，而且许多产品在国际市场上已占有相当份额，有的甚至占有举足轻重的地位。

我国精细化工虽然取得了可观的成就，但在总体上与国外相比仍相当落后，与国民经济的发展和人民生活水平的提高不相适应。所存在的突出问题有：

① 生产技术水平普遍较低　一些较为先进的技术尚未普遍使用，不少小企业的生产还是作坊式的，自动化水平不高。

② 产品技术含量低　大部分传统产品缺乏国际竞争力，有的产品质量差，有的缺乏系列化和精细化，因此在国际市场上的价格低，竞争力较差。一些性能好、质量高的产品主要依赖进口。如我国纺织印染工业所需的染料，从数量上国内产品的满足率可到 90％以上，但品种的满足率仅 50％；又如国家每年需花大量外汇进口医药、农药等原药和中间体，以满足国内生产的需要。这说明我国的精细化工对国外有一定的依赖性。

③ 产业结构不合理，高科技所占比例很低　一些新的发展领域，如功能高分子树脂和功能性材料、精密陶瓷、液晶材料、信息化学品等国内大多还刚起步，有的还基本空白。在许多有相对优势的领域也未能形成经济优势，如某些高科技生物技术和新材料技术亟待产业化或迅速扩大生产。

④ 企业规模小而散，集中度低　规模较大的生产厂屈指可数，总体规模远远小于国外的生产厂。

⑤ 科研开发力度不够　国家及企业在科研开发方面的投入太少，尚未形成以企业为中心的科技开发和创新体系。中国的科技力量大部分集中在科研院所和大专院校，由于与生产相脱节，科技成果的转化率很低，一般只有 10％左右。而企业自我开发能力又较弱，大部分精细化工企业还未建立科技开发、应用研究、市场开拓和技术服务机构。

⑥ 环境污染　这一点已成为精细化工持续发展的重要制约因素。精细化工的生产厂一般规模较小，布点分散，生产过程中的"三废"量较大，难于治理。由于建设"三废"治理装置需要较大的投入，会增加生产成本，多数企业的"三废"治理尚未达标，对环境造成很大的影响。随着国家对环境保护的法规和要求越来越严，企业如果对此处理不好，将影响到我国精细化工产业持续发展。

5.1.3　精细化工发展的方向和关键技术

精细化学工业是一门发展迅速的产业，与基本化工、石油化工、煤化工有同等重要的战略地位。化工技术发展将由仿制型向创新型过渡，由劳动密集型向技术密集型转化。加快发展精细化工对国民经济意义重大，为满足各行业对化工产品的需要，需要发展深度加工和精细加工的石油化工技术，使我国化工产品的精细化率有一个明显的提高。

精细化工发展的方向首先是传统精细化学品的更新换代。如农药，需要适应农业生产绿色和环保的要求，重点是要发展高效、安全、经济的新产品，特别是大力开发生物农药。涂料产品要注重发展低污染、节能型新产品。化学试剂重点加强分离提纯技术研究，实现超净高纯试剂、生物工程用试剂、临床诊断试剂、有机合成试剂的产品系列化。

精细化学品新领域的开发也是要重视的发展方向。精细化工有关的新科技领域包括：各类新型化工材料（功能高分子材料、复合材料、电子材料、精细陶瓷等）、新能源、电子信息技术、生物技术（发酵技术、生物酶技术、细胞融合技术、基因重组技术等）、航空航天技术和海洋开发技术等。

在我国精细化工发展规划中，要注重借鉴国外先进技术，结合我国科技实际，确立优先发展的关键技术，以此来推动整个精细化工行业的技术进步。

优先发展的关键技术主要有：

① 新催化技术　包括开发可用于工业生产的膜催化剂、稀土络合催化剂、固体超强酸催化剂等新型催化剂，发展与精细化工新产品开发密切相关的相转移催化技术、立体定向合成技术、固定化酶发酵技术等特种生产技术。

② 新分离技术　如开发超临界萃取分离技术，以制取高纯度的天然植物提取物（如天然色素、天然香油、中草药有效成分等）；再如无机膜分离技术在超纯气体、饮用水、制药、石油化工等领域的应用开发，研究精细蒸馏、分子蒸馏等分离技术的应用。

③ 增效复配技术　发达国家化工产品数量与商品数量之比为 1∶20，我国目前仅 1∶1.5，不仅数量少，而且质量也不高，其原因之一就是复配增效技术落后。应该增强这方面的应用技术研究，如表面活性剂的分离方法、表面改性、微胶囊化、薄膜化和超微粒化技术。由于应用对象的特殊性，单一的化合物很难满足用户的特殊要求，因而配方和复配技术的高低就成为产品好坏的决定因素。

④ 纳米粉体技术　纳米粉体技术是一门固体材料加工技术，在纳米状态下，粉体的物性及化学性质会发生明显的变化。采用纳米粉体技术可以使药品的生化作用更趋有效；使油漆、油墨的色彩艳美而光亮；使涂料的黏合性能更强；作为橡胶和塑料的填充物时，可以改善其物化性质，能够更好地满足技术要求。对纳米粉体技术的实用化应用技术的研究前景广阔。

⑤ 气雾剂无污染技术　这是关于为解决臭氧层被破坏这一全球性的环境问题的技术，主要有在空调制冷、塑料发泡、高效杀虫气雾剂等方面氟氯烃的无污染替代物和替代技术，以及可工业化的合成路线及实用化技术。

其他还有生物技术、聚合物改性技术、绿色精细化工技术、控制释放技术等都与化学工业、精细化工的发展密切相关，也应给予足够的重视。

5.2　磺化

在有机分子中的碳原子上引入磺酸基团（—SO_3H）的反应称为磺化反应，磺化反应的产物是磺酸（R—SO_3H，R 表示烃基）、磺酸盐（R—SO_3M，M 表示 NH_4 或金属离子）或磺酰氯（R—SO_2Cl）。

磺化反应在有机合成中有多种应用，特别是在精细化工生产中得到广泛应用。

① 在有机化合物分子中，特别是芳环，引入磺酸基后，可赋予产品乳化、润湿、发泡等多种表面性能，所以磺化反应广泛应用于合成表面活性剂。

② 在芳环上引入磺酸基可以使产品具有水溶性、酸性，工业上常用以改进染料、指示剂等的溶解度和提高酸性。

③ 药物中引入磺酸基后易被人体吸收，同时可提高水溶性，方便配制成针剂或口服液，其生理药理作用改变不大，因此医药工业也经常涉及磺化反应。

④ 磺化反应的另一目的是得到另一官能团化合物而制取磺化中间产物，如先引入磺酸基团，再根据需要进一步将其置换成别的取代基（如羟基、氨基、卤素等）。

⑤ 也常有利用磺酸基易水解的特点，可用磺酸基作为有机合成中的保护基，如先在芳环上引入磺酸基，待完成特定反应后，再将磺酸基水解掉。

⑥ 选择性磺化反应常用来分离异构体。如二甲苯的邻、对、间三个异构体沸点很接近，用一般的精馏方法难以分离，可采用先使其磺化，则间二甲苯最易磺化，且磺化产物易溶于水中而得到分离；另外苯与甲苯、芳烃与烷烃等混合物都常采用磺化法进行分离。

5.2.1 磺化反应的基本原理

5.2.1.1 磺化剂

工业上常用的磺化剂有硫酸、发烟硫酸、三氧化硫、氯磺酸、亚硫酸盐、二氧化硫加氯气、二氧化硫加氧气等，各种磺化剂有不同的特点，应按照需要选择。

① 硫酸和发烟硫酸　工业硫酸有两种规格，分别是 $w(H_2SO_4)$ 约为 92% 和 98%；工业发烟硫酸也有两种规格，w（游离 SO_3）分别为 20% 和 65% 左右。这几种规格的硫酸在常温下都是液体，运输、储存及使用都较方便。

用硫酸和发烟硫酸进行的磺化反应称为液相磺化。硫酸在反应体系中起磺化剂、溶剂、脱水剂的作用。磺化反应是典型的亲电取代反应，以硫酸为磺化剂的反应过程一般认为如下：

$$2H_2SO_4 \Longrightarrow H_3SO_4^+ + HSO_4^-$$

$$H_3SO_4^+ \Longrightarrow SO_3H^+ + H_2O$$

$$R\text{—}\bigcirc\text{—}H + SO_3H^+ \Longrightarrow R\text{—}\bigcirc\text{—}SO_3H + H^+$$

这是平衡反应，SO_3H^+ 对芳环进行进攻。体系中水越少，SO_3H^+ 浓度越高，反应越易朝正方向进行。

浓硫酸作为磺化剂时，每引入一个磺酸基同时生成一分子的水，如果反应生成的水不能及时除去，硫酸浓度将随着磺化反应进程逐渐降低，同时也引起反应速率急剧下降，当硫酸浓度下降到一定程度后，磺化反应便自行终止，因此硫酸用量往往是过量的。这些过量硫酸的处理将会增加生产成本和环保费用。

浓硫酸作磺化剂反应温和、副反应少、易于控制，加入的过量硫酸可降低物料的黏度并有利传热，所以工业上应用仍很普遍。

② 三氧化硫　SO_3 在常压的沸点为 $44.8℃$，溶于水生成硫酸，溶于浓硫酸则生成发烟硫酸。

三氧化硫作为磺化剂时，不生成水，反应速率快，反应活性高。常为瞬间完成的快速反应，而且反应进行完全，无废酸生成，优点十分突出。缺点也很明显：SO₃过于活泼，瞬间反应放热量大，极易发生多磺化、氧化和焦化等副反应，使用有局限性。这些不足之处可以通过设备优化、反应条件控制、适当添加稀释剂等方法予以克服，近年来三氧化硫磺化法越来越受到重视，应用范围日益增加。

③ 氯磺酸　ClSO₃H 是有刺激气味的无色或棕色油状液体，凝固点−80℃，沸点 151～152℃。达到沸点时就解离成 HCl 和 SO₃。氯磺酸与水相遇立即分解成硫酸和氯化氢，并放出大量的热，容易发生喷料和爆炸事故，因此在生产中特别要注意避水，以保证正常、安全生产。

氯磺酸可视作 SO₃·HCl 的络合物，磺化反应活性较强，副产物 HCl 可以及时排除，使反应进行完全，它还具有反应温度低、可同时进行磺化反应和氯化反应的特点，但由于其价格较高以及 HCl 的腐蚀问题，工业上应用较少，主要用于制备芳基磺酰氯。

各种常用磺化剂的综合评价见表 5-1。

表 5-1　各种常用磺化剂的综合评价

磺化剂	分子式	物理状态	活泼性	主要用途	应用范围	备注
三氧化硫	SO₃	液态	高	芳香族化合物	较窄	易发生副反应，需加入稀释剂
三氧化硫	SO₃	气态	极高	广泛用于有机化合物	日益扩大	易发生副反应，需加入稀释剂
发烟硫酸	H₂SO₄·SO₃	液态	高	烷基芳烃、洗涤剂、染料	广泛	
氯磺酸	ClSO₃H	液态	极高	醇类、染料、医药	中等	放出 HCl
浓硫酸	H₂SO₄	液态	低	芳香族化合物	广泛	用量需过量
二氧化硫与氯气	SO₂+Cl₂	气体混合物	低	饱和烃氯磺化	很窄	需催化
二氧化硫与氧气	SO₂+O₂	气体混合物	低	饱和烃氧磺化	很窄	需催化、除水
亚硫酸钠	Na₂SO₃	固态	低	卤代烷	较多	需加热

5.2.1.2　影响磺化反应的因素

① 被磺化物的结构和性质　其对磺化的难易程度有着很大影响，饱和烷烃的磺化就较芳烃的磺化困难得多，因此芳烃的磺化比较常见。磺化反应是典型的亲电取代反应，当芳烃结构上存在给电子基时，如—Cl、—CH₃、—OH、—NH₂，芳烃上的电子云密度较高，有利于 σ-络合物的形成，磺化反应较易进行；而当芳烃结构上具有吸电子基时，如—CN、—NO₂、—SO₃H、—COOH，芳烃上的电子云密度较低，不利于 σ-络合物的形成，磺化反应就难以进行。

由于磺酸基所占的空间体积较大，磺化具有明显的空间效应。特别是芳环上的已有取代基所占空间较大时，其空间效应更加明显。烷基苯磺化时，邻位产品比较少，随着所具有的烷基增大，邻位产品基本不生成。表 5-2 是烷基苯单磺化时的异构产物生成比例。

表 5-2　烷基苯单磺化时的异构产物生成比例[25℃,$w(H_2SO_4)=89.1\%$]

烷基苯	与苯相比较的相对反应速率常数 (k_R/k_B)	各异构产物比例/%			邻位/对位
		邻位	间位	对位	
甲苯	28	44.04	3.57	50	0.88
乙苯	20	26.67	4.17	68.33	0.39

烷基苯	与苯相比较的相对反应速率常数 (k_R/k_B)	各异构产物比例/%			邻位/对位
		邻位	间位	对位	
异丙苯	5.5	4.85	10.12	84.84	0.057
叔丁基苯	3.3	0	12.12	85.85	0

在芳烃的亲电取代反应中,萘环比苯环活泼,工业上常在不同的工艺条件下,通过萘的磺化反应制取一系列的萘磺酸。萘酚的磺化比萘更容易,也常用来制取萘酚磺酸产品。

② 磺化剂的种类、浓度和用量 表 5-3 列出了几种常用磺化剂对反应的影响。

表 5-3 几种常用磺化剂对反应影响的比较

比较项目	H_2SO_4	$ClSO_3H$	H_2SO_4(发烟)	SO_3
沸点/℃	290~317	150~151		
在卤代烃中的溶解度	极低	低	部分溶解	混溶
磺化速率	慢	较快	较快	瞬间完成
磺化转化率	达到平衡,不完全	较完全	较完全	定量转化
磺化热效应	反应时需加热	一般	一般	放热量大
磺化物黏度	低	一般	一般	高
副反应	少	少	少	多
产生废酸量	大	较少	较少	无
需要反应器容积	大	大	一般	小

磺化动力学研究指出,硫酸浓度稍有变化对磺化速率就有显著影响。在 $w(H_2SO_4)=$ 92%~99%的浓硫酸中,磺化速率与硫酸中所含水分浓度的平方成反比。采用硫酸作磺化剂时,生成的水将使磺化能力和反应速率大为降低。当硫酸浓度降至某一程度时,磺化反应事实上已经停止,此时剩余的硫酸称为"废酸",习惯上把这种废酸的浓度折算成三氧化硫的质量分数,称为"π值"。

不同的磺化反应,π 值不同。易于磺化的过程,π 值较低;难于磺化的过程,π 值较高,甚至会出现废酸的浓度高于质量分数为 100%的硫酸,即 π 值大于 81.6,如硝基苯的单磺化反应。表 5-4 列出了一些芳烃磺化过程的 π 值。目前工业生产中,磺化剂的选择和用量的确定主要是通过实验及经验决定的。

表 5-4 一些芳烃磺化过程的 π 值和相应的"废酸"浓度

磺化物及过程	π 值	$w(H_2SO_4)$/%	磺化物及过程	π 值	$w(H_2SO_4)$/%
苯单磺化	64	78.4	萘二磺化(10℃)	约82	100.5
蒽单磺化	43	53	萘二磺化(90℃)	80	约98
萘单磺化(60℃)	56	68.5	萘二磺化(160℃)	66.5	81.5
萘单磺化(160℃)	52	63.7	硝基苯单磺化	约82	100.5

根据磺化反应的 π 值和选用的磺化剂,可以计算出每摩尔被磺化物在单磺化时所需要的该种磺化剂的用量 X,计算见式(5-1):

$$X=80(100-\pi)/(\alpha-\pi) \tag{5-1}$$

式中,α 为磺化剂的初始浓度,折算成 SO_3 的质量分数;X 为每摩尔被磺化物在单磺化时所需要的硫酸或烟酸的用量;π 为以三氧化硫的质量分数表示的废酸值。

由式(5-1)可以计算出:当用纯 SO_3 作磺化剂($\alpha=100$)时,它的用量是 80g,即相当于理论用量。当磺化剂的初始浓度 α 降低时，磺化剂的用量将增加。当 α 降低到废酸的浓度 π 时，磺化剂用量将增加到无穷大。由于废酸一般都回收困难，如果只考虑磺化剂的用量这一因素，应采用 SO_3 或 φ（游离 SO_3）$=65\%$ 的发烟硫酸。浓度过高的磺化剂反应比较剧烈，会引起许多副反应；且常因磺化剂用量过少使反应物过稠而难于操作。因此磺化剂的初始浓度和用量，以及磺化的温度和时间都需要根据具体的磺化对象，通过实验来优化。

常用磺化剂 α 的计算：

$$SO_3[w(SO_3)=100\%] \qquad \alpha=(80/80)\times100\%=100$$
$$硫酸[w(H_2SO_4)=100\%] \qquad \alpha=(80/98)\times100\%=81.6$$
$$硫酸[w(H_2SO_4)=98\%] \qquad \alpha=(80/98)\times98\%=80$$

磺化反应必须 $\alpha>\pi$。因此，98%的硫酸只能磺化 π 值为 80 以下的反应，π 值超过 82 以上的磺化反应就不能用硫酸作为磺化剂了，需要用发烟硫酸或 SO_3。

③ 磺化反应的工艺条件　对磺化反应影响较大的工艺条件主要是温度和反应时间。一般来讲，磺化温度低，反应速率慢，反应时间长；磺化温度高，则反应速率快，反应时间短。工业生产中，要考虑生产效率，就需要缩短反应时间，同时又要保证产品质量和收率。磺化反应的温度每增加 10℃，反应时间会缩短 1/3。但是温度过高会加剧副反应，如多磺化、氧化、焦化、砜和树脂化物质的生成，产品质量和收率都会下降。

所以，除个别情况必须要采取高温的工艺外，大多数情况下均采用较低温度和较长的反应时间。这样，能得到较高的反应产物质量和收率，也能使反应热的移出比较方便，保证反应过程稳定。

磺化温度还会影响磺酸基进入芳环的位置和磺酸的异构化。特别是在多磺化时，为了使每一个磺基都尽可能地进入所希望的位置，对于每一个磺化阶段都需要选择合适的磺化温度。

5.2.2　苯、萘及其衍生物的磺化

苯、萘及其衍生物的磺化产品是重要的有机化工中间体，在磺化反应中占有最重要的地位，所得磺化产品已大量用作合成洗涤剂、制革揉剂、离子交换树脂等，在染料、医药中间体中也有广泛的应用，由苯及其衍生物制得的磺化产品，经碱熔、酸化可制得各种酚类如苯酚、间苯二酚等。芳香烃的磺化遵循上述的原理和规律。

(1) 苯及其衍生物的磺化

苯的磺化早期主要用来制造酚类。由于在生产中需消耗大量硫酸和氢氧化钠，污染严重，故被随后发展起来的氯苯水解法和异丙苯法所取代。苯的衍生物的磺化产物在工业上用途较广。表 5-5 和表 5-6 示出芳烃及其衍生物用硫酸和三氧化硫磺化时的速率常数和活化能。

表 5-5　芳烃及其衍生物用硫酸磺化的速率常数和活化能

被磺化物名称	速率常数 k(40℃)/$[10^{-6}$L/(mol·s)]	活化能 E/(kJ/mol)	被磺化物名称	速率常数 k(40℃)/$[10^{-6}$L/(mol·s)]	活化能 E/(kJ/mol)
萘	111.3	25.5	溴苯	9.5	37.0
间二甲苯	116.7	26.7	间二氯苯	6.7	39.5
甲苯	78.7	28.0	对硝基甲苯	3.3	40.8
1-硝基萘	26.1	35.1	对二氯苯	0.98	40.0
对氯甲苯	17.1	30.9	对二溴苯	1.01	40.4
苯	15.5	31.3	1,2,3-三氯苯	0.73	41.5
氯苯	10.6	37.4	硝基苯	0.24	46.2

表 5-6 芳烃及其衍生物用 SO₃ 磺化的速率常数和活化能

被磺化物名称	速率常数 k(40℃) /[L/(mol·s)]	活化能 E/(kJ/mol)	被磺化物名称	速率常数 k(40℃) /[L/(mol·s)]	活化能 E/(kJ/mol)
苯	48.8	20.1	间二氯苯	4.36×10^{-2}	38.5
对硝基苯甲醚	6.29	18.1	对硝基甲苯	9.53×10^{-4}	46.1
氯苯	2.4	32.3	硝基苯	7.85×10^{-6}	47.6
溴苯	2.1	32.8			

芳环上所具有的取代基对磺化的难易程度有较大的影响，苯及其衍生物磺化时，其反应速率的大小顺序为：苯＞氯苯＞溴苯＞间二氯苯＞对硝基甲苯＞硝基苯。

（2）萘的磺化

在芳烃的亲电取代反应中，萘环比苯环活泼。根据反应温度、硫酸的浓度和用量、反应时间的不同，萘的磺化可以生成一系列有用的萘磺酸。

萘在磺化时有 α 和 β 两种异构体，二磺化或三磺化时可能生成的异构体数目更多。定位主要取决于温度，低温有利于进入 α 位，高温时更多地进入 β 位，表 5-7 表示萘一磺化时温度对异构物生成比例的影响，萘磺酸及其衍生物是染料工业的重要中间体。

表 5-7 萘一磺化时温度对异构物生成比例的影响

温度/℃	80	90	100	110.5	124	129	138.5	150	161
α 位/%	96.5	90.0	83.0	72.6	52.4	44.4	28.4	18.3	18.4
β 位/%	3.5	10.0	17.0	27.4	47.6	55.6	71.6	81.7	81.6

5.2.3 十二烷基苯磺酸钠的生产

十二烷基苯磺酸钠具有很好的发泡能力和较强的去污能力，在硬水、酸性水、碱性水中都很稳定，是表面活性剂的重要品种。十二烷基苯磺酸钠是合成洗涤剂的主要活性成分，使用很普遍，其生产规模很大。最初主要以发烟硫酸为磺化剂，但随着三氧化硫磺化法的各种优势显现，现已成为生产高质量烷基苯磺酸钠的主要方法。

三氧化硫磺化十二烷基苯，可采用液态三氧化硫经液态二氧化硫稀释，也可用己烷、二氯己烷等作溶剂稀释后反应，得到质量很好的磺化产物。但此法生产能力低，又需回收大量的稀释剂，所以并未形成工业化规模。目前，十二烷基苯磺酸钠的生产多采用气态三氧化硫磺化法，该工艺具有以下几方面的特点：

① 反应属气-液非均相反应，反应速率快，瞬间即可完成；而扩散速率慢，常是扩散速率控制整个反应速率。

② 反应为强放热反应，烷基苯反应放热量较大，且大部分热量是在反应初期放出。控制反应速率，快速移走热量是生产的关键。

③ 反应系统黏度急剧增加。磺化产物的黏度较大，黏度增加使传质传热困难，容易产生局部过热，加剧过磺化等副反应。

④ 副反应易发生。在反应过程中如反应时间、SO₃ 用量等因素控制不当，将引起许多副反应发生，副产物主要为砜、砜酐、多磺酸、苯环以及烷基链的氧化产物等，SO₃ 要在用空气稀释后才可使用。

基于以上特点，在考虑磺化反应器的设计和磺化工艺的选择上，便产生了各种不同类型、各具特点的磺化装置。最初采用间歇式操作，但由于存在易局部过热、产品质量不稳定、生产能力低、能耗高等缺点，现已被连续式操作所取代。

图 5-1 为用气体三氧化硫薄膜磺化法连续生产十二烷基苯磺酸的工艺流程图，它的优点是停留时间短、原料配比精确、反应热移除迅速和能耗较低。

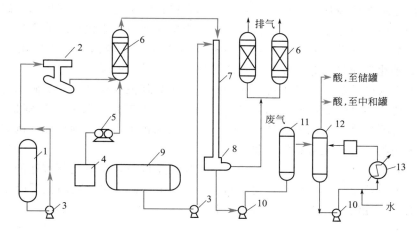

图 5-1　气体三氧化硫薄膜磺化法连续生产十二烷基苯磺酸的工艺流程

1—液体 SO_3 储槽；2—汽化器；3—比例泵；4—干空气；5—鼓风机；6—除雾器；

7—薄膜反应器；8—分离器；9—十二烷基苯储槽；10—泵；

11—老化器；12—水解器；13—热交换器

十二烷基苯磺化反应的历程包括磺化和老化两步：

$$R\text{—}\underset{\text{}}{\bigcirc}\text{} + 2SO_3 \xrightarrow{\text{磺化}} R\text{—}\underset{\text{}}{\bigcirc}\text{—}SO_2\text{—}O\text{—}SO_3H$$

$$R\text{—}\underset{\text{}}{\bigcirc}\text{—}SO_2\text{—}O\text{—}SO_3H + R\text{—}\underset{\text{}}{\bigcirc}\text{} \xrightarrow{\text{老化}} 2R\text{—}\underset{\text{}}{\bigcirc}\text{—}SO_3H$$

生产工艺流程简介：液相 SO_3 由储槽经泵打入汽化器成为 SO_3 气体，由于 SO_3 气体十分活泼，因此必须用干燥空气将 SO_3 气体稀释至 $\varphi(SO_3) < 10\%$，以免反应过于激烈。SO_3 与空气的混合气体先经静电除雾器除去所含微量雾状硫酸，然后与十二烷基苯按一定比例进入管式降膜磺化器顶部，十二烷基苯沿管壁呈膜状向下流动，管中心气相中的 SO_3 在液膜上发生磺化反应生成焦磺酸，反应热由管外的冷却水移除。磺化反应在瞬间即可完成，原料气在反应器中的停留时间一般小于 $0.2\mathrm{s}$。反应速率受气体扩散控制，故进入连续薄膜反应器的气体应保持高流速，以保证气-液接触呈湍流状态。

从反应塔底部的分离器中分离出的尾气含有少量磺酸、SO_2 和 SO_3，先经静电除雾器 6 捕集雾状磺酸，再用氢氧化钠溶液洗涤后放空。

从反应塔底流出的磺化液进入老化器，在这里焦磺酸转变为磺酸。老化反应是慢速的放热反应，老化时间约需 $30\mathrm{min}$。经老化的磺酸液再经水解器 12 使残余的焦磺酸完全水解成十二烷基苯磺酸，或进一步经中和制成十二烷基苯磺酸盐。

主要反应条件：原料混合气中 $\varphi(SO_3)$ 为 $5.2\% \sim 5.6\%$；$n(SO_3):n($ 十二烷基苯 $)$ 为 $1.0 \sim 1.03$；磺化温度为 $35 \sim 53\,^\circ\mathrm{C}$，$SO_3$ 停留时间不大于 $0.2\mathrm{s}$；离开磺化器时的磺化产物收率约 95%，经老化、水解后收率可达 98%。

5.3 硝化

硝化反应是最普遍和最早实现工业化生产的有机化学反应之一。在硝基等硝化剂的作用下，有机物分子中的氢原子被硝基取代的反应称为硝化反应。硝化反应的产物———一硝基化合物在燃料、溶剂、炸药、香料、医药和农药等许多化工领域都有广泛应用。在精细化工中，最重要的硝化反应是在芳香族化合物的芳环中引入硝基的反应。

在芳环上引入硝基的目的：①将引入的硝基转化为其他取代基，例如硝基还原是制备氨基化合物的重要途径；②利用硝基的强吸电性使芳环上的其他取代基（特别是氯基）活化，易于发生亲核置换反应；③利用硝基的特性，赋予精细化工产品某种特性，例如使染料的颜色加深，作为药物、火药或温和的氧化剂等。

硝化反应有以下特点：①在通常进行硝化反应的条件下，反应是不可逆的；②硝化反应速率较快，是强放热反应，其放热量通常超过 100kJ/mol；③在多数硝化反应中，反应物与硝化剂是不能完全互溶的，常常分为有机层和酸层。

5.3.1 硝化剂和硝化方法

5.3.1.1 硝化剂

工业中所用的硝化剂主要是硝酸，从无水硝酸到稀硝酸都可以作为硝化剂。因为被硝化物的性质和活性不同，硝化剂常常是硝酸和各种质子酸（如硫酸）、有机酸、酸酐及各种路易斯酸的混合物。还有的使用氮的氧化物和有机硝酸酯等作为硝化剂。

（1）硝酸

用得最多的是浓硝酸，硝化反应是 NO_2^+ 对芳环的亲电进攻，硝酸产生 NO_2^+ 的过程如下：

$$HNO_3 \rightleftharpoons H^+ + NO_3^-$$
$$H^+ + HNO_3 \rightleftharpoons H_2NO_3^+$$
$$H_2NO_3^+ \rightleftharpoons H_2O + NO_2^+$$

上述三步反应都是平衡反应，要产生高浓度的 NO_2^+，必须减少水量。常用的硝酸浓度是 $w(HNO_3) \approx 68\%$，沸点 120.5℃，它的硝化能力不强。也可以用发烟硝酸作为硝化剂，发烟硝酸是指 $w(HNO_3) = 100\%$ 的微黄色液体硝酸，沸点 83℃。

（2）混合酸

混合酸是硝酸和硫酸的混合物，硫酸和硝酸相混合时，硫酸起酸的作用，硝酸起碱的作用，其平衡反应式为：

$$H_2SO_4 + HNO_3 \rightleftharpoons HSO_4^- + H_2NO_3^+$$
$$H_2NO_3^+ \rightleftharpoons H_2O + NO_2^+$$
$$H_2SO_4 + H_2O \rightleftharpoons H_3O^+ + HSO_4^-$$

因此在硝酸中加入强质子酸（例如硫酸）可以生成更多的 NO_2^+，从而大大提高其硝化能力。混酸是应用最广泛的硝化剂，最常用的混酸是浓硝酸与浓硫酸的混合物，两者浓度配比 m（浓硝酸）：m（浓硫酸）$=1:3$ 左右。在硝酸与硫酸的无水混合溶液中，如果增加硝酸在混酸中的质量分数，则硝酸转变为 NO_2^+ 的量将减少。表 5-8 为在无水硫酸中，硝酸所占质量分数与硝酸转变为 NO_2^+ 的转化率。

表 5-8 硝酸所占质量分数与硝酸转变为 NO_2^+ 的转化率

混酸中 $w(HNO_3)/\%$	5	10	15	20	40	60	80	90	100
HNO_3 转化成 NO_2^+ 的转化率/%	100	100	80	62.5	28.8	16.7	9.8	5.9	1.0

硝化反应介质中 NO_2^+ 浓度的大小是硝化能力强弱的一个重要标志。实验表明，在混酸中硫酸浓度增高，有利于 NO_2^+ 的离解。硫酸浓度在 80% 以下时，NO_2^+ 浓度很低，当硫酸浓度增高至 89% 或更高时，硝酸全部离解为 NO_2^+，从而硝化能力增强。另外在硫酸浓度下降的情况下，在硝化介质中尚未离解为 NO_2^+ 的硝酸会有氧化作用，因此硫酸含量高，而硝酸和水的含量较低时，混酸中的硝酸转变为 NO_2^+ 就完全，这样既增加了硝化能力，又减少了氧化作用。

（3）硝酸与乙酸酐的混合硝化剂

这是仅次于硝酸和混酸的常用硝化剂，其特点是反应较缓和，适用于易被氧化和易为混酸所分解的硝化反应，广泛地用于芳烃、杂环化合物、不饱和烃化合物、胺、醇等的硝化。乙酸酐在此作为去水剂很有效，它对有机物有较好的溶解性，对硝化反应较为有利。

硝酸与乙酸酐混合物放置时间太久，可能会生成四硝基甲烷，它是一种易爆物质，为了避免危险，硝酸与乙酸酐要现配现用。

（4）有机硝酸酯

常见的有硝酸乙酰酐 $CH_3CO-O-NO_2$，是硝酸与醋酸的混合酐，也是很好的硝化剂，但不太稳定、易爆炸。硝酸苯乙酰酐 $PhCO-O-NO_2$ 也有应用。这类硝化剂可以与被硝化的有机物一同溶解在有机溶剂中，如乙腈、硝基甲烷等，形成均相反应液，这样硝化反应就可以在无水介质中进行。

有机硝酸酯可以分别在碱性介质或酸性介质中进行硝化反应。近期以来，在碱性介质中用硝酸酯对活性亚甲基化合物进行硝化的研究工作引人关注，因为该法可以用来硝化那些通常不能在酸性条件下进行硝化的化合物，如某些酮、腈、酰胺、甲酸酯、磺酸酯以及杂环化合物等。

（5）氮的氧化物

除 NO_2 以外，氮的氧化物都可以作为硝化剂，如 N_2O_3、N_2O_4 及 N_2O_5，这些氮氧化物在一定条件下都可以和烯烃进行加成反应。N_2O_3 是由 NO 和 O_2 反应制得，或由 NO 与 N_2O_4 反应生成。

N_2O_3 在硫酸中对芳烃无硝化能力，对苯也不能进行亚硝化，但 N_2O_3 在路易斯酸的催化下，不仅是良好的亚硝化剂，而且在一定的条件下也具有硝化能力，可以将硝基引入芳核。

N_2O_4 在硫酸中能离解生成 NO_2^+，硝化反应相似于混酸，在一定浓度的发烟硫酸中，N_2O_4 能将苯硝化为二硝基苯。

N_2O_5 是无色晶体，在 10℃ 以下比较稳定。它可以分解成 NO_2^+ 和 NO_3^-，没有水存在，是比较强的硝化剂。

其他硝化剂还有硝酸盐与硫酸、硝酸加三氟化硼、硝酸加氯化氢、硝酸加硝酸汞等，它们适用于一些有特殊要求的硝化反应。

不同的硝化对象，往往要采用不同的硝化剂；相同的硝化对象，如果采用不同的硝化剂，可以得到不同的产物组成。例如，乙酰苯胺在采用不同的硝化剂时，得到的硝化产物各不相同，因此在进行硝化反应时，必须要选择合适的硝化剂。使用不同的硝化剂也常常影响异构体组成的比例，表 5-9 是乙酰苯胺在不同硝化剂下所得到的硝化产物。

表 5-9　乙酰苯胺在不同硝化剂下的硝化产物分布

硝化剂	t/℃	w(邻位)/%	w(间位)/%	w(对位)/%	邻位/对位
$HNO_3+H_2SO_4$	20	19.4	2.1	78.5	0.25
HNO_3(90%)	−20	23.5	—	76.5	0.31
HNO_3(80%)	−20	40.7	—	59.3	0.69
HNO_3+醋酐	20	67.8	2.5	29.7	2.28

硝化剂的硝化能力视其离解生成 NO_2^+ 的难易程度而判定，表 5-10 为几种常用硝化剂硝化能力的强弱次序表。表 5-10 中所列出的硝化剂的硝化能力由上而下逐步递增，硝酰硼氟酸的硝化能力最强，硝酸乙酯的硝化能力最弱。

表 5-10　几种常用硝化剂硝化能力的强弱次序

硝　化　剂	硝化反应时存在的形式	硝化能力
硝酸乙酯	$EtO \cdot NO_2$	弱
硝酸	$HO \cdot NO_2$	
硝酸-醋酐	HNO_3-Ac_2O	
五氧化二氮	$N_2O_5(NO_3 \cdot NO_2)$	
氯硝酰	$Cl \cdot NO_2$	
硝酸-硫酸	$HNO_3 \cdot H_2SO_4$	
硝酰硼氟酸	$BF_4 \cdot NO_2$	强

一般来说，易于硝化的化合物可选用活性较低的硝化剂，以避免过度硝化；而难于硝化的物质就需选用具有较高活性的硝化剂，例如很难硝化的苯甲腈，只有选用硝基阳离子的结晶盐（如 NO_2BF_4，NO_2PF_4 等）这类强硝化剂，才能得到高产率的硝化产物。

5.3.1.2　硝化方法

硝化方法主要分为直接硝化法和间接硝化法两类。化合物中的氢原子被硝基直接取代，称为直接硝化法，根据所用硝化剂的不同可分为以下 4 种。

(1) 稀硝酸硝化法

稀硝酸硝化法是指用稀硝酸作为硝化剂的硝化反应。稀硝酸是较弱的硝化剂，由于在硝化过程中不断生成水，硝化剂被稀释，使其硝化能力不断降低，因而采用稀硝酸作硝化剂必须过量。稀硝酸只适用于易被硝化的芳香族化合物的硝化，例如含有—OH，—NH_2 基团的化合物，可用 $w(HNO_3) \approx 20\%$ 的稀硝酸硝化。易被氧化的氨基化合物往往于硝化前预先加以保护，即将其与羧酸、酸酐或酰氯作用使氨基转化为酰氨基，然后再行硝化。

(2) 浓硝酸硝化法

浓硝酸硝化法主要适用于芳香族化合物的硝化。如 1-硝基蒽醌就是采用浓硝酸硝化法制备的，浓硝酸硝化法应用并不是很广泛，主要是由于它有以下缺点：反应中生成的水使硝酸浓度降低，以致硝化速率不断下降甚至终止；硝酸浓度的降低，不仅减缓硝化反应速率，而且使氧化反应显著增加，有时会发生侧链氧化反应，这主要是因为硝酸兼有硝化剂与氧化剂的双重功能，其氧化能力随着硝酸浓度的降低而有所增强（直至某一极限），而硝化能力随硝酸浓度的降低而减弱，当硝酸浓度降低到一定时，则无硝化能力，加之浓硝酸生成的

NO_2^+ 比例少，因而硝酸的利用率低。

（3）混酸硝化法

混酸硝化法是最常用的有效硝化法，在工业上应用广泛，它克服了浓硝酸硝化的缺点，混酸会比硝酸产生更多的 NO_2^+，所以混酸的硝化能力强、反应速率快、产率高。硝酸被硫酸稀释后，氧化能力降低，不易产生氧化副反应；混酸中的硝酸接近理论量，硝酸几乎可得到全部利用；硫酸比热容大，可吸收硝化反应中放出的热量，可以减轻硝化反应过程中的局部过热现象，使反应温度易于控制；浓硫酸能溶解多数有机物（尤其是芳香族化合物），增加了有机物与硝酸的混合程度，使硝化易于进行；混酸对铸铁的腐蚀性很小，因而可以使用铸铁材质的反应设备。

（4）硝酸乙酸酐法

硝酸乙酸酐法是采用浓硝酸或发烟硝酸与醋酐反应生成的硝酸乙酸酐作为硝化剂的硝化方法，硝酸乙酸酐是强硝化剂，反应快且无水生成（硝化反应中生成的水与醋酐结合成醋酸），反应条件缓和，可在较低温度下进行。因为这种硝化剂具有酸性小、没有氧化性的特点，很适合用于易被强酸破坏（如呋喃类）或易与强酸成盐而难硝化的化合物（如吡啶类）的硝化。醋酐对有机物有良好的溶解性，能使硝化反应在均相中进行。硝酸可完全溶解于醋酐中，一般使用硝酸浓度 $w(HNO_3)=10\%\sim30\%$。

间接硝化法是指化合物中的非氢原子或基团（如—Cl，—R，—SO_3H，—COOH，—N＝N—等）被硝基取代的方法。如芳香族化合物或杂环化合物上的磺酸基，经硝化反应后，可被硝基置换生成硝基化合物。

5.3.2　芳烃的硝化

5.3.2.1　硝化反应操作过程

硝化过程有间歇与连续两种方式。连续法采用带搅拌器的罐式反应器、管式反应器、泵式循环反应器等，具有设备小、效率高、便于自动控制的优点，适用于较大规模的生产。间歇法则具有灵活性和适应性强的优点，适用于小批量、多品种的生产，精细化工产品生产中大多采用间歇法。由于生产方式和被硝化物的性质不同，一般有三种加料顺序，即正加法、反加法和并加法。

正加法是将硝化剂逐渐加入被硝化物中，它具有反应比较缓和，可避免多硝化，副反应较少等优点；但反应速率较慢，适用于被硝化物易于硝化的间歇过程。

反加法是将被硝化物逐渐滴加硝化剂中，其优点是在反应过程中始终保持有过量的硝化剂和不足量的被硝化物，反应速率快。对于多硝基化合物或硝化产物难于进一步硝化的过程，一般可采用这种方法。正加法和反加法的选择并非仅取决于硝化反应的难易，同时还取决于芳烃原料的物理性质和硝化产物的结构等。

并加法是指将硝化剂和被硝化物按一定比例同时加入硝化反应釜中的方法，这种加料方式常用在连续硝化中。

连续硝化多采用多釜串联的方式，将硝化剂和被硝化物一并加入第一台主反应釜中，在此完成大部分硝化反应，通常称为"主锅"，小部分没有转化的被硝化物，再加到后序的反应釜内（称为"副锅"）继续反应。多釜串联的优点是可以提高反应速率，减少物料短路，在不同的反应釜中控制不同的反应温度及转化率，从而提高生产能力和产品质量。表 5-11 为氯苯四锅串联连续一硝化的技术数据。

表 5-11　氯苯四锅串联连续一硝化的主要技术数据

名　称	第一硝化釜	第二硝化釜	第三硝化釜	第四硝化釜
反应温度 / ℃	45~50	50~55	60~65	65~75
酸相中 $w(HNO_3)$ / %	6.5	3.5~4.2	2.0~2.7	0.7~1.5
有机相中 w(氯苯) / %	22~30	8.2~9.5	2.5~3.2	<1.0
氯苯转化率 / %	65	23	7.8	2.7

5.3.2.2　硝化产物的分析

硝化物的分析有化学法、气相或液相色谱法和红外光谱法等。

化学法的用途较广，可用于硝化过程的控制分析和硝化产物的分析，如用混酸硝化时用化学分析法分析酸层中硝酸的含量，也可根据硝化产物的密度或熔点是否达到预定的数值来确定硝化反应的终点。硝基化合物大都呈黄色，而且具有特殊的气味（大多数都有杏仁气味），可以根据这些外表特性来初步判断一种物质是否引入硝基。对于硝化产物的分析，一般可用氯化亚锡、三氯化钛为还原剂，利用还原滴定法测定其含量。另一常用的定量分析方法是使用过量的锌粉，在酸性介质中将硝基还原为氨基，然后用重氮化法测定氨基的含量，间接计算出硝基的含量。

色谱分析可用来鉴定硝化产物。气相或液相色谱法由于分析速率快、准确率高，目前已用于硝化过程的控制，例如用气相色谱来测定甲苯硝化后异构体的组成。红外光谱也可用于分析及控制硝化过程。

5.3.2.3　硝化产物的分离

利用硝基化合物在常温下多为液体或低熔点的固体，与废酸有较大的密度差和可分层的原理进行硝化产物的分离。大多数硝化产物在浓硫酸中都有一定的溶解度，而且溶解度随硫酸浓度加大而提高。为了减少有机硝化产物在酸相的溶解，往往在静置分层前加入适量的水稀释，随废酸浓度的降低，废酸中硝化产物的溶解量会明显下降。如在间二硝基苯生产中，硝化终点时的废酸浓度为 88%，产物间二硝基苯在废酸中的浓度约 16%，当加水稀释废酸浓度降至 65%~70% 时，温度也从 90℃ 降至 70℃，此时间二硝基苯在废酸中浓度仅 2%~4% 左右，有利于产物分离。在连续分离器中，加入很少量的叔辛胺，可以加速硝化物与废酸的分层。有时根据硝化产物的物化性质，用有机溶剂萃取法可以将硝基化合物从废酸中分离。

硝化产物与废酸分离后，还含有少量无机酸和酚类等氧化副产物，可通过水洗、碱洗加以除去。

5.3.2.4　硝化异构产物的分离

硝化产物常是异构体的混合物，需进行分离提纯。分离方法有物理方法和化学方法。

① 物理方法　根据异构混合物的物理性质，当硝化异构产物的沸点或凝固点相差较大时，常采用精馏和结晶相结合的方法分离。如氯苯一硝化的混合产物中对位的凝固点明显较邻位和间位的大很多，而间位的沸点又较小，就可用此法来分离精制。

② 化学方法　利用不同异构体在某一反应中具有不同的化学性质来达到分离目的。如制备间二硝基苯时，会有邻位和对位的副产物生成。利用这两个异构副产物会与亚硫酸钠生成磺酸盐并溶于水，而间位产物则不发生此反应的性质，除去邻位和对位的副产物。

5.3.2.5 废酸处理

硝化后的废酸组成大致如下：w（硫酸）＝73％～75％，w（硝酸）＝0.2％，w（亚硝酰硫酸）＝0.3％，还含有浓度为0.2％以下的硝基化合物。废酸的回收主要采用浓缩的方法。

在用蒸浓的方法回收废酸前需脱硝，当废酸液中的硝酸及亚硝酰硫酸等无机硝化物在硫酸浓度不超过75％时，只要加热到一定温度，便很容易分解，逸出的氧化氮气体需用氢氧化钠水溶液进行吸收处理。工业上也有将废酸中的有机杂质萃取、吸附或用过热蒸汽吹扫除去，然后用氨水制成氮肥。

有几种废酸的处理方法：①闭路循环法，将硝化后的废酸直接用于下一批的硝化生产中；②蒸发浓缩法，在用芳烃对废酸进行萃取、脱硝后，再蒸发浓缩废酸，使其硫酸浓度达到 $w(H_2SO_4)＝92.5％～95％$，此酸可用于配制混酸；③浸没燃烧浓缩法，当废酸浓度只有 $w(H_2SO_4)＝30％～50％$ 时，则通过浸没燃烧，先提浓至 $w(H_2SO_4)＝60％～70％$，再进行浓缩。

5.3.2.6 芳烃硝化的影响因素

(1) 被硝化物的结构

芳烃硝化是典型的亲电取代反应，芳环上如含有给电子基团，例如羟基、氨基、烷基等，就较容易被硝化，此时可选用较温和的硝化剂和硝化条件，硝基的位置主要位于取代基的邻位或对位。芳环上如含有吸电子基团，例如硝基、磺酰基、羰基、羧基等，就难于硝化，要用比较强的硝化剂和硝化条件，硝基的位置主要位于取代基的间位。表5-12列出苯的各种取代衍生物在混酸中一硝化相对于苯环硝化时的相对速率，从中可见，苯的一硝化的相对速率较大者为给电子基团；较小者则为吸电子基团。

表 5-12 苯的各种取代衍生物在混酸中一硝化的相对速率

取代基	相对速率	取代基	相对速率
—N(CH$_3$)	$2×10^{11}$	—I	0.18
—O(CH$_3$)	$2×10^5$	—F	0.15
—CH$_3$	24.5	—Cl	0.033
—C(CH$_3$)	15.5	—Br	0.030
—CH$_2$CO$_2$C$_2$H$_5$	3.8	—NO$_2$	$6×10^{-8}$
—H	1.0	—N$^+$(CH$_3$)	$1.2×10^{-8}$

(2) 温度

温度不仅影响反应速率和产物组成，而且直接关系到生产安全。硝化是强放热反应，混酸中硫酸被反应生成的水稀释时，还将产生稀释热，这部分热量相当于反应热量的7.5％～10％。以苯一硝化为例，其热效应可达134kJ/mol，一般芳烃一硝化的反应热也有126kJ/mol。这样大的热量若不及时移除，势必会使反应温度迅速升高，引起多硝化及氧化等副反应；同时还将造成硝酸分解，产生大量红棕色的二氧化氮气体，甚至造成生产事故。

$$2HNO_3 \longrightarrow H_2O + 2NO_2 \uparrow + [O]$$

因此，在硝化设备中一般都带有夹套、蛇形冷却管等大面积换热装置。

温度的安全限度取决于被硝化物的化学结构。例如将DNT硝化为TNT或将酚硝化为苦味酸时，温度接近或超过120℃时就会有危险；在将二甲基苯胺硝化为三硝基苯甲硝胺时，超过80℃就会有危险。

提高硝化温度可加快硝化反应速率，缩短反应时间。间歇硝化时可控制混酸的加料速率并逐步提高反应温度；连续硝化时可采用多釜串联法，并逐釜提高反应温度。

有机物硝化时的最佳温度条件，对于芳胺、N-酰基芳胺、酚类、醚类等易硝化和易被氧化的活泼芳烃时，可在低温硝化（−10～90℃）；而对于含有硝基或磺酸基的芳香族化合物，由于其稳定性较好，较难硝化，因此硝化温度比较高（30～120℃）。

(3) 搅拌

大多数硝化过程属于非均相体系。芳烃如苯、甲苯及其一硝基衍生物在硫酸及混酸中的溶解度很低，使得硝化过程中芳烃与混酸形成液-液两相，为了提高传质和传热效率，硝化反应器必须有良好的搅拌装置。加强搅拌，有利于两相的分散，增大了两相界面的面积，使传质阻力减小。在硝化过程中，特别是在反应的初期，由于酸相与有机相的相对密度相差悬殊，加上反应开始阶段反应较为剧烈，放热量为最大，特别需要剧烈搅拌。

在硝化过程中，尤其在间歇硝化反应的加料阶段，因故中断搅拌会使两相很快分层，大量硝化剂在酸相积累，一旦启动搅拌就会突然发生剧烈反应，造成瞬间放热量大而使温度失控引起事故。因此一旦终止搅拌，加料必须停止。

5.3.2.7 芳烃硝化时的副反应

芳烃硝化的副反应主要是多硝化和氧化。避免多硝化副反应的主要方法是控制混酸的硝化能力，如硝酸比例、循环废酸的用量、反应温度等。氧化副反应主要是在芳环上引入羟基，常常表现为生成一定量的酚。例如在甲苯硝化时可检出副产物硝基甲苯酚。硝化时酚类的副产物一般不可避免，如果让其随同硝化物进入蒸馏设备容易引起爆炸危险，一般在洗涤过程中除去。

许多副反应的发生常常与反应体系中存在氮氧化物有关，因此设法减少硝化剂内的氮氧化物含量，并且严格控制反应条件以防止硝酸的分解，这是减少副反应的重要措施之一。

5.3.3 硝基苯的生产

硝基苯的主要用途是制备苯胺等有机中间体，早期采用混酸间歇硝化法。随着苯胺需求量的增长，逐步开发了多釜串联、塔式、管式、环形硝化器组合的混酸连续硝化工艺。近年由美国腈胺公司和加拿大工业公司共同研制，并成功实现工业化的绝热硝化生产工艺，在节约能源、降低成本、提高产率上都有一定优势。目前，国外已建成年产十几万吨硝基苯的生产装置。

传统硝化法是将苯与硫酸和硝酸配制的混酸在釜式硝化器（硝化锅）中进行反应，由于反应系统中存在两相，因此硝化速率由相间传质和化学动力学控制。所用硝化器一般为带有强力搅拌的耐酸铸铁或碳钢釜。硝化器内装有冷却盘管，以导出硝化的反应热。

早期是间歇生产，典型间歇硝化是将混酸慢慢加至苯液面下，所用混酸组成为 $w(H_2SO_4)=56\%～60\%$，$w(HNO_3)=27\%～32\%$，$w(H_2O)=8\%～17\%$。硝化初期温度控制在 50～55℃，反应后期可升至 90℃。反应产物进入分离器，上层粗硝基苯经水洗、碱洗；下层废酸送去浓缩处理。反应时间 2～4h，以苯计的硝基苯产率为 95%～98%。

瑞士 Biazzi 公司早期开发了连续硝化反应器，使单台设备能力提高了 50 倍。连续硝化时苯和混酸同时进料，所用混酸的浓度略低于间歇硝化，硝化反应器串联操作，苯稍微过量，以尽量消耗混酸中的硝酸，同时减少二硝基物的生成量。硝化温度控制在 50～100℃。反应产物由硝化器连续进入分离器或离心机，分为有机相和酸相，有机相经水洗除酸，碱洗脱硝基酚，再经水洗和蒸馏脱水、脱苯后获得硝基苯产品，理论产率为 96%～99%。苯连续硝化的工艺流程见图 5-2。

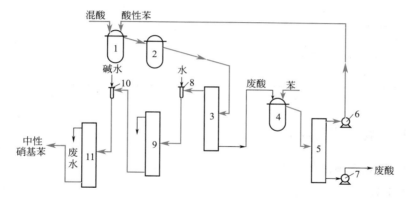

图 5-2　苯连续硝化流程

1，2—硝化反应釜；3，5，9，11—分离器；4—萃取釜；
6，7—泵；8，10—文丘里管混合器

5.4　酯化

酯化反应通常指醇或酚与含氧的酸类作用生成酯和水的过程，也就是在醇或酚的羟基的氧原子上引入酰基的过程，也称为氧酰化反应。工业上最常见的酯化是醇与羧酸在催化剂存在下进行的反应，也可采用一些其他的方法制取羧酸酯，例如，用酸酐、酰氯、酰胺、腈、醛、酮等为原料与醇反应，或采用酯交换反应。其通式如下：

$$R'OH + R''COZ \longrightarrow R''COOR' + HZ$$

式中，R′可以是脂肪烃基或芳香烃基。R″COZ是酰化剂，其中Z可以是—OH、—X、—OR、—OCOR、—NHR等基团。生成羧酸酯分子中的R′和R″可以相同，也可以不同。羧酸酯在精细化工产品中有广泛的应用，其中最重要的是用作溶剂和增塑剂。其他的用途还有树脂、涂料、合成润滑油、合成香料、化妆品、表面活性剂、医药等。酯化的方法很多，主要可以分为以下4类。

① 酸和醇或酚直接酯化法，这是最常用的酯化方法；

② 酸的衍生物与醇的酯化，酸的衍生物是指酸酐、酰氯、羧酸盐等；

③ 酯交换反应，主要包括酯与醇、酯与酸、酯与酯之间的交换反应；

④ 其他酯化方法，包括烯酮与醇的酯化，腈的醇解，酰胺的醇解，醚与一氧化碳合成酯的反应等。

表5-13示出酯化反应常用的酰化剂。

表 5-13　酯化反应常用的酰化剂

酰化剂	化　合　物
羧酸	甲酸、乙酸、乙二酸等
酸酐	乙酐、甲乙酐、顺丁烯二酸酐、邻苯二甲酸酐、萘二甲酸酐，以及二氧化碳（碳酸酐）、一氧化碳（甲酸酐）
酰氯[①]	碳酸二酰氯（光气）、乙酰氯、苯甲酰氯、三聚氰酰氯、苯磺酰氯、三氯氧磷（磷酸三酰氯）和三氯化磷（亚磷酸三酰氯）
羧酸酯	乙酰乙酸乙酯、氯酰乙酸乙酯、氯甲酸三氯甲酯（双光气）、二（三氯甲基）碳酸酯（三光气）

续表

酰化剂	化 合 物
酰胺	尿素和 N,N-二甲基甲酰胺
其他	乙烯酮、双乙烯酮

① 某些酰氯不易制成工业品，也可用羧酸和三氯化磷、亚硫酰氯或无水三氯化铝作酰化剂。

5.4.1 几种主要的酯化反应

5.4.1.1 醇或酚与酸的直接酯化法

化学反应通式：

$$R'OH + R''COOH \rightleftharpoons R''COOR' + H_2O$$

这类酯化属于可逆反应，其平衡常数 K 可表示为：

$$K = \frac{[R''COOR'][H_2O]}{[R''COOH][R'OH]}$$

反应的平衡点与醇（酚）、酸的性质有关。直接酯化法的主要影响因素如下：

(1) 醇或酚结构

醇对酯化反应的影响主要受空间位阻的影响，表 5-14 为以乙酸为酰化剂，与各种醇的酯化反应的转化率和平衡常数，从表中可以看到，伯醇的酯化反应速率最快，仲醇稍慢，叔醇最慢，伯醇中又以甲醇最快。丙烯醇虽然也是伯醇，但因氧原子上的未共享电子与分子中的不饱和双键间存在着共轭效应，因而氧原子的亲核性有所减弱，所以其酯化速率就较碳原子数相同的饱和丙醇为慢。苯甲醇由于存在苯基，酯化速率受到影响。叔醇与羧酸的直接酯化，由于空间位阻的缘故就更困难。这是因为叔醇在反应中极易与质子作用发生消除反应脱水生成烯烃，而得不到酯，所以叔醇的酯化酰化剂一般需采用酸酐和酰氯。

表 5-14 乙酸与各种醇的酯化反应转化率和平衡常数

（等物质的量配比，155℃）

序号	不同种类的醇	转化率/%		平衡常数
		1h 后	极限	
1	CH_3OH	55.59	69.59	5.24
2	C_2H_5OH	46.95	66.57	3.96
3	C_3H_7OH	46.92	66.85	4.07
4	C_4H_9OH	46.85	67.30	4.24
5	$CH_2\text{=}CHCH_2OH$	35.72	59.41	2.18
6	$C_6H_5CH_2OH$	38.64	60.75	2.39
7	$(CH_3)_2CHOH$	26.53	60.52	2.35
8	$(CH_3)(C_2H_5)CHOH$	22.59	59.28	2.12
9	$(C_2H_5)_3COH$	16.93	58.66	2.01
10	$(CH_3)(C_6H_{13})CHOH$	21.19	62.03	2.67
11	$(CH_2\text{=}CHCH_2)_2CHOH$	10.31	50.12	1.01
12	$(CH_3)_3COH$	1.43	6.59	0.0049
13	$(CH_3)_2(C_2H_5)COH$	0.81	2.53	0.00067

续表

序号	不同种类的醇	转化率/%		平衡常数
		1h 后	极限	
14	$(CH_3)_2(C_3H_7)COH$	2.15	0.83	—
15	C_6H_5OH	1.45	8.64	0.0089
16	$(CH_3)(C_3H_7)C_6H_3OH$	0.55	9.46	0.0192

（2）酸的结构

脂肪族羧酸中烃基对酯基的影响，除了电子效应会影响羰基碳的亲电能力以外，空间位阻对反应速率也有很大的影响。

表 5-15 为异丁醇与各种羧酸的酯化反应转化率和平衡常数。从表中可以看到，甲酸及其他直链羧酸与醇的酯化反应速率均较大，而具有侧链的羧酸酯化就很困难。当羧酸的脂肪链的取代基中有苯基时，酯化反应并未受到明显影响；但苯基如与烯键共轭时，则酯化反应受到抑制。至于芳香族羧酸，一般比脂肪族羧酸酯化要困难得多，空间位阻的影响同样比电子效应大得多，而且更加明显，以苯甲酸为例，当邻位有一个取代基时，酯化反应速率减慢，当两个邻位都有取代基时，则更难酯化，但形成的酯特别不易皂化。

表 5-15　异丁醇与各种羧酸的酯化反应转化率和平衡常数

（等物质的量配比，155℃）

序号	不同种类的羧酸	转化率/%		平衡常数
		1h 后	极限	
1	HCOOH	61.69	63.24	3.22
2	CH_3COOH	44.36	67.38	4.27
3	C_2H_5COOH	41.18	68.70	4.82
4	C_3H_7COOH	33.25	69.52	5.20
5	$(CH_3)_2CHCOOH$	29.04	69.51	5.20
6	$(CH_3)C_2H_5CHCOOH$	21.50	73.73	7.88
7	$(CH_3)_3CCOOH$	8.28	72.65	7.06
8	$(CH_3)_2C_2H_5CCOOH$	3.45	74.15	8.23
9	$(C_6H_5)CH_2COOH$	48.82	73.87	7.99
10	$(C_6H_5)C_2H_4COOH$	40.26	72.02	7.60
11	$(C_6H_5)CH{=}CHCOOH$	11.55	74.61	8.63
12	C_6H_5COOH	8.62	72.57	7.00
13	$p\text{-}(CH_3)C_6H_4COOH$	6.64	76.52	10.62

（3）平衡转化率

醇和酸的直接酯化是可逆的化学反应，如果想要获得较多的酯类产品，根据化学热力学原理，可以采取两种方法：一是其中一种原料过量，以提高酯的平衡转化率；二是通过不断移除反应生成的酯和（或）水，打破反应的平衡，使酯化进行完全，这种方法比前种方法更有效，工业上一般将两种方法一起使用，采用一些比较简单的措施就可以使原料转化接近完全。其措施的采用需根据酯化产物的性质来决定，大致分为三种类型。

① 产品酯易挥发 如甲酸甲酯、甲酸乙酯、乙酸甲酯等，这类酯的沸点比反应所用醇的沸点更低，它们可以全部从反应体系中直接蒸出，而剩余的是醇和水。

② 产品酯具有中等挥发度 对这类酯化反应可以采取蒸出酯和（或）水的方案。具体视该酯的沸点高低以及是否有恒沸物生成。属于这类工艺的酯有甲酸、乙酸、丙酸、丁酸和戊酸与低碳醇生成的各种酯，常用的方法有恒沸蒸馏法，酯化产物有的会形成醇、酯和水的恒沸混合物，如乙酸乙酯（沸点 77℃），酯中混有醇和少量的水，并会形成醇、酯和水的三元和二元恒沸混合物，其沸点比纯酯更低，它们一起从塔顶蒸出，馏出物经静置分层及精馏后可得纯产品，乙酸则留在塔釜反应器中；而乙酸丁酯因其沸点较高（116.16℃）则相反，经蒸馏所有生成的水都将从塔顶蒸出，其中夹带少量的酯和醇，而达到平衡的酯则留在塔釜中。

③ 产品酯的挥发度很低 这种情况有几种除去水的方法，包括物理方法和化学方法。

物理方法主要也是恒沸蒸馏法，即在反应系统（酸、醇、催化剂等）中加入与水不相混溶的溶剂，如苯、甲苯、二甲苯、氯仿、四氯化碳等，再进行蒸馏。例如，有乙醇参与的酯化反应，苯、乙醇和水可形成三组分最低共沸液，共沸温度为 64.8℃，w（苯）：w（乙醇）：w（水）＝74.1%：18.5%：7.4%。馏出液分为两层，上层为苯-乙醇层，可将其返回到反应器中；下层为水-乙醇层，可不断除去，使得反应平衡向生成酯的方向移动，直到不再有水生成，说明酯化反应结束。又如采用四氯化碳作共沸剂时，它与乙醇和水形成三组分最低共沸液，共沸温度为 61℃，w（四氯化碳）：w（乙醇）：w（水）＝10%：65%：25%，馏出液上层为水层，被不断分离除去，下层返回到反应液中。四氯化碳带水量大于苯作共沸剂时的带水量。

化学除水方法，可以用无水盐类，如硫酸铜，它能同水化合成水合晶体将水除去，但效果不太好；有效的去水剂还有乙酰氯、亚硫酰氯、氯磺酸等，这些去水剂的效果较好；另外碳二酰亚胺（R—N＝C＝N—R）是极好的去水剂，可在室温下进行酯化的脱水；硫酸和无水氯化氢以及三氟化硼和它的乙醚络合物则既是催化剂，同时也是去水剂。

（4）催化剂

虽然许多酯化反应提高温度可以加速酯化，但多数酯化反应在催化剂作用下可以更有效地加速酯化。强酸性催化剂可以降低反应的活化能从而加速反应的进行。目前在工业生产中采用的催化剂有 3 种类型。

① 无机酸、有机酸或酸式盐 传统的无机酸催化剂是浓硫酸、干燥氯化氢，磷酸也有一定的催化作用，但催化活性较差。浓硫酸具有酸性强、吸水性好、性质稳定、催化效果好等优点，缺点是具有氧化性，且会导致磺化、碳化或聚合等副反应。酯化温度一般需低于100℃。对于碳链较长、分子量较大的羧酸和醇的酯化反应，因其反应温度较高，通常不宜使用硫酸作催化剂。干燥氯化氢具有酸性强、无氧化性和具有挥发性易于除去的优点，缺点主要是腐蚀性强、操作复杂，适用于某些以浓硫酸催化时易发生脱水等副反应的含羟基化合物的酯化反应，也常用于氨基酸的酯化反应。有机酸催化剂的应用以对甲苯磺酸、磺基水杨酸比较普遍。对甲苯磺酸具有浓硫酸的一切优点，且无氧化性，碳化作用也较浓硫酸弱，工艺较简单，唯独价格较高，可用于温度较高和浓硫酸不宜使用的场合。

② 强酸性阳离子交换树脂 这类离子交换树脂均含有可被阳离子交换的氢质子，属强酸性。其中最常用的有酚磺酸树脂及磺化聚苯乙烯树脂。尽管离子交换树脂的价格远较硫酸为高，但因其具有酸性强、易分离、副反应少且可循环使用等优点，应用正日益增多，并且可用于固定床反应器，有利于实现生产连续化。

③ 非酸性催化剂　这类催化剂的主要优点是没有腐蚀性，副反应少，产品质量好，色泽浅。最常用的是铝、钛和锡的化合物，它们可单独使用，也可制成复合催化剂，如钛酸四丁酯、氧化亚锡、草酸亚锡、氧化铝、氧化硅、四氯铝醚络合物等。这类催化剂活性稍低，反应温度一般较硫酸高，在 $180 \sim 250℃$。较常用的还有二环己基碳二亚胺（简称 DCC）等较新型的催化剂，它具有分离简单、可以回收利用以及反应常在室温下进行的优点。

5.4.1.2　酸的衍生物与醇的酯化

除了酸和醇直接酯化以外，酸的衍生物可以与醇反应，同时生成酯和小分子其他化合物而不是水。这里的酸的衍生物主要是指酸酐、酰氯、羧酸的盐类等。

（1）酸酐与醇或酚的反应

$$(R''CO)_2O + R'OH \longrightarrow R''COOR' + R''COOH$$

酸酐为较强的酰化剂，适用于直接酯化法难以反应的酚羟基或空间位阻较大的羟基化合物，反应生成的羧酸不会使酯发生水解，所以这种酯化反应可以进行完全。常用的酸酐是乙酸酐，反应常用酸性或碱性催化剂来加速，如硫酸、高氯酸、氯化锌、三氯化铁、吡啶、无水乙醇钠、对甲基苯磺酸或叔胺等。醇和酸酐酯化反应的难易程度和醇的结构有关，表 5-16 列出了乙酸酐与各种醇的酯化反应速率常数，可以看出醇的反应速率常数顺序是：伯醇＞仲醇＞叔醇。酸酐的成本高于羧酸，但不少二元羧酸的酸酐已经工业化生产，如邻苯二甲酸酐、顺丁烯二酸酐等，用酸酐制取相应的酯有广泛的工业基础。苯酐与各类醇反应后生成的邻苯二甲酸酯，在工业上用作聚氯乙烯塑料增塑剂，其中产量最大的是邻苯二甲酸二辛酯（DOP），装置年产量可达 10 万吨。

表 5-16　乙酸酐与各种醇的酯化反应速率常数

序号	不同种类的醇	反应速率常数/min^{-1}	相对速率（以 CH_3OH 为 100）
1	CH_3OH	0.1053	100
2	C_2H_5OH	0.0505	47.9
3	C_3H_7OH	0.0480	45.6
4	$n\text{-}C_7H_{15}OH$	0.0393	37.3
5	$n\text{-}C_{18}H_{37}OH$	0.0245	23.2
6	$CH_2{=}CHCH_2OH$	0.0287	27.2
7	$C_6H_5CH_2OH$	0.0280	26.6
8	$(CH_3)_2CHOH$	0.0148	14.1
9	$(CH_3)_3COH$	0.00091	0.8

（2）酰氯与醇或酚的反应

这类反应的产物是酯和氯化氢，是常用的酯化反应。

$$R''COCl + R'OH \longrightarrow R''COOR' + HCl$$

这是一个不可逆反应，酰氯的酯化极易进行，其酰化能力大于酸酐，比相应的羧酸更要强很多，常用于制备某些羧酸或酸酐难以生成的酯，反应生成的氯化氢也较易除去。采用六甲基磷酸三酰胺为溶剂对这一反应有利，镁屑的存在，常常也有很好的效果。有时并不需先制成酰氯，只需把醇（酚）和酸混合，加入亚硫酰氯、三氯化磷之类即可。这对那些不易做成酰氯的酸特别有利。用酰氯酯化时可不用酸催化，这是由于氯原子的吸电性明显地增加了中心原子的正电荷，对醇来说就很容易发生亲核进攻。研究表明，醇的分子结构对羧酸、酸酐以及酰氯酯化时的反应速率有相同的影响，其规律与醇结构对平衡常数的影响基本一致，即增加醇中链的长度会引起反应速率下降，伯醇比仲醇约快 6～10 倍，而伯醇比叔醇要快 100 倍左右。最常用的有机酰氯是长碳脂酰氯、芳羧酰氯、芳磺酰氯、光气、胺甲基酰氯和三聚氯氰等，用这些酰化剂可制得一系列有用的酯。有时还用到一些无机酸的酰氯，如三氯化磷用于制备亚磷酸酯，五氯氧磷、五氯化磷和三氯化磷加氯气用于制备磷酸酯，三氯硫磷用于制备硫代磷酸酯。其中许多酯是重要的增塑剂、农药中间体和溶剂。

5.4.1.3　酯交换反应

在反应过程中，原料酯与另一种反应物之间发生烷氧基或烷基的交换，从而生成新的酯的反应。当用酸对醇进行直接酯化而不易取得良好结果时，常常需用到酯交换。因此，酯交换反应中一种原料是酯，另一种反应物可能是醇、酸或其他酯。

酯交换反应包括醇醇交换法（醇解法）、酸酸交换法（酸解法）、酯酯交换法（醇酸互换）3 种：

$$RCOOR' + R''OH \rightleftharpoons RCOOR'' + R'OH$$
$$RCOOR' + R''COOH \rightleftharpoons R''COOR' + RCOOH$$
$$RCOOR' + R''COOR''' \rightleftharpoons RCOOR''' + R''COOR'$$

这 3 种酯交换类型都是可逆反应，其中酯交换反应并不常用，而醇解应用较多，其平衡反应式如下：

$$R'-\overset{\overset{\displaystyle O}{\|}}{C}-OR'' + R'''OH \rightleftharpoons R'-\overset{\overset{\displaystyle OR'''}{|}}{\underset{\underset{\displaystyle OR''}{|}}{C}}-OH \rightleftharpoons R'-\overset{\overset{\displaystyle O}{\|}}{C}-OR''' + R''OH$$

由于醇解反应处于可逆平衡中，提高醇解转化率的方法与酯化基本相似，也可以采用将生成的低沸点醇从反应体系中移除的方法。反应达到平衡时各组分间的浓度与参与反应的醇和酯的性质有关。

在发生醇解反应时，其中伯醇的反应活性最高，仲醇次之。一般是将酯分子中的伯醇基由另一高沸点的伯醇基所替代，甚至可以由仲醇基所替代。

反应在酸或碱性催化作用下均可进行，而以碱用得较多，如甲醇钠、乙醇钠等烷氧基碱金属化合物是最常用的。由于酯交换的醇解反应在酸性或碱性条件下均易发生，因此，其他醇的酯，不宜在乙醇中重结晶，或用乙醇为溶剂进行氢化等反应，特别是用骨架镍催化剂的氢化，因为骨架镍催化剂中可能有微量的碱。酸性催化剂最常用的是硫酸和盐酸。在采用碱性催化剂时，醇解反应温度较低，甚至在室温下就能进行；采用酸性催化剂时，反应温度需提高；若不用催化剂，则反应需在 250℃ 以上才有足够的反应速率。

酸解是通过酯与羧酸的交换反应合成另一种酯，虽然其反应不如醇解普遍，但这种方法特别适用于合成二元酸单酯及羧酸乙烯酯等。酸解反应与其他可逆反应相似，为了获得较高的转化率，必须使一种原料超过理论量，或者使反应生成物不断地分离出来。各种有机羧酸的反应活性相差不大。只有带支链的羧酸、某些芳香族羧酸以及空间位阻较大的羧酸（如有邻位取代基的苯甲酸衍生物），其反应活性比一般的羧酸为弱。酯交换法是通过两种不同的酯之间进行交换反应，生成两种新酯的反应，该法成本较高，所以应用比较少。当有些酯不能采用直接酯化法或其他酰化方法来制备时，可考虑采用此法。

5.4.1.4　其他

除了上述这些常用的酯化方法外，还有醇与烯酮的加成酯化法。该法适用于反应活性较差的叔醇及酚类的酯的合成，应用较广泛的烯酮是乙烯酮和双乙烯酮。乙烯酮是由乙酸在高温下热裂解脱水而成，由于其活性极高，与醇类反应可顺利制得乙酸酯。此外，乙烯酮的二聚体，即双乙烯酮，也有很高的反应活性，在酸或碱的催化下，双乙烯酮与醇能反应生成 β-酮酸酯。此法不仅产率较高，而且还可以合成用其他方法难以制取的 β-酮酸叔丁酯。还有如工业上大批量制备的乙酰乙酸乙酯，就是由双乙烯酮与乙醇反应而成，合成路线较其他方法简便得多。

5.4.2　直接酯化法制乙酸乙酯

乙酸乙酯又名醋酸乙酯，是应用最广泛的脂肪酸酯之一，具有优良的溶解性能，是一种较好的工业溶剂。主要用作生产涂料、黏合剂、乙基纤维素、氯化橡胶、乙烯树脂、乙酸纤维素酯、纤维素乙酸丁酯、人造革、油毡着色剂以及人造纤维等的溶剂，在纺织业中用作清洗剂，作为提取剂用于医药、有机酸产品等的生产。此外还可用作生产菠萝、香蕉、草莓等水果香精和威士忌、奶油等香料的原料。随着环保法规日益严格，采用高档溶剂生产涂料、油墨、黏合剂等产品已成大势所趋，因而对乙酸乙酯类溶剂的需求将会出现快速增长。

5.4.2.1　乙酸乙酯的生产方法

乙酸乙酯的工业生产方法主要有乙酸酯化法、乙酸/乙烯加成法、乙醛缩合法和乙醇脱氢法。世界各国根据各自的资源优势选择不同的工艺路线，美国的乙醇与乙酸价格低廉且供应充足，因此其主导工艺是乙醇乙酸直接酯化法；欧洲和日本则大都采用乙醛缩合法，因为其有大量的乙醛资源；乙酸/乙烯加成法则主要应用于有大型乙烯装置的地区；乙醇脱氢法虽然技术先进且环境友好，但局限于催化剂选择性及转化率不高、副产物多、难分离等原因，目前在工业上还未形成大规模应用。

(1) 乙醇乙酸直接酯化法

以乙酸和乙醇为原料、浓硫酸为催化剂，直接酯化合成乙酸乙酯的反应方程式如下所示：

$$CH_3COOH + CH_3CH_2OH \rightleftharpoons CH_3COOC_2H_5 + H_2O$$

在该反应中浓硫酸的作用为催化和吸水，浓硫酸的酸性和吸水性强，能溶于反应物料中，因此乙酸酯化反应均匀，操作简单，生产成本较低，但硫酸对设备腐蚀严重。近年来，各种新型的酯化反应催化剂的研究很多，包括分子筛、杂多酸、无机盐超强酸、固体超强酸、离子交换树脂等无机及有机固体酸催化剂，此外还有离子液体、硅胶固定化离子液体及稀土等催化剂，但因成本较高，限制了其在工业上的广泛应用。随着耐腐蚀金属、合金材料逐渐被采用，浓硫酸催化乙醇乙酸的直接酯化法仍是目前我国的主要生产方法。

(2) 乙醛缩合法

乙醛缩合制备乙酸乙酯的工艺是由苏联化学家 Tischenko 于 20 世纪初合成成功，因而该工艺又称为 Tischenko 工艺。反应方程式如下所示：

$$2CH_3CHO \xrightarrow{\text{乙醇铝}} CH_3COOC_2H_5$$

在催化剂乙醇铝的存在下，乙醛氧化缩合生成乙酸乙酯。乙醛缩合法制造乙酸乙酯的主催化剂是烷氧基铝，在助催化剂卤化物存在下完成这一催化过程。该法原料消耗少、工艺简单、设备腐蚀性小，对有原料乙醛的地区是最为经济合理的生产方法。目前日本、德国工业乙酸乙酯的生产几乎都采用该法。国内对乙醛缩合法有研究的主要包括南京化工研究院、黑龙江石油化学研究院、广西化工研究院等，形成工业化生产的有黑龙江石油化学研究院与上海石化公司化工事业部联合开发的 2 万吨/年乙醛缩合法生产乙酸乙酯。

乙醛缩合法制乙酸乙酯主要受原料来源的限制,一般应与乙醛装置联合建设,另外缺点是催化剂与水会发生水解,导致失活,废水需处理,直排会污染环境。

(3) 乙酸/乙烯加成法

日本昭和电工公司在 20 世纪 90 年代开发了乙烯与醋酸在催化剂作用下一步反应合成制取乙酸乙酯工艺。反应方程式如下所示:

$$CH_3COOH + CH_2 = CH_2 \xrightarrow{\text{催化剂}} CH_3COOC_2H_5$$

此工艺是利用金属载体上的杂多酸或杂多酸盐为催化剂,在水蒸气存在条件下,乙烯发生水合反应生成乙醇,然后生成的乙醇又继续与醋酸发生酯化反应生成醋酸乙酯产物。1998 年印度尼西亚采用日本昭和电工技术建成了 50kt/a 生产乙酸乙酯的装置,2001 年 BP/Amoco 公司在英国建成世界规模最大的 220kt/a 的生产乙酸乙酯装置。

乙酸/乙烯加成法制乙酸乙酯可开发的催化剂体系很多,以杂多酸化合物为研究的重点。该法合成乙酸乙酯的产率可达 90% 以上,选择性大于 95%。但是该工艺依赖于大量的乙烯资源,只能在乙烯和乙酸资源丰富且廉价的地区生产才具有经济性。

(4) 乙醇脱氢法

20 世纪 90 年代,英国 Kvaerner 工程公司研究乙醇脱氢法合成乙酸乙酯,并于 2001 年在南非建成第一家工业化生产乙酸乙酯的工厂。反应式如下所示:

$$2C_2H_5OH \xrightarrow{\text{催化剂}} CH_3COOC_2H_5 + 2H_2 \uparrow$$

此工艺是在铜系脱氢催化剂的作用下,将 2 分子乙醇脱氢转化为目标产物乙酸乙酯,同时生成副产品氢气,此外还生成醚、醛、酸和 4 碳以上的酯。

乙醇脱氢法制乙酸乙酯工艺流程并不复杂,分反应和精馏两个工序,核心技术是铜系脱氢催化剂,其选择性至关重要,工程难点在连续精馏,由于副产物多,故而精馏塔较多,常压塔、加压塔、真空塔、萃取精馏塔等各式各样的塔都有,且连续性强,所以操作难度大,人员费用高。

5.4.2.2 浓硫酸催化乙醇乙酸直接酯化法生产乙酸乙酯工艺

(1) 乙酸乙酯的主要理化性质及主副反应方程式

乙酸乙酯英文名称:ethyl acetate;分子式:$C_4H_8O_2$;分子量:88.106。

无色液体,微溶于水,熔点:$-83.6℃$;沸点:$77.15℃$;密度:$0.9005g/cm^3$;黏度:$0.443mPa \cdot s$;闪点:$-4℃$;与空气混合的爆炸限:$2.25 \sim 11.0\%$(体积分数)。

乙酸乙酯、乙醇和水共存时会形成以下三元、二元共沸物:乙酸乙酯-乙醇-水、乙酸乙酯-水、乙醇-水以及乙酸乙酯-乙醇,共沸组成及共沸温度见表 5-17。

表 5-17　乙酸乙酯、乙醇和水的共沸组成及共沸温度

组成	质量分数/%			共沸温度/℃
	乙酸乙酯	乙醇	水	
三元共沸物	83.2	9	7.8	70.2
二元共沸物	93.9		6.1	70.4
二元共沸物		95.5	4.5	78.1
二元共沸物	69.2	30.8		71.8

乙醇和乙酸在浓硫酸的催化作用下，生成主产品乙酸乙酯，副产品低酯是以甲酸乙酯、乙酸甲酯、甲酸甲酯等混合物为主体，其主副反应方程式为：

主反应：$CH_3COOH + CH_3CH_2OH \rightleftharpoons CH_3COOC_2H_5 + H_2O$

副反应：$\quad HCOOH + CH_3CH_2OH \rightleftharpoons HCOOC_2H_5 + H_2O$

$\qquad CH_3COOH + CH_3OH \rightleftharpoons CH_3COOCH_3 + H_2O$

$\qquad HCOOH + CH_3OH \rightleftharpoons HCOOCH_3 + H_2O$

在工艺流程设计时，必须考虑如何分离这些低酯副产物以及含少量乙酸乙酯、乙醇和水共存时形成的三元、二元共沸物。

（2）工艺流程

图 5-3 是乙醇和乙酸为原料、浓硫酸为催化剂采用直接酯化法生产乙酸乙酯的工艺流程。

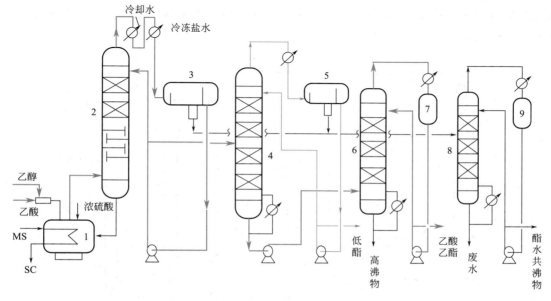

图 5-3　直接酯化法生产乙酸乙酯工艺流程

1—酯化反应器；2—酯化塔；3,5—酯水分层器；4—脱水塔；
6—精制塔；7,9—塔顶馏出槽；8—低酯回收塔

乙醇和乙酸按一定质量比在混合器中均匀混合后，连续送入酯化反应器 1 中，加入 98%浓硫酸作为催化剂，通过釜内的蒸汽盘管提供反应所需的热量，控制反应温度 105℃左右进行酯化反应，生成乙酸乙酯和水。酯化塔 2 塔顶连续采出乙酸乙酯、乙醇和水的三元、二元共沸物，经过塔顶冷却器冷却和冷冻盐水冷凝进入分层器 3 中分相，上层有机相粗酯（富含乙酸乙酯、含少量乙醇和水以及副产物低酯等）一部分回流，另一部分进入低酯回收塔 4，塔顶脱除水和低沸物，经分层器 5 分相后，上层为低酯副产品；塔底乙酸乙酯和高沸物进入精制塔 6，该塔顶即为纯度 99.5%的产品乙酸乙酯，高沸物自塔底不定期进行排放。分层器 3 和 5 中的下层水进入废水塔，塔顶回收反应中所含的乙酸乙酯和乙醇等，回到酯化塔中；塔底废水排入中和池加碱中和至 pH 值 6~9，送至污水生化系统处理。

5.4.3　邻苯二甲酸二辛酯的合成

邻苯二甲酸二辛酯（DOP）是使用最广泛的增塑剂，除了醋酸纤维素、聚醋酸乙烯外，

与绝大多数工业上使用的合成树脂和橡胶均有良好的相溶性。本品具有良好的综合性能，混合性好、增塑效率高、挥发性低、低温柔软性好、电性能高、耐热性良好。它可用于硝基纤维素漆；在合成橡胶中，也有良好的软化作用。由苯酐与辛醇酯化制备 DOP 的化学反应式如下：

$$\text{苯酐} + 2C_8H_{17}OH \xrightarrow{\text{催化剂}} \text{邻苯二甲酸二辛酯} + H_2O$$

图 5-4 是法国 Rhone-Poulenc 公司年产 7 万吨 DOP 的连续化生产工艺流程图。主要特点是先由苯酐和辛醇反应生成邻苯二甲酸单酯，生成的单酯再与辛醇酯化生成 DOP，两步酯化反应分别在不同的反应器中进行。酯化反应温度低、速度快、收率高，DOP 收率以苯酐计为 99.8%，以辛醇计为 99.3%。

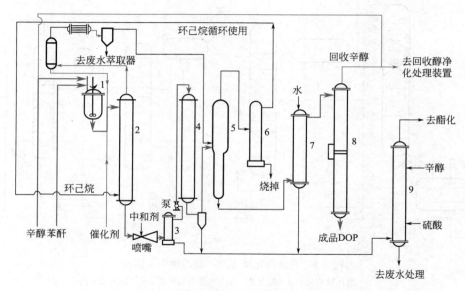

图 5-4　硫酸催化法生产 DOP 工艺流程

1—单酯反应器；2—酯化塔；3—中和器；4—硫酸二辛酯热分解塔；5—蒸馏塔；
6—环己烷回收塔；7—水洗塔；8—脱醇塔；9—废水萃取塔

反应原料以 $n(苯酐):n(辛醇)=1:2.3$ 的配比进入搅拌釜式单酯反应器，反应较易进行，不需要催化剂，控制温度为 130℃，由于单酯化是不可逆反应，因此当苯酐在辛醇中溶解时，反应实际上即告完成。由塔釜流出的单酯混合物加入催化剂硫酸后进入酯化塔，环己烷作共沸剂预热后入塔，塔顶温度 115℃，塔底 132℃。环己烷、水、辛醇以及少量夹带的酸从顶部以气相进入回流塔。环己烷和水从回流塔顶馏出，分别去蒸馏塔和萃取器。辛醇及少量硫酸返回酯化塔。酯化完成后的反应混合物加压经喷嘴喷入中和器，用 10% 碳酸钠水溶液在 130℃下中和。硫酸盐、硫酸单辛酸钠盐和邻苯二甲酸单辛酯钠盐随中和废水排至萃取器。中和后的酯化液含 DOP、辛醇、环己烷、硫酸二辛酯、二辛基醚等，经泵加压并加热至 180℃后进入硫酸二辛酯热分解塔。在此塔中硫酸二辛酯皂化为单辛酯钠盐随分解废水排至萃取塔，然后物料进入蒸馏塔，塔顶温度 100℃，环己烷馏出送至回收塔处理，可得几乎不含水的环己烷再用，随同环己烷至回收塔的二辛基醚等酯化副产物从塔底排出去焚烧。DOP 粗酯从蒸馏塔底流出，在水洗塔中用 90℃去离子水洗涤，再经过在脱醇塔内用蒸汽连续两次减压脱醇、干燥，即得成品。回收的辛醇一部分直接循环使用，其余部分送回收处理装置精制。

该工艺可根据原料醇的不同而切换生产 DOP、DINP（邻苯二甲酸二异壬酯）、DIDP（邻苯二甲酸二异癸酯）；也可通过改变某些工艺操作条件而生产通用级、电气级、食品级和医药级的 DOP。

习 题

5-1　精细化工的定义及特点是什么？

5-2　发展精细化工有什么意义？

5-3　精细化工发展的重点和方向是什么？

5-4　解释名词：精细化率，π 值，废酸，混酸。

5-5　磺化剂有哪些？各自的特点是什么？

5-6　写出芳烃磺化反应的主要副反应以及克服这些副反应的方法。

5-7　若将苯磺化为单苯磺酸，每摩尔苯需用多少质量分数为 98％的硫酸？

5-8　工业上生产十二烷基苯磺酸所采用的反应器型式是什么？画出双膜式反应器的简图，并说明二次风的作用。

5-9　硝化反应通常在何种工艺条件下进行？为什么？

5-10　硝化剂混酸中的硫酸起什么作用？混酸中硝酸质量分数的变化对混酸的硝化能力有什么影响？

5-11　如何使酸醇直接酯化反应的平衡向右移动，使该反应进行完全？

5-12　影响酯化反应的因素有哪些？

5-13　简述乙酸乙酯的生产工艺过程及分离特点。

6

聚合物产品典型生产工艺

6.1 概述 / 256
6.2 聚合反应的理论基础 / 261
6.3 典型产品合成工艺 / 270

学习目的及要求 >>

1. 了解高分子化合物的分类、聚合物的结构、用途和合成方法。
2. 掌握聚合反应的原理、聚合物的改性方法。
3. 掌握聚氯乙烯、聚乙烯、聚丙烯、聚酯的生产工艺。
4. 了解聚碳酸酯的生产方法。

6.1 概述

6.1.1 高分子化合物的定义

高分子化合物通常是指分子量高达 $10^4 \sim 10^6$ 的化合物，简称高分子或大分子。棉花、丝麻、皮革、羊毛、木材、植物纤维素、蛋白质为天然高分子；塑料、合成纤维、合成橡胶、涂料等是合成高分子。以合成高分子为基础制成的材料统称为高分子材料，其中以塑料、合成纤维、合成橡胶的产量最大，因此有三大合成材料之称。合成高分子通常由小分子化合物通过聚合反应制得，所以又称高聚物或聚合物。

一个高分子往往是由许多相同的、简单的小分子通过共价键连接而成的，就像一条链子，故称为大分子链。组成大分子链的那些最简单的基本结构称作结构单元，因它们在大分子链中是重复出现的，也称为重复结构单元，简称重复单元。重复单元数或链节数又称聚合度，以 DP 表示。

如聚乙烯、聚氯乙烯就是由许多乙烯、氯乙烯为结构单元重复连接而成：

聚乙烯 $\quad$ —CH$_2$—CH$_2$—CH$_2$—CH$_2$—CH$_2$—CH$_2$—CH$_2$—CH$_2$—

聚氯乙烯 $\quad$ —CH$_2$—CH—CH$_2$—CH—CH$_2$—CH—CH$_2$—CH—
$\qquad\qquad\qquad$ | $\qquad\qquad$ | $\qquad\qquad$ | $\qquad\qquad$ |
$\qquad\qquad\qquad$ Cl $\qquad\qquad$ Cl $\qquad\qquad$ Cl $\qquad\qquad$ Cl

通常可用以下缩写表示：

$$\text{--}\!\!\left[\text{CH}_2\text{--CH}_2\right]\!\!_n \qquad\qquad \text{--}\!\!\left[\text{CH}_2\text{--CH}\right]\!\!_n$$
$$\qquad\qquad\qquad\qquad\qquad\qquad\qquad | $$
$$\qquad\qquad\qquad\qquad\qquad\qquad\qquad \text{Cl}$$

$$\begin{array}{c}\text{结构单元} \\ \hline \text{重复单元}\end{array} \qquad\qquad \begin{array}{c}\text{结构单元} \\ \hline \text{重复单元}\end{array}$$

上述缩写形式也是一种高分子化合物的结构式，因为端基只占了大分子中的很少比例，可略去不计。括号表示重复连接，对于烯类聚合物，结构单元与重复单元是相同的。

由能够形成结构单元的分子所组成的化合物称作单体，也就是聚合物的原料。聚乙烯、聚氯乙烯的结构单元与乙烯、氯乙烯单体相比较，除了电子结构改变以外，原子种类和个数完全相同，这种单元又称单体单元。n 表示重复单元数，也就是聚合度，聚合度是衡量高分子大小的一个指标。

聚合物的分子量 M 是重复单元分子量 M_0 与聚合度 DP 的乘积：

$$M = DP \times M_0$$

例如，常见的聚氯乙烯的分子量为 $4 \times 10^4 \sim 1.5 \times 10^5$，其重复单元的分子量是 62.5，由此可算出聚氯乙烯的平均聚合度约为 640～2400，也就是一个聚氯乙烯分子由大约 640～2400 个氯乙烯单元连接而成。

另一种通过官能团间的化学反应生成的高分子，如聚酰胺、聚酯一类的结构式则有所不同。如尼龙-66：

$$-\!\!\!-NH(CH_2)_6NH\!-\!CO(CH_2)_4CO\!-\!\!\!-_n$$

其重复单元是由 $-NH(CH_2)_6NH-$ 和 $-CO(CH_2)_4CO-$ 两种结构单元组成。这两种结构单元不同于其单体 $NH_2(CH_2)_6NH_2$ 和 $HOOC(CH_2)_4COOH$，要少一些原子，是聚合反应过程中失去水分子的结果。这种结构单元不能称作单体单元。

6.1.2 高分子化合物的分类

可以从不同角度对聚合物进行分类，如可按单体来源、聚合物结构、用途、合成方法、加热行为等多角度划分。

6.1.2.1 按主链结构分类

一般以有机化合物分类为基础，根据主链结构将聚合物分为碳链聚合物、杂链聚合物和元素有机聚合物 3 类。

① 碳链聚合物 大分子主链完全由碳原子组成。大部分烯类和双烯类聚合物为碳链聚合物，详见表 6-1。

表 6-1 常见的碳链聚合物

序号	聚合物	符号	重复单元	单体	玻璃化温度 T_g/℃	熔点 T_m/℃
1	聚乙烯	PE	$-CH_2-CH_2-$	$CH_2=CH_2$	−125	线型 135
2	聚丙烯	PP	$-CH_2-CH-$ | CH_3	$CH_2=CH$ | CH_3	−10	全同 170
3	聚异丁烯	PIB	CH_3 | $-CH_2-C-$ | CH_3	CH_3 | $CH_2=C$ | CH_3	−73	44
4	聚苯乙烯	PS	$-CH_2-CH-$ | C_6H_5	$CH_2=CH$ | C_6H_5	100	全同 240
5	聚氯乙烯	PVC	$-CH_2-CH-$ | Cl	$CH_2=CH$ | Cl	81	

续表

序号	聚合物	符号	重复单元	单体	玻璃化温度 T_g/℃	熔点 T_m/℃
6	聚偏二氯乙烯	PVDC	—CH$_2$—C(Cl)(Cl)—	CH$_2$=C(Cl)(Cl)	−17	198
7	聚氟乙烯	PVF	—CH$_2$—CH(F)—	CH$_2$=CH(F)	−20	200
8	聚四氟乙烯	PTFE	—CF$_2$—CF$_2$—	CF$_2$=CF$_2$		327
9	聚三氟氯乙烯	PCTFE	—CF$_2$—CF(Cl)—	CF$_2$=CF(Cl)	45	218
10	聚丙烯酸	PAA	—CH$_2$—CH(COOH)—	CH$_2$=CH(COOH)		
11	聚丙烯酰胺	PAM	—CH$_2$—CH(CONH$_2$)—	CH$_2$=CH(CONH$_2$)		
12	聚丙烯酸甲酯	PMA	—CH$_2$—CH(COOCH$_3$)—	CH$_2$=CH(COOCH$_3$)	6	
13	聚甲基丙烯酸甲酯	PMMA	—CH$_2$—C(CH$_3$)(COOCH$_3$)—	CH$_2$=C(CH$_3$)(COOCH$_3$)	105	全同 160
14	聚丙烯腈	PAN	—CH$_2$—CH(CN)—	CH$_2$=CH(CN)	104	317
15	聚醋酸乙烯酯	PVAc	—CH$_2$—CH(OCOCH$_3$)—	CH$_2$=CH(OCOCH$_3$)	28	
16	聚乙烯醇	PVA	—CH$_2$—CH(OH)—	CH$_2$=CH(OH)	85	258
17	聚乙烯基烷基醚		—CH$_2$—CH(OR)—	CH$_2$=CH(OR)	−25	86
18	聚丁二烯	PB	—CH$_2$—CH=CH—CH$_2$—	CH$_2$=CH—CH=CH$_2$	−108	2
19	聚异戊二烯	PIP	—CH$_2$—C(CH$_3$)=CH—CH$_2$—	CH$_2$=C(CH$_3$)—CH=CH$_2$	−73	
20	聚氯丁二烯	PCP	—CH$_2$—C(Cl)=CH—CH$_2$—	CH$_2$=C(Cl)—CH=CH$_2$		

② 杂链聚合物 大分子主链中除碳原子外，还有氧、硫、氮等杂原子，这类聚合物有聚醚类（如聚甲醛、聚环氧乙烷、聚环氧树脂等）、聚酯类（如涤纶、聚碳酸酯等）、聚酰胺类（尼龙-66、尼龙-6 等）、聚氨酯、酚醛树脂、聚硫橡胶等。

③ 元素有机聚合物 大分子主链中没有碳原子，主要由硅、硼、铝和氧、氮、硫、磷等原子组成，但侧基却可由甲基、乙基、乙烯基、芳基等有机基团组成，有机硅橡胶是典型的元素有机聚合物。

6.1.2.2 按性能用途分类

聚合物主要作为合成材料，根据材料的性能和用途，可将聚合物分为塑料、橡胶、纤维、黏结剂、涂料等。

① 塑料 主要成分是合成树脂，加入填充剂等助剂后，可以加工制成各种"可塑性"的材料，它具有质轻、绝缘、耐腐蚀、制品形式多样化的特点。

根据受热时行为的不同，又可将塑料分为热塑性塑料和热固性塑料。热塑性塑料可反复受热软化或熔化，冷却时则凝固成型，加入溶剂能溶解，具有可溶性和可熔性，如聚乙烯、聚苯乙烯等属于这一类。热固性塑料经固化成型后，再受热则不能熔化，加入溶剂也不能溶解，即具有不溶性和不熔性。酚醛塑料、脲醛塑料等为热固性塑料。

根据生产量与使用情况，可将塑料分为量大面广的通用塑料、作为工程材料使用的工程塑料以及性能优异的特种塑料。工程塑料是指可在100℃以上长期使用，能代替金属、木材、水泥制作工程结构件的塑料或其复合物。它具有质量轻、耐腐蚀、耐疲劳性好、易成型等特点，发展速度很快。

② 合成橡胶 合成橡胶是一种具有高弹性的高分子化合物，性能与天然橡胶相同或接近，在外力作用下能发生较大的形变，当外力消除后能迅速恢复其原状。合成橡胶有通用和特种橡胶两大类，通用橡胶如丁苯橡胶、顺丁橡胶等能代替部分天然橡胶生产轮胎、胶鞋、橡皮管等橡胶制品；特种橡胶主要用于制造耐热、耐油、耐老化或耐腐蚀等特殊用途的橡胶制品，如氟橡胶、氯丁橡胶、丁腈橡胶、丁基橡胶等。

③ 合成纤维 线型结构的高分子量的合成树脂，经过熔融、纺丝、牵引、拉伸、定型得到合成纤维。合成纤维的主要品种有聚酯纤维（涤纶）、聚酰胺纤维（尼龙或锦纶）、聚丙烯腈纤维（腈纶）、聚丙烯纤维（丙纶）等。合成纤维与天然纤维相比弹性较小，具有强度高、耐摩擦、不被虫蛀、耐化学腐蚀等优点。

一般来说，塑料、橡胶、纤维是很难严格区分的，如聚氯乙烯是典型的塑料，但也可纺丝成纤维，又可在加入适量的增塑剂后加工成类橡胶制品。又如尼龙、涤纶是很好的纤维，但也是强度较好的工程塑料。

④ 黏结剂 通过表面黏结力和内聚力把各种材料黏合在一起，并且在结合处有足够强度的物质称为黏结剂。通常是高分子合成树脂或具有反应性的低分子量合成树脂。按其外观形态可分为溶液型、乳液型、膏糊型、粉末型、胶带型。

具有黏结功能的高分子材料主要有酚醛树脂类、乙烯基树脂类、橡胶类、环氧树脂类、丙烯酸类、热熔胶类、聚氨酯类、聚酯类以及有机硅类等。

黏结剂主要用于包装工业，其次是建筑和木材制品行业，在机械、电子、电器、交通运输、轻工、纺织等行业和家庭都有广泛应用。

⑤ 涂料 涂料是能涂敷于底材表面并形成坚韧连续膜的液体或固体物料的总称，它主要对被涂表面起装饰或保护作用。涂料的组成包括成膜物质、颜料、填料、涂料助剂、溶剂等。成膜物质是涂料的主要组分，其作用是黏结颜料并能形成坚韧连续的膜。

涂料的种类很多，有溶剂型涂料、水性涂料、粉末涂料、光固化涂料等。溶剂型涂料由于溶剂的挥发污染环境，其生产与使用正受到越来越大的限制。环保涂料是无溶剂涂料、水性涂料、粉末涂料和高固体粉末涂料。新型涂料正沿着低温、快速固化的方向发展。

6.1.3 高分子材料的制备

高分子材料的制备主要包括基本有机合成、高分子合成、高分子成型加工三个过程。基本有机合成主要为高分子材料制备提供单体、溶剂、塑料添加剂等所需的原材料。将单体经过聚合反应合成聚合物是高分子合成的任务，而高分子材料成型加工是以聚合物为原料，经过适当的方法加工成型为高分子材料制品。因此，基本有机合成、高分子合成、高分子成型加工是密切相联系的三个工业部门。图 6-1 为制造高分子合成材料制品的主要过程示意图。

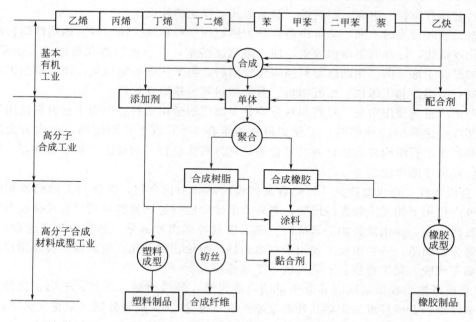

图 6-1　高分子合成材料制品的主要制造过程示意

6.1.3.1　高分子合成

高分子合成是把简单的有机化合物，即单体，经过聚合反应使其成为聚合物。能够发生聚合反应的单体分子应含有不饱和双键或含有两个或两个以上能够发生聚合反应的活性官能团或原子。根据单体分子化学结构和官能度的不同，合成的聚合物的分子量和用途也不同。

大型化的高分子合成生产装置，主要包括的生产过程有：原料准备与精制过程、引发剂配制过程、聚合反应过程、分离过程、聚合物后处理过程与回收过程。

聚合过程是高分子合成工业中最主要的化学反应过程。聚合反应产物与一般的化工产物不同，它不是单一的一种成分，高分子化合物实际上是一种分子量大小不等、结构也不完全相同的同系物的混合物。其形态通常为固体物、高黏度熔体或高黏度溶液，不能用一般的化工产品的精制方法如蒸馏、结晶、萃取等进行精制和提纯，因此对于原料（单体、溶剂、助剂）的纯度和杂质要求都较高。又由于高分子化合物的平均分子量、分子量分布及结构对于高分子合成材料的物理、力学性能都会产生重大影响，因此对聚合反应工艺条件和设备的要求都很高。因为产品不能进行精制提纯，所以对于大多数合成树脂的聚合生产设备，在材质方面也要求不会污染聚合物，因此聚合反应设备和管道在多数情况下均采用不锈钢、搪玻璃或一些复合材料制成。

合成高分子化合物的化学反应根据反应机理的不同，分为连锁聚合反应和逐步聚合反应。在工业生产中对于单体、反应介质以及引发剂、催化剂等都有不同的要求，所以实现这些聚合反应的工业实施方法也有所不同。根据聚合反应的操作方式，可分为间歇聚合与连续聚合两种方式。

间歇聚合操作是聚合物在聚合反应器中分批生产，当反应达到要求的转化率时，反应结束，聚合物从反应器中放出。间歇聚合操作的反应条件较易控制和调节，灵活性大，适于小批量生产，容易改变产品品种和牌号，但不易实现操作全过程的自动化，每批产品的质量难以达到完全一致，反应器利用率不高，单位时间内的生产能力受影响，不适合于大规模生产。

连续聚合操作是单体和引发剂等聚合原料连续进入反应器，反应得到的聚合物则连续不断地流出反应器，因此聚合反应条件稳定，容易实现操作全过程的自动化、机械化，产品的质量规格稳定，设备密闭，减少污染，适合大规模生产。目前，高分子合成工业中的大品种生产基本已实现了连续聚合操作。

进行聚合反应的设备叫聚合反应器。按形态分有管式聚合反应器、塔式聚合反应器和釜式聚合反应器等。其中以釜式聚合反应器应用最为普遍。

6.1.3.2　高分子成型加工

高分子合成的产品合成树脂往往是液态的低聚物、固态的高聚物或弹性体，不能直接用来成型加工，必须添加一些合适的添加剂，再经过适当方法的混合或混炼，加工成型后才能成为有用的材料及制品。所以，合成树脂只是高分子合成材料中的基本原料。

生产塑料的原料是合成树脂和添加剂。添加剂有稳定剂、润滑剂、增塑剂、填料等。塑料成型方法因制品形式不同而异，其加工成型的主要方法有注塑成型、挤出成型、吹塑成型、模压成型等。

合成橡胶加入硫化剂、硫化促进剂、软化剂、增强剂、填充剂等络合剂，使线型的高分子经硫化后成为交联结构，制成橡胶制品。

合成纤维通常由线型高分子量的合成树脂经熔融纺丝或溶液纺丝制成。

塑料、合成橡胶、合成纤维是重要的三大合成材料。由于原料来源丰富，由化学方法合成，品种繁多，性能多样化，某些性能优于天然材料，且加工成型方便，现已成为现代科学各技术部门不可缺少的材料。

6.2　聚合反应的理论基础

6.2.1　聚合原理

由低分子单体合成聚合物的反应称作聚合反应。在高分子化学发展早期，按单体和聚合物的组成和结构不同，将聚合反应分为加聚反应和缩聚反应。即把由烯烃单体通过双键加成得到聚合物的反应称为加聚反应，所得聚合物就称为加聚物。聚合物的元素组成与其单体相同，仅是电子结构有变化。如合成聚苯乙烯和聚乙烯的反应就是加聚反应。

缩聚反应是官能团之间的反应，主要产物称作缩聚物，在生成缩聚物的同时另还有小分子副产物生成。缩聚物的结构单元在组成上要比单体少若干原子。己二胺与己二酸反应生成尼龙-66就是典型的缩聚反应。

随着高分子化学的发展，又出现了环化聚合、开环聚合、转移聚合、异构化聚合、消去聚合等许多新的聚合反应。

根据聚合反应机理和动力学，将聚合反应分成连锁聚合和逐步聚合。

连锁聚合是单体被引发形成反应的活性中心，再将分子一个个引发激活并连接成大分子，这种激发和连接的速率很快，如连锁爆炸一样。烯类单体的加聚反应大部分是连锁聚合。

逐步聚合的特征是在低分子转变成高分子的过程中，反应是逐步进行的，分子量缓慢增加，直至基团反应程度很高（＞98％），分子量才达到较高的数值，绝大多数缩聚反应属于逐步聚合反应。

6.2.1.1 连锁聚合

烯烃单体聚合时，首先由引发剂先形成活性种，再由活性种打开单体的 π 键与之加成，形成单体活性种后不断与单体加成，使链增长形成大分子链；最后大分子链失去活性，使链增长终止。因此，连锁聚合反应可分成链引发、链增长、链终止等几个步骤。连锁聚合需要活性中心，活性中心可以是自由基、阳离子或阴离子，因而有自由基聚合、阳离子聚合、阴离子聚合等。

（1）自由基聚合

烯类单体的加聚反应大多数属于连锁聚合。活性中心是自由基的就称为自由基聚合。自由基聚合产物约占聚合物总量的 60％ 以上，高压聚乙烯、聚氯乙烯、聚苯乙烯、聚四氟乙烯、聚醋酸乙烯酯、聚丙烯酸酯类、聚丙烯腈、丁苯橡胶、丁腈橡胶、氯丁橡胶、ABS 树脂等聚合物都是通过自由基聚合生产的。

单体能否聚合，须从热力学和动力学两方面考虑。单体和聚合物自由能差 ΔG 为负值时，才有聚合的可能。热力学上能聚合的单体，还要求有适当的引发剂、温度等动力学条件时，才能保证一定的聚合速率。

单烯类、共轭二烯类、炔烃、羰基化合物和一些杂环化合物多数是热力学上能够连锁聚合的单体，其中前两类最为重要。但这些单体对不同聚合机理的选择却有差异，如氯乙烯只能自由基聚合，异丁烯只能阳离子聚合，甲基丙烯酸甲酯可以进行阴离子聚合，而苯乙烯却可按各种连锁机理聚合。常用烯类单体对不同聚合机理的选择性示例见表 6-2。

表 6-2　常用烯类单体对不同聚合机理的选择性示例

烯类单体	聚合类型			
	自由基	阴离子	阳离子	配位
$CH_2=CH_2$	⊕			⊕
$CH_2=CHCH_3$				⊕
$CH_2=CHCH_2CH_3$				⊕
$CH_2=C(CH_3)_2$			⊕	+
$CH_2=CHCH=CH_2$	⊕	⊕	+	⊕
$CH_2=C(CH_3)CH=CH_2$	+	⊕	+	⊕
$CH_2=CClCH=CH_2$	⊕			
$CH_2=CHC_6H_5$	+	+	+	+
$CH_2=CHCl$	⊕			+
$CH_2=CCl_2$	⊕	+		
$CH_2=CHF$	⊕			
$CH_2=CF_2$	⊕			
$CH_2=CFCF_3$	⊕			

续表

烯类单体	聚合类型			
	自由基	阴离子	阳离子	配位
CH_2=CH—OR			⊕	+
CH_2=CHOCOCH$_3$	⊕			
CH_2=CHCOOCH$_3$	⊕	+		+
CH_2=C(CH$_3$)COOCH$_3$	⊕	+		+
CH_2=CHCN	⊕	+		+

注：+可以聚合；⊕已工业化。

自由基聚合反应是在引发剂的引发下，产生单体活性种，按连锁聚合机理反应，直到活性种终止，反应停止。自由基聚合反应历程除链引发、链增长、链终止3个主要基元反应外，还有链转移反应。

① 链引发 形成单体自由基活性种的反应为链引发反应。单体自由基可以在引发剂、热能、光能、辐射能等的作用下产生。

② 链增长 在链引发阶段生成的单体自由基打开烯类分子的π键加成，形成新的自由基，新自由基能连续不断地和单体分子结合生成链自由基，此过程称作链增长反应。

链增长反应是放热反应，烯类单体的聚合热一般是 $55\sim95kJ/mol$，链增长活化能较低，约为 $20\sim34kJ/mol$，增长反应速率极高，往往难以控制。

③ 链终止 自由基活性高，有相互作用终止而失去活性的倾向。链自由基失去活性形成稳定聚合物的反应称为链终止反应。终止反应有偶合终止和歧化终止。两自由基的独电子相互结合成共价键的终止反应称作偶合终止，其结果是所形成的大分子的聚合度为链自由基重复单元数的两倍；而链自由基夺取另一自由基的氢原子或其他原子的终止反应，则称作歧化终止。歧化终止结果是形成两条大分子，聚合度与链自由基中重复单元数相同。链终止活化能很低，只有 $8\sim21kJ/mol$，因此终止速率极快。

任何自由基聚合都有链引发、链增长、链终止3步基元反应，其中链引发速率最小，成为控制整个聚合速率的关键。

④ 链转移 在自由基聚合过程中，除发生上述3步基元反应外，链自由基还可能因夺取体系中的单体、溶剂、引发剂等分子上的一个原子而终止，使这些失去原子的分子成为自由基，继续链的增长，使聚合反应继续进行下去。这一反应称为链转移反应。

链转移的结果往往使聚合物的分子量降低，如向大分子转移则有可能形成支链。

综上所述，自由基聚合具有以下特征：

① 自由基聚合反应分为链引发、链增长、链终止、链转移等基元反应。其中链引发速率最小，是控制聚合反应总速率的关键。

② 只有链增长反应才能使聚合度增加。一个单体分子从引发，经过增长和终止转变为大分子的时间极短，不可能停留在中间聚合度阶段，因此聚合体系仅由单体和聚合物组成。

③ 在聚合过程中，单体浓度逐步降低，聚合物浓度提高；延长聚合时间是为了提高转化率，对相对分子质量影响较小。

(2) 自由基共聚合

两种或两种以上单体共同参加的聚合反应，称为共聚反应；所形成的聚合物含有两种或多种单体单元，称为共聚物。根据参加反应单体的单元数，共聚反应可分为二元、三元或多元共聚。共聚合反应机理大多为连锁聚合。

共聚物按大分子链中单体链节的排列方式可分为下列四种：

① 无规共聚物　大分子链中两单体 M_1、M_2 无规则排列。

② 交替共聚物　大分子链中两单体 M_1、M_2 有规则地交替排列。

③ 嵌段共聚物　大分子链中两单体 M_1、M_2 是成段出现的，即一段大分子链段为 M_1，再接一段 M_2，形成一条共聚物大分子。

④ 接枝共聚物　共聚物主链由单体 M_1 组成，支链由单体 M_2 组成。

无规和交替共聚物系由一般的共聚反应制得，嵌段和接枝共聚物有点类似共混体系，可由多种方法合成。

共聚物是由两种以上的单体组成，可改变大分子的结构与性能，增加品种，扩大应用范围。通过共聚反应，可以改进许多性能，如机械强度、韧性、弹性、塑性、柔软性、耐热性、染色性、表面性能等。典型共聚物改性示例见表 6-3。共聚物对性能改变的程度与各单体的种类、数量及在共聚物大分子链中各单体的组成与排列方式均有关。

表 6-3　典型共聚物

主单体	第二单体	共聚物	改进的性能和主要用途	聚合机理
乙烯	w(醋酸乙烯酯)=35%	EVA	增加韧性，聚氯乙烯抗冲改进剂	自由基
乙烯	φ(丙烯)=30%	乙丙橡胶	破坏结晶性，增加弹性，合成橡胶	配位
异丁烯	w(异戊二烯)=30%	丁基橡胶	引入双键，供交联用，气密性橡胶	阴离子
丁二烯	w(苯乙烯)=20%	丁苯橡胶	增加强度，通用合成橡胶	自由基
丁二烯	w(丙烯腈)=26%	丁腈橡胶	增加极性，耐油合成橡胶	自由基
苯乙烯	w(丙烯腈)=40%	SAN 树脂	提高抗冲强度，工程塑料	自由基
氯乙烯	w(醋酸乙烯酯)=13%	氯-醋共聚物	增加塑性和溶解性能，塑料和涂料	自由基
偏氯乙烯	w(氯乙烯)=15%	偏氯共聚物	破坏结晶性，增加塑性，阻透橡胶	自由基
四氟乙烯	全氟丙烯	F-46 树脂	破坏结晶性，增加柔性，特种橡胶	自由基
甲基丙烯酸甲酯	w(苯乙烯)=10%	MMA-S 共聚物	改善流动性和加工性能，塑料	自由基
丙烯腈	w(丙烯酸甲酯)=7%	腈纶树脂	改善柔软性，有利于染色，合成纤维	自由基
醋酸乙烯	φ(马来酸酐)=50%		交替共聚物，分散剂	自由基

（3）离子聚合

活性中心是离子的连锁聚合简称离子聚合。根据中心离子的电荷性质又可分为阳离子聚合和阴离子聚合。

离子聚合具有实验条件苛刻、聚合速率快、实验的重现性差等因素，因此虽然采用离子聚合制得高分子的研究进行得比较早，但在聚合机理和动力学研究方面远不如对自由基聚合。但现在用离子聚合方法开发了许多性能优越的高分子材料，如聚亚苯基氧、聚甲醛、聚氯醚、丁基橡胶等。在制备嵌段共聚物与结构规整的聚合物方面，离子聚合起着重要作用。

6.2.1.2　逐步聚合

逐步聚合反应的最大特点是在反应中逐步形成大分子链。反应是通过官能团之间进行的，可以分离出中间产物，分子量随反应时间增长而逐步增大。

大多数缩聚反应都属逐步聚合反应。聚酰胺、聚酯、聚碳酸酯、酚醛树脂、醇酸树脂等都是重要的缩聚物。缩聚反应是官能团间的多次缩合反应，除主产物外，还有低分子副产物的生成。

分子中能参加反应的官能团称为官能度，反应体系根据参加反应的官能度数，可将其分为1-1、2-2、2-3、3-3等官能度体系。进行缩合要得到高分子聚合物，参加反应的两个单体必须是2官能度以上的单体，即具有两个或两个以上官能团，如2-2（二元酸与二元胺）、2-3（二元酸与三元醇）、3-3（三元酸与三元醇）等官能度体系；或者是一个单体同时带有两个不同官能团的2官能度体系，如羟基酸。

可进行缩聚和逐步聚合的官能团有—OH、—NH$_2$、—COOH、—COOR、—COCl、—H、—Cl、—SO$_3$H、—SO$_3$Cl等。改变官能团种类、改变官能度，或者改变官能团以外的残基，就可以合成出多种类型的缩聚物。

缩聚反应按生成聚合物大分子的结构可以分为线型缩聚和体型缩聚两类。由2官能度、2-2官能度体系的单体进行缩聚反应，生成的大分子可向两个方向发展，所得的聚合物是线型结构，该反应称为线型缩聚。采用2-3、2-4等多官能度体系的单体进行反应，大分子的生成反应可向3个方向进行，得到的是体型、支链型结构的聚合物，称为体型缩聚。

6.2.2 聚合反应的方法

聚合物生产的实施方法，称为聚合方法。聚合方法可按单体、聚合物、引发剂、溶剂的物理性质和相互间的关系分类，单体（或溶剂）与聚合物的溶解性也是聚合方法分类的主要依据。

自由基聚合反应在高分子合成工业中是应用最广泛的化学反应，大多烯类单体的聚合或共聚都采用自由基聚合。

按反应体系的物理状态，自由基聚合的实施方法有本体聚合、溶液聚合、悬浮聚合、乳液聚合4种方法，它们的特点不同，所得产品的形态与用途也不相同。它们的特点和生产方法分别见表6-4和表6-5。

表6-4 4种自由基聚合反应方法的特点

聚合方法	本体聚合	溶液聚合	悬浮聚合	乳液聚合
配方	单体 引发剂	单体 引发剂 溶剂	单体 引发剂 水、分散剂	单体 水溶性引发剂 水、乳化剂
聚合场所	本体内	溶液内	单体液滴内	胶束和乳胶粒内
聚合机理	遵循自由基聚合一般规律，提高速率的因素往往使分子量下降			能同时提高聚合反应速率和分子量
生产特征	散热难，自加速显著，设备简单，产物宜制板材	散热易，反应平稳，产物宜直接使用	散热易，产物需后处理，增加工序	散热易，产物呈固态时要后处理，也可直接使用
产品特征	纯度高，分子量分布宽	纯度较低，分子量较低	比较纯，但含有分散剂	含有少量乳化剂
主要生产方式	间歇、连续	连续	间歇	连续

表 6-5　聚合物生产采用的方法

聚合方法	高聚物品种	操作方式	产品形态	产品用途
本体聚合	合成树脂			
	高压聚乙烯	连续	颗粒状	注塑、挤塑、吹塑、成型用
	聚苯乙烯	连续	颗粒状	注塑成型用
	聚氯乙烯	间歇	粉状	混炼后用于成型
	聚甲基丙烯酸甲酯	浇铸成型	板、棒、管等	第二次加工
溶液聚合	合成树脂			
	聚丙烯腈	连续	溶液或颗粒	直接用于纺丝或溶解后纺丝
	聚醋酸乙烯酯	连续	溶液	直接用来转化为聚乙烯醇
悬浮聚合	合成树脂			
	聚氯乙烯	间歇	粉状	混炼后用于成型
	聚苯乙烯	间歇	珠粒状	注塑成型用
	聚甲基丙烯酸甲酯	间歇	珠粒状	做假牙齿、牙托等
乳液聚合	合成树脂			
	聚氯乙烯	间歇	粉状	搪塑、浸塑、制人造革
	聚醋酸乙烯酯或共聚物	间歇	乳液	黏合剂和涂料等
	聚丙烯酸酯或共聚物	间歇	乳液	表面处理剂、涂料等
	合成橡胶			
	丁苯橡胶	连续	胶粒或乳液	胶粒用于制造橡胶制品
	丁腈橡胶	连续	胶粒或乳液	乳液用作黏合剂原料或橡胶制品
	氯丁橡胶	连续	胶粒或乳液	电缆绝缘层

① 本体聚合　是不加任何其他介质，只有单体在引发剂、热、光、辐射能等引发下进行的聚合。有时需加入少量色料、增塑剂、润滑剂、分子量调节剂等助剂。因此本体聚合主要特点是产物纯净，工艺过程和设备简单，适用于制备透明和电性能好的板材、型材等制品。不足之处是反应体系物料黏度大，产生凝胶效应，自动加速，如不及时移热，易局部过热，引起分子量分布变宽，影响聚合物的强度，甚至温度失控，引起爆聚。本体聚合可以采用间歇法和连续法生产，生产中关键问题是反应热的排除。

② 溶液聚合　单体和引发剂溶于适当溶剂中进行的聚合方法称作溶液聚合法。溶液聚合体系黏度低，因此混合和传热较易，温度容易控制，较少凝胶效应，可以避免局部过热。

由于溶液聚合过程中使用溶剂，体系内单体浓度低，聚合速率较慢，设备生产能力与利用率下降。如生产固体产品，则须进行后处理，溶剂的回收费用高，增加生产成本，且难以除净聚合物中残留的溶剂。因此工业上溶液聚合多用于聚合物溶液直接使用的场合，如涂料、胶黏剂、浸渍剂、分散剂、增稠剂等。

③ 悬浮聚合　悬浮聚合是单体以小液滴状悬浮于水中进行聚合的方法。整体来看，水为连续相，单体为分散相。聚合在每个小液滴内进行，反应机理与本体聚合相同。悬浮聚合体系一般由单体、引发剂、水、分散剂 4 个基本组分组成，不溶于水的单体在强力搅拌作用下，被粉碎分散成小液滴。它是不稳定的，随着反应的进行，分散的液滴又可能凝结，为防止黏结，体系中必须加入分散剂。

悬浮聚合法因以水为介质，体系黏度低，传热和温度易控制，产品分子量及其分布比较稳定。后处理工序较简单，生产成本较低。其主要缺点是产物中带有少量分散剂残留物，影响产品纯度。

④ 乳液聚合　乳液聚合是指单体在乳化剂和机械搅拌作用下，在分散介质中分散成乳状液而进行的聚合反应。乳液聚合体系的组成比较复杂，一般是由单体、分散介质、引发剂、乳化剂 4 种组分组成。乳液聚合在工业生产上应用广泛，很多合成树脂、合成橡胶都是采用乳液聚合方法生产的。

6.2.3　聚合物改性

6.2.3.1　聚合物的结构与性能

聚合物的结构是多层次的，有大分子链结构和聚集态结构，也可把聚合物结构分成一级、二级、三级结构。聚合物的结构大致如图 6-2 所示。

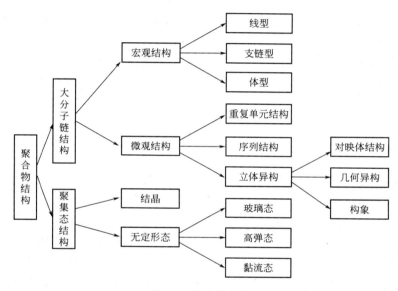

图 6-2　聚合物结构

(1) 链结构

链结构是指一条大分子的结构，有宏观和微观结构之分。

1）宏观结构

宏观结构是由许多相同的结构单元重复连接而成的大分子的结构形态。最简单的连接方式是线型连接，形成线型大分子。

结构单元也可能连接成支链型和体型大分子，其大分子形状的示意图见图 6-3。还可能有星形、梳形、树枝形等复杂结构。

线型或支链型大分子彼此以物理力聚集在一起，因此加热可以熔化，并能溶于适当溶剂。聚乙烯、聚氯乙烯、涤纶、尼龙等聚合物是线型大分子。体型大分子是由许多线型或支链型大分子通过化学键连接而成的交联聚合物。交联程度浅的体型结构，受热时可以软化，但不溶解，适当

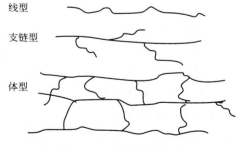

图 6-3　大分子形状示意

溶剂只能使之溶胀；而交联度深的体型结构，加热时不软化，加溶剂也不溶解，不易溶胀。

一般 α-烯烃、双官能团单体形成的聚合物大多呈线型、支链型；2 官能度以上的单体聚合得到的聚合物则以体型结构为主。

2）微观结构

大分子的微观结构又称近程结构，包括结构单元的化学组成、结构单元相互之间的连接方式，结构单元在空间的排列等分子构型有关的结构。

① 重复结构单元　大分子是由许多相同的结构单元重复连接起来的，这些重复的结构单元简称重复单元。结构单元的组成是影响聚合物性能的最主要因素。如结构单元全由 C、H 元素组成，则聚合物柔顺性好，强度小；而含有 O、N、S 等元素组成的大分子链的聚合物，其刚性大，强度高，耐热性也很好。

② 序列结构　重复单元间的连接方式为序列结构。主要有头-头、尾-尾、头-尾连接 3 种方式，分别称为头-头序列、尾-尾序列和头-尾序列。如乙烯聚合物主要按头-尾连接。序列结构的不同主要影响乙烯大分子链的规整性。

③ 立体异构　因大分子结构单元上的原子或取代基在空间排列的方式不同而引起的异构现象，产生多种分子构型，如手性构型、几何构型、构象等，不同的构型影响聚合物的外观和性能。

（2）聚集态结构

许多大分子通过分子间力聚集在一起，高分子链之间排列和堆砌结构称为高分子聚集态结构。

聚集态结构分为无定形态和结晶态，有些聚合物完全处于无定形态，有些聚合物高度结晶，还有些聚合物部分结晶。

① 无定形态　聚合物各大分子间的排列或堆砌是不规整的，也称非晶态。无定形态聚合物根据其热行为可分为玻璃态、高弹态和黏流态。在低温时都呈玻璃态，受热至某一温度，则转变成高弹态，这一转变温度称作玻璃化温度 T_g，而从高弹态转变成黏流态时的温度称作黏流温度 T_f。玻璃化温度是无定形聚合物的使用上限温度，黏流温度是聚合物加工的一个重要指标。

玻璃化温度高于室温的，在室温下聚合物作为塑料使用；玻璃化温度低于室温的，在室温下聚合物作为橡胶使用。

② 结晶态　结晶就是分子的有序排列。聚合物的结晶能力与大分子结构的规整性、分子间力、分子链的柔性有关。一般分子结构规整、分子链柔软，易排列紧密而形成结晶；有氢键的大分子链容易形成结晶；外界条件也影响结晶性能，如温度缓慢冷却、拉伸等有利于结晶。

结晶使聚合物密度、硬度、熔点、抗溶剂性能、耐腐蚀性能等物理和力学性能提高，从而改善塑料的使用性能。但结晶也使得高弹性、断裂伸长率、抗冲击强度等性能下降。

熔点 T_m 是结晶聚合物的主要热转变温度，也是结晶聚合物的使用上限温度，大部分合成纤维是结晶聚合物。

6.2.3.2　聚合物改性方法

聚合物改性的主要目的，就是对原有的用途单一或性能不够完善的聚合物进行改性，使其成为多功能的、性能优越的新型聚合物材料，或具有特殊性能的复合型工程塑料。当前，聚合物改性已成为高分子材料科学及工程中最活跃的领域之一，是开发具有新型材料的重要途径。

聚合物材料的改性，通常有化学改性和物理改性两类方法。化学改性是通过化学反应将不同结构的单体或聚合物结合在一起达到改性的目的。另外还有采用合成互穿网络聚合物、原位聚合等多种化学改性方法。物理改性是将两种或多种均聚物共混得到聚合物共混物，称为共混改性法。

（1）化学改性法

共聚反应是聚合物化学改性常用的一种有效方法，将已有的聚合物经化学反应使之转变为新品种或新性能材料，是开发高分子新材料的途径之一。

聚合物化学反应种类很多，根据聚合度和基团的变化（侧基与端基）分为 3 类：

① 聚合度基本不变　聚合物与低分子化合物反应，仅限于侧基或端基基团转变而聚合度基本不变称为聚合度不变的反应，也称为相似转变。聚合物的相似转变在工业上应用很多，如由醋酸乙烯酯水解生产聚乙烯醇、纤维素酯化、聚乙烯氯化、离子交换树脂等。

通过聚合物相似转变可以制备功能性高分子材料，即具有特殊功能的高分子材料，如高分子试剂、高分子催化剂、高分子基质、高分子农药、水处理剂等。

② 聚合度提高　通过交联、接枝、扩链、嵌段等反应，使聚合物的聚合度增大，所得聚合物为接枝、嵌段、交联聚合物，达到改性目的。

烯烃聚合物的交联可以通过双烯烃的硫化、过氧化物交联、高能辐射交联等方法使线型大分子形成交联。

通过化学反应在某聚合物主链接上结构、组成不同的支链，这个过程为接枝，形成的聚合物称为接枝共聚物。

③ 聚合度降低　聚合物的降解是降低聚合度的化学反应的总称，其中包括解聚、无规断链、侧基和低分子物的脱除等反应。聚合物发生降解反应是由于在使用过程中受到光、氧、空气、水分、热、机械力、化学药品、微生物等物理-化学因素的影响，从而使聚合物性能变坏，这种现象俗称老化。为提高高分子产品的耐久性，老化和防老化是降解反应主要研究内容。

研制自然降解型高分子的基本方法是在原料聚合物中引进或造成感光性和感氧性结构，或使之发生微生物降解结构，如在大分子链上引入少量羰基、缓发性光活化剂、淀粉等，使废弃物在光、氧、微生物等的作用下分解。

（2）共混改性法

化学结构不同的两种或两种以上的均聚物或共聚物的混合物称为聚合物共混物，其中各聚合物组成之间主要是物理结合。共混改进法是依靠物理作用，即不同组分间依靠分子间力（包括范德华力、偶极力、氢键等）实现聚合物共混的物理共混法，是一种不同聚合物相互间取长补短，获得新性能聚合物的一种方便而又经济的改性方法。

物理共混法可分为粉料共混法、熔体共混法、溶液共混法和乳液共混法。

（3）其他改性法

还有一些有效的聚合物改性法，如采用互穿网络（IPN）法，形成互穿网络聚合物共混物，这是两种不同结构的聚合物紧密结合的体系，可以改进聚合物的柔韧性、抗张强度、抗冲强度、耐化学性、耐候性等性能；再如采用加入增容剂的方法，可改善聚合物共混后的相容性；还有动态硫化法，在硫化剂的存在下，使塑料和橡胶在高温下熔融混炼，使橡胶在细微分散的同时进行高度交联，适用于制造热塑性弹性体；另还有增强材料法，纤维增强及填充改性是制造复合材料的主要方法，尤以纤维增强最重要。增强改性能显著地提高材料的机械强度和耐热性，填充改性则对改善成型加工性、提高制品的力学性能及降低成本有着显著效果。

6.3 典型产品合成工艺

6.3.1 聚氯乙烯

聚氯乙烯（PVC）是一种含微晶的无定形热塑性塑料，分子量约 4 万～15 万。聚氯乙烯用途广泛，既可用作绝缘材料、防腐蚀材料、日用品材料，又可用作建筑材料、农用材料。氯乙烯原料来源充沛、价格低廉，所以聚氯乙烯是广泛应用的通用塑料品种之一，产量仅次于聚乙烯。

氯乙烯聚合一般按自由基机理进行，PVC 树脂的生产方法主要采用悬浮聚合法。

6.3.1.1 聚合工艺

单体：氯乙烯单体，由乙烯氧氯化法或乙炔法生产，要求纯度 w（氯乙烯）≥99.98%。

分散剂：主分散剂是纤维素醚和部分水解的聚乙烯醇，如甲基纤维素（MC）、羟丙基甲基纤维素（HPMC）等。主分散剂起控制颗粒大小的作用。助分散剂是小分子的表面活性剂和低水解度的聚乙烯醇，可以提高颗粒中的孔隙率。

引发剂：目前主要用复合型的引发剂。选择在反应温度下引发剂的半衰期为 2h，以达到匀速聚合的要求。选用过氧化二月桂酰、过氧化二环己酯等。

其他助剂：链终止剂双酚 A、叔丁基邻苯二酚等，链转移剂硫醇，另外还需加入防黏釜剂和抗鱼眼剂。

工艺条件：氯乙烯悬浮聚合温度为 45～65℃，要求严格控制误差±0.2℃。由于氯乙烯易发生单体链转移反应，因此在生产中主要由温度来控制分子量，聚合时间 4～8h。

6.3.1.2 工艺流程

氯乙烯悬浮聚合工艺流程如图 6-4 所示，采用间歇操作。首先将去离子水经计量泵计量后加入聚合釜中，在搅拌下继续加入分散剂水溶液及各种助剂，密闭，接着加入计量的单体氯乙烯和引发剂。加料后开始升温至规定温度，聚合反应开始。聚合过程中要通冷却水控制反应温度，当聚合釜内压力降到 0.50～0.65MPa 时，加入链终止剂结束反应。聚合反应终

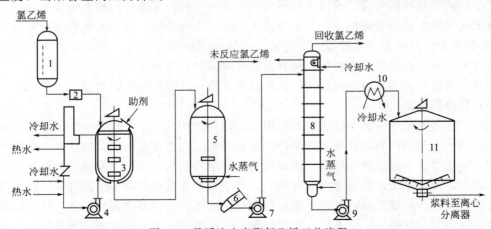

图 6-4　悬浮法生产聚氯乙烯工艺流程

1—计量槽；2—过滤器；3—聚合釜；4—循环水泵；5—出料槽；6—树脂过滤器；

7，9—浆料泵；8—汽提塔；10—浆料冷却器；11—混料槽

止后，泄压，聚合物进入出料槽，未聚合的单体从顶部排入气柜回收再使用。出料槽底部聚合物经树脂过滤器后泵入汽提塔 8，由于氯乙烯是致癌物，产品 PVC 中要求控制 w（氯乙烯）$<10^{-5}$，因此聚合物料需要经汽提，尽可能脱除氯乙烯。之后物料经离心分离，脱除所含水分，再经干燥后即得到聚氯乙烯树脂。

6.3.1.3 应用与改性

聚氯乙烯是一种综合性能良好，价格低廉，在当前得到广泛应用的热塑性塑料的重要品种之一。PVC 大分子中大量的氯原子赋予了聚合物以较大的极性和刚性。PVC 耐酸、耐碱性良好，可作防腐材料；PVC 电气性能优良，广泛用作绝缘材料；PVC 具有很好的隔水性和阻燃性，广泛用于制造水管、浴帘、电线等。PVC 分子间结合力较强，受热后易放出 HCl，纯粹的 PVC 树脂不能直接加工使用，必须加入各种添加剂配料后制成各种塑料制品；PVC 塑料的性能具有多样化，可制成硬质、半硬质和软质制品；PVC 加工成型容易，可以方便地用挤出、吹塑、压延、注射等方法加工成各种管材、棒材、薄膜等。但是，聚氯乙烯树脂热稳定性差，使加工性能恶化，制品性能下降。另外 PVC 的抗冲击性、耐老化性、耐寒性能等均较差。为此需对 PVC 树脂进行改性，以提高 PVC 制品的应用性能和扩大其使用范围。

改性方法主要有改变聚氯乙烯大分子链结构，氯乙烯与其他单体共聚合，聚氯乙烯与增强材料及其他络合剂的复合，聚氯乙烯与其他聚合物共混等方法。经过改性后的 PVC 树脂，其抗冲性、耐热性、耐候性和加工性都可以得到改善。

6.3.2 聚乙烯

聚乙烯（PE）是通用合成树脂中产量最大的品种。主要包括低密度聚乙烯（LDPE）、线型低密度聚乙烯（LLDPE）、高密度聚乙烯（HDPE）以及一些具有特殊性能的产品。PE 价格便宜，性能较好，应用范围广。

聚乙烯聚合度大约为 400～50000。聚乙烯按自由基或配位聚合机理合成，因所选的工艺路线和条件的不同，聚乙烯的分子结构（支化度）、分子量、密度、结晶度都有区别，因而物理和力学性能也各有差异。各类聚乙烯的性能比较见表 6-6。

表 6-6 各类聚乙烯的性能比较

聚乙烯种类	LDPE	LLDPE	HDPE
密度/(g/cm³)	0.910～0.940	0.920～0.935	0.940～0.970
分子量	10 万～50 万	5 万～20 万	4 万～30 万
熔点/℃	108～125	120～125	126～135
结晶度/%	55～65	50～70	80～95
拉伸强度/MPa	7～15	15～25	21～40
断裂伸长率/%	>650	>800	>500
最高使用温度/℃	80～100	95～105	110～130
主要用途	薄膜	薄膜	塑料制品

6.3.2.1 聚合工艺

低密度聚乙烯是以氧或过氧化物为引发剂，在 200℃、150～250MPa 高压下通过自由基聚合反应制得。LDPE 的数均分子量约在 $(2.5～5.0)\times10^4$ 范围内，质均分子量在 10^5 以上。由于在高温下聚合，易发生链转移反应，形成支链，使分子链不易密集。因此密度、结晶度、熔点较低，但熔体流动性好，适于制造薄膜。

单体：w（乙烯）$\geqslant 99.95\%$，且只允许含有微量的甲烷和乙烷。乙烯高压聚合过程中单程转化率仅为 $15\%\sim 30\%$，大量的单体乙烯要循环使用。

引发剂：过氧化二叔丁基、过氧化十二烷酰、过氧化苯甲酸叔丁酯等。

分子量调节剂：常用烷烃、烯烃、氢、丙酮等。

其他助剂：包括抗氧剂、润滑剂、开口剂、抗静电剂等。

工艺条件：反应温度为 $130\sim 350℃$，反应压力为 $122\sim 320MPa$，聚合停留时间 $15\sim 120s$。

6.3.2.2 工艺流程

低密度聚乙烯的生产流程如图 6-5 所示，目前工业生产上采用的有管式反应器和釜式反应器两种类型。新鲜原料乙烯（通常压力为 3.0MPa）进入一次压缩机 1 的中段，经压缩达 25MPa。来自低压分离器 9(a) 的循环乙烯（压力小于 10MPa）与分子量调节剂混合后，进入压缩机 1 入口，被压缩至 25MPa，然后与新鲜乙烯和来自高压分离器 7 的循环乙烯混合后进入二次高压压缩机 3，压缩至反应压力。经二次压缩的乙烯单体进入反应器 4(a) 或 4(b) 进行聚合，引发剂溶液则用高压泵 5 送入聚合反应器内，聚合反应即开始。当聚合物的相对分子质量达到要求时，反应物料经适当冷却后经过减压阀 6 进入高压分离器 7，将未反应的单体与聚合物分离，作循环使用。乙烯的单程转化率为 $15\%\sim 30\%$，大部分的乙烯循环使用。聚乙烯树脂再经减压后进低压分离器 9(a) 中与抗氧剂、润滑剂、防静电剂等混合后，经挤出切粒机 9(b) 造粒后得到粒状的 PE 树脂，之后被送往离心干燥器 10 经热风干燥成一次产品，再经密炼机 11、混合机 12、混合物造粒机 13 切粒得到二次产品，经包装出厂为聚乙烯商品。

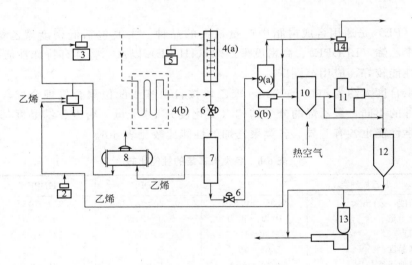

图 6-5　LDPE 生产流程

1——次压缩机；2—分子量调节剂泵；3—二次高压压缩机；4(a)—釜式聚合反应器；

4(b)—管式聚合反应器；5—高压泵；6—减压阀；7—高压分离器；

8—废热锅炉；9(a)—低压分离器；9(b)—挤出切粒机；

10—干燥器；11—密炼机；12—混合机；13—混合物造粒机；14—压缩机

高密度聚乙烯是乙烯在一定的温度、常压或几兆帕压力下聚合而成。以络合负离子为引发剂，有时加入少量的 α-烯烃为共聚单体，调节产品的密度与活性。高密度聚乙烯大分子中有少量的由共聚合单体引入的短支链，结晶度较高。

线型低密度聚乙烯是用低压法合成的密度为 $0.920\sim 0.935g/cm^3$ 的聚乙烯。

6.3.2.3 应用与改性

聚乙烯是非极性聚合物,具有优良的耐酸、耐碱及耐极性化学物质腐蚀的性质。绝缘性能和耐低温性能优良。由于聚乙烯的密度和分子量不同,其应用范围也不同。

一般低密度聚乙烯柔性较好,适宜制作包装薄膜、农用薄膜、软板、合成纸、热封材料、泡沫塑料和电线绝缘包皮等。

高密度聚乙烯主要是作日用容器、医药瓶等消耗性容器与玩具。发展趋势是制作薄壁容器和多层共挤出中空制品,以及工业用品如自行车、汽车零件的注射成型制品、高强度超薄膜、拉伸带、管材等。

线型低密度聚乙烯可用于农膜、复合薄膜、一般包装用薄膜、食用油包装容器等制品,还可作挤出管材、电缆、电线包覆物、保护或绝缘层、吹塑制品等。

聚乙烯综合性能优良,原料来源丰富,成本较低,使其在众多塑料中独占鳌头。但也存在着软化点低、强度不高、耐大气老化性能差、易应力开裂、不易染色、阻隔性不足等缺点。可采用聚乙烯的共混改性的方法克服这些缺点,以拓宽其应用范围。

6.3.3 聚丙烯

聚丙烯(PP)为线型碳链高聚物,因所用引发剂和聚合工艺不同有等规聚丙烯、无规聚丙烯和间规聚丙烯三种构型。等规聚丙烯大分子上的所有甲基取代基都排在由主链所构成平面的一侧,因此具有高度的规整性,易形成结晶态,具有良好的抗热和抗溶剂性,工业产品以等规聚丙烯为主要成分;无规聚丙烯大分子上的取代基无规则排列在主链两侧,因此为无定形的膏状或蜡状物;间规聚丙烯大分子上的取代基规则交叉排列在主链两侧,也具有结晶性。三种聚丙烯性能对照如表 6-7 所示。

表 6-7 三种聚丙烯性能对照

项 目	等规 PP	间规 PP	无规 PP
等规度/%	95	5	5
密度/(g/cm³)	0.92	0.91	0.85
结晶度/%	60	50~70	无定形
熔点/%	175	148~150	75
正庚烷中溶解情况	不溶	微溶	溶解

6.3.3.1 工业生产方法

① 淤浆法 在稀释剂(如己烷)中聚合,是最早工业化,也是迄今生产量最大的方法。

② 液相本体法 在 70℃和 3MPa 的条件下,在液体丙烯中聚合。此方法不需稀释剂,流程短,能耗低,已有后来居上的发展势态。

③ 气相法 在丙烯呈气态条件下聚合。

④ 液相本体法-气相法 气液结合的本体法,4 个串联反应釜构成连续的聚合过程,其中前两个为液相连续搅拌釜反应器,后两个是气相流化床反应器。引发剂只在第一釜中加入,各个反应器都有单体丙烯,生产丙烯-乙烯共聚物时,还需加入乙烯单体。

6.3.3.2 性能与改性

聚丙烯树脂数均分子量约为 $(3.8\sim6.0)\times10^4$,通常为半透明无色固体,无臭无毒,具有优良的力学性能和耐热性能，使用温度为 $-30\sim140℃$。电绝缘性能和化学稳定性也很优良，几乎不吸水，与绝大多数化学品接触不发生反应。适用于制作机械零件、耐腐蚀零件和绝缘零件。

等规聚丙烯是一种熔点高（175℃）、耐溶剂、比强（单位质量强度）大的结晶性聚合物。由于结构规整而高度结晶化，耐热性好，制品可蒸汽消毒是其突出优点，其耐腐蚀性、强度、刚性和透明性都比聚乙烯好，广泛用作工程塑料，如电视机、收音机外壳、电气绝缘材料、防腐管道、板材、储槽等，也用于生产扁丝、纤维、包装薄膜等。

丙烯无规聚合物改进了光学性能，提高了抗冲击能力，增加了挠性，降低了熔化温度，从而也降低了热熔接温度，常用于吹塑、注塑、薄膜和片材挤压加工领域，如食品包装材料、医药包装材料和日常消费品。

6.3.4 聚酯

聚酯（PET）种类很多，主要用作纤维和工程塑料，线型聚酯大多用于合成纤维，是以合成树脂为原料经纺丝加工而成，与天然纤维相比，合成纤维具有强度高、弹性好、吸水性低、保暖性好、耐磨性好、耐酸碱、不被虫蛀、染色性能好等优点，因此发展很快。目前世界上合成纤维已有几十种，其中最主要则是聚酯、聚酰胺、聚丙烯腈纤维。

聚酯纤维是由对苯二甲酸与乙二醇缩聚反应制得聚对苯二甲酸乙二醇酯，经熔融纺丝制成的合成纤维。聚酯纤维性能优越，自 1953 年实现工业化生产以来，发展很快，目前是合成纤维中产量最大的品种，我国称之为涤纶。

6.3.4.1 合成工艺

PET 树脂的合成工艺路线有直接酯化法（也称直接缩聚法）、酯交换法和环氧乙烷法。

(1) 直接酯化法

包括酯化反应和缩聚反应。该法流程较短、设备能力高，因此具有投资少、成本低的优点。

1）酯化反应

对苯二甲酸（PTA）与乙二醇（EG）进行酯化反应，首先生成对苯二甲酸双-β-羟乙酯（DGT）单体，化学反应式如下：

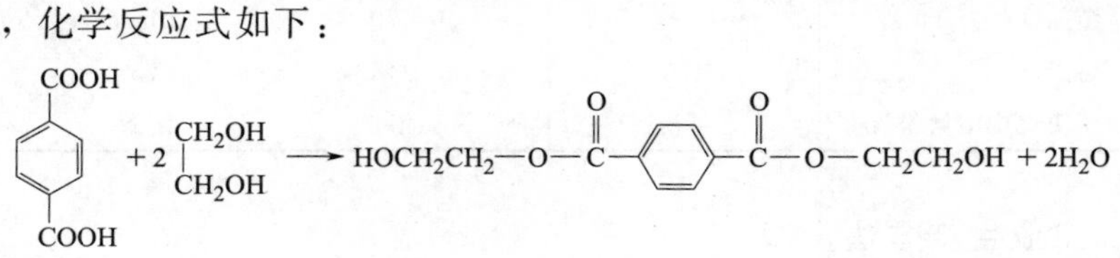

2）缩聚反应

缩聚反应是聚酯合成过程中的链增长反应。通过这一反应，单体与单体、单体与低聚物、低聚物与低聚物将逐步缩聚成聚酯。

在实际生产中，酯化反应和缩聚反应并不是截然分开的，而是当酯化反应进行到一定阶段，即乙二醇酯基生成一定量时，两种反应同时进行。所以聚酯（即聚对苯二甲酸乙二醇酯）合成反应通常用总反应式表示。

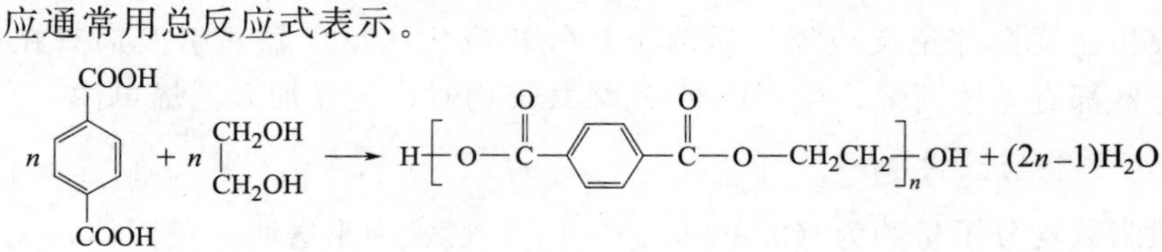

　　3）典型的 PTA 直接酯化工艺

　　最具代表性的是吉玛 PTA 连续直缩工艺，该工艺过程按所发生的化学反应一般分为三个工艺段。

　　① 酯化段　PTA 与 EG 在压力不小于 0.1MPa、温度为 257～269℃的条件下发生酯化反应。PTA 与 EG 的酯化率可达到 96.5%～97.0%。

　　② 预缩聚段　在 27.5～5.07kPa 的真空条件下，将酯化段送来的酯化物进行预缩聚反应。单体 DGT 将转化成低分子缩聚物。预缩聚反应一般为两段。各段均有搅拌和加热装置。

　　③ 后缩聚段　预缩聚段流出的低分子缩聚物在此阶段继续进行熔融缩聚。要求的工艺条件比较严格，温度需要升高到 280～285℃，压力需要降至 0.2kPa，停留时间约为 3.5～4.0h。经过熔融缩聚后的高分子缩聚物，其特性黏度通常根据产品用途而定。

　　吉玛连续直缩工艺是目前聚酯生产中比较先进的工艺。工艺流程如图 6-6 所示。

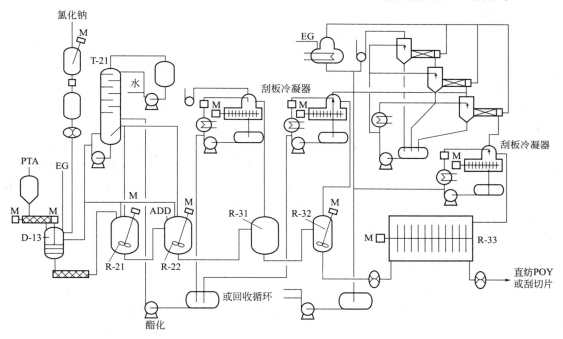

图 6-6　直接酯化法连续生产 PET 树脂工艺流程

D-13—浆料制备器；R-21，R-22—酯化反应器；R-31，R-32—预缩聚釜；

R-33—圆盘反应器；T-21—EG（乙二醇）回收塔

　　按原料配比 $n(EG):n(PTA)=1.138$ 加入浆料制备器 D-13，并同时计量加入催化剂 Sb(OAc)$_3$ 及酯化和缩聚过程回收精制后的 EG。配制好的浆料以螺杆泵连续计量送入酯化反应器 R-21，在压力 0.11MPa、温度 257℃和搅拌下进行酯化，酯化率达 93%。酯化物以压差送入酯化反应器 R-22，在压力 0.1～0.105MPa、温度 265℃下继续进行酯化，酯化率可提高到 97%左右。然后将酯化产物以压差送入预缩聚釜 R-31，在压力 0.025MPa、温度 273℃下进行预缩聚。预缩聚物再送入预缩聚釜 R-32，在压力 0.01MPa、温度 278℃下继续缩聚。缩聚产物经齿轮泵送入圆盘反应器 R-33，在压力 100Pa、温度 285℃下，进行到缩聚终点（通常聚合度为 100 左右）。PET 熔体可直接纺丝或铸条冷却切粒。预缩聚采用水环泵抽真空，缩聚和终缩聚采用 EG 蒸气喷射泵抽真空。为防止排气系统被低聚物堵塞，各段 EG 喷淋中均采用自动刮板冷凝器。

（2）酯交换法

这是传统的生产方法。以前生产的对苯二甲酸纯度不高，又不易提纯，不能直接缩聚制备 PET；因而将 PTA 先与甲醇反应，生成对苯二甲酸二甲酯（DMT），再与乙二醇进行酯交换反应，生成对苯二甲酸乙二醇酯，随后缩聚成 PET。因整个过程中必须经过酯交换反应，因此称为酯交换法。

酯交换法是最早应用、又是比较成熟的生产方法，至今仍有相当数量的 PET 树脂采用此法生产。酯交换法的缩聚反应是熔融缩聚，反应温度高。缺点是工艺流程长、成本较高。常用的酯交换催化剂为 Zn、Co、Mn 等的醋酸盐；缩聚催化剂用 Sb_2O_3。

聚合条件：酯交换阶段反应温度控制在 180℃，酯交换结束温度可达 200℃ 以上。缩聚反应温度在 270~280℃。反应温度高、反应速率快、达到高分子量的时间较短，但高温下热降解比较严重，因此在生产中必须根据具体的工艺条件和要求的分子量来确定最合适的反应温度和反应时间。

由于缩聚反应是可逆反应，平衡常数又小，为了使反应向生成产物 PET 方向进行，必须尽量除去小分子副产物乙二醇，因此在反应过程中采用抽高真空的操作条件，一般在缩聚反应的后阶段，要求反应压力低至 0.1kPa。

（3）环氧乙烷法

该法是 20 世纪 70 年代开发的一条新工艺路线，是由对苯二甲酸与环氧乙烷直接酯化得到对苯二甲酸乙二醇酯，再进行缩聚的方法。

环氧乙烷法按所用的介质分别有水法、有机溶剂法和无溶剂法等。水法因容易生成醚键，对苯二甲酸乙二醇酯易水解，影响产品质量及收率低，基本上很少采用。有机溶剂法采用甲苯、二甲苯、丙酮、四氯乙烷等溶剂，它们能溶解对苯二甲酸乙二醇酯，而不溶解对苯二甲酸。溶剂的加入改善了反应体系的扩散状态，物料接触均匀，但也有使反应速率和设备利用率下降的不足。无溶剂法反应速率大、对苯二甲酸乙二醇酯收率高。

6.3.4.2　应用与改性

PET 树脂是涤纶纤维的主要原料之一，PET 纤维具有强度高、耐热性高、弹性耐皱性好、良好的耐光性、耐腐蚀性、耐磨性及吸水性低等优点；纤维柔软有弹性、织物耐穿、包形性好、易洗易干，是理想的纺织材料。可用作纯织物，或与羊毛、棉花等纤维混纺，大量应用于衣用织物；也可作电绝缘材料、轮胎帘子线、渔网、绳索等应用于工农业生产。

PET 也可用来生产薄膜、聚酯瓶，作为工程塑料使用，也可作录音带和录像带的基材。增强的 PET 可应用于汽车及机械设备的零部件。

PET 作为纤维有染色性与手感柔软性差、吸水性太低等不足。作为塑料使用有结晶速率过慢、不能适应通用的塑料加工成型技术，加之其冲击强度不够。

为改善涤纶纤维性能上的不足，可通过共聚改性或合成新单体的方法改变 PET 的化学结构，降低大分子的规整性和结晶性。也可采用与其他聚合物共熔纺丝改变纤维性能的方法。经改性的 PET 纤维的吸湿性和染色性等都有所改善。

6.3.5　聚碳酸酯

聚碳酸酯（polycarbontate，PC）是分子链中含有碳酸酯基的高分子聚合物，根据酯基结构的不同可分为脂肪族、脂肪族-芳香族、芳香族 3 种类型。其中由于脂肪族和脂肪族-芳香族聚碳酸酯的机械性能较低，从而限制了其在工程塑料方面的应用。现在获得了工业化生产的聚碳酸酯只有芳香族聚碳酸酯，通常所说的聚碳酸酯指的是双酚 A 型聚碳酸酯。

6.3.5.1 聚碳酸酯的结构与性能

双酚 A 型聚碳酸酯的分子组成为：

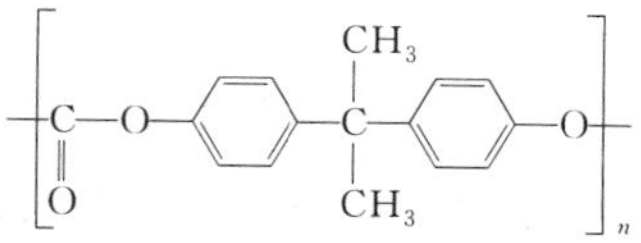

$$\left[\begin{array}{c} O \\ \| \\ C \end{array} -O- \left\langle \bigcirc \right\rangle - \begin{array}{c} CH_3 \\ | \\ C \\ | \\ CH_3 \end{array} - \left\langle \bigcirc \right\rangle -O \right]_n$$

其中 n 在 100～500 范围或者更多。聚合物分子量可以从 2.5 万到 10 万以上。工业生产的聚碳酸酯平均分子量为 2.5 万～5 万，有的可达 7 万。

聚碳酸酯分子结构主链上具有苯环，使分子链呈现刚性，限制了分子的柔顺性。碳酸酯基团是极性基团，增加了分子间的作用力。因此，聚碳酸酯熔融温度（$T_m = 225 \sim 250℃$）和玻璃化温度（$T_g = 145℃$）比较高。链的刚性又使高聚物在受力情形下形变减少，抗蠕变性能好，尺寸稳定。

聚碳酸酯分子中存在的氧基，使链段可以绕氧基两端单键发生内旋转，赋予聚合物一定的柔曲性。羰基和氧基结合成的酯基（ $-O-\overset{\overset{O}{\|}}{C}-$ ）是聚碳酸酯易溶于有机溶剂的一个主要原因。

聚碳酸酯透明性优良，透光率（厚 3.175mm）为 75%～89%，薄膜透光率可达 90% 左右，可以与好的透明材料（如聚甲基丙烯酸甲酯）相比，制成无色透明的制品，是五大工程塑料中唯一具有良好透明性的产品。

聚碳酸酯的密度为 $1.28/cm^3$，它具有很高的尺寸稳定性，均匀的模塑收缩率，一般为 0.5%～0.8%。

聚碳酸酯的机械性能优异，尤其是具有优良的抗冲击性能，它的弹性模量较高，拉伸和弯曲强度与尼龙、聚甲醛相近。它具有很好的热稳定性，其机械性能在很宽的温度范围内变化趋势较小。

聚碳酸酯在载荷下抗蠕变或抗变形性能超过聚甲醛或聚酰胺类塑料。在 23℃ 和 21.1MPa 负荷作用下，经 1000h，蠕变值仅为 1.2%；而在同样条件下，尼龙-66 和聚甲醛的蠕变值分别为 2.0% 和 2.3%。

聚碳酸酯的耐热性较好，长期使用温度为 126℃。热变形温度为 130～140℃。

聚碳酸酯本身无毒无味，具有一定的耐化学腐蚀性。在室温下能耐水、稀酸、氧化剂、盐、油和脂肪烃。但它易受碱、胺、酮、酯、芳香烃的侵蚀，并可溶解在三氯甲烷、二氯乙烷、甲酚等溶剂中。

聚碳酸酯主要性能缺陷是耐水解性差，不能用于重复经受高压蒸汽的制品。其对缺口敏感，耐弱酸和弱碱，不耐强碱，耐有机化学品性和耐刮痕性较差。聚碳酸酯不耐紫外线，长期暴露于紫外线中会发黄。和其他树脂一样，聚碳酸酯容易受某些有机溶剂的侵蚀。聚碳酸酯的耐磨性差。一些用于易磨损用途的聚碳酸酯器件需要对表面进行特殊处理。

6.3.5.2 合成工艺

聚碳酸酯的合成方法很多，但是有些方法还停留在实验室研究阶段，目前已工业化、形成大规模生产双酚 A 型聚碳酸酯的方法主要有两种：光气界面缩聚法和熔融酯交换法。其中熔融酯交换法又可根据碳酸二苯酯（DPC）的来源分为传统酯交换法和非光气化法，其分类如图 6-7 所示。

$$
\text{PC 工业生产方法}
\begin{cases}
\text{光气法（界面缩聚法）} \\
\text{熔融酯交换法}
\begin{cases}
\text{传统酯交换法（碳酸二苯酯由光气制得）} \\
\text{非光气法（碳酸二苯酯由碳酸二甲酯、苯酚等制得）}
\end{cases}
\end{cases}
$$

图 6-7　聚碳酸酯工业化生产方法分类

（1）光气法

光气属于酰氯，活性高，可以与羟基化合物直接酯化，化学反应式如下：

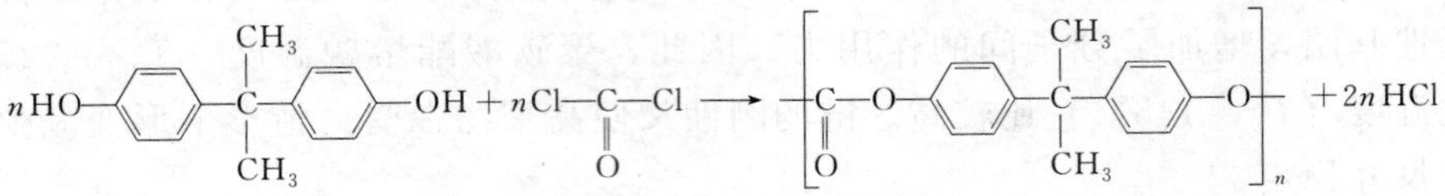

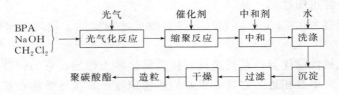

光气法合成聚碳酸酯多采用界面缩聚技术，其工艺流程如图 6-8 所示。将 NaOH 溶液和双酚 A（BPA）配制成钠盐溶液，并和 CH_2Cl_2 一起加入光气化反应釜中，随后恒速通入光气，即发生光气化反应。待反应结束后将物料（PC 低聚物）压入缩聚釜进行缩聚反应，再加入中和剂中和反应液中残存的碱。最后将聚合物溶液进行洗涤、沉淀、过滤、干燥、造粒得到 PC 树脂。这种方法成熟，比酯交换法经济，所得分子量也较高，且产品质量优异。目前世界 PC 工业化生产装置中，光气化法约占 80% 以上。

$$
\left.\begin{array}{c}
\text{BPA} \\
\text{NaOH} \\
\text{CH}_2\text{Cl}_2
\end{array}\right\} \rightarrow
\boxed{\text{光气化反应}} \xrightarrow{\text{光气}} \boxed{\text{缩聚反应}} \xrightarrow{\text{催化剂}} \boxed{\text{中和}} \xrightarrow{\text{中和剂}} \boxed{\text{洗涤}} \xleftarrow{\text{水}}
$$

聚碳酸酯 ← 造粒 ← 干燥 ← 过滤 ← 沉淀

图 6-8　光气法合成聚碳酸酯工艺流程示意

界面缩聚是不可逆反应，并不严格要求两基团数相等，一般光气稍过量，以弥补水解损失。可加少量单官能团苯酚进行端基封锁，控制分子量。聚碳酸酯用双酚 A 的纯度要求高，有特定的规格，不宜含有单酚和三酚，否则得不到高分子量的聚碳酸酯，或产生交联。

（2）熔融酯交换法

熔融酯交换法原理与生产涤纶聚酯的酯交换法相似。双酚 A 与碳酸二苯酯熔融缩聚，进行酯交换，在高温减压条件下不断排除苯酚，提高反应程度和分子量。这里的碳酸二苯酯可由以下途径制备：①光气与苯酚反应；②碳酸二甲酯与苯酚反应（又分酯交换法、氧化羰基法）；③草酸二甲酯与苯酚反应；④CO、O 与苯酚的氧化羰基化法制得。熔融酯交换化学反应式如下：

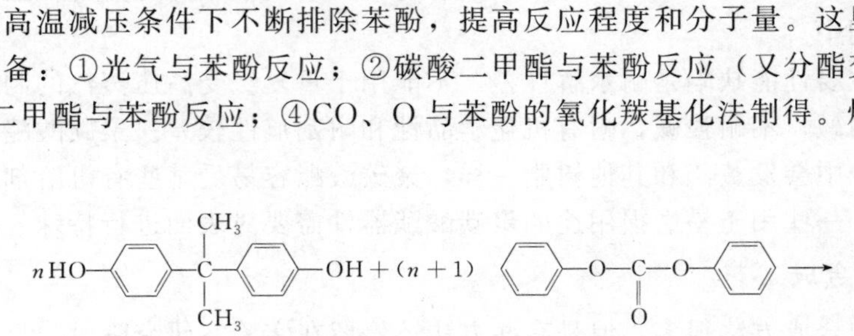

酯交换法聚碳酸酯工艺在实际生产中又有间歇法和连续化法两种，它们采用的原材料及工艺过程相同，都需用催化剂，反应在高温、高真空状态下进行。间歇法采用两个反应釜，完成酯交换、缩聚两步反应。第一阶段，温度 180～200℃，压力 270～400Pa，反应 1～3h，转化率为 80%～90%；第二阶段，温度 290～300℃，压力 130Pa 以下，加深反应程度。起始碳酸二苯酯配料应当过量，经酯交换反应，排出苯酚，由苯酚排出量来调节两基团数比，控制分子量。到反应终点时，用氮气将物料从反应釜中压出经切粒机切粒。苯酚沸点高，从高黏熔体中脱除并不容易。与涤纶聚酯相比，聚碳酸酯的熔体黏度要高得多，例如分子量 3 万，300℃时的黏度达 600Pa·s，对反应设备的搅拌混合和传热有着更高的要求。因此，酯交换法生产的聚碳酸酯的分子量受到了限制，一般不超出 3 万。

连续化法工艺流程如图 6-9 所示，采用多种型式、多种结构的反应器组成的连续化缩聚反应装置，按顺序由双酚 A 与碳酸二苯酯连续完成酯交换、预缩聚、缩聚、终缩聚 4 个反应阶段。与间歇法工艺相比，连续化具有技术先进，生产装置规模大，产品质量高且稳定，工程放大容易，经济规模的生产装置效益好等优点。

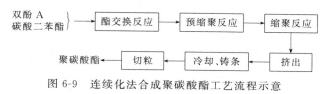

图 6-9 连续化法合成聚碳酸酯工艺流程示意

酯交换法聚碳酸酯聚合工艺最早是由 Bayer 公司开发并工业化，它与直接光气法比较，具有流程短，产物不用后处理，产品中杂质含量少，不用溶剂，不存在溶剂回收的问题等优点。但在聚碳酸酯工业化初期，由于其生产出的聚碳酸酯光学性能较差，催化剂易污染，并且由于存在副产品酚而导致产品摩尔质量较低，应用范围有限，而且由于搅拌、传热等工程问题的限制，难以实现大吨位的工业生产，这些缺点限制了该工艺的商业应用。近几年，随着化工设备、控制仪表技术的进步，同时也是为了配合非光气聚碳酸酯技术的发展，酯交换法得到了较大改进，已经成为生产 PC 的发展趋势。

总的来说，光气界面法反应能在常温下进行，聚合设备简单，并能获得摩尔质量很高的树脂，但光气的剧毒会造成严重的环境污染和安全问题，反应中残余的 NaCl 和 HCl 会引起树脂着色及热降解，除去杂质和盐需要先进的分离技术和设备。另外，反应过程中大量的溶剂需要回收，这使工艺过程复杂化，并且提高了成本。非光气酯交换法反应在高温、高真空下进行，对设备要求较高，为排除反应过程中生成的低分子物，反应器结构有特殊要求，特别是后缩聚反应器。物料熔融黏度很高，往往影响进一步反应，因此很难制得摩尔质量很高的树脂。为避免高温、高真空下发生的副反应而导致产品支化、着色、交联，所以要求高纯度原料，尤其是双酚 A 的质量必须严格控制。但是酯交换法不用剧毒的光气，可免去后处理，反应中不需溶剂，不需回收系统，整个工艺流程比较简单。两种方法的比较见表 6-8。

表 6-8 两种聚碳酸酯合成方法的比较

项目	熔融酯交换法	光气界面法
聚合条件	高温、高真空，不易得到高分子量 PC	常压、常温，易得到高分子量 PC
工艺流程	流程短、设备少，不需后处理，直接切粒	流程较长，设备多，需后处理
环保安全	不使用光气和溶剂，较安全	使用光气和大量溶剂，有安全隐患
产品质量	杂质含量少	杂质含量多
发展趋势	新建装置多，是发展方向	旧装置多，将逐渐淘汰

6.3.5.3 应用与改性

双酚 A 型芳香族聚碳酸酯是一种无定形、透明的热塑性聚合物，具有优良的力学性能、热稳定性、耐候性、尺寸稳定性和耐蠕变性，其三大应用领域是玻璃装配业、汽车工业和电子、电器工业，其次还有工业机械零件、光盘、包装、计算机等办公室设备、医疗及保健、薄膜、休闲和防护器材等。至今 PC 的生产能力和实际用量已经成为最重要的通用工程塑料。

尽管聚碳酸酯具有许多优异的性能，但是由于分子链的刚性较大，空间位阻高，致使其熔体黏度较大，成型加工性差，并且制品易于应力开裂、缺口敏感性差、价格昂贵。另外它的耐溶剂性和耐磨损性也较差。因此，聚碳酸酯在实际应用中有时必须对其进行改性，以达到改善其性能、拓展其应用领域的目的。

聚碳酸酯高性能化和功能化的改性主要集中在改进其光学性能、机械性能、阻燃性能和耐热性能等方面。如 PC 与苯乙烯接枝生成的共聚物，可以减小作为新颖光记录材料在记录和输出时产生的噪声和双折射现象；在 PC 分子链内引入硅氧烷基团可以提高耐擦伤性，适用于制造眼镜镜片，若采用高折射率的 PC 则可以减薄镜片的厚度；通过添加与PC 树脂相容又不影响透明的添加剂，采用纳米技术、控制增强材料的光折射率技术及开发新的 PC 合金技术，获得具有高刚性和持久的抗静电性的 PC 透明性功能材料；通过分子设计技术、高分散技术，在硅系和金属盐系阻燃剂中寻找既耐高温又阻燃且对环境友好的新型阻燃剂；PC 经合金化技术的改性，可取代金属用于汽车零部件的生产；在电气、电子、办公自动化设备领域，含有玻璃填料的 PC 增强料被用于制作薄壁、轻量、刚性高的产品；近年来 PC 注射成型加工工艺获得很大发展，推动了外观高度临摹模腔结构而能呈现出逼真的微细纹路制品的生产，开发出气辅注塑成型中空制品以及薄壁制品的高速注射成型技术等。

习 题

6-1 解释聚合物的熔融温度（T_m）、玻璃化温度（T_g）和黏流温度（T_f）。

6-2 加聚反应和缩聚反应的主要区别是什么？

6-3 聚合物改性的主要目的是什么？

6-4 解释单体、结构单元、重复单元、聚合物、聚合度的含义。

6-5 写出聚氯乙烯、聚苯乙烯、涤纶、尼龙-66、聚丁二烯和天然橡胶的分子式，根据所给出的分子量计算聚合度，根据分子量和聚合度，简要说明塑料、纤维和橡胶的区别。

附：常用聚合物分子量

塑料	分子量	合成纤维	分子量	合成橡胶	分子量
聚氯乙烯	5万~15万	涤纶	1.8万~2.3万	天然橡胶	20万~40万
聚苯乙烯	10万~30万	尼龙-66	1.2万~1.8万	顺丁橡胶	20万~30万

6-6 举例说明线型和体型结构，热塑性和热固性聚合物，无定形和结晶聚合物的区别。

6-7 举例说明橡胶、纤维、塑料间结构-性能的主要差别和联系。

6-8 写出 5 个能进行自由基聚合的烯类单体，并说明理由。

7

化工工艺计算

7.1 概述 / 281
7.2 物料衡算 / 284
7.3 热量衡算 / 302

学习目的及要求 >>

1. 了解化工工艺过程的特征、构成与分类，化工工艺计算的内容和作用。

2. 掌握物流变量的温度、压力、组成、流量的表示方法，熟练掌握化工工艺学中的基本概念。

3. 熟练掌握物料与能量守恒定律的一般表达式。

4. 掌握物料衡算和热量衡算的主要步骤。根据化工过程的特点选择计算基准，掌握一定的解题技巧。

5. 掌握一般反应过程和具有循环过程的总物料衡算、组分衡算和元素衡算的方法。

7.1 概述

在化学品生产中，各项技术经济指标是否先进，是否具有竞争力，对于企业的生存和发展至关重要。生产过程的一些指标，如主、副产品产量和质量，原材料单耗，公用工程（如水、电、蒸汽等）的消耗，生产过程的物料损耗及"三废"产生量都是重要的指标，根据这些指标可以确定企业的生产总体经济效果。这些指标有些可以从实际操作数据中直接获得，而很多是需要在生产过程中进行化工工艺计算，通过计算出的这些重要指标，可以衡量一个企业的生产工艺是否先进，在国内外同类企业中所具有的竞争能力，并由此改进生产工艺和生产方法，节能减排，以产生更好的经济与社会效益。

在建设一个新的生产装置或为了改换产品、增加产量、提高质量、降低消耗等目的的老装置扩建改造的化学工程设计中，工艺设计的主要作用是进行为实现工艺过程所必需的工艺流程、工艺条件、设备、管道、公用工程方面的设计，这些设计的重要基础之一就是物料衡算和热量衡算。因此，物料衡算和热量衡算是进行化工工艺设计、过程经济评价、节能分析和过程最优化的基础。

进行物料衡算和热量衡算有两种情况，一种是对已有的生产装置进行计算，根据现有的实际测定数据，计算出一些重要的、而一般手段不能直接测定出的生产指标，由此对生产情况进行分析，了解生产状况并为技术改进和技术决策提供依据；另一种是在建新装置进行设计时需要做计算，一般是利用同类化工装置已有的生产实际数据，进行技术经济先进性和可行性的评价分析，以工艺指标先进、切实可行、节能减排、环境友好的数据作为新装置设计的依据。

化工生产中有一些单元操作过程只有物理变化，如蒸馏、物理吸收、过滤、蒸发等，本章对这种不涉及化学反应的物料衡算和热量衡算不进行讨论。在化学反应中，原子与分子重新形成了完全不同的新物质，物料成分有了改变，每一参加反应的化学物质输入与输出的量是不平衡的。此外，在实际的化工生产中，由于化学反应进行不可能很完全，有部分反应物不被转化；还有平行副反应和连串副反应的发生而产生的各种副产物；或者反应体系中存在着不参加反应的物质等多种因素，使得反应输出物往往是含有多种组分的混合物。工业上的化学生产中，各反应物的实际进料量一般都不是化学反应式中的理论配比量，为使所需的反应顺利进行，或使其中较昂贵的反应物尽量全部转化，常常是价格较低的原料用量过量。因此一般具有化学反应过程的计算比较复杂。

对化学反应过程的物料组成改变和反应热效应的计算，可以为工艺流程和反应器设计提供依据，还能对改善工艺指标提出建议和要求，如反应中未反应原料的循环利用，反应热量的提供或移出，"三废"的处理和再利用等。

7.1.1　物料衡算和热量衡算的主要步骤

本章主要介绍化工生产中的物料衡算和热量衡算的计算方法和计算实例。物料衡算和热量衡算的准备工作一般有如下几项：

① 收集计算数据　化工装置的生产操作数据，如输入和输出物料的流量、温度、压力、浓度等，以及涉及的化学物质的物化数据，如密度和热容等。

② 写出需计算的化学反应式　包括主反应和副反应，并按化学计量配平，标出有用的分子量。

③ 根据计算对象绘出工艺流程简图　标出各股物料的进出量、温度、压力、组成等已知数据，数据应基准一致或做相应转换。

④ 选择计算基准　选择一个得当的计算基准会使计算事半功倍。由于化学反应是按分子的物质的量比例进行的，因此当进料为纯物质或已知组成时，可选用单位摩尔作基准，但当进料组成未知时，则不可选用单位摩尔作基准，只能选用单位质量或体积（密度为已知）作基准。对于气态物料，在确定的环境条件下，一般可用体积作基准，而对于液、固系统，常用质量作基准。

热量衡算时也需选定基准状态和基准温度，在物料衡算的基础上进行计算。

常见的化工操作中有两种方法。一种是间歇操作，一般以一次投料量或一次产量为计算基准；另一种是连续操作，多数现代化大型化工厂，在正常生产时，都是在连续稳定状态下操作的。连续稳定操作的计算基准，根据具体计算对象而定，如选择以单位时间（每小时、每天、每年等）进入系统的主要原料或离开系统的主要产品的量为基准，或以单位质量（1kg、1mol）的输入物料或输出产品为基准。总之，基准的选择一般应有利于简化计算过程。

计算的准备工作完成后，就可以进行物料、组分或元素的平衡计算，在需要的情况下再进一步进行热量衡算。最后将计算结果列成一方为输入、另一方为输出的物料和热量平衡表。

7.1.2 化工工艺学中的基本概念

反应转化率、选择性和收率是化学反应工程的几个专用名词，它们和化学反应的物料衡算有密切关系。

(1) 反应转化率

反应转化率反映了原料产生化学反应的程度，转化率越高，说明发生了化学反应的原料在总物料量中所占的比例越高。

$$转化率 = \frac{反应掉的原料量}{进入反应器的原料量} \times 100\%$$

$$= \frac{进入反应器的原料量 - 未反应的原料量}{进入反应器的原料量} \times 100\% \quad (7\text{-}1)$$

对于有未反应的原料经分离再循环回反应器进行反应的生产过程，这样计算出的转化率也称单程转化率，式(7-1)中进入反应器的原料量应为新鲜原料量和循环原料量的总和。对于没有原料循环利用的生产过程，转化率与单程转化率是相同的。在有未反应原料循环的生产过程中，往往还用总转化率来表示反应的程度，总转化率的计算是以投入的新鲜原料量为基准的，不计入系统中的循环原料，因此总转化率总是大于或等于单程转化率。

$$总转化率 = \frac{反应掉的原料量}{进入反应器的新鲜原料量} \times 100\% \quad (7\text{-}2)$$

其中，原料量的单位用质量（克、千克、吨）或物质的量（摩尔）表示。

(2) 反应选择性

在化学反应过程中，往往有许多反应同时存在，有生成目的产物的主反应，也有副反应，因此在反应掉的原料量中，只有占一定比率的原料生成了目的产物。对于某一个既定的目的产物来说，生成它所消耗的原料量在全部反应掉的原料量中所占的比率称为选择性，因此，选择性总是针对某一产物而言。

$$选择性 = \frac{生成某目的产物所消耗原料量}{反应掉的原料量} \times 100\% \quad (7\text{-}3)$$

从选择性可以看出，它是主反应在整个反应中所占的百分比，如果选择性较差，说明副产物较多，目的产物产量减少，因此一般希望选择性越高越好。原料量的单位用质量（克、千克、吨）或物质的量（摩尔）表示。

(3) 收率

在化工生产中，仅仅是选择性高并不意味着生产过程就一定经济合理，选择性高，只能说明反应过程的副反应很少。但如果投入的原料量只有很少一部分进行了反应，大部分并未发生转化，则设备的利用率，即单位时间的生产能力很低，企业的经济效益不高。只有综合考虑转化率和选择性，才有助于确定合理的工艺指标。单程收率的定义就是第一次通过反应转化为目的产物的原料量占原料投入总量的百分比。

$$单程收率 = \frac{生成某目的产物所消耗的原料量}{进入反应器的原料量} \times 100\% \quad (7\text{-}4)$$

对于没有原料循环利用的生产过程，单程收率就是一般意义上的收率。在有未反应原料循环进入反应器的生产过程，除单程收率，还常用总收率来表示反应效果，总收率以投入的新鲜原料为计算基础，在系统中的循环原料不计入，因此总收率总是大于或等于单程收率。

$$总收率 = \frac{生成某目的产物所消耗的原料量}{进入反应器的新鲜原料量} \times 100\% \quad (7\text{-}5)$$

计算收率时原料量的单位用质量（克、千克、吨）或物质的量（摩尔）表示。

收率是对反应效果的综合反映，收率高表示反应效果佳，获得的目的产物多，未反应原料的回收量少，副产物也少，有利于产品分离系统的操作，对减少原料消耗和能耗都有利，标志着工艺过程既经济又合理。

（4）转化率、选择性和收率的相互关系

转化率、选择性和收率三者中的其中两个是独立的，当它们都用摩尔为单位时，三者之间的关系可表示如下：

$$转化率 \times 选择性 = 收率 \tag{7-6}$$

影响反应转化率和选择性的因素一般有催化剂和反应工艺条件（如原料组成、反应温度、压力、反应停留时间等），对于每一个反应过程都有它的最佳的转化率和选择性指标。

当反应原料有多种时，不同的原料有不同的转化率，一般着重考虑最主要、最昂贵的原料。相应的，反应产物一般也不止一种，每种产物的选择性与收率也不相同，通常最重视的是装置生产目的产物的选择性和收率，但有时根据需要，也要相应计算副产物的选择性和收率。

7.2 物料衡算

7.2.1 一般反应过程的物料衡算

物料衡算是化工计算中最基本、最重要的内容之一，它是进行化工过程的设计、过程的经济评估、过程的控制以及过程的最优化的基础。

物料衡算的基础是质量守恒定律，在一个衡算体系范围和一定的时间间隔内，必定存在如下物料质量的平衡关系（不是体积或物质的量的平衡）。

$$体系中的物料积累 = 进入体系的物料 - 离开体系的物料 +$$
$$体系内产生的物料 - 体系内消耗的物料 \tag{7-7}$$

当系统内没有物料产生和消耗时，式(7-7) 简化为：

$$体系中的物料积累 = 进入体系的物料 - 离开体系的物料 \tag{7-8}$$

对于稳定的连续反应过程，系统内积累的物料量为零，式(7-8) 进一步简化为：

$$进入体系的物料 = 离开体系的物料 \tag{7-9}$$

一般将计算方法分为直接求解法、元素衡算法、结点法、联系物法等。具体采用何种方法，要根据题意和要求，采用最便捷、最简单的方法。

例 7-1 以燃烧乙烷提供烟道气。已知为使乙烷充分燃烧，供入空气需过量 50%，问每产生 100kmol 烟道气（湿气）所需要的乙烷量和空气量，并做物料衡算表。

解：首先写出乙烷充分燃烧的化学反应式：

$$C_2H_6 + 3.5O_2 \xrightarrow{\text{充分燃烧}} 2CO_2 + 3H_2O$$

画出乙烷燃烧过程的工艺示意（见图 7-1）。本题按照选择计算基准不同，有多种解法。

解法 Ⅰ：选择 1kmol 乙烷为计算基准，直接求算。

充分燃烧 1kmol 乙烷需要供给 O_2 量：$1 \times 3.5 \times 150\% = 5.25$（kmol）

即需要空气量：$5.25/0.21 = 25$（kmol）

其中含 N_2 量：$25 - 5.25 = 19.75$（kmol）（燃烧前后 N_2 量不变）

图 7-1 乙烷燃烧过程示意

燃烧后产生的 CO_2 量：$1 \times 2 = 2$（kmol）

燃烧后产生的 H_2O 量：$1 \times 3 = 3$（kmol）

剩余的 O_2 量：$5.25 - 1 \times 3.5 = 1.75$（kmol）

计算出充分燃烧 1kmol 乙烷产生的烟道气总量：$19.75 + 2 + 3 + 1.75 = 26.5$（kmol）。列出以 1kmol 乙烷为计算基准的计算结果，见表 7-1。

表 7-1 以 1kmol 乙烷为计算基准的物料衡算

物料名称	摩尔质量 /(kg/kmol)	进料		出料	
		kmol	kg	kmol	kg
C_2H_6	30	1	30	—	—
O_2	32	5.25	168	1.75	56
N_2	28	19.75	553	19.75	553
CO_2	44	—	—	2	88
H_2O	18	—	—	3	54
总计		26	751	26.5	751

按照题意要求是要计算出每产生 100kmol 烟道气（湿气）需要的乙烷量和空气量。进行如下换算：

乙烷量：$100/26.5 = 3.77$（kmol）

空气量：$3.77 \times 25 = 94.34$（kmol）

将表 7-1 中各数值乘以 3.77，就得到如表 7-2 所示的计算结果。

表 7-2 产生 100kmol 烟道气的物料衡算

物料名称	摩尔质量 /(kg/kmol)	进料		出料	
		kmol	kg	kmol	kg
C_2H_6	30	3.77	113.21	—	—
O_2	32	19.81	633.96	6.60	211.32
N_2	28	74.53	2086.79	74.53	2086.79
CO_2	44	—	—	7.55	332.08
H_2O	18	—	—	11.32	203.77
总计		98.11	2833.96	100	2833.96

解法Ⅱ：选择 100kmol 空气为计算基准，直接求算。

100kmol 空气中含 O_2 21kmol，含 N_2 79kmol。

则乙烷量为：$21/(3.5 \times 150\%) = 4$（kmol），消耗氧气量为：$4 \times 3.5 = 14$（kmol），据此进行物料衡算，结果见表 7-3。

表 7-3　以 100kmol 空气为计算基准的物料衡算

物料名称	摩尔质量/(kg/kmol)	进料		出料	
		kmol	kg	kmol	kg
C_2H_6	30	4	120	—	—
O_2	32	21	672	7	224
N_2	28	79	2212	79	2212
CO_2	44	—	—	8	352
H_2O	18	—	—	12	216
总计		104	3004	106	3004

将表 7-3 中的各计算数值乘以 100/106，就可以得到符合题意要求的，与表 7-2 中数值相同的物料衡算表。

解法Ⅲ：选择 100kmol 烟道气为计算基准，采用元素平衡法求算。因不知烟道气的各组分含量比例，根据燃烧前后各化学元素平衡的原则，列出元素平衡方程式。n 表示物质的量，如 $n(C_2H_6)$ 表示 C_2H_6 的物质的量，$n(CO_2)$ 表示 CO_2 的物质的量，$n(O_2,$ 烟道气$)$ 表示烟道气中含有的 O_2 的物质的量，其余以此类推。

按照 C 元素平衡：$2n(C_2H_6)=n(CO_2)$

按照 H 元素平衡：$3n(C_2H_6)=n(H_2O)$

按照 O 元素平衡：$0.21n(空气)=n(O_2,烟道气)+n(CO_2)+1/2n(H_2O)$

按照 N 元素平衡：$0.79n(空气)=n(N_2)$

按照烟道气组成：$n(O_2,烟道气)+n(N_2)+n(CO_2)+n(H_2O)=100kmol$

过剩空气中含 O_2 量：$n(O_2,烟道气)=0.21n(空气)\times50\%/150\%$

上述 6 个方程式，含有 $n(C_2H_6)$、$n(空气)$、$n(N_2)$、$n(O_2,$ 烟道气$)$、$n(CO_2)$、$n(H_2O)$ 6 个未知数，进行方程式联解，得：

$n(C_2H_6)=3.77$（kmol）　　$n(空气)=94.34$（kmol）

$n(N_2)=74.54$（kmol）　　$n(O_2,烟道气)=6.60$（kmol）

$n(CO_2)=7.55$（kmol）　　$n(H_2O)=11.32$（kmol）

以上列举了三种计算方法，其差别就在于选择的计算基准不同。解法Ⅰ和解法Ⅱ的基准都是选择了参加反应的一种原料的量，得到了不同的衡算结果，但各物料之间的比值是相同的，计算过程都比较简便。解法Ⅲ选择了直接按照题目要求选择产物的量为计算基准，需列出 6 个方程式联解 6 个未知数，计算过程比较复杂，不可取。

例 7-2　以甲烷和氢气组成的混合气体燃料，在燃烧器中通入空气进行燃烧产生的烟道气，已知所得烟道气的组成见表 7-4（干基，不含水）。

表 7-4　烟道气的组分和浓度

烟道气组分	N_2	O_2	CO_2	合计
$\varphi/\%$	83.4	11.3	5.3	100

求：①混合燃料气的组成，以体积分数（$\varphi/\%$）表示；②进料中混合燃料气与空气的配比；③空气过剩系数。

解：（1）首先写出混合燃料气燃烧反应方程式：

$$CH_4 + 2O_2 \xrightarrow{燃烧} CO_2 + 2H_2O$$

$$H_2 + 1/2 O_2 \xrightarrow{燃烧} H_2O$$

（2）画出燃烧示意图（见图 7-2）：

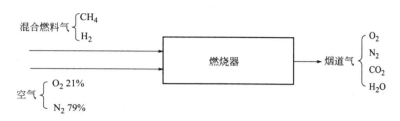

图 7-2　甲烷和氢气组成的混合气体燃烧示意

本题目是测得混合燃料气燃烧后所得烟道气的组成，据此对进料中混合燃料气的组成及与空气的进料配比进行计算，因进入燃烧器的燃料气和空气量均为未知，因此选择烟道气的量为计算基准比较恰当。

（3）选择 100kmol 烟道气（干基）为计算基准，则烟道气（干基）中各组分的量为：

$n(N_2) = 83.4$（kmol），$n(O_2) = 11.3$（kmol），$n(CO_2) = 5.3$（kmol）

（4）根据燃烧反应方程式，对混合燃料气各组分进行计算：

$n(CH_4) = n(CO_2) = 5.3$（kmol）

$n(O_2) = n(N_2) \times (21\%/79\%) = 83.4 \times (21\%/79\%) = 22.17$（kmol）

燃烧反应实际耗 O_2 量：输入－输出 $= 22.17 - 11.3 = 10.87$（kmol）

H_2 燃烧耗 O_2 量：O_2 总耗量－CH_4 燃烧耗 O_2 量 $= 10.87 - 2 \times 5.3 = 0.27$（kmol）

$n(H_2) = 2 \times 0.27 = 0.54$（kmol）

在产生干烟道气（干基）的同时，生成 H_2O 量为：

$n(H_2O) = 2n(CH_4) + n(H_2) = 2 \times 5.3 + 0.54 = 11.14$（kmol）

（5）将计算结果列入表 7-5。

表 7-5　甲烷和氢气混合燃料气燃烧的物料衡算

物料名称	摩尔质量/(kg/kmol)	进料		出料	
		kmol	kg	kmol	kg
CH_4	16	5.3	84.8	—	—
H_2	2	0.54	1.08	—	—
N_2	28	83.4	2335.2	83.4	2335.2
O_2	32	22.17	709.44	11.3	361.6
CO_2	44	—	—	5.3	233.2
H_2O	18	—	—	11.14	200.52
总计		111.41	3130.52	111.14	3130.52

（6）混合燃料气量为：$n(CH_4) + n(H_2) = 5.3 + 0.54 = 5.84$（kmol）

进入燃烧器的空气量：$n(N_2) + n(O_2) = 83.4 + 22.17 = 105.57$（kmol）

解答题目的问题：

① 混合燃料气的组成（$\varphi/\%$）：

$$\varphi(CH_4)=(5.3/5.84)\times100\%=90.75\%$$

$$\varphi(H_2)=(0.54/5.84)\times100\%=9.25\%$$

② 进料中混合燃料气与空气的配比为：

$$\frac{混合燃烧气}{空气}=5.84/105.57=1/18.07=0.0553$$

③ 空气过剩系数：

$$\alpha=\frac{进入燃料器的空气量}{燃烧时消耗的空气量}=[105.57/(10.87/0.21)]\times100\%=2.04$$

例 7-3 乙烯与苯烃化反应生产乙苯。已知：

① 原料气组成（$\varphi/\%$）：C_2H_4 98%，CH_4 和 H_2 各 1%；设苯纯度为 100%，进反应器原料配比：$n(乙烯):n(苯)=0.55:1$；

② 化学反应式为：

主反应

副反应

③ 反应后的烃化液相产物组成（$w/\%$）为：苯 50%，乙苯 38%，二乙苯 12%。

求：①乙烯和苯的转化率，乙苯的选择性；②对该反应过程做物料衡算。

解：（1）画出苯和乙烯烃化反应制备乙苯反应过程的示意图（见图 7-3）。

图 7-3　苯和乙烯烃化反应制备乙苯反应过程工艺示意

（2）选择计算基准：选择 C_6H_6 进料量 100kmol/h 为基准，则 C_2H_4 进料量为：

$$0.55\times100=55\ (kmol/h)$$

CH_4 和 H_2 进料量分别为：$55\times1\%/98\%=0.56$（kmol/h）

（3）因计算基准是 C_6H_6 进料量 100kmol/h，为简化计算过程，需将烃化产物组成由质量分数（$w/\%$）换算为摩尔分数（$\varphi/\%$），见表 7-6。

表 7-6　烃化产物组成由 $w/\%$ 换算为 $\varphi/\%$ 结果

组分/摩尔质量(kg/kmol)	苯/78	乙苯/106	二乙苯/134	合计
$w/\%$	50	38	12	100
$\varphi/\%$	58.86	32.92	8.22	100

由化学反应式可看出，生成乙苯和二乙苯的物质的量与苯消耗的物质的量相等，如不考虑损耗，反应烃化产物也应该为 100kmol/h。

（4）根据题意计算：

苯的转化率＝[（100－58.86％×100)/100]×100％＝41.14％

乙烯的转化率＝[（32.92％×100＋8.22％×100×2)/55]×100％＝89.75％

乙苯的选择性＝[32.92×100/（41.14×100)]×100％＝80.00％

（5）根据计算结果，列出物料衡算表，见表 7-7。

表 7-7　苯烃化生产乙苯的物料衡算

物料名称	摩尔质量/(kg/kmol)	进料		出料			
				烃化液相产物		尾气	
		kmol	kg	kmol	kg	kmol	kg
C_6H_6	78	100	7800	58.86	4591.08	—	—
C_2H_4	28	55	1540	—	—	5.64	157.92
$C_6H_5(C_2H_5)$	106	—	—	32.92	3489.52	—	—
$C_6H_4(C_2H_5)_2$	134	—	—	8.22	1101.48	—	—
CH_4	16	0.56	8.96	—	—	0.56	8.96
H_2	2	0.56	1.12	—	—	0.56	1.12
小计		156.12	9350.08	100	9182.08	6.76	168
合计		156.12	9350.08	106.76kmol，9350.08kg			

例 7-4　以甲醇为原料制备甲醛，反应物及生成物均为气态，氧化剂为空气，空气进料量过量 50％，甲醇单程转化率为 80％，转化的甲醇有 90％消耗于主反应，另 10％消耗于完全氧化，试对反应过程做物料衡算。

解：甲醇氧化制备甲醛的化学反应式为：

$$CH_3OH+\frac{1}{2}O_2 \xrightarrow{\text{氧化反应}} HCHO+H_2O$$

$$CH_3OH+\frac{3}{2}O_2 \xrightarrow{\text{完全氧化副反应}} CO_2+2H_2O$$

绘制甲醇氧化制备甲醛反应过程的工艺示意图（见图 7-4）。

图 7-4　甲醇氧化制备甲醛反应过程示意

选择计算基准：选择 1kmol CH_3OH 为基准，做物料衡算。

① CH_3OH 量　反应消耗：1×0.8＝0.8（kmol），未反应输出量：1－0.8＝0.2（kmol）

② O_2 量　反应消耗：1/2×1×0.8×0.9（主反应）＋3/2×1×0.8×（1－0.9）（副反应)＝0.48（kmol）

反应需输入：0.48×1.5＝0.72（kmol）

过量 O_2 输出：0.72－0.48＝0.24（kmol）

③ N_2 量　输入＝输出，0.72×79/21＝2.71（kmol）

④ HCHO 量　反应生成：1×0.8×0.9＝0.72（kmol）

⑤ H_2O 量　反应生成：$1\times1\times0.8\times0.9$（主反应）$+2\times1\times0.8\times(1-0.9)$（副反应）$=$ 0.88 （kmol）

⑥ CO_2 量　反应生成：$1\times1\times0.8\times(1-0.9)$（副反应）$=0.08$ （kmol）

最后将计算结果列于表中，见表 7-8。

表 7-8　以 1kmol CH_3OH 为计算基准的物料衡算

物料名称	摩尔质量 /(kg/kmol)	进料		出料	
		kmol	kg	kmol	kg
CH_3OH	32	1	32	0.2	6.4
HCHO	30	—	—	0.72	21.6
O_2	32	0.72	23.04	0.24	7.68
N_2	28	2.71	75.88	2.71	75.88
H_2O	18	—	—	0.88	15.84
CO_2	44	—	—	0.08	3.52
总计		4.43	130.92	4.83	130.92

例 7-5　某装置由乙烷为原料经热裂解生产乙烯，已知原料乙烷的组成见表 7-9。

表 7-9　原料乙烷的组成

原料乙烷组分	C_2H_6	CH_4	合计
摩尔分数/%	99	1	100

裂解反应后产生的裂解产物除了气态的裂解气外，还有少量的高聚物、焦、炭等，数量折合为每立方米裂解气含炭量 21g。

已知裂解气体组成见表 7-10。

表 7-10　裂解气体组成

裂解气组分	H_2	CH_4	C_2H_2	C_2H_4	C_2H_6	合计
摩尔分数/%	37.2	4.53	0.18	33.08	25.01	100

求：①气体膨胀率；②乙烷的转化率；③乙烯的选择性和收率。

解：烃类热裂解时有多种裂解、脱氢、缩合、生炭等反应发生，因此裂解产物是一种多组分气体的混合物，常称为裂解气。

（1）乙烷裂解生产乙烯的反应工艺示意图如图 7-5 所示。

图 7-5　乙烷裂解生产乙烯反应过程示意

（2）设进料乙烷原料气 n（原料气）$=100$mol，经裂解产生的裂解气为 n（裂解气）。

经过反应组分有了改变，但反应前后的 C 原子数是相等的，所以可以用 C 原子数平衡的思路来求出裂解气中各组分的含量。

原料气中所含 C 原子物质的量为原料组分 CH_4 和 C_2H_6 所含 C 原子物质的量之和：

CH_4 中所含 C 原子物质的量：$100 \times 1\% \times 1 = 1(mol)$

C_2H_6 中所含 C 原子物质的量：$100 \times 99\% \times 2 = 198(mol)$

原料气中所含 C 原子物质的量：$1 + 198 = 199(mol)$

裂解气中所含 C 原子物质的量为裂解气中各组分所含 C 原子物质的量之和：

CH_4 中所含 C 原子物质的量：$n(裂解气) \times 4.53\% \times 1 = 0.0453n(裂解气)$

C_2H_2 中所含 C 原子物质的量：$n(裂解气) \times 0.18\% \times 2 = 0.0036n(裂解气)$

C_2H_4 中所含 C 原子物质的量：$n(裂解气) \times 33.08\% \times 2 = 0.6616n(裂解气)$

C_2H_6 中所含 C 原子物质的量：$n(裂解气) \times 25.01\% \times 2 = 0.5002n(裂解气)$

焦炭中所含 C 原子物质的量：$n(裂解气) \times [(21 \times 22.4)/12]/1000) = 0.0392n(裂解气)$

裂解产物中所含 C 原子物质的量：

$$(0.0453 + 0.0036 + 0.6616 + 0.5002 + 0.0392)n(裂解气) = 1.2499n(裂解气)$$

反应前 C 原子物质的量＝反应后 C 原子物质的量，就有：

$$199 = 1.2499n(裂解气)$$

解得
$$n(裂解气) = 159.21 \ (mol)$$

（3）据此计算出裂解气各组分的物质的量：

$n(H_2)$：$159.21 \times 37.2\% = 59.23 \ (mol)$

$n(CH_4)$：$159.21 \times 4.53\% = 7.21 \ (mol)$

$n(C_2H_2)$：$159.21 \times 0.18\% = 0.29 \ (mol)$

$n(C_2H_4)$：$159.21 \times 33.08\% = 52.67 \ (mol)$

$n(C_2H_6)$：$159.21 \times 25.01\% = 39.82 \ (mol)$

$n(C)$：$159.21 \times 0.0392 = 6.24 \ (mol)$

（4）气体膨胀率＝$n(裂解气)/n(原料气) = 159.21/100 = 1.592$

乙烷的转化率＝$[(99 - 39.82)/99] \times 100\% = 59.78\%$

乙烯的选择性＝$[52.67/(99 - 39.82)] \times 100\% = 89.00\%$

乙烯的收率＝$59.78\% \times 89.00\% = 53.20\%$

最后根据计算结果，列出乙烷裂解生产乙烯的物料衡算表（见表 7-11）。

表 7-11　乙烷裂解生产乙烯的物料衡算

物 料 名 称	摩尔质量 /(kg/kmol)	进　　料		出　　料	
		mol	g	mol	g
H_2	2	—	—	59.23	118.46
CH_4	16	1	16	7.21	115.36
C_2H_2	26	—	—	0.29	7.54
C_2H_4	28	—	—	52.67	1474.76
C_2H_6	30	99	2970	39.82	1194.60
C	12	—	—	6.24	74.89
总计		100	2986	165.46	2986

7.2.2 具有循环过程的物料衡算

在化工生产中，很多反应过程由于受到热力学因素限制，转化率很低，如乙烯直接水合制乙醇的反应，乙烯的单程转化率只有 5% 左右；再如乙苯脱氢制苯乙烯的反应，乙苯的转化率也只有 60% 左右。有些反应则由于主副反应竞争激烈，必须采用高空速以控制转化率来提高选择性的生产方法，例如乙烯氧化制环氧乙烷的过程，乙烯的单程转化率只有 30% 左右，乙烷热裂解制乙烯的单程转化率约 60%。在这种单程转化率较低的情况下，有大量的原料未参加反应。工业生产中为了提高原料的利用率，降低原料单耗，必须将未反应的原料循环使用，提高原料的总转化率，提高生产技术经济指标。

具有循环过程的物料衡算方法可以归纳为：

① 写出化学反应式并配平；

② 画出物料衡算方框图，并标明各种物料；

③ 以方程的方式列出各节点的物料衡算关系；

④ 解出方程组；

⑤ 根据题意解答。

图 7-6 表示有循环过程的物料衡算示意图。

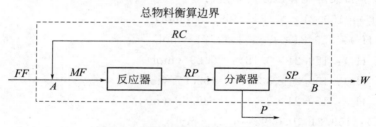

图 7-6 有循环过程的物料衡算示意

图中，FF 为新鲜原料量；MF 为进反应器的原料量；RP 为反应产物量；P 为分离后的液相产物量；SP 为分离后的气相产物量；W 为放空气体量；RC 为循环气相物料量；A、B 分别为进料和出料节点。

在稳定操作的状态下，循环物料始终以不变的组成和数量在反应系统中循环，依据质量守恒定律，各物流有如下关系式：

对于物料输入口节点 A：$FF + RC = MF$ ⎫
对于物料输出口节点 B：$RC + W = SP$ ⎬ 无反应过程，物质的量相等
对于分离器：$RP = P + SP$
$= P + RC + W$ ⎭

对于整个过程：$FF = P + W$ ⎫
对于反应器：$MF = RP$ ⎬ 有反应过程，质量相等

以上关系式中，SP、RC 和 W 的组成是相同的。

对于物料中的某一组分上述质量守恒关系式也成立。如在加氢反应中，反应物 H_2 的量就遵守质量守恒定律：

$$X_{FF,H_2} \times FF + X_{RC,H_2} \times RC = X_{MF,H_2} \times MF$$

式中，X_{FF,H_2}、X_{RC,H_2} 和 X_{MF,H_2} 分别为 FF、RC 和 MF 中所含 H_2 的百分数，可以是质量分数，也可以是摩尔分数（气相物料同体积分数）。

很显然，在有循环的反应体系中，对于反应原料转化率的计算式应该是：

$$单程转化率 = \frac{MF \times X_{MF原料} - RP \times X_{RP原料}}{MF \times X_{MF原料}} \times 100\% \qquad (7\text{-}10)$$

$$总转化率 = \frac{MF \times X_{MF原料} - RP \times X_{RP原料}}{FF \times X_{FF原料}} \times 100\% \qquad (7\text{-}11)$$

相应地，对于反应目的产物收率的计算式应该是：

$$单程收率 = \frac{生成目的产物消耗的原料量}{MF \times X_{MF原料}} \times 100\% \qquad (7\text{-}12)$$

$$总收率 = \frac{生成目的产物消耗的原料量}{FF \times X_{FF原料}} \times 100\% \qquad (7\text{-}13)$$

在有循环的反应体系中，循环比是一个重要的参数。循环比的大小与单程转化率控制有关。在没有特别说明的情况下，一般循环比是指循环物料与新鲜原料的用量比（可以是质量比或者是摩尔比，对于混合物料，采用质量比比较方便）即 RC/FF，但有时也有其他的表示方法，如 RC/MF、RC/W、RC/P 等。由于表示方法不同，循环比的数值也不同，这一点在计算时要注意。如 $RC/FF = 9$ 时，$RC/MF = 9/10$。当无液相产物时（$P \approx 0$），$RC/FF = RC/W$，当气相产物忽略不计时（$W \rightarrow 0$），$RC/FF = RC/P$。

对于大多数具有循环的反应过程，由于使用的原料纯度不可能是 100%，或多或少会带入一些杂质，如惰性气体；也有些反应过程中会有副反应发生，生成了一些不易与原料分离的惰性副产物。为保证反应系统中物料组成稳定，避免反应系统中惰性物质的积累，生产中往往采用将循环物料放空一部分的操作方法。

例 7-6　由乙烯空气氧化生产环氧乙烷。已知：①新鲜原料气中，n（乙烯）：n（空气）= 1:10；②乙烯的单程转化率为 40%；③经吸收器将环氧乙烷完全吸收，未反应的气相原料有 65% 循环返回反应器。

求：①乙烯的总转化率；②放空尾气量和尾气组成；③循环比 RC/FF；④对整个过程进行物料衡算。

解：（1）首先写出化学反应方程式：

$$CH_2{=}CH_2 + \frac{1}{2}O_2 \xrightarrow{\text{氧化反应}} H_2C\underset{O}{\diagdown\diagup}CH_2$$

（2）画出反应过程示意图，见图 7-7。

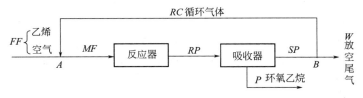

图 7-7　乙烯氧化生产环氧乙烷的物料衡算示意

（3）选取新鲜原料 FF 中 10kmol 乙烯为计算基准，则空气进料量为 100kmol，其中 O_2 量为 21kmol，N_2 量为 79kmol。

设：进入反应器的原料 MF 中乙烯量 n（乙烯）为 X，氧气量 n（氧气）为 Y；根据题意和各物料的关系，有表 7-12。

表 7-12 乙烯氧化生产环氧乙烷的各物料组成计算   单位：kmol

组分	FF	MF	RP	SP	RC	W	P
C_2H_4	10	X	$(1-0.4)X$ $=0.6X$	$0.6X$	$0.65\times0.6X$ $=0.39X$	$0.35\times0.6X$ $=0.21X$	—
O_2	21	Y	$Y-(0.4/2)X$	$Y-(0.4/2)X$	$0.65\times$ $[Y-(0.4/2)X]$	$0.35\times$ $[Y-(0.4/2)X]$	—
N_2	79	—	—	—	—	79	—
C_2H_4O	—	—	$0.4X$	—	—	—	$0.4X$

（4）解出 X 和 Y 的值：

$$X=MF_{C_2H_4}=FF_{C_2H_4}+RC_{C_2H_4}=10+0.39X$$
$$X=16.39(\text{kmol})$$
$$Y=MF_{O_2}=FF_{O_2}+RC_{O_2}=21+0.65\times[Y-(0.4/2)X]$$
$$Y=53.91(\text{kmol})$$

（5）将计算出的 X、Y 数值代入表 7-12，可得到表 7-13。

表 7-13 乙烯氧化生产环氧乙烷的各物料计算   单位：kmol

组分	FF	MF	RP	SP	RC	W	P
C_2H_4	10	16.39	9.83	9.83	6.39	3.44	—
O_2	21	53.91	50.63	50.63	32.91	17.72	—
N_2	79	—	—	—	—	79	—
C_2H_4O	—	—	6.56	—	—	—	6.56

（6）解答题目问题：

$$乙烯总转化率=\frac{MF_{乙烯}-RP_{乙烯}}{FF_{乙烯}}\times100\%$$
$$=[(16.39-9.83)/10]\times100\%=65.6\%$$

尾气组成为：$\varphi(W_{C_2H_4})=(W_{C_2H_4}/W)\times100\%=(3.44/100.16)\times100\%=3.43\%$

$$\varphi(W_{O_2})=(W_{O_2}/W)\times100\%=(17.72/100.16)\times100\%=17.69\%$$
$$\varphi(W_{N_2})=(W_{N_2}/W)\times100\%=(79/100.16)\times100\%=78.88\%$$

放空尾气量计算：

因为循环气体的组成与放空气体的组成相同，即 $\varphi(RC)=\varphi(W)$，所以：

$$RC=RC_{C_2H_4}/\varphi(W_{C_2H_4})=6.39/3.43\%=186.05\ (\text{kmol})$$

循环比：$RC/FF=186.05/110=1.69$

对整个过程做相应的物料衡算：

$$RC_{N_2}=RC-RC_{C_2H_4}-RC_{O_2}=186.05-6.39-32.91=146.75\ (\text{kmol})$$
$$MF_{N_2}=RC_{N_2}+FF_{N_2}=146.75+79=225.75\ (\text{kmol})$$

因为 N_2 不参与反应，在反应中不发生变化，所以：

$$MF_{N_2}=RP_{N_2}=SP_{N_2}$$

计算结果见表 7-14 和表 7-15。

表 7-14　乙烯氧化生产环氧乙烷的物料衡算（一）　　　　　单位：kmol

组分	摩尔质量/(kg/kmol)	输入物料		输出物料				
		FF	MF	RP	SP	RC	W	P
C_2H_4	28	10	16.39	9.83	9.83	6.39	3.44	—
O_2	32	21	53.91	50.63	50.63	32.91	17.72	—
N_2	28	79	225.75	225.75	225.75	146.75	79	—
C_2H_4O	44	—	—	6.56	—	—	—	6.56
小计		110	296.05	292.77	286.21	186.05	100.16	6.56

表 7-15　乙烯氧化生产环氧乙烷的物料衡算（二）　　　　　单位：kg

组分	摩尔质量/(kg/kmol)	输入物料		输出物料				
		FF	MF	RP	SP	RC	W	P
C_2H_4	28	280	458.92	275.24	275.24	178.92	96.32	—
O_2	32	672	1725.12	1620.16	1620.16	1053.12	567.04	—
N_2	28	2212	6321	6321	6321	4109	2212	—
C_2H_4O	44	—	—	288.64	—	—	—	288.64
合计		3164	8505.04	8505.04	8216.4	5341.04	2875.36	288.64
反应器物料平衡		8505.04	8505.04					
整个系统物料平衡		3164				3164		

例 7-7　以 Ni/Al_2O_3 为催化剂，苯加氢生产环己烷。反应温度为 180℃，压力 1.0MPa，氢气过量。

已知：

① 反应原料配比：n（氢气）：n（苯）＝20：1。

② 设苯的纯度 100%，转化率为 98%。

③ 原料氢气和循环氢气的组成见表 7-16。

表 7-16　原料氢气和循环氢气的组成（φ）　　　　　单位：%

组分	H_2	CH_4	CO	合计
原料氢气	95	4	1	100
循环氢气	85	15	—	100

④ 忽略副反应，忽略 H_2、CH_4 在液体产物中的溶解。反应中应避免水的存在，CO 会使催化剂中毒。

求：①H_2 的单程转化率和总转化率；②循环比 RC/FF；③氢气的放空损失量；④对整个过程进行物料衡算。

解：（1）首先写出化学反应方程式：

$$\text{〈苯〉} + 3H_2 \xrightarrow{Ni/Al_2O_3} \text{〈环己烷〉}$$

（2）画出反应过程示意图，见图 7-8。

（3）原料氢气预处理：本题的原料氢气中含有会使催化剂中毒的 CO，因此必须先除去

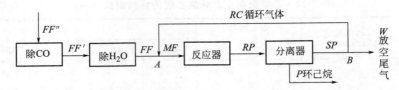

图 7-8 苯加氢生产环己烷的物料衡算示意

CO，采用甲烷化法脱除 CO，化学反应式为：

$$CO + 3H_2 \xrightarrow{\text{催化剂}} CH_4 + H_2O$$

在脱除的过程中又生成了 H_2O，根据题目要求需将 H_2O 除去，采用分子筛吸附方法脱除 H_2O。计算结果见表 7-17。

表 7-17　脱除了 CO 和 H_2O 的原料氢气组成（φ）　　　　　　单位：%

组分	H_2	CH_4	CO	H_2O	合计
原料氢气 FF''	95	4	1	—	100
除 CO 后 FF'	95−3=92	4+1=5	—	1	98
再除 H_2O 后 FF	92	5	—		97

计算出新鲜原料氢气（FF）中各组分的含量：

$$X_{FF,H_2} = (92/97) \times 100\% = 94.85\%, \quad X_{FF,CH_4} = (5/97) \times 100\% = 5.15\%$$

（4）设进入反应器的 n（苯）=100kmol，则进入反应器的 $n(H_2)$=2000kmol。根据题意苯的转化率为 98%，即

转化掉的苯量为：$100 \times 98\% = 98$（kmol）

转化掉的 H_2 量为：$3 \times 98 = 294$（kmol）

未转化掉的 H_2 量为：$2000 - 294 = 1706$（kmol）

（5）进行物料衡算：

以节点 A 对 H_2 进行衡算：$X_{FF,H_2} \times FF + X_{RC,H_2} \times RC = MF_{H_2}$　　　　（Ⅰ）

$$94.85\% FF + 85\% RC = 2000$$

以节点 B 对 H_2 进行衡算：$X_{RC,H_2} \times RC + X_{W,H_2} \times W = SP_{H_2} = RP_{H_2}$　　　（Ⅱ）

$$85\% RC + 85\% W = 1706$$

以整个系统对 CH_4 进行衡算：$X_{FF,CH_4} \times FF = P + X_{W,CH_4} W$　　　（Ⅲ）

$$5.15\% FF = 0 + 15\% W$$

联解上述三元一次方程组，得到：

$$FF = 447.72\text{kmol}; \quad RC = 1853.34\text{kmol}; \quad W = 153.72\text{kmol}$$

（6）解答题目问题：

① H_2 的单程转化率 $= \dfrac{MF_{H_2} - RP_{H_2}}{MF_{H_2}} \times 100\% = (294/2000) \times 100\% = 14.7\%$

总转化率 $= \dfrac{MF_{H_2} - RP_{H_2}}{FF_{H_2}} \times 100\% = \dfrac{294}{94.85\% \times 447.72} \times 100\% = 69.23\%$

② 气体循环比 $RC/FF = 1853.34/447.72 = 4.14$

③ 氢气的放空损失量 $= 85\% W = 0.85 \times 153.72 = 130.66$（kmol）

④ 对整个过程进行物料衡算，见表 7-18。

表 7-18　苯加氢生产环己烷的物料衡算

物料名称	摩尔质量/(kg/kmol)	进料 FF		出料			
				P		W	
		kmol	kg	kmol	kg	kmol	kg
H_2	2	424.66	849.32	—	—	130.66	261.32
CH_4	16	23.06	368.96	—	—	23.06	368.96
C_6H_6	78	100	7800	2	156	—	—
C_6H_{12}	84	—	—	98	8232	—	—
小计		547.72	9018.28	100	8388	153.72	630.28
合计		547.72	9018.28	253.72kmol，9018.28kg			

例 7-8　某乙苯脱氢制苯乙烯装置，生产能力为 2000t/a，开车时间为 8000h/a。已知生产数据（数据中百分含量均为质量分数）：

① 原料乙苯组成为 w(乙苯)＝99.9％，w(二甲苯)＝0.1％。

② 乙苯脱氢单程转化率为 38％，苯乙烯总收率为 90％，产品 w(苯乙烯)＝99.7％，苯乙烯在生产过程中的总损耗量占苯乙烯生成总量的 3.5％，乙苯总损耗量占新鲜乙苯量的 2％。

③ 循环乙苯组成为 w(乙苯)＝99.0％，w(苯乙烯)＝0.5％，w(甲苯)＝0.5％。

④ 稀释水蒸气与乙苯之比为 w(水)∶w(乙苯)＝1.8∶1，水蒸气在反应中消耗量为其总量的 0.7％。

⑤ 脱氢反应器出口产物除了乙苯、苯乙烯、水蒸气、二甲苯外，其余组成如表 7-19 所示。

表 7-19　乙苯脱氢制苯乙烯一些副产物组成

物料名称	H_2	CH_4	C_2H_4	CO	CO_2	苯	甲苯	焦油	合计
w/％	14.0	0.21	0.4	0.49	28.9	16.7	34.2	5.1	100

⑥ 脱氢反应器出口产物经冷凝器冷凝，忽略不凝气体 H_2、CH_4、C_2H_4、CO 和 CO_2 在液相产物中的溶解度，可冷凝组分在液相和气相中各自所占比例见表 7-20。

表 7-20　乙苯脱氢制苯乙烯产物经冷凝后在液相和气相中各自所占比例　　单位：％

液相组分	冷凝液	不凝气体	气相组分	冷凝液	不凝气体
乙苯	99.8	0.2	H_2	—	100
苯乙烯	99.7	0.3	CH_4	—	100
二甲苯	99.5	0.5	C_2H_4	—	100
水蒸气	99.97	0.03	CO	—	100
苯	95.5	4.5	CO_2	—	100
甲苯	98.8	1.2			
焦油	100	—			

⑦ 液相产物在油水分离器中分层为油相和水相，油相中有：苯、甲苯、二甲苯、乙苯、苯乙烯和焦油；水相中有：水、乙苯、苯乙烯、焦油；在操作条件下，乙苯和苯乙烯在水中的溶解度分别为 0.0217% 和 0.04%，焦油在油相和水相中的分配比为 3 : 2。

⑧ 原料带入反应体系的氧气和氮气忽略不计。

求：①乙苯的总转化率；②放空尾气量和尾气组成；③循环比 RC/FF；④分别对反应器、冷凝器和油水分离器进行物料衡算。

解：(1) 写出乙苯脱氢制苯乙烯反应的主副化学反应方程式。

主反应： ⌬—C_2H_5 $\xrightarrow{\text{加热、催化剂}}$ ⌬—C_2H_3 + H_2

副反应： ⌬—C_2H_5 + H_2 $\longrightarrow$ ⌬—CH_3 + CH_4

⌬—C_2H_5 $\longrightarrow$ ⌬ + C_2H_4

⌬—C_2H_5 $\longrightarrow$ 8C + 5H_2

⌬—C_2H_5 $\longrightarrow$ 7C + CH_4 + 3H_2

$C + O_2 \longrightarrow CO_2$

$C + \frac{1}{2}O_2 \longrightarrow CO$

(2) 画出乙苯脱氢制苯乙烯反应过程物料衡算示意图（见图 7-9）。

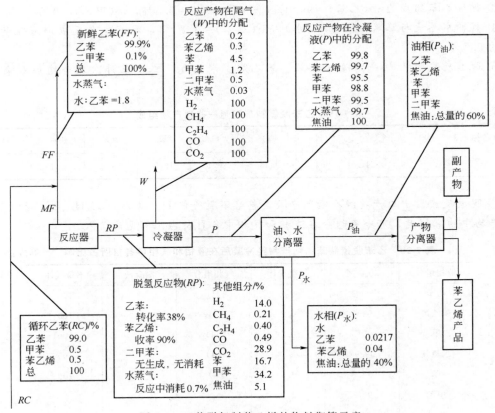

图 7-9 乙苯脱氢制苯乙烯的物料衡算示意

（3）物料衡算，选取每小时生产苯乙烯产品千克数为计算基准。

① 每小时苯乙烯生产量为：$2000 \times 1000/8000 = 250$（kg/h）

由于产品 w(苯乙烯)$=99.7\%$，因此每小时生产纯苯乙烯量为：

$$250 \times 99.7\% = 249.25 \text{（kg/h）}$$

② 进入反应系统的新鲜乙苯 FF：根据苯乙烯收率为 90%，苯乙烯在生产过程中的总损耗量占苯乙烯生成总量的 3.5%，乙苯总损耗量占新鲜乙苯量的 2% 的已知条件，计算出需要纯乙苯量为［式中 106 为乙苯摩尔质量（kg/kmol），104 为苯乙烯摩尔质量（kg/kmol）］：

$$FF_{乙苯} = 249.25 \times \frac{106}{104} \times \frac{1}{90\%} \times \frac{1}{1-0.035} \times \frac{1}{1-0.02} = 298.48 \text{（kg/h）}$$

原料中带入的二甲苯量为：$FF_{二甲苯} = 298.48 \times (0.1/99.9) = 0.30$（kg/h）

需要的新鲜乙苯量为：$FF = FF_{乙苯} + FF_{二甲苯} = 298.48 + 0.30 = 298.78$（kg/h）

③ 进入反应器的乙苯量 MF：根据乙苯脱氢转化率为 38%，苯乙烯在生产过程中的总损耗量占苯乙烯生成总量的 3.5% 的已知条件，计算出进入反应器的乙苯量为：

$$MF_{乙苯} = 249.25 \times \frac{106}{104} \times \frac{1}{38\%} \times \frac{1}{1-0.035} = 692.78 \text{（kg/h）}$$

④ 循环乙苯 RC：$RC_{乙苯} = MF_{乙苯} - FF_{乙苯} = 692.78 - 298.48 = 394.30$（kg/h）

根据循环乙苯的组成，其中甲苯和苯乙烯的量均为：

$$RC_{甲苯} = RC_{苯乙烯} = 394.30 \times (0.5/99) = 1.99 \text{（kg/h）}$$

则循环乙苯量：$RC = RC_{乙苯} + RC_{甲苯} + RC_{苯乙烯} = 394.30 + 2 \times 1.99 = 398.28$（kg/h）

⑤ 水蒸气量：$MF_{水蒸气} = 692.78 \times 1.8 = 1247.00$（kg/h）

⑥ 根据 $MF = RC + FF$，得到 MF 组成，见表 7-21。

表 7-21 乙苯脱氢反应器进料（MF）的各组分质量及质量分数

物料名称	乙苯	二甲苯	甲苯	苯乙烯	水	合计
m/(kg/h)	692.78	0.30	1.99	1.99	1247.00	1944.06
w/%	35.64	0.02	0.10	0.10	64.14	100

⑦ 反应器出料量（RP）及其组成计算：

$$RP_{乙苯} = 394.30 + 2\% \times 298.48 = 400.27 \text{（kg/h）}$$

$$RP_{苯乙烯} = 249.25 \times \frac{1}{1-0.035} = 258.29 \text{（kg/h）}$$

$$RP_{二甲苯} = FF_{二甲苯} = 0.30 \text{（kg/h）}$$

$$RP_{水蒸气} = 1247 \times (100-0.7)\% = 1238.27 \text{（kg/h）}$$

根据题意，出反应器的反应混合物 RP 中除 $RP_{苯乙烯}$、$RP_{乙苯}$、$RP_{二甲苯}$ 和 $RP_{水蒸气}$ 外，其他副产物总量为：

$$RP_{副产物} = 1944.06 - (RP_{苯乙烯} + RP_{乙苯} + RP_{二甲苯} + RP_{水蒸气})$$
$$= 1944.06 - (258.29 + 400.27 + 0.30 + 1238.27) = 46.93 \text{（kg/h）}$$

根据计算出的 $RP_{副产物}$ 和表 7-19 副产物的组成，计算出 RP 中各物质的量，如 H_2 的量 $RP_{H_2} = 46.93 \times 14.0\% = 6.57$（kg/h）。

对其余副产物组分也做相应计算，根据计算结果，列出乙苯脱氢反应器物料平衡表，见表 7-22。

表 7-22 乙苯脱氢反应器物料平衡

物料名称	反应器进料(MF) m/(kg/h)	反应器进料(MF) w/%	反应器出料(RP) m/(kg/h)	反应器出料(RP) w/%	物料名称	反应器进料(MF) m/(kg/h)	反应器进料(MF) w/%	反应器出料(RP) m/(kg/h)	反应器出料(RP) w/%
乙苯	692.78	35.64	400.27	20.59	H_2	—	—	6.57	0.34
苯乙烯	1.99	0.10	258.29	13.29	CH_4	—	—	0.099	0.005
二甲苯	0.30	0.02	0.30	0.015	C_2H_4	—	—	0.19	0.01
水蒸气	1247.00	64.14	1238.27	63.70	CO	—	—	0.23	0.012
甲苯	1.99	0.10	16.05	0.83	CO_2	—	—	13.56	0.70
苯	—	—	7.84	0.40	合计	1944.06	100	1944.06	100
焦油	—	—	2.39	0.12					

⑧ 冷凝器出料量及组成：冷凝器出料包括冷凝液体（P）和不凝气体（W）两部分，分别计算。在冷凝过程中，没有化学反应发生，$RP=P+W$，对于某一组分，该式也成立。

冷凝液：

$P_{乙苯}=X_{P,乙苯}\times RP_{乙苯}=99.8\%\times400.27=399.47$（kg/h）

$P_{苯乙烯}=X_{P,苯乙烯}\times RP_{苯乙烯}=99.7\%\times258.29=257.51$（kg/h）

$P_{二甲苯}=X_{P,二甲苯}\times RP_{二甲苯}=99.5\%\times0.30=0.296$（kg/h）

$P_{苯}=X_{P,苯}\times RP_{苯}=95.5\%\times7.84=7.49$（kg/h）

$P_{甲苯}=X_{P,甲苯}\times RP_{甲苯}=98.8\%\times16.05=15.86$（kg/h）

$P_{水}=X_{P,水}\times RP_{水}=99.97\%\times1238.27=1237.90$（kg/h）

$P_{焦油}=X_{P,焦油}\times RP_{焦油}=100\%\times2.39=2.39$（kg/h）

不凝气体：$W_{乙苯}=RP_{乙苯}-P_{乙苯}=400.27-399.47=0.80$（kg/h）

$W_{苯乙烯}=RP_{苯乙烯}-P_{苯乙烯}=258.29-257.51=0.78$（kg/h）

$W_{二甲苯}=RP_{二甲苯}-P_{二甲苯}=0.30-0.296=0.004$（kg/h）

$W_{苯}=RP_{苯}-P_{苯}=7.84-7.49=0.35$（kg/h）

$W_{甲苯}=RP_{甲苯}-P_{甲苯}=16.05-15.86=0.19$（kg/h）

$W_{水蒸气}=RP_{水蒸气}-P_{水}=1238.27-1237.90=0.37$（kg/h）

因忽略不凝气体 H_2、CH_4、C_2H_4、CO 和 CO_2 在液相产物中的溶解度，因此这些组分的 $W_X=RP_X$，根据计算结果，将冷凝器物料平衡列于表 7-23。

表 7-23 乙苯脱氢冷凝器物料平衡

物料名称	冷凝器进料(RP) m/(kg/h)	冷凝器进料(RP) w/%	冷凝液(P) m/(kg/h)	冷凝液(P) w/%	不凝气体(W) m/(kg/h)	不凝气体(W) w/%
乙苯	400.27	20.59	399.47	20.80	0.80	3.46
苯乙烯	258.29	13.29	257.51	13.41	0.78	3.37
二甲苯	0.30	0.015	0.296	0.015	0.004	0.02
水蒸气	1238.27	63.70	1237.9	64.44	0.37	1.60
苯	7.84	0.83	7.49	0.39	0.35	1.51
甲苯	16.05	0.40	15.86	0.83	0.19	0.82
焦油	2.39	0.12	2.39	0.12	—	—
H_2	6.57	0.34	—	—	6.57	28.39
CH_4	0.099	0.005	—	—	0.099	0.43

续表

物料名称	冷凝器进料(RP)		冷凝器出料($P+W$)			
	$m/(kg/h)$	$w/\%$	冷凝液(P)		不凝气体(W)	
			$m/(kg/h)$	$w/\%$	$m/(kg/h)$	$w/\%$
C_2H_4	0.19	0.01	—	—	0.19	0.82
CO	0.23	0.012	—	—	0.23	0.99
CO_2	13.56	0.70	—	—	13.56	58.60
合计	1944.06	100	1920.916	100	23.143	100

⑨ 油水分离器物料衡算　冷凝液在油水分离器中分层，上层为油相（$P_油$），组分有：苯、甲苯、二甲苯、乙苯、苯乙烯；下层为水相，大部分是冷凝下来的水，其中含有少量溶解在水中的乙苯和苯乙烯；焦油以 3:2 的比例分配在油相和水相中。

水相（$P_水$）：$P_{水,水} = P_水 = 1237.90$ （kg/h）

$$P_{水,乙苯} = 0.0217\% P_水 = 0.0217\% \times 1237.90 = 0.269 \text{ (kg/h)}$$

$$P_{水,苯乙烯} = 0.04\% P_水 = 0.04\% \times 1237.90 = 0.495 \text{ (kg/h)}$$

$$P_{水,焦油} = 40\% P_{焦油} = 40\% \times 2.39 = 0.956 \text{ (kg/h)}$$

油相（$P_油$）：$P_{油,乙苯} = P_{乙苯} - P_{水,乙苯} = 399.47 - 0.269 = 399.201$ （kg/h）

$$P_{油,苯乙烯} = P_{苯乙烯} - P_{水,苯乙烯} = 257.51 - 0.495 = 257.015 \text{ (kg/h)}$$

$$P_{油,焦油} = 60\% P_{焦油} = 60\% \times 2.39 = 1.434 \text{ (kg/h)}$$

因水相中无苯、甲苯、二甲苯，所以冷凝液中这三种组分的量均在油相中。

根据计算结果，将油水分离器物料平衡列于表 7-24。

表 7-24　乙苯脱氢油水分离器物料平衡

物料名称	油水分离器进料(P)		油水分离器出料($P_水 + P_油$)			
	$m/(kg/h)$	$w/\%$	水相($P_水$)		油相($P_油$)	
			$m/(kg/h)$	$w/\%$	$m/(kg/h)$	$w/\%$
乙苯	399.47	20.80	0.269	0.02	399.201	58.60
苯乙烯	257.51	13.41	0.495	0.04	257.015	37.72
水蒸气	1237.9	64.44	1237.9	99.86	—	—
焦油	2.39	0.12	0.956	0.08	1.434	0.21
二甲苯	0.30	0.01	—	—	0.30	0.04
苯	7.49	0.39	—	—	7.49	1.10
甲苯	15.86	0.83	—	—	15.86	2.33
合计	1920.92	100	1239.62	100	681.30	100

⑩ 回答题目问题：

$$乙苯的总转化率 = \frac{MF_{乙苯} - RP_{乙苯}}{FF_{乙苯}} \times 100\% = \frac{692.78 - 400.27}{298.48} \times 100\% = 98.0\%$$

放空尾气量 $W = 23.143$ kg/h，尾气组成见表 7-23。

循环比 $RC/FF = 398.28/298.78 = 1.333$

对反应器、冷凝器和油水分离器进行物料衡算见表 7-22～表 7-24。

7.3 **热量衡算**

7.3.1 热量衡算式

根据能量守恒定律，进出系统的能量衡算式为：

$$\sum Q_入 - (\sum Q_出 + \sum Q_损) = \sum Q_{积累} \tag{7-14}$$

对一个稳定的连续反应过程来讲，系统中能量的积累为零，能量衡算式为：

$$\sum Q_入 = \sum Q_出 + \sum Q_损 \tag{7-15}$$

对一个化学反应进行热量衡算，热量平衡方程的具体形式为：

$$Q_1 + Q_2 + Q_3 = Q_4 + Q_5 + Q_6 \tag{7-16}$$

式中，Q_1 为物料带入系统的热量；Q_2 为介质传入系统的热量，Q_2 值为正，表示向系统供给热量，Q_2 值为负，表示从系统取出热量；Q_3 为反应过程的热效应，Q_3 值为正，表示过程是放热反应，Q_3 值为负，过程是吸热反应；Q_4 为反应产物带出系统的热量；Q_5 为加热设备各部分所消耗的热量；Q_6 为热损失。

在不考虑能量转换而只计算热量的变化时，热量衡算也就是计算在指定的条件下反应过程的焓变。根据热力学原理，化学反应过程的焓变可通过如图 7-10 所示的途径求取。

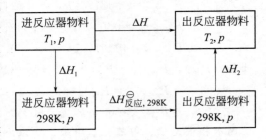

图 7-10 反应过程总焓变计算示意

$$\Delta H = \Delta H_1 + \Delta H_2 + \Delta H_{反应,298K}^{\ominus} \tag{7-17}$$

式中，ΔH 为反应过程的总焓变；ΔH_1 为进反应器物料在等压变温过程中的焓变和有相变化时的焓变；

$$\Delta H_1 = \int_{T_1}^{298} \sum_{i=1}^{n} M_i c_{p,i} \, \mathrm{d}T + \sum_{i=1}^{n} M_i \Delta H_i \tag{7-18}$$

ΔH_2 为出反应器物料在等压变温过程中的焓变和有相变化时的焓变；

$$\Delta H_2 = \int_{298}^{T_2} \sum_{i=1}^{m} M'_i c'_{p,i} \, \mathrm{d}T + \sum_{i=1}^{m} M'_i \Delta H'_i \tag{7-19}$$

$\sum \Delta H_{反应,298K}^{\ominus}$ 为标准状态下反应热总和，包括主反应和副反应。

式中，M_i，M'_i 分别为进、出反应器物料 i 的物质的量；$c_{p,i}$，$c'_{p,i}$ 分别为进、出反应器物料 i 的等压摩尔热容；ΔH_i、$\Delta H'_i$ 分别为进、出反应器物料 i 的相变热。

7.3.2 热量衡算基本步骤

① 建立以单位时间为基准的物料衡算表。物料衡算是热量衡算的基础，先进行物料衡算，最终做出物料衡算表，即可作为进行热量衡算的依据，计算时以单位时间为基准比较方便。

② 选定计算基准温度和相态。一般基准温度是人为选定的，基准温度可以选 273K，也可以选 298K，或者其他温度。因为从文献上查到的热力学数据大多数是 298K 的数据，故选 298K 为温度基准在计算时比较方便。在计算时注意要确定基准相态。

③ 在热量计算过程中，需要查找计算必须要用到的各种热力学数据。热量衡算中最常用的热力学数据，主要是比热容、焓、化学反应热和相变热。

例 7-9 有某 SO_2 部分氧化制备 SO_3 的氧化反应器，已知条件：

① 装置生产能力为 $25000m^3/h$，初始原料混合气组成为：$\varphi(SO_2)=9\%$，$\varphi(O_2)=11\%$，$\varphi(N_2)=80\%$；

② SO_2 的氧化率为 88%，忽略副反应；

③ 进反应器的混合原料气温度为 460℃，出反应器的混合产物气温度为 580℃；

④ 混合气体的平均比热容设为常数 $2.052kJ/(K \cdot m^3)$；

⑤ 热损失为总热量的 5%。

求：对该反应器做热量衡算，并计算为了稳定生产，需从系统移走的热量。

解：(1) SO_2 部分氧化制 SO_3 的化学反应式和反应热为：

$$SO_2 + \frac{1}{2}O_2 \longrightarrow SO_3 \qquad \Delta H = -94207kJ/kmol$$

(2) 画出 SO_2 部分氧化制 SO_3 反应过程的工艺示意图，见图 7-11。

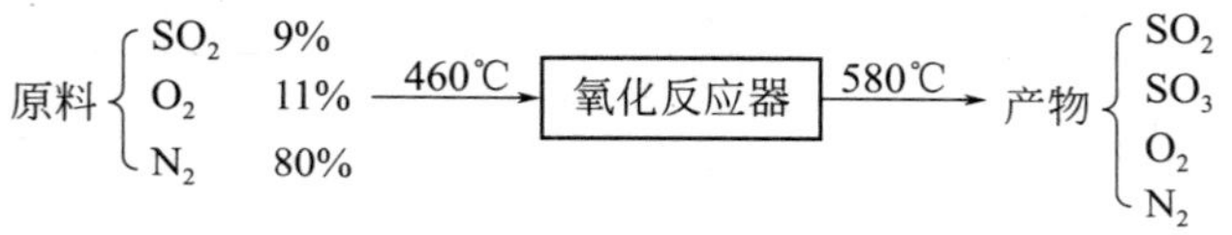

图 7-11 SO_2 部分氧化制 SO_3 反应过程的工艺示意

(3) 进行物料衡算，选择每小时处理的混合气量（m^3/h）为计算基准，结果见表 7-25。

表 7-25 SO_2 制备 SO_3 氧化反应器物料平衡

物料名称	原料混合气/(m^3/h)	反应混合气/(m^3/h)
SO_3	—	$2250 \times 88\% = 1980$
SO_2	$25000 \times 9\% = 2250$	$2250 - 1980 = 270$
O_2	$25000 \times 11\% = 2750$	$2750 - 1980/2 = 1760$
N_2	$25000 \times 80\% = 20000$	20000
合计	25000	24010

(4) 进行热量衡算：选择每小时进出的热量（kJ/h）为计算基准。

带入系统的热量 $Q_入$：

原料气带入 $Q_1 = 25000 \times 2.052 \times (460+273) = 37602900$ （kJ/h）

氧化反应放出 $Q_2 = 94207 \times 2250 \times 88\%/22.4 = 8327225.9$ （kJ/h）

$Q_入 = Q_1 + Q_2 = 37602900 + 8327225.9 = 45930125.9$ （kJ/h）

带出系统的热量 $Q_出$：

反应产物气带出 $Q_3 = 24010 \times 2.052 \times (580+273) = 42026047.6$ （kJ/h）

热损失 $Q_损 = Q_入 \times 5\% = 45930125.9 \times 5\% = 2296506.3$ （kJ/h）

$Q_出 = Q_3 + Q_损 = 42026047.6 + 2296506.3 = 44322553.9$ （kJ/h）

应移走的热量 $Q_移 = Q_入 - (Q_3 + Q_损) = 45930125.9 - 44322553.9 = 1607572$ （kJ/h）

根据计算结果，将该氧化反应器热量衡算表列于表 7-26。

表 7-26　SO$_2$ 制备 SO$_3$ 氧化反应器热量衡算

输入系统热量			输出系统热量		
输入热量	kJ/h	占总输入的百分比/%	输出热量	kJ/h	占总输出的百分比/%
Q_1	37602900	81.87	Q_3	42026047.6	91.50
Q_2	8327225.9	18.13	$Q_损$	2296506.3	5.00
			$Q_移$	1607572	3.50
合计	45930125.9	100.00		45930125.9	100.00

例 7-10　对乙烯在银催化剂上空气氧化生产环氧乙烷的反应过程进行热量衡算。已知：①物料衡算表，见表 7-27；②氧化反应器进口温度为 227℃，出口温度为 277℃；③热损失为总热量的 5%。

求：①为稳定生产需移走的热量；②计算利用这些热量可产生多少饱和水蒸气（以相同温度的饱和热水生产 2.0MPa 的饱和水蒸气）。

表 7-27　乙烯氧化生产环氧乙烷的物料衡算表

物料名称	摩尔质量 /(kg/kmol)	反应器进料(MF)		反应器出料(RP)	
		kmol/h	kg/h	kmol/h	kg/h
C_2H_4	28	1610.5	45094.0	1415.9	39645.2
O_2	32	751.6	24051.2	524.3	16777.6
N_2	28	5719.3	160140.4	5719.3	160140.4
C_2H_4O	44	0.7	30.8	143.3	6305.2
CO_2	44	1133.1	49856.4	1237.1	54432.4
H_2O	18	29.8	536.4	133.8	2408.4
Ar	40	1331.3	53252	1331.3	53252
合计		10576.3	332961.2	10505	332961.2

解：（1）首先写出主、副反应化学方程式：

$$CH_2\!=\!CH_2 + \frac{1}{2}O_2 \xrightarrow{\text{氧化反应}} \underset{\displaystyle O}{H_2C\!-\!CH_2}$$

$$CH_2\!=\!CH_2 + 3O_2 \xrightarrow{\text{完全氧化副反应}} 2CO_2 + 2H_2O$$

（2）查出相关物质的等压摩尔热容（反应温度下的平均等压摩尔热容 c_p）和标准生成热（$\Delta H_{298}^{\ominus}$）数据，见表 7-28。

表 7-28　相关物质的热力学数据

参　　数	C_2H_4	O_2	N_2	C_2H_4O	CO_2	H_2O	Ar
c_p/[kJ/(K·mol)]	0.046	0.031	0.029	0.053	0.041	0.034	0.021
$\Delta H_{298}^{\ominus}$/(kJ/mol)	52.28	0	0	−51.04	−393.51	−241.83	0

（3）按照下列途径计算过程热量，见图 7-12。

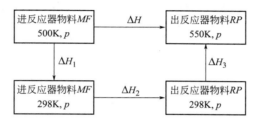

图 7-12 反应热量计算过程示意

ΔH_1 为原料气由 500K 到 298K 的焓变，ΔH_2 为 298K 状态下的反应热，ΔH_3 为原料气由 298K 到 550K 的焓变：

$$\Delta H = \Delta H_1 + \Delta H_2 + \Delta H_3$$

具体计算：

$$\begin{aligned}
\Delta H_1 &= \sum n_{MF,i} c_{pMF,i} \times \Delta T \\
&= (1610.5 \times 0.046 + 751.6 \times 0.031 + 5719.3 \times 0.029 + 0.7 \times 0.053 \\
&\quad + 1133.1 \times 0.041 + 29.8 \times 0.034 + 1331.3 \times 0.021) \times 10^3 \times (298-500) \\
&= -6.84 \times 10^7 \ (\text{kJ/h})
\end{aligned}$$

$$\begin{aligned}
\Delta H_2 &= \sum (n_{RP,i} - n_{MF,i}) \Delta H_i \\
&= [(1415.9 - 1610.5) \times 52.28 + (143.3 - 0.7) \times (-51.04) \\
&\quad + (1237.1 - 1133.1) \times (-393.51) + (133.8 - 29.8) \times (-241.83)] \times 10^3 \\
&= -8.35 \times 10^7 \ (\text{kJ/h})
\end{aligned}$$

$$\begin{aligned}
\Delta H_3 &= \sum n_{RP,i} c_{pRP,i} \times \Delta T \\
&= (1415.9 \times 0.046 + 524.3 \times 0.031 + 5719.3 \times 0.029 + 143.3 \times 0.053 \\
&\quad + 1237.1 \times 0.041 + 133.8 \times 0.034 + 1331.3 \times 0.021) \times 10^3 \times (550-298) \\
&= 8.52 \times 10^7 \ (\text{kJ/h})
\end{aligned}$$

$$\begin{aligned}
\Delta H &= \Delta H_1 + \Delta H_2 + \Delta H_3 = (-6.84 \times 10^7) + (-8.35 \times 10^7) + 8.52 \times 10^7 \\
&= -6.67 \times 10^7 \ (\text{kJ/h})
\end{aligned}$$

需要移走的热量 $Q_{移} = \Delta H - Q_{损} = (1-0.05) \times 6.67 \times 10^7 = 6.34 \times 10^7 \ (\text{kJ/h})$

查得 2.0MPa 饱和水蒸气的温度 $=211.4℃$，蒸发热 $\Delta H_{蒸发} = 34.1 \ (\text{kJ/mol})$。

利用此热量可产生的饱和水蒸气 $=(6.34 \times 10^7 / 34.1) \times (18/1000) = 33466 \ (\text{kg/h})$

值得注意的是：这是指饱和热水也为 211.4℃ 状态下可产生的饱和水蒸气，如水的温度小于此值，则产生的饱和水蒸气量会小于计算值。

习 题

7-1 对反应系统进行物料衡算时，为了给出清晰的计算过程和正确的结果，通常衡算步骤遵循哪七步？

7-2 若反应器中只发生一个反应，但是产物多个，其中只有一个是目的产物，为了评价反应器的运行情况和原料的利用情况，可选用哪些指标？

7-3 如果有两个同类过程的设计方案供选择，其中一个产品原料单耗较高而可比能耗较低，而另一个则相反，你将如何抉择？

7-4 将一主要成分丙烷-丁烷的烃类混合物为原料裂解制备乙烯。

已知原料气组成:

物料名称	C_3H_6	C_3H_8	C_4H_{10}	C_5H_{12}	合计
$\varphi/\%$	0.5	49.5	49.5	0.5	100

裂解气组成:

物料名称	H_2	CH_4	C_2H_4	C_2H_6	C_3H_6	C_3H_8	C_4	C_5	C_6[①]	合计
$\varphi/\%$	37.5	0.3	29.2	6.8	8.8	3.0	2.6	5.4	6.4	100

① 忽略结焦、生炭。

求:(1) 气体膨胀率;(2) 丙烷、丁烷的转化率;(3) 乙烯的质量收率。

7-5 以含有 φ(甲烷)=97% 的天然气为原料生产醋酸。已知甲烷制备乙炔的收率为 15%,乙炔制备乙醛的收率为 60%,乙醛制备醋酸的收率为 90%。计算生产 1000kg 醋酸需要的天然气量(m^3)。

7-6 邻二甲苯氧化制苯酐,反应方程式如下所示:

设邻二甲苯的转化率为 60%,空气用量为理论量的 150%,试作年产 1 万吨苯酐反应器的物料衡算,列出物料衡算表(年生产日按 330 天计)。

7-7 乙烯在银催化剂上用空气直接氧化制环氧乙烷,反应器入口和出口混合气组成为($\varphi/\%$):

物料名称	C_2H_4	O_2	CO_2	惰气	H_2O	C_2H_4O	合计
反应器入口气体	4.00	5.00	7.00	84.00	—	—	100
反应器出口气体	2.61	3.32	7.84	84.42	0.80	1.01	100

经过反应的出口气体经水吸收将环氧乙烷吸收后,由吸收器排出气体,皆为干气,部分放空,其余循环使用。

(1) 画出有循环过程的方框物料流程图;(2) 需要加入的新鲜物料量和新鲜物料中乙烯含量;(3) 乙烯的单程转化率和总转化率;(4) 主反应的选择性;(5) 放空尾气量及乙烯的放空损失量;(6) 列出反应过程物料衡算表。

7-8 甲醇催化氧化制甲醛。已知:甲醇转化率为 80%,甲醛收率为 70%;原料气中为 φ(甲醇)=40%,其余为空气;副产物中 $n(HCOOH):n(CO_2):n(CO):n(CH_4)=1.8:1.6:0.1:0.3$。试作年产 1 万吨甲醛反应器的物料衡算,列出物料衡算表(年生产日按 341 天计)。

7-9 以 CO 和 H_2 为原料合成甲醇。假设由天然气经过转化、变换所得原料中的 CO 与 H_2 的含量符合反应计量比,只是其中含惰性气体 0.5%(体积分数),已知单程转化率为 60%,进入反应器后惰性气体的浓度为 2%,设所用气体都是理想气体,甲醇完全被分离,试求:(1) 进入反应器的 1mol 新鲜原料有多少再循环?(2) 1mol 新鲜原料要放出多少弛放气?

7-10　乙苯脱氢制苯乙烯。已知：

(1) 原料　n（乙苯）：n（H_2O）＝1：2.6，反应出口温度585℃。

(2) 烃层液体产物组成：

物料名称	乙苯	苯乙烯	甲苯	苯	焦油[①]	合计
w/%	57.0	38.5	2.6	1.6	0.3	100

① 焦油组成为 n(C)：n(H)＝1：1。

(3) 尾气组成：

物料名称	H_2	CO_2	CH_4	C_2H_4	C_2H_6	合计
φ/%	89.0	8.0	1.5	1.2	0.3	100

忽略水在烃中的溶解度和烃在水中的溶解度。求：

(1) 乙苯的平衡转化率（查得585℃下，乙苯脱氢制苯乙烯反应的平衡常数 K_p 值为 2.37×10^{-1}）；(2) 乙苯的实际转化率；(3) 目的产物以及各副产物的收率；(4) 列出物料衡算表。

7-11　苯与氯气反应可得 C_6H_5Cl，$C_6H_4Cl_2$ 和 $C_6H_3Cl_3$。已知液相产物组成：

物料名称	C_6H_6	C_6H_5Cl	$C_6H_4Cl_2$	$C_6H_3Cl_3$	合计
w/%	65.0	32.0	2.5	0.5	100

原料纯度：w(苯，工业级)＝97.5%，w(氯气，工业级)＝98%。

试对氯化苯制取过程进行物料衡算，列出物料衡算表。

7-12　以乙烯为原料的平衡型氯乙烯生产工艺制备氯乙烯，试计算年产20万吨氯乙烯的装置所需的原料量（kg/h），并分别列出直接氯化反应器、氧氯化反应器和由乙烯生产氯乙烯反应过程的物料衡算表（开工日按 8000h/a 计）。

已知条件：

(1) 直接氯化反应器：为保证氯气完全转化，乙烯需过量5%；(2) 氧氯化反应器：为保证氯化氢完全转化，乙烯需过量10%，氧气过量2%；(3) 忽略副反应，忽略生产过程的损耗量。

7-13　有一苯汽化器，每小时将 200kg、20℃ 的液体苯加热到 80℃ 的气体苯，压力为 0.1MPa，求所需热量。[已知：液体苯80℃的汽化热 ΔH_v＝30.803kJ/mol，在 20～80℃ 温度区间的平均比热容 $c_{p液}$＝142.13J/(mol·K)]

7-14　某液体燃料的组成为 w(C)＝88%，w(H)＝12%（特性因数 K＝12，$d_{15.6}^{15.6}$＝0.876），燃烧后得到的干烟道气组成为 φ(CO_2)＝13.4%，φ(O_2)＝3.3%，φ(N_2)＝83.3%。

求：(1) 每千克该液体燃料可以产生的干烟道气量；(2) 过剩空气量；(3) 设烟道气出口温度为200℃，燃烧炉的热损失为3%，试求其热效率（可利用的热量占燃料燃烧产生的热量的百分比）；(4) 列出热量衡算表。

设：该液体燃料的燃烧热可用下列公式计算（反应生成的水为气态，燃烧温度以 15.6℃ 计）

$$Q_{燃烧}＝197.51＋1966.48K＋266.85G＋0.28G^2－23.11KG(kJ/kg)$$

式中，G 为密度指数，$G = 141.5/(d_{15.6}^{15.6} - 131.5)$。

7-15　试对用催化法使甲烷转化以生产氢气的反应器作热量平衡。已知：转化反应式为

$$CH_4 + H_2O \rightleftharpoons CO + 3H_2 \quad 206.2kJ/kmol$$

原料气组成 $n(CH_4):n(H_2O) = 1:2$；以生产 $1000m^3$ H_2 计，热损失占总热量的 6%；反应器进口温度为 100℃，出口温度为 900℃；有关物质的比热容 kJ/(kmol·K) 参考值如下。

物料名称	CH_4	H_2O	CO	H_2
100℃	36.72	33.29	28.97	29.10
900℃	—	38.14	31.36	29.90

8

化工生产与环境保护

8.1 废气的处理 / 309
8.2 废水的处理 / 314
8.3 固体废物的处理 / 318
8.4 绿色化学和绿色化工 / 319
8.5 双碳减排 / 327

学习目的及要求 >>

1. 了解化学工业中"三废"的危害与处理方法。
2. 了解原子经济性的基本概念、循环经济的基本思想。
3. 了解绿色化工工艺的发展及原理、清洁生产的含义。
4. 了解碳达峰和碳中和的重要意义。

工业生产中产生的"三废"是指气体废弃物（废气）、液体废弃物（废水和废油等）、固体废物（废渣或某些废弃性颗粒物等）。

工业"三废"如未达到规定的排放标准而排放到环境中，就会对环境产生污染，污染物在环境中发生物理和化学变化后又产生了新的物质。这些物质通过不同的途径（呼吸道、消化道、皮肤）进入人的体内，有的直接产生危害，有的还有蓄积作用，会更加严重地危害人的健康。大力采用无污染或少污染的新工艺、新技术、新产品，开展"三废"综合治理，是防治工业"三废"污染，搞好环境保护的重要途径之一。废气、废水、废渣种类各有不同，不同物质会有不同影响，所采用的治理方法也各不相同，本章将分别简要地介绍工业有机废气、废水、废渣的处理方法。

8.1 废气的处理

8.1.1 废气的来源

各种工业生产过程中产生的及有关过程中排放的含有污染物的气体，统称为工业废气。其中包括直接从生产装置中经过化学、物理和生物化学过程排放的气体，也包括间接的与生产过程有关的燃料燃烧、物料储存、装卸等作业散发的含有污染物质的气体。具体地说，废气主要来自以下几个方面：火电行业、钢铁及冶炼行业、化工及石化行业、建材行业、交通行业和饮食行业。按照不同的分类方法，可以将工业废气分为很多类，如按行业可分为钢铁工业废气、化工废气、电力工业废气和建材工业废气。按其存在状态可分为气体物质和颗粒物。其中气态污染物在化学上可以分为有机污染气体和无机污染气体。

进入 21 世纪以后，由于我国大气环境质量不断恶化，特别是区域性大气复合污染状况进一步加剧，据估算，总的工业挥发性有机化合物年排放量在 1000 万～2000 万吨左右，而且随着国民经济的发展呈现出不断增长的趋势。有机废气在工业废气的排放中占了很大的比例，对环境的影响是很明显的。近年来国家加强了环境立法工作，开始了地方排放标准、行业排放标准、工程技术规范、检测技术与检测方法等法规建设，对有机废气加大了治理力度。

有机废气主要来源于石油和化工行业生产过程中排放的废气，特点是数量较大，有机物含量波动性大、可燃、有一定毒性，有的还有恶臭，而氯氟烃的排放还会引起臭氧层的破坏。石油和化工工厂的存放设施，印刷及其他与石油和化工有关的行业，使用石油化工产品的场合及燃烧设备，以石油产品为燃料的各种交通工具都是产生有机废气的源头。有机废气的来源和污染途径见表 8-1。

表 8-1 有机废气的来源和污染途径

类　别	来　源	污染途径
固定源	石油炼制及储存、印刷、油漆、化工行业的有机原料及合成材料、农药、染料、涂料、炼焦、固定燃烧装置	石油炼制,化工工艺中泄漏,废水有机物的蒸发,油墨涂料中有机物的蒸发,消毒剂、农药、染料等加工中有机物的蒸发,化工尾气工业用炉,垃圾焚烧中不完全燃烧等
流动源	汽车、轮船、飞机	曲轴箱漏气、尾气排放

8.1.2 有机废气对人体的危害

有机废气对人体的危害是多方面的，不同行业有机物废气的毒性也是各不相同的，其中工业废气中常见的部分有机废气对人体的危害情况见表 8-2。

表 8-2 部分有机废气对人体的危害

有机物	对人体的危害
苯类	多损害人的中枢神经,造成神经系统障碍,当苯蒸气浓度过高时(空气中含 2%),可以引起致死性的急性中毒
多环芳烃	有强烈的致癌性
苯酸类	能使细胞蛋白质发生变形或凝固,致使全身中毒
腈类	中毒时引起呼吸困难、严重窒息、意识丧失直至死亡
硝基苯	吸入蒸气引起影响神经系统、血象和肝、脾器官功能,大面积皮肤吸收可致死亡
芳香胺类	致癌,二苯胺、联苯胺等进入人体可以造成缺氧症
有机氮化物	致癌
有机磷化物	降低血液中胆碱酯酶的活性,使神经系统发生功能障碍
有机硫化物	低浓度硫醇可以引起不适,高浓度可以致人死亡
含氧有机化合物	环氧乙烷有刺激性,吸入高浓度可以致死;丙烯醛对黏膜有强烈的刺激,戊醇可以引起头痛、呕吐、腹泻等

8.1.3　废气处理方法

对有机废气的处理，人们早就有研究，而且已经开发出一些卓有成效的控制技术。目前工业固定源有机废气的处理技术主要以催化燃烧技术、吸附回收技术和生物净化技术为主。随着人类对环境状况重视程度的不断提高，对有机废气处理技术的研究和开发力度不断加大，除上述传统的处理工艺外，一些新的技术也逐步被开发应用，如生物膜法、电晕法、等离子体分解法等为有机废气的治理提供了更广阔的途径。

(1) 催化燃烧技术

对低浓度有机废气，有机化合物的热破坏可分为直接火焰燃烧和催化燃烧。直接火焰燃烧是一种有机物在气流中直接燃烧或和辅助燃料一起燃烧的方法。多数情况下，有机物浓度较低，不足以在没有辅助燃料时燃烧。直接火焰燃烧在适当温度和停留时间的条件下，可以达到99%的热处理效率。催化燃烧是有机物在气流中被加热，在催化床层作用下，加快有机物化学反应（或提高破坏效率）的方法，催化剂的存在使有机物在热破坏时比直接燃烧法需要更少的停留时间和更低的温度。催化剂在催化燃烧系统中起着重要作用。用于有机废气净化的催化剂主要是金属和金属盐，金属包括贵金属和非贵金属。目前使用的金属催化剂主要是Pt、Pd，该法技术成熟而且催化活性高，但价格比较昂贵，而且在处理卤素有机物以及含N、S、P等元素时，有机物易发生氧化等作用使催化剂失活。非金属催化剂有过渡族元素Co、稀土等。近年来催化剂的研制无论是国内还是国外进行得较多，而且多集中于非贵金属催化剂并取能得了很多成果。例如V_2O_5＋MOX（M为过渡金属）＋贵金属制成的催化剂用于治理甲硫醇废气；Pt＋Pd＋Cu催化剂用于治理含氮有机醇废气。由于有机废气中常出现杂质，很容易引起催化剂中毒，导致催化剂中毒的毒物主要有磷、铅、铋、砷、锡、汞、亚铁离子、锌、卤素等。通常采用负载型催化剂，其载体可起到降低催化剂成本、增大催化剂有效面积、使催化剂具有一定机械强度、减少烧结、提高催化活性和稳定性的作用。能作为载体的材料主要有Al_2O_3、铁钒、石棉、陶土、活性炭、金属等，最常用的是陶瓷载体，一般制成网状、球状、柱状、蜂窝状。另外近年来研究较多且成功的有丝光沸石等。

20世纪80年代，我国成功研发了催化燃烧装置，并应用在一些行业。该装置目前已成为我国VOCs（挥发性有机化合物）治理的主要技术之一。VOCs是指常温下饱和蒸气压大于70Pa、常压下沸点在260℃以下的有机化合物，或在20℃条件下蒸气压不小于0.01kPa、具有相应挥发性的全部有机化合物的统称。其种类繁多、性质各异，所涉及的污染行业及工艺过程众多，污染气体的排放情况（温度、压力、污染物种类和性质、含尘量及粉尘性质等）差异很大，以上性质决定了单一的治理技术不可能满足所有排放废气的治理要求，实际上任何一种治理技术都有其特定的应用范围。

(2) 液体吸收法

液体吸收法是利用液体吸收液与有机废气的相似相溶性原理而达到处理有机废气的目的。通常为了强化吸收效果，用液体石油类物质、表面活性剂和水组成的混合液来作为吸收液。近年来，日本人研究利用环糊精作为有机卤化物的吸收材料，根据环糊精对有机卤化物亲和性极强的原理，将环糊精的水溶液作为吸收剂对有机卤化物气体进行吸收。这种吸收剂具有无毒不污染，捕集后解吸率高，回收节省能源，可反复使用的优点。

(3) 吸附法

吸附法应用广泛，具有能耗低、工艺成熟、去除率高、净化彻底、易于推广的优点，有很好的环境和经济效益。缺点是设备庞大，流程复杂，当废气中有胶粒物质或其他杂质时，吸附剂易中毒。吸附法主要用于低浓度，高通量可挥发性有机物的处理。决定吸附法处理VOCs的关键是吸附剂，吸附剂应当具有密集的细孔结构、内表面积大、吸附性能好、化学性质稳定、不易破碎、对空气阻力小等性能，常用的有活性炭、氧化铝、硅胶、人工沸石等。目前多数采用活性炭，其去除效率高。活性炭有粒状和纤维状两类。颗粒状活性炭结构气孔均匀，除小孔外，还有 $10\sim100nm$ 的中孔和 $1.5\sim5\mu m$ 的大孔，处理气体从外向内扩散，吸附脱附都较慢；而纤维活性炭孔径分布均匀，孔径小且绝大多数是 $1.5\sim3nm$ 的微孔，由于小孔都向外，气体扩散距离短，因而吸附脱附快。经过氧化铁、氢氧化钠或臭氧处理的活性炭往往具有更好的吸附性能。

20 世纪 80 年代末，我国引进了活性炭纤维吸附回收装置，随后进行了消化吸收，同时国内研发了以颗粒活性炭为吸附材料的有机溶剂吸附回收装置，目前吸附回收技术已在一些行业得到了大量的应用。90 年代初，我国自行研发出蜂窝状活性炭吸附浓缩-催化燃烧集成装置，由于技术简单易行、运行费用低，在低浓度、大风量有机废气的治理中得到了广泛的应用，并在此基础上发展了颗粒活性炭吸附浓缩-催化燃烧集成装置和活性炭纤维吸附浓缩-催化燃烧集成装置，成为目前我国 VOCs 治理的主要技术。

（4）冷凝法

冷凝法是利用物质在不同温度下具有不同饱和蒸气压这一性质，采用降低系统温度或提高系统压力，使处于蒸气状态的污染物冷凝并从废气中分离出来的过程。冷凝过程可在恒定温度的条件下用提高压力的办法来实现，也可在恒定压力的条件下用降低温度的办法来实现，一般多采用后者。利用冷凝的办法，能使废气得到很高程度的净化，但是高的净化要求，往往是室温下的冷却水所不能达到的。净化要求越高，所需冷却的温度越低，必要时还得增大压力，这样就会增加处理的难度和费用。因而冷凝法往往与吸附、燃烧和其他净化手段联合使用，以回收有价值的产品。

（5）生物法

生物净化实质上是一种氧化分解过程：附着在多孔、潮湿介质上的活性微生物以废气中有机组分作为其生命活动的能源或养分，转化为简单的无机物（CO_2、H_2O）或细胞组成物质。现阶段主要工艺包括：生物过滤床、生物滴滤床以及生物洗涤塔。

① 生物过滤床　生物过滤床是一种在其中填入具有吸附性滤料（如泥炭、土壤、活性炭等物质）的净化装置。挂生物膜前在过滤床中掺入 pH 缓冲剂和 N、P、K 等营养元素（如 NH_4NO_3 和 K_2HPO_3），当具有一定湿度的废气进入生物过滤床，通过约 $0.5\sim1m$ 厚的生物活性填料层时，滤料中的微生物（主要是细菌、放线菌、原生动物、藻类等）即可通过接触并捕获废气中的有机物并将其作为自身生长的碳源。因此废气通过生物过滤床后即可被净化，而滤料层中的微生物在生化降解污染物的过程中不断生长繁殖，从而使生物滤池的操作得以持续进行。滤料使用一年后一般呈酸性，要定期进行维护和保养。

② 生物滴滤床　生物滴滤池与生物过滤池的结构相似，不同之处在于其顶部设有喷淋装置。生物滴滤床使用的是粗碎石、塑料蜂窝状填料、塑料波纹板填料、陶瓷、不锈钢拉西环、树皮、活性炭纤维、微孔硅胶等一类不具吸附性的填料，填料的表面是微生物形成的几毫米厚的生物膜。废气通过滴滤池时，废气中的污染物被微生物降解。生物滴滤池在营养供给和微生物生长环境的调节方面具有优势，可承受比生物过滤池更大的污染负荷，同时具有很大的缓冲能力，操作条件也易于控制，可通过调节循环液的 pH 值，加入 K_2HPO_4、NH_4NO_3 等物质得以实现。

③ 生物洗涤塔　通常由一个装有填料的洗涤器和一个具有活性污泥的生物反应器构成。洗涤器里的喷淋装置将循环液逆着气流喷洒，使废气中的污染物与填料表面的水接触，被水吸收而转入液相，从而实现质量传递过程。吸收了废气组分的洗涤液，流入活性污泥池中，通入空气充氧后再生，被吸收的气态污染物通过微生物氧化作用，被活性污泥悬浮液从液相中除去，生物洗涤塔工艺中的液相是流动的，这有利于控制反应条件，便于添加营养液、缓冲剂和更换液体，除去多余的产物。不同成分、浓度及气量的气态污染物各有其有效的生物净化系统。生物洗涤塔适宜于处理净化气量较小、浓度大、易溶且生物代谢速率较低的废气。对于气量大、浓度低的废气可采用生物过滤床，而对于负荷较高以及污染物降解后会生成酸性物质的则以生物滴滤床为好。

(6) 脉冲电晕法

脉冲电晕法基本原理是通过前沿陡峭、脉宽窄（纳秒级）的高压脉冲电晕放电，能在常温、常压下获得非平衡等离子体，即产生大量高能电子和原子 O、OH 自由基，与有害分子进行氧化降解反应，使污染物最终转化为无害物。1988 年以来，美国就开展了电晕法降解低浓度的挥发性有机物的研究。结果表明在环境温度和压力下，该法能达到较好的效率。

(7) 膜分离法

膜分离法的基本原理是基于气体中各组分透过膜的速度不同，每种组分透过膜的速度与该气体的性质、膜的特性与膜两边的气体分压有关。膜分离法净化有机废气是根据有机蒸气和空气透过膜的能力不同，而将二者分开。常用膜分离工艺有：蒸气渗透、气体膜分离和膜基吸收法。膜分离技术用于气体净化上的优点是投资费用低、分离因子大、分离效果好（即净化效果好），而且膜法净化操作简单、控制方便、操作弹性大。

(8) 光分解法

光分解 VOCs 有两种形式：一种是直接用适当波长的光照，使 VOCs 分解；另一种是在催化剂存在下，光照 VOCs 使之分解。光催化降解技术原理是光催化剂如 TiO_2 在紫外线的照射下被激活，使 H_2O 生成 OH 自由基，然后 OH 自由基将有机污染物氧化成 CO_2 和 H_2O。有研究表明，有机氯化物和氟氯烃在 185nm 紫外线照射下，两种物质都能在极短的时间内分解，卤代物的分解速率大于氟氯烃；三氯乙烯几秒钟内即能分解成氯气和 CO_2 等。光分解产生的中间产物，可通过氢氧化钠溶液处理或延长滞留时间等手段最终去除。用 TiO_2 作催化剂时，可采用普通的荧光灯为光源来消除恶臭和低浓度的污染物。受催化剂降解效率的影响，光催化氧化法在工业上的应用尚待开发。

(9) 等离子体分解法

等离子体分解氯氟烃的技术已到实用阶段，植松信行研究了利用等离子体的化学作用分解氯氟烃之类难分解气体为无害物的应用。此技术可在短时间内对大量的氯氟烃等气体进行处理。此过程采用 2 个系统：第一个系统是利用高频等离子体急速加热，使温度达到 10000℃利用等离子体的化学作用与水蒸气接触进行分解的超高温加水系统；第二个系统是将高温分解的排气急冷到 80℃ 以下的排气系统。该系统是由氯氟烃和水蒸气的供给装置、等离子体发生装置、反应炉、冷却罐以及排水处理装置等构成。

(10) 微波催化氧化技术

微波空气净化技术是由填料吸附-解吸技术发展而来，是将传统解吸方式转变为微波解吸，微波能的应用大大减少了能量的消耗，并缩短了解吸时间，而且吸附剂经 20 次解吸后基本上保持原有吸附能力。微波解吸技术对空气的净化基本上与其在水处理中的应用类似，解吸原理都可以用"容器加热理论"和"体积加热理论"加以解释。国内外在水处理中均有此方面的成功应用，而在空气净化中的应用，国外已有小规模的成功范例，国内尚处于起步阶段。

(11) 变压吸附分离与净化的技术

变压吸附分离与净化的技术（PSA）是利用气体组分在固体吸附材料上吸附特性的差异，通过周期性的压力变化过程，实现气体的分离与净化。PSA 技术是一种物理吸附法。一般采用沸石分子筛作为吸附剂（吸附容量大，吸附选择性强）。在常温及一定压力条件下，可把有机废气吸附在沸石分子筛上，没有被吸附的气体进入下一工段。吸附有机废气以后的吸附剂通过降压解吸排除有机物，使吸附剂再生。再生后的吸附剂重新吸附废气中的有机物，以此循环往复。PSA 技术是近几十年来在工业上新崛起的气体分离技术，具有能耗低、投资少、流程简单、自动化程度高、产品纯度高、无环境污染等优点，是各种气体分离与回收的较理想的方法，极富有市场竞争力，不久的将来会在工业上迅速推广。

对于有机废气的净化处理，无论是广泛采用的传统处理方法，还是新开发的处理技术，由于其适用范围、去除性能、投资运行费用等多方面因素，都制约了单元处理技术的应用。目前除了推广有机物的单元处理工艺外，重点开发不同单元处理工艺的组合技术，以达到提高去除效率、降低投资运行费用、减少二次污染的目的。

8.2 废水的处理

8.2.1 废水的来源与排放标准

随着工业技术的高速发展和生产规模的不断扩大，各种有机物随工业废水的排放进入水体，不仅对环境的生态系统造成很大危害，而且严重损害经济的发展，废水中的有毒、致癌、易挥发的有机物进入大气中，严重威胁着人类的健康。我国每年由于水污染造成的直接经济损失高达 150 亿元，水污染已成为经济与社会发展的制约因素。资料显示，工业废水占总污水量的 70% 以上，而工业废水又以含高浓度有机物为主。其特点是废水中化学耗氧量（COD）达 2000mg/L 以上，有的甚至高达每升几万乃至几十万毫克，成分复杂，毒性高，有异味且具有强酸强碱性。

衡量水质污染程度的常用指标是生物耗氧量（BOD）和化学耗氧量（COD）。国家标准 GB 21904—2008 规定了生产化学合成类原料现有企业和新建企业水污染物排放标准，分别自 2010 年 7 月 1 日起和 2008 年 8 月 1 日起执行，如表 8-3 所示，表中同时也列出了污水综合排放标准 GB 8978—1996 中，石油化工企业第二类污染物最高允许排放浓度的部分指标以做比较。

表 8-3　现有企业和新建企业水污染物排放浓度限值

序号	污染物项目	现有企业限值	新建企业限值	石油化工类 GB 8978—1996	污染物排放监控位置
1	pH 值	6～9	6～9	6～9	
2	色度（稀释倍数）	50	50	50	企业废水总排放口
3	悬浮物/(mg/L)	70	50	70	

续表

序号	污染物项目	现有企业限值	新建企业限值	石油化工类 GB 8978—1996	污染物排放监控位置
4	五日生化需氧量（BOD$_5$）/（mg/L）	40(35)	25(20)	20	企业废水总排放口
5	化学需氧量（COD$_{Cr}$）/（mg/L）	200(180)	120(100)	60	
6	氨氮（以 N 计）/（mg/L）	40(35)	25(20)	15	
7	总氮/（mg/L）	50(40)	35(30)		
8	总磷/（mg/L）	2.0	1.0	1.0	
9	总有机碳/（mg/L）	60(50)	35(30)	20	
10	急性毒性（HgCl$_2$ 毒性当量）	0.07	0.07		
11	总铜/（mg/L）	0.5	0.5	0.5	
12	总锌/（mg/L）	0.5	0.5	2.0	
13	总氰化物/（mg/L）	0.5	0.5	0.5	
14	挥发酚/（mg/L）	0.5	0.5	0.5	
15	硫化物/（mg/L）	1.0	1.0	1.0	
16	硝基苯类/（mg/L）	2.0	2.0	2.0	
17	苯胺类/（mg/L）	2.0	2.0	1.0	
18	二氯甲烷/（mg/L）	0.3	0.3	0.3	
19	总汞/（mg/L）	0.05	0.05	0.05	车间或生产设施废水排放口
20	烷基汞/（mg/L）	不得检出	不得检出	不得检出	
21	总镉/（mg/L）	0.1	0.1	0.1	
22	六价铬/（mg/L）	0.5	0.5	0.5	
23	总砷/（mg/L）	0.5	0.5	0.5	
24	总铅/（mg/L）	1.0	1.0	1.0	
25	总镍/（mg/L）	1.0	1.0	1.0	

注：括号内排放限值适用于同时生产化学合成类原料药和混装制剂的联合生产企业。

8.2.2 废水处理方法

近年来，随着化学工业的发展，出现了为数众多的难降解有机物，这些化合物被广泛渗透到人们的生产和生活中，它们在生产、运输和使用过程中经过各种途径进入自然环境。为了解决这些日益严重的问题，污水处理技术正在不断发展。

8.2.2.1 常规处理低浓度有机废水的方法

当废水量较大而有机物含量较低时，可采用生化方法处理。最常用的方法是曝气池活性污泥法。活性污泥是微生物植物群、动物群和吸附的有机物质、无机物质的总称。这些微生物以污泥中的有机污染物为食物，在酶的催化作用以及有足够氧供给条件下，将这些有毒物质分解为无毒（CO$_2$ 和 H$_2$O）或毒性较低物质而除去。污水和空气连续不断地进入曝气池并和活性污泥充分混合，使污水中所含的有机物在活性污泥作用下被氧化除去。为了使微生物能顺利成长，还需加入一定数量的氮、磷和钾等微量的无机盐，作为微生物的营养。其缺点是在曝气过程中易挥发的有机物会随空气逸至大气，造成二次大气污染。

8.2.2.2　高浓度有机废水的处理方法

目前，高浓度有机废水的处理方法主要有物化法。物化处理法是应用物理化学作用及其原理将废水中的污染物成分转化为无害物质，使废水得到净化的方法。如对于水量少而有机物含量高的废水，一般采用传统的焚烧法处理。经过滤除去固体杂质后，以空气为氧化剂，将废水（或用碱水处理后）直接喷入焚烧炉，用中压水蒸气雾化并加入辅助燃料，进行焚烧处理。

此外，还有化学混凝法、氧化-吸附法、萃取法、湿式催化氧化法、电化学法和膜分离法等，单独利用物化法处理高浓度有机废水，具有处理难度大、成本高的特点。

鉴于高浓度有机废水的性质和来源各异，均对环境水体的污染程度大，且处理难度高，治理困难，采用传统的废水治理方法已无法满足净化处理的技术和经济要求，因此如何有效地治理高浓度有机废水近年来已成为世界范围环境保护技术领域亟待解决的一大难题。下面将简单介绍几种新型污水处理技术。

(1) 超临界水氧化法

该法对于高浓度有机有毒废水有着良好的处理效果，可在很短时间内，将有机物几乎全部氧化分解，生成无害的 CO_2、H_2O、N_2 等产物，而 S 元素则生成无机盐等沉淀物。韩国学者 Young Ho Shin 等采用此技术对丙烯腈废水的处理进行了实验研究，结果表明在 552℃、25MPa 条件下，在 15s 内废水中总有机碳（TOC）的去除率即达到 97% 以上，且 TOC 的去除率随着反应温度和反应时间的增加而增大，初始 TOC 浓度和 TOC/O_2 对其没有显著影响。

(2) 催化湿式氧化法

该方法是利用氧气与污染物在液相中的接触达到将污染物氧化的目的，适用于高浓度或高毒性的废水。催化湿式氧化法是在传统的湿式氧化体系中加入催化剂，降低反应温度和压力，提高氧化剂的氧化能力，加快反应速率，以减轻设备腐蚀并降低运行费用。

(3) 生化法

① 活性污泥法　这是一种以活性污泥为主体的废水处理方法，具有设备简单、处理效果受其他因素影响小的优点，但预处理要求高，对难降解有机废水效果不是很理想。

② 固定化微生物技术　此技术是通过物理、化学手段使游离细菌固定用于污水处理，按细胞的制备方法可分为结合法、交联法和包埋法。它是在固定化酶技术上发展起来的，用化学或物理手段将游离微生物定位于限定的空间区域，保留其固有的催化活性，且能够被重复和连续使用的现代生物工程技术。由于微生物细胞被固定在载体上，可以使反应器内微生物浓度和纯度大大地提高，稳定性也在一定程度上得到了提高，而且其处理负荷可高达常规活性污泥的 37 倍，可耐有机物浓度变化、pH 值变化等因素的冲击，因此固定化微生物技术可用于高浓度污染物废水的生化处理。

理想的固定化载体应具有以下特征：机械强度高、使用寿命长、价格低廉、性质稳定、不易被微生物降解，固定化过程简单、常温下易于成形，且对微生物细胞无毒害作用等。一般而言，固定化微生物载体主要可分为 3 大类：第一类无机载体，如多孔玻璃、活性炭、沸石、硅藻土等。N. Koga 等将活化过的凹凸棒石黏土制成颗粒状，用以固定酶，结果发现这种载体具有较好的耐酸性，并且经凹凸棒石黏土固定的酶具有较好的活性；陈月芳等将生物沸石与悬浮球填料有机组合在一起，作为载体处理城市污水厂二级出水，水质能达到用于循环冷却水的要求。第二类有机载体又可分为 2 类，其一是高分子凝胶载体，如琼脂、角叉菜胶和海藻酸钠等，Gordon 等用海藻酸钠包埋白腐菌，连续处理二氯酚，降解率可高达

96%；另一类是有机合成高分子凝胶载体，如聚丙烯酰胺（ACAM）凝胶、聚乙烯醇（PVA）凝胶、光固化树脂、聚丙烯酸凝胶等，其中 PVA 因无毒、价廉、抗微生物分解和机械强度高等特点而广受重视，被认为是目前最有效的固定化载体之一。第三类复合载体是由无机载体和有机载体材料复合而成，使两类材料的性能互补，从而显示出复合载体材料的优越性。

③ 静置生化法　国内有学者利用静置生化法处理难降解有机废水，使难降解有机污染物转化。国外学者也应用堆肥处理法，但发现处理后仍有轻微毒性和诱变性。

④ 白腐真菌生化法　人们发现白腐真菌能对其他微生物根本无法降解的有机污染物进行有效的代谢，其降解系统有着区别于其他微生物系统的显著优点。目前有人先用紫外光照，然后再加白腐真菌的方法治理难降解有机废水，有机物的浓度降低许多，但发现治理效果不是很彻底。另外现在还有人用白蚁降解树木纤维、微过滤和紫外结合等方法处理难降解有机物。

（4）膜分离法

近年来，由于经济和技术的发展，用膜技术处理工业废水越来越受到重视。用膜技术处理废水，不仅使经处理的废水达到回用水的标准，同时还可回收有用物质，具有一定的经济效益和社会效益。作为一项新兴的高效分离技术，膜分离发展迅速，应用领域不断拓展，被认为是 21 世纪最有发展前途的分离技术之一。

① 超滤膜　在外力的作用下，被分离的溶液以一定的流速沿着超滤膜表面流动，溶液中的溶剂和低分子量物质、无机离子从高压侧透过超滤膜进入低压侧，并作为滤液而排出；而溶液中高分子物质、胶体微粒及微生物等被超滤膜截留，溶液被浓缩并以浓缩液形式排出，从而实现大、小分子的分离、浓缩和净化的目的。

超滤膜是一种由极薄的皮层构成的不对称半透膜，根据材料不同，可分为 2 大种类：一类为有机膜，采用聚合材料由相转化法制成，常用材料有聚砜-聚醚砜、聚偏二氟乙烯、聚丙烯腈、纤维素、聚酰亚胺-聚醚酰亚胺和聚脂肪酰胺等。另一类为无机膜，就其表层结构可分为多孔膜和致密膜 2 类，多孔膜有分子筛膜、Al_2O_3 膜、SiO_2 膜、多孔不锈钢膜等；致密膜包括氧化锆膜、Pd 及 Pd 合金膜、致密的"液体充实固定化"多孔负载膜等。相比之下，无机膜具有机械强度大、耐高温、化学稳定性好、分离效率高等优点，而有机膜成本较无机膜低，制造工艺也比较成熟。

由于超滤技术具有压力低、无相变、能耗少、适用范围广、分离效率高等特点，近年来在废水处理领域中得到较快的发展，在石油废水、含重金属废水、食品废水、造纸废水、纺织印染废水及其他工业废水的处理中得到广泛的应用。

② 纳滤膜　纳滤（nanoiltration，NF）膜作为一种新型膜分离技术，它介于反渗透（RO）与超滤（UF）之间，对 NaCl 脱盐率在 90% 以下，RO 膜几乎对所有的溶质有很高的脱盐率，但 NF 膜只对特定的溶质具有高脱盐率；NF 膜主要截留直径 1nm 左右的溶质离子，截留分子量为 100~1000。纳滤膜技术作为一种新兴的膜分离技术，以其特殊的分离性能引起了世界各国膜科学方面的专家的重视。这项技术已经广泛应用于造纸工业、染料工业、石化工业、食品工业、生物和制药工业等诸多领域，产生了巨大的经济效益和社会效益，并显示了广阔的发展前景。

纳滤（NF）技术实现了废水回用和原料物质回收的双重目的，从保护环境和降低成本、提高经济效益角度，都具有重大意义。在水资源日益紧张的今天，纳滤膜技术作为绿色的水处理技术，必将在废水处理中拥有更为广阔的应用前景。

膜处理的致命弱点是要求对进水进行严格的各种预处理，否则膜易遭受污染和损伤。

（5）光催化氧化法

UV/TiO$_2$ 光催化氧化技术作为一种有效的水处理高级氧化技术，正受到各国学者越来越多的关注，尤其是在生物难降解有毒、有害有机污染物处理领域。韩国 Young Soo Na 等的实验结果表明，丙烯腈废水经过 UV/TiO$_2$ 光催化氧化处理后，BOD$_5$/COD 大幅提高，可生化性及稳定性显著增强；废水的 COD 能够得到有效的去除；TiO$_2$ 用量、紫外光强度、波长及照射时间、反应体系温度和 pH 值均会对光催化氧化的效果产生显著影响。

（6）超声辐射法

超声降解污染物是一种深度处理技术，具有清洁性及无二次污染性。但超声辐射降解与其他水处理技术相比，仍存在费用高等问题，若能与别的处理技术联合使用，将是一种新型的水处理工艺。

（7）辐照法

辐照法在水环境保护领域有着广泛的应用。它是利用高能电子流作用于废水中的污染物，产生一系列辐射效应，直接作用于污染物，也可通过介质发生作用，产生高度活性自由基、水合电子等与污染物反应，达到污染物的脱色与降解，最终分解成 CO$_2$ 和 H$_2$O。水在辐射条件下反应产生的 H·、e$_{aq}$ 和 ·OH，都是极具还原和氧化能力的自由基，能够将污染物迅速彻底地矿化去除。孙宏图等人考察了 γ 射线辐射对于高浓度丙烯腈废水的去除效果。结果表明，γ 射线辐射可有效去除废水中的丙烯腈。初始质量浓度为 4000mg/L 的丙烯腈废水，在 10kGy 辐射剂量下，去除率达到 90% 以上；在中性条件下的丙烯腈去除效果要好于偏酸性或偏碱性条件。

由于电子束处理的去污率和脱色率随着剂量的增加而增加，但随着剂量的增加所耗处理费用也相应增加，因此为了减少处理费用，需降低辐照剂量，为了达到较好的处理效果，在辐射之后采用生化处理的方法。而辐照之后，废水的可生化性明显提高，有利于后阶段的生化处理，这样采用辐照与生化相结合的处理方法，可大大提高处理效果。

我国化工污染治理水平与发达国家相比差距很大。废水治理率在 1990 年仅为 25.7%，达标率为 60%，而发达国家在 20 世纪 70 年代末治理率已达 95%，达标率大于 95%。在技术方面，我国化工污染治理主要停留在末端治理上，对难生物降解的有机废水缺乏有效可行的治理技术。因此，难降解有机工业废水处理的新技术仍是当前研究的热点。

8.3 固体废物的处理

固体废物分为危险固体废物和一般固体废物。危险固体废物处理方法一般是焚烧或者是深度填埋等。而对于一般固体废物，随着社会的发展，人们对环境越加重视，节能减排渗透到经济发展的多个环节，节约能源，变废为宝成为各行各业新的研究方向。

工业固体废物主要有热电厂排放的粉煤灰，炼铁过程产生的矿渣——钢渣、铬渣，电石泥和石料开采后的尾矿石白泥等。利用电石泥和粉煤灰制砖已开始规模化，其中电石泥粉煤灰制砖、电石泥替代部分石灰石制纯碱、电石泥双碱法脱硫等综合利用，已取得了可观的经济效益。有研究表明还可将废渣再利用于混凝土和水泥等生产中。废渣的掺入起到了改善水泥基材料的综合性能、降低生产成本和减轻环境负荷的作用，既节约了自然资源，又保护了生态环境。对于化工行业所产生的废渣，应视其具体成分，而采用不同的处理方法。

8.4 绿色化学和绿色化工

8.4.1 绿色化学

绿色意味着人类对自然完美的一种高级追求的表现，它不把人看成大自然的主宰者，而是看作大自然中的普通一员，追求的是人对大自然的尊重以及人与自然的和谐关系。世界上很多国家已把"化学的绿色化"作为新世纪化学发展的主要方向之一。

绿色化学的最大特点在于它是在始端就采用实现污染预防的科学手段，因而过程和终端均为零排放或零污染。显然，绿色化学技术不是对终端或生产过程的污染进行控制或处理。所以绿色化学技术与上述的"三废"处理有着根本区别，"三废"处理是终端污染控制而不是始端污染的预防。

绿色化学（green chemistry）又称环境无害化学（environmentally benign chemistry）或洁净化学（clean chemistry），与其相对应的技术称为绿色技术、环境友好技术。绿色化学的核心是利用化学原理从源头上消除化学工业对环境的污染，其理想是采用"原子经济"（atom economy）反应，即原料中的每一原子都转化成产品，不生成或很少生成副产品或废物，提高化学反应的选择性，实现或接近废物"零排放"的过程；同时也不采用有毒、有害的原料、催化剂和溶剂等，并生产环境友好的产品。从环保、经济和社会的要求看，化学工业的发展不能再走先污染后治理之路。绿色化学是当今化学学科的研究前沿，它综合了化学、物理、生物、材料、环境、计算机等学科的最新理论和技术，是具有明确社会需求和科学目标的新型交叉学科。

8.4.2 原子经济性

原子经济性的概念是 1991 年美国斯坦福大学著名有机化学家 Tros 提出的，为此他曾获得了 1998 年度的总统绿色化学挑战奖的学术奖。所谓原子经济性（atom economy）就是充分利用反应物中的各个原子，使之结合到目标分子中，达到零排放。用原子利用率来衡量反应的原子经济性，原子利用率越高，反应产生的废弃物越少，对环境造成的污染也越少。高效的有机合成应最大限度地利用原料分子中的每一个原子。原子经济性可用如下数学式表示：

$$AE = \frac{\sum_i P_i M_i}{\sum_j F_j M_j} \times 100\%$$

式中，P_i 为目的产物分子中 i 原子的数目；F_j 为原料分子中 j 原子的数目；M_i、M_j 为各原子的原子量。

原子利用率：

$$原子利用率 = \frac{目的产物量}{各反应物量之和} \times 100\%$$

8.4.3 绿色化工

绿色化学是近十年来产生和发展起来的新兴交叉学科，它要求利用化学原理从源头上消除环境污染，在其基础上发展起来的技术则称为绿色化工技术。最广为认可的绿色化工的定义是"能够减少或去除危险物质的使用和产生的化工产品的设计和工艺"。

基于以上原子经济性的概念，美国环保署（EPA）支持绿色化工的 12 项原则，最初是在 1998 年由绿色化学的先行者——耶鲁大学绿色化学和绿色工程中心主管 Paul T. Anastas 提出的。Anastas 认为，绿色化工是一种前瞻性的方法，可为公司提供一种将环境和人类健康保护一体化地整合入产品和工艺开发中的方法。绿色化学的核心是利用化学原理从源头上减少和消除工业生产对环境的污染。按照绿色化学的原则，理想的化工生产方式应是反应物的原子全部转化为期望的最终产物。这绿色化工的 12 项原则是：

① 预防（prevention）　防止产生废物比在它产生后再处理或清除更好。

② 原子经济（atom economy）　设计合成方法时，应尽可能使用于生产加工过程的材料都进入最后的产品中。

③ 无害（或少害）的化学合成（less hazardous chemical syntheses）　无论在哪里行得通，所设计的合成方法都应该使用和产生对人类健康和环境具有小的或没有毒性。

④ 设计无危险的化学品（design safer chemicals）　化学产品应该设计得使其有效地显示受期望的功能而毒性最小。

⑤ 安全的溶剂和助剂（safer solvents and auxiliaries）　所使用的辅助物质包括溶剂、分离试剂和其他物品当使用时都应是无害的。

⑥ 设计要有能效（design for energy efficiency）　化学加工过程的能源要求应该考虑它们的环境的和经济的影响，并应该尽量节省。如果可能，合成方法应在室温和常压下进行。

⑦ 使用可再生的原料（use renewable feedstocks）　当技术上和经济上可行时，原料和加工厂粗料都应可再生。

⑧ 减少衍生物（reduce derivatives）　如果可能，尽量减少和避免利用衍生化反应，因为此种步骤需要添加额外的试剂并且可能产生废物。

⑨ 催化作用（catalysis）　具有高选择性的催化剂比化学计量学的试剂优越得多。

⑩ 设计要考虑降解（design for degradation）　化学产品的设计应使它们在功能终了时分解为无害的降解产物并不在环境中长期存在。

⑪ 为了预防污染进行实时分析（real-time analysis for pollution prevention）　需要进一步开发新的分析方法使可进行实时的生产过程监测并在有害物质形成之前给予控制。

⑫ 防止事故发生的固有安全化学（inherently safer chemistry for accident prevention）在化学过程中使用的物质和物质形态的选择应使其尽可能地减少发生化学事故的潜在可能性，包括释放、爆炸以及着火等。

其内涵主要体现在以下 5 个"R"：

Reduction——"减量"，即减少"三废"排放；

Reuse——"重复使用"，诸如化学工业过程中的催化剂和载体等，这是降低成本和减废的需要；

Recycling——"回收"，可以有效实现"省资源、少污染、减成本"的要求；

Regeneration——"再生"，即变废为宝，节省资源和能源，减少污染的有效途径；

Rejection——"拒用"，指对一些无法替代，又无法回收、再生和重复使用的，有毒副作用及污染作用明显的原料，拒绝在化学过程中使用，这是杜绝污染的最根本方法。

绿色化工工艺过程包括原料绿色化——采用无毒无害的原料或可再生资源；过程绿色化——采用原子经济性反应、采用绿色催化剂和溶剂、过程强化（外场强化，流程集约化、装备微型化）；产品绿色化——设计安全的化学品，设计可降解的环境友好化学品。

8.4.4 绿色化工工艺进展

由于大宗基本有机原料的生产量大，往往年产量达百万吨以上，选择原子经济反应十分重要。目前，在基本有机原料的生产中，有的已采用原子经济反应，如丙烯氢甲酰化制丁醛、甲醇羰化制醋酸、乙烯或丙烯的聚合、丁二烯和氢氰酸合成己二腈等。另外，有的基本有机原料的生产所采用的反应，已由两步反应改成采用一步的原子经济反应，如环氧乙烷的生产，原来是通过氯醇法两步反应制备，开发银催化剂后，改为乙烯直接氧化生成环氧乙烷的原子经济反应。

近年来，开发新的原子经济反应已成为绿色化工技术研究的热点之一。

(1) 寻找安全有效的反应原料

① EniChemEe 公司采用钛硅分子筛催化剂，将环己酮、氨、过氧化氢反应，可直接合成环己酮肟，环己酮转化率99.9%，环己酮肟选择性98.2%，基本上实现了原子经济反应，并已工业化。与由氨氧化制硝酸、硝酸离子在 Pt 和 Pd 贵金属催化剂上用氢还原制备羟胺、羟胺再与环己酮反应合成环己酮肟的复杂技术路线相比，不仅简化了流程，而且不副产硫酸铵。

② 环氧丙烷是生产聚氨酯泡沫塑料的重要原料，传统上主要采用两步反应的氯醇法，不仅使用危险的氯气为原料，而且还产生大量含氯废水和废渣，造成环境污染，因此正在开发钛硅分子筛上催化氧化丙烯制环氧丙烷的原子经济新方法。此外，针对钛硅分子筛催化反应体系，提高过氧化氢在反应中的利用率，开发降低钛硅分子筛合成成本的技术，开发与反应匹配的工艺和反应器也是努力的方向。

③ 目前化工生产中经常使用光气、甲醛、氢氰酸、丙烯腈为原料，毒性较大。以光气为例，它本身是一种军用毒气，但它又能与许多有机化合物发生反应，生产多种产品。生产聚氨酯的传统工艺是以胺和光气为原料合成异氰酸酯：

$$RNH_2 + COCl_2 \longrightarrow RNCO + 2HCl$$

再用 RNCO 与 R'OH 反应生成聚氨酯：

$$RNCO + R'OH \longrightarrow RNHCO_2R'$$

这一工艺不仅要使用剧毒的光气为原料，而且产生有害的副产物氯化氢。美国孟山都公司的新工艺用二氧化碳代替光气，CO_2 与 $COCl_2$ 的不同在于 CO_2 以氧原子代替了 $COCl_2$ 中的氯原子，但又保持了分子中含有 CO 的成分，所以 CO_2 与胺反应，同样可以生成异氰酸酯：

$$RNH_2 + CO_2 \longrightarrow RNCO + H_2O$$

进一步反应可制得聚氨酯：

$$RNCO + R'OH \longrightarrow RNHCO_2R'$$

二氧化碳是无毒气体，它对环境的危害是产生温室效应，但在生产聚氨酯工艺中，CO_2 是被消耗的原料，这对减少地球上温室气体的排放意义重大。而在消耗 CO_2 的同时，所生成的水更是一种无污染的副产物。

因此，孟山都公司为聚氨酯设计的新工艺可谓巧妙之极，而设计的指导思想则是绿色化学。为此，1996年，美国政府给孟山都公司颁发了美国总统绿色化学挑战奖。

(2) 新型催化剂与催化过程的研究与开发是实现传统化学工艺无害化的主要途径

① 杂多化合物催化剂泛指杂多酸及其盐类，是一类由中心原子（如 P、Si、Fe、B 等杂原子及其相应的无机矿物酸或氢氧化物）和配位原子（如 Mo、W、V、Ta 等多原子）按一

定的结构通过氧原子桥联方式进行组合的多氧簇金属络合物，用 HPA 表示。HPA 的阴离子结构有 Keggin、Dawson、Anderson、Wangh、Silverton、Standberg 和 Lindgvist 等 7 种结构。由于杂多酸直接作为固体酸，比表面积较小（$<10m^2/g$），需要对其固载化。固载化后的杂多酸具有"准液相行为"、酸碱性和氧化还原性的同时，还具有高活性、用量少、不腐蚀设备、催化剂易回收、反应快、反应条件温和等优点而逐渐取代 H_2SO_4、HF、H_3PO_4 应用于催化氧化、烷基化、异构化等石油化工领域的各类催化反应。

虽然绿色化工催化剂理论发展逐渐得到完善，但大多数催化剂仍停留在实验室阶段，催化剂性能不稳定、制备过程复杂、性价比低是制约其工业化应用的主要原因，但从长远角度考虑，采用绿色化工催化剂是实现生产零污染的一个必然趋势。环境友好的负载型杂多酸催化剂既能保持低温高活性、高选择性的优点，又克服了酸催化反应的腐蚀和污染问题，而且能重复使用，体现了环保时代的催化剂发展方向。今后的研究重点应是进一步探明负载型杂多酸的负载机制和催化活性的关系，进一步解决活性成分的溶脱问题，并进行相关的催化机理和动力学研究，为工业化技术提供数据模型，使负载型杂多酸催化剂早日实现工业化生产。

② 烃类选择性氧化在石油化工中占有极其重要的地位。据统计，用催化过程生产的烃类有机化学品中，催化选择氧化生产的产品约占 25%。烃类选择性氧化为强放热反应，目的产物大多是热力学上不稳定的中间化合物，在反应条件下很容易被进一步深度氧化为二氧化碳和水，其选择性是各类催化反应中最低的。这不仅造成资源浪费和环境污染，而且给产品的分离和纯化带来很大困难，使投资和生产成本大幅度上升。所以，控制氧化反应深度，提高目的产物的选择性始终是烃类选择性氧化研究中最具挑战性的难题。早在 20 世纪 40 年代，Lewis 等就提出烃类晶格氧选择性氧化的概念，即用可还原的金属氧化物的晶格氧作为烃类氧化的氧化剂，按还原-氧化模式，先在反应器中烃分子与催化剂的晶格氧反应生成氧化产物，失去晶格氧的催化剂被输送到再生器中用空气氧化到初始高价态，然后再送回反应器中进行反应。这样，反应是在没有气相氧分子的条件下进行的，可避免在气相中发生的深度氧化反应，从而提高反应的选择性，而且因不受爆炸极限的限制可提高原料浓度，使反应产物容易分离回收，这是一种控制氧化深度、节约资源和保护环境的绿色化工技术。

根据上述还原-氧化模式，Dupont-Monsanto 公司已联合开发成功丁烷晶格氧氧化制顺酐的提升管再生工艺，建成第一套工业装置。氧化反应的选择性大幅度提高，顺酐收率由原有工艺的 50% 提高到 72%，未反应的丁烷可循环利用，被誉为绿色化工技术。此外，间二甲苯晶格氧氨氧化制间苯二腈也有一套工业装置。在 Mn、Cd、Ti、Pd 等变价金属氧化物上，通过甲烷和空气周期切换操作，实现了甲烷氧化偶联制乙烯新技术。由于晶格氧化具有潜在的优点，近年来已成为选择性氧化研究的前沿。工业上重要的邻二甲苯氧化制苯酐，丙烯和丙烷氧化制丙烯腈均可进行晶格氧氧化反应的探索。关于晶格氧氧化的研究与开发，一方面要根据不同的烃类氧化反应，开发选择性好、载氧能力强、耐磨强度高的新型催化材料；另一方面要根据催化剂的反应特点，开发相应的反应器及其工艺。

（3）采用无毒无害的溶剂

大量的与化学品制造相关的污染问题不仅来源于原料和产品，而且源自在其制造过程中使用的物质。最常见的是在反应介质、分离和配方中所用的溶剂。当前广泛使用的溶剂是挥发性有机化合物，其在使用过程中有的会引起地面臭氧的形成，有的会引起水源污染，因此，需要限制这类溶剂的使用。采用无毒无害的溶剂代替挥发性有机化合物作溶剂已成为绿色化工技术的重要研究方向之一。目前，最活跃的研究项目是开发超临界流体（SCF），特别是超临界二氧化碳作溶剂。超临界二氧化碳是指温度和压力均在其临界点（311℃，7.48×10^3kPa）以上的二氧化碳流体。它通常具有液体的密度，因而有常规液态溶剂的溶解度；在相同条件下，它又具有气体的黏度，因而又具有很高的传质速度。而且，由于具有很大的可压缩性，流体的密度、溶剂溶解度和黏度等性能均可由压力和温度的变化来调节。超临界二氧化碳的最大优点是无毒、不可燃、价廉等。采用超临界二氧化碳代替有机溶剂作为油漆、涂料的喷雾剂和泡沫塑料的发泡剂已在工业上应用，在原有喷涂工艺中，采用超临界二氧化碳，有机溶剂用量减少2/3至4/5，大大减少了挥发性有机溶剂的排放量；用二氧化碳代替氟氯烃作苯乙烯泡沫塑料的发泡剂，已获得1996年美国总统绿色化学挑战奖的"改变溶剂/反应条件奖"。

除采用超临界溶剂外，还有研究水或近临界水作为溶剂以及有机溶剂/水相界面反应。采用水作溶剂虽然能避免有机溶剂，但由于其溶解度有限，限制了它的应用，而且还要注意废水是否会造成污染。在有机溶剂/水相界面反应中，一般采用毒性较小的溶剂如（甲苯）代替原有毒性较大的溶剂，如二甲基甲酰胺、二甲基亚砜、醋酸等。采用无溶剂的固相反应也是避免使用挥发性溶剂的一个研究方向，如用微波来促进固-固相有机反应。

（4）过氧化氢是一种强氧化剂，广泛应用于化工、医药、食品、电子、环保等领域

近年来，随着环保要求的提高，作为一种"清洁氧化剂"越来越受到人们的关注。从原子经济学上讲，过氧化氢几乎是一种理想的氧化剂，提供一个氧，自身变为水，用它可一步制取许多化合物，使现有生产工艺大大简化。目前，过氧化氢参与的反应主要是环氧化、醇化（羟基化）、酮化、肟化（氨氧化）、磺化氧化等，在替代原有工艺上表现出越来越大的优越性。过氧化氢参与的选择性氧化过程，选择性高、无污染，是清洁化工的发展方向，该过程的研究在国内外开展得较多。目前美国的ARCO公司、UOP公司、意大利的Enichem公司等对此类反应投入了巨大的资金，申请了多项专利。

（5）生物技术在发展绿色化工和资源利用方面均十分重要

首先是在有机化合物原料和来源上，采用生物质代替当前广泛使用的石油，是一个长远的发展方向。在150多年前，人类使用的有机化合物大多来源于植物及动物，随后来源于煤炭，至第二次世界大战后，基本上有机化合物原料均来自石油。石油及石油化工制造了多种多样的合成材料，在为人类带来绚丽多彩的生活的同时，其中的许多过程也带来了不少环境问题。石油是不可再生的资源，虽有人提出石油枯竭后，将返回到以煤炭作为有机化合物的原料，但考虑到以煤炭为原料将带来的污染问题，更多的有识之士认为将返回到以酶为催化剂，以生物质为原料生产有机化合物的时代。

从生物反应及生物质原料出发，生产人类需要的医药用品如手性药物，是有普遍共识的。生物技术中的化学反应，大都以自然界中的酶或者通过DNA重组及基因工程等生物技术，在微生物上生产出工业酶为催化剂。在应用上既可使用酶也可使用产酶的微生物作为催化剂。酶反应大多条件温和，设备简单，选择性好，副反应少，产品性质优良，又不产生新的污染。因此，酶将取代许多现在使用的化学催化剂。虽然酶催化的上述优点早为人知，但直至20世纪90年代中期，基因重组工程和生物筛选技术的改进和新的稳定技术的开发成功，酶催化才开始应用于多种工业化学过程中，不仅用于制药工业，还用于其他化学工业。生物催化公司认为，这些进展来源于2个关键因素：一是采取了多学科，包括应用生物催化、生物反应器工程、过程控制、环保生物技术、植物、动物、微生物技术等的集成来突破工艺；二是有能力利用DNA重组技术而不需要通过微生物培养来开发和生产酶。1998年全球工业用酶的市场已达13.55亿美元。

生物质主要由淀粉及纤维素等所组成，前者易于转化为葡萄糖，后者则由于结晶及与木质素共生等原因，通过纤维素酶等转化为葡萄糖，难度较大。近年的研究表明，以葡萄糖为原料，通过酶反应可以制出许多有用的有机原料。从葡萄糖开始，通过一些合成酶可制得1,2-苯二酚，进而可制得尼龙原料己二酸，不需要从传统的苯开始来制备。其他的例子如由葡萄糖通过遗传工程酶制得苯醌、1,3-丙二醇、乙醇、丁二醇和乳酸等。目前国外认为生物催化还在婴孩时期，从长远看，它将重组化学工业。1996年美国总统绿色化学奖中，也将学术奖颁发给 Texas A&M 大学化工系的 Mark T. Holtzapple 教授。奖励他利用微生物将废生物质转化为动物饲料和化学品的成就，可见国外对酶催化发展前景的重视。我国在生物酶催化方面的突出成就，是发现了一种含有能使丙烯腈转化为丙烯酰胺的水合酶的微生物，解决了产业化的一系列问题，并已建成几套工业生产装置。

可持续发展的实质是资源的可持续利用，强调的是环境与经济协调发展，要实现资源的可持续利用，最有效的措施就是开源节流，提高资源利用率及转化率。绿色化工通过工艺技术和设备的革新，对生产过程的污染进行预防和控制，达到控制污染物产生的目的。这样将合理利用资源、降低物耗、提高经济效益与环境保护有机地结合起来，实现以最小的环境代价和最少的资源消耗，获得最大的经济效益。

美国总统绿色化学挑战奖（Presidential Green Chemistry Challenge Award）是美国国家级奖励，这是世界上首次由一个国家的政府出台的对绿色化学实行的奖励政策，其目的是"通过将美国环保局与化学工业部门作为环境保护的合作伙伴的新模式来促进污染的防止和工业生态的平衡"，建立该奖是为了重视和支持那些具有基础性和创新性变迁并对工业界有实用价值的化学工艺新方法，以通过减少资源的消耗来实现对污染的防止。该奖励集中在3个方面：①绿色合成路径，包括使用绿色原料、使用新的试剂或催化剂、利用自然界的工艺过程、原子经济过程等；②绿色反应条件，包括低毒溶剂取代有毒溶剂、无溶剂反应条件或固态反应、新的过程方法、消除高耗能/高耗材的分离纯化步骤、提高能量效率等；③绿色化学品设计，包括用低毒物取代现有产品、更安全的产品、可循环或可降解的产品、对大气安全的产品等。

奖项分5项：①绿色合成路线奖；②绿色反应条件奖；③设计绿色化学品奖；④小企业奖；⑤学术奖。2015年起，新增了一个奖项——气候变化奖（Specific Environmental Benefit：Climate Change），2018年因故没有颁奖，2019年奖项名称改为"绿色化学挑战奖"（GCC）。表8-4为近3年以来的获奖情况。

表8-4 近3年美国总统绿色化学挑战奖一览表

年份	奖项	获奖者	获奖理由
2021年（第25届）	绿色合成路线奖	默克公司 Merck&Co.,Inc.	开发了一种绿色、可持续的商业生产工艺,用于合成治疗难治性和原因不明性慢性咳嗽的试验药物——吉法匹生柠檬酸盐(Gefapixant Citrate)。关键创新是:①两步法高效合成甲氧基苯酚;②混合流动间歇法合成二氨基嘧啶的新工艺;③简化的磺酰胺直接合成工艺;④一种新颖而稳定的盐згидро分解方法,以高生产率始终如一地保证盐形态专一性。此外还显著提高了产量,使原材料成本降低为原来的六分之一;烷基化步骤涉及高度危险化学品,已被取代,生产工艺成为一个更安全和更强大的商业生产工艺。默克还实现了工艺节能,减少了二氧化碳和一氧化碳的排放

续表

年份	奖项	获奖者	获奖理由
2021 年 (第 25 届)	绿色反应 条件奖	百时美施贵宝公司 Bristol Myers Squibb Company	开发了 5 种相互兼容的试剂。百时美创建的试剂可溶解磷酸二酯、二硫代磷酸酯、同手性和外消旋硫代磷酸酯、同手性膦酸酯和手性叔膦,这些试剂可用于固相合成。固相合成是一种广泛应用的方法,分子与固体载体材料结合,在一次反应中逐步合成。他们的工作表明,化学领域的创新进步带来了更高的效率和更环保的工艺。这些试剂也易于被其他人使用,并广泛适用于多种体系
	设计绿色 化学品奖	Colonial Chemical 公司	Colonial Chemical 公司因开发 Suga Boost 表面活性剂混合物而受到广泛关注,该表面活性剂混合物是一种比传统清洁表面活性剂更环保的化学品。合成消耗更少的能量、可生物降解、原料来自植物基材料,其性能显示出具有替代含有 EO 的表面活性剂(如 SLES 和 APEs)的潜力
	小企业奖	XploSafe 有限责任公司	XploSafe 因制造新型吸附剂 PhosRox 而受到广泛关注,这是一种独特的材料,能够同时从废水和其他受污染的水中捕获氨、磷酸盐和硝酸盐,然后用作缓释肥料
	学术奖	克莱姆森大学	由克莱姆森大学 Srikanth Pilla 教授领导的团队创造的首个基于木质素的非异氰酸酯聚氨酯(NIPU)泡沫获得认可。这项新技术取代了传统的聚氨酯泡沫塑料,传统的聚氨酯泡沫通常由二异氰酸酯制成,这是一种已知的致癌物质,在其制造过程中对健康安全有显著影响。该团队研制出一种活性的碳化木质素前体,可以通过制造"分子拉链"来分解聚合物结构并再生木质素。这些拉链分解了泡沫的结构,回收了木质素。回收的木质素可以便捷地用于制造新的 NIPU 泡沫。整个生产工艺真正创新在于使用无毒和 100% 生物基试剂形成反应性前体。这项工作中使用的固化剂来自植物油,是一种减少环境影响的选择
2020 年 (第 24 届)	绿色合成 路线奖	吉诺玛蒂卡公司	吉诺玛蒂卡公司开发的 Brontide™ 1,3-丁二醇,通常被用于化妆品中以保持水分并用作植物提取物的载体。传统上,丁二醇由化石燃料生产,但是 Brontide™ 为一步法工艺,通过设计好的大肠杆菌,实现可再生糖发酵,进而生成 1,3-丁二醇。这样可以减少温室气体排放,据估算,如果所有丁二醇生产都用 Brontide™ 发酵工艺,每年将减少近 10 万吨温室气体排放和 5 万~6 万吨乙醛的使用量
	绿色反应 条件奖	默克公司 Merck & Co., Inc.	改进了某些抗病毒药物的生产工艺,这些药物可用于治疗包括丙型肝炎和艾滋病在内的疾病。新工艺能够使重要抗病毒药物的生产效率和稳定性提高 85% 以上,减少了现有工艺过程中产生的废物与危险物,并大大节省成本
	设计绿色 化学品奖	约翰斯曼维尔公司 Johns Manville	设计了生物基无甲醛热固性黏合剂配方。这项技术消除了危险化学品的使用,减少了水和能源的使用,延长了产品的使用寿命。该配方使用了约 90% 的不含甲醛生物基成分如可再生的碳水化合物:葡萄糖,它无毒无害,来源于玉米、土豆或小麦淀粉。黏合剂使用无磷可生物降解酸催化剂,在比传统丙烯酸黏合剂低约 40℃ 的温度下生产。与传统黏合剂不到 1 个月的保质期相比,葡萄糖基黏合剂的保质期提高了 12 个月,减少了未使用产品过期时产生废物的可能性

年份	奖项	获奖者	获奖理由
2020年 (第24届)	小企业奖	Vestaron 公司	Vestaron 公司因生产一种新型生物农药 Spear 而获得认可。这种杀虫剂基于一种天然成分,其灵感来源于蜘蛛毒液,能够有效控制目标害虫,同时对人类、环境以及鱼类和蜜蜂等非目标野生动物没有不良影响。Spear 为种植者提供一种新的害虫管理工具,同时减少对环境的影响
	学术奖	密歇根大学 Steven Skerlos 教授	开发了一种替代传统金属加工液的方法,被公认为 Pure-CutTM 技术,它使用高压二氧化碳(CO_2)代替油基润滑剂。与传统的金属加工液相比,Pure-Cut™ 技术可以提高加工工具的性能和使用寿命,同时大大减少对环境和工人健康的危害,又减少了 CO_2 对大气的排放
2019年 (第23届)	绿色合成路线奖	默克公司 Merck&Co.,Inc.	默克研究实验室为抗生素 Zerbaxa™ 重新设计了生产工艺。其关键是基于结晶原理的净化工艺,将工艺操作量降低75%,将原材料成本降低50%,并使总产量提高50%以上。据默克公司估计,新工艺每年可节约约370万加仑(1US gal≈3.785L,下同)的水,同时碳和能源使用量分别减少50%和38%
	绿色反应条件奖	WSI 公司	WSI 开发的 TRUpath™ 技术成功地生产一种易于生物降解、环境毒性较小的表面活性剂——直链醇乙氧基化合物来替代壬基酚乙氧基化合物,用于取代洗涤配方中的磷酸盐。每年可减少废水中石油烃类物质20万磅(1lb=0.45359237kg,下同),综合减少洗衣废水排放量超过130万磅/年。通过废水排放到环境中的磷酸盐每年减少150万磅,EDTA 年排放量减少了10.4万磅。此外,减少天然气使用量合计 5.1×10^6 kcal,每年节省了5.45亿加仑的水
	小企业奖	Kalion 公司	Kalion 公司与麻省理工学院合作,开发了多用途、高纯度、由微生物制备的葡萄糖酸,使得利用生物可降解、无毒糖类衍生物替代环境污染性大的化学品成为可能。现在葡萄糖酸可能的应用范围包括水处理、聚合物配方的添加剂、活性药物成分的赋形剂、洗涤剂、工业螯合剂、混凝土外加剂、道路盐类腐蚀抑制剂等领域。这种基于发酵的原理、通过绿色化学方法生产的葡萄糖酸成为增值最高的化学品
	学术奖	纽约城市大学能源研究所 Sanjoy Banerjee 教授,合作者城市电力公司 Urban Electric Power, Inc.、桑迪亚国家实验室、布鲁克海文国家实验室	其贡献在于对电网存储应用设备可充电碱性 $Zn-MnO_2$ 电池进行研发,即一种可充电数千次、同时使用寿命没有降低的大容量锌锰氧化物电池。这些电池不使用锂离子和铅酸电池等被限制的物质,它们使用的材料都是供应链中丰富且常见的材料。当大批量生产时,电池的生产价格低于50美元/(kW·h),还可以扩大可再生能源的发电量,并显著减少二氧化碳的排放

从对美国总统绿色化学挑战奖获奖情况可以看到,获奖项目中有80%以上与绿色化工有关,这充分表明发展绿色化工在化学工业中占有头等重要的地位。通过对获奖项目的分析还显示出生物技术、原子经济性反应、新型催化剂、无溶剂体系或绿色溶剂、膜技术等将成

为绿色化工的关键技术，可再生原料也是实现绿色化工可持续发展的重要因素。绿色化工从原理和方法上给传统的化学工业带来了革命性的变化，新的绿色化学品正朝着对人身健康、安全和生态环境无害化的方向发展。

　　绿色化工是一项复杂的化工系统工程，它会随着科技与社会的进步不断发展与完善。实践证明，绿色化工是缓解化工行业经济发展与环境保护之间的尖锐矛盾，有效地改善人类的生存环境，保证人类和化工行业持续、稳定、健康发展的必然选择。

8.5　双碳减排

8.5.1　气候变化与双碳减排

　　2015 年《巴黎协定》提出希望将全球气温升幅限制在工业化水平前的 1.5～2℃，从而降低气候变化带来的风险和影响。为了达到这个目标，需要控制向大气层中排放的碳量，从而出现了两个名词，一是碳达峰，二是碳中和。

　　2021 年 11 月 13 日，《联合国气候变化框架公约》（UNFCCC）第二十六次缔约方大会在英国格拉斯哥闭幕。大会就《巴黎协定》实施细则等核心问题达成共识，世界各国全面应对气候变化踏上新征程。所有缔约方均提出了国家自主贡献（National Determined Contributions，NDC），84% 的国家提高了 NDC 目标。

　　2020 年，全球已经有 54 个国家实现了碳达峰（见表 8-5），占全球碳排放总量的 40%，其中大部分属于发达国家。

表 8-5　碳达峰的主要国家

国家和地区	碳达峰时间	碳排放峰值 /亿吨 CO_2 当量	人均碳排放峰值 /亿吨 CO_2 当量
欧盟(27 国)	1990 年	48.54	10.28
俄罗斯	1990 年	31.88	21.58
英国	1991 年	8.07	14.05
美国	2007 年	74.16	24.46
加拿大	2007 年	7.42	22.56
巴西	2012 年	10.28	5.17
日本	2013 年	14.08	11.17
韩国	2013 年	6.97	13.82
印度尼西亚	2015 年	9.07	3.66

　　注：自 2010 年之后，随俄罗斯经济逐渐复苏，碳排放量有所回升，但仍然远低于 1990 年水平。英国在碳达峰后碳排放量持续降低，2018 年碳排放总量降为 4.66 亿吨 CO_2 当量，相较于 1991 年峰值下降了 42.26%。巴西受 2014 年世界杯和 2016 年里约奥运会影响，碳排放量有所回升，但总体仍低于 2012 年水平。

　　截至 2021 年 1 月，根据英国能源与气候智库（Energy & Climate Intelligence Unit）统计显示，全球已有 28 个国家实现或承诺碳中和目标（见表 8-6）。其中，瑞典、英国、法国等 6 个国家通过立法承诺碳中和，欧盟、加拿大、韩国等 6 个国家及地区正在制定相关法律，中国、澳大利亚、日本、德国等 14 个国家承诺实现碳中和。

超过 100 个国家共同承诺到 2030 年停止砍伐森林，并投入 190 亿美元用于保护和恢复森林；欧盟与美国共同发起"全球甲烷承诺"协定，超过 80 个国家承诺在 2030 年前实现减少 30% 的甲烷排放；40 多个国家，包括波兰、越南和智利等主要煤炭使用者，同意放弃煤炭；11 个国家和地区宣布成立"超越石油和天然气联盟"等。

习近平主席在 2020 年 9 月的联合国大会发言中明确提出："应对气候变化《巴黎协定》代表了全球绿色低碳转型的大方向，是保护地球家园需要采取的最低限度行动，各国必须迈出决定性步伐。中国将提高国家自主贡献力度，采取更加有力的政策和措施，二氧化碳排放力争于 2030 年前达到峰值，努力争取 2060 年前实现碳中和。"

"3060 目标"即 2021~2030 年实现碳排放达峰；2031~2045 年快速降低碳排放；2046~2060 年深度脱碳，实现碳中和。这一目标的确定进一步向全世界展现了中国为应对全球气候变化做出更大贡献的积极立场和有力行动，顺应了全球疫情后实现绿色高质量复苏和低碳转型的潮流，展现了推进全球气候治理进程的信心。

表 8-6　各国家及地区承诺实现碳中和时间

碳中和时间	正在立法	立法规定	国家承诺
2035 年			芬兰
2040 年			奥地利、冰岛
2045 年		瑞典	
2050 年	欧盟、加拿大、韩国、西班牙、智利、斐济	英国、法国、丹麦、新西兰、匈牙利	日本、德国、瑞士、挪威、爱尔兰、南非、葡萄牙、哥斯达黎加、斯洛文尼亚、马绍尔群岛
2060 年			中国

8.5.2　新能源与双碳减排

世界能源结构已经发生两次转换，第一次转换实现了薪柴向煤炭的能源革命，第二次转换实现了煤炭向石油、天然气的能源革命，当前正在经历传统化石能源向新能源的第三次重大转换。按照能源发展规律，能源形态从固体（薪柴与煤炭）、液态（石油）向气态（天然气）转换，能源中碳的数量从高碳（薪柴与煤炭）、中低碳（石油与天然气）向无碳（新能源）转换，未来将沿着资源类型减碳化、生产技术密集化、利用方式多样化三大趋势发展。新能源即可再生能源——太阳能、风能（包括海风、陆风）、地热能、水能等从微不足道，到举重若轻，如今进入到担当大任阶段。

新能源是处理环境污染和减少二氧化碳排放的最潜在的方法。由于化石能源石油、天然气、煤等均为不可再生能源，且燃烧会产生较大量含碳化合物，而在众多产业中，氢能作为清洁、高效、安全、可持续的二次能源，可为化工、冶炼、动力燃料、储能、建筑等传统工业提供深度脱碳。氢气具有热值 142kJ/g，约是石油的 3 倍、煤炭的 4.5 倍，意味着其作为动力燃料易于实现轻量化、高续航。

我国现面临的能源问题有以下两点：一是在我国的能源结构中，化石等不可再生能源的占比非常高，排放量也相当大，成为各种空气污染的源头；二是今后需要不断提高可再生能源的使用比例，如光电、风电、热电等等，但同时必须要有另一种能源再把光电、风电转化、存储起来，做到电网和储能可以相互间转换，而氢能既能作为能源使用，也能进行储能和能源转换，在实现碳中和的过程中将起到重要作用。氢能的大量制备仍处于研究阶段，各国多个实验室正在研究寻找合适催化剂利用海水制氢，虽然还没有得到重大的突破，但是也说明了这个方向孕育着大量而廉价制备氢的广阔前景。根据美国能源部和日本经济产业省的预测，未来水制氢的成本可能与化石燃料成本持平。

以太阳能发电、风电、水电等各种可再生能源发电制取的绿氢，是可能取代传统化石能源的终极能源：绿氢的制备从源头上杜绝了碳排放，且在终端应用中，绿氢对汽油、传统工业原料、热源等的替代能够实现应用端的零排放。因此，双碳目标将新能源和氢能紧密地联系到了一起。

降低化石能源比重，发展可再生能源是实现碳中和的关键举措，但 2021 年受疫情影响欧美产能进入收缩期，加之国际化石能源出口方的欧佩克与非欧佩克产油国，没有根据市场变化来提升增产计划，仍然坚持原计划的每天产量上调 40 万桶，俄罗斯对欧洲天然气出口量也是远低于过往年度，导致欧美能源的供需缺口持续地扩大，使得欧洲的储气量处于一个低位，再加上冬天整个北半球需要供暖，短期内供需失衡的关系很难改善。由此全球能源危机为国际能源低碳转型的合理化推进敲响了警钟。以下几点启示值得参考：

① 要审慎地把控转型节奏，能源转型无法一蹴而就，全球可再生能源完全替代化石能源，还有很长的路要走，短期内无法摆脱对化石能源依赖；

② 大力发展储能系统，需要从机制上、技术上去保障存储能量系统，且应提升供电的稳定性和可靠性；

③ 推进多能源的互动，形成各类电资源的统筹协调，不管是涉及风电、水力发电、地热、太阳能发电、核电还是油气和煤电，均要形成一个联动多元互补的机制。

8.5.3 化工与双碳减排

8.5.3.1 煤化工低碳路径

煤化工利用煤炭可分为"原料"和"燃料"两种用途。作为原料时，煤参与化学反应，部分碳元素进入产品转化成清洁能源或化学品，部分碳元素转化为 CO_2，少量碳元素随灰渣流失；作为燃料时，煤炭通过燃烧提供热量产生蒸汽再发电，为化工生产提供动力和能量，理论上煤充分燃烧后碳全部转化为 CO_2，实际应用中煤燃烧后灰渣会带出少量残碳。由于部分碳进入产品，因而煤化工生产过程具有节碳能力。目前我国现代煤化工典型的产业化路径有煤制合成气、煤制油、煤制天然气、煤制甲醇、煤制烯烃、煤制电石以及煤制乙二醇，基本均为以煤气化为龙头。

2020 年各产品路线排碳占比如图 8-1 所示。统计各子行业的排碳结构可知，现代煤化工全行业二氧化碳中，约 33% 来源于化石燃料燃烧排碳，约 3.5% 来源于外购电、热间接排碳，约 63.5% 来源于工艺过程排碳。

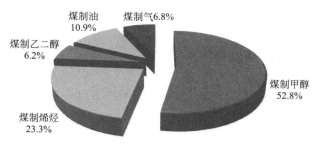

图 8-1 2020 年现代煤化工产业碳排放分布情况

目前现代煤化工产业碳减排、碳中和的主要路径有：

(1) 深入推动产业结构调整，存量企业持续推进系统优化，实现节能减排。

(2) 探索工艺过程降碳新途径。

案例 1　合成气制甲醇。现代煤化工产业碳排放中约 60% 以上来自于工艺排放，变换是为了将合成气中的 CO 变换为 H_2，以调节后续合成反应的 H_2/CO。即通过变换净化工序将合成气中的 CO 变换为 H_2 和 CO_2，如果工艺过程中降低变换比或者不变换，将大大降低工艺过程的 CO_2 排放。方法有：

① 与低碳原料制备的富 H_2 气互补　单纯以天然气为原料生产甲醇合成气很容易得到较多的氢气，而碳源需从烟道气回收或通过两段转化来实现。而以煤为原料生产甲醇合成气的氢气较少，需要进行 CO 变换，同时需脱除 CO_2 并直接放空。采用煤和天然气联合造气工艺，充分考虑两种原料的特点，结合两种原料生产合成气的优势，实现碳氢互补。通过降低粗煤气中 CO 变换深度，甚至取消 CO 变换工序，从而节省粗煤气 CO 变换和脱除 CO_2 过程中消耗的额外能量，降低单位产品能耗，减少温室气体 CO_2 的排放。

② 绿 H_2 用作补氢原料　现代煤化工与可再生能源制氢深度结合，做到不发生变换反应，煤气化后进入合成气中的 C 只有少量 CO_2（煤气化过程中产生）在后续工序排放，大部分都通过合成反应进入产品，工艺过程基本不排放 CO_2。由此可见此法将来可能是化工行业生产化工品的重要理想路径。

目前，由于可再生能源制氢的成本问题，还不能大规模应用于这一过程，但随着技术的进步、碳中和的形势驱动，未来这一过程有望得到规模化应用，从而实现现代煤化工的大幅降碳。

(3) 碳捕集与利用

当前主要有 CO_2 捕获与储存（CCS）工艺以及 CO_2 捕获与利用（CCU）工艺，合称为 CCUS 技术。在 CCU 工艺中，通过催化途径将 CO_2 转化为化学品和燃料，可实现人工碳循环利用。CO_2 催化转化涉及 C＝O 键活化和 C—H 键形成等高能耗过程，根据能量输入方式可分为热催化、电催化和光催化。

我国是一个"富煤、贫油、乏气"的国家，我国的资源储存结构注定了加快 CCUS 技术的发展是保证我国做到节能减排的必然选择。现代煤化工 CO_2 的主要来源是净化排放尾气和锅炉烟气。其中，净化尾气中的 CO_2 含量较高，可达到 70% 以上，而锅炉烟气 CO_2 含量约 10%～20%。可见，现代煤化工工艺排放的高浓度 CO_2 更易捕集利用，成本具有相对优势。

案例 2　20 世纪 80～90 年代起，中国石化开展了 CO_2 捕集等相关技术开发工作，部分自主开发技术达到了国内领先和世界先进水平。2021 年 7 月 5 日，中国石化宣布开启我国首个百万吨级 CCUS 示范项目建设——齐鲁石化-胜利油田 CCUS 项目。该项目将中国石化所属炼化企业产生的 CO_2 捕集提纯后运输至油田企业，注入并封存在地下，实现 CO_2 驱油（使原油体积膨胀、降低原油黏度、降低油水间的界面张力并不受井深、温度、压力、地层水矿化度等影响，提高原油的采收率）与减排的双赢。

(4) 发展 CO_2 加工下游产品

利用捕集的高浓度 CO_2，可以进一步利用加工生产化学品，实现固碳中和的目的。利用二氧化碳和氢气可合成甲醇，而甲醇又是重要的基本有机原料，下游可加工生产烯烃、甲醛、醋酸等多种化学品。

案例 3　CO_2 制甲醇技术中，热催化技术发展得较为成熟，李灿团队千吨级"液态太阳燃料合成示范项目"利用太阳能等可再生能源产生电力，通过电解水生产"绿色"氢能，通

过 CO_2 加氢转化生产"绿色"甲醇等液体燃料，实现了人工光合成绿色能源的过程。这不仅是解决 CO_2 排放的根本途径，也是将间歇分散的太阳能等可再生能源收集储存的一种新的储能技术。该项目利用高效、低成本、长寿命、规模化、电催化工艺分解水制氢，利用廉价、高选择性、高稳定性 CO_2 加氢制甲醇催化技术，甲醇选择性达到 98%，甲醇纯度达到 99.5%。未来可再生能源制氢与捕集的 CO_2 生产甲醇将是现代煤化工的发展方向。可再生能源与现代煤化工的融合路径见图 8-2。

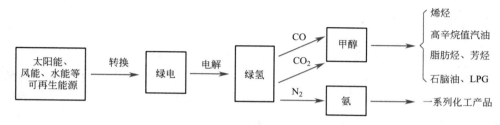

图 8-2　可再生能源与现代煤化工的融合路径示意图

8.5.3.2　石油化工低碳路径

与煤炭相比，石油排放虽然只有煤炭的三分之一，但要实现大幅减排的难度却非常大。2019 年我国原油加工约 7 亿吨，其中汽柴油消费 2.7 亿吨，煤油燃料油消费 0.7 亿吨，剩余各种产品（包括化工品、沥青、液化气等）共 3.6 亿吨，这些消费最终都成为碳排放。另外预计未来汽车、船舶等动力系统可能会从成品油切换到使用新能源电力的锂电和氢能，这可以使石油碳排放降低近一半。但还有一半石油的碳排放，超过 10 亿吨规模，以目前的社会和技术发展水平还很难使其下降。

由于石油相比煤炭、天然气和生物质具有更好的碳氢比，碳链长度及更低的氮、氧含量，一直是最佳的化工品生产原料，原油除成品油以外的 3.6 亿吨消费量中大部分就是用来生产化工品。化工品是社会发展必不可少的原料，化工材料在各方面都超越木材、金属、纸、玻璃等传统材料，甚至从碳排放角度看化工材料的排放比传统材料更低，所以化工品的需求未来还会持续增长。然而越来越多的化工品被生产出来，从理论角度已经产生了碳排放足迹，所以要减少这部分碳排放，可行的办法只有使用生物质为原料，或者构建回收再利用的循环。

目前石油产业减排的措施主要是加强技术创新，突破高端材料技术瓶颈，包括重油加工转化技术、塑料循环利用技术，提升炼化一体化水平以及多产低碳烯烃和化工原料，优化烯烃产业链结构，实现化工高端化发展，以减少二氧化碳的排放。

案例 1　林德与壳牌公司正在开发乙烷氧化脱氢制乙烯，与乙烷裂解相比，这是一种碳足迹更低的乙烯生产工艺。

案例 2　中国石化于 2021 年 11 月 17 日宣布，"轻质原油裂解制乙烯技术开发及工业应用"在天津石化工业试验成功，此次实现工业化应用的原油蒸汽裂解技术是"油转化"的路线之一，它"跳过"传统原油精炼过程，将原油直接转化为乙烯、丙烯等化学品（即"油转化"），实现了原油蒸汽裂解技术的国内首次工业化应用，化学品收率近 50%，并大幅缩短工艺生产流程、降低生产成本，同时大幅降低能耗和减排二氧化碳。

经测算，应用该技术每加工 100 万吨原油，可产出化学品近 50 万吨，其中乙烯、丙烯、轻芳烃和氢气等高价值产品近 40 万吨，整体技术达国际先进水平，经济价值巨大。而通常乙烯、丙烯生产所需的原料，需经炼油厂的原油精炼加工过程，生产流程长，且原油中仅有 30% 左右用于生产化工原料。

目前，全球仅埃克森美孚、中国石化成功实现了该技术的工业化应用。

2021年4月，中国石化所属石油化工科学研究院自主研发的原油催化裂解技术——另一条"油转化"技术路线，在扬州实现了全球首次工业化应用，使我国成为世界原油催化裂解技术领跑者。与轻质原油蒸汽裂解技术相同，其生产的化学品产量也为50％左右。而上述两种技术结合，有望把原油生产的化学品总量提高到70％以上，将成为未来"油转化"经济可行的技术路线。

8.5.4 碳交易与碳金融

8.5.4.1 发达国家碳交易和碳金融经验

碳交易和碳金融在应对气候变化方面发挥着重要作用。发达国家在碳排放权交易的法律法规体系和制度安排、纳入碳交易市场的行业范围和参与主体及产品、碳排放交易的监管体系、政府出台的推动碳市场建设政策、多元化碳基金等方面的经验，对我国碳交易和碳金融建设有借鉴意义。其特点如下：①健全完善的碳排放权交易法律法规体系和制度安排；②纳入碳交易市场的行业范围广泛，参与主体多元；③碳金融市场产品丰富；④严格执行完备的碳排放交易监管体系；⑤政府出台相关政策推动碳市场建设；⑥通过多元化碳基金降低碳金融投资风险。一些发达国家碳金融交易产品见表8-7。

表8-7　碳金融交易产品

产品类型	发行机构	主要产品概述
传统信贷	荷兰银行、花旗银行、摩根大通银行	开展节能建筑信贷业务,实行差异化信贷品类
	英国汇丰银行、瑞穗银行	实行"赤道原则",以"赤道原则"为贷款审核标准
绿色信贷	花旗银行、汇丰银行	碳减排交易从绿色债券、绿色信贷产品扩展到航空领域
	汇丰银行、富国银行	发行绿色信用卡
	巴黎银行、巴克莱银行、花旗银行	针对清洁能量、废弃物可再生项目,推出相应低碳融资、债券类产品
	韩国光州商业银行	推出"碳银行"计划
	荷兰银行	推出气候信用卡等个人"碳中和"业务,设立低碳加速器基金、可持续全球信用基金等
衍生品	伦敦交易中心	碳交易品种包括现货、期货、期权、远期、互换产品
	芝加哥交易体系	金融衍生品,包括碳期货、碳期权、清洁能源指数期货
保险产品中介服务	美国KILN保险集团	开发碳信用保险产品
	欧洲碳交易市场的商业银行	利用先进的碳金融期货合约工具,为企业提供细致的套期保值服务
	荷兰从事碳交易中介业务的金融机构	提供融资担保、购碳代理、碳交易咨询等服务
	荷兰商业银行	为碳金融交易提供服务平台,获取中间业务
	花旗银行	同欧洲、芝加哥气候交易所进行联盟合作,提供碳交易中介服务

8.5.4.2 我国碳交易碳金融发展现状

目前我国采取的措施是设立碳排放交易试点，启动全国碳交易市场，强调要逐步探索和研究碳排放权期货交易，力争在碳远期、碳期权、碳绿色债券、碳租赁、碳资产证券化和碳基金等金融产品和衍生工具方面取得长效进展。

2021 年上海市成立了碳金融交易中心，其目标一是要做成全球最大碳配额现货交易市场，同时积极推进配额市场建设，进一步扩展减排量市场品种，创新体制机制有序推进衍生品市场交易，在上海形成一个多层次的碳市场；二是要积极和上海的各个金融市场、金融资源相结合，把碳市场建设和碳金融建设主动纳入到上海的国际金融体系当中去，积极推出碳债券、碳基金、碳信托等创新产品，大力发展绿色金融，争取把上海建成国际碳金融中心。能源交易所数据显示，截至 2021 年 11 月 12 日，全国碳市场上线第 120 天，共运行 79 个交易日，全国碳排放配额累计成交量达到 2491.42 万吨，累计成交额突破 11 亿元大关，达到 11.06 亿元。

碳市场是联系绿色金融与碳达峰、碳中和的"纽带"，是为绿色金融赋能碳达峰、碳中和的重要环节。在有关政策的大力支持下，巨大市场空间正在开启。据预测，碳中和未来 30 年预计带来 180 多万亿元的绿色金融投资，中国绿色金融市场规模或将在 2060 年增至 100 万亿元人民币，发展空间巨大。

当今世界正经历百年未有之大变局。生态环境事关人类生存和永续发展，碳中和是人类应对全球气候变化达成的共识，世界各国积极承诺实现碳中和目标。碳替代、碳减排、碳封存、碳循环是实现碳中和的 4 种主要途径，碳替代是实现碳中和的中坚力量。我国从 2021 年到 2060 年，40 年要实现"碳中和"，不是一件容易的事，需要一代人，甚至是几代人以"功成不必在我"的境界，在"高碳"上做减法，在"低碳"上做加法。实现"碳达峰、碳中和"是一项系统工程，涵盖能源、经济、社会、气候、环境等众多领域，涉及政府、企业、公众等多个层面。为此，我们都应该从我做起，从你做起，从现在做起，最大限度减少能源消耗和污染排放，保护好地球，使全世界的人们生活得更美好！

习 题

8-1 "三废"是指什么？为什么要开展"三废"综合治理？

8-2 有机废气的处理方法有哪些？

8-3 针对高浓度有机废水处理的方法有哪些？

8-4 实现过程绿色化可采取的方法有哪些？

8-5 简述原子经济性的概念。

8-6 绿色化工与"三废"综合治理的本质区别是什么？

8-7 5 个"R"分别是指什么？

8-8 美国绿色化学挑战奖分别设置了哪几个奖项？

8-9 我国实现双碳减排的目标是什么？

8-10 传统化石能源的制氢方法有哪些？

8-11 如何制得绿氢？与传统化石能源相比，其优势以及缺点有哪些？

8-12 如何将绿氢运用到合成甲醇工艺中？

8-13 实现碳中和的 4 种主要途径分别是什么？

参 考 文 献

[1] 匡跃平. 现代化学工业概览. 北京：中国石化出版社，2003.

[2] 魏瑞郎，成少非. 中国化学工业结构研究. 太原：山西人民出版社，中国社会科学出版社，1988.

[3] 寒冬冰，等. 化工工艺学. 北京：中国石化出版社，2003.

[4] 黄仲九，房鼎业. 化学工艺学. 北京：高等教育出版社，2001.

[5] 徐绍平，殷德宏，仲剑初. 化工工艺学. 大连：大连理工大学出版社，2004.

[6] 田春云. 有机化工工艺学. 北京：中国石化出版社，1998.

[7] 吴指南. 基本有机化工工艺学. 修订版. 北京：化学工业出版社，1990.

[8] 岳群. 我国烧碱生产技术概况. 中国氯碱，2006 (9)：4-8.

[9] 张成芳. 合成氨工艺与节能. 上海：华东化工学院出版社，1988.

[10] 廖巧丽，米镇涛. 化学工艺学. 北京：化学工业出版社，2001.

[11] 蒋家俊. 化学工艺学. 北京：高等教育出版社，1988.

[12] 符德学. 无机化工工艺学. 西安：西安交通大学出版社，2005.

[13] 孙凤伟，栾智宇. 合成氨工艺技术的现状及其发展趋势. 辽宁化工，2010，39 (4)：452-453.

[14] 沙业汪. 硫磺与我国硫酸工业. 硫酸工业，2005 (2)：7-10.

[15] 孙正东. 800 kt/a 硫磺制酸装置设计概要. 硫酸工业，2005 (6)：24-32.

[16] 陈五平. 无机化工工艺学. 3 版. 北京：化学工业出版社，2001.

[17] 崔恩选. 化学工艺学. 2 版. 北京：高等教育出版社，1990.

[18] 大连化工厂. 联合法生产纯碱和氯化铵. 北京：化学工业出版社，1986.

[19] 大连化工研究设计院. 纯碱工学. 2 版. 北京：化学工业出版社，2004.

[20] 周眷艳，刘欣佟. 国内外乙烯生产技术进展与评述. 化学工业，2008，26 (1)：23-26.

[21] 陈滨. 乙烯工学. 北京：化学工业出版社，1997.

[22] 曾之平，王扶明. 化工工艺学. 北京：化学工业出版社，1997.

[23] 崔小明，李明. 苯乙烯生产技术及国内外市场前景. 弹性体，2005，15 (3)：53-59.

[24] 范勤，丛林，卢立义，等. 乙苯脱氢的氢氧化技术进展. 石化技术与应用，2002，20 (4)：264-267.

[25] 徐恩彪. 苯乙烯技术进展及展望. 化工质量，2006 (5)：38-41.

[26] 潘祖仁. 高分子化学. 3 版. 北京：化学工业出版社，2004.

[27] 黄丽. 高分子材料. 2 版. 北京：化学工业出版社，2010.

[28] 卢江，梁晖. 高分子化学. 2 版. 北京：化学工业出版社，2010.

[29] 王小妹，阮文红. 高分子加工原理与技术. 北京：化学工业出版社，2010.

[30] 冯孝中，李亚东. 高分子材料. 哈尔滨：哈尔滨工业大学出版社，2007.

[31] 贾红兵，朱绪飞. 高分子材料. 南京：南京大学出版社，2009.

[32] 黄军左，葛建芳. 高分子化学改性. 北京：中国石化出版社，2009.

[33] 米镇涛. 化学工艺学. 2 版. 北京：化学工业出版社，2006.

[34] 肖春梅，张帆，张力明，等. 丙烯腈生产工艺及催化剂研究进展. 石油化工设计，2009，26 (2)：
66-68.

[35] 张沛存. 丙烯氨氧化合成丙烯腈的反应机理及其应用. 齐鲁石油化工，2009，37 (1)：21-25.

[36] MOULIJN, JACOB A. Chemical Process Technology. New York：John Wiley & Sons Ltd.，2001.

[37] 王红霞. 氯乙烯技术现状及进展. 石油化工，2002，31 (6)：483-487.

[38] 赵思运，金汉强. 甲醇/一氧化碳羰基化法生产乙酸调研. 化学工业与工程技术，2006，27 (1)：
42-45.

[39] 朱传芳，房鼎业，季绍卿. 丁辛醇生产工艺. 上海：华东理工大学出版社，1995.

[40] 段元琪. 羰基合成化学. 北京：中国石化出版社，1996.

[41] 耿英杰. 烷基化生产工艺与技术. 北京：中国石化出版社，1993.

[42] 唐培堃，冯亚青．精细有机合成化学与工艺学．北京：化学工业出版社，2006．

[43] 王利民，邹刚．精细有机合成工艺．北京：化学工业出版社，2008．

[44] 李和平，葛虹．精细化工工艺学．北京：科学出版社，1997．

[45] 宋启煌．精细化工工艺学．北京：化学工业出版社，1995．

[46] 章亚东，周彩荣．精细有机合成反应及工艺．北京：化学工业出版社，2001．

[47] 赵顺地．精细有机合成原理及应用．北京：化学工业出版社，2009．

[48] 林峰．精细有机合成技术．北京：化学工业出版社，2009．

[49] 石万聪，盛承祥．增塑剂．北京：化学工业出版社，1989．

[50] 张俊明．国内精细化工发展状况及对策．精细化工原料及中间体，2006（1）：73．

[51] 曲景平．多学科交叉融合于精细化工新技术．精细化工原料及中间体，2006（4）：7．

[52] 钟穗生．化学工程计算．北京：北京师范大学出版社，1992．

[53] 吴志泉，等．化工工艺计算．上海：华东化工学院出版社，1992．

[54] 陈鸣德．化工计算．北京：化学工业出版社，1990．

[55] 陈之川．工业化学与化工计算．北京：化学工业出版社，1987．

[56] 于宏奇．化工计算．北京：化学工业出版社，1987．

[57] 马栩泉，等．化工计算基础．北京：化学工业出版社，1982．

[58] 阿尔伯特·赖特荷尔德．实用化学化工计算．北京：化学工业出版社，1982．

[59] 陈声宗．化工设计．2版．北京：化学工业出版社，2008．

[60] 王振红．浅析有机废气的治理．环境科学与管理，2007，32（11）：87，88．

[61] 汪斌．有机废气处理技术研究进展．内蒙古环境科学，2009，21（2）：55-58．

[62] 刘洋，马丽，等．有机废气的危害及治理技术．安徽农业科学，2009，37（1）：351，352．

[63] DZIE A，LOJEWSKA J．Optimization of structured catalyst carriers for VOCs combustion．Catalysis Today，2005（34）：378-384．

[64] RERT K，BAEYENS J．Catalytic combustion of volatile organic compounds．Journal of Hazardous Materials，2004，109（1-3）：113-139．

[65] 江莉，段晓军．生物技术在挥发性有机废气净化中的应用．广东化工，2008，35（10）：80-82．

[66] 雒和敏，赵阳丽，冯辉霞．固定化微生物技术在高浓度有机废水中的应用．河南化工，2010，27（3）：6-8．

[67] 刘展晴，秦雄伟．我国废水处理中的高级氧化技术．广州化工，2010，38（5）：26，27．

[68] 青林．催化湿式氧化技术处理高浓度有机废水催化剂研究．环境污染与防治，2009，31（8）：37-40．

[69] 立红．超滤技术在废水处理中的应用．环境科技，2010（S1）：36-39．

[70] EK M，KONIECZNG K．The use of ultrafiltration membranes made of various polymers in the treatment of oil emulsion wastewaters．Waste Management，1992（12）：75-86．

[71] BATCHELOR H B．Cross flow surfactant based ultrafiltration of heavy metal for waste water treatment．Separation Science and Technology，1994，29（15）：85-88．

[72] 赵丽霞．纳滤（NF）技术在废水处理中的应用研究．内蒙古石油化工，2010（8）：42，43．

[73] 史建公．绿色化学与化工若干问题的探讨．化学工业与工程技术，2006，27（1）：10-13．

[74] 傅军．绿色化工技术的进展．化工进展，1999（3）：5-10．

[75] 章文．绿色化工发展综述．研究进展，2009（12）：19-25．

[76] 程海涛，申献双．2019年美国（总统）绿色化学挑战奖项目评述．现代化工，2019，39（11）：12-14．

[77] 程海涛，申献双．2020年美国（总统）绿色化学挑战奖项目评述．现代化工，2020，40（10）：1-3．

[78] 程海涛．2021年美国（总统）绿色化学挑战奖项目评述．现代化工，2021，41（10）：11-13．

[79] 牛津经济研究院．全球化学工业：促进增长和应对全球可持续性挑战．牛津：牛津经济研究院，2019．

[80] 邹才能. 非常规油气地质. 北京：地质出版社，2013：330.

[81] 张洪涛，张海启，祝有海. 中国天然气水合物调查研究现状及其进展. 中国地质，2007（06）：953-961.

[82] 陈多福，王茂春，夏斌. 青藏高原冻土带天然气水合物的形成条件与分布预测. 地球物理学报，2005（01）：165-172.

[83] 吴能友，杨胜雄，王宏斌，等. 南海北部陆坡神狐海域天然气水合物成藏的流体运移体系. 地球物理学报，2009，000（006）：1641.

[84] 胡安平，周庆华. 世界上最大的天然气田-北方-南帕斯气田. 天然气地球科学，2006（06）：753-759.

[85] 张家青. 全球主要天然气田分布及其地质特征. 内蒙古石油化工，2010，36（24）：52-57.

[86] 张家青. 全球主要天然气田分布及其地质特征. 内蒙古石油化工，2011，37（10）：194-199.

[87] 吴庆军. 新型制甲醇技术现状与前景探究. 石化技术，2015（7）：22.

[88] 徐春华. 大型甲醇合成工艺技术研究进展. 化学工程与装备，2019（5）：230-232.

[89] 汪寿建. 大型甲醇合成工艺及甲醇下游产业链综述. 煤化工，2016，44（5）：23-28.

[90] 张结喜，芮金泉，刘小平，等. 168万吨/年甲醇装置气冷甲醇反应器技术的研究. 氮肥技术，2016，37（5）：4-10.

[91] 王平尧. 甲醇合成反应器的分析与选择. 化肥设计，2007，45（3）：17-21，58.

[92] 曹发海，应卫勇，房鼎业. 适合于大型化甲醇生产装置的反应器. 石油与天然气化工，2004，33：65-67.

[93] 劲秋. 煤制乙二醇路线及其应用. 精细化工原料及中间体，2011（12）：25-33.

[94] 王韧. 油价波动背景下煤制乙二醇产品竞争力分析. 化学工业，2015，33（4）：32-41.

[95] 杜建文. 新一代节能型乙苯催化脱氢制苯乙烯技术的开发应用. 石油石化绿色低碳，2016，1（1）：21-25.

[96] 陈雅如，赵金成. 碳达峰、碳中和目标下全球气候治理新格局与林草发展机遇. 世界林业研究，2021，34（6）：1-5.

[97] GOODWIN P, BROWN, S, HAIGH I, et al. Adjusting mitigation pathways to stabilize climate at 1.5℃ and 2.0℃ rise in global temperatures to year 2300. Earth's Future, 2018, 6（3）：601-615.

[98] 王永耀. 碳达峰、碳中和目标下山西煤炭产业高质量发展的路径. 三晋基层治理，2021（2）：108-112.

[99] 佟哲，周友良. 新发展格局下中国实现碳达峰、碳中和的现状、挑战及对策. 价格月刊，2021（08）：32-37.

[100] WANG G, CHAO Y C, CHEN Z S. Promoting developments of hydrogen powered vehicle and solar PV hydrogen production in China：A study based on evolutionary game theory method. Energy, 2021, 237：121649.

[101] 殷中枢，郝骞，赵乃迪. 零碳电力＋氢能：能源结构转型发展的必由之路. 汽车与配件，2021（15）：48-51.

[102] 钱亚光. 碳中和与氢燃料汽车的未来. 经营者（汽车商业评论），2021（08）：298-321.

[103] HISATOMI T, DOMEN K. Reaction systems for solar hydrogen production via water splitting with particulate semiconductor photocatalysts. Nature Catalysis, 2019, 2（5）：387-399.

[104] 刘殿栋，王钰. 现代煤化工产业碳减排、碳中和方案探讨. 煤炭加工与综合利用，2021（5）：67-72.

[105] 王晶. CCUS是能源转型重要选择. 中国石化报，2021-07-19（005）.

[106] 央广网. 千吨级"液态太阳燃料合成示范项目"通过科技成果鉴定［EB/OL］.［2021-06-10］. http：//news. cnr. cn/native/city/20201015/t20201015 _ 525297500. shtm. l.

[107] 倪吉，杨奇. 实现碳中和，对化工意味着什么. 中国石油和化工，2020（11）：26-31.

[108] 黄晓勇. 煤化工、油化工的低碳路径. 中国石油石化，2021（11）：32-33.

[109] 刘保陆，范牛牛，刘泽涵，等. 国际碳交易和碳金融的经验和借鉴. 河北金融，2021（4）：26-29.